신건축

전기설비

기술계산

예문사

머리말

“신 건축전기설비”는 그간의 현장실무경험과 한국전기설비규정(KEC), 전기설비기술계산 핸드북 등 기술자료를 기본으로 했으며, 전기공학의 기초이론(회로이론과 전자기학 등)과 건축관계법 및 관련 기술기준을 더하였습니다. 또한 현장실무에 필요한 법령 및 기술기준과 전기기초 이해를 돕는 전기이론을 중심으로 건축전기설비를 “전원설비”, “배전설비”, “기술계산”으로 목차를 분류하였습니다.

지상 구조물에 적용하는 전기설비의 시공 및 설계 분야, 시설 및 전기안전관리 분야 등에 종사하는 기술사, 기사, 산업기사 자격 취득인에게 필요한 전기설비 실무 관련 내용이 담겨 있습니다.

전기설비의 시공 분야에서 설계 · 시공 · 감리를 위한 전기자재, 제어, 운영, 법규 등과 유지 · 관리 · 보수 분야 및 에너지 분야에서 신 · 재생에너지, 에너지절약 등 변화된 전기설비의 내용으로 구성함에 따라 건축물의 신뢰성, 안전성, 경제성, 쾌적성 등 관리업무 목적과 전기설비 서비스 기능을 효과적으로 구현하는 데 도움이 되리라 생각합니다.

- 전원설비편 제1편 전기설비의 총론, 제2편 전력부하설비, 제3편 전원설비
- 배전설비편 제1편 배전설비, 제2편 반송설비, 제3편 정보설비, 제4편 방재설비, 제5편 기타 설비
- 기술계산편 단원별 이론과 건축전기설비기술사 기출문제를 중심으로 수록하여 전기분야 기술자격을 준비하는 수험생에게 계산문제의 출제경향 분석 및 풀이 과정에 대한 학습 기회를 동시에 제공, 또한 최신기출문제를 수록하여 기초이론, 관계법 및 기술기준과 관련된 계산 문제 등을 동시에 공부할 수 있도록 하였습니다.

출간을 준비하는 동안 유홍남 박사, 신현만 기술사, 대학원의 많은 선후배님의 도움을 받으면서 한마음으로 최선의 노력을 다하였습니다. 그럼에도 미흡한 부분이 있을 것으로 사료되며, 이는 수정 · 보완해 나갈 것을 약속드립니다.

끝으로 본서를 쓰는 동안 전기기술 연구회를 통해 배출된 기술사, 교수 및 대학원 선후배 등 여러분의 도움에 다시금 고마움을 표시하며, 출판을 맡아준 도서출판 예문사 사장님과 좋은 책이 될 수 있도록 편집에 애써주신 모든 분들께 감사의 말씀을 드립니다.

최기영 · 홍 준

이 책의 활용법

본 시리즈는 "전원설비", "배전설비", "기술계산" 등 총 3권으로 구성되었습니다. 구성상 특징은 기술사 등 수험생을 위한 문제풀이 형태로 기술하고, 참고문헌(참고법령, 참고도서)을 통하여 해설의 신뢰성을 더하였다는 점입니다. 따라서 "■" 및 "참고", "Basic core point" 등을 많이 활용하여 주시기 바랍니다.

최대한 제정 또는 개정된 법령을 수록하면서 변경이 잦은 수치 부분은 가급적 배제함으로써 실무에 활용할 수 있도록 하였습니다.

1. 실무자를 위한 사용법

- "■"은 해설 내용에 대한 참고문헌을 서술하여 해설 내용의 신뢰성을 확보하였음
- "참고"는 부연 설명 또는 별해를 참고하도록 항목을 구성하여 해설 부분을 확대하였음
- "Basic core point"에서는 현장실무에 대한 계획 · 설계 및 시공, 운영관리 등에 필요사항을 기술하여 "Why" · "What"에 대한 현장경험이 어떠했는지 나의 창의적인 발상으로 차별화할 수 있는 사항이 무엇인지를 생각할 수 있도록 기술하였음

2. 수험생을 위한 사용법

"기출문제"는 시험회차, 시험시간, 문제번호의 순서로 기술하여 쉽게 확인할 수 있도록 하였음

예 "〈○○-○-○○〉" 개요

첫 번째 ○○은 기술사 시험의 시험회차 "60-○-○○" → 시험회차의 "제60회"를 표시함
두 번째 ○은 기술사 시험의 시험시간 "60-1-○○" → 시험시간의 "제1교시"를 표시함
세 번째 ○○은 기술사 시험의 문제번호 "60-1-1" → 시험문제의 "1번"을 표시함

"예상문제"는 기술사 시험에 출제 가능성이 있는 문제를 엄선하여 출제경향 및 기술내용에 대한 분석 등을 할 수 있는 능력을 배양하도록 하였음

"예제 및 참고"는 전기분야의 시험에 출제되었던 또는 이론을 쉽게 이해할 수 있는 문제를 중심으로 기술하여 계산능력이 향상되도록 하였음

3. 인터넷 카페 및 홈페이지

현재 인터넷 카페에는 건축전기 및 전기소방에 관한 많은 자료들이 수록되어 있습니다. 혹시, 의문사항 · 오탈자 · 문의사항 또는 도서 등 첨가사항이 있을 경우 네이버 카페의 안전-올(cafe.naver.com/powerall)을 이용해 주시기 바랍니다.

출제 기준(필기)

직무분야	전기・전자	중직무분야	전기	자격종목	건축전기설비기술사	적용기간	2023.1.1. ~ 2026.12.31.

○ 직무내용 : 건축전기설비에 관한 고도의 전문지식과 실무경험을 바탕으로 건축전기설비의 계획과 설계, 감리 및 의장, 안전관리 등을 담당하며, 건축전기설비에 대한 기술자문 및 기술지도

검정방법	단답형/주관식논문형	시험시간	400분(1교시당 100분)

시험과목	주요항목	세부항목
건축전기설비의 계획과 설계, 감리 및 의장, 그 밖에 건축전기설비에 관한 사항	1. 전기기초이론	1. 회로이론 – R, L, C 회로의 전류와 전압, 전력관계 – 전기회로해석, 과도현상 등 – 밀만, 중첩, 가역, 보상정리 등 – 비정현파 교류 2. 전자계 이론 – 플레밍, Amper의 주회적분, 패러데이, 노이만, 렌츠법칙 등 – 전자유도, 정전유도 – 맥스웰방정식 등 3. 고전압공학 및 물성공학 – 방전현상 – 고체, 액체 및 복합유전체의 절연파괴 – 금속의 전기적 성질, 반도체, 유전체, 자성체 – 전력용 반도체의 종류 및 응용
	2. 전원설비	1. 수전설비(수변전설비 설계) – 수전방식, 변압기용량계산 및 선정, 변전시스템선정 – 수전설비기기의 선정 등 2. 예비전원설비(예비전원설비 설계) – 발전기설비, UPS, 축전지설비 – 조상설비, 전력품질개선장치 등 3. 분산형전원(지능형신재생 구축) – 분산형전원의 종류 및 계통연계 4. 변전실의 기획 – 변전실 형식, 위치, 넓이 배치 등 5. 고장 계산 및 보호 – 단락, 지락전류의 계산 종류 및 계산의 실례 – 전기설비의 보호 및 보호협조
	3. 배전 및 배선설비	1. 배전설비(배전설계) – 배전방식 종류 및 선정 – 간선재료의 종류 및 선정 – 간선의 보호 – 간선의 부설

시험과목	주요항목	세부항목
건축전기설비의 계획과 설계, 감리 및 의장, 그 밖에 건축전기설비에 관한 사항	3. 배전 및 배선설비	2. 배선설비(배선설비 설계) – 시설장소 · 사용전압별 배선방식 – 분기회로의 선정 및 보호 3. 고품질 전원의 공급 – 고조파, 노이즈, 전압강하 원인 및 대책 – Surge에 대한 보호 4. 전자파 장해대책
	4. 전력부하설비	1. 조명설비 – 조명에 사용되는 용어와 광원 – 조명기구 구조, 종류, 배광곡선 등 – 조명계산, 옥내 · 외 조명설계, 조명의 실제 – 조명제어 – 도로 및 터널조명 2. 동력설비 – 공기조화용, 급배수 위생용, 운반 · 수송설비용 동력 – 전동기의 종류, 기동, 운전, 제동, 제어 3. 전기자동차 충전설비 및 제어설비 4. 기타 전기사용설비 등
	5. 정보 및 방재설비	1. I.B.(Intelligent Building) – I.B.의 전기설비 – LAN – 감시제어설비 – EMS 2. 약전설비 – 전화, 전기시계, 인터폰, CCTV, CATV 등 – 주차관제설비 – 방범설비 등 3. 전기방재설비 – 비상콘센트, 비상용조명, 유도등, 비상경보, 비상방송 등 – 피뢰설비 – 접지설비 – 전기설비 내진대책 4. 반송 및 기타 설비 – 승강기 – 에스컬레이터, 덤웨이터 등
	6. 신재생에너지 및 관련 법령, 규격	1. 신재생에너지 – 태양광, 연료전지, 풍력, 조력 등 발전설비 – 에너지절약 시스템 및 기법 – 2차 전지 – 스마트그리드 – 전기에너지 저장(ESS)시스템 – 기타 신기술, 신공법 관련 – 에너지계획 수립 – 친환경에너지계획 검토

시험과목	주요항목	세부항목
건축전기설비의 계획과 설계, 감리 및 의장, 그 밖에 건축전기설비에 관한 사항	6. 신재생에너지 및 관련 법령, 규격	2. 관련법령 – 전기설비기술기준 – 한국전기설비규정(KEC) – 전기공사업법, 시행령, 시행규칙 – 전력기술관리법, 시행령, 시행규칙 – 주택법, 시행령, 시행규칙 – 건축법, 시행령, 시행규칙 – 에너지이용 합리화법, 시행령, 시행규칙 – 정부 고시 등 3. 관련규격 – KS(Korean Industrial Standard) – IEC(International Electrotechnical Commission) – ANSI(American National Standards Institute) – IEEE(Institute of Electrical & Electronics Engineers) – JEM(Japanese Electrical & Machinery Standards) – ASA, CSA, DIN, JIS, KEC 등
	7. 건축구조 및 설비 검토	1. 구조계획 검토 2. 하중 검토 3. 설비시스템 검토 4. 에너지계획 수립 5. 친환경에너지계획 검토
	8. 수·화력발전 전기 설비	1. 조명방식, 기구 선정 및 설계 방법, 에너지절감 방법 2. 건축구조 및 시공방식, 부하용량, 용도, 사용전압, 경제성, 방재성 등을 고려한 전선로/케이블 설계방법 3. 기타 설비설계 관련 사항 4. 안전기준에 따른 접지 및 피뢰설비 설계방법 5. 정보통신설비 관련 규정 및 설계방법 6. 소방전기설비 관련 규정 및 설계방법 7. 기타 발전 방재 보안설계 관련 사항

차례 기술계산 편

PART 01 전기기초

PART 02 전력부하설비

CHAPTER 01 조명설비

CHAPTER 02 동력설비

PART 03 전원설비

CHAPTER 01 수 · 변전설비계획

CHAPTER 02 수 · 변전기기

PART 04 배전설비

CHAPTER 01 배선설계

CHAPTER 02 전력품질

CHAPTER 03 보호계전

CHAPTER 04 계통보호

PART 05 방재설비

CHAPTER 01 접지공사

CHAPTER 02 특수설비

PART 06 기타 설비

CHAPTER 01 에너지절약

PART 01

전기기초

CHAPTER

01 건축물 전기설비

1.1 전기공학 기초수학

1. 삼각함수

가. 삼각비 정의

직각삼각형에서 한 예각($\angle B$)이 결정되면 임의의 2변의 비는 삼각형의 크기에 관계없이 일정하다. 이들 비를 그 각의 삼각비라 한다.

1) 사인(sine) : 빗변에 대한 높이의 비 $\sin B = \dfrac{\text{높이}}{\text{빗변}} = \dfrac{b}{c}$

2) 코사인(cosine) : 빗변에 대한 밑변의 비 $\cos B = \dfrac{\text{밑변}}{\text{빗변}} = \dfrac{a}{c}$

3) 탄젠트(tangent) : 밑변에 대한 높이의 비 $\tan B = \dfrac{\text{높이}}{\text{밑변}} = \dfrac{b}{a}$

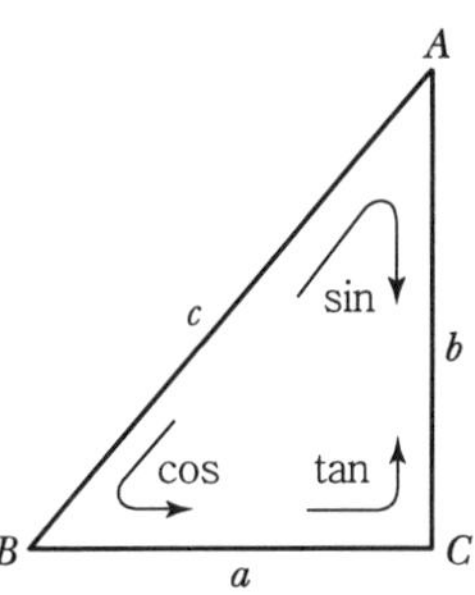

나. 특수각 삼각비

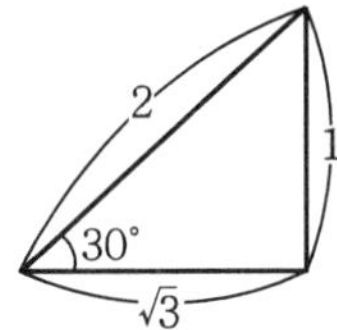

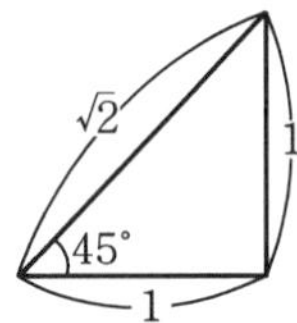

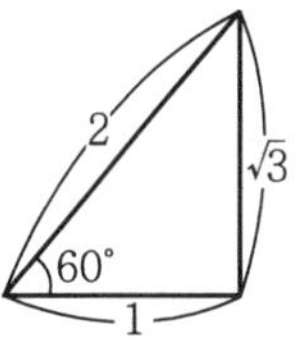

삼각비 θ	30°	45°	60°
$\sin\theta$	$\frac{1}{2}$	$\frac{1}{\sqrt{2}}$	$\frac{\sqrt{3}}{2}$
$\cos\theta$	$\frac{\sqrt{3}}{2}$	$\frac{1}{\sqrt{2}}$	$\frac{1}{2}$
$\tan\theta$	$\frac{1}{\sqrt{3}}$	1	$\sqrt{3}$

다. 삼각비의 상호 관계

1) 예각의 삼각비

- $\sin(90° - A) = \cos A$
- $\cos(90° - A) = \sin A$
- $\tan(90° - A) = \frac{1}{\tan A}$

2) 보각의 삼각비

- $\sin(180° - A) = \sin A$
- $\cos(180° - A) = -\cos A$
- $\tan(180° - A) = -\tan A$

3) 같은 각의 삼각비

- $\sin^2 A + \cos^2 A = 1$
- $\tan A = \frac{\sin A}{\cos A}$
- $1 + \tan^2 A = \frac{1}{\cos^2 A}$

4) 삼각함수의 덧셈정리

- 사인법칙

  $\sin(\alpha + \beta) = \sin\alpha\cos\beta \pm \cos\alpha\sin\beta$($\because$ $\beta = \alpha$의 경우 $\sin 2\alpha = 2\sin\alpha\cos\alpha$)

- 코사인법칙

  $\cos(\alpha + \beta) = \cos\alpha\cos\beta \mp \sin\alpha\sin\beta$

  ($\because$ $\beta = \alpha$의 경우 $\cos 2\alpha = \cos^2\alpha - \sin^2\alpha$)

- 탄젠트법칙

  $\tan(\alpha \pm \beta) = \frac{\tan\alpha + \tan\beta}{1 \mp \tan\alpha\tan\beta}$($\because$ $\beta = \alpha$의 경우 $\frac{\tan\alpha + \tan\alpha}{1 \mp \tan\alpha\tan\alpha} = \frac{2\tan\alpha}{1 - \tan^2\alpha}$)

5) 2배각의 법칙

- $\sin(A+A) = \sin 2A = 2\sin A\cos A$
- $\cos 2A = \cos^2 A - \sin^2 A = 2\cos^2 A - 1 = 1 - 2\sin^2 A$
  ($\sin^2 A + \cos^2 A = 1$에 의한 변형)
- $\tan 2A = \dfrac{2\tan A}{1-\tan^2 A}$

6) 3배각의 법칙

- $\sin 3\alpha = 3\sin\alpha - 4\sin^3\alpha$
- $\cos 3\alpha = 4\cos^3\alpha - 3\cos\alpha$

2. 제곱근 계산 $a > 0$, $b > 0$일 때

1) $(\sqrt{a})^2 = a$　　$\sqrt{a}\sqrt{b} = \sqrt{ab}$　　$a\sqrt{b} = \sqrt{a^2 b}$

2) $\dfrac{\sqrt{b}}{\sqrt{a}} = \sqrt{\dfrac{b}{a}}$　　$\dfrac{\sqrt{b}}{\sqrt{a}} = \dfrac{\sqrt{ab}}{a}$　　$\dfrac{1}{\sqrt{a}+\sqrt{b}} = \dfrac{\sqrt{a}-\sqrt{b}}{a-b}$

3) $a > 0$일 때 $\sqrt{a^2} = a$,　$a < 0$일 때 $\sqrt{a^2} = -a$

3. 지수법칙

1) $a^m a^n = a^{m+n}$　　$(a^m)^n = a^{mn}$　　$(ab)^m = a^m b^m$

2) $\dfrac{a^m}{a^n} = a^{m-n}$　　$a^{-n} = \dfrac{1}{a^n}$　　$a^0 = 1$

4. 곱셈공식, 인수분해공식

1) $m(a+b-c) = ma + mb - mc$
   $(a+b)^2 = a^2 + 2ab + b^2$
   $(a-b)^2 = a^2 - 2ab + b^2$

2) $(a+b)(a-b) = a^2 - b^2$
   $(x+a)(x+b) = x^2 + (a+b)x + ab$
   $(ax+b)(cx+d) = acx^2 + (bc+ad)x + bd$

5. 분수식

1) 약분 : $\frac{bc}{ac}=\frac{b}{a}$

2) 통분 : $\frac{b}{a}+\frac{d}{c}=\frac{bc}{ac}+\frac{ad}{ac}$

3) 덧셈, 뺄셈 : $\frac{b}{a}\pm\frac{d}{c}=\frac{bc\pm ad}{ac}$

4) 곱셈 : $\frac{b}{a}\times\frac{d}{c}=\frac{bd}{ac}$

5) 나눗셈 : $\frac{b}{a}\div\frac{d}{c}=\frac{b}{a}\times\frac{c}{d}=\frac{bc}{ad}$

6. 교류회로의 계산

가. 기호법에 의한 교류표시 방법

1) 기호법(Symbolic Method)

교류 전압, 전류, 임피던스 등의 벡터량을 크기와 방향으로 구분하여 벡터 그림을 복소량으로 나타내는 방법을 말한다.

2) 복소수의 정의

방정식 $x^2+1=0$의 근의 하나인 $\sqrt{-1}$을, 즉 제곱해서 -1이 되는 수를 편의상 기호로서 $j=\sqrt{-1}$로 표시하며, 이것을 허수 단위라고 한다.

3) 복소수의 극형식

복소수 $Z=a+jb$[여기서, a : 실수부(Real Part), b : 허수부(Imaginary Part)]를 표시하는 점을 P라 하고 $OP=r$, $\angle POA=\theta$라 하면, 다음과 같이 표시한다.

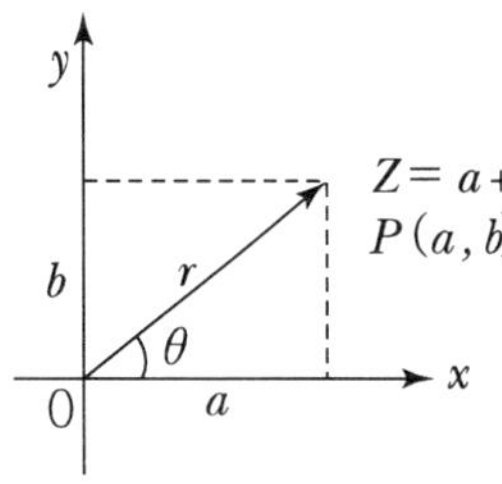

[그림 1]

- 절댓값(크기) $r=|Z|=\sqrt{a^2+b^2}$
- 위상각(편각) $\theta=\tan^{-1}\frac{허수}{실수}=\tan^{-1}\frac{b}{a}$[rad, 도]

나. 기호법에 의한 교류표시 종류

1) **직각좌표법** : 직각 좌표의 x축을 실수축(Real Axis), y축을 허수축(Imaginary Axis)으로 하여 복소수 $\dot{Z}$를 나타낸다. 이와 같은 평면을 복소수 평면 또는 가우스 좌표라고 한다.

   벡터량 $\dot{Z}=a+jb$

   절댓값(크기) $Z=\sqrt{a^2+b^2}$

   위상각(편각) $\theta=\tan^{-1}\dfrac{\text{허수}}{\text{실수}}=\tan^{-1}\dfrac{b}{a}$[rad ; 도]

2) **극좌표법** : [그림 1]에서 절댓값을 Z, 위상각을 θ라 하면

   벡터 $\dot{Z}=\text{절댓값}\angle\text{편각}=Z\angle\theta=\sqrt{a^2+b^2}\angle\tan^{-1}\dfrac{b}{a}$

3) **삼각함수법** : [그림 1]에서 $\cos\theta=\dfrac{a}{Z}$, $\sin\theta=\dfrac{b}{Z}$이므로 $a=Z\cos\theta$, $b=Z\sin\theta$라 하면

   벡터 $\dot{Z}=Z\cos\theta+jZ\sin\theta=Z(\cos\theta+j\sin\theta)$

4) **지수함수법** : ε(=2.718281828…)을 자연 대수의 밑수라 하면 $\varepsilon^{j\theta}$는

   $\varepsilon^{j\theta}=\cos\theta+j\sin\theta$(오일러의 정의)이므로 벡터 $\dot{Z}=Z\varepsilon^{j\theta}$

5) **벡터** : $\dot{Z}=a+jb=\sqrt{a^2+b^2}=\sqrt{a^2+b^2}\angle\tan^{-1}\dfrac{b}{a}=Z\varepsilon^{j\theta}=Z(\cos\theta+j\sin\theta)$

다. 복소수의 사칙연산

$Z_1=a+jb$, $Z_2=c+jd$

1) $Z_1\pm Z_2=(a+jb)\pm(c+jd)=(a\pm c)+j(b\pm d)$

2) $Z_1Z_2=(a+jb)(c+jd)=(ac-bd)+j(ad+bc)$

3) $\dfrac{Z_1}{Z_2}=\dfrac{a+jb}{c+jd}=\dfrac{(a+jb)(c-jd)}{(c+jd)(c-jd)}=\dfrac{ac+bd}{c^2+d^2}+j\dfrac{bc-ad}{c^2+d^2}$(단, $c^2+d^2\neq 0$)

라. 공액복소수의 성질

$Z=a+jb$에 대하여 $\overline{Z}=a-jb$인 복소수를 Z의 공액복소수라 하며, Z와 $\overline{Z}$는 서로 공액(Conjugate)이라고 한다. 따라서, $Z=a+jb$의 공액복소수는 $\overline{Z}=a-jb$이다.

1) $Z+\overline{Z}=$ 실수 $\quad\because\ (a+jb)+(a-jb)=2a$

2) $Z\cdot\overline{Z}=$ 실수 $\quad\because\ (a+jb)(a-jb)=a^2+b^2$

7. 미분

1) $y = C$ (C는 상수) $\Rightarrow y' = 0$

$y = x^n \Rightarrow y' = nx^{n-1}$

$y = f(x) + g(x) \Rightarrow y' = f'(x) + g'(x)$

$y = f(x)g(x) \Rightarrow y' = f'(x)g(x) + f(x)g'(x)$

$$y = \frac{f(x)}{g(x)} \Rightarrow y' = \frac{f'(x)g(x) - f(x)g'(x)}{g(x)^2}$$

$y = e^{ax} \Rightarrow y' = ae^{ax}$

2) $y = \sin x \Rightarrow y' = \cos x$

$y = \sin ax \Rightarrow y' = (ax)'\cos ax = a\cos ax$

$y = \cos x \Rightarrow y' = -\sin x$

$y = \cos ax \Rightarrow y' = -(ax)'\sin ax = -a\sin ax$

$$y = \tan x \Rightarrow y' = \sec^2 x = \frac{1}{\cos^2 x}$$

8. 적분

1) $\int dx = x + C$

$$\int x^n dx = \frac{1}{n+1}x^{n+1} + C \text{(단, } n \neq -1\text{일 때)}$$

$$\int x^{-1} dx = \int \frac{1}{x} dx = \ln x + C \text{(단, } n = -1\text{일 때)}$$

2) $\int \sin x dx = -\cos x + C$

$$\int \sin ax dx = -\frac{1}{a}\cos ax + C$$

$$\int \cos x dx = \sin x + C$$

$$\int \cos ax dx = \frac{1}{a}\sin ax + C$$

$$\int \sec^2 ax dx = \frac{1}{a}\tan ax + C$$

3) $\int kf(x)dx = k\int f(x)dx$

$$\int [f(x) \pm g(x)]dx = \int f(x)dx \pm \int g(x)dx$$

9. 행렬

$$A = \begin{vmatrix} a & b & c \\ d & e & f \\ g & h & i \end{vmatrix} = aei + bfg + chd - ceg - bdi - ahf \text{ (사로스법칙 이용)}$$

1.2 정전압원과 정전류원

1. 정전압원

가. 정의

전압원 회로에서 출력단자 전압 V가 부하전류 i에 관계없이 일정하게 유지되는 것을 정전압원이라 한다.

나. 이상적인 정전압원

이상적인 정전압원을 얻는 경우에는 내부저항 $R_0 = 0$이어야만 하지만 실제회로에서는 내부저항이 존재하고 있으므로 이러한 이상적인 정전압원이 되지 않는다. 그러나 근사적으로 내부저항(R_0)을 무시할 수 있는 $R_0 \ll R_L$의 범위에서는 회로 대부분을 정전압원으로 취급할 수 있다.

1) 일반적인 상용전원 대부분이 $R_0 \ll R_L$의 경우로 정전압원으로 해석한다.
2) 등가회로는 전기적인 특성을 전기회로로 표현한 것으로 [그림 1] (c)와 같다.

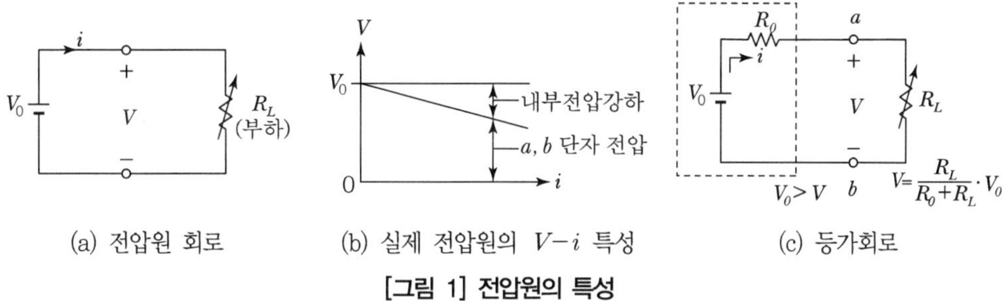

(a) 전압원 회로 (b) 실제 전압원의 $V-i$ 특성 (c) 등가회로

[그림 1] 전압원의 특성

2. 정전류원

가. 정의

전류원 회로에서 출력전류 i_L가 부하저항 R_L의 크기에 관계없이 일정하게 유지되는 것을 정전류원이라 한다.

나. 이상적인 정전류원

이상적인 정전류원을 얻는 경우에는 내부저항 $R_0 = \infty$ 이어야 하지만 실제 회로에서서는 선로저항이 존재하므로 개방상태를 이상적인 정전류원으로 취급할 수 있다.

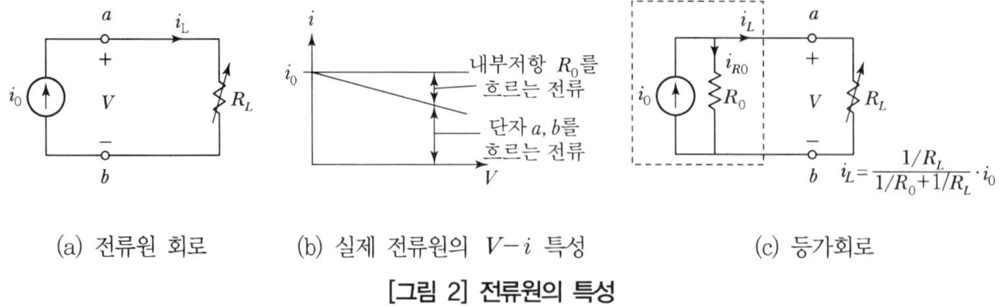

(a) 전류원 회로　(b) 실제 전류원의 $V-i$ 특성　(c) 등가회로

[그림 2] 전류원의 특성

1.3 브리지 평형회로

1. 브리지회로의 평형

R, L, C 또는 주파수 등의 측정에 널리 사용되는 브리지 회로(Brige Circuit)는 [그림 1]과 같은 구조를 가지고 있다. 여기서 G는 검출기이며 교류브리지에서는 수화기 또는 오실로스코프가 흔히 쓰인다. G에 전류가 흐르지 않은 상태가 되었을 때 브리지는 평형(Balance)이 되었다고 한다. 평형상태가 얻어졌을 때에는 G 양단의 전위차는 0이 되고 I_1, I_2에는 동일한 전류가 흐른다.

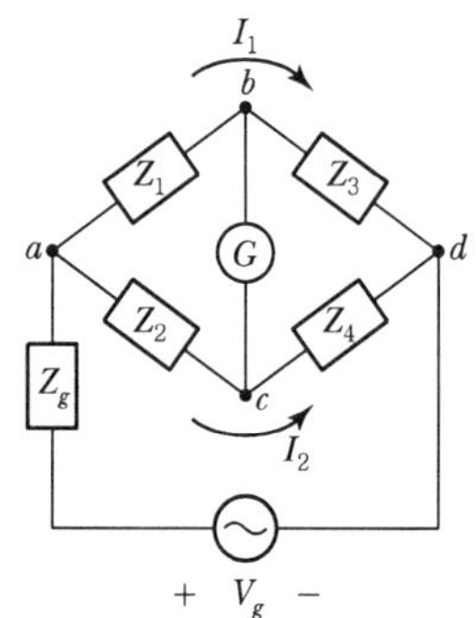

[그림 1] 브리지회로

$$Z_1 I_1 = Z_2 I_2$$

마찬가지로 $Z_3 I_1 = Z_4 I_2$

이 두 식으로부터

$$\frac{Z_1}{Z_2} = \frac{Z_3}{Z_4} \text{ 또는 } Z_1 Z_4 = Z_2 Z_3 \quad \cdots\cdots ①$$

가 된다. 이것이 브리지의 평형조건이다. 다시 표현하면 상대편 임의 임피던스를 곱한 것이 서로 같을 때 브리지는 평형이 된다.

식 ①의 평형조건은 전원 임피던스 Z_g와 무관하다.

참고문제

[그림 2]의 브리지에서 R_x, C_x는 손실이 있는 미지 커패시터의 등가저항 및 등가커패시턴스이다. 이것들을 결정하라.

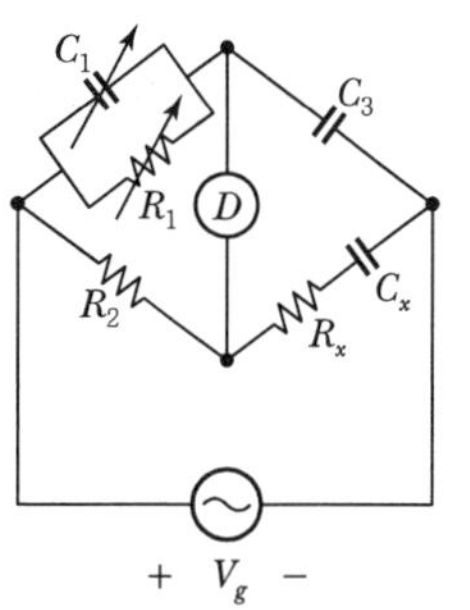

[그림 2] 브리지 회로

풀이

1. 문제에서 주어진 조건

D에 전류가 흐르지 않는 상태일 때 브리지 회로의 평형에서 $Z_1Z_4 = Z_2Z_3$를 구하면

$$Z_1 = \frac{1}{\dfrac{1}{R_1} + j\omega C_1} = \frac{R_1}{1 + j\omega C_1R_1},\ Z_3 = \frac{1}{j\omega C_3},\ Z_2 = R_2,\ Z_4 = R_x + \frac{1}{j\omega C_x}$$

2. 식 $Z_1Z_4 = Z_2Z_3$에 대입하면

$$\frac{R_1}{1 + j\omega C_1R_1}\left(R_x + \frac{1}{j\omega C_x}\right) = R_2\left(\frac{1}{j\omega C_3}\right)$$에서, 이항정리하면

$$\frac{R_1}{R_2}\left[\frac{1}{1 + j\omega C_1R_1}\left(R_x + \frac{1}{j\omega C_x}\right)\right] = \frac{1}{j\omega C_3}$$

$\dfrac{R_1}{R_2}$는 R_x, C_x을 구하는 데 영향을 주지 않으므로 무시하고 양변에 $1 + j\omega C_1R_1$을 곱하면

$$R_x + \frac{1}{j\omega C_x} = (1 + j\omega C_1R_1)\frac{1}{j\omega C_3} \Rightarrow R_x + \frac{1}{j\omega C_x} = \frac{1}{j\omega C_3} + \frac{C_1R_1}{C_3}$$

양변의 실수부와 허수부가 같으므로 $R_x = \dfrac{C_1R_1}{C_3}$, $\dfrac{1}{j\omega C_x} = \dfrac{1}{j\omega C_3}$에서

$$\therefore\ R_x = \frac{C_1R_1}{C_3},\quad C_x = C_3$$

1.4 교류 실효저항

1. 교류도체의 실효저항

교류에서의 도체 실효저항 r은 $r = r_0 \times k_1 \times k_2$ 이다.

가. r_0 : 상온(20℃)에서 직류 최대도체저항[Ω/cm]

나. k_1 : 전선 상시허용온도(실제온도)에서의 도체저항과 상온에서의 도체저항의 비

다. k_2 : 교류도체 저항과 직류도체 저항의 비(교류도체의 실효저항) $\therefore\ k_2 = 1 + \lambda_s + \lambda_p$

2. 각 상수에 대한 설명

가. 직류도체의 저항(r_0)

1) 일반적으로 표시되는 직류도체의 저항은 20℃에서의 값이며, 다음 식으로 계산된다.

2) $r_0 = \rho \dfrac{l}{A}[\Omega]\left(\rho = \dfrac{1}{58} \times \dfrac{100}{C}[\Omega \cdot mm^2/m]\right.$, C는 도체 도전율로 20℃를 표준[%] 표시)

여기서, l : 도체의 길이[m], A : 도체의 단면적[m^2]
ρ : 고유저항 또는 저항률[Ω · m]
C : 도체 도전율(경동선 97[%], 알루미늄 61[%])

>>참고 **고유저항 계산**

국제표준 연동선의 고유저항 $1.7241 \times 10^{-2}[\Omega \cdot mm^2/m]$로 정의된다.

예 구리의 도전율 C(100%)에서 $\rho = 1.7241 \times 10^{-2}[\Omega \cdot mm^2/m]$로 정의되는 경우

1) 연동선의 고유저항 $1.72 \times 10^{-8}[\Omega \cdot m]$이므로

2) $R = \rho\dfrac{l}{A} = 1.72 \times 10^{-8}[\Omega \cdot m] \times \dfrac{l[m]}{A[m^2]} = 1.72 \times 10^{-8}[\Omega \cdot m] \times \dfrac{l[m] \times 10^6}{A[mm^2]}$

$= \dfrac{1}{58} \cdot \dfrac{l}{A}[\Omega]$

※ $[\Omega \cdot mm^2]$의 단위를 사용할 경우 $A[mm^2]$, $l[m]$의 단위를 사용한다.

※ 도전율은 고유저항의 역수로 한 변의 길이가 1[m] 되는 정육면체에서 마주보는 두 변 간의 전기적 흐름으로 컨덕턴스를 의미한다.

나. 온도계수에 의한 도체저항의 비($k_1 = \dfrac{R_t}{R_{20}}$)

도체가 금속이기 때문에 저항에는 반드시 온도계수가 있고 통전에 의하여 온도가 상승하면 저항이 커진다. 이것을 저항온도계수 α라 한다.

1) 온도계수에 의한 T[℃]에서의 저항(상온에서 도체저항)

도전율 또는 고유저항은 모두 상온 20[℃]를 기준으로 하며 전선용 도체저항은 온도가 올라감에 따라 저항은 증가한다. 직류저항의 경우에는 k_1만 고려하면 된다.

$$R_t = R_{20}[1+\alpha(T-20℃)][\Omega]$$

여기서, R_t : T[℃]에서의 저항
α : 저항온도계수(경동선 0.00413, 알루미늄도체 0.00403)
T : 도체의 실제온도

2) 따라서 전선의 사용온도와 상온에서 도체저항의 비 k_1은 $k_1 = 1+\alpha(T-20℃)$이다.

다. 교류도체 저항과 직류도체 저항의 비(k_2)

교류에서 도체 실효저항은 도체 사이즈, 주파수, 직류저항과의 비로 표시하지만, 표피효과만으로 20[%] 이상 될 때도 있고 온도 상승이 가해질 경우 50[%] 이상에 도달하기도 한다.

$$\therefore\ k_2 = 1+\lambda_s+\lambda_P$$

여기서, λ_S : 표피효과계수, λ_P : 근접효과계수

1) 교류저항과 직류저항이 차이가 나는 이유 : 교류의 경우에는 근접효과와 표피효과에 의해서 전선의 실효단면적이 감소하고 이에 따라 저항이 증가한다.

2) 표피효과(Skin Effect)

가) 표피효과란 도체에 직류가 흐를 때는 전부 같은 전류밀도로 흐르지만 교류에서는 주파수의 영향으로 도체 외측 부근에 전류밀도가 집중하여 흐르는 현상이다.

(1) 전류 침투깊이(δ)은 $\delta = \sqrt{\dfrac{2}{\omega\mu\sigma}} = \sqrt{\dfrac{1}{\pi f\mu\sigma}}$

여기서, μ : 투자율, σ : 도체의 도전율

(2) 표피효과는 주파수 증가의 영향이 가장 크며, 전선의 단면적, 도전율 및 비투자율이 클수록 커진다. 따라서 송전선은 연선을 사용하여 영향을 감소한다.

나) 전선에 교류전류가 흐를 경우

(1) 전선 내의 전류밀도 분포는 중심부는 적고 주변부에 가까워질수록 전류밀도가 커지는 불균일한 현상으로 보이고 있다. 이것은 전선의 중앙부를 흐르는 전류는 전류가 만드는 전자속과 쇄교함으로 전선 단면 내의 중심부일수록 자력선 쇄교수가 커져서 인덕턴스가 커지기 때문이다.$(e=-L\dfrac{di}{dt})$

(2) 그 결과 전선의 중심부일수록 리액턴스가 커져서 전류가 흐르기 어렵고 전선표면으로 갈수록 전류가 많이 흐르게 되는 경향을 지니게 된다.

3) 근접효과

가) 근접효과란 도체가 평행배치되어 있는 경우 양전류의 상호 작용으로 두 개의 근접한 도선에 흐르는 교류전류의 크기, 방향 및 주파수에 따라서 각 도체의 단면에 흐르는 전류밀도가 변화하는 현상이다.

나) 평행 도체에 같은 방향의 전류가 흐를 경우 바깥쪽의 전류밀도가 높아져서 흡인력이 발생하고, 반대방향의 전류가 흐를 경우에는 가까운 쪽으로 전류밀도가 높아져 반발력이 발생한다.

다) 평행 왕복도선 단위길이당 작용하는 전자력 F는

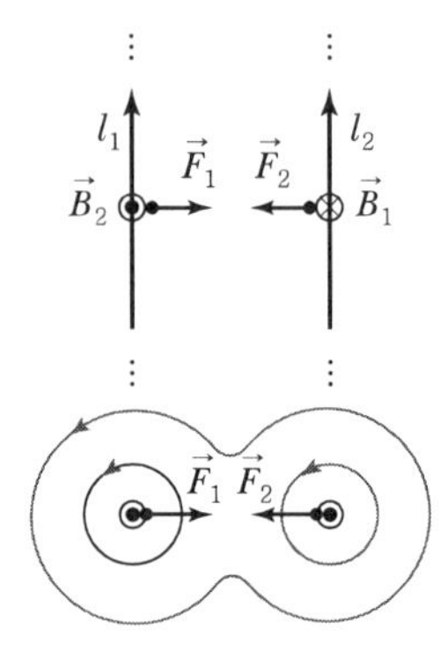

$$F=\frac{\mu_0 I_1 I_2}{2\pi r}=\frac{2I_1 I_2}{r}\times 10^{-7}[\mathrm{N/m}]$$

$$\fallingdotseq K\times 2.04\times 10^{-8}\times\frac{I_m^2}{D}[\mathrm{kg/m}]$$

여기서, μ_0 : 진공의 투자율($\mu_0=4\pi\times 10^{-7}$[H/m])
r : 두 도선 간의 간격[m]
D : 도체의 중심거리
(등가 선간거리 $D=\sqrt[3]{D_{ab}\cdot D_{bc}\cdot D_{ca}}$[m])

1.5 최대전력의 전달

1. 내부 임피던스 $Z_{Th}=R_{Th}$이고, 부하 $Z_L=R_L$일 때 R_L이 독립적 가변인 경우

[그림 1] (a)에서 단자 $a-b$ 간에 부하저항 R_L을 연결할 때 최대전력을 전달할 수 있는 조건을 구해보면 이 문제는 단자 $a-b$ 좌측을 [그림 1] (b)와 같이 테브난의 등가회로로 대치하여 생각하는 것이 간단하다.

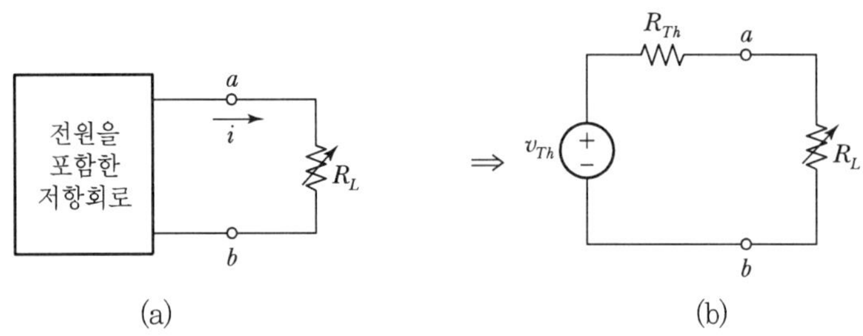

[그림 1] 최대전력의 전달

지금 R_L만이 가변인 경우를 생각하면. 이 경우 부하 R_L에 공급되는 전력은 $(전류)^2 \times R_L$와 같으므로

$$전류\ i = \frac{v_{Th}}{R_{Th} + R_L},\ 전력\ P_L = \frac{v_{Th}^2 R_L}{(R_{Th} + R_L)^2} \quad \cdots\cdots ①$$

이것이 최대가 되는 R_L의 값을 구하기 위하여 v_{Th}와 R_{Th}는 일정하게 하고 R_L에 관하여 미분하여 0이라 치환하면

$$\frac{dP_L}{dR_L} = v_{Th}^2 \cdot \frac{(R_{Th} + R_L)^2 - 2R_L(R_{Th} + R_L)}{(R_{Th} + R_L)^4} = 0$$

정리하면 $R_{Th}^2 + 2R_{Th} \cdot R_L + R_L^2 - 2R_{Th} \cdot R_L - 2R_L^2 = 0$이므로

$$\therefore\ R_L = R_{Th} \quad \cdots\cdots ②$$

즉, 부하저항을 전원의 내부저항에 정합(Matching)시키면 최대전력을 공급받을 수 있다.
식 ②를 식 ①에 대입하면 최대부하전력 $P_{L(\max)}$은

$$P_{L(\max)} = \frac{v_{Th}^2}{4R_L} \quad \cdots\cdots ③$$

부하를 아무리 조절하더라도 전원회로에서 이 이상의 전력을 뽑아낼 수 없기 때문에 $P_{L(\max)}$를 전원의 가용전력(Available Power)이라고 부를 때가 있다.
따라서 최대전력전달 조건에서의 부하전력과 역률관계에서 전력의 반은 내부저항, 나머지 반은 부하에서 소비되므로 효율은 50[%]밖에 안 된다. 즉, 최대전력을 얻기 위해서는 효율을 희생시킬 수밖에 없다.
이 점을 확실히 하기 위해서 식 ①과 ③의 비를 취하면

$$\frac{P_L}{P_{L(\max)}} = \frac{4R_{Th}R_L}{(R_{Th} + R_L)^2} = \frac{4\left(\frac{R_L}{R_{Th}}\right)}{\left[1 + \left(\frac{R_L}{R_{Th}}\right)\right]^2} \quad \cdots\cdots ④$$

또 효율을 η라 하면

$$효율\ \eta = \frac{부하전력}{전력의\ 공급전력} = \frac{v_{Th}^2 \cdot R_L/(R_{Th} + R_L)^2}{v_{Th}^2/(R_{Th} + R_L)}$$

$$= \frac{R_L/R_{Th}}{1 + (R_L/R_{Th})} \quad \cdots\cdots ⑤$$

식 ④, ⑤를 $\frac{R_L}{R_{Th}}$의 함수로 그린 [그림 2]의 (a), (b) 곡선들로부터 주목되는 사실은

(1) P_L은 R_L의 최적치(R_{Th}) 부근에서 완만하게 변하고, $R_L = (0.67 \sim 1.5)R_{Th}$에서 P_L은 최댓값의 96[%] 이상이 든다. 따라서 실제에서는 엄격한 정합이 필요한 것은 아니다.

(2) $R_L > R_{Th}$에서 최대부하전력 P_L은 감소하나 효율 η은 증가한다.

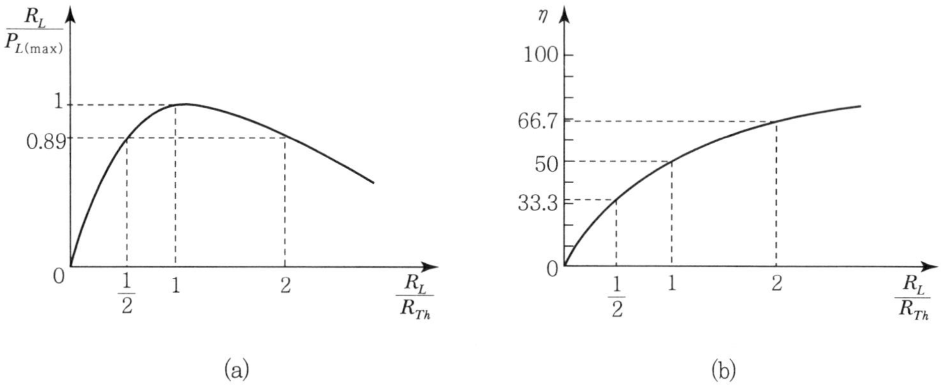

[그림 2] 등가내부저항 R_0을 갖는 전원에 부하저항 R_L을 연결할 때의 부하전력과 효율

참고문제

아래 [그림 3] (a)의 회로에서 R_L에 최대의 전력을 공급하려면 R_L의 값을 얼마로 해야 하는가? 또 이때의 전력 및 효율을 구하라.

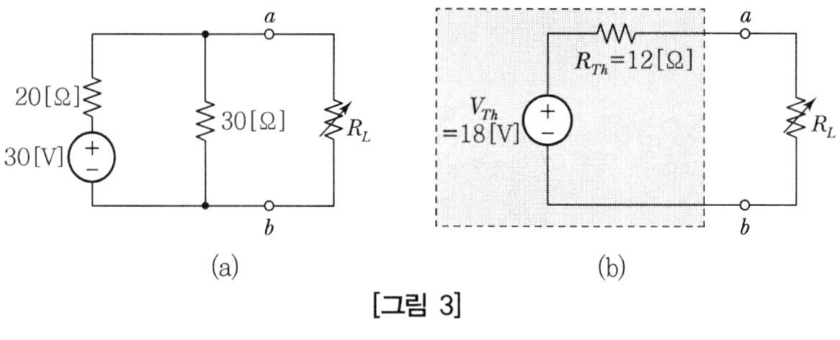

[그림 3]

+풀이

1. 단자 $a-b$ 좌측을 테브난의 등가회로로 대치하면 [그림 3] (b)와 같다.

$$R_{Th} = \frac{20 \times 30}{20+30} = 12[\Omega],\ \ V_{Th} = \frac{30}{20+30} \times 30[\mathrm{V}] = 18[\mathrm{V}]$$

따라서 $R_L = R_{Th} = 12[\Omega]$일 때 최대전력의 R_L에 공급된다.

2. 이때의 전력, 즉 최대전력은 식 ③으로부터

$$P_{L(\max)} = \frac{V_{Th}^2}{4R_{Th}} = \frac{18^2}{4 \times 12} = 6.75\text{W}$$

3. 효율은 전원이 공급하는 총 전력에 대한 부하전력의 비와 같다.

테브난의 등가회로는 어디까지나 단자 $a-b$의 외측에 대해서만 등가이기 때문이다. 따라서 전원전류를 구하면

$$i = \frac{30}{20 + 30 /\!/ 12} = 1.05[\text{A}] \left(\because\ 30 /\!/ 12 = \frac{12 \cdot 30}{12 + 30}\right)$$

4. 결론

전원이 공급하는 총전력은 $30 \times 1.05 = 31.5[\text{W}]$이고, 효율은 $\frac{6.75}{31.5} = 21.43[\%]$, 즉 50[%]보다 훨씬 적다.

2. 내부 임피던스 $Z_{Th} = R_{Th} + jX_L$이고, 부하 R_L, X_L이 독립적 가변인 경우

부하 Z_L에의 전력은

$$P_L = R_L I^2 = R_L \left(\frac{V_{Th}}{|Z_{Th} + Z_L|} \right)^2 = \frac{V_{Th}^2 R_L}{(R_{Th} + R_L)^2 + (X_{Th} + X_L)^2} \quad \cdots\cdots\cdots\cdots ⑥$$

R_L이 어떤 값을 갖든 $X_L = -X_{Th}$로 하면 분모가 최소가 되고 P_L은 최대가 된다. 그러므로 우선 $X_L = -X_{Th}$로 하면

$$P_L = \frac{V_{Th}^2 R_L}{(R_{Th} + R_L)^2}$$

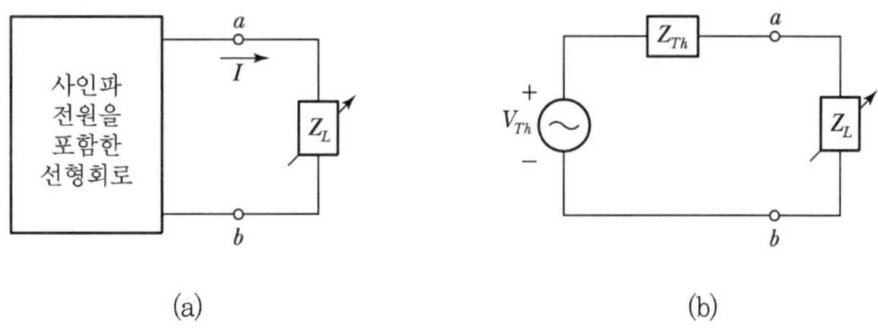

[그림 4] 사인파 정상상태에서의 최대전력의 전달

이것은 식 ①과 일치한다. 그러므로 이제 R_L을 조정하여 $R_L = R_{Th}$로 하면 P_L은 최대가 된다. 따라서

$$Z_L = Z_{Th}^* \text{ (공액정합)} \quad \cdots\cdots ⑦$$

일 때, 즉 부하임피던스를 등가전원의 공액과 같게 택할 때 이것을 공액정합(Conjugate Matching)이라 한다. 부하에 최대전력이 전달되고 그 값은 식 ③과 같다.

$$P_{L(\max)} = \frac{V_{Th}^2}{4R_{Th}} \quad \cdots\cdots ⑧$$

3. 부하 Z_L의 각이 고정되어 있고, 그 크기가 가변인 경우

변압기를 이용하면 Z_L의 각은 고정시키고 그 크기만을 변화시킬 수 있다.

$$Z_L = \frac{Z_L}{\theta_L} = Z_L \cos\theta_L + j Z_L \sin\theta_L \quad \cdots\cdots ⑨$$

라 놓고, $R_L = Z_L \cos\theta_L$, $X_L = Z_L \sin\theta_L$을 식 ⑥에 대입하면

$$P_L = V_{Th}^2 \cdot \frac{Z_L \cos\theta_L}{(R_{Th} + Z_L \cos\theta_L)^2 + (X_{Th} + Z_L \sin\theta_L)^2} \quad \cdots\cdots ⑩$$

여기서 Z_L 이외에 모든 양은 고정되어 있으므로 $\frac{dP_L}{dZ_L} = 0$으로 놓음으로써 최대전력의 전달조건을 구해 보면 $Z_L^2 = R_{Th}^2 + X_{Th}^2$, 즉

$$|Z_L| = |Z_{Th}| \quad \cdots\cdots ⑪$$

Z_L의 크기를 Z_{Th}의 크기와 같게 할 때 부하에 최대전력이 공급된다.

Z_{Th}의 각이 그다지 크지 않을 때에는 Z_L을 편리한 대로 순저항으로 가정하고(즉, Z_L의 각을 0으로 고정시키고) 식 ⑪을 적용해도 공액정합에 비하여 부하전력이 그다지 떨어지지 않는다.

참고문제

[그림 4]의 (b) 회로에서 $V_{Th} = 12\underline{/0°}$ [V]이고 $Z_{Th} = 600 + j150$ [Ω]이다.

(a) 최대전력을 얻기 위한 부하임피던스 및 이때의 부하전력을 구하라.

(b) 만일 부하가 순저항이어야 한다면 최대전력을 받기 위한 그 최적저항치 및 이때 받는 전력을 구하라.

+풀이

1. $Z_L = Z_{Th}$에 의하여 $Z_L = 600 - j150[\Omega]$으로 하면 이때의 공급전력은

$$P_{L(\max)} = \frac{V^2}{4R_{Th}}[\mathrm{W}]\text{에서 } P_{L(\max)} = \frac{12^2}{4 \times 600} = 0.06[\mathrm{W}]$$

2. $|Z_L| = |Z_{Th}|$에 의하여 최적저항치는 $Z_L = |600 - j150| = 618[\Omega]$으로 하면

$$P_L = R_L I^2 = 618 \times \frac{12^2}{|600 + j150 + 618|^2} = 0.0591[\mathrm{W}]$$

공액정합으로 적용하면 효율이 떨어지고 또 단자전압이 개방 시의 반으로 떨어지므로 대전력을 취급하는 전력계통에는 불리하지만, 전자 및 통신회로의 저전력에서는 효율의 저하에도 불구하고 주어진 신호원으로부터 최대전력을 얻을 수 있으므로 공액정합을 한다.

1.6 전기회로와 자기회로

1. 전기회로와 자기회로의 대응관계

전기회로와 자기회로의 대응관계는 다음 표와 같다.

전기회로		자기회로	
전류	I[A]	자속(자기력선속)	ϕ [Wb]
전압	V[V]	기자력(NI)	$\mathscr{F}$[AT]
전기저항	$R[\Omega]$	자기저항	R_m[AT/Wb]
도전율(전도도)	σ[℧/m]	투자율[1]	μ[H/m]
전계	E[V/m]	자계	H[AT/m]
전류밀도	J[A/m^2]	자속밀도	B[Wb/m^2]

2. 회로법칙의 대응성

가. 옴의 법칙

1) 전기회로의 옴의 법칙

가) 공간의 개념은 전혀 고려하지 않은 상태에서 단지 전기소자의 단자에 나타나는 변수까지의 관계만을 정의한다.

1) 투자율이란 자기장이 투과할 수 있는 가능성의 정도를 나타내는 물리량으로 어떤 물체가 놓여진 위치에서의 자화자기장에 대하여 물체의 내부에 생기는 자기장의 상대적인 값

나) 옴의 법칙 $I=\frac{V}{R}$[A], $R=\frac{l}{\sigma S}$[Ω](여기서, 고유저항 $\rho=\frac{1}{\sigma}$)

2) 자기회로의 옴의 법칙

가) 일정한 공간에 분포하는 이동전하 또는 자극 물리량들 간의 관계를 정의한다.

나) 옴의 법칙 $\phi=\frac{\mathcal{F}}{R_m}$[Wb], $R_m=\frac{l}{\mu S}$[AT/Wb]

나. 키르히호프의 법칙

자기회로에 있어서도 전기회로와 같은 키르히호프의 법칙이 성립한다.

1) 전기회로의 키르히호프의 법칙

가) 임의의 결합점에 유출입하는 전류의 합은 0이다. $\sum_{i=1}^{n} I_i=0$

나) 폐회로 내에서 기전력의 합은 그 폐회로 내에서의 전압강하의 합과 같다.

$$\sum_{i=1}^{n} E_i=\sum_{i=1}^{n} I_i \cdot R_i$$

2) 자기회로의 키르히호프의 법칙

가) 임의의 결합점에 유출입하는 자속(자기력선속)의 합은 0이다. $\sum_{i=1}^{n} \phi_i=0$

나) 폐자로 내에서 기자력의 합은 그 폐자로 내에서 자기저항의 감소량의 합과 같다.

$$\sum_{i=1}^{n} \mathcal{F}_i=\sum_{i=1}^{n} \phi_i \cdot R_m$$

(단, 투자율에서 자속밀도 B와 자기력선밀도 H는 선형관계이다.)

3. 자기회로와 전기회로의 차이점

가. 기자력과 자속 사이의 비직선성(비선형적)

1) 자성체의 자화곡선($B-H$ 곡선)은 포화특성을 가지며 기자력 $\mathcal{F}$와 자속 ϕ 사이에는 직선적인 비례관계를 이루지 않는다. 더욱이 기자력의 크기가 변화하면 자속은 히스테리시스 특성을 나타낸다. 이와 같은 비직선성을 고려하면 자기회로의 옴법칙은 성립하지 않으며 전기회로에서의 중첩의 원리도 적용되지 않는다.

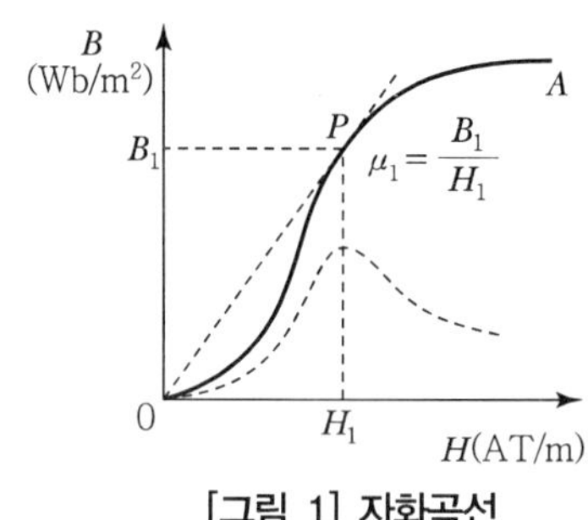

[그림 1] 자화곡선

2) 자기회로의 옴법칙이 적용되는 것은 어디까지나 기자력과 자속 사이에 직선적인(선형적) 성질을 나타내는 경우에 한해서 이루어진다.

나. 자속의 누설

1) 전기회로는 선로를 구성하는 도체와 주위 절연물 사이에 도전율 값의 차(10^{20}배)가 대단히 크기 때문에 전류는 도체 내를 흐르며 주위의 공기 중으로 누설되는 경우가 거의 없다.
2) 자기회로는 자로를 구성하는 것이 자성체(철심)가 되는데 철심의 투자율과 공기의 투자율비가 크지 않으며($10^2 \sim 10^4$) 철심의 공극을 통하여 누설자속이 발생된다.

다. 전력 손실(철손)

1) 전기회로에서 저항 R에 전류 I를 흘리면 줄 법칙에 의해서 I^2R의 줄 손실이 발생하지만, 자기회로의 자기저항 R_m에 자속 ϕ를 통하여도 손실은 발생하지 않는다.
2) 즉, 전기회로에서는 저항에 의한 손실이 발생하고, 자기회로에서는 자속이 변화할 때 누설자속에 의한 히스테리시스 손실이 발생한다.

라. 기타

자기회로에서는 전기회로의 정전용량 C와 인덕턴스의 L에 해당하는 요소가 없다.

1.7 무부하손의 발생

1. 변압기의 손실 분류

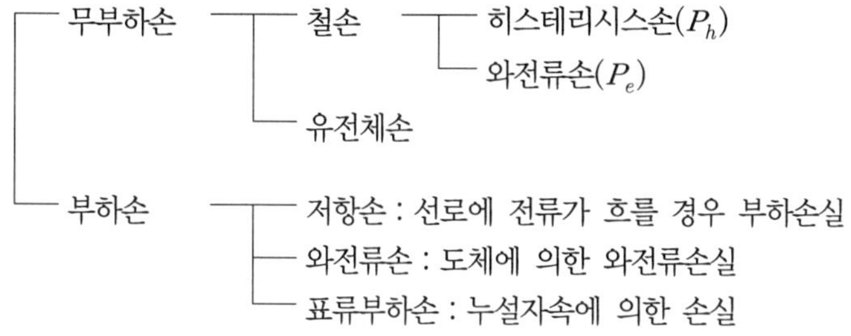

2. 무부하손의 발생원리

철심이 자화되면서 발생하는 여자전류에 의한 손실은 권선의 저항손과 절연물 중의 유전체손이며, 이 중 유전체손을 무시하면 무부하손은 히스테리시스손과 와전류손이다.

가. 히스테리시스손(Hysteresis Loss)

1) 히스테리시스손이란 히스테리시스 곡선에서 철심이 자화하면서 자속밀도 B_1에서 B_2까지 변화하는 데 필요한 에너지를 말한다. 즉, [그림 2]의 $B-H$ 곡선에서 자속밀도축의 폐면적이 손실로서 철심에 교번자장이 유도되었을 경우 자속변화에 따라 열이 발생한다.

2) 히스테리시스손

$$P_h = k_h \cdot f \cdot B_m^{1.6}[\mathrm{W/m^3}]$$

여기서, k_h : 재료의 종류에 따른 정수(규소강판 1.6~2.0)
B_m : 최대자속밀도[Wb/m²]

나. 와전류손(Eddy Current Loss)

1) 와전류손은 철 등의 금속 내부를 지나는 자속이 변화하면 철 내부에서는 자속의 변화를 방해하려는 방향으로 유도기전력이 발생하여 와전류손이 흐른다. 따라서 와전류손은 철심강판 두께의 제곱에 비례하여 발생하며 무부하 손실의 20[%]를 점유한다.

2) 와전류손

$$P_e = k_e(t \cdot f \cdot k_f \cdot B_m)^2[\mathrm{W/m^3}]$$

여기서, k_e : 재료의 종류에 따른 정수, t : 강판두께, k_f : 파형률

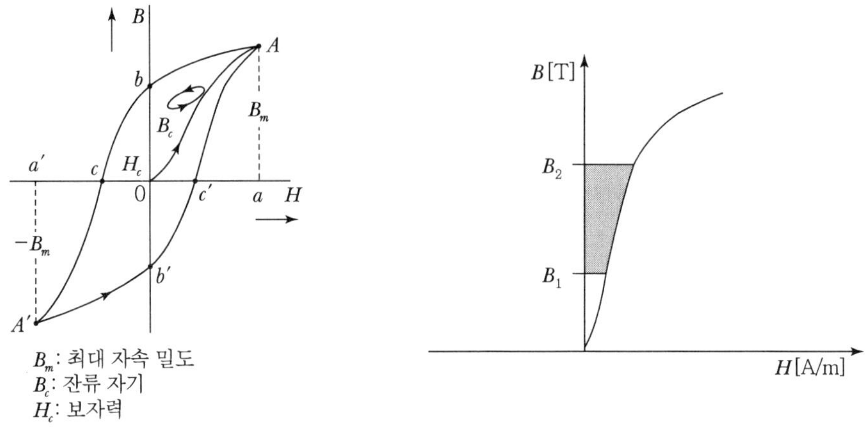

[그림 1] 히스테리시스 곡선

[그림 2] 자화에너지($B-H$ 곡선)

다. 변압기 손실대책

1) 무부하손

가) 히스테리시스 손실은 투자율($\mu = B/H$)과 포화자속밀도가 높고, H_c 보자력이 낮은 철심소재를 사용한다.

나) 와전류손은 얇은 철판을 겹쳐서 사용하면 와류 전류통로가 좁아지게 되어 저항이 증가함으로써 와전류손은 작아진다.

2) 부하손

가) 부하손은 동손이라고 하며 부하전류(I^2R)에 의한 손실이다.

나) 동손의 감소대책은 권선수의 저감, 권선의 단면적 증가 등이 있다.

CHAPTER 01

필수예제

예제 01 Murray Loop 측정방법에 대하여 설명하시오.

풀이

1. 개요

지중선로의 1선에 지락사고가 발생한 경우, 케이블의 한쪽 끝을 단락시켜 놓고, 다른 쪽 끝에 저항선과 검류계를 [그림 1]과 같이 접속하면 [그림 2]와 같은 브리지 회로가 구성된다.

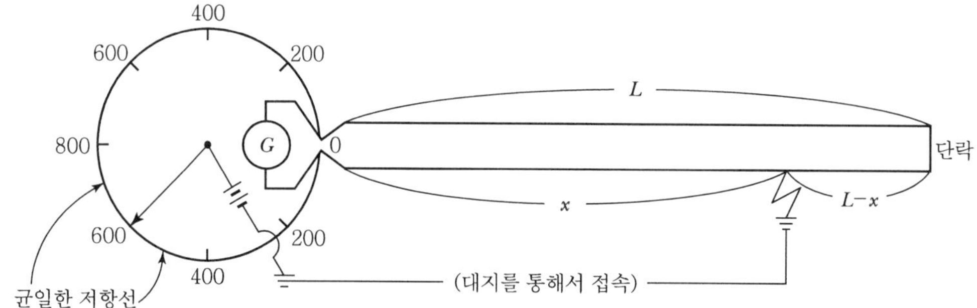

[그림 1] Murray Loop 측정법

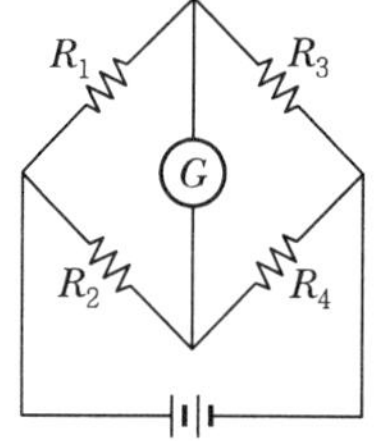

[그림 2] 브리지 회로

2. 브리지 회로의 원리

브리지 회로의 원리에 의해서 $R_1R_4 = R_2R_3$의 식으로부터 고장점까지의 거리를 추정할 수가 있음

[그림 1]의 검류계 눈금 600에서 브리지 회로가 평형이 되었다면

1) R_1은 저항 2,000

2) R_2는 저항 600이고, 케이블의 저항은 케이블 길이에 비례하므로

3) R_3는 길이 $L+(L-x)=2L-x$

4) R_4는 길이 x가 되므로

3. 다음과 같이 고장점까지의 거리 x[m]를 계산하면

$$x=\frac{600}{2,000}\times(2L-x)$$

$$2,000x=1,200L-600x \qquad 2,600x=1,200L \qquad \therefore\ x=\frac{6}{13}L[\mathrm{m}]$$

> **예제 02** 길이 200[m], 직경 2[mm]의 도선 비저항이 4.8×10^{-8}일 때 도선의 저항은 얼마인가? 또 이 도선이 같은 무게에서 직경이 2배로 되었다면 저항은 얼마인가?
>
> **〈58회 발송배전기술사〉**

풀이

전선은 길수록 그 저항은 크다. 저항이 크면 한쪽 끝에서 다른 끝으로 전자가 이동할 때 많은 일을 필요로 한다. 그러나 전선이 굵으면 저항이 적은데, 이는 단면에 더 많은 자유전자가 있음을 뜻한다.

1. 저항

$$R=\rho\frac{l}{A}$$

여기서, ρ : 고유저항 또는 비저항[$\Omega\cdot$m], $A=\pi\cdot r^2$

따라서 고유저항의 단위를 [$\Omega\cdot$m]라고 할 때

$$R=(4.8\times10^{-8})\times\frac{200}{3.14\times(0.001)^2}=3.06[\Omega]$$

2. 도선저항

체적 $A=\pi\cdot r^2\times l$이므로 같은 무게에서 직경(d)에 2배로 될 때의 저항은?

$$R=\rho\frac{l}{A}=\rho\frac{\frac{1}{4}l}{\pi\left(\frac{d}{2}\times2\right)^2}=(4.8\times10^{-8})\times\frac{50}{3.14\times(0.002)^2}=0.191[\Omega]$$

예제 03 그림과 같은 회로가 주파수에 무관하게 순저항이 되기 위한 조건

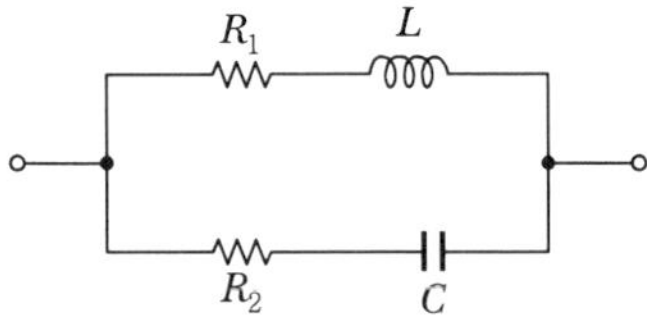

풀이

주파수에 관계없이 순저항이 되기 위한 조건은 항상 실수값을 갖는 정저항 회로로 해석한다.

1. 합성저항 Z는

$$Z=\frac{Z_1Z_2}{Z_1+Z_2}=\frac{(R_1+j\omega L)\left(R_2+\dfrac{1}{j\omega C}\right)}{R_1+j\omega L+R_2+\dfrac{1}{j\omega C}}=\frac{(R_1-\omega^2LCR_2)+j\omega(L+CR_1R_2)}{(1-\omega^2LC)+j\omega(CR_1+CR_2)}$$

$=\dfrac{A_0+jA_1}{B_0+jB_1}$ 와 같이 놓았을 때

$\dfrac{A_0}{B_0}=\dfrac{A_1}{B_1}$ 의 관계가 만족되면 Z_0는 주파수와 관계없이 항상 일정한 실수값을 갖는다.

즉, $Z_0=\dfrac{A_0}{B_0}$ 가 되고 허수부가 0이 되면 정저항 회로가 된다.

2. 정저항 회로의 조건

$$\frac{R_1-\omega^2LCR_2}{1-\omega^2LC}=\frac{\omega(L+CR_1R_2)}{\omega(CR_1+CR_2)}$$

$\Rightarrow (R_1-\omega^2LCR_2)(CR_1+CR_2)=(1-\omega^2LC)(L+CR_1R_2)$

따라서 $CR_1^2-L-\omega^2LC^2R_2^2+\omega^2L^2C=\omega^2LC(L-CR_2^2)+(CR_1^2-L)=0$

$L-CR_2^2=0,\quad CR_1^2-L=0$이므로

$L=CR_2^2$에서 $R_2=\sqrt{\dfrac{L}{C}}$, $L=CR_1^2$에서 $R_1=\sqrt{\dfrac{L}{C}}$

3. 맺음말

$\therefore\ R_1=R_2=\sqrt{\dfrac{L}{C}}$ 일 때 $Z=\sqrt{\dfrac{L}{C}}$ 가 되어 정저항 회로임을 알 수 있다.

》참고 정저항 회로

1. 임피던스 함수 $Z(s)$에서 $s=j\omega$를 대입하여 정리하면

$$Z(j\omega)=\frac{A_0(\omega)+jA_1(\omega)}{B_0(\omega)+jB_1(\omega)}$$

로 표시되며, $A_0(\omega)$ 및 $B_0(\omega)$는 ω에 대하여 우함수, $A_1(\omega)$ 및 $B_1(\omega)$는 기함수이다.

2. 일반적으로

$$Z(j\omega)=R(\omega)+jX(\omega)$$

로 되며 특별히

$$\frac{A_0(\omega)}{B_0(\omega)}=\frac{A_1(\omega)}{B_1(\omega)}$$

의 관계가 만족되면 $Z(j\omega)$는 주파수에 관계없이 항상 일정한 실수값을 갖는다. 이러한 회로를 정저항 회로라 한다.

예제 04 다음 회로에서 L 및 C의 합성회로가 주파수에 무관하게 되도록 R의 값을 구하시오. **〈60회 발송배전기술사〉**

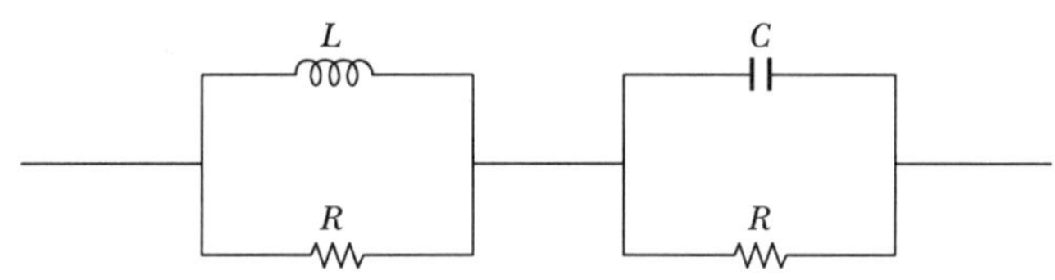

풀이

1. 합성저항 Z는

$$Z=\frac{j\omega LR}{(R+j\omega L)}+\frac{\dfrac{R}{j\omega C}}{R+\dfrac{1}{j\omega C}}$$

$$=\frac{j\omega LR}{(R+j\omega L)}+\frac{R}{(1+j\omega CR)}$$

$$=\frac{j\omega LR(1+j\omega CR)+R(R+j\omega L)}{(R+j\omega L)(1+j\omega CR)}$$

$$=\frac{j\omega LR-\omega^2LCR^2+R^2+j\omega LR}{R+j\omega CR^2+j\omega L-\omega^2LCR}$$

$$=\frac{R^2(1-\omega^2LC)+j2\omega LR}{R(1-\omega^2LC)+j\omega(L+CR^2)}\Rightarrow\frac{A_0+jA_1}{B_0+jB_1}$$ 의 관계에서

2. 정저항 회로의 조건

문제 그림과 같은 합성저항 Z에서 $\frac{A_0}{B_0} = \frac{A_1}{B_1}$의 관계가 만족하면,

주파수에 관계없이 항상 일정한 실수값을 갖는다.

즉 $Z_0 = \frac{A_0}{B_0}$가 되고 허수부가 0이되며, 정저항회로가 된다. 그러므로

$\frac{R^2(1-\omega^2 LC)}{R(1-\omega^2 LC)} = \frac{2\omega LR}{\omega(L+CR^2)}$

$R = \frac{2LR}{(L+CR^2)}$에서

$R(L+CR^2) = 2LR$을 정리하면

$(L+CR^2) = 2L$

$CR^2 - L = 0$

$L = CR^2$

3. 맺음말

따라서, $R = \sqrt{\frac{L}{C}}$이다. 이때 $Z = \sqrt{\frac{L}{C}}$가 되어 정저항회로임을 알 수 있다.

예제 05 최대전력 전달조건을 설명하시오.	(83-1-10)

풀이

1. 개요

회로망에서 중요한 문제는 부하에 최대전력을 전달시킬 수 있는 방법은 무엇인가? 이를 위하여 임피던스 정합은 일정전원에 의하여 부하에 전력을 최대로 전달할 수 있는 필수조건이다.

2. 최대전력 전달조건

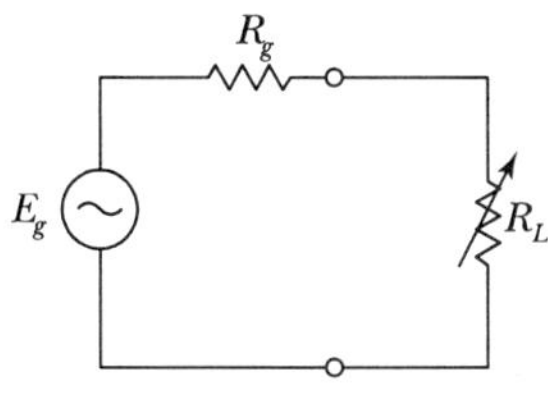

[그림 1] 순저항

1) 전원의 내부 임피던스와 부하가 순저항일 때 부하에 최대전력 전달

(1) 내부저항을 R_g, 부하저항을 R_L라고 할 때 부하에 공급되는 전력 P_L은

$$P_L = |i|^2 R_L = \left(\frac{|E_g|}{R_g + R_L}\right)^2 \cdot R_L = \frac{|E_g|^2 R_L}{(R_g + R_L)^2} \quad \cdots\cdots ①$$

(2) 여기서 R_g를 일정하게 하고 R_L을 변화시켜 최대전력을 얻기 위한 조건을 사용하면 위 식을 R_L로 미분하여 그 결과를 "0"으로 놓고 구하면

$$\frac{dP_L}{dR_L} = \frac{(R_g + R_L)^2 - 2R_L(R_g + R_L)}{(R_g + R_L)^4}|E|^2 = 0$$

$\Rightarrow R_g^2 + 2R_g R_L + R_L^2 - 2R_g R_L - 2R_L^2 = 0,\ R_g^2 - R_L^2 = 0$에서

$\therefore\ R_L = R_g$ ······························ ②

(3) 즉, 부하저항이 내부저항과 같을 때 최대전력을 얻는다.

이때 출력은 $P_L = \dfrac{|E_g|^2}{4R_g}$

2) 내부 임피던스가 순저항이 아니고 $Z_g = R_g + jX_g$로 표시될 때 저항부하에 최대전력 전달

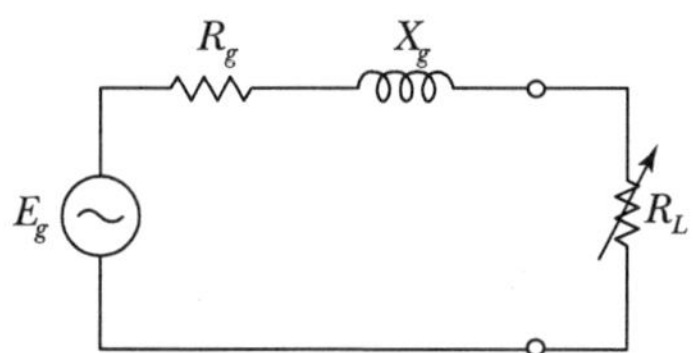

[그림 2] Z_g 저항부하

(1) $P_L = |\,i\,|^2 \cdot R_L = \dfrac{|E_g|^2 R_L}{(R_g + R_L)^2 + X_g^2}$ ······························ ③

(2)
$$\frac{dP_L}{dR_L} = \frac{(R_g + R_L)^2 + X_g^2 - 2R_L(R_g + R_L)}{\{(R_g + R_L)^2 + X_g^2\}^2}|E_g|^2$$
$$= \frac{R_g^2 - R_L^2 + X_g^2}{\{(R_g + R_L)^2 + X_g^2\}^2}|E_g|^2 = 0$$

$\therefore\ R_L^2 = R_g^2 + X_g^2 = |Z_g|^2 \qquad R_L = |Z_g|$ ······························ ④

(3) 즉, '부하저항'이 '내부 임피던스'의 절대치와 같을 때 최대전력이 전송된다.

3) 내부 임피던스가 $Z_g = R_g + jX_g$, 부하 임피던스가 $Z_L = R_L + jX_L$로 표시될 때 최대전력의 전달

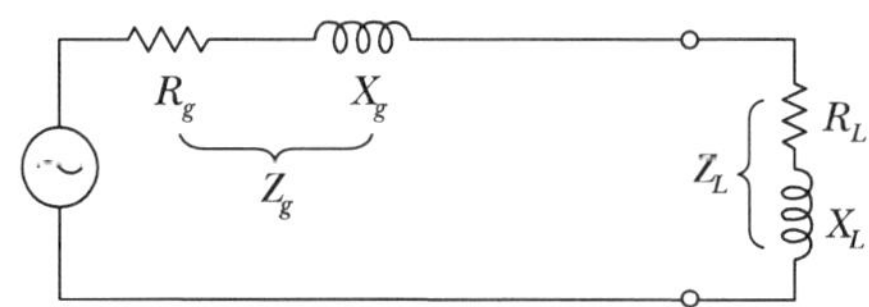

[그림 3] 부하 임피던스

(1) $P_L = |i|^2 R_L = \dfrac{|E_g|^2 \cdot R_L}{(R_g + R_L)^2 + (X_g + X_L)^2} = 0$ ············ ⑤

만일 R_L을 적당한 값에 놓고 직렬 공진상태에 있을 때 즉, $X_L = -X_g$의 조건이 성립할 경우 회로전류는 최대가 되며, 이때의 출력은

$$P_L = \frac{|E_g|^2 \cdot R_L}{(R_g + R_L)^2} \quad \cdots\cdots\cdots\cdots ⑥$$

(2) 여기서, R_L를 변경시켜 P_L를 최대로 하는 조건을 사용하여 위 식을 R_L로 미분하여 결과를 0으로 놓으면 $R_g = R_L$일 때 최대전력을 공급할 수 있다.

$$\frac{dP_L}{dR_L} = \frac{(R_g + R_L)^2 - 2R_L(R_g + R_L)}{(R_g + R_L)^4} \cdot |E_g|^2 = 0$$

정리하면 $R_g^2 + 2R_gR_L + R_L^2 - 2R_LR_g - 2R_L^2 = 0$

$\therefore R_g = R_L$

이와 같이 최대전력을 전송하기 위한 Z_L의 값은

$$Z_L = R_L + jX_L = Z_g \quad \cdots\cdots\cdots\cdots ⑦$$

(3) 즉, '부하 임피던스'가 '내부 임피던스'와 공진일 때이며 이때의 출력(P_L)은

$$P_L = \frac{|E_g|^2}{4R_g} \quad \cdots\cdots\cdots\cdots ⑧$$

3. 임피던스 정합

부하가 고정되어 있는 경우에는 부하와 회로망의 등가 임피던스 사이에 적당한 수동 회로망을 삽입하여 부하에 최대전력이 전달되도록 조정하는 것을 임피던스 정합이라 한다.

예제 06 R을 변화시킬 때 저항에서 소비되는 최대전력을 구하라.

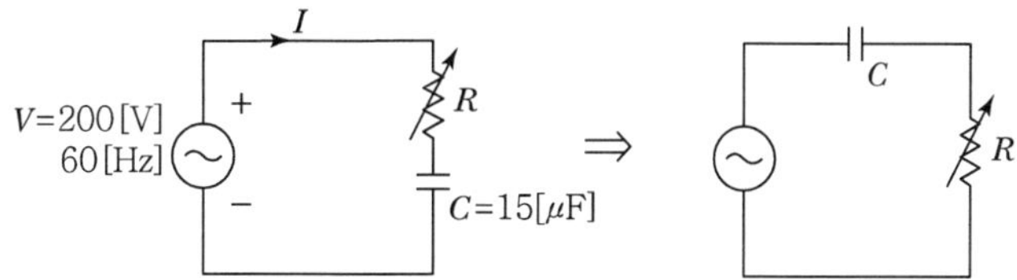

풀이

1. 회로의 소비전력과 최대전력의 조건은

1) 회로전류 $I=\dfrac{V}{\sqrt{R^2+X_C^2}}$ 로부터 소비전력(P)은

$$P=I^2R=\frac{V^2\cdot R}{R^2+X_C^2}=\frac{V^2}{R+\frac{1}{R}X_C^2}$$

2) 이때 P가 최대로 되려면 P의 분모가 최소로 되어야 하므로

$$\frac{d\left\{R+\frac{1}{R}X_C^2\right\}}{dR}=1-\frac{1}{R^2}X_C^2=0$$

$$1=\frac{1}{R^2}X_C^2,\quad R^2=X_C^2\quad \therefore\ R=X_C$$

이로부터 분모의 최소조건은 $R+X_C=0$ 즉, $R=-X_C=\dfrac{1}{\omega C}$이다.

2. 소비되는 최대전력은

$$P_{\max}=\frac{V^2}{\frac{1}{\omega}C+\omega C\left(\frac{1}{\omega}C\right)^2}=\frac{1}{2}\omega CV^2$$

$$=\frac{1}{2}\times 2\pi\times 60\times 15\times 10^{-6}\times 200^2$$

$$=113[\text{W}]$$

PART 01 전기기초

예제 07 다음 브리지 회로에서 수화기 Ⓣ의 소리가 나지 않을 때 다음의 관계가 성립됨을 증명하시오. 〈56회 발송배전기술사〉

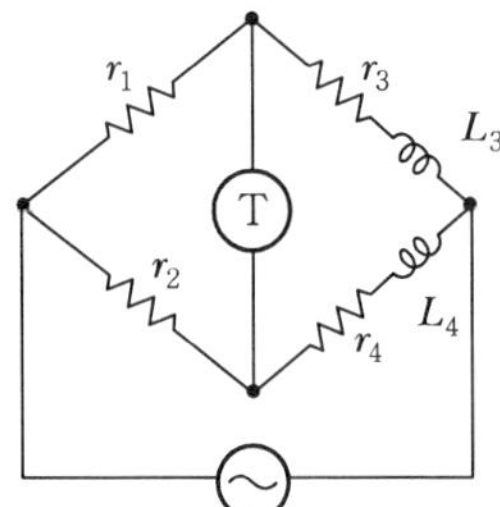

$$\frac{r_1}{r_2}=\frac{r_3}{r_4}=\frac{L_3}{L_4}$$

풀이

1. 브리지 회로의 평형조건에서

$r_1(r_4+j\omega L_4)=r_2(r_3+j\omega L_3)$이므로

$r_1 r_4+j\omega L_4 r_1=r_2 r_3+j\omega L_3 r_2$

2. 실수부와 허수부를 분리하면

1) 실수부의 경우

$r_1 r_4=r_2 r_3$

$\therefore\ \frac{r_1}{r_2}=\frac{r_3}{r_4}$ .... ①

2) 허수부의 경우

$j\omega L_4 r_1=j\omega L_3 r_2$

$\frac{r_1}{r_2}=\frac{j\omega L_3}{j\omega L_4}=\frac{L_3}{L_4}$에서 $\therefore\ \frac{r_1}{r_2}=\frac{L_3}{L_4}$ .... ②

3) 실수부와 허수부의 관계에서

$\therefore\ \frac{r_1}{r_2}=\frac{r_3}{r_4}=\frac{L_3}{L_4}$

3. 맺음말

브리지 회로의 평형조건에서는 수화기 Ⓣ에 소리가 나지 않으며, 이때 임피던스 함수 Z가 대칭인 임피던스 정합상태의 정저항회로가 될 경우 수화기에는 전류가 흐르지 않는다.

예제 08 그림과 같은 60[Hz] 교류회로에서 저항 R을 변화시킬 때, 저항에서 소비되는 최대전력을 구하여라. **〈29회 건축전기설비기술사〉**

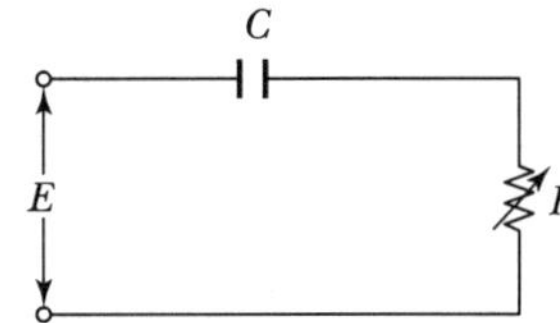

풀이

1. 부하에서 소비되는 전력은

$$P = I^2 R = \left(\frac{E}{\sqrt{R^2 + \left(\frac{1}{\omega C}\right)^2}} \right)^2 \cdot R = \frac{E^2 \cdot R}{R^2 + \left(\frac{1}{\omega C}\right)^2}$$

위 식의 분자 · 분모를 R로 나누면

$$P = \frac{E^2}{R + \frac{1}{R}\left(\frac{1}{\omega C}\right)^2} \quad \cdots\cdots ①$$

2. 최대전력의 조건은

소비전력 P가 최대가 되려면

분모 $R + \frac{1}{R}\left(\frac{1}{\omega C}\right)^2$이 최소가 되어야 하므로

$R + \frac{1}{R}\left(\frac{1}{\omega C}\right)^2 = X$라 하면

$$\frac{dX}{dR} = 1 - \frac{1}{R^2}\left(\frac{1}{\omega C}\right)^2 = 0$$

$\therefore\ R = \frac{1}{\omega C}$ 즉, 최대전력의 조건은 $R = \frac{1}{\omega C}$이다.

3. 저항 R에서 소비되는 최대전력은 $R = \frac{1}{\omega C}$를 대입하면

$$P_{\max} = \frac{E^2}{\left(\frac{1}{\omega C}\right) + \omega C\left(\frac{1}{\omega C}\right)^2} = \frac{E^2}{\frac{1}{\omega C} + \frac{1}{\omega C}}$$

$$= \frac{1}{2}\omega C E^2 = \frac{E^2}{2R}$$이다.

예제 09 그림과 같은 60[Hz] 교류회로에서 저항 R을 변화시킬 때, 저항에서 소비되는 최대전력을 구하여라.(단, $E=100[\mathrm{V}]$, $C=100[\mu\mathrm{F}]$이다.)**〈54회 건축전기설비기술사〉**

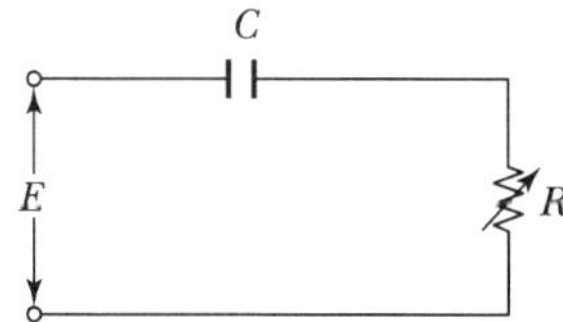

풀이

1. 부하에서 소비되는 전력은

회로에 흐르는 전류를 $I\left(=\dfrac{E}{R+\dfrac{1}{j\omega C}}\right)$라 하고 소비전력을 P라고 하면,

$P=I^2R$이므로 $P=I^2R=\left(\dfrac{E}{\sqrt{R^2+\left(\dfrac{1}{\omega C}\right)^2}}\right)^2\cdot R=\dfrac{E^2R}{R^2+\left(\dfrac{1}{\omega C}\right)^2}$

분모 · 분자를 $\dfrac{1}{R}$로 곱하면 $P=\dfrac{E^2}{R+\dfrac{1}{R}\left(\dfrac{1}{\omega C}\right)^2}$

2. 최대전력의 조건은

소비전력 P가 최대가 되려면, 분모가 최소로 되어야 하므로

$R=\dfrac{1}{R}\left(\dfrac{1}{\omega C}\right)^2=A$라 하면

$\dfrac{dA}{dR}=1-\dfrac{1}{R^2}\left(\dfrac{1}{\omega C}\right)^2=0$

$\therefore\ R=\dfrac{1}{\omega C}$ 즉, 최대전력의 조건은 $R=\dfrac{1}{\omega C}$이 된다.

3. 저항 R에서 소비되는 최대전력은 $R=\dfrac{1}{\omega C}$를 대입하면

$P_{\max}=\dfrac{E^2}{\dfrac{1}{\omega C}+\omega C\left(\dfrac{1}{\omega C}\right)^2}=\dfrac{1}{2}\omega CE^2$

여기서, $C=100[\mu\mathrm{F}]$, $E=100[\mathrm{V}]$이므로

$\therefore\ P_{\max}=\dfrac{1}{2}\times 2\pi\times 60\times 100\times 10^{-6}\times 100^2=188.4[\mathrm{W}]$

예제 10 그림의 회로에서 E, r, R, L 및 f가 불변일 경우 C를 가감할 때, 회로에 흐르는 전류를 최대로 하는 C의 값을 구하여라. **〈34회 건축전기설비기술사〉**

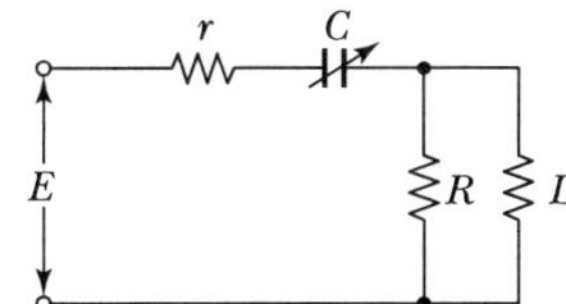

풀이

1. 합성 임피던스 $Z[\Omega]$는

$$Z = r - j\frac{1}{\omega C} + \frac{j\omega LR}{R + j\omega L}$$

$$= r - j\frac{1}{\omega C} + \frac{j\omega LR(R - j\omega L)}{(R + j\omega L)(R - j\omega L)}$$

$$= r - j\frac{1}{\omega C} + \frac{j\omega LR^2 + \omega^2 L^2 R}{R^2 - j\omega LR + j\omega LR + \omega^2 L^2}$$

$$= r - j\frac{1}{\omega C} + \frac{j\omega LR^2}{R^2 + \omega^2 L^2} + \frac{\omega^2 L^2 R}{R^2 + \omega^2 L^2}$$

$$= \left(r + \frac{\omega^2 L^2 R}{R^2 + \omega^2 L^2}\right) + j\left(\frac{\omega LR^2}{R^2 + \omega^2 L^2} - \frac{1}{\omega C}\right)[\Omega]$$

2. 최대전력의 조건

제1항은 정수이므로, Z를 최소로 하기 위해서는 허수부가 0이어야 한다.

$$\frac{\omega LR^2}{R^2 + \omega^2 L^2} = \frac{1}{\omega C}$$

$$\therefore\ C = \frac{R^2 + \omega^2 L^2}{\omega^2 LR^2}$$

예제 11 자기회로에서 옴(ohm)의 법칙을 수식으로 나타내고, 그림을 그려 설명하시오.

〈55회 발송배전기술사〉

풀이

1. 자기회로 옴법칙

그림에서 환상 코일의 권수를 N, 자로의 평균 길이를 l[m]로 하여 코일에 전류 I[A]를 흘리면 코일 내부의 자기장은 $Hl = NI$라는 관계식으로부터

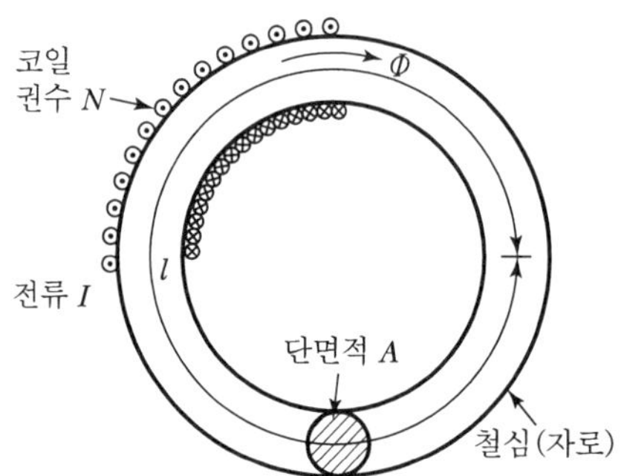

환상 코일에 의한 자기 회로에서

$$H = \frac{NI}{l}\text{[AT/m]}$$

가 된다.

2. 자기저항

자기장에 의해서 철심이 자화되어 철심 내부에 발생하는 자속 밀도를 B[Wb/m^2], 투자율을 μ라고 하면 $B = \mu H$이므로

철심 내부를 통과하는 전 자속 Φ는 철심의 단면적을 A[m^2]라고 할 때 다음과 같이 된다.

$$\Phi = BA = \mu HA = \mu\frac{NI}{l}A = \frac{NI}{\left(\dfrac{l}{\mu A}\right)} = \frac{NI}{R}\text{[Wb]}$$

여기서, $R = \dfrac{l}{\mu A} = \dfrac{NI}{\Phi}$[AT/Wb]

3. 맺음말

자기회로의 옴의 법칙이란 자기회로를 통하는 자속(Magnetic Flux) Φ[Wb]는 기자력(Magneto Motive Force) NI[AT]에 비례하고 자기저항(Reluctance) R에 반비례한다.

CHAPTER 02

교류전력

PART 01 전기기초

2.1 회로해석

1. 선형회로의 해석

가. 전기회로를 구성하는 소자를 다음과 같이 구분한다.

1) **수동소자(Passive Element)** : 저항기(R), 인덕터(L), 커패시터(C)는 전력발생 불가능소자
2) **능동소자(Active Element)** : 이상적 전압원, 이상적 전류원는 전력발생 가능소자

여기서 R, L, C를 회로상수(Circuit Constant), 능동소자에는 종속전원이 있다.

나. 실제 소자의 단자에서 $v-i$ 관계가 정전압원 또는 정전류원 같이 직선적으로 변하지 않는 것을 비선형소자라고 한다. 이와 같은 비선형소자(Non-linear Element)들도 좁은 동작 범위에서는 선형회로(Linear Circuit)만을 취급한다. 선형회로의 가장 큰 특징은 중첩의 원리가 성립한다는 것이다.

다. 회로해석은 주어진 선형회로에 전원이 인가되었을 때 회로의 임의의 부분에 흐르는 전류 또는 임의의 두 점 간의 전압을 계산하는 것을 목적으로 한다. 따라서 회로응답은 과도상태(Transient State)와 정상상태(Steady State)의 두 가지 해석으로 구분할 수 있다. L, C를 포함한 전기회로에서 교란이 일어났을 때에는 복잡한 변동을 거쳐서 정상상태에 이른다.

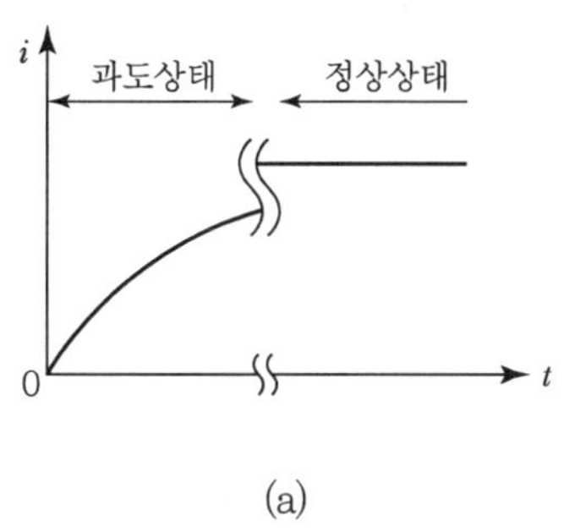

(a)

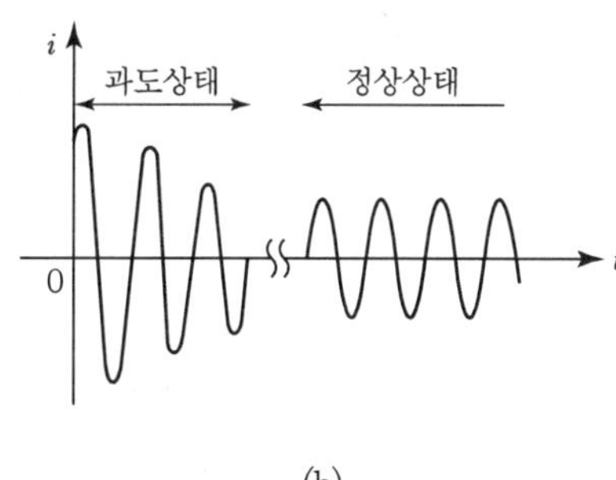

(b)

[그림 1] 과도상태와 정상상태

2. 쌍대성(직렬회로와 병렬회로)

대부분의 회로에 대해서 쌍대적인 회로가 존재하므로 쌍대성을 이용하면 취급해야 할 회로의 수를 반으로 줄일 수 있다.

[표 1] 쌍대적인 양

직렬회로		병렬회로	
키르히호프의 전압법칙 $\left(\sum_k v_k = 0\right)$		키르히호프의 전류법칙 $\left(\sum_k i_k = 0\right)$	
전압원		전류원	
R	$(v = Ri)$	G	$(i = Gv)$
L	$\left(= L\dfrac{di}{dt}\right)$	C	$\left(i = C\dfrac{dv}{dt}\right)$
C	$\left(v = \dfrac{1}{C}\int idt\right)$	L	$\left(i = \dfrac{1}{L}\int vdt\right)$
v		i	
i		v	
λ	$(\lambda = Li)$	q	$(q = Cv)$
자기에너지	$\left(w_L = \dfrac{1}{2}Li^2\right)$	정전에너지	$\left(w_C = \dfrac{1}{2}Cv^2\right)$
직렬스위치의 닫음		병렬스위치의 개방	

3. 회로의 일반적 해석방법

가. 절점해석법

아래 그림과 같은 전류전원과 컨덕턴스로 구성된 간단한 회로를 생각하자.

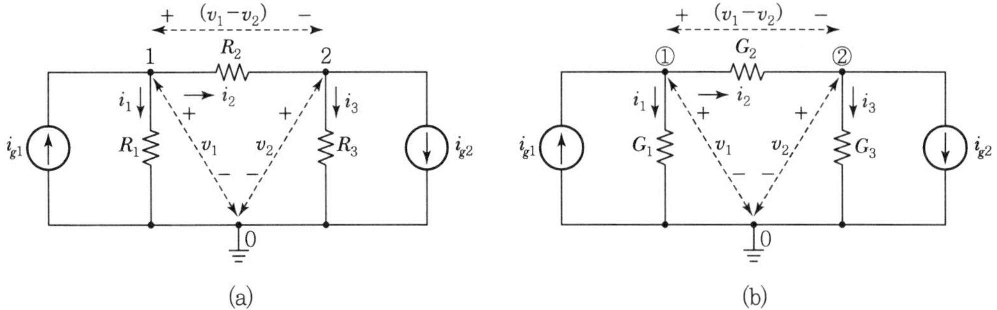

[그림 2] 전류전원과 저항으로 구성된 간단한 회로($v_{12} = v_1 - v_2$임에 주목)

앞의 회로는 3개의 절점을 갖고 있어 절점 0을 기준절점으로 택하는 것이 자연스럽다. 따라서 기준절점 0에 대한 다른 절점 ①, ②의 v_1, v_2전압을 절전전압이라 하고 각 지로전류를 다음과 같이 가정하면 절점 ①, ②에서의 키르히호프의 전류법칙(KCL)은

$$\left.\begin{aligned} \text{절점 ①}:&\quad i_1 + i_2 - i_{g1} = 0 \\ \text{절점 ②}:&\quad -i_2 + i_3 + i_{g2} = 0 \end{aligned}\right\} \quad \cdots\cdots (1)$$

이 식을 절점전압 v_1, v_2로 표시해야 한다. 각 저항에서의 $i-v$ 관계로부터

$$i_1 = \frac{v_1}{R_1},\ i_2 = \frac{v_1 - v_2}{R_2},\ i_3 = \frac{v_2}{R_3} \quad \cdots\cdots (2)$$

여기서 특히 주의할 것은 절점 ①로부터 절점 ②로 생기는 전압강하가 $(v_1 - v_2)$로 표시된다는 것이다. 식 (2)를 식 (1)에 대입하면

$$\left.\begin{aligned} &\frac{v_1}{R_1} + \frac{v_1 - v_2}{R_2} - i_{g1} = 0 \\ &-\frac{v_1 + v_2}{R_2} + \frac{v_2}{R_3} + i_{g2} = 0 \end{aligned}\right\} \quad \cdots\cdots (3)$$

식 (3)을 전류와 전압에 관하여 정돈하면

$$\left.\begin{aligned} &\left(\frac{1}{R_1} + \frac{1}{R_2}\right)v_1 - \frac{1}{R_2}v_2 = i_{g1} \\ &-\frac{1}{R_2}v_1 + \left(\frac{1}{R_2} + \frac{1}{R_3}\right)v_2 = -i_{g2} \end{aligned}\right\} \quad \cdots\cdots (4)$$

식 (4)의 연립방정식을 풀어서 절점전압 v_1, v_2을 구하면 된다.
컨덕턴스를 사용한 [그림 2]의 (b)를 KCL 식으로 표현하면

$$\left.\begin{aligned} &\text{절점 ①} : (G_1 + G_2)v_1 - G_2 v_2 = i_{g1} \\ &\text{절점 ②} : -G_2 v_1 + (G_2 + G_3)v_2 = -i_{g2} \end{aligned}\right\}$$

여기서, $G_{11} = G_1 + G_2$, $G_{12} = G_{21} = -G_2$, $G_{22} = G_2 + G_3$

$$i_1 = i_{g1},\ i_2 = -i_{g2}$$

라 놓으면 식 (4)를 다음과 같은 절점방정식으로 고쳐 쓸 수 있다.

$$\left.\begin{aligned} &G_{11}v_1 + G_{12}v_2 = i_1 \\ &G_{21}v_1 + G_{22}v_2 = i_2 \end{aligned}\right\} \quad \cdots\cdots (5)$$

여기서 G_{11}, G_{22}를 각각 절점 ①과 ②의 자기컨덕턴스, G_{12}와 G_{21}을 절점 ①과 절점 ② 사이의 상호컨덕턴스라고 한다.
그러므로 식 (5)를 풀어서 v_1, v_2을 구하면 모든 지로의 전압, 전류를 구할 수 있다.
절점해석법은 회로의 구조 여하에 불구하고 항상 적용될 수 있는 일반적인 회로해석법의 하나이다.

나. 망로해석법

아래 그림과 같은 전압전원과 저항으로 구성된 간단한 회로를 생각하자. 이 회로에서 망로는 $a-b-d-a$와 $b-c-d-b$ 2개이고, 이것을 각각 망로 1, 망로 2라 부른다. [그림 4]와 같이 망로 1을 순환하여 흐르는 전류 i_1을 가상하면 지로 전류 i_a와 같고, 또 독립적으로 망로 2를 순환하는 전류 i_2를 가상하면 지로전류 i_b와 같다. 그러면 접속점 b에서 d로 흐르는 실제의 지로전류 i_c는 i_1-i_2와 같다.

회로해석에서 지로전류의 양의 방향을 임의로 택할 수 있는 것과 같이 망로전류의 양의 방향도 시계방향을 기준으로 임의로 가정할 수 있다. 따라서 망로전류를 가정하면 각 접속점에서 KCL 식은 자동적으로 만족된다.[가령 절점 b에서 KCL 식은 $i_a-i_b-i_c=i_1-i_2-(i_1-i_2)=0$]. 그러므로 각 망로에 따라 키르히호프의 전압법칙(KVL)만을 고려하면 된다.

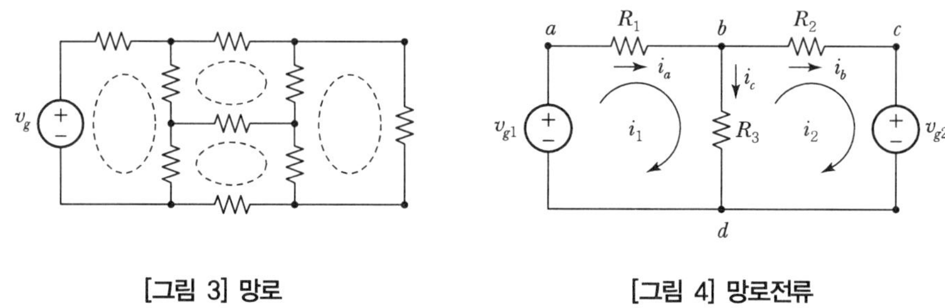

[그림 3] 망로 **[그림 4] 망로전류**

$$\left.\begin{aligned} \text{망로 1}:&\quad R_1i_1+R_3(i_1-i_2)=v_{g1} \\ \text{망로 2}:&\ -R_3(i_1-i_2)+R_2i_2=-v_{g2} \end{aligned}\right\} \quad \cdots\cdots\cdots \quad (6)$$

둘째 식에서 R_3 앞에 $-$의 부호가 붙은 것은 망로 2를 시계방향으로 일주할 때 점 d에서 b로 생기는 전압강하가 $-R_3i_c=-R_3(i_1-i_2)$이기 때문이다.

이 방법에 의한 회로방정식이 [그림 4]의 지로전류 i_a, i_b, i_c를 미지수로 택하여 세운 회로방정식과 일치하는가를 살펴보자.

$$i_c=i_a-i_b$$

$$R_1i_a+R_3(i_a-i_b)=v_{g1}$$

$$-R_3(i_a-i_b)+R_2i_b=-v_{g2}$$

이 식들을 식 (6)과 비교하면 $i_{a=i_1}$, $i_{b=i_2}$라 놓고 또 $i_c=i_1-i_2$라 놓으면 두 방법에서의 회로방정식이 등가임을 알 수 있다.

식 (6)에서 전원전압을 우변으로 옮기고 좌변을 i_1, i_2에 관하여 정돈하면

$$\left.\begin{aligned}(R_1+R_3)i_1-R_3i_2=v_{g1}\\ -R_3i_1+(R_2+R_3)i_2=-v_{g2}\end{aligned}\right\} \quad\cdots\cdots\cdots\cdots\cdots\cdots (7)$$

지금 $R_{11}=R_1+R_3,\ R_{12}=R_{21}=-R_3,\ R_{22}=R_2+R_3$

$v_1=v_{g1},\ v_2=-v_{g2}$

라 놓으면 식 (7)를 다음과 같은 정돈된 망로방정식으로 나타낼 수 있다.

$$\left.\begin{aligned}R_{11}i_1+R_{12}i_2=v_1\\ R_{21}i_1+R_{22}i_2=v_2\end{aligned}\right\} \quad\cdots\cdots\cdots\cdots\cdots\cdots (8)$$

여기서 R_{11}, R_{22}를 각각 망로 1, 망로 2의 자기저항, R_{12}와 R_{21}을 망로 1과 망로 2 사이의 상호저항이라고 한다.

그러므로 식 (8)을 풀어서 i_1, i_2를 구하면 모든 지로의 전류, 전압을 구할 수 있다.

따라서 망로해석법은 평면회로(Planar Circuit, 지로의 교차 없이 평면에 회로도를 그릴 수 있는 회로)에만 항상 적용될 수 있는 해석법이다.

절점해석법과 망로해석법 사이에 [표 2]와 같은 대응관계를 쌍대적(Dual) 관계라 한다.

[표 2] 쌍대적인 양

절점해석법	망로해석법
전류	전압
절점	망로
전류전원	전압전원
절점전압	망로전류
절점방정식	망로방정식
컨덕턴스	저항
자기컨덕턴스	자기저항
상호컨덕턴스	상호저항

이 절에서 지적하고 싶은 것은 망로방정식의 계수들에 대칭성이 존재한다는 것이다. 즉,

$R_{ij}=R_{ji},\ i\neq j$

다. 절점해석법과 망로해석법의 선택

회로해석에서 절점법을 쓸 것인가 또는 망로법을 쓸 것인가 하는 문제는 주로 연립방정식의 수에 따라서 결정할 것이지만 양자의 수가 같거나, 차가 있을 경우 망로법은 전원이 전압원인가 전류원인가, 지로의 저항이 주어진 경우 선택하고, 절점법은 전류원을 포함하고 또 지로의 컨덕턴스가 주어진 경우에는 절점법을 사용하는 것이 편리하게 계산할 수 있다.

4. 회로변환의 예시

가. T－π 변환(또는 Y－Δ 변환)

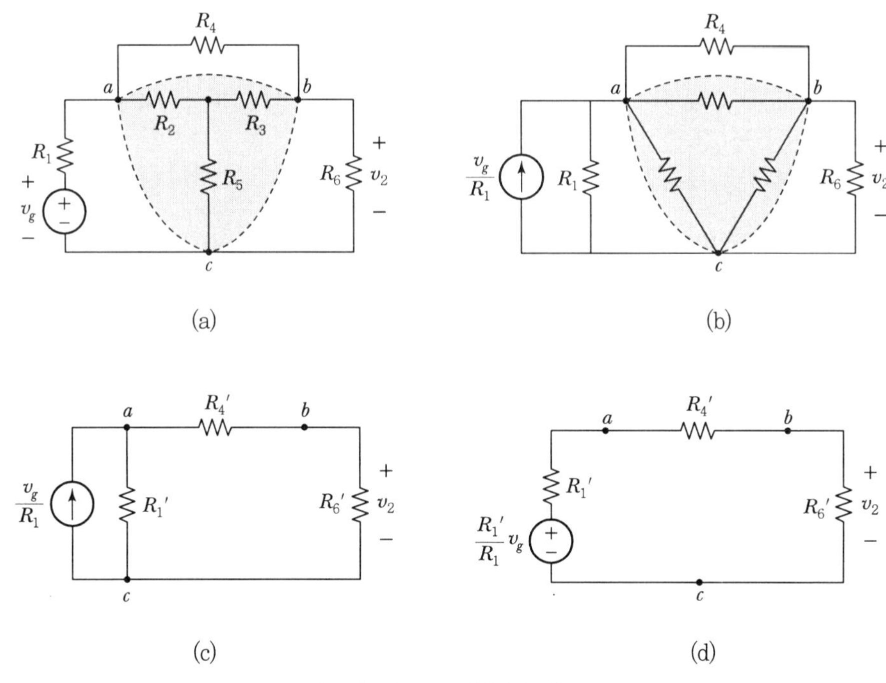

[그림 5] T－π 변환의 예

직병렬회로에서는 직렬저항을 하나의 등가저항으로 대치하고 병렬 컨덕턴스를 하나의 컨덕턴스로 대치함으로써 회로를 단순화하며 해석을 쉽게 할 수 있었다. 그러나 [그림 5]의 (a)와 같은 직병렬구조가 아닌 회로에 대해서는 이와 같이 대치할 수가 없다.
그러나 만일 점선 내의 T형 회로를 [그림 5]의 (b)와 같이 π형 회로로 대치할 수 있다면 계속하여 [그림 5]의 (c), (d)와 같은 변환을 거쳐서 쉽게 v_2를 구할 수 있을 것이다.

나. 회로해석의 예시

1) Δ → Y 변환

[그림 6]의 (c), (d)에서 양 회로가 등가이기 위한 특수한 경우로서 단자 a를 개방하고 $b-c$에서 본 저항이 서로 같아야 한다.

$$R_b + R_c = R_{bc} /\!/ (R_{ca} + R_{ab}) = \frac{R_{bc}(R_{ca} + R_{ab})}{R_{ab} + R_{bc} + R_{ca}}$$

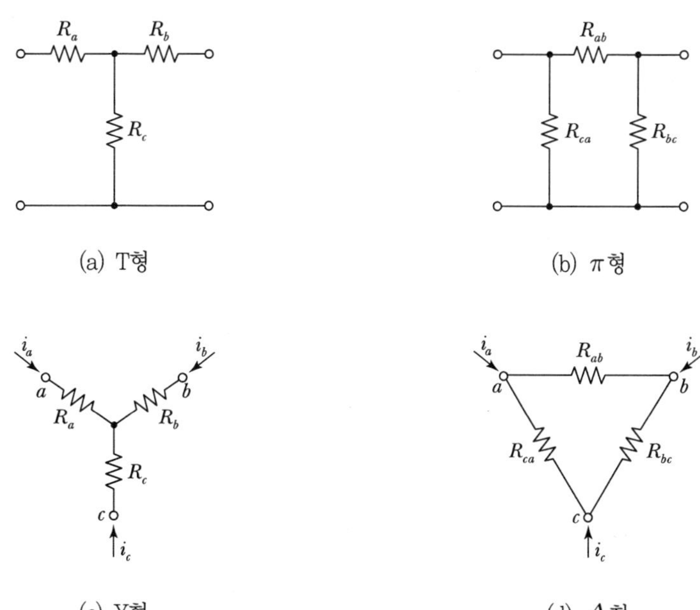

(a) T형　(b) π형　(c) Y형　(d) $\varDelta$형

[그림 6] T(Y)형 회로와 $\pi(\varDelta)$형 회로

마찬가지로 단자 b를 개방하고 $c-a$에서 본 저항을 같게 놓으면

$$R_c + R_a = \frac{R_{ca}(R_{ab}+R_{bc})}{R_{ab}+R_{bc}+R_{ca}}$$

마지막으로 단자 c를 개방하고 $a-b$에서 본 저항을 같게 놓으면$(D = R_{ab}+R_{bc}+R_{ca})$

$$R_a + R_b = \frac{R_{ab}(R_{bc}+R_{ca})}{D}$$

이상 세 식에서 한 식만 알면 다른 식은 첨자를 $a \to b \to c \to a$와 같이 순환적으로 바꿈으로써 얻어진다. 이 세 식으로부터 Y형 회로 R_a, R_b, R_c를 $\varDelta$형 회로 R_{ca}로 표시할 수도 있고, 또 그 반대도 가능하다. 세 식을 합하면

$$R_a + R_b + R_c = \frac{R_{ab}R_{bc}+R_{bc}R_{ca}+R_{ca}R_{ab}}{D} \quad \cdots\cdots (9)$$

식 (9)에서 식 R_b+R_c, R_c+R_a, R_a+R_b을 각각 빼면

$$R_a = \frac{R_{ca}R_{ab}}{D} \quad \cdots\cdots (10)$$

R_b, R_c에 대해서도 꼭 같은 대칭적인 식이 얻어진다. 이 등가조건은 참고로 다음 식에 의하여 변환된다.([그림 7] 참고)

$$R_a = \frac{\text{양측 } R\text{의 곱}}{\sum R}(\text{Y} \leftarrow \Delta)$$

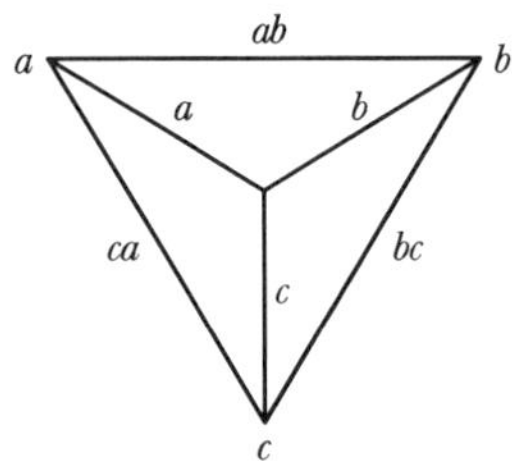

[그림 7] Δ-Y 변환식 도형

2) Y → Δ 변환

반대로 R_{ab}, R_{bc}, R_{ca}를 R_a, R_b, R_c로 표시하면

$$R_{ab} = \frac{R_aR_b + R_bR_c + R_cR_a}{R_c} = \frac{N}{R_c} \quad \cdots\cdots (11)$$

마찬가지로 $R_{bc} = \frac{N}{R_a}$, $R_{ca} = \frac{N}{R_b}$ 다음 식에 의하여 변환된다.([그림 7] 참고)

$$R_{ab} = \frac{\sum R \cdot R}{\text{반대편 } R}(\Delta \leftarrow \text{Y})$$

특히 3개의 저항이 같은 경우에는 [그림 8]과 같이 변환된다.

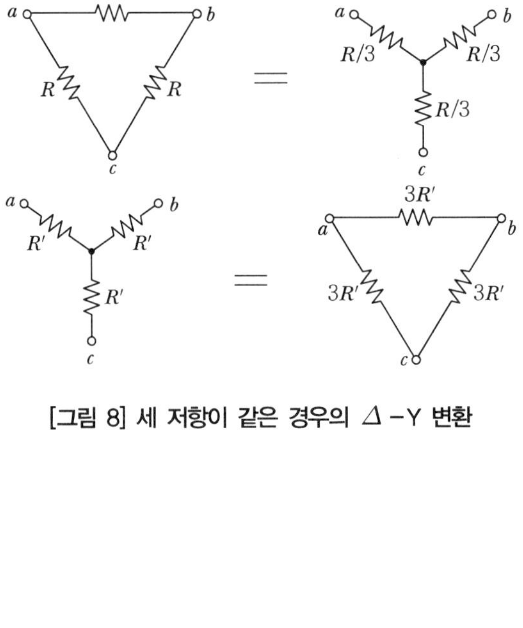

[그림 8] 세 저항이 같은 경우의 Δ-Y 변환

2.2 회로이론

1. 중첩의 원리

선형회로에서 일반적으로 성립되는 중첩의 원리(Superposition Principle)에서 전원이 개별적으로 작용한다는 것은 선형회로에서 전압전원을 단락, 전류전원은 개방함을 의미한다.
예를 들면 [그림 1] (a)에서 회로에서 2[Ω]에 흐르는 전류는 $i+10$[A]이므로 키르히호프의 전압법칙에 의하면 $5=3i+2(i+10)$이다.

$$\therefore\ i=-3[\text{A}]$$

이것은 중첩의 원리에 의하여 전압전원에 의한 [그림 1] (b)의 전류 i'와 전류 전원만에 의한 [그림 1] (c)의 전류 i''와의 합과 같다.

$$i'=\frac{5}{3+2}=1[\text{A}],\ i''=\frac{2}{3+2}\times(-10)=-4[\text{A}]$$

$$\therefore\ i'+i''=-3[\text{A}]$$

전력은 전류나 전압의 제곱에 비례하므로 전력계산에 중첩의 원리를 적용할 수 없다. 가령 [그림 1] (a)의 회로에서 저항 3[Ω]에서 소비되는 전력을 구하는 데 있어서 각 전원이 개별적으로 작용할 때 3[Ω]에서 소비되는 전력을 합하면 틀린 결과를 가져온다. 반드시 합성전류에 의한 소비전력을 계산해야 한다. 이것은 R에서 소비되는 총 전력이 $Ri^2=R(i'+i'')^2\neq Ri'^2+Ri''^2$임을 보아도 명백하다. 전원이 공급하는 전력에 대해서도 중첩의 원리는 성립이 안 된다.

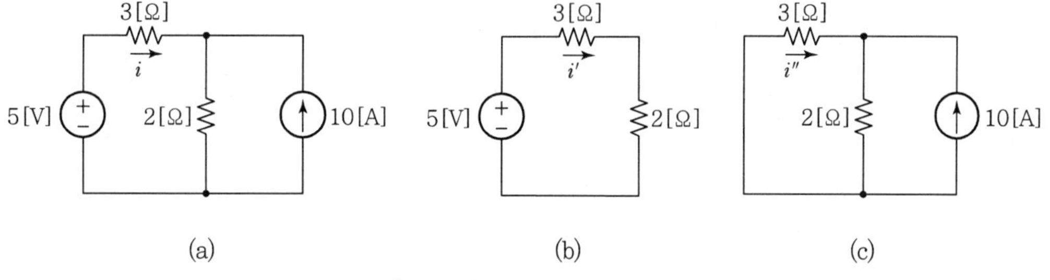

[그림 1] 중첩의 원리 예시

2. 테브난의 정리와 노턴의 정리

테브난(Théverin)의 정리는 "전원을 포함한 저항회로는 그 단자 $a-b$ 외측에 대해서는 등가적으로 하나의 전원전압 v_{Th}에 하나의 저항 R_{Th}로 대치할 수 있다. 여기서 v_{Th}는 원 회로에서 단자 $a-b$를 개방했을 때의 양단 간의 전압이고, R_{Th}는 회로 내부의 전원을 0으로 하고 단자 $a-b$에서 회로 쪽을 본 저항과 같다."

여기서, 테브난의 등가회로에서 v_{Th}를 테브난의 등가전압, R_{Th}를 테브난의 등가저항이라 한다.

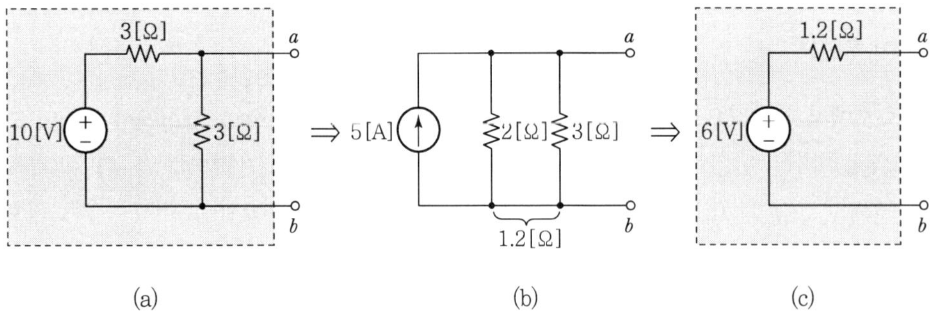

[그림 2] 등가전원의 대치와 테브난의 정리

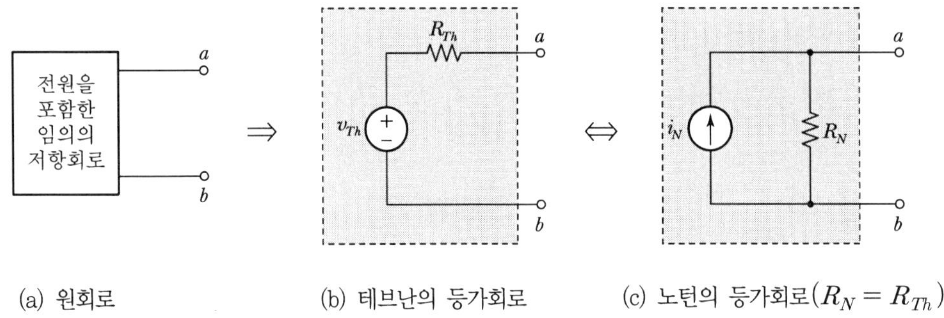

[그림 3] 테브난의 등가회로와 노턴의 등가회로

노턴(Norton)의 정리는 "전원을 포함하는 저항회로의 구조를 갖는 능동회로망도 그 임의의 두 단자 a, b 외측에 대해서는 이것을 등가적으로 하나의 전류전원 i_N에 하나의 어드미턴스 $R_N(=R_{Th})$가 병렬로 접속된 것으로 대치할 수 있다. 테브난의 등가회로에서 전원변환에 의하여 얻는 전류전원 i_N와 $R_N(=R_{Th})$의 병렬회로를 노턴(Norton)의 등가회로라고 한다." 따라서 i_N은

$$i_N = \frac{v_{Th}}{R_{Tn}},\ v_{Th} = R_N i_N (R_N = R_{Th}) \quad \cdots\cdots ①$$

i_N은 원회로 또는 등가회로에서 $a-b$를 단락했을 때 이를 흐르는 전류와 같다.

$$즉,\ R_{Th}(=R_N) = \frac{a-b \text{ 간의 개방전압}(v_{Th})}{a-b \text{ 간의 단락전류}} \quad \cdots\cdots ②$$

위의 두 정리는 회로해석에서 특히 특정된 단자 간의 전압이나 이를 흐르는 전류를 구할 때 자주 쓰인다.

3. 테브난의 정리 응용

가. [그림 4]의 (a)의 사다리꼴회로에서 3[Ω]의 양단전압만을 구하고 싶을 때 이 회로를 그림에서 점선으로 표시된 부분과 그 외의 두 부분으로 나누고, 단자 $a-b$ 좌측을 테브난의 등가회로로 대치하고 테브난 등가 전압원 $v_{Th} = 15 \times \frac{8}{1+8}$, 테브난의 등가저항 $R_{Th} = 6 + \frac{1 \cdot 8}{1+8}$에서 우측을 등가저항 2[Ω]로 대치하면 [그림 4] (b)와 같이 된다.

따라서 전압분배의 법칙에 의해서 $V_{ab} = \frac{120}{9}[\mathrm{V}] \times \frac{2}{\left(\frac{62}{9}\right)+2} = 3[\mathrm{V}]$이 된다.

나. 테브난 또는 노턴의 등가회로를 이용할 때 주의할 점은 단자 외부에 대해서는 원회로와 등가로 해석하지만 원회로 내부의 전류, 전압, 전력 등을 구할 때에는 반드시 원회로에서 생각해야 한다는 것이다. 예컨대 원회로 내부에서 소비되는 전력은 테브난 또는 노턴의 등가회로의 $R_{Th}(R_N)$에서 소비되는 전력과 같지 않다.

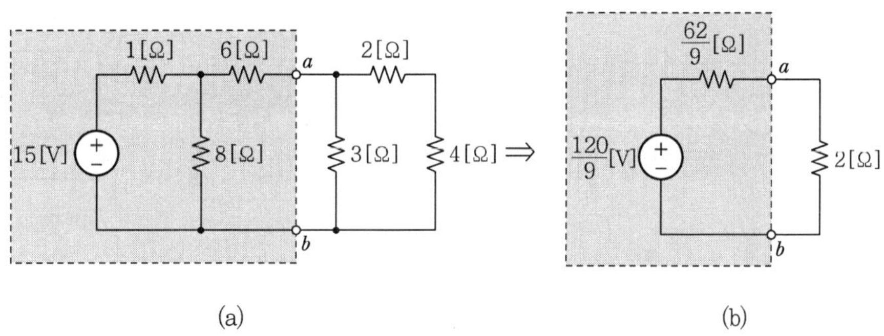

[그림 4] 테브난 정리의 응용

다. 전원변환은 테브난 또는 노턴의 등가회로의 특수한 경우이다.

라. 테브난의 등가저항을 내부저항 또는 출력저항이라고 부르기도 한다.

4. 밀만 정리(Millman's Theorem)

가. 회로망 내에 동일 주파수의 여러 개의 전원이 병렬로 접속되어 있는 경우 하나의 등가전원으로 대치하거나, 특히 임의의 두 점 간의 전압을 구하는 데 유용하다.

나. 밀만의 정리는 테브난 정리와 노튼 정리를 합성한 것이다.

$$\text{밀만의 정리 } V_{ab} = \frac{Y_1 V_1 + Y_2 V_2}{Y_1 + Y_2} = \frac{\sum Y_n V_n}{\sum Y_n} = \frac{I}{Y}$$

다. 등가회로

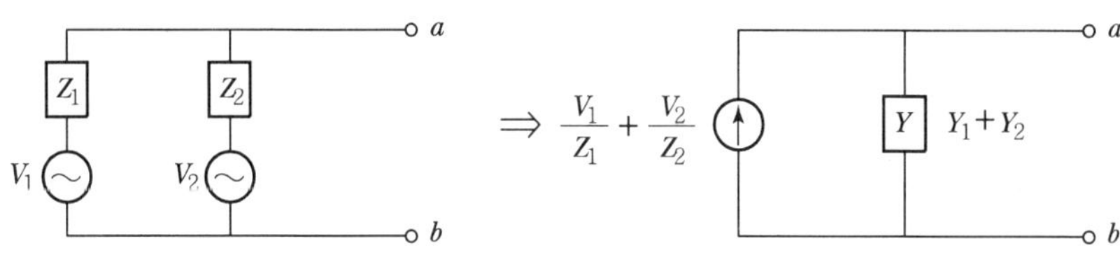

[그림 5] 밀만의 정리

>>참고 전원변환

[그림 6]에서 i_0는 단자 $a-b$를 단락(Short)했을 때의 전류, v_0는 단자 $a-b$를 개방했을 때의 전압임을 알 수 있다.

이와 같이 전압원과 직렬저항을 전류원과 병렬저항으로 대치하고, 또는 그 반대의 대치를 하는 것을 전원변환이라고 한다. 특히 직병렬회로에서 어떤 특정된 두 단자 간의 전압 또는 전류를 구할 때에 유용하다. 이 방법을 적용하는 데 특히 유의할 점은 대치된 부분은 그 외부에 대해서는 등가적이지만 그 내부에 대해서는 그렇지 않다는 것이다.

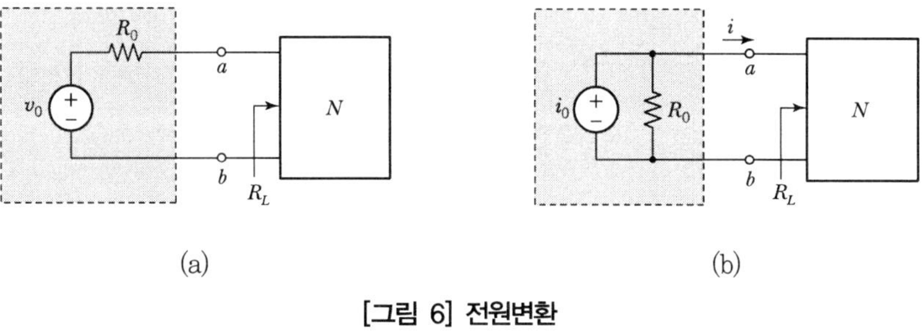

[그림 6] 전원변환

참고문제

다음 [그림 7]의 회로에서 $a-b$ 좌측을 테브난의 등가회로로 바꿈으로써 v_L을 구하라.

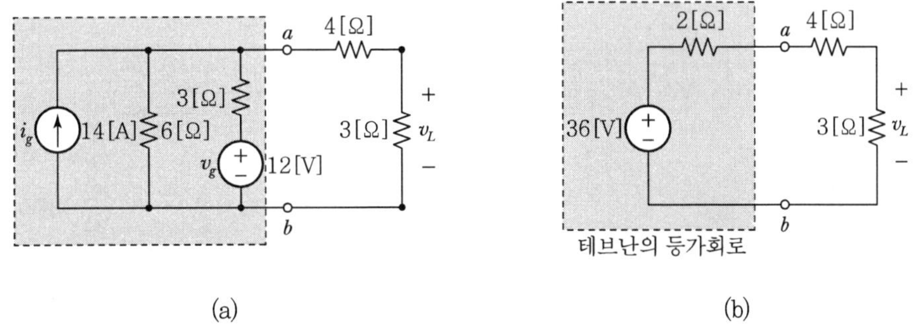

[그림 7] 테브난의 등가변환

풀이

1. 중첩의 원리에서 $a-b$를 개방했을 때의 전압 v_{ab}는

   1) v_g를 단락했을 때의 전압 $14\times\left(\dfrac{6\times3}{6+3}\right)=28[\mathrm{V}]$

   2) i_g를 개방했을 때의 전압 $\dfrac{12}{3+6}\times6=8[\mathrm{V}]$

   3) v_{ab}는 v_g와 i_g 합으로 36[V]가 된다.

2. $a-b$ 등가적 내부저항 R_{ab}는

$$R_{ab}=\frac{6\times3}{6+3}=\frac{18}{9}=2[\Omega]$$

3. 테브난의 등가회로에 의하여

한편 $a-b$ 좌측에 대한 테브난의 등가회로는 [그림 7] (b)의 점선 내부와 같다. 이로부터

$$\therefore\ v_L=36\times\frac{3}{2+4+3}=12[\mathrm{V}]$$

참고문제

[그림 8] (b)의 회로에서 v_{cd}을 구하라.

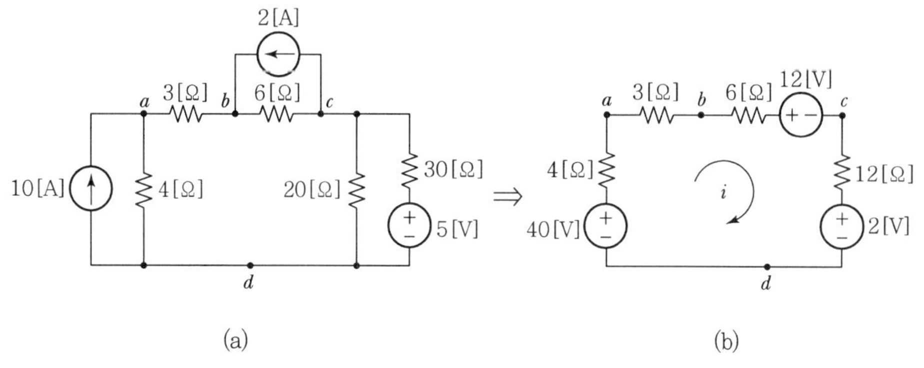

(a) (b)

[그림 8] 직 · 병렬회로 등가변환

풀이

1. 테브난 정리를 사용하면
   1) $a-d$ 좌측, $b-c$ 상측, $c-d$ 우측을 (b)의 등가회로로 변경하면
      (1) $a-d$ 좌측 $V=I \cdot R=4\times 10=40[\text{V}]$, $R=4[\Omega]$
      (2) $b-c$ 상측 $V=I \cdot R=2\times 6=12[\text{V}]$, $R=6[\Omega]$
      (3) $c-d$ 우측 $R=\dfrac{20\times 30}{20+30}=\dfrac{600}{50}=12[\Omega]$

   2) $c-d$에서 단락했을 때 전압은 $V=\dfrac{5}{30+20}\times 20=2[\text{V}]$

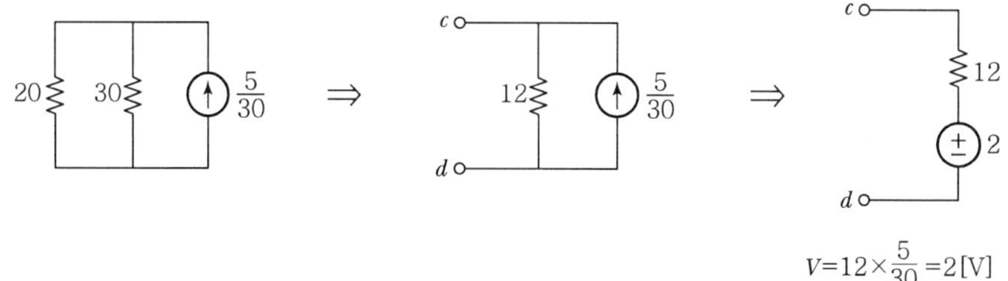

[그림 9] 테브난 정리

2. 회로전류 i값은

$$i=\frac{(40-12-2)[\text{V}]}{(4+3+6+12)[\Omega]}=1.04[\text{A}]$$

3. 회로전압 v_{cd}값은

$$\therefore\ v_{cd}=12[\Omega]\times 1.04[\text{A}]+2[\text{V}]=14[\text{V}]$$

CHAPTER 02

필수예제

> **예제 01** $\Delta-\Delta$ 결선 단상 100[kVA] 변압기에 과부하되지 않고 걸 수 있는 최대용량의 단상부하는 얼마인가? **〈49회 발송배전기술사〉**

풀이

1. Δ 결선인 경우

1상에만 부하를 접속하고 다른 2상에는 부하를 접속하지 않으면 자기 용량보다 많은 최대 단상 부하를 접속할 수 있다.

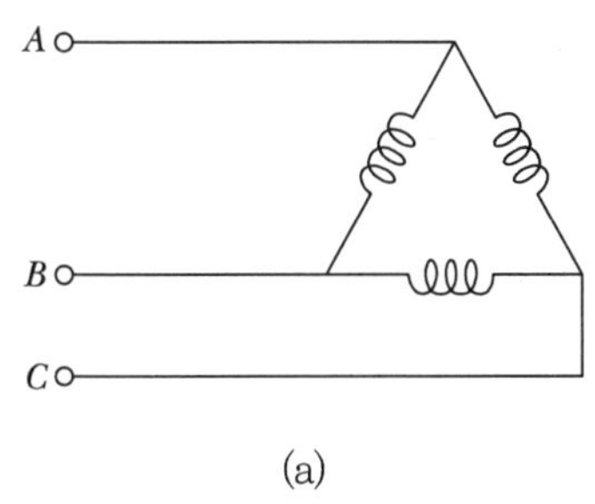

(a)

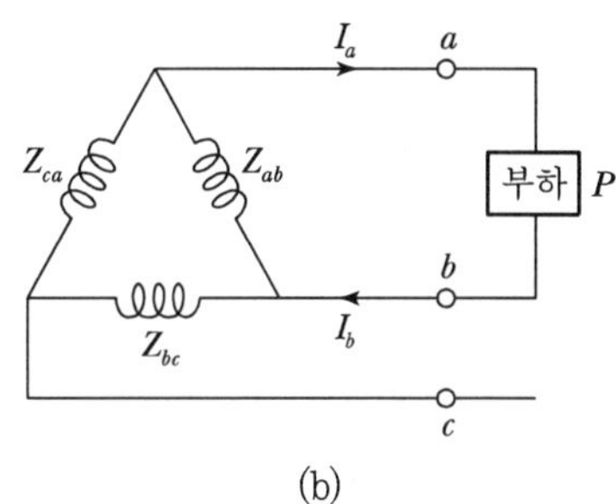

(b)

1) 그림 (b)에서 선전류는

I_a, $I_b = I_a$, $I_c = 0$이고

2) 변압기 상전류 $I_{ab} = \dfrac{V_{ab}}{Z}$에서

$$I_{bc} = \frac{Z_{ab}}{Z_{ab}+Z_{bc}+Z_{ca}} I_a, \quad I_{ca} = \frac{Z_{ab}}{Z_{ab}+Z_{bc}+Z_{ca}} I_a, \quad I_{ab} = \frac{Z_{bc}+Z_{ca}}{Z_{ab}+Z_{bc}+Z_{ca}} I_a$$

위 결과 Z_{ab}와 $Z_{bc}+Z_{ca}$의 직·병렬 회로에 전류가 분류하는 일반적인 전기회로와 같다.

2. 만일, $Z_{ab} = Z_{bc} = Z_{ca}$일 경우

전류는 2 : 1의 비율로 분류되고 부하 P에 대하여 변압기 부담은 $(\text{kVA})_{ab} = \dfrac{2}{3}P$이 된다.

3. 맺음말

따라서, Δ 결선인 경우에 1상에만 부하를 접속하면 다른 2상이 그 부하의 $\dfrac{1}{2}$만큼 분담하게 되므로 단상부하를 최대 150[kVA]까지 걸 수 있다.

예제 02 그림과 같이 20[kVA] 단상 변압기 3대를 Δ결선하고, 여기에 45[kW], 역률 80[%](지상)인 3상 평형부하를 연결하여 전력을 공급하고 있다. 이곳에 추가로 단상 무유도 부하[2] P를 그림과 같이 연결하였을 때 연결할 수 있는 최대부하 P[kW]는 얼마인가?

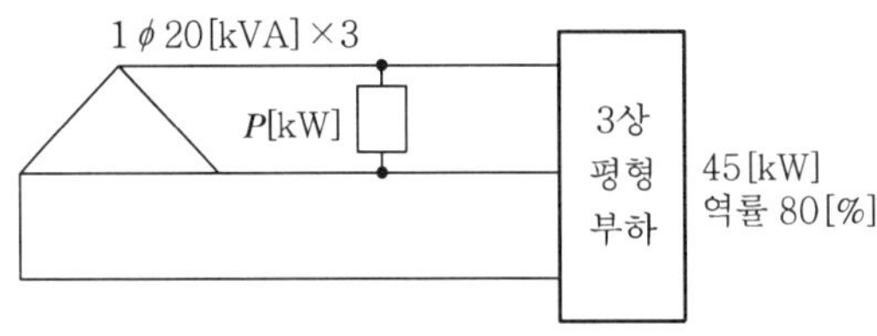

풀이

1. 전력 계산

1) 단상에 대한 유효전력

$P = VI\cos\theta$에서 $\frac{45}{3} = VI\cos\theta$ $\therefore VI = \frac{15}{0.8} = 18.75$[kW]

2) 단상에 대한 무효전력

$Q = VI\sin\theta$이므로 $Q = V \cdot I\sqrt{1-\cos^2\theta}$

여기서, $V \cdot I$는 피상전력이므로

$Q = 18.75 \times \sqrt{1-\cos^2\theta} = 11.25$[kvar]

3) 단상 변압기 용량은 20[kVA]이므로

(피상 전력)^2=(유효전력)^2+(무효전력)^2

$20^2 = (18.75+P)^2 + 11.25^2$

$\therefore P \fallingdotseq 2.23$[kW]

2. 최대부하

그런데, Δ결선인 경우에 1상에만 부하를 접속하면, 2상은 그 부하의 $\frac{1}{2}$을 분담하기 때문에

$P = 2.23 \times \left(1+\frac{1}{2}\right) = 3.345$[kW]

2) 무유도 부하(Non-inductive Load) : 인덕턴스가 없는 부하. 즉 임피던스에서 리액턴스가 저항에 비하여 무시할 수 있는 크기의 부하를 말한다.

예제 03 테브난의 정리와 노턴의 정리를 비교 설명하시오. 〈75-1-1〉

풀이

1. 테브난의 정리

1) [그림 1]과 같은 능동회로에서 임의의 단자 a, b를 끊어내고 이 단자를 개방했을 때 a, b 사이에 나타나는 전압을 V라 하고 a, b단자로부터 회로망 쪽을 본 임피던스(이때 능동회로 내의 전압원은 단락하고 본다)를 Z_S라 한다.

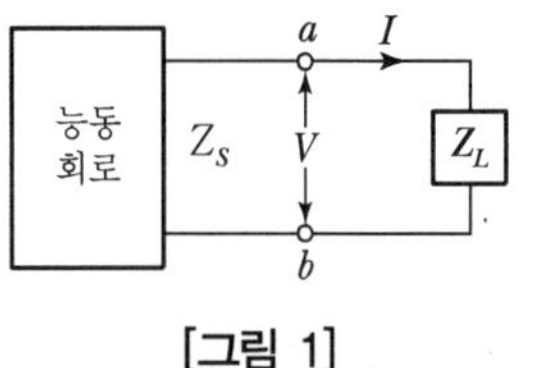

[그림 1]

2) a, b 사이에 임피던스 Z_L을 접속했을 때 Z_L에 흐르는 전류는

$$I = \frac{V}{Z_S + Z_L}$$

로 주어지는데 이를 테브난의 정리라고 한다.

2. 노턴의 정리

1) [그림 2]와 같은 능동회로망에서 임의의 단자 a, b 사이에 어드미턴스 Y_L을 접속할 때 흐르는 전류는 I, a, b단자를 단락시켰을 때 흐르는 전류를 I_S, a, b단자로부터 회로망 쪽을 본 어드미턴스(이때 능동회로 내의 전류원은 개방하고 본다)를 Y_S라 하면

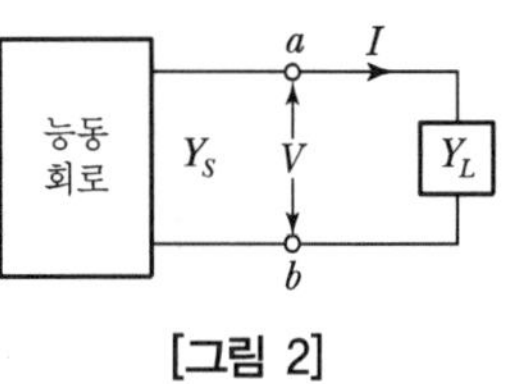

[그림 2]

2) a, b 사이에 어드미턴스 Y_L을 접속했을 때 흐르는 전류 I는

$$I = \frac{Y_L}{Y_S + Y_L} \cdot I_S$$

로 주어지는데 이를 노턴의 정리라고 한다.

3. 노턴의 정리와 테브난의 정리의 비교

1) 테브난의 정리와 노턴의 정리는 서로 쌍대적인 관계를 가지고 있다. 테브난의 정리를 변형시켜 보면

$$I = \frac{V}{Z_S + Z_L} = \frac{V}{\frac{1}{Y_S} + \frac{1}{Y_L}} = \frac{V}{\frac{Y_S + Y_L}{Y_S Y_L}} = \frac{Y_S Y_L V}{Y_S + Y_L} = \frac{Y_L}{Y_S + Y_L} \cdot I_S$$

$$(\because I_S = \frac{V}{Z_S} = Y_S V)$$

로 되어 두 가지의 정리가 동일한 내용을 기술하고 있음을 볼 수 있다.

2) 전원제거는 전압원은 단락, 전류원은 개방하는 것을 말한다.

3) 테브난 정리는 임피던스와 개방 단자전압, 노튼 정리는 어드미턴스와 단락 단자전류를 사용한다.

4) 계통의 고장해석의 경우 고장점에서 고장점의 전압, 고장점에서의 계통임피던스와 고장임피던스를 계산하는 것은 테브난 정리이다.

예제 04	테브난의 정리와 노턴 정리를 설명하고 두 정리가 본질적으로 동일함을 보이시오. 〈93-1-10〉

풀이

1. 앞의 예제 03 풀이 참조

2. 노튼정리를 다시 해석하면

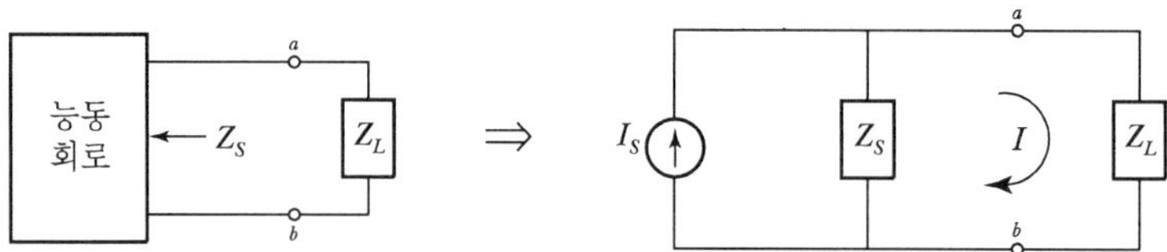

즉, 하나의 전류원 I_S에 내부임피던스 Z_S와 Z_L이 병렬로 연결된 것으로 변환 가능하다.

3. $$I = \frac{Z_S}{Z_S + Z_L} I_S = \frac{\frac{1}{Y_S}}{\frac{1}{Y_S} + \frac{1}{Y_L}} \times I_S = \frac{\frac{1}{Y_S}}{\frac{Y_S + Y_L}{Y_S \cdot Y_L}} \times I_S$$

$$= \frac{Y_L}{Y_S + Y_L} \cdot I_S$$

즉, 위 문제의 테브난의 정리 변형식과 동일하다.

예제 05 다음 회로에 있어서 밀만의 정리를 이용하여 100[Ω] 저항에 흐르는 전류를 구하여라.

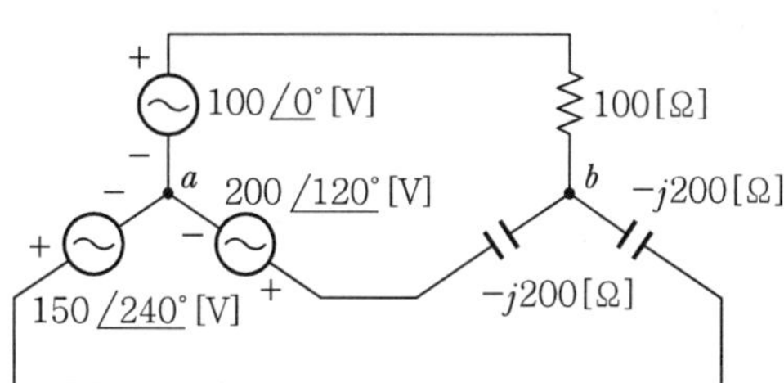

풀이

1. 밀만의 정리를 이용하면 V_{ab}는

우선 점 a, b 사이의 전위차는 다음과 같다.

$$V_{ab}=\frac{\sum Y_n V_n}{\sum Y_n}$$

$$=\frac{\left(\frac{1}{100}\times 100\right)+\left(j\frac{1}{200}\times 200\angle 120°\right)+\left(j\frac{1}{200}\times 150\angle 240°\right)}{\frac{1}{100}+j\left(\frac{1}{200}+\frac{1}{200}\right)}$$

※ 여기서, $\angle 120°=-\frac{1}{2}+j\frac{\sqrt{3}}{2}$, $\angle 240°=-\frac{1}{2}-j\frac{\sqrt{3}}{2}$ 이므로

$$=\frac{\left(\frac{1}{100}\times 100\right)+\left\{j\frac{1}{200}\times 200\left(-\frac{1}{2}+j\frac{\sqrt{3}}{2}\right)\right\}+\left\{j\frac{1}{200}\times 150\left(-\frac{1}{2}-j\frac{\sqrt{3}}{2}\right)\right\}}{\frac{1}{100}+j\left(\frac{1}{200}+\frac{1}{200}\right)}$$

$$=\frac{1+\left(-j\frac{1}{2}-\frac{\sqrt{3}}{2}\right)+\left(-j\frac{1.5}{2}\cdot\frac{1}{2}+\frac{1.5}{2}\cdot\frac{\sqrt{3}}{2}\right)}{\frac{1}{100}+j\frac{1}{100}}$$

$$=\frac{\frac{4+(-j2+2\sqrt{3})+(-j1.5+1.5\sqrt{3})}{4}}{\frac{1+j}{100}}$$

$$=\frac{1-0.866-j0.5+0.65-j0.375}{\frac{1+j}{100}}=\frac{0.784-j0.875}{0.01+j0.01}$$

※ 분자, 분모에 100을 곱하여

$$=\frac{78.4-j87.5}{1+j}=\frac{78.4-j87.5(1-j)}{(1+j)(1-j)}=-4.55-j82.95$$

$$\therefore\ V_{ab}=-4.55-j82.95[\text{V}]$$

2. 따라서, 100[Ω]에 흐르는 전류 I_R은

$$I_R = Y_1(V_1 - V_{ab})$$

$$= \frac{1}{100}(100 + 4.55 + j82.95)$$

$$= 1.046 + j0.829 - 1.33\tan^{-1}\frac{0.829}{1.046} = 1.33\underline{/38°39'} \fallingdotseq 51.06[\mathrm{A}]$$

CHAPTER 03

교류회로

3.1 정현파(사인파)

1. 주파수와 주기

시간에 따라 변하는 사인파형(Sinusoidal Waveform)은 주기파로서 흔히 오실로스코프에서 볼 수 있으며 수학적으로는 다음과 같이 표현할 수 있다.

$$v = V_m \sin\omega t^{3)} \quad \cdots\cdots \text{①}$$

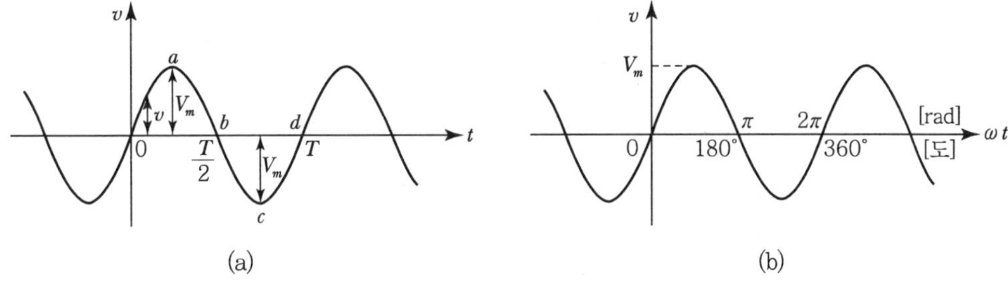

[그림 1] 사인파

v는 각 순간에서의 전압값으로 전압의 순시값이라 하며, V_m은 전압의 최대의 값을 나타내므로 최댓값 또는 진폭이라 한다. 주기파에서 파형이 양, 음의 변화를 완전히 하여 처음 상태에 돌아갈 때까지의 변화를 1사이클(Cycle)이라 한다. 파(波)가 1사이클 변하는 데 요하는 시간을 주기라 한다. 따라서 주기 T와 주파수 f사이에는 다음 관계가 있다.

$$T = \frac{1}{f}[\text{s}] \quad \cdots\cdots \text{②}$$

가령 60[Hz]의 교류의 주기는 $T = \frac{1}{60} = 0.01667$초이다.

식 ①에서 ωt는 라디안(radian)으로 표시되는 각(角)이며, 시간에 따라 균일하게 증가한다. 따라서 ω는 1초간의 각의 증가를 나타내며 이것을 각주파수[4]라 한다. 그 단위는 rad/s이다.

---

3) 사인파를 $v = V_m \cos\omega t$ 로 표시할 수도 있는데, 이것은 식 ①과 시간원점이 다를 뿐이다. 이 책에서는 사인파를 표현하는데 cosine 함수보다 sine 함수를 더 이용하기로 한다. 어느 쪽을 쓰나 해석결과는 동일하다.

4) 각주파수란 정현파의 원주상 회전하는 점이 투영한 것이라 했을 때, 이 점이 단위시간당 몇 회전했는가를 나타내는 것이다.

1주기 T초간에 각은 2π[rad]만큼 증가한다. 따라서

$$\omega = \frac{2\pi}{T}\text{[rad/s]}$$

의 관계가 있다. ωt를 [rad] 대신에 도[°]로 표시할 때가 있다.
f, T, ω 간의 상호 관계는 다음과 같다.

$$T = \frac{1}{f} = \frac{2\pi}{\omega}\text{[s]},\ f = \frac{1}{T} = \frac{\omega}{2\pi}\text{[Hz]}$$

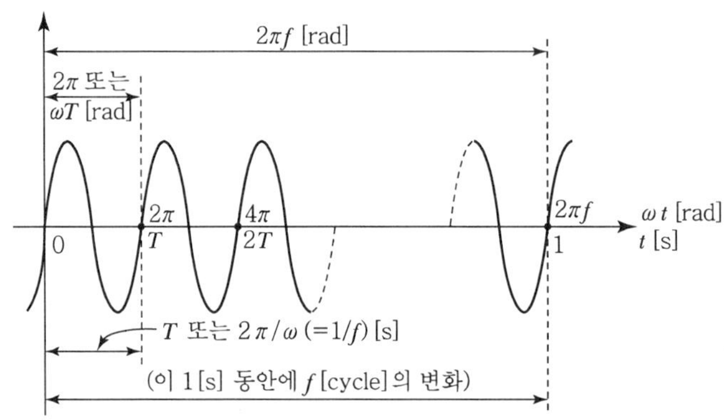

[그림 2] 사인파의 f사이클의 변화

$$\omega = \frac{2\pi}{T} = 2\pi f\text{[rad/s]} \quad \cdots\cdots ③$$

이것으로부터 사인파에 대한 표시식은

$$v = V_m \sin\omega t = V_m \sin 2\pi f t = V_m \sin\frac{2\pi}{T}t$$

여기서, V_m은 진폭 등 여러 가지로 쓸 수 있다.
전력주파수는 일반적으로 60[Hz]이므로
$\omega = 2\pi \times 60 = 377$[rad/s] 또는
$v = V_m \sin 377t$와 같이 표시된다.
참고로 [그림 3]과 같이 일정한 시간간격 T마다 파형이 반복되는 파를 주기파라고 하며 T를 주기파의 주기라고 한다.

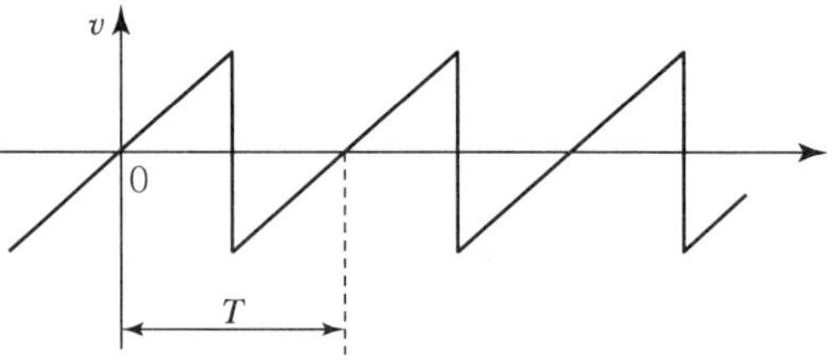

[그림 3] 비사인주기파

2. 위상(Phase)

[그림 4]에서 전압이 표시식을 여러 기점을 중심으로 표시하면

점 A : $v = V_m \sin\omega t$

점 B : $v = V_m \cos\omega t = V_m \sin\left(\omega t + \frac{\pi}{2}\right)$

점 C : $v = -V_m \cos\omega t = V_m \sin\left(\omega t - \frac{\pi}{2}\right)$

점 D : $v = -V_m \sin\omega t = V_m \sin(\omega t \pm \pi)$

점 E : $v = V_m \sin\left(\omega t + \frac{\pi}{4}\right)$

점 F : $v = V_m \sin\left(\omega t - \frac{\pi}{6}\right)$

와 같이 표시될 것이다. 그러므로 일반적으로 사인파는

$$v = V_m \sin(\omega t + \theta) \quad \cdots\cdots ④$$

와 같이 표시된다. 이 θ를 위상 또는 위상각(Phase Angle)이라고 한다.

식 ④로부터 알 수 있는 바와 같이 사인파는 진폭 V_m, 각주파수 ω, 위상각 θ의 세 개의 값으로 규정된다. 식 ④에서 ωt와 θ의 단위는 동일한 것을 써야 하지만 ωt가 rad이더라도 편의상 θ를 도(°)로 표시하는 경우가 많다. 순시값 계산에서는 이 점에 특히 주의할 필요가 있다. 식 ④을 바꾸어 쓰면

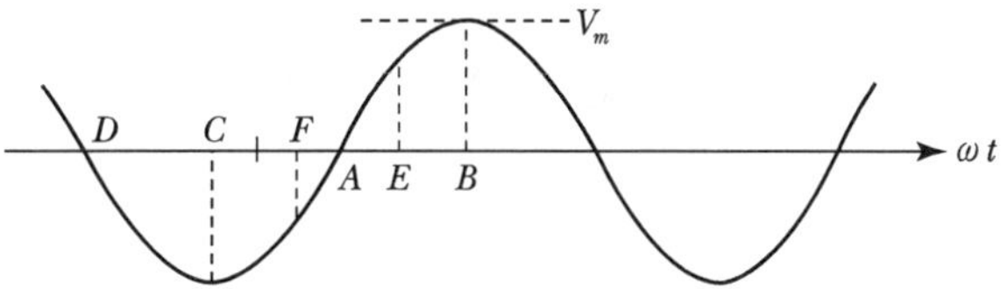

[그림 4] 시간원점의 선택

$$v = V_m \sin\left[\omega\left(t + \frac{\theta}{\omega}\right)\right] \quad \cdots\cdots ⑤$$

이 식을 보면 위상각 θ[rad]은 시간적으로는 $\frac{\theta}{\omega}$[s] 또는 $\frac{\theta}{2\pi}$[s]에 해당함을 알 수 있다.

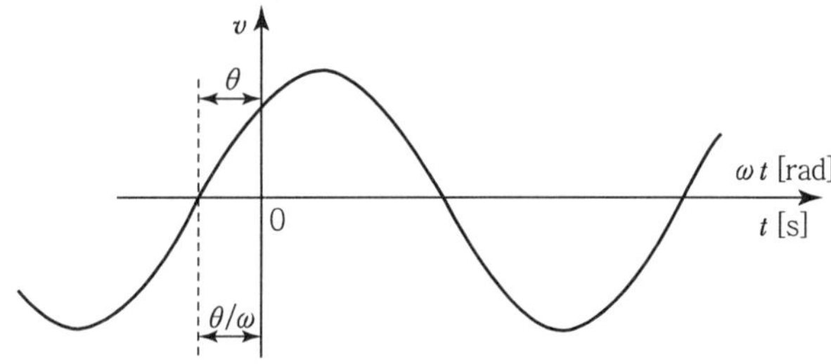

[그림 5] 위상각이 θ인 사인파

참고문제

다음 그림에서 v_1, v_2는 최댓값 50[V]인 동일 주파수의 사인전압이다.

1) 두 사인전압의 순시값에 대한 표시식을 구하라.
2) 주파수가 500[Hz]라면 v_1이 영점을 지나는 시간을 구하라.

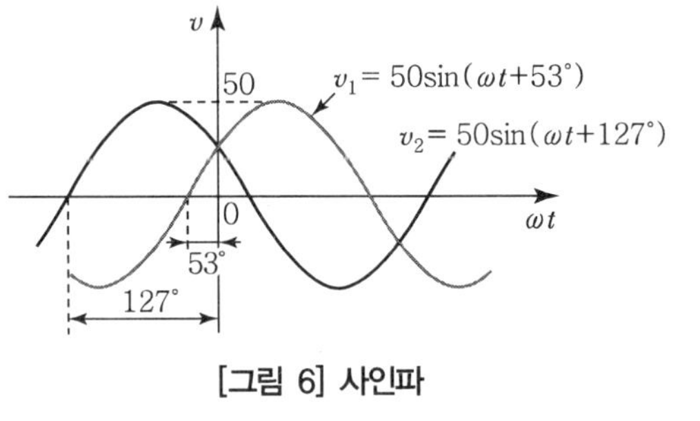

[그림 6] 사인파

풀이

1. 순시값의 표시

   v_1의 위상각은 53°, v_2의 위상각은 180−53=127°이므로

   $v_1 = 50\sin(\omega t + 53°)$[V]

   $v_2 = 50\sin(\omega t + 127°)$[V]

2. v_1이 영점을 지나는 시간 t는

   v_1은 $\omega t + 53° = 0$이 되는 순간에 0이 된다. 따라서 $360° \times ft + 53° = 0$

   $\therefore\ t = \dfrac{-53}{360 \times 500} = -0.29\text{ms}$

   또는 여기서 반주기 $\dfrac{T}{2} = \dfrac{1}{2f} = \dfrac{1}{2 \times 500} = 1[\text{ms}]$의 정수배만큼 떨어진 시점이다.

3. 위상차

[그림 7]은 동일 주파수에서 두 사인파의 상대적 위치를 표시하였다. [그림 7] (a)에서 v, i는 같은 순간에 영점 또는 최대점에 도달하며, 이 두 파는 동상(in Phase)이라고 한다. [그림 7] (b)에서 v, i가 각각 다른 순간에 영점 또는 최대점에 도달하므로 이 두 파는 위상이 어긋났다(out of Phase)고 말한다.

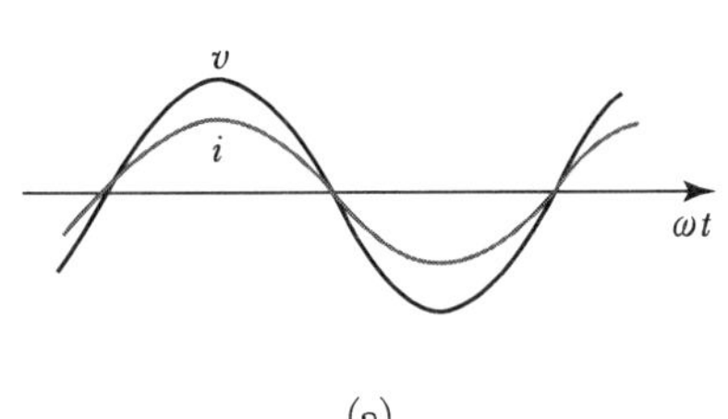

(a)

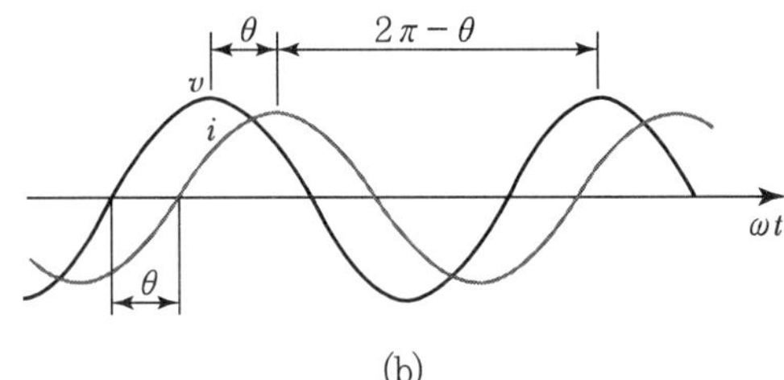

(b)

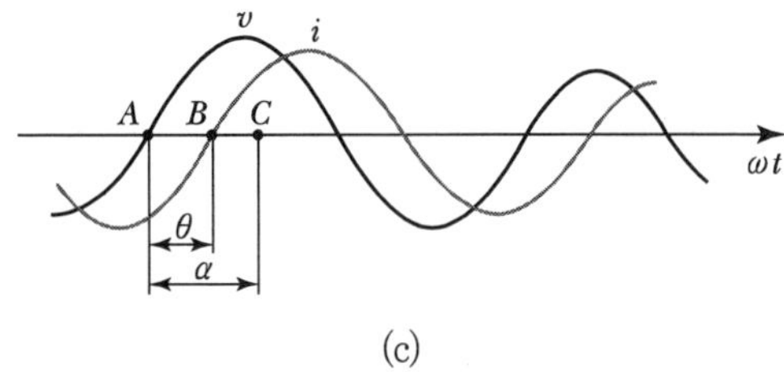

(c)

[그림 7] 동일 주파수의 두 사인파의 위상차

여기서 v는 i보다 각이 θ만큼 앞서서 영점 또는 최대점에 도달하므로 v는 i보다 θ만큼 위상이 앞선다(Lead)고 말하며, 반대로 i는 v보다 θ만큼 위상이 늦다(Lag)고 말한다.

시간 또는 각의 기점으로 [그림 7] (c)의 점 A를 택하면

$$v = V_m \sin\omega t$$

$$i = I_m \sin(\omega t - \theta)$$

점 B를 기점으로 택하면

$$v = V_m \sin(\omega t + \theta)$$

$$i = I_m \sin\omega t$$

더 일반적으로 점 C를 택하여 v가

$$v = V_m \sin(\omega t + \alpha)$$

와 같이 표시된다면(α는 이때의 v의 위상각) i는

$$i = I_m \sin(\omega t + \alpha - \theta)$$

와 같이 표시된다. 이 모든 경우에서 v의 위상각과 i의 위상각과의 차는 항상 θ이다. 따라서 θ를 이 두 파의 위상차 또는 단순히 상차라고 한다. 이와 같이 동일 주파수에서 두 사인파의 상차는 시간원점의 선택과는 관계없다.

참고문제

$i = 10\sin\left(\omega t - \dfrac{\pi}{6}\right)$[A]로 표시되는 전류파보다 위상이 45°만큼 앞서고 진폭이 100[V]인 전압파 v의 표시식을 쓰고, v, i의 그래프를 그려라.(단, v, i의 주파수는 동일하다고 한다.)

+풀이

1. 전압파 표시식 $v = V_m \sin\omega t$는

   1) 위상이 45° 앞서는 경우 $45° = \frac{\pi}{4}$[rad]

   2) 최댓값 V_m은 100에 해당

   $$v = 100\sin\left(\omega t - \frac{\pi}{6} + \frac{\pi}{4}\right) = 100\sin\left(\omega t + \frac{\pi}{12}\right)[\text{V}]$$

2. 두 파의 그래프는 [그림 8]과 같다.

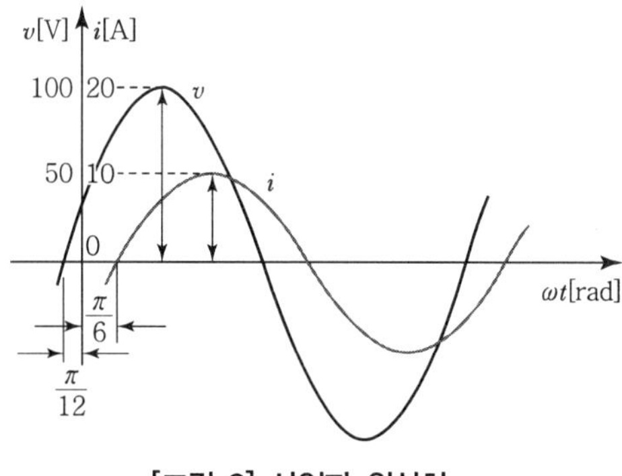

[그림 8] 사인파 위상차

4. 실효값(Effective Value)

파형이 서로 다른 여러 가지 주기파의 크기를 비교할 때 그 최댓값만으로는 불충분하고, 흔히 다음에 정의하는 실효값으로써 비교한다.

직류나 교류가 저항을 통하면 열이 발생된다. 지금 순시값이 i[A]인 주기전류(사인파가 아니라도 무방하다)가 저항 R을 통할 때 각 순간에 Ri^2의 전력이 소비되며, 이것은 시간의 함수이다. 따라서 1주기 T초 동안에 발생되는 열량은 이것을 적분하여 $\int_0^T Ri^2 dt$와 같이 구해진다. 지금 같은 시간 T초 동안에 같은 저항 R을 통하여 동일한 열량을 발생할 직류를 I[A]라고 하면 이 일정치 전류를 주기전류 i의 실효값이라 한다. 실효값을 rms(root mean square value)치라고도 하는데, 이것은 아래 식에서 보는 바와 같이 실효값은 전류의 제곱의 평균값의 제곱근과 같기 때문이다.

$$RI^2 T = \int_0^T Ri^2 dt \quad \cdots\cdots ⑥$$

$$\therefore\ I^2 = \frac{1}{T}\int_0^T i^2 dt$$

따라서 $I = \sqrt{\frac{1}{T}\int_0^T i^2 dt}$ [A]

또는 $I = \sqrt{(i^2\text{의 1주기간의 평균})}$

주기전압 v가 저항 R에 인가될 때 v의 실효값 V를 다음과 같이 정의할 수 있다.

$$V = \sqrt{\frac{1}{T}\int_0^T v^2 dt}\ [\mathrm{A}]$$

또는 $V = \sqrt{(v^2\text{의 1주기간의 평균})}$

식 ⑥의 양변을 주기 T로 나누면 좌변은 RI^2이 되고, 우변은 주기전류에 의해 저항 R 내에서 소비되는 전력의 평균값, 즉 평균전력을 나타낸다. 따라서

평균전력 $P_{av} = RI^2$[W]

와 같이 된다. 또 실효값이 V인 주기전압이 저항에 인가될 때에는

$$P_{av} = \frac{V^2}{R}\ [\mathrm{W}]$$

교류의 전압이나 전류의 크기는 특별한 언급이 없을 때에는 모두 실효값으로써 나타낸다. 그래서 우리가 보통 몇 Amp 또는 Volt의 교류라 할 때 그것을 실효값을 의미한다. 교류측정계기의 지시도 실효값이다.

5. 사인파의 실효값

$i = I_m \sin\omega t$와 같이 표시되는 사인파전류의 실효값을 구해 보자.

$\cos 2x = 1 - 2\sin^2 x$를 이용하면 먼저 i^2은

$$\begin{aligned} i^2 &= I_m^2 \sin^2\omega t \\ &= \frac{1}{2} I_m^2 (1 - \cos 2\omega t) = \frac{I_m^2}{2} - \frac{I_m^2}{2}\cos 2t \end{aligned}$$

우변의 제2항은 2ω의 각주파수(주기는 i의 주기의 반)를 가진 사인파이므로 그 평균값은 0이다. 따라서

i^2의 1주기간의 평균값$= \frac{I_m^2}{2}$

그러므로 i의 실효값은

$$I_{eff} = \frac{I_m}{\sqrt{2}} = 0.707 I_m \text{(사인파에 대하여)}$$

$$I_m = \sqrt{2}\, I_{eff} = 1.414 I_{eff} \text{(사인파에 대하여)}$$

사인파전압에 대해서도 실효값과 최댓값 사이에는 다음의 관계가 있다.

$$\text{실효값} = \frac{\text{최댓값}}{\sqrt{2}}, \ \text{최댓값} = \sqrt{2} \times \text{실효값} \quad \cdots\cdots ⑦$$

참고로 i^2의 평균값을 기하학적으로는 다음과 같이 구할 수 있다.

즉, $i^2 = I_m^2 \sin^2\omega t$의 평균값은 $\sin^2\omega t$의 평균값에 I_m^2을 곱한 것인데, $\sin^2\omega t$의 평균값은 [그림 9]로부터 1/2이 됨을 알 수 있다.

이 그림에는 $\sin\omega t$와 $\sin^2\omega t$의 곡선을 함께 그렸는데 $\sin^2\omega t$의 곡선은 높이가 1/2인 수평선에 대하여 대칭이다.

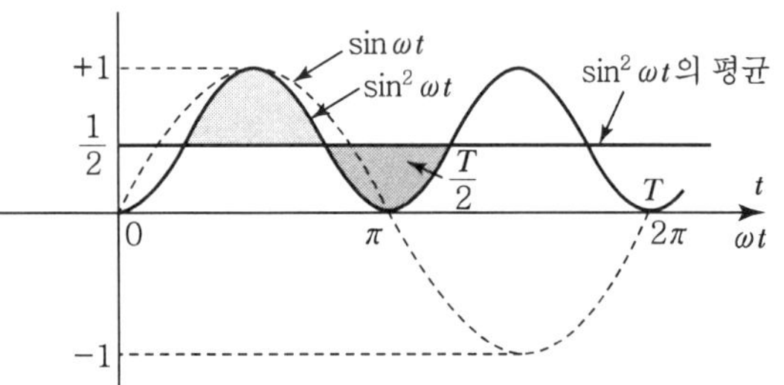

[그림 9] $\sin^2\omega t$의 평균값

6. 평균값

주기파의 평균값은 다음으로 정의된다.

$$I_{av} = \frac{1}{T}\int_0^t i\, dt \text{[A]}$$

여기서 T는 주기이다. 대개의 DC 전압계나 전류계는 주기파의 평균값을 지시한다.

3.2 교류회로 해석

1. 저항

저항 R을 통하여

$$i = I_m \sin\omega t$$

로 표시되는 사인파전류가 흐를 때 저항 양단의 전압은 옴의 법칙으로부터

$$v = Ri = RI_m \sin\omega t$$

여기서 전압, 전류의 최댓값의 관계는 $V_m = RI_m$이다. 이 양변의 $\sqrt{2}$로 나누어 실효값으로 표시하면

$$V = RI \quad \text{또는} \quad I = \frac{V}{R} \quad \cdots\cdots ①$$

위 식 ①은 저항 양단에서 성립하는 옴의 법칙이라 할 수 있다.
저항소자에서의 v, i의 그래프 그림에서 알 수 있는 바와 같이 저항에 사인파가 인가되었을 때에는

1) 전압과 전류는 동일 주파수의 사인파이다.
2) 전압과 전류는 동상이다.(단, 전압과 전류의 기준방향을 [그림 1]과 같이 취했을 때)
3) 전압과 전류의 실효값(또는 최댓값)의 비는 R이다.

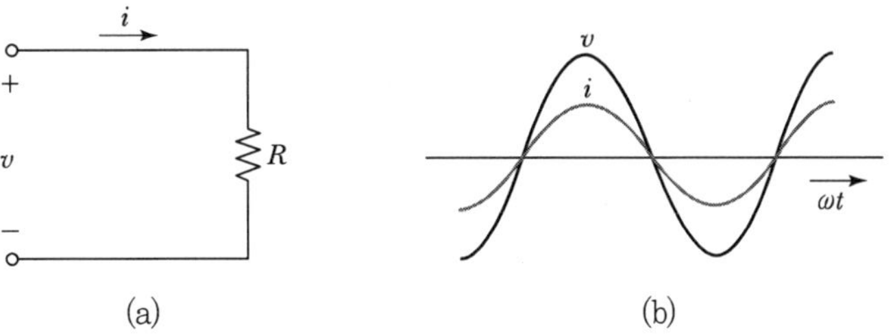

[그림 1] 저항 양단의 전압과 전류

2. 인덕턴스

인덕턴스 L에 사인파전류가 흐를 때 전류의 방향으로 생기는 전압강하를 v라 하면

$$\begin{aligned} v &= L\frac{di}{dt} = L\frac{d}{dt}(I_m \sin\omega t) \\ &= \omega L I_m \cos\omega t = \omega L I_m \sin(\omega t + 90°) \end{aligned}$$

여기서 전압, 전류의 최댓값의 관계는 $V_m = \omega L I_m$이다. 또 실효값으로는 식 ②와 같다.

$$V = \omega L I \quad \text{또는} \quad I = \frac{V}{\omega L} \quad \cdots\cdots ②$$

인덕턴스에서의 v, i의 그래프 그림에서 알 수 있는 바와 같이 인덕턴스에 사인파가 인가되었을 때에는

1) 전압과 전류는 동일 주파수의 사인파이다.

2) 전압은 전류보다 위상이 90° 앞선다. 또는 전류는 전압보다 위상이 90° 늦다.

3) 전압과 전류의 실효값(또는 최댓값)의 비는 ωL과 같다.

한 가지 주목할 것은 사인파 $\sin\omega t$를 미분하면 크기가 ω배가 되고 위상이 90° 앞선다는 것이다.

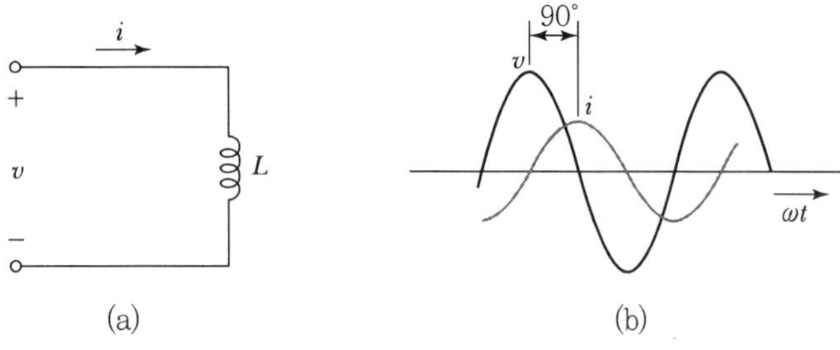

[그림 2] 인덕턴스 양단의 전압과 전류

저항소자와 비교하면 ωL은 인덕턴스를 흐르는 전류를 제한하는 일종의 교류저항임을 알 수 있다.

그러나 보통의 저항과는 달라서 전류, 전압 사이에 90°의 상차를 생기게 하는 효과가 있으므로, 이 ωL을 특히 인덕티브 리액턴스(Inductive Reactance)라 하며 보통 X_L로써 표시한다.

$$X_L = \omega L = 2\pi f L[\Omega]$$

따라서 식 ②는

$$V = X_L I[\text{V}] \text{ 또는 } I = \frac{V}{X_L}[\text{A}] \quad \cdots\cdots ③$$

와 같이 쓸 수 있다. 이것은 형식상 인덕턴스에서의 옴의 법칙이라고 할 수 있다. 인덕티브 리액턴스는 인덕턴스가 클수록 또 주파수가 높을수록 커지며 일정한 전압하에서 전류가 감소한다.

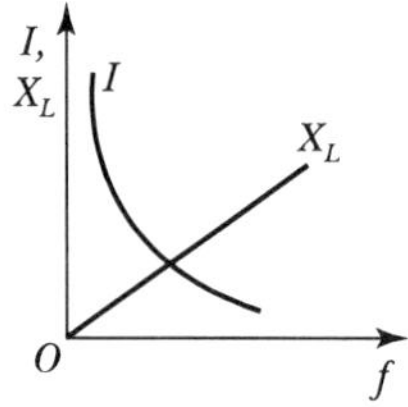

[그림 3] 주파수 변화에 따른 인덕턴스의 리액턴스 및 전류의 크기 변화

이와 같이 주파수가 높을수록 전류는 L을 통하여 흐르기 어려우므로 인덕터는 여러 가지 주파수의 신호전압이 인가되는 회로에서 고주파의 신호전류가 흐른 것을 억제하는 데 사용할 수 있다.

3. 커패시턴스

커패시턴스 C에 사인파전류가 흐를 때 전류방향으로의 전압강하를 v라 하면

$$v = \frac{1}{C}\int idt = \frac{1}{C}\int I_m \sin\omega t dt = -\frac{1}{\omega C}I_m \cos\omega t$$
$$= \frac{1}{\omega C}I_m \sin(\omega t - 90°)$$

여기서 전압, 전류의 최댓값의 관계는 $V_m = \frac{1}{\omega C}I_m$ 이다. 실효값으로는 식 ④와 같다.

$$V = \left(\frac{1}{\omega C}\right)I \text{ 또는 } I = \omega CV = \frac{V}{\left(\frac{1}{\omega C}\right)} \quad \cdots\cdots ④$$

커패시턴스에서의 v, i의 그래프 그림에서 알 수 있는 바와 같이 커패시턴스에 사인파가 인가되었을 때에는

1) 전압과 전류는 동일 주파수의 사인파이다.
2) 전압은 전류보다 위상이 90° 늦다. 또는 전류는 전압보다 위상이 90° 앞선다.[단, 전압, 전류의 기준방향을 [그림 4]의 (a)와 같이 취할 때]
3) 전압과 전류의 실효값의 비는 $\frac{1}{\omega C}$과 같다.

   이상의 사실은 C 양단의 전압을 $v = V_m \sin\omega t$라고 할 때

$$i = C\frac{dv}{dt} = \omega CV_m \cos\omega t, \quad I_m = \omega CV_m$$

로부터 유도할 수도 있다.

한 가지 주목할 것은 사인파 $\sin\omega t$를 적분하면 크기는 $\frac{1}{\omega}$배가 되고 위상이 90° 늦어진다는 것이다.

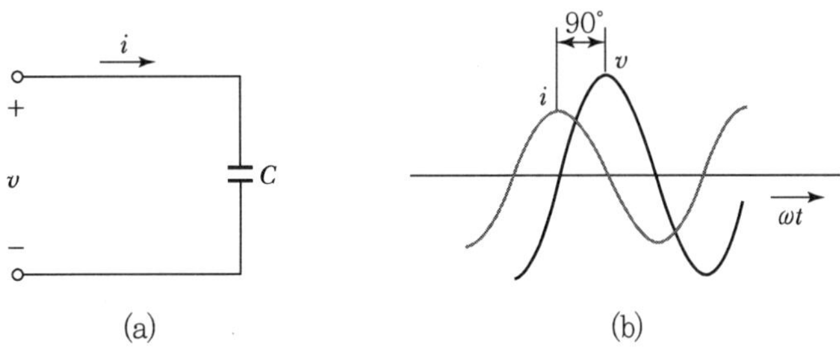

[그림 4] 커패시턴스 양단의 전압과 전류

$\dfrac{1}{\omega C}$은 커패시턴스회로의 전류를 제한하는 일종의 교류저항임을 알 수 있으며, 전압이 전류보다 90° 앞서는 경우와 90° 늦는 경우를 구별하기 위하여 인덕티브 리액턴스를 양, 커패시티브 리액턴스를 음으로 정의한다. 즉 커패시티브 리액턴스를 X_C라 하면

$$X_C = -\frac{1}{\omega C} = -\frac{1}{2\pi f C}[\Omega]$$

따라서 식 ④는

$$V = |X_C| I \quad \text{또는} \quad I = \frac{V}{|X_C|}$$

와 같이 쓸 수 있다. 이것은 형식상 커패시턴스에서의 옴의 법칙이라고 할 수 있다.
따라서 커패시티브 리액턴스는 커패시턴스가 클수록 또 주파수가 높을수록 그 절대치가 적어지며 전류가 증가한다.
이와 같이 주파수가 낮을수록 전류는 커패시터를 통하여 흐르기 어려우므로 커패시터는 여러 가지 주파수의 신호전압이 인가되는 회로에서 저주파의 신호전류가 흐르는 것을 억제하는 데 사용할 수 있다.

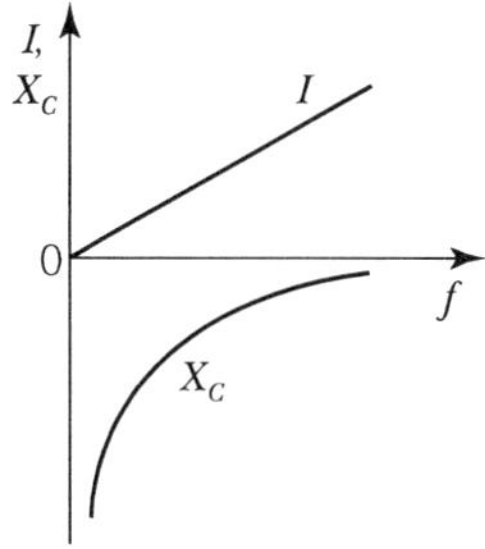

[그림 5] 주파수 변화에 따른 커패시턴스의 리액턴스 및 전류의 크기 변화

지금까지 회로소자와 사인파의 결과를 정리하면 [표 1]과 같다.

[표 1] 교류회로

소자	방정식	$\frac{V_m}{I_m}$ 또는 $\frac{V}{I}$	위상관계	그래프
R	$i = I_m \sin\omega t$ $v = V_m \sin\omega t$	$R[\Omega]$	i와 v는 동상	
L	$i = I_m \sin\omega t$ $v = V_m \sin(\omega t + 90°)$	$X_L = \omega L[\Omega]$	i와 v보다 90° 늦음	

소자	방정식	$\frac{V_m}{I_m}$ 또는 $\frac{V}{I}$	위상관계	그래프
i, $+$ v L $-$	$i = I_m \sin\omega t$ $v = V_m \sin(\omega t - 90°)$	$\lvert X_C \rvert = \frac{1}{\omega C}[\Omega]$	i와 v보다 90° 앞섬	i v

이 표에 관하여 몇 가지를 정리하여 보면

1) 전류, 전압의 최댓값의 비와 위상관계는 소자의 성질에 의해서 결정되는 것이며, 시간 원점을 어디에 선택하는 가는 관계가 없다. 그것은 물리적 현상으로 전압, 전류의 파형 해석의 편의상 도입되는 시간원점의 선택으로 전혀 영향을 받지 않기 때문이다. 따라서 전류가

$$i = I_m \sin(\omega t + \alpha)$$

와 같이 0이 아닌 위상각 α를 갖도록 시간의 원점을 택했을 경우에도 위상관계는 불변이므로

$$v_R = V_m \sin(\omega t + \alpha)$$

$$v_L = V_m \sin(\omega t + \alpha + 90°)$$

$$v_C = V_m \sin(\omega t + \alpha - 90°)$$

2) 또 전압

$$v = V_m \sin(\omega t + \beta)$$

이 먼저 주어졌을 때에도 위상관계는 불변이므로 각 소자를 흐르는 전류는

$$i_R = I_m \sin(\omega t + \beta)$$

$$i_L = I_m \sin(\omega t + \beta - 90°)$$

$$i_C = I_m \sin(\omega t + \beta + 90°)$$

3) 모든 식에서 sin을 cos으로 바꾸어도 그대로 성립된다. 이는 시간의 원점을 임의로 택할 수 있기 때문이다.

4) 어느 소자에서나 흐르는 전류가 사인파일 때 양 단자 간의 전압도 역시 같은 주파수의 사인파가 된다는 것은 매우 중요한 사실이다. 이상의 두 사실로부터 "선형회로의 임의의 부분에서의 전류 또는 전압이 사인파이면 모든 부분에서의 전류, 전압은 동일한 주파수의 사인파이다."

5) 인덕터와 커패시터는 다음과 같은 상반되는 성질을 갖는다.

(1) 정상상태의 직류회로에서 인덕터는 단락상태가 되나 커패시터는 개방상태가 된다.

(2) 정상상태의 교류회로에서 인덕터에서는 전류가 전압보다 위상이 90° 늦으나 커패시터에서는 90° 앞선다.

(3) 인덕티브 리액턴스는 주파수와 인덕턴스에 비례하나, 커패시티브 리액턴스는 주파수와 커패시턴스에 반비례한다.

(4) 유도기는 자기에너지를 축척하나 용량기는 전기에너지를 축척한다.

이 모든 사실은 소자 L과 C가 쌍대적인 양이기 때문이다. 따라서 L과 C를 함께 리액턴스 소자라고 부른다.

4. 직렬회로

가. $R-L$ 직렬회로

[그림 6] (a)의 $R-L$ 직렬회로에서 전류, 전압의 순시값을 복소수로 표시한 [그림 6] (b)는 두 임피던스

$$Z_R = R,\ Z_L = j\omega L = jX_L \quad \cdots\cdots ⑤$$

의 직렬회로이므로 입력임피던스는

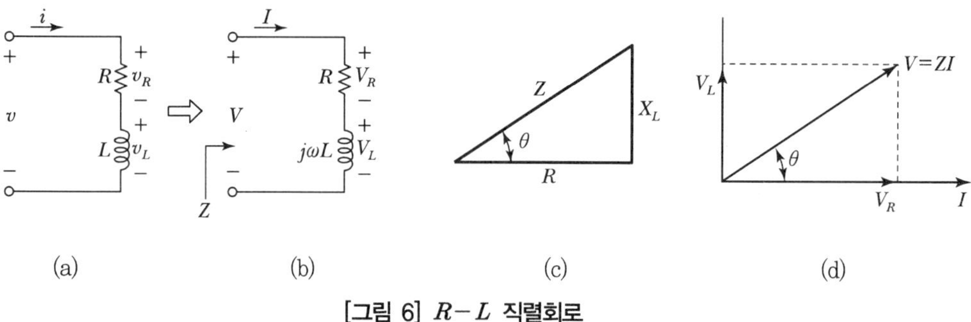

[그림 6] $R-L$ 직렬회로

$$Z = \frac{V}{I} = R + jX_L = Z\angle\theta$$

위 식에서 $Z = \frac{V}{I}\left(|Z| = \left|\frac{V}{I}\right|\right) = \sqrt{R^2 + X_L^2}$

$$\theta = \tan^{-1}\frac{X_L}{R} \quad \cdots\cdots ⑥$$

어떤 회로에서나

$$Z\text{의 각 }\theta = (V\text{의 각 }\theta_v) - (I\text{의 각 }\theta_i)$$

위 식에서 보는 바와 같이 회로 임피던스는 전원주파수와 회로소자의 값으로써 결정된다. 그리고 I가 주어지면 V는

$$V = ZI(= RI + jX_L I)$$

에 의하여 구할 수 있고, 또 V가 주어지면 I는

$$I = \frac{V}{Z}$$

에 의하여 구할 수 있다. 그리고 R, L에서의 전압강하는

$$V_R = RI,\ V_L = jX_L I$$

에 의하여 구할 수 있다.

전류, 전압의 크기만이 문제될 때에는 임피던스를 적용하면 되고 또 전압과 전류의 위상차는 식 ⑥로 구해진다.

$R-L$ 직렬회로의 Z의 크기와 같은 [그림 6] (c)의 임피던스 삼각도에 의하여 기억하면 편리하다. 이 그림으로부터 임피던스의 각은 다음 여러 가지로 표현될 수 있음을 알 수 있다.

$$\theta = \tan^{-1}\frac{X_L}{R} = \cos^{-1}\frac{R}{Z} = \sin^{-1}\frac{X_L}{Z}$$

[그림 6] (d)는 전류 I를 기준으로 한 페이저도이다. 저항에서의 전압강하 $V_R = RI$는 전류 I와 동상으로 그려지고, 인덕턴스에서의 전압강하 $V_L = jX_L I$는 I보다 90° 앞서게 그려지며, 이 양자를 합하면 인가전압 $V = ZI$의 복소수가 얻어진다.

참고문제

위의 설명 [그림 6]의 (a)에서 $R = 1.5[\Omega]$, $L = 5.3[\text{mH}]$이다.

1) 60[Hz]에 대한 임피던스를 구하고, 임피던스 삼각도를 그려라.

2) 단자전압 = 10[V](실효값)일 때 단자전류를 구하고, 단자전압과의 위상관계를 말하라.

3) 단자전류 = 10[A]일 때 단자전압을 구하고, 단자전류와의 위상관계를 말하라.

+풀이

1. 주어진 문제의 임피던스 삼각도

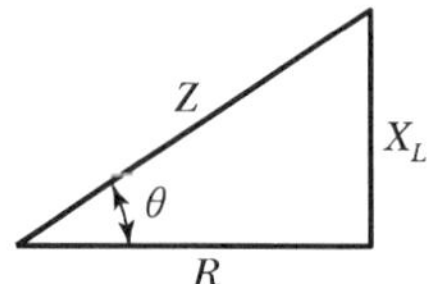

[그림 7] 임피던스 삼각도

$X_L = \omega L = 2\pi f L = 377 \times 5.3 \times 10^{-3} = 2.0[\Omega]$

$\therefore\ Z = R + jX_L = 1.5 + j2.0 = \sqrt{1.5^2 + 2.0^2}\ \underline{/\tan^{-1}(2.0/1.5)}$

$= 2.5 \angle 53.1°[\Omega]$

임피던스 삼각도는 [그림 8]과 같다.

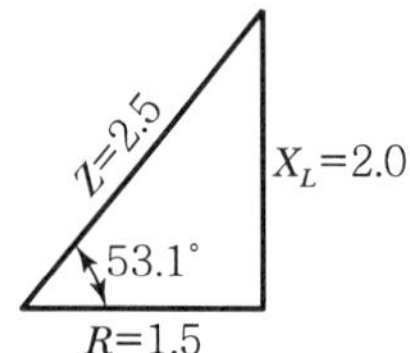

[그림 8] 임피던스 삼각도

2. 단자전압과 위상관계

$I = \dfrac{V}{Z} = \dfrac{10}{2.5} = 4[\text{A}]$이고 단자전압보다 53.1° 늦다.

3. 단자전류와 위상관계

$V = ZI = 2.5 \times 10 = 25[\text{V}]$이고, 단자전류보다 53.1° 앞선다.

나. $R-C$ 직렬회로

[그림 9] (a)의 $R-C$ 직렬회로에서 $Z_R = R,\ Z_C = -j\dfrac{1}{\omega C}$ 이므로 입력임피던스는

$$Z = \frac{V}{I} = R + jX_C = Z\underline{/\theta}$$

여기서 $Z = \dfrac{V}{I} = \sqrt{R^2 + X_C^2}$

$$\theta = \theta_v - \theta_i = \tan^{-1}\frac{X_C}{R} = \tan^{-1}\frac{-1}{R\omega C}$$

$\theta < 0$이므로 전류는 전압보다 위상이 $|\theta|$만큼 앞선다.

[그림 9] (b)는 임피던스 삼각도이며, [그림 9] (c)는 전류 I를 기준으로 한 복소수 표시이다. 그림에서 저항에서의 전압강하 RI는 I와 동상으로 그려져 있고, 커패시턴스에서의 전압강하 $-j\dfrac{1}{\omega C}I$는 I보다 90° 늦게 그려져 있고, 이 양자를 합하여 인가전압 V의 복소수 표시가 있다. [그림 9] (d)는 인가전압 V를 기준으로 한 복소수이며 이것은 [그림 9] (c)를 전체적으로 각 $|\theta|$만큼 반시계방향으로 회전시킨 것에 불과하다.

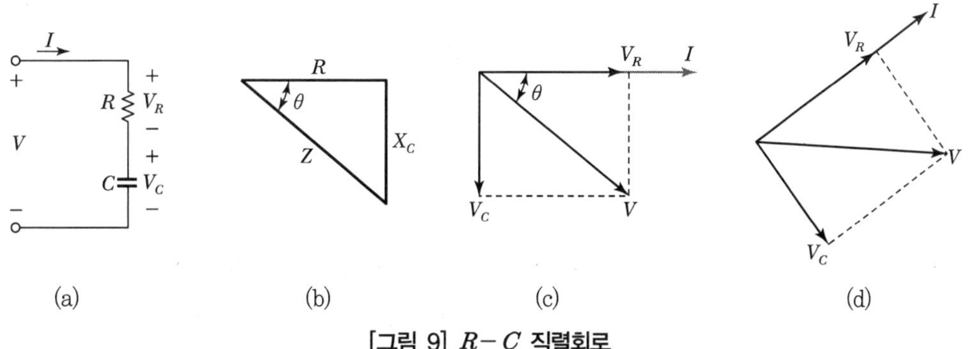

[그림 9] $R-C$ 직렬회로

참고문제

위의 설명 [그림 9]의 (a)에서 V_1, V_2, V의 실효값이 각각 7, 9, 10[V]이고 또 V_1이 V보다 위상이 앞서고 있음을 측정에 의해 알았다고 하자, 세 전압 사이의 위상관계를 구하라.

풀이

1. 이 문제는 세 전압의 복소수 표시를 그려서 생각하는 것이 쉽다.
   편의상 V를 기준으로 선택한다.

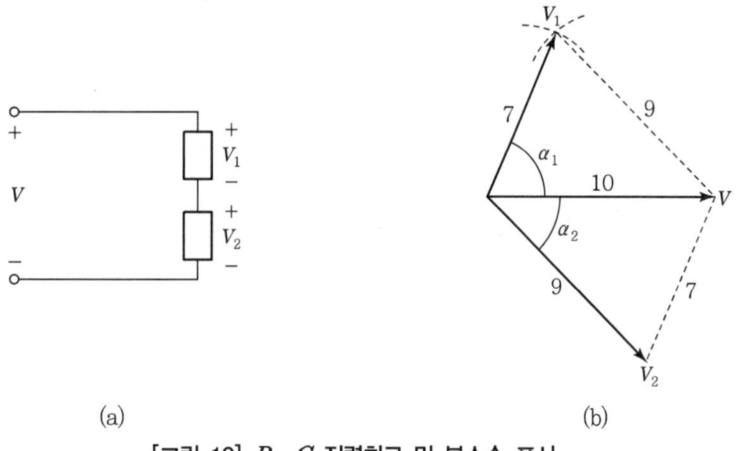

[그림 10] $R-C$ 직렬회로 및 복소수 표시

V_1은 V보다 위상이 앞서므로 V_1과 V_2의 합이 V가 되려면 V_2는 V보다 늦어야 한다. 그러므로 복소수 표시는 [그림 10] (b)와 같이 된다. V_1의 끝점에서 V에 수직선을 그으면

$10 = 7\cos\alpha_1 + 9\cos\alpha_2$, $7\sin\alpha_1 = 9\sin\alpha_2$

이 두 식에서 α_1, α_2를 구할 수 있겠으나 좀 복잡하다.

2. 다른 방법으로는 삼각형의 세 변의 길이를 알고 있으므로 삼각공식을 이용하여

$9^2 = 7^2 + 10^2 - 2 \cdot 7 \cdot 10\cos\alpha_1$, $\therefore\ \alpha_1 = 60.9°$

같은 방법으로

$7^2 = 9^2 + 10^2 - 2 \cdot 9 \cdot 10\cos\alpha_2$, $\therefore\ \alpha_2 = 42.8°$

5. 병렬회로

[그림 11]과 같이 임피던스 Z_1, Z_2가 병렬로 연결된 병렬회로에서 입력전압을 V, 입력전류를 I, 각 임피던스에 흐르는 전류를 I_1, I_2라 하면, 저항회로의 식에 대응하여 입력임피던스 Z는

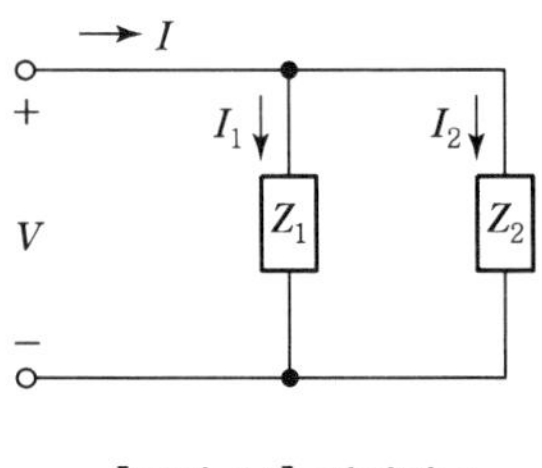

[그림 11] 병렬회로

$Z = \dfrac{Z_1 Z_2}{Z_1 + Z_2}$ 이 경우 I가 주어졌을 때 $V = ZI$에서 전류분배의 법칙에 따라

$$I_1 = \frac{Z_2}{Z_1 + Z_2} I,\ I_2 = \frac{Z_1}{Z_1 + Z_2} I$$

또 V가 주어졌을 때

$$I = \frac{V}{Z},\ I_1 = \frac{V}{Z_1},\ I_2 = \frac{V}{Z_2}$$

에 의하여 모든 전류, 전압을 구할 수 있다.

참고문제

아래 그림에서 I_1, I_2, I를 구하라.

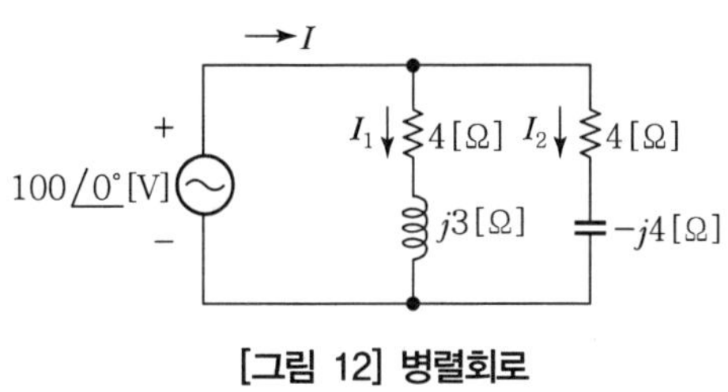

[그림 12] 병렬회로

풀이

전류분배의 법칙을 이용하여 I_1과 I_2를 구하면

$$I_1 = \frac{100\underline{/0°}}{4+j3} = 100\underline{/0°}\left(\frac{4-j3}{4^2+3^2}\right) = 4(4-j3) = (16-j12)[\mathrm{A}]$$

$$I_2 = \frac{100\underline{/0°}}{4-j4} = 100\underline{/0°}\left(\frac{4+j4}{4^2+4^2}\right) = (12.5+j12.5)[\mathrm{A}]$$

$$\therefore\ I = I_1 + I_2 = 28.5 + j0.5 = \sqrt{28.5^2+0.5^2}\tan^{-1}\left(\frac{0.5}{28.5}\right) = 28.5\angle 1°[\mathrm{A}]$$

즉, 입력전류는 28.5[A]이고 입력전압보다 1° 위상이 앞선다.

6. 복소어드미턴스(Complex Admittance)

복소임피던스의 역수를 복소어드미턴스 또는 단순히 어드미턴스라고 하며, 보통 Y로 표시한다. 어드미턴스가 전압, 전류 사이에는

$$Y = \frac{I}{V},\ I = YV,\ V = \frac{I}{Y}$$

의 관계가 성립한다. 이것은 직류회로에서 컨덕턴스를 사용하여 표시한 옴의 법칙 $G = \frac{I}{V}$, $I = GV$, $V = \frac{I}{G}$에 대응한다.

$$Y\text{의 각} = -(Z\text{의 각}) = \theta_i - \theta_v$$

이다. 복소어드미턴스의 물리적 의미는 어드미턴스는 임피던스의 반대개념으로 회로의 어드미턴스가 클수록 동일 전압에 대하여 더욱 많은 전류가 흐른다. 그리고 어드미턴스의 각은 전류가 전압보다 앞서는 위상각을 나타낸다. 복소수 Y를 직각좌표형식으로 표시하면

$$Y = G + jB$$

여기서 G, B는 각각 어드미턴스의 실수부, 허수부이며 각각 컨덕턴스성분(Conductance Component), 서셉턴스성분(Susceptance Component)이라고 불린다.
[표 2]에는 인덕터와 커패시터의 리액턴스와 서셉턴스를 일괄하여 비교하였다.(단, 하나의 소자에서는 컨덕턴스는 저항의 역수와 같고, 또 서셉턴스는 리액턴스의 역수에 －의 부호를 붙인 것과 같다.)

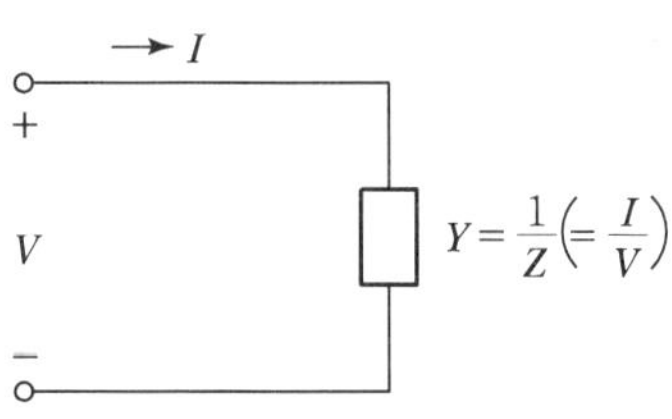

[그림 13] 어드미턴스의 정의

[표 2] L, C 소자의 X, B의 부호

구분	인덕터	커패시터	단위
리액턴스	$X_L = \omega L$	$X_C = -\dfrac{1}{\omega C}$	ohm[Ω]
서셉턴스	$B_L = -\dfrac{1}{\omega L}$	$B_C = \omega C$	siemens[S]

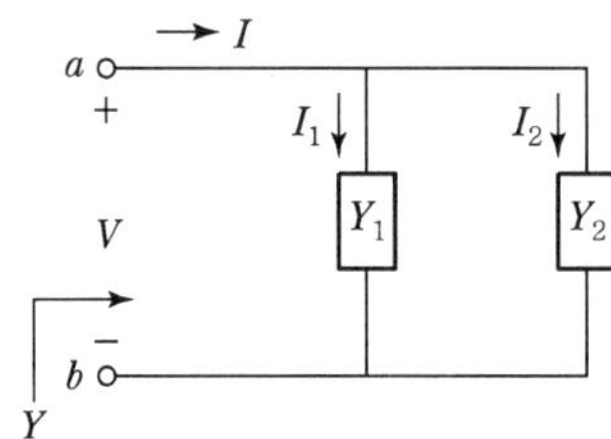

[그림 14] 병렬회로

병렬저항회로를 취급하는 데에는 컨덕턴스가 편리한 것처럼 병렬임피던스회로를 해석하는 데에는 어드미턴스를 이용하는 것이 편리하다. 가령 [그림 14]와 같이 어드미턴스 Y_1, Y_2가 병렬로 연결된 회로에서 입력전압을 V, 입력전류를 I, 각 어드미턴스를 흐르는 전류를 I_1, I_2라 하면 병렬저항회로에 준하여 입력 어드미턴스 Y는

$$Y = \frac{I}{V} = Y_1 + Y_2 = \frac{I}{V} \angle \theta_i - \theta_v$$

여기서 θ_i는 I의 위상각, θ_v는 V의 위상각이다. 즉, 병렬회로의 입력어드미턴스는 각 지로의 어드미턴스의 합과 같다.
이 경우 V가 주어졌을 때

$$I = YV,\ I_1 = Y_1 V,\ I_2 = Y_2 V$$

또 I가 주어졌을 때

$V = \dfrac{I}{Y}$에서 전류분배의 법칙에 따라

$$I_1 = \frac{Y_1}{Y} I,\ I_2 = \frac{Y_2}{Y} I$$

에 의하여 모든 전류, 전압이 구해진다.

참고문제

아래 그림의 회로에서 $I = 10\underline{/0°}$[A]이다. V_0를 구하라.

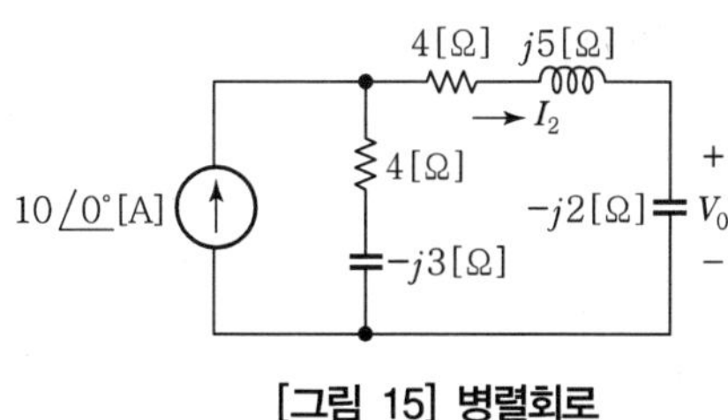

[그림 15] 병렬회로

풀이

1. 회로를 변경하면

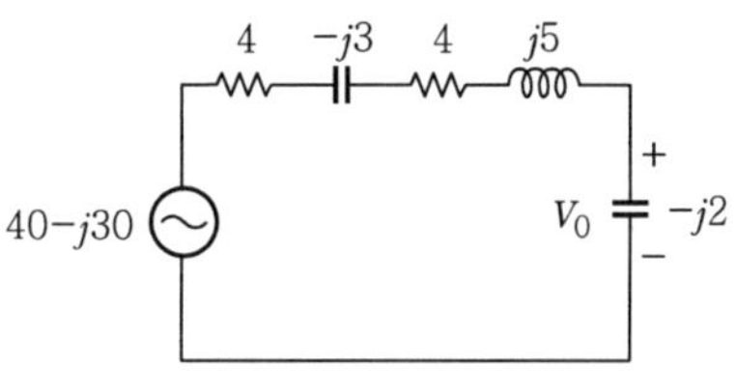

[그림 16] 직렬회로

2. 전압분배의 법칙을 활용하여

$$V = (40 - j30) \times \frac{-j2}{(8 + j2) + (-j2)}$$

$$= -7.5 - j10 = \sqrt{(7.5)^2 + (10)^2}\ \tan^{-1}\frac{-10}{-7.5} = 12.5\angle 53.1°$$

[별해] 전류분배의 법칙을 이용하여

$$I_2 = \frac{4 - j3}{(4 - j3) + (4 + j3)} \times 10 = 5 - j3.75 = 6.25\underline{/-36.87°}$$

$$\therefore V_0 = -j2I_2 = 2\underline{/-90°} \times 6.25\underline{/-36.87°} = 12.5\underline{/-126.87°} = 12.5\angle 53.1°[\text{V}]$$

7. $R-L-C$ 직렬회로와 병렬회로

R, L, C가 직렬 또는 병렬로 된 회로에서 사인파의 전압-전류 간의 위상관계는 여러 가지 다른 경우가 있으며 이 두 회로는 서로 쌍대적이므로 동시에 취급한다.

여기서 R, L, C가 직렬로 된 회로에서 전류, 전압의 기준방향을 정하여 키르히호프의 전압법칙에 의하여 $V = V_R + V_L + V_C$ 와 G, C, L가 병렬로 된 회로에서 전류, 전압의 기준방향을 가정할 때 키르히호프의 전류법칙에 의한 $I = I_G + I_C + I_L$를 비교하면

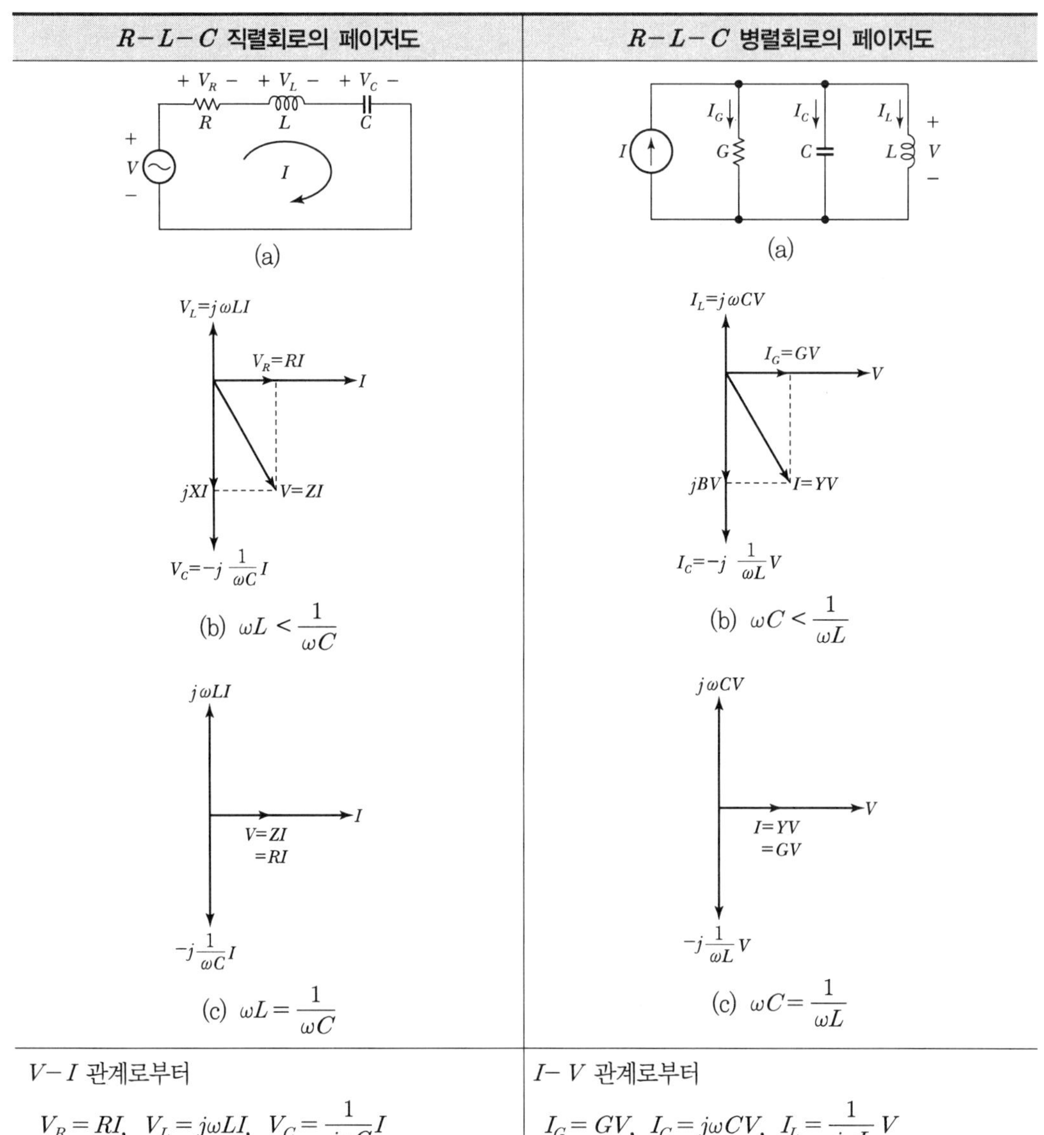

$R-L-C$ 직렬회로의 페이저도	$R-L-C$ 병렬회로의 페이저도
$V-I$ 관계로부터 $V_R = RI$, $V_L = j\omega LI$, $V_C = \frac{1}{j\omega C}I$	$I-V$ 관계로부터 $I_G = GV$, $I_C = j\omega CV$, $I_L = \frac{1}{j\omega L}V$

$R-L-C$ 직렬회로의 페이저도	$R-L-C$ 병렬회로의 페이저도
회로전압을 모두 더하면 $V=RI+j\omega LI+\dfrac{1}{j\omega C}I$ $=\left[R+j\left(\omega L-\dfrac{1}{\omega C}\right)\right]I$ $=[R+j(X_L+X_C)]I$	회로전류를 모두 더하면 $V=GV+j\omega CV+\dfrac{1}{j\omega L}V$ $=\left[G+j\left(\omega C-\dfrac{1}{\omega L}\right)\right]V$ $=[G+j(B_L+B_C)]V$
회로의 임피던스는 $Z=R+j\left(\omega L-\dfrac{1}{\omega C}\right)$ $Z=R+jX$에서 $X=\omega L-\dfrac{1}{\omega C}=X_L+X_C$	회로의 어드미턴스는 $Y=G+j\left(\omega C-\dfrac{1}{\omega L}\right)$ $Y=G+jB$에서 $B=\omega C-\dfrac{1}{\omega L}=B_L+B_C$
임피던스의 크기 $Z=\sqrt{R^2+X^2}$	어드미턴스의 크기 $Y=\sqrt{G^2+B^2}$
임피던스의 각 $\theta=\tan^{-1}\dfrac{X}{R}$	어드미턴스의 각 $\theta=\tan^{-1}\dfrac{B}{G}$
회로전압과 전류가 $v=\sqrt{2}\,V\sin(\omega t+\alpha)$이면 $i=\sqrt{2}\dfrac{V}{Z}\sin(\omega t+\alpha-\theta)$ 여기서 v, i 간의 위상관계의 세 가지 경우 (1) $X<0$, $\omega L<\dfrac{1}{\omega C}$: i가 v보다 앞섬 (2) $X=0$, $\omega L=\dfrac{1}{\omega C}$: i가 v와 동상 (3) $X>0$, $\omega L>\dfrac{1}{\omega C}$: i가 v보다 늦음 결론은 직렬공진회로는 I를 기준페이저로 하여 그린 페이저도로 위상관계를 알 수 있고, $I=1\underline{/0°}$로 하면 임피던스 삼각도가 얻어진다. (2)에서 $X=0$이 되는 경우는 직렬공진회로로 취급한다.	회로전압과 전류가 $i=\sqrt{2}\,I\sin(\omega t+\beta)$이면 $v=\sqrt{2}\dfrac{I}{Y}\sin(\omega t+\beta-\phi)$ 여기서 i, v 간의 위상관계의 세 가지 경우 (1) $B<0$, $\omega C<\dfrac{1}{\omega L}$: v가 i보다 앞섬 (2) $B=0$, $\omega C=\dfrac{1}{\omega L}$: v가 i와 동상 (3) $B>0$, $\omega C>\dfrac{1}{\omega L}$: v가 i보다 늦음 결론은 병렬공진회로는 V를 기준페이저로 하여 그린 페이저도로 위상관계를 알 수 있고, $V=1\underline{/0°}$로 하면 임피던스 삼각도가 얻어진다. (2)에서 $B=0$이 되는 경우는 병렬공진회로로 취급한다.

8. 직렬공진회로

[그림 17]과 같은 $R-L-C$ 직렬회로의 입력단자에 연결된 전압원의 전압의 크기를 일정하게 유지하고 주파수만을 변화시킬 때 정상상태에서 이 회로의 임피던스는

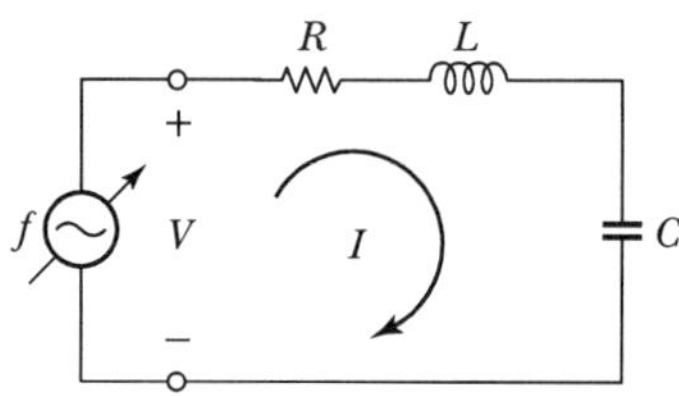

[그림 17] $R-L-C$ 직렬공진회로

$$Z = R + j\left(\omega L - \frac{1}{\omega C}\right) = R + jX(\text{단, } X = \omega L - \frac{1}{\omega C})$$

따라서 $Z = \sqrt{R^2 + X^2}$

$$\theta = \tan^{-1}\frac{X}{R}$$

[그림 18]에는 $X_L = \omega L$, $X_C = \frac{-1}{\omega C}$ 및 이 양자의 합으로서의 리액턴스 X가 ω에 따라서 어떻게 변하는가를 그렸다. 낮은 주파수에서는 커패시티브 리액턴스가 우세하고 높은 주파수에서는 인덕티브 리액턴스가 우세하며, 이 중간에서 $X = 0$($L - C$ 양단이 단락상태)되는 점이 생긴다. 이 점 ω_0에서는 Z 또는 Y는 실수가 되고 단자전압과 전류는 동상이 된다. 이때 회로가 공진상태에 있다고 한다.

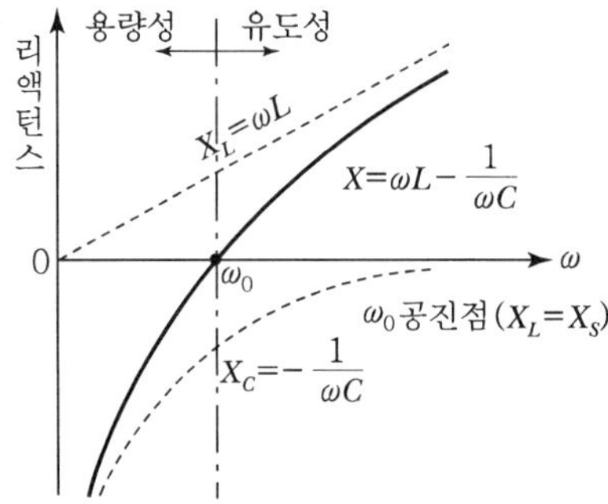

[그림 18] $R - L - C$ 직렬공진회로의 리액턴스의 주파수에 따른 변화

더 정확히 말하면 일반적으로 2단자회로의 단자전압과 전류가 어떤 특정한 주파수에서 동상이 될 때 이 회로는 그 주파수에서 공진상태에 있다고 한다. 그리고 그 주파수를 공진주파수라고 한다. 공진조건을 달리 표현하면 2단자회로의 역률이 1이 되는 경우 또는 Z 또는 Y가 순실수가 되는 경우라고 말할 수 있다. $R - L - C$ 직렬공진회로의 공진주파수[5])를 ω_0라 하면 $\omega_0 L - \frac{1}{\omega_0 C} = 0$이므로

$$\omega_0 = \frac{1}{\sqrt{LC}} \text{ 또는 } f_0 = \frac{1}{2\pi\sqrt{LC}}$$

5) 회로에 포함되는 L과 C에 의해 정해지는 고유 주파수와 전원 주파수가 일치하면 공진현상을 일으켜 전류 또는 전압이 최대가 된다. 이때 주파수를 공진주파수라 한다.

[그림 19]의 (a)에는 R, X 및 Z의 ω에 따른 변화를 그렸다. 공진주파수에서는 $X=0$이므로 $Z=R$이고, 임피던스는 최소가 된다. 임피던스 곡선이 공진주파수 부근에서 대체로 V자형이 된다.

어드미턴스의 주파수특성 곡선은 임피던스 곡선의 역으로서 [그림 19]의 (b)와 같이 그려진다. 따라서 회로의 손실이 적을수록 Y곡선은 더욱 첨예하게 된다. 이 직렬회로의 인가전압이 일정할 때 회로전류는 어드미턴스에 비례하므로($I=YV$) [그림 19] (b)의 곡선은 $R-L-C$ 직렬 공진회로의 전류응답곡선이 된다. 그래서 전원주파수가 회로의 공진주파수와 일치할 때 회로에는 최대의 전류 V/R가 흐르고 공진주파수에서 멀어질수록 전류는 적게 흐른다.

즉, $R-L-C$ 직렬회로는 대역통과(Band-pass) 특성을 갖는 주파수 선택회로이다.

공진회로의 임피던스의 크기, 어드미턴스의 크기 또는 전류의 크기가 주파수에 따라서 변하는 모양을 그린 그림의 곡선을 공진곡선이라고 한다.

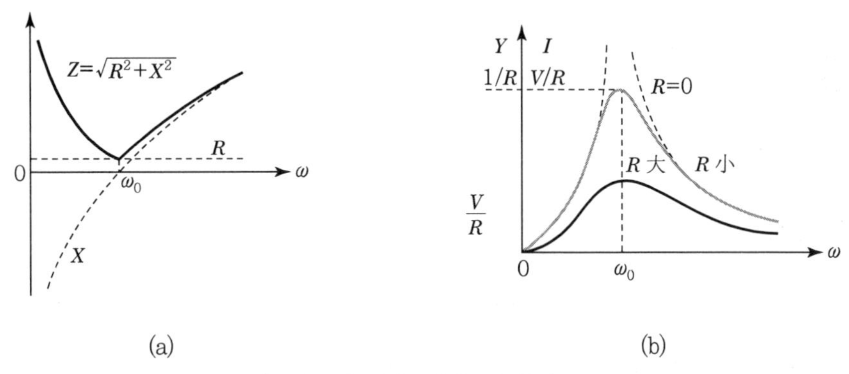

[그림 19] 직렬공진회로의 응답

[표 3] 직렬공진회로와 병렬공진회로

구분	직렬공진회로	병렬공진회로
회로	R, L, V, C, $Z_{LC}=0$(공진 시)	I, R_1, L, C, $Z_{LC}=\infty$(공진 시)
임피던스	$Y=\dfrac{1/R}{1+jQ\left(\dfrac{\omega}{\omega_0}-\dfrac{\omega_0}{\omega}\right)}$	$Z=\dfrac{R_1}{1+jQ\left(\dfrac{\omega}{\omega_0}-\dfrac{\omega_0}{\omega}\right)}$
공진주파수	$\omega_0=\dfrac{1}{\sqrt{LC}}$	$\omega_0=\dfrac{1}{\sqrt{LC}}$
공진 시의 최댓값	$Y_{max}=\dfrac{1}{R}$	$Z_{max}=R_1$

구분	직렬공진회로	병렬공진회로
공진 시의 Q_0(첨예도)	$Q_0 = \dfrac{\omega_0 L}{R} = \dfrac{1}{R}\sqrt{\dfrac{L}{C}}$	$Q_0 = \omega_0 C R_1 = R_1 \sqrt{\dfrac{C}{L}}$
반전력대폭(대폭)	$BW = \dfrac{\omega_0}{Q_0} = \dfrac{R}{L}$	$BW = \dfrac{\omega_0}{Q_0} = \dfrac{1}{R_1 C}$
공진 시의 Z_{LC}	$Z_{LC} = 0$	$Z_{LC} = \infty\,(Y_{LC} = 0)$
공진 시의 L, C의 전압, 전류	$V_C = V_L = QV$	$I_L = I_C = QI$(순환전류)
비고	직렬공진회로에서 $Y \to Z$, $R \to 1/R_1$, $L \to C$, $C \to L$의 대치를 하면 병렬공진회로의 관계식이 얻어진다.	

3.3 교류전력

1. 소자 전력

가. 저항

저항 R에 $v = \sqrt{2}\,V\sin\omega t$ ··············· ①

로 표시되는 전압이 인가될 때 흐르는 전류는 이와 동상이므로 $i = \sqrt{Z}\,I\sin\omega t$와 같이 표시된다. $I = \dfrac{V}{R}$이므로 저항에 공급됨으로써 소비되는 전력의 순시값은

$$p = vi = 2\,VI\sin^2\omega t = VI(1 - \cos 2\omega t)$$

일반적으로 진폭과 위상이 임의이나 주파수가 동일한 두 사인량의 곱에는 항상 2배의 주파수를 갖는 사인항이 나타난다. 사인량의 평균값은 0이므로 저항에서의 평균전력은

$$P = VI = RI^2 = GV^2$$

등 여러 가지로 표현할 수 있다. 보통 전력이라 할 때에는 이 평균전력을 의미한다. 다음으로 시간 $t(\gg T)$ 동안에 저항에서 소비되는 에너지 w_R은

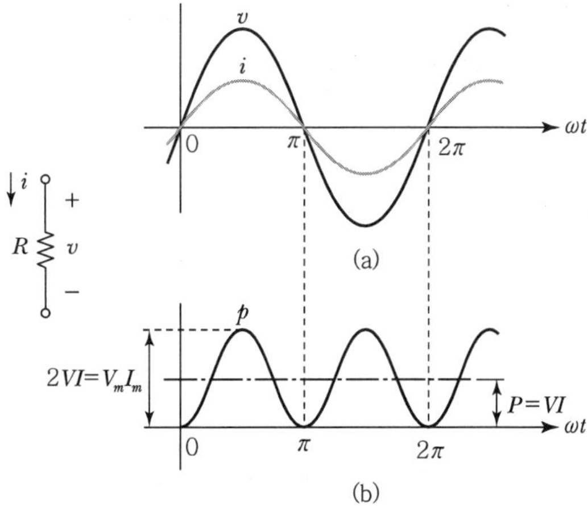

[그림 1] 저항에서의 v, i, p의 변화

$$w_R = P \cdot t[\mathrm{W \cdot s}] \quad \cdots\cdots ②$$

이며, [W · s]의 단위가 너무 작으므로 [kW · h]의 단위가 흔히 사용된다.

나. 인덕턴스

인덕턴스 L에 $i = \sqrt{2}\,I\sin\omega t$로 표시되는 전류가 흐를 때 전압은 이보다 90° 앞서므로 $v = \sqrt{2}\,V\sin(\omega t + 90°) = \sqrt{2}\,V\cos\omega t$와 같이 표시된다.(단, $V = \omega LI$)
그러므로 인덕턴스에 공급되는 순간전력은

$$p = vi = 2\,VI\sin\omega t \cdot \cos\omega t = VI\sin 2\omega t$$

여기서 $\sin 2\omega t$의 평균값은 0이므로 인덕턴스에 공급되는 평균전력은 0이 된다.

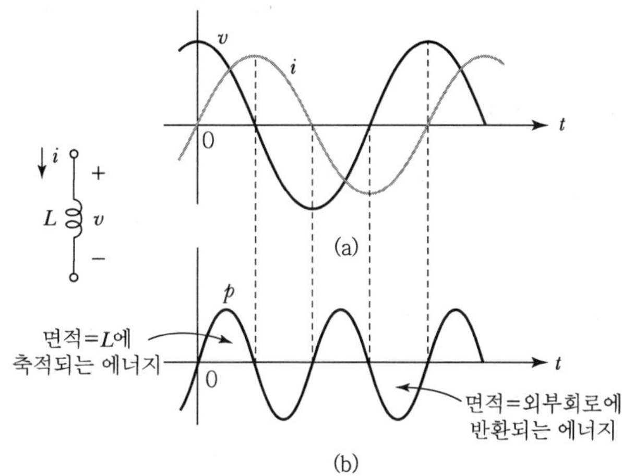

[그림 2] 인덕턴스에서의 v, i, p의 변화

즉, 인덕턴스에 교류가 흐를 때에는 전원이 직접 연결되어 있으면 전원과 인덕턴스 사이에 에너지 교환이 주기적으로 일어남을 알 수 있다.

다. 커패시턴스

커패시턴스에서도 평균전력은 0이 된다. 지금 커패시턴스 C에 $v=\sqrt{2}\,V\sin\omega t$ 전압이 인가될 때 흐르는 전류는 이보다 90° 앞서므로 $i=\sqrt{2}\,I\sin(\omega t+90°)=\sqrt{2}\,I\cos\omega t$와 같이 표시된다.(단, $I=\omega CV$) 그러므로 커패시턴스에 공급되는 순간전력은

$$p=vi=2\,VI\sin\omega t\cdot\cos\omega t=VI\sin 2\omega t$$

따라서 커패시턴스에 공급되는 평균전력 P는 0이 된다.

커패시턴스에서도 에너지가 외부회로와 커패시턴스 사이를 이동하지만 커패시턴스에서 소비되는 전력은 없다.

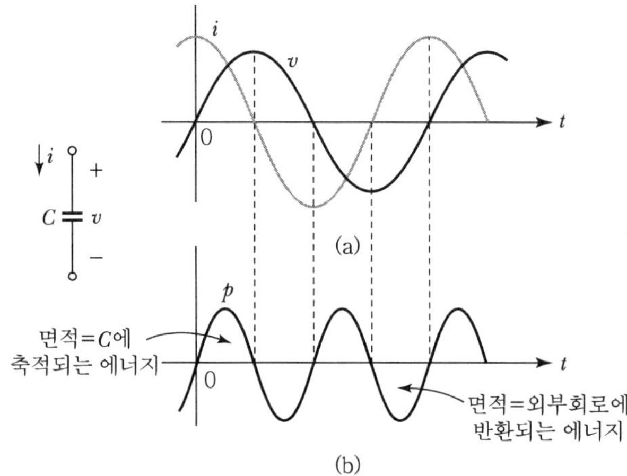

[그림 3] 커패시턴스에서의 v, i, p의 변환

2. 일반회로의 전력과 역률

2단자회로의 등가임피던스를 $Z\underline{/\theta}$라 하면

$$v=\sqrt{2}\,V\sin\omega t$$

로 표시되는 전압이 단자에 인가될 때 흐르는 전류는 이보다 θ만큼 늦을 것이므로

$$i=\sqrt{2}\,I\sin(\omega t-\theta)$$

와 같이 표시된다.(단, $I=V/Z$) 그러므로 회로에 공급되는 전력의 순시값은

$$p=vi=2\,VI\sin\omega t\cdot\sin(\omega t-\theta)$$

여기서 $2\sin x \sin y = \cos(x-y) - \cos(x+y)$의 관계식을 이용하면

$$p = VI\cos\theta - VI\cos(2\omega t - \theta) \quad \cdots\cdots ③$$

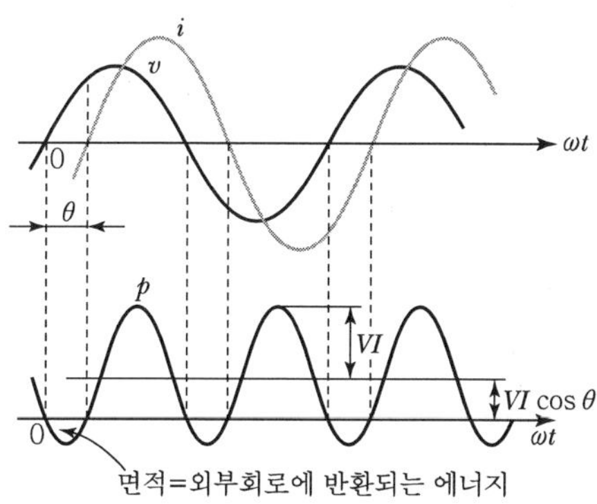

[그림 4] 2단자회로에서의 v, i 및 p의 변화(θ =60°의 경우)

식 ③에서 제2항의 평균값은 0이므로 2단자망에 공급되는 평균전력은

$$P = VI\cos\theta$$

[단, $\theta = \theta_v - \theta_i$(단자전류가 단자전압보다 늦은 각)
=등가임피던스의 각=−(등가어드미턴스의 각)]

교류회로의 전력계산에서는 반드시 전압, 전류의 실효값에 $\cos\theta$라는 계수를 곱해야 한다. 이 계수를 역률(Power Factor)이라고 하며 보통 pf로 약기한다.

$$\text{역률}(pf) = \cos\theta = \frac{P}{VI} \quad \cdots\cdots ④$$

역률을 [%]로 표시할 때가 많다. 즉, $pf = \frac{P}{VI} \times 100[\%]$이다.

θ는 전압과 전류와의 상차(相差)이다. $\theta > 0$이면 전류가 전압보다 위상이 늦으므로 이때의 역률을 지상역률(Lagging Power Factor)이라 하고 반대로 $\theta < 0$이면 전류가 전압보다 앞서므로 이때의 역률을 진상역률(Leading Power Factor)이라고 한다.

2단자회로의 입력임피던스 또는 입력어드미턴스가 알려져 있을 때에는 [그림 5]의 임피던스도 또는 어드미턴스도로부터

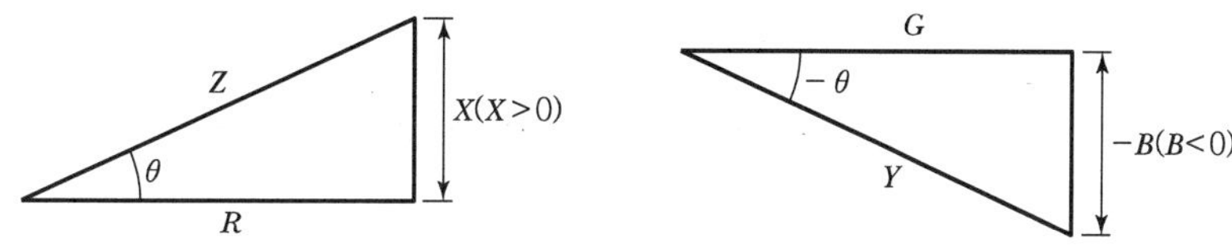

[그림 5] 임피던스도 및 어드미턴스도($\theta > 0$인 경우)

$$pf = \cos\theta = \frac{R}{Z} = \frac{G}{Y}$$

등 여러 가지로 표현할 수 있다.

또 이 관계식과 $\frac{V}{Z} = I$, $\frac{I}{Y} = V$를 이용하면 평균전력은

$$P = VI\cos\theta = RI^2 = GV^2$$

등 여러 가지로 표현할 수 있다.

또 일반적으로 $G \neq \frac{1}{R}$이라는 것이다.

3. 유효전력, 무효전력

어떤 2단자회로의 단자전압과 전류가 θ의 상차를 가지고 있을 때 $I\cos\theta$를 유효전류(Active Current), $I\sin\theta$를 무효전류(Reactive Current)라고 한다. 그리고 $VI\cos\theta$, $VI\sin\theta$를 각각 유효전력, 무효전력이라고 하며 P, Q로 표시한다. 유효전력(=평균전력 또는 전력)의 단위는 와트(Watt)이고, 무효전력의 단위는 바(VAR ; Volt Amperes Reactive)이다.

- 유효전력(평균전력) $P = VI\cos\theta$[W]
- 무효전력 $Q = VI\sin\theta$[VAR] ※ 킬로로 표시된 경우 [kVAR]
  (단, $\theta = \theta_v - \theta_i = Z$의 각)

무효전력의 표시식에 나타나는 계수 $\sin\theta$를 무효율이라고 하며, 보통 rf라고 표시한다. 즉,

$$\text{무효전력}(rf) = \sin\theta = \frac{Q}{VI}$$

위 식으로부터

$$\tan\theta = \frac{Q}{P}$$

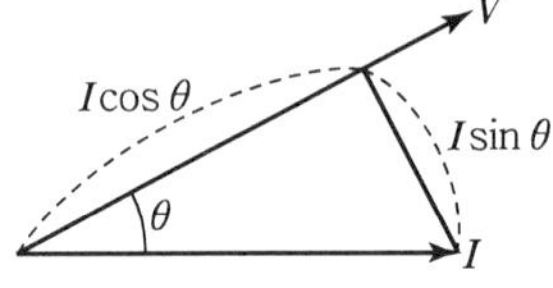

[그림 6] V, I의 동상성분 및 90° 상차성분

$$Q = \pm P\frac{\sqrt{1-(pf)^2}}{pf}$$ (± 부호는 θ의 부호로 결정된다.)

2단자회로의 임피던스 또는 어드미턴스를 알고 있을 때에는 [그림 5]를 참고로

$$\text{역률}(pf) = \sin\theta = \frac{X}{Z} = -\frac{B}{Y}$$

등 여러 가지 표시식이 얻어지고, 또 이것들을 이용하면 무효전력은

$$Q = VI\sin\theta = XI^2 = -BV^2 \quad \cdots\cdots ⑤$$

와 같이 여러 가지로 표현된다.

참고문제

유효 · 무효전력 수치 예

풀이

1. 임피던스가 $3-j4[\Omega]$인 회로에 10[A]의 전류가 유입할 때 공급되는 무효전력 Q는 $XI^2 = -40[\text{var}]$, 무효율은 $X/Z = -0.8$

2. 같은 회로에 10[V]의 전압이 인가될 때 공급되는 무효전력 Q는 $-BV^2 = -\frac{4}{3^2+4^2} \times 10^2 = -16[\text{var}]$, 무효율은 $X/Z = -0.8$

무효전력은 무효전류에 전압을 곱한 것이다. 전력수송 시 전압과 동상인 유효전류만이 직접적으로 유용한 성분이다. 한편 발전기, 송전선, 변압기 등에서의 열손실은

$$RI^2 = RI^2\cos^2\theta + RI^2\sin^2\theta$$

에서 보는 바와 같이 무효전류의 존재로 말미암아 증가된다.

식 ⑤에서 알 수 있는 바와 같이 인덕턴스에 공급되는 Q는 +, 커패시턴스에 공급되는 Q는 −이다. 따라서 인덕턴스는 무효전력을 흡수하고 커패시턴스는 무효전력을 발생한다고 생각할 수 있다. 그러므로 한 회로에 L과 C가 공존할 때 이들 사이에 무효전력의 주고받음이 일어난다.

4. 피상전력

2단자회로의 단자전압과 전류의 실효값의 곱을 피상전력(Apparent Power 또는 Volt-ampere)이라 하며 VA라 표시한다. 그 단위는 볼트암페어[VA]이다.

$$VA = VI = ZI^2 = YV^2 \text{[VA]}$$

따라서 P, Q, VA 사이에는 다음 관계가 있다.

$$P^2 + Q^2 = (VI\cos\theta)^2 + (VI\sin\theta)^2 = (VI)^2$$

$$\text{즉, 피상전력} = \sqrt{(\text{유효전력})^2 + (\text{무효전력})^2}$$

이 세 가지 전력의 상호 관계는 [그림 7]의 전력삼각도(Power Triangle)에 의하여 기억하면 편리하다.

발전기, 변압기, 케이블 또는 가전제품 등의 정격 또는 용량(Capacity)은 VA로써 표시한다. 이것은 이들의 전기적 용량이 기기의 최대허용온도에 따라 기기 내에서의 최대허용열손실에 의해서, 즉 $pf = 1$일 때의 전압×전류에 의해서 결정되기 때문이다.

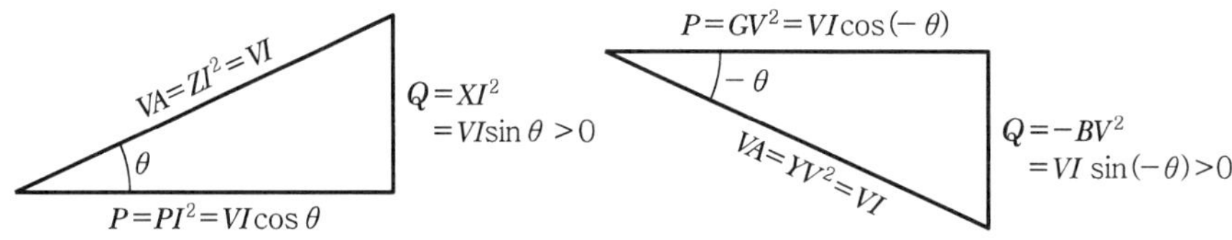

[그림 7] 전력삼각도($\theta > 0$인 경우)

참고문제

[그림 8]의 회로에서 다음을 구하라.

1) 회로의 pf(power factor) 및 rf(reactive factor)
2) 전원에 의하여 공급되는 평균전력 및 무효전력
3) 회로의 피상전력

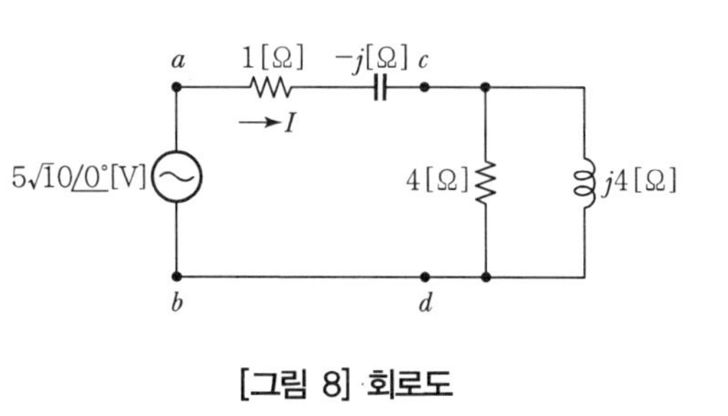

[그림 8] 회로도

PART 01 전기기초

+풀이

1. 회로의 역률

$$Z_{cd} = \frac{4(j4)}{4+j4} = \frac{j4}{1+j} = \frac{j4(1-j)}{(1+j)(1-j)} = 2+j2\Omega = \sqrt{8}\ \underline{/45°}$$

$$Z_{ab} = 1-j+(2+j2) = \sqrt{10}\ \underline{/18.435°}[\Omega]$$

$$\therefore \text{ 역률 } pf = \cos\theta = \cos(18.435°) = 0.9487$$

$$\text{무효율 } rf = \sin(18.435°) = 0.3162$$

2. 회로에 공급되는 평균전력과 무효전력

$$I = \frac{V_{ab}}{Z_{ab}} = \frac{5\sqrt{10}\ \underline{/0°}}{\sqrt{10}\ \underline{/18.435°}} = 5\underline{/-18.435°}$$

$$P_{ab} = VI\cos\theta = 5\sqrt{10} \times 5 \times 0.9487 = 75[\text{W}]$$

$$Q_{ab} = VI\sin\theta = 5\sqrt{10} \times 5 \times 0.3162 = 25[\text{var}]$$

3. 회로의 피상전력

$$(VA)_{ab} = \sqrt{P_{ab}^2 + Q_{ab}^2} = \sqrt{75^2 + 25^2} = 79[\text{VA}]$$

3.4 3상 교류회로

3상 부하의 복소임피던스가 모두 같을 때 이것을 평형부하라고 하고 그렇지 않은 것을 불평형 부하라고 한다. 대전력 장거리 송전에는 주로 3상 4선식이 사용된다. 그 이유는 예기치 않은 부하의 큰 불평형으로 인한 좋지 않은 영향을 감소하기 위해서이다.

한 발전기가 3상 전원을 이루는 것처럼 하나의 물리적 장치가 3상 부하를 형성하는 경우가 많다. 예를 들면, 3상 전동기는 등가적으로 하나의 평형 Δ 또는 평형 Y부하로 대표할 수 있다.

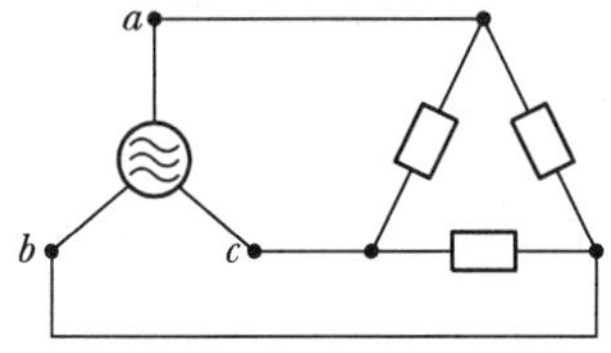

(a) Δ결선의 부하

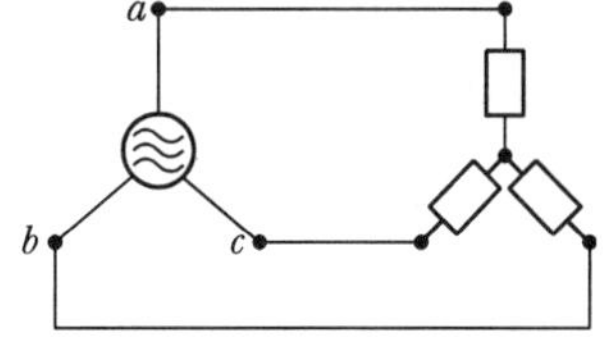

(b) Y결선의 부하

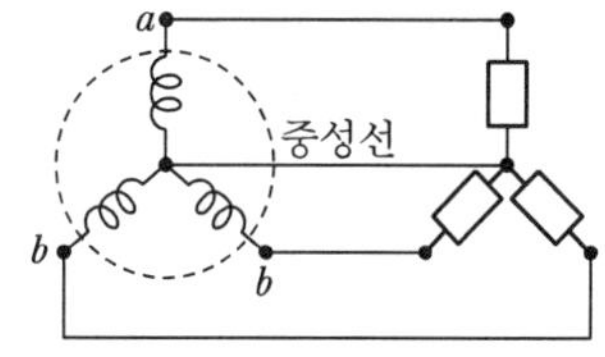

(c) 3상 4선식

[그림 1] 각종 3상 회로

1. 3상 전원의 등가변환

가. 평형 3상 전원의 등가변환

[그림 2]에서 내부임피던스가 0인 평형 Y전원과 Δ전원의 각 전원은 이상적으로 세 단자를 통하여 외부회로로 어떠한 전류가 유출되더라도 단자전압은 일정하게 유지된다.

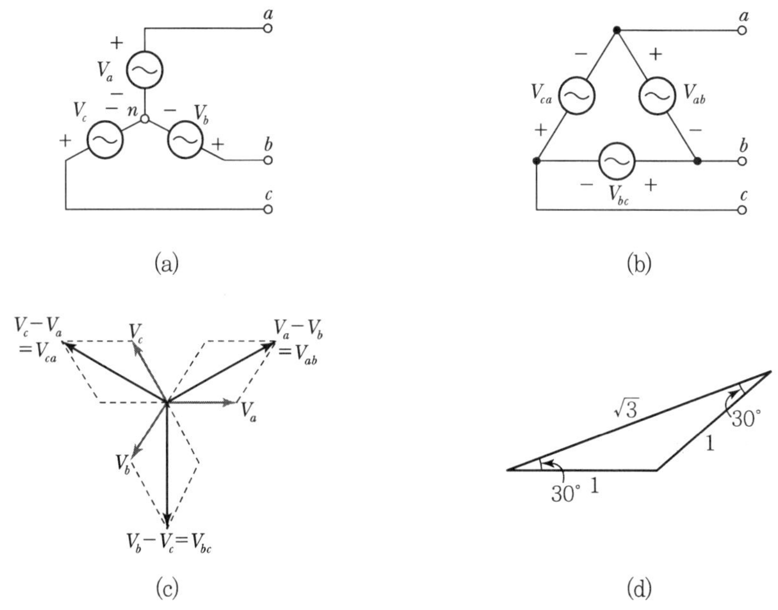

[그림 2] 이상적 평형 3상 전원의 등가변환(상순은 *abc*)

따라서 두 전원에서 대응하는 단자 간 전압이 서로 동일하면 양자는 등가적이다. 즉, 등가조건은 다음과 같다.

$$V_{ab} = V_a - V_b,\ V_{bc} = V_b - V_c,\ V_{ca} = V_c - V_a \quad \cdots\cdots ①$$

식 ①의 관계는 페이저도를 그려보면 더욱 명백히 파악할 수 있다. [그림 2]의 (c)는 평형 Y전원의 전압의 상순이 abc일 때 V_a를 기준으로 하여 페이저 V_a, V_b, V_c를 그리고, 이들의 차로부터 등가 Δ전원의 각 전압 V_{ab}, V_{bc}, V_{ca}의 페이저를 그린 것이다.

[그림 2]의 (a)는 Y결선의 3상 전원에서 상전압 V_a, V_b, V_c를 선－중성점 간 전압(n이 중성점)이라고도 하며, 단자 a, b, c 간의 전압 V_{ab}, V_{ba}, V_{ca}를 선전압이라고 한다. 위에서 밝혀진 바에 의하여

평형 Y전원에서는

선전압의 크기= $\sqrt{3}\times$(상전압의 크기)

평형 Δ전원에서는

선전압의 크기=상전압의 크기

그리고 식 ①의 세 식을 합하든지 또는 [그림 2]의 (d) 페이저도로부터
평형 Δ전원에서는

$$V_{ab} + V_{bc} + V_{ca} = 0$$

또 평형 Y전원에서는

$$V_a + V_b + V_c = 0$$

임을 알 수 있다. 평형 Δ전원의 경우 세 전원이 루프를 형성하며 연결되어 있음에도 불구하고 외부단자에 회로가 연결되어 있지 않는 한 Δ 결선 내를 순환하는 전류는 없다. 이 사실은 각 상전원의 내부임피던스가 0이 아닐 때나 그것들이 같지 않을 때에도 상전압이 평형되어 있으면 성립한다. 일반적으로 평형 3상 전압의 합은 0이 된다.

나. 3상 부하의 등가변환

모든 Δ형 회로는 이와 등가적인 Y형 회로로 변환할 수 있으므로 3상 부하는 Δ, Y 어느 쪽으로도 대표할 수 있다. 특히 평형 3상 부하인 경우 Δ와 Y의 변환은

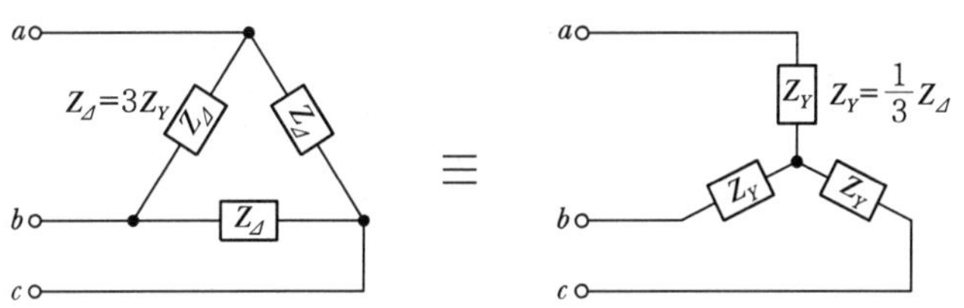

[그림 3] 평형 3상 부하의 등가변환

$$Z_Y = \frac{1}{3} Z_\Delta \quad \cdots\cdots \text{②}$$

에 의하여 이루어진다. [그림 3]에는 이것을 표시하였다. 각 부하에서 임피던스 Z_Y 또는 Z_Δ를 상임피던스(Phase Impedance)라고 한다.

2. 평형 3상 회로에 대한 등가단상회로

불평형 3상 회로의 해석은 일반적인 회로해석법을 적용하면 된다.

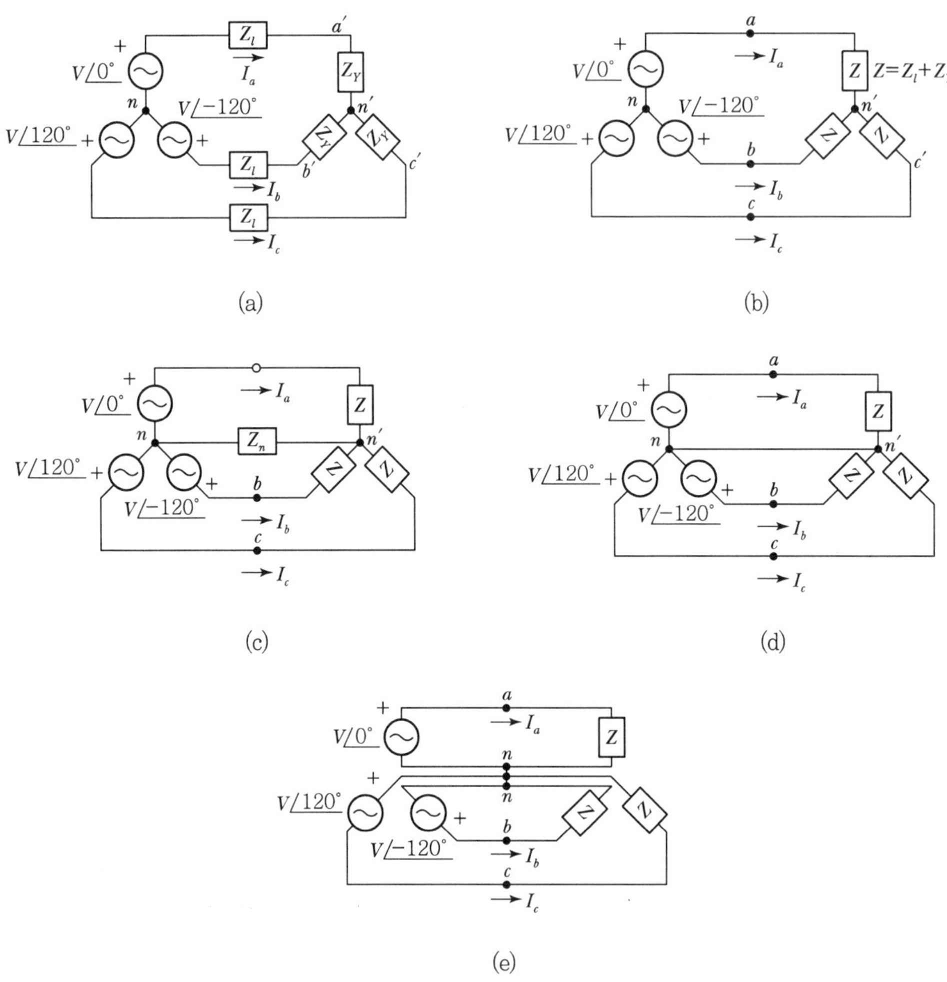

[그림 4] 평형 3상 회로[(a)~(e) 모두 등가]

그러나 평형 3상 회로에 대해서는 이하에서 설명하는 매우 간단한 방법으로 해석할 수 있다. Δ 전원이나 Δ 부하는 이것을 Y형으로 변환할 수 있으므로 3상 3선식의 모든 평형 3상 회로는 [그림 4]의 (a)와 같은 Y－Y회로로 대표할 수 있다. 여기서 선로임피던스 Z_l 및 부하임피던스 Z_Y를 하나의 임피던스 Z로써 대치하면 [그림 4]의 (b)와 같이 된다. 이 회로에서 점 n'와 n 사이의 전압은

$$V_{nn'} = V_a - ZI_a = V_b - ZI_b = V_c - ZI_c$$

$$\therefore\ 3V_{nn'} = (V_a + V_b + V_c) - Z(I_a + I_b + I_c)$$

우변에서 첫 번째 ( ) 안은 3상 전원의 평형조건으로부터 0이 되고 두 번째 ( ) 안은 키르히호프의 전류법칙에 의하여 0이 된다. 따라서

$$V_{nn'} = 0$$

즉, 평형 3상 회로에서는 전원의 중성점과 부하의 중성점 간의 전압은 항상 0이다. 그러므로 이 두 점 사이에 어떠한 임피던스를 연결해도 이를 통하여 전류는 흐르지 않는다.

[그림 4]의 (d) 회로에 키르히호프의 전압법칙을 적용함으로써 선전류(Line Current) I_a는 다음과 같이 구해진다.

$$I_a = \frac{V_a}{Z} \quad \cdots\cdots ③$$

마찬가지로 $I_b = \frac{V_b}{Z}$, $I_c = \frac{V_c}{Z}$

회로를 세 부분으로 분류하여 [그림 4]의 (e)와 같이 하여 보면 이 3개의 단상회로의 각 전류는 식 ③와 일치함을 볼 수 있다. 따라서 평형 3상 회로는 3개의 독립적인 단상회로로 대치하여 생각할 수 있다. 이 등가단상회로로부터 어느 한 상에 관한 전류, 전압이 구해지면 다른 상에 대한 것은 120°의 상차만을 고려함으로써 곧 알 수 있다.

그러므로 각 상을 따로따로 생각할 필요가 없다. 전력도 등가단상회로에서 계산한 것을 3배하면 실제의 평형 3상 회로 전체의 전력이 된다.

이상과 같이 평형 3상 회로의 해석은 등가단상회로에 의하여 매우 간단하게 수행할 수 있다.

참고문제

아래 그림의 (a) 회로에 대하여 (1) 선전류, (2) 부하전압, (3) 전원이 공급하는 총전력을 구하라.

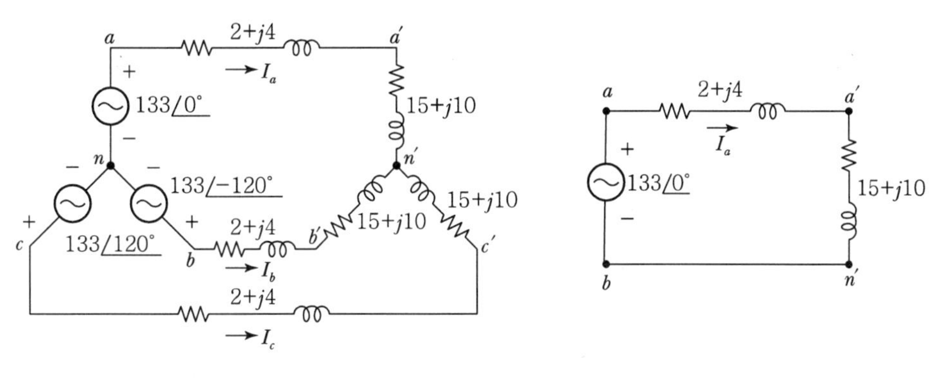

(a) 3상의 회로 (b) 상 a의 등가회로

[그림 5] 평형 3상 Y회로

풀이

평형회로이므로 문제 그림 (b)와 같은 등가단상회로에 의하여 생각하는 것이 편리하다.

1. $I_a = \dfrac{133\underline{/0°}}{2+j4+15+j10} = 6.04\underline{/-39.5°}[\mathrm{A}]$

   $\therefore\ I_b = 6.04\underline{/-39.5-120°}[\mathrm{A}],\ I_c = 6.04\underline{/-39.5+120°}[\mathrm{A}]$

2. $V_{a'n'} = I_a(15+j10) = 6.04\underline{/-39.5°} \times 18\underline{/33.7°} = 109\underline{/-5.8°}$

   $\therefore\ V_{a'n'} = 109\underline{/-5.8°-120°}[\mathrm{V}],\ V_{c'n'} = 109\underline{/-5.8°+120°}[\mathrm{V}]$

3. 상 a의 전원이 공급하는 전력은

   문제 그림 (b)로부터 $133 \times 6.04\cos 39.5° = 620[\mathrm{W}]$, 또는 $(2+15) \times 6.04^2 = 620[\mathrm{W}]$,

   그러므로 3상 전원이 공급하는 총전력은 $620[\mathrm{W}] \times 3 = 1{,}860[\mathrm{W}]$

3. 평형 3상 부하에서의 선전류, 선전압과 상전압의 관계

가. 평형 Y부하에서의 선전압과 상전압

[그림 6]에서 (a)의 평형 Y부하가 평형 3상 회로의 일부를 형성하고 있을 때 선전류 I_a, I_b, I_c가 평형을 이루고, 따라서 상전압 $V_{an}(=ZI_a)$, $V_{bn}(=ZI_b)$, $V_{cn}(=ZI_c)$도 평형을 이룬다. 선전압 V_{ab}는

$$V_{ab} = V_a - V_b$$

여기서 상순을 abc라 하면 [그림 6] (b)의 페이저도에서

$$V_{ab} = \sqrt{3}\, V_a$$

그러므로 선전압 및 상전압의 크기를 각각 V_L, V_P라 하면

$$V_L = \sqrt{3}\, V_P \quad \cdots\cdots ④$$

이 관계는 반드시 기억해야 한다.

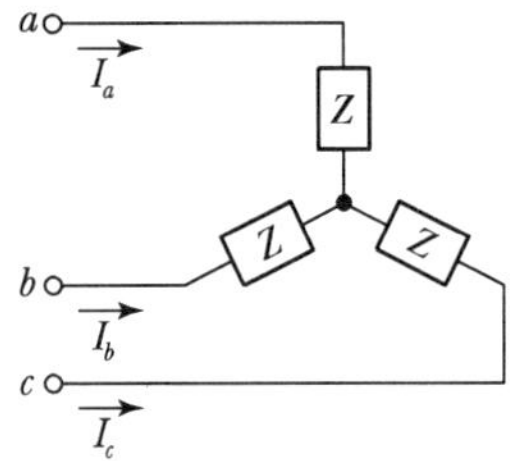

(a) 평형 Y부하

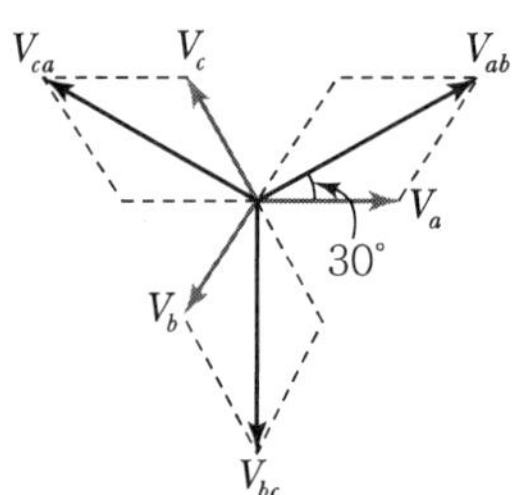

(b) 선전압과 상전압의 관계

[그림 6] 평형 Y부하

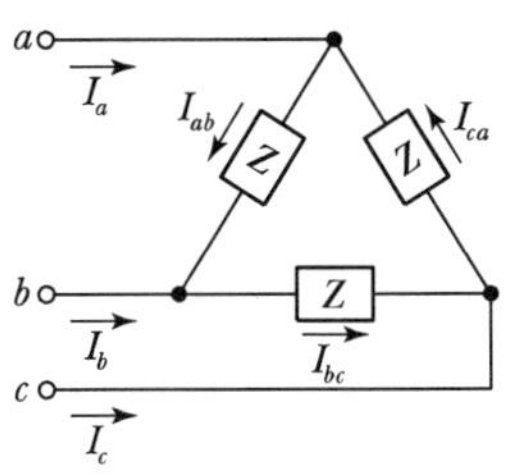

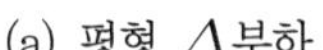

(a) 평형 Δ부하

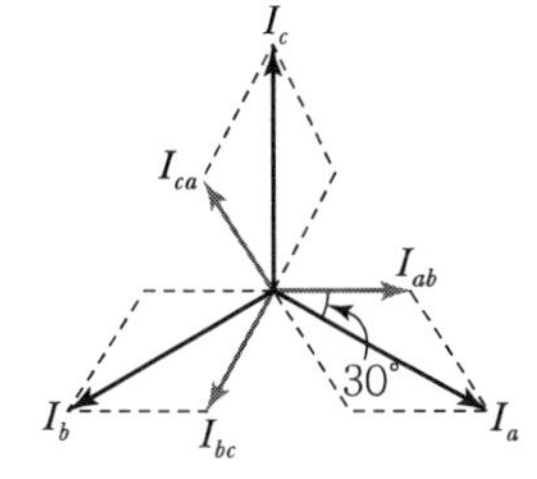

(b) 선전류와 상전류의 관계

[그림 7] 평형 Δ부하

나. 평형 Δ(Delta)부하에서의 선전류와 상전류

[그림 7]에서 (a)의 평형 Δ부하가 평형 3상 회로의 일부를 형성하고 있을 때 선전압 V_{ab}, V_{bc}, V_{ca}는 평형을 이루고, 따라서 상전류 $I_{ab}(=\dfrac{V_{ab}}{Z})$, $I_{bc}(=\dfrac{V_{bc}}{Z})$, $I_{ca}(=\dfrac{V_{ca}}{Z})$도 평형을 이룬다. 선전류는

$$I_a = I_{ab} - I_{ca}$$

[그림 7] (b)의 페이저도로부터

$$I_a = \sqrt{3}\, I_{ab}$$

그러므로 선전류 및 상전류의 크기를 I_L, I_p라 하면

$$I_L = \sqrt{3}\, I_p \quad \cdots\cdots\cdots ⑤$$

로 표시한다.

참고문제

아래 [그림 8] (a)의 회로에서 Y부하와 Δ부하가 병렬연결되어 있다. 등가단상회로를 그리고, 이로부터 선전류의 실효값 I_a 및 부하 측에서의 선간전압의 실효값 V_{ab}를 구하라.

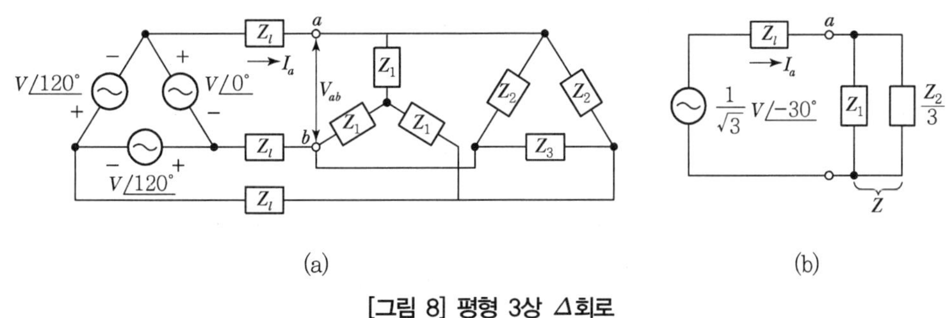

[그림 8] 평형 3상 Δ회로

+풀이

1. 전원 및 Δ부하를 Y형으로 변환한 다음 등가단상회로를 그리면 문제의 [그림 8] (b)와 같다. 이로부터

$$I_a = \frac{(1/\sqrt{3})V\angle -30°}{Z_l + Z}, \text{ 단 } Z = \frac{Z_1 \cdot Z_2/3}{Z_1 + Z_2/3}$$

또 이 등가회로에서 중성점 간 전압은

$$V_{an'} = \frac{1}{\sqrt{3}} V\angle -30° \frac{Z}{Z_l + Z}$$

따라서 선간전압은

$$V_{ab} = \frac{1}{\sqrt{3}} V_{an'}\angle 30° = V\angle 0° \frac{Z}{Z_l + Z}$$

2. 선전류, 부하선간전압의 실효값은 각각 $|I_a|$, $|V_{ab}|$

4. 3상 회로의 전력

3상 회로의 전력계산은 각 상에 대한 것을 기초로 한다. 즉, Y, Δ에 불구하고 또 평형, 불평형에 불구하고 각 상에 대한 평균전력의 합 및 무효전력의 합이 각각 3상 전체의 평균전력 및 무효전력을 준다. 특히 모든 평형 3상 회로는 3개의 단상회로로 대표할 수 있으므로 한 상에 대한 평균전력 P_p 및 무효전력 Q_p의 3배가 3상 전체의 평균전력 P 및 Q를 준다. 즉,

$$P_p = V_p I_p \cos\theta = R_p I_p^{\,2}$$

$$Q_p = V_p I_p \sin\theta = X_p I_p^2$$

$$P = 3P_p = 3V_p I_p \cos\theta$$

$$Q = 3Q_p = 3V_p I_p \sin\theta$$

$$(\text{단, } \theta = \tan^{-1}\frac{X_p}{R_p} = \cos^{-1}\frac{R_p}{Z_p} = \sin^{-1}\frac{X_p}{Z_p})$$

위에서 V_p, I_p, R_p, X_p는 각각 한 상(相)의 전압, 저항 및 리액턴스이며, 또 θ는 상전압과 산전류의 상차인 동시에 상임피던스 Z_p의 각과 같다.

3상 회로에서는 선전압과 선전류로 전력을 표시하는 것이 요망된다. 평형 Y부하에 대해서는 $V_p = \frac{V_L}{\sqrt{3}}$, $I_p = I_L$을, 평형 Δ부하에 대해서는 $V_p = V_L$, $I_p = \frac{I_L}{\sqrt{3}}$을 위 식에 3상 전력을 대입하면 어느 경우에나

$$P = \sqrt{3}\, V_L I_L \cos\theta, \quad Q = \sqrt{3}\, V_L I_L \sin\theta$$

이 식을 이용할 때 특히 주의할 것은 θ가 선전압과 선전류와의 상차가 아니라는 것이다. 평형 3상 회로의 피상전력(볼트－암페어)도 단상회로에서와 같이

$$VA = \sqrt{P^2 + Q^2}$$

에 의하여 정의되며, 따라서 그 역률은

$$pf = \frac{P}{VA} = \cos\theta$$

여기서 θ는 상임피던스의 각과 같다.

참고문제

아래 그림 Δ에서와 같이 평형 Δ부하에 평형 3상 전압이 인가되어 있다. 선전류 전(全)전력, 무효전력, 피상전력 및 역률을 구하라.

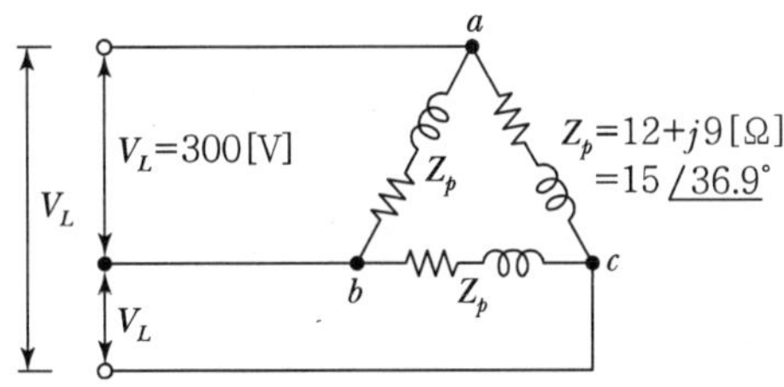

[그림 9] Δ회로

풀이

1. 선전류

Δ결선에서 $V_P = V_L$이므로 $V_p = V_L = 300[\mathrm{V}]$

$$I_p = \frac{V_p}{Z_p} = \frac{300}{15} = 20[\mathrm{A}]$$

$$\therefore\ I_L = \sqrt{3}\, I_p = \sqrt{3} \times 20 = 34.64[\mathrm{A}]$$

2. 각종 전력

$$P = 3P_p = 3R_p I_p^2 = 3 \times 12 \times 20^2 = 14{,}400[\mathrm{W}]$$

$$Q = 3Q_p = 3X_p I_p^2 = 3 \times 9 \times 20^2 = 10{,}800[\mathrm{var}]$$

$$VA = \frac{P}{\cos\theta} = \frac{14{,}400}{\cos(36.9°)} = 18{,}000[\mathrm{VA}]$$

$pf = \cos\theta = \cos 36.9° = 0.80$ 지상

5. 전력계법

가. 3전력계법

[그림 10] (a)에서는 3개의 단상전력계가 대칭적으로 각 선에 연결되어 있으며, 전압코일의 공통접속점 n'는 부하의 중성점과 연결되어 있지 않다. 이 경우

전력계 W_a의 지시$=(v_{an}+v_{nn'})i_{an}$의 평균값

전력계 W_b의 지시$=(v_{bn}+v_{nn'})i_{bn}$의 평균값

전력계 W_c의 지시$=(v_{cn}+v_{nn'})i_{cn}$의 평균값

$\therefore$ 세 전력계의 지시의 대수적 합

$=[v_{an}i_{an}+v_{bn}i_{bn}+v_{cn}i_{cn}+v_{nn'}(i_{an}+i_{bn}+i_{cn})]$의 평균값

$=[v_{an}i_{an}+v_{bn}i_{bn}+v_{cn}i_{cn}]$의 평균값

= 부하에 공급되는 평균전력의 합

앞에서 키르히호프의 전류법칙에 의하여 $(i_{an}+i_{bn}+i_{cn})$ 안의 세 전류의 합은 0이 된다.

나. 2전력계법

2개의 전력계를 이용하여 3상전력을 측정할 수 있는데 이 방법을 2전력계법이라고 하며 3상전력 측정에 가장 널리 사용된다. 이 방법에서 유의할 사실은

(1) 부하가 Y, Δ에 불구하고 또 평형, 불평형에도 불구하고 이 방법은 적용된다.
(2) 전류, 전압이 사인파가 아니더라도(부하가 비선형인 경우) 동일 주기를 갖는 주기파이면 이 방법은 적용된다.
(3) 두 전력계는 동일한 것이 아니라도 무방하다.
(4) 한쪽 전력계의 지시가 $-$가 될 때가 있다. 이때에는 그 전력계의 한쪽 코일을 반대극성으로 접속하여 $+$의 지시치를 읽어야 하며, 전전력은 두 전력계의 지시의 차로 구해진다. 수동부하에 공급되는 전전력은 $+$이므로 큰 쪽의 지시는 항상 $+$이다.

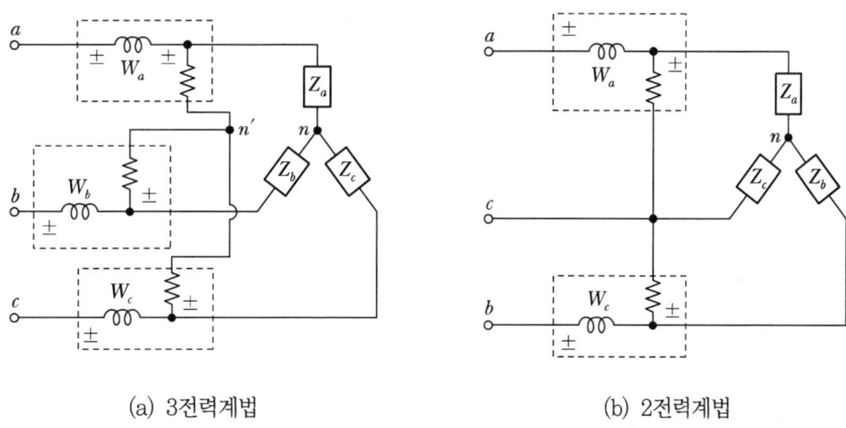

(a) 3전력계법 (b) 2전력계법

[그림 10] 3상 3선식에서의 실제적인 전력측정방법

3.5 불평형률

1. 배전방식에 따른 공급부하설비

가. 단상 2선식(220V) 또는 단상 3선식(220/110V) : 단상 전동기, 전열기, 조명 부하설비에 공급한다.

나. 3상 3선식(220V) : 소규모의 공장이나 빌딩에 사용한다.

다. 3상 4선식(380/220V) : 3상 동력과 단상 전등을 동시에 사용하는 방식이다.

2. 불평형부하의 제한

가. 저압수전의 경우

저압수전의 단상 3선식에서 중성선과 각 전압 측 전선 간의 부하는 평형이 되게 하는 것을 원칙으로 한다.

1) 부득이한 경우 설비불평형률 40[%]까지로 할 수 있다.

2) 설비불평형률$=\dfrac{\text{중성선과 각 전압 측 선간에 접속되는 부하설비용량의 차}}{\text{총부하설비용량의 } 1/2}\times 100$

나. 저압 · 고압 및 특고압수전의 경우

저압 · 고압 및 특고압수전의 3상 3선식 또는 3상 4선식에서 불평형부하의 한도는 단상 접속부하로 계산하여 설비불평형률을 30[%] 이하로 하는 것을 원칙으로 한다.

1) 다음 각 호의 경우에는 이 제한에 따르지 아니할 수 있다.
   가) 저압수전에서 전용변압기 등으로 수전하는 경우
   나) 고압 및 특고압 수전에서는 100kVA[kW] 이하의 단상 부하인 경우 또는 단상 부하 용량의 최대와 최소의 차가 100kVA[kW] 이하인 경우
   다) 특고압 수전에서는 100kVA[kW] 이하의 단상변압기 2대로 역 V결선하는 경우

2) 설비불평형률

$$= \frac{\text{각 선간에 접속되는 단상부하 총설비용량의 최대와 최소의 차}}{\text{총부하설비용량의 } 1/3} \times 100$$

다. 대용량 단상부하의 경우

특고압 및 고압수전에서 대용량의 단상 전기로 등의 사용으로 전항의 제한에 따르기가 어려울 경우에는 전기사업자와 협의하여 다음 각 호에 의하여 시설하는 것을 원칙으로 한다.

1) 단상부하 1개의 경우에는 2차 역V 접속에 의할 것(다만, 300[kVA]를 초과하지 말 것)
2) 단상부하 2개의 경우에는 스코트 접속에 의할 것(다만, 1개의 용량이 200[kVA] 이하인 경우에는 부득이한 경우에 한하여 보통의 변압기 2대를 사용하여 별개의 선단에 부하를 접속할 수 있다.)
3) 단상부하 3개 이상인 경우에는 가급적 선로전류가 평형이 되도록 각 선간에 부하를 접속할 것

3.6 과도현상

1. 과도현상의 해석 방법

가. 과도현상은 제어계의 입력에 대하여 그 응답이 안정할 것(진동을 일으키거나 발산하지 않을 것), 응답이 좋을 것(목표치 입력에 곧 추종하고 외란에 대해서는 빨리 영향을 소멸시킬 것) 이 두 가지가 중요하다.

나. 과도응답은 과도특성과 정상특성으로 구성되며 과도특성은 인디셜 응답[6]을 사용하여 1차 지연의 시정수, 과도편차와 초과량, 정정시간, 제어면적, 제곱제어면적, ITAE(Integral of Time−multiplied Absolute value of Error)를 산정한다.

---

6) 인디셜 응답이란 높이가 1인 단위계단입력에 대한 응답을 말한다.

2. 미분 방정식

가. 회로의 전압, 전류가 만족하여야 할 미분 방정식을 세운다.

우선 키르히호프의 제1 및 제2법칙, 즉 전류법칙 및 전압법칙을 근거로 하여야 한다.

1) 전류법칙은 회로 내의 접합점에 모여든 모든 전류의 대수적 합은 0이므로 전류 법칙을 적용하면, 각 회로 요소의 단자 전압을 v라 할 때

   저항에는 $\dfrac{v}{R}$, 인덕턴스에는 $\dfrac{1}{L}\int vdt$, 커패시턴스에는 $C\dfrac{dv}{dt}$의 전류가 흐르게 된다.

2) 전압 법칙은 폐회로에서 어느 특정한 방향으로 취한 모든 전압 상승의 대수적 합은 0이고, 전압 법칙을 적용하면, 각 회로 요소에 흐르는 전류가 i일 때 그들의 단자 전압은 저항에서는 Ri, 인덕턴스에서는 $L\dfrac{di}{dt}$, 커패시턴스에서는 $\dfrac{1}{C}\int idt$가 되며, 그들의 극성은 모두 전류 방향에의 전압 강하가 된다.

3) 미분방정식을 세울 때 주의해야 할 점은 다음과 같다.
   ① 미분 방정식을 세우는 데에는 반드시 회로가 변한 후의 상태 회로에 대해서 세운다.
   ② 전류 및 전압 법칙을 적용할 때에는 각각 독립된 접합점 및 독립된 폐회로에 대해서만 세워야 한다.
   ③ 일반적으로 어느 폐회로 내의 독립된 접합점 수는 그 회로 내의 독립된 폐회로 수보다 하나 적다. 이와 같이 하여 미지수, 즉 구하려고 하는 과도값과 동일한 수만큼의 연립 미분 방정식을 세우면 된다.

나. 미분 방정식을 푼다.

미분 방정식의 일반해는 특별해와 보조해의 합이다.

1) 특별해는 정상 상태에 도달했을 때의 값, 즉 정상값을 표시한다.
2) 보조해는 과도기에만 있는 값, 과도항을 나타낸다.
3) 보조해는 미분 방정식의 우변, 즉 그 미분 방정식 안에 들어 있는 회로 내의 여발함수(Driving Function), 다시 말하면, 인가 기전력을 0으로 놓은 미분 방정식 또는 동차방정식(Homogeneous Equation)에 대한 일반해를 말한다.

다. 회로 내의 전기적 양에 대한 초기 조건(Initial Condition)

1) 초기조건 $t=-0$ 즉, 회로 상태가 변화하기 직전에 있어서의 초기 조건
2) 초기조건 $t=+0$ 즉, 회로 상태가 변화하기 직후에 있어서의 초기 조건

3. $R-L$ 직렬회로의 경우

$R-L$ 직렬회로에서 전압 E 인가 시 과도현상을 설명하면

가. 전류식

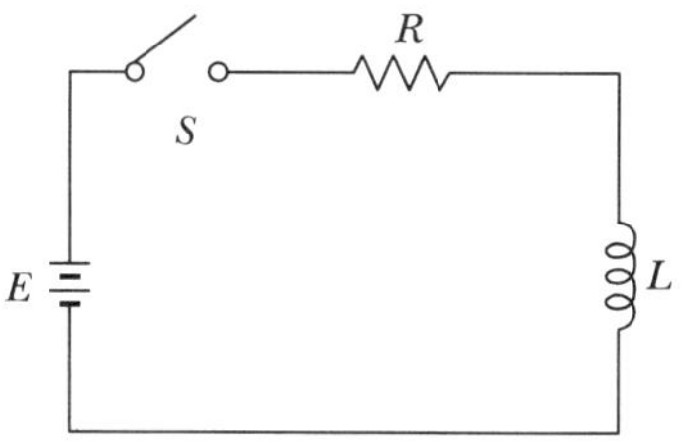

[그림 1] $R-L$ 직렬회로

1) 평형방정식은 $L\frac{di}{dt}+Ri=E$ ························ ①

2) 식 ①을 라플라스 변환하면

가) $Ls \cdot I(s)+R \cdot I(s)=\frac{E}{s}$

$I(s)(Ls+R)=\frac{E}{s}$에서

$I(s)=\frac{E}{s(Ls+R)}=\frac{E}{Ls(s+\frac{R}{L})}$ ························ ②

3) 식 ②를 부분분수로 전개하면

가) $I(s)=\frac{E}{L}[\frac{k_1}{s}+\frac{k_2}{s+R/L}]$에서

$k_1=\left|\frac{1}{s+R/L}\right|_{s=0}=\frac{L}{R}$, $k_2=\left|\frac{1}{s}\right|_{s=-\frac{R}{L}}=-\frac{L}{R}$

나) $I(s)=\frac{E}{L}\cdot\frac{L}{R}[\frac{1}{s}-\frac{1}{s+R/L}]$ ························ ③

4) 식 ③을 라플라스 변환하면 전류식은 다음과 같이 된다.

$i(t)=\frac{E}{R}[1-e^{-\frac{R}{L}t}]$ ························ ④

나. 시정수

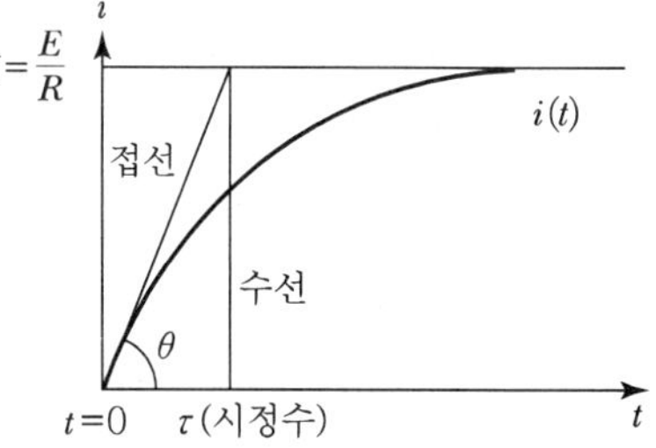

[그림 2] $R-L$ 시정수

1) 식 ④를 그래프로 그리면 다음과 같다.

2) [그림 2]에서 $i(t)$곡선은 $t=0$에서는 급격히 증가하다가 시간이 경과할수록 서서히 증가하는 것을 볼 수 있다. 만일 $t=0$에서의 비율로 증가한다면 t초 후에 E/R에 도달하게 되는데 이때 걸리는 시간 t가 시정수이다.

3) 이것을 식으로 증명하면

$$\tan\theta=\left|\frac{di(t)}{dt}\right|_{t=0}=\left|\frac{E}{R}\cdot\frac{R}{L}e^{-\frac{R}{L}t}\right|_{t=0}=\left|\frac{E}{L}e^{-\frac{R}{L}t}\right|_{t=0}=\frac{E}{L}$$

또한 [그림 2]에서 $\tan\theta = (E/R)/\tau$ 이므로 이를 앞 식과 연관하여 정리하면

$\tan\theta = \dfrac{E}{L} = \dfrac{E/R}{\tau}$ 에서 $\tau = \dfrac{E/R}{E/L} = \dfrac{L}{R}$ 이 된다.

다. 전압식

1) 저항에 걸리는 전압 $E_R = Ri(t) = R \cdot \dfrac{E}{R}[1 - e^{-\frac{R}{L}t}] = E[1 - e^{-\frac{R}{L}t}]$ [V]

2) 인덕턴스에 유기되는 전압 $E_L = L\dfrac{di(t)}{dt} = L\dfrac{d}{dt} \cdot \dfrac{E}{R}[1 - e^{-\frac{R}{L}t}] = E \cdot e^{-\frac{R}{L}t}$ [V]

3) 즉, $t = 0$ 에서는 전전압이 인덕턴스에 걸리고 $t = \infty$ 에서는 전전압이 저항에 걸린다.

4. $R-C$ 직렬회로의 경우

$R-C$ 직렬회로에서 전압 E 인가 시 과도현상을 설명하면

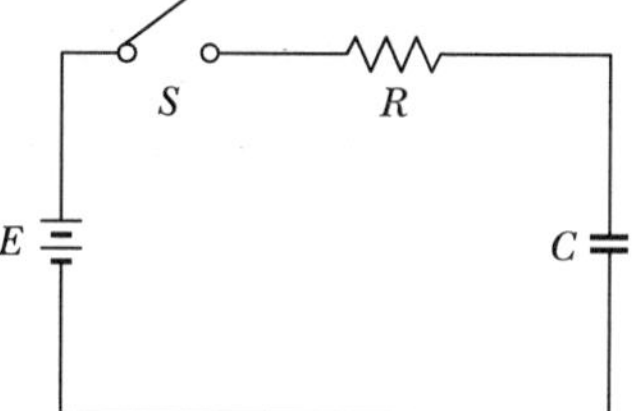

[그림 3] $R-C$ 직렬회로

가. 전류식

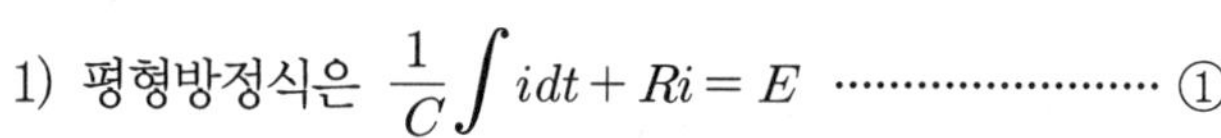

1) 평형방정식은 $\dfrac{1}{C}\int i dt + Ri = E$ ························ ①

2) 식 ①을 라플라스 변환하면

$\dfrac{1}{Cs}I(s) + RI(s) = \dfrac{E}{s}$, $I(s)(\dfrac{1}{Cs} + R) = \dfrac{E}{s}$ 에서

$$I(s) = \frac{E}{s} \cdot \frac{Cs}{1 + RCs} = \frac{EC}{1 + RCs} = \frac{EC}{RC(s + \frac{1}{RC})} = \frac{E}{R} \cdot \frac{1}{(s + \frac{1}{RC})} \quad \cdots\cdots\cdots ②$$

3) 식 ②를 역라플라스 변환하면 전류식은 $i(t) = \dfrac{E}{R}e^{-\frac{1}{RC}t}$ ································ ③

나. 시정수

1) 식 ③을 그래프로 그리면 다음과 같다.

2) [그림 4]에서 $i(t)$곡선은 $t = 0$에서는 급격히 감소하다가 시간이 경과할수록 서서히 감소해 가다가 0이 된다. 이때 만일 $t = 0$에서의 비율로 계속 감소한다면 t초 후에 0에 도달하게 되는데 이때 걸리는 시간 t가 시정수이다.

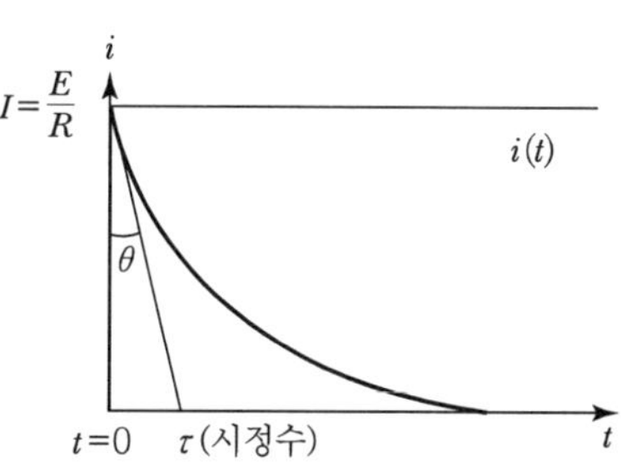

[그림 4] $R-C$ 시정수

3) 이것을 식으로 증명하면

$$\tan\theta = \left|\frac{di(t)}{dt}\right|_{t=0} = \left|\frac{E}{R}\cdot\left(-\frac{1}{RC}\right)e^{-\frac{1}{RC}t}\right|_{t=0}$$

$$= \left|-\frac{E}{R^2C}e^{-\frac{1}{RC}t}\right|_{t=0} = -\frac{E}{R^2C}$$

또한 [그림 4]에서 $\tan\theta = -(E/R)/\tau$이므로 이를 위 식과 연관시켜 정리하면

$\tan\theta = \dfrac{E}{R^2C} = \dfrac{E/R}{\tau}$에서 $\tau = \dfrac{E}{R}\cdot\dfrac{R^2C}{E} = RC$가 된다.

다. 전압식

1) 저항에 걸리는 전압 $E_R = Ri(t) = R\cdot\dfrac{E}{R}e^{-\frac{1}{RC}t} = Ee^{-\frac{1}{RC}t}$[V]

2) 콘덴서에 충전되는 전압

가) 콘덴서 단자전압은 콘덴서에 충전되는 전하량에 비례하고 정전용량에 반비례한다.

즉 $E_C = \dfrac{Q}{C}$ 충전되는 전하량은 그 시간까지의 전류를 적분하면 되므로

나) 스위치를 닫은 후 t초 후에 콘덴서 단자전압은

$$E_C = \frac{1}{C}\int_0^t i(t)d\tau = \frac{1}{C}\int_0^t \frac{E}{R}e^{-\frac{1}{RC}t}dt = \frac{E}{RC}\left|-RC\cdot e^{-\frac{1}{RC}t}\right|_0^t$$

$$= E\left(1-e^{-\frac{1}{RC}t}\right)[\text{V}]$$

3) 즉, $t=0$에서는 전전압이 저항에 걸리고 $t=\infty$에서는 전전압이 콘덴서에 걸린다.

CHAPTER 03 필수예제

예제 01 아래의 $R-L-C$ 직렬회로의 공진주파수를 구하시오. **〈55회 발송배전기술사〉**

풀이

1. $R-L-C$ 회로의 임피던스 Z는

$Z=R+jX=R+j\left(\omega L-\frac{1}{\omega C}\right)$에서 허수부 $\omega L=\frac{1}{\omega C}$이면 공진조건이라 하며, 즉 $Z=R$이므로 Z의 값이 최소가 되어 I는 최대가 된다.

2. 직렬공진 주파수 f_0는

허수부가 $\omega L=\frac{1}{\omega C}$인 상태를 직렬공진이라 하며 이때의 주파수 $f_0=\frac{1}{2\pi\sqrt{LC}}$을 직렬공진 주파수라 한다.

예제 02 다음 그림의 병렬 공진회로에서 어드미턴스 Y값을 구하시오.

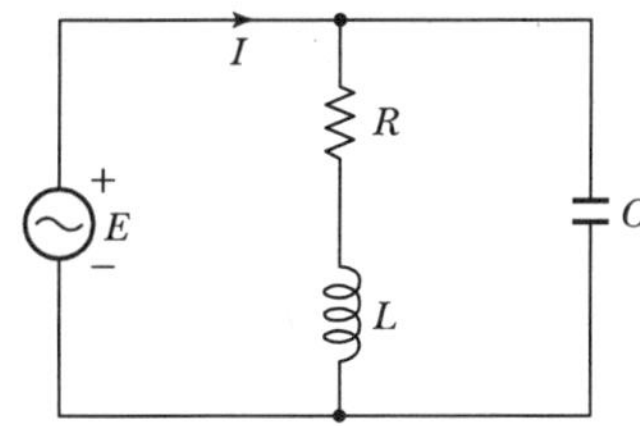

풀이

어드미턴스 Y값은

$$Y=\frac{1}{R+j\omega L}+j\omega C=\frac{R}{R^2+\omega^2L^2}+j\left(\omega C-\frac{\omega L}{R^2+\omega^2L^2}\right)$$

병렬 공진 조건은 Y의 허수부가 0이 되는 상태, 즉 $\omega C-\frac{\omega L}{R^2+\omega^2L^2}=0$이어야 한다.

$\omega C=\frac{\omega L}{R^2+\omega^2L^2}$에서 $R^2+\omega^2L^2=\frac{L}{C}$이므로

$$Y = \frac{R}{R^2 + \omega^2 L^2} \text{에 대입하면 } Y = \frac{R}{\frac{L}{C}} \qquad \therefore\ Y = \frac{RC}{L}$$

예제 03 그림과 같은 회로에서 인덕턴스 L에 흐르는 전류가 전원전압 E와 동상이 되기 위한 R_1의 값을 구하여라. **〈71회 발송배전기술사〉**

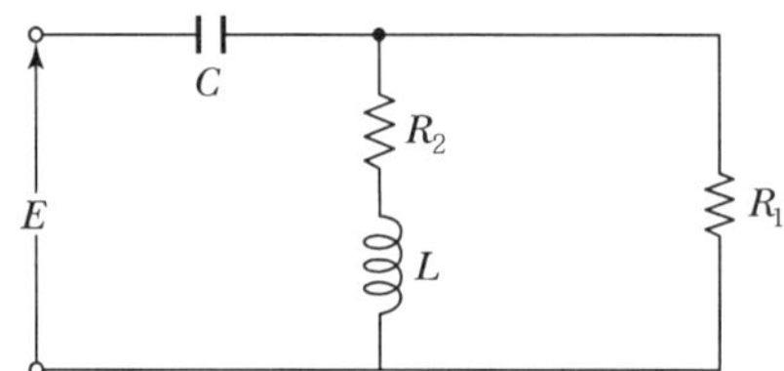

풀이

1. 회로에 흐르는 전전류를 I, L에 흐르는 전류를 I_L이라 하면

$$I = \frac{E}{\frac{1}{j\omega C} + \frac{R_1(R_2 + j\omega L)}{R_1 + R_2 + j\omega L}}$$

$$I_L = I \times \frac{R_1}{R_1 + R_2 + j\omega L}$$

이 된다.

$$I_L = \frac{E}{\frac{R_1 + R_2 + j\omega L + j\omega CR_1(R_2 + j\omega L)}{j\omega C(R_1 + R_2 + j\omega L)}} \times \frac{R_1}{R_1 + R_2 + j\omega L}$$

$$= \frac{ER_1}{\frac{R_1}{j\omega C} + \frac{R_2}{j\omega C} + \frac{L}{C} + R_1(R_2 + j\omega L)}$$

2. 전압과 L에 흐르는 전류가 동상이 되려면 허수부가 0이 되어야 한다.

$$-j\frac{1}{\omega C}\left(1 + \frac{R_2}{R_1}\right) + j\omega L = 0$$

$$1 + \frac{R_2}{R_1} = \omega^2 LC$$

$$\frac{R_2}{R_1} = \omega^2 LC - 1$$

$$\therefore\ R_1 = \frac{R_2}{\omega^2 LC - 1}$$

예제 04 그림의 회로에서 단자 a, b 간에 주파수 f[Hz]의 정현파 전압을 가하였을 때, 전류계 A_1과 A_2의 읽음은 같았다. 이 경우의 f, L, C 간의 관계를 표시하는 식을 구하여라.

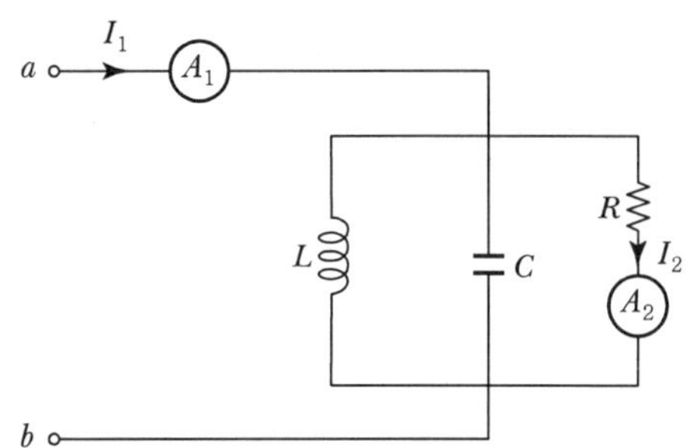

풀이

1. 합성 전류를 I_1, R에 흐르는 전류를 I_2라 하면, 합성 어드미턴스는

$$Y = \frac{1}{R} + j\omega C + \frac{1}{j\omega L} = \frac{1}{R} + j\left(\omega C - \frac{1}{\omega L}\right)$$

따라서, I_1 전류는

$$I_1 = \frac{E}{Z} = E \cdot Y = E\left\{\frac{1}{R} + j\left(\omega C - \frac{1}{\omega L}\right)\right\}$$

$$|I_1| = |E|\sqrt{\frac{1}{R^2} + \left(\omega C - \frac{1}{\omega L}\right)^2} \quad \cdots\cdots ①$$

그리고, I_2 전류는

$$|I_2| = \frac{|E|}{R} \quad \cdots\cdots ②$$

2. 문제에서 $|I_1| = |I_2|$이므로

$$\sqrt{\frac{1}{R^2} + \left(\omega C - \frac{1}{\omega L}\right)^2} = \frac{1}{R}$$ 양변을 제곱하면

$$\frac{1}{R^2} + \left(\omega C - \frac{1}{\omega L}\right)^2 = \frac{1}{R^2}$$

따라서, $\omega C = \frac{1}{\omega L}$

$$\therefore f = \frac{1}{2\pi\sqrt{LC}}$$

예제 05 다음 그림과 같이 3상 3선식 200[V] 수전의 경우 설비 불평형률은 얼마인가? (단, 여기서 전동기의 수치가 괄호 안과 다른 것은 출력[kW]을 입력[kVA]으로 환산한 것임)

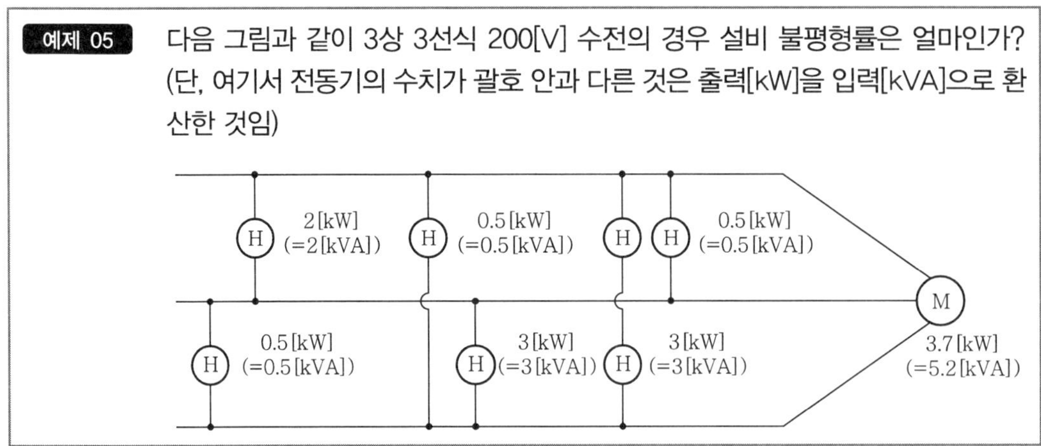

풀이

1. 개요

내선 규정에 의하면, 단상 3선식의 설비 불평률은 40[%]까지 할 수 있으며, 3상 3선식 또는 3상 4선식에서는 30[%] 이하로 하는 것을 원칙으로 한다.

2. 설비불평형률

$$= \frac{\text{각 선간에 접속되는 단상 부하 설비 용량의 최대와최소의 차}}{\text{총 부하 설비 용량의 } 1/3} \times 100$$

$$= \frac{(3+0.5)-(2+0.5)}{[(3+0.5)+(3+0.5)+(2+0.5)+5.2] \times \frac{1}{3}} \times 100$$

$$= 20.408[\%] \fallingdotseq 20.41[\%]$$

예제 06 그림과 같이 역률 100[%]의 부하가 각 상과 중성선 간에 연결되어 있다. a상, b상, c상에 흐르는 전류가 각각 220[A], 172[A], 190[A]이다. 중성선에 흐르는 전류의 크기의 절댓값은?

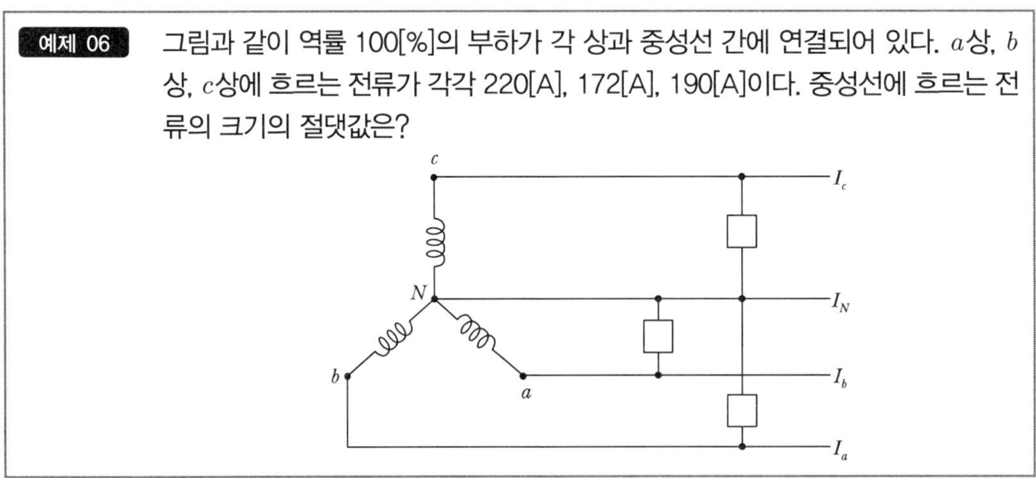

풀이

1. 그림의 관계를 벡터도로 그리면 다음과 같다.

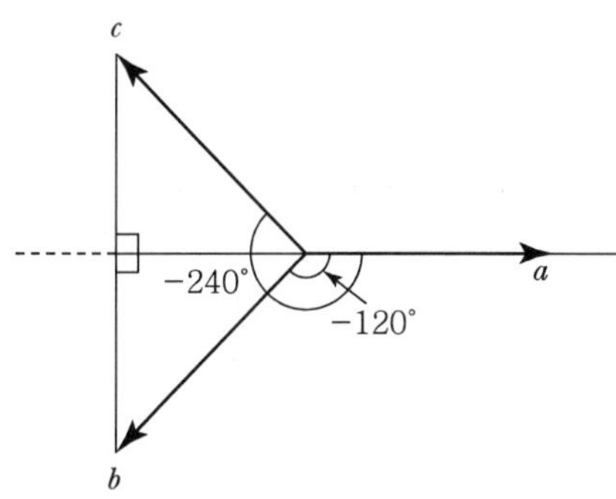

2. 중성선에 흐르는 전류 I_N은

$$\dot{I}_N = \dot{I}_a + \dot{I}_b \angle -120° + I_c \angle -240°$$
$$= 220 + 172 \angle -120° + 190 \angle -240°$$
$$= 220 + 172\left(-\frac{1}{2} - j\frac{\sqrt{3}}{2}\right) + 190\left(-\frac{1}{2} + j\frac{\sqrt{3}}{2}\right)$$
$$= 220 + (-86 - j148.85) + (-95 + j164.54)$$
$$= 39 + j15.59 = \sqrt{39^2 + 15.59^2} = 42[\text{A}]$$

※ $A = a + jb = A\angle\theta = A(\cos\theta + j\sin\theta) = A\varepsilon^{j\theta}$

[별해]

$$I_N = \sqrt{I_a^2 + I_b^2 + I_c^2 - (I_a \times I_b) - (I_b \times I_c) - (I_c \times I_a)}$$
$$= \sqrt{220^2 + 172^2 + 190^2 - (220 \times 172) - (172 \times 190) - (200 \times 190)}$$
$$= 42[\text{A}]$$

예제 07 그림과 같은 4단자 회로에서 영상 파라미터를 구하여라.

〈31회 건축전기설비기술사〉

300[Ω] 300[Ω]

450[Ω]

풀이

1. 4단자망에서 송전단 전압과 송전단 전류 V_1, I_1은 다음의 관계가 있다.

$V_1 = AV_2 + BI_2$

$I_1 = CV_2 + DI_2$

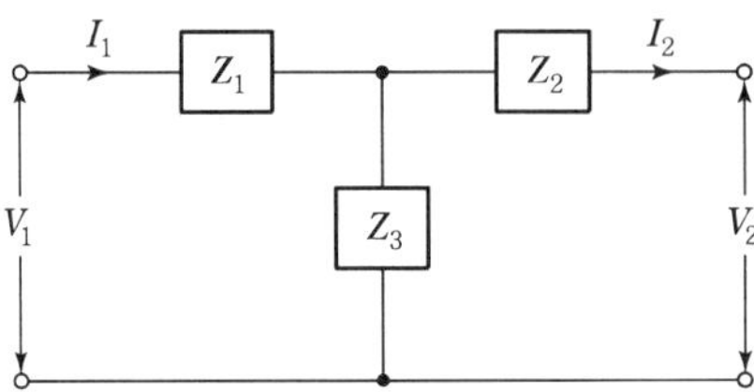

2. T회로에서 일반 회로 정수 A, B, C, D를 구하면

$V_1 = V_2 + I_2Z_2 + Z_1I_1$ ············ ①

$I_1 = \dfrac{Z_2I_2 + V_2}{Z_3} + I_2 = \dfrac{1}{Z_3}V_2 + \left(1 + \dfrac{Z_2}{Z_3}\right)I_2$ ············ ②

식 ②를 식 ①에 대입하면

$$V_1 = V_2 + I_2Z_2 + Z_1\left[\frac{1}{Z_3}V_2 + \left(1 + \frac{Z_2}{Z_3}\right)I_2\right]$$

$$= \left(1 + \frac{Z_1}{Z_3}\right)V_2 + \left(\frac{Z_2Z_3 + Z_1Z_3 + Z_1Z_2}{Z_3}\right)I_2$$

1) 문제에서 전송파라미터 A, B, C, D를 구하면 다음과 같다.

$$A = \left(1 + \frac{Z_1}{Z_3}\right) = \left(1 + \frac{300}{450}\right) = \frac{5}{3}$$

$$B = \frac{Z_1Z_2 + Z_1Z_3 + Z_2Z_3}{Z_3} = \frac{300^2 + (300 \times 450) + (300 \times 450)}{450} = 800$$

$$C = \frac{1}{Z_3} = \frac{1}{450}$$

$$D = 1 + \frac{Z_2}{Z_3} = 1 + \frac{300}{450} = \frac{5}{3} = A$$

2) 영상(影像) 파라미터는 Z_{01}, Z_{02}의 영상 임피던스 및 θ의 영상전달정수를 말하며, 다음과 같다.

$$Z_{01} = \sqrt{\frac{AB}{CD}}, \quad Z_{02} = \sqrt{\frac{DB}{AC}}$$

만약, 대칭 회로망이라면 $\dot{A} = \dot{D}$이므로 다음의 관계가 있다.

$$\dot{Z}_{01} = Z_{02} = \sqrt{\frac{B}{C}} = \sqrt{\frac{800}{\frac{1}{450}}} = 600[\Omega]$$

3. 영상 전달정수는 영상 정합 시 $\varepsilon^{\theta} = \sqrt{AD} + \sqrt{BC}$에 의해 정의되는 θ를 말한다. 따라서

$$\theta = \ln(\sqrt{AD} + \sqrt{BC})$$
$$= \ln\left(\sqrt{\frac{5}{3} \cdot \frac{5}{3}} + \sqrt{800 \times \frac{1}{450}}\right)$$
$$= 1.0986$$

예제 08 다음 그림에서 V_{PQ}(P지점의 전위에 대한 Q지점의 전위)를 구하시오.

〈60회 발송배전기술사〉

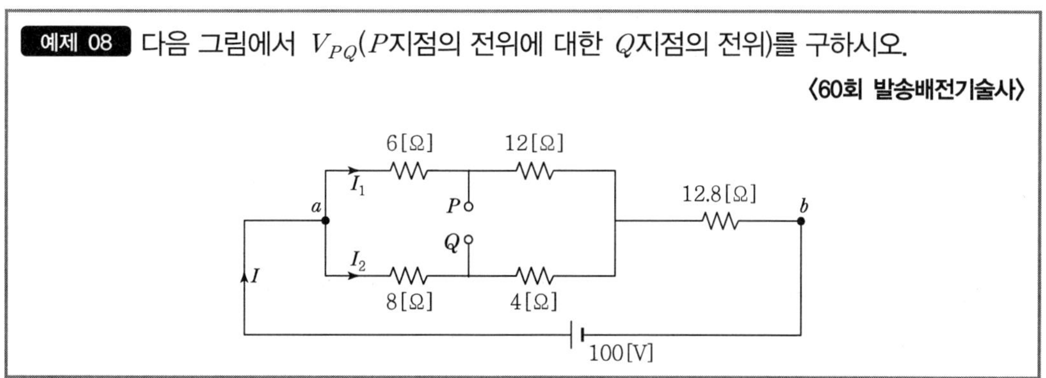

풀이

1. 위의 그림에서 합성저항을 구한다.

$$R = \frac{12 \times 18}{12 + 18} + 12.8 = 20[\Omega]$$

2. 회로전류의 분배법칙에서

$$I = \frac{V}{R} = \frac{100}{20} = 5[\text{A}]$$

$$I_1 = 5 \times \frac{12}{(18 + 12)} = 2[\text{A}]$$

$$I_2 = 5 \times \frac{18}{(18 + 12)} = 3[\text{A}]$$

3. I_1, I_2 전류의 단자전압

1) aP점의 단자전압은 $I_1 \times 6 = 2 \times 6 = 12[\text{V}]$

2) aQ점의 단자전압은 $I_2 \times 8 = 3 \times 8 = 24[\text{V}]$

4. V_{PQ}는

PQ점의 전위 V_{PQ}는 $V_{aQ} - V_{aP} = V_{PQ}$

$24 - 12 = 12[\text{V}]$가 된다.

예제 09 아래 회로와 같은 불평형 회로에서 $Z_a = 10[\Omega]$, $Z_b = 12.5[\Omega]$, $Z_C = 5[\Omega]$, $Z_n = 16[\Omega]$인 부하가 걸려 있다. 전원에 대칭 Y형 전원 $E = 100$[V]를 인가할 때 각 전류 I_a, I_b, I_c, I_n을 구하여라. **〈52회 발송배전기술사〉**

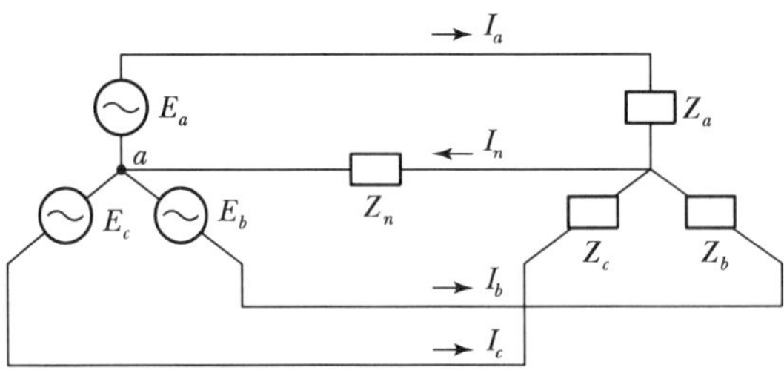

풀이

1. 개요

부하가 불평형이므로 중성점에는 V_N의 전위가 걸리게 되며, 각 선전류는

$I_a = Y_a(E_a - V_N)$, $I_b = Y_b(E_b - V_N)$

$I_c = Y_c(E_c - V_N)$, $I_n = Y_n V_N$

이 되며, $I_a + I_b + I_c - I_n = 0$의 조건에서 V_N을 구하면

2. 중성점의 전위 V_N

$$V_N = \frac{Y_a E_a + Y_b E_b + Y_c E_c}{Y_a + Y_b + Y_c + Y_n}$$

여기서, $Y_a = \dfrac{1}{Z_a} = \dfrac{1}{10} = 0.1$

$$Y_b = \frac{1}{Z_b} = \frac{1}{12.5} = 0.08$$

$$Y_c = \frac{1}{Z_c} = \frac{1}{5} = 0.2$$

$$Y_n = \frac{1}{16} = 0.0625$$

이므로 따라서,

$$V_N = \frac{(0.1 \times 100) + (0.08 \times 100 \angle 240°) + (0.2 \times 100 \angle 120°)}{0.1 + 0.08 + 0.2 + 0.0625}$$

$$= \frac{10 + 8\left(-\frac{1}{2} - j\frac{\sqrt{3}}{2}\right) + 20\left(-\frac{1}{2} + j\frac{\sqrt{3}}{2}\right)}{0.4425}$$

$$= \frac{(10 - 4 - 10) - j4\sqrt{3} + j10\sqrt{3}}{0.4425} = \frac{-4 + j6\sqrt{3}}{0.4425}$$

$$= -9.04 + j23.43[\text{V}]$$

3. 각 선전류는 다음과 같다.

$$I_a = [100 - (-9.04 + j23.48)] \times 0.1 = (109.04 - j23.48) \times 0.1 = 10.9 - j2.348[\text{A}]$$

$$I_b = \left[100\left(-\frac{1}{2} - j\frac{\sqrt{3}}{2}\right) - (-9.04 + j23.48)\right] \times 0.08$$

$$= (-50 - j86.6 + 9.04 - j23.48) \times 0.08 = -3.28 - j8.806[\text{A}]$$

$$I_c = \left[100\left(-\frac{1}{2} + j\frac{\sqrt{3}}{2}\right) - (-9.04 + j23.48)\right] \times 0.2$$

$$= (-50 + j86.6 + 9.04 - j23.48) \times 0.2 = -8.19 + j12.624[\text{A}]$$

$$-I_n = -(-9.04 + j23.48) \times 0.0625 = 0.565 - j1.467[\text{A}]$$

예제 10 다음과 같은 회로의 정상상태에서 $t=0$인 순간 스위치가 닫혔다. $t>0$에서 $i(t)$를 구하여라.

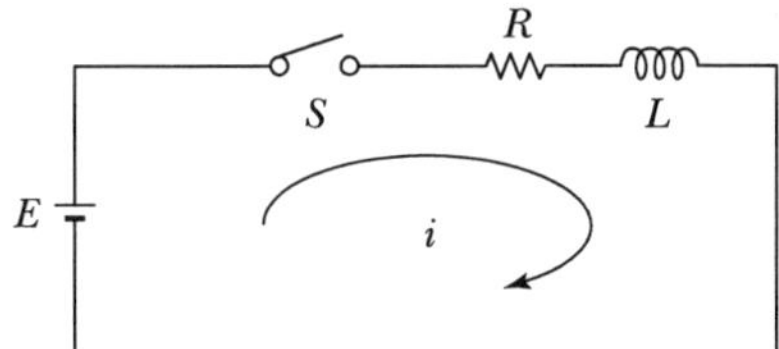

풀이

1. 키르히호프의 전압법칙에 의하여

$$E = Ri + L\frac{di}{dt} \quad \cdots\cdots ①$$

$$E - Ri = L\frac{di}{dt}$$

$$\therefore \frac{1}{E - Ri} = \frac{dt}{Ldi}$$

2. 미분방정식

1) 양변에 $(-Rdi)$를 곱하면

$$\frac{-Rdi}{E - Ri} = -\frac{Rdi}{L}\frac{dt}{di}$$

2) 양변을 적분하면

$$\int \frac{-R}{E - Ri}di = -\int \frac{R}{L}dt$$

3) $\ln(E-Ri) = -\frac{R}{L}t + K$(상수)

$t=0$일 때, $i=0$이므로

$K = \ln E$ ·· ②

$\ln(E-Ri) = \ln e^{-\frac{R}{L}t} + \ln E = \ln\left(e^{-\frac{R}{L}t} \cdot E\right)$

$E - iR = E \cdot e^{-\frac{R}{L}t}$

$(1-e^{-\frac{R}{L}t}) \cdot E = iR \qquad \therefore\ i = \frac{E}{R}(1-e^{-\frac{R}{L}t})$

[별해] 과도방정식에 의한 해

1. 일반해는

$\therefore\ i = \frac{E}{R}\left(1-e^{-\frac{R}{L}t}\right)$

시정수 $\tau = \frac{L}{R}$이므로

일반해 $i = \frac{E}{R}\left(1-e^{-\frac{1}{\tau}t}\right)$[A]

2. R에 걸리는 전압 e_R은

$e_R = i \cdot R = E\left(1-e^{-\frac{R}{L}t}\right)$[V]

3. L에 거리는 전압 e_L은

$$e_L = L\frac{di}{dt} = L\frac{d}{dt}\left\{\frac{E}{R}\left(1-e^{-\frac{R}{L}t}\right)\right\}$$

$$= \frac{-E}{R} \cdot L \cdot \frac{d}{dt}e^{-\frac{R}{L}t}$$

$$= -\frac{E}{R} \cdot L \cdot \left(-\frac{R}{L}\right)e^{-\frac{R}{L}t} = Ee^{-\frac{R}{L}t}\text{[V]}$$

예제 11 그림의 회로에서 스위치가 닫힌 상태에서 회로에 정상전류가 흐르고 있었다. $t=0$에서 스위치를 열 때 흐르는 회로 전류는?

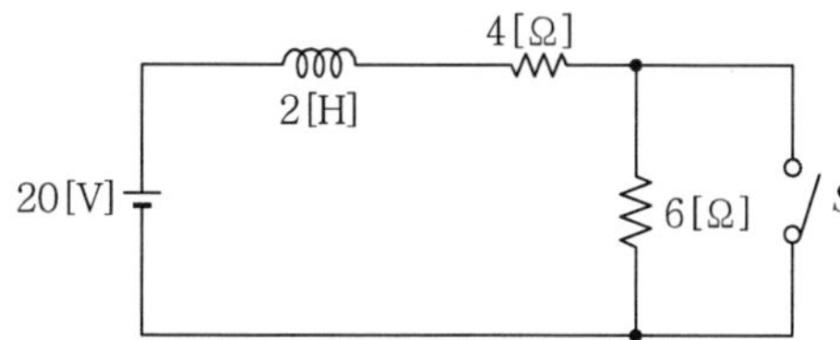

풀이

1. 스위치를 열 때 회로방정식은?

   키르히호프의 전압법칙에 의한 미분방정식은 $E=Ri+L\frac{di}{dt}$에서

   $2\frac{di}{dt}+(4+6)i=20$

2. 일반해는 $i=i_s+i_t$이므로

   1) 특별해 i_s는 정상 전류이므로

   $0+(4+6)i_s=20,\ \ i_s=2$

   2) 보조해 i_t는 우변 E를 0으로 놓은 미분 방정식의 일반해이며

   $2\frac{di}{dt}+(4+6)i_t=0$

   $i_t=Ae^{-\frac{R}{L}t}=Ae^{\frac{-(4+6)}{2}t}=Ae^{-5t}$이다.

   3) 일반해 i는

   $i=i_s+i_t=2+Ae^{-5t}$[A]

   적분 상수 A를 구하면 초기 조건 $t=0$에서 $i=\frac{20}{4}=5$[A]이므로

   $\therefore\ A=5-2=3$

3. 그러므로 회로에 흐르는 전류 i는 $i=2+3e^{-5t}$[A]이다.

예제 12 인덕턴스 L과 저항 R이 직렬로 접속되어 있는 회로에 $e=E_m\sin(\omega t+\theta)$란 교류 전압을 $t=0$에서 인가한 경우 회로에 흐르는 전류는?

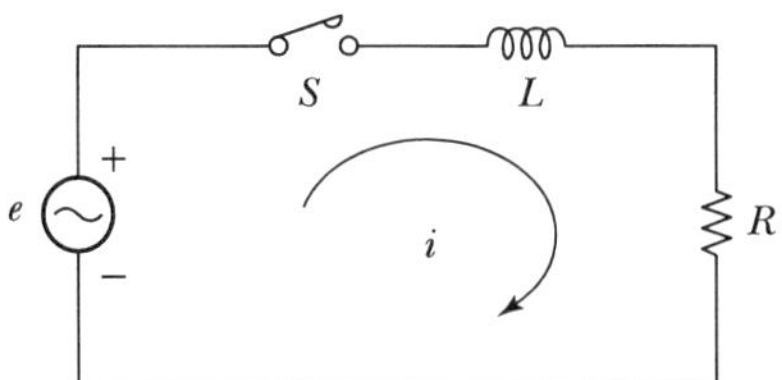

풀이

1. 키르히호프의 전압 법칙으로부터 미분 방정식은

$$L\frac{di}{dt}+Ri=E_m\sin(\omega t+\theta) \quad \cdots\cdots ①$$

2. 일반해는 $i=i_s+i_t$이므로

1) 특별해 $i_s=I_m\sin(\omega t+\theta-\phi) \quad \cdots\cdots ②$

$$I_m=\frac{E_m}{\sqrt{R^2+(\omega L)^2}}$$

$$\varphi=\tan^{-1}\frac{\omega L}{R}$$

2) 과도해 i_t는 우변을 0으로 놓은 미분 방정식의 일반해이며,

$$L\frac{di}{dt}+Ri=0$$

$$i_t=Ae^{-\frac{R}{L}t} \quad \cdots\cdots ③$$

3) 일반해 i는

$$i=i_s+i_t=I_m\sin(\omega t+\theta-\phi)+Ae^{-\frac{R}{L}t}\text{[A]} \quad \cdots\cdots ④$$

초기 조건 $t=0,\ i=0$이므로

$$\therefore\ A=-I_m\sin(\theta-\phi) \quad \cdots\cdots ⑤$$

3. 식 ⑤를 식 ④에 대입하면, 회로에 흐르는 전류

$$i=I_m\sin(\omega t+\theta-\phi)-I_m\sin(\theta-\phi)e^{-\frac{R}{L}t}$$

$$=I_m\left\{\sin(\omega t+\theta-\phi)-e^{-\frac{R}{L}t}\sin(\theta-\phi)\right\}\text{[A]}$$이다.

예제 13 그림과 같은 $R-C$ 직렬회로에 $e=E_m\sin(\omega t+\theta)$인 교류전압을 $t=0$인 순간에 인가하였다. 이 경우 흐르는 전류를 구하여라.(단, C에는 초기충전전압이 없다.) 〈38회 건축전기설비기술사〉

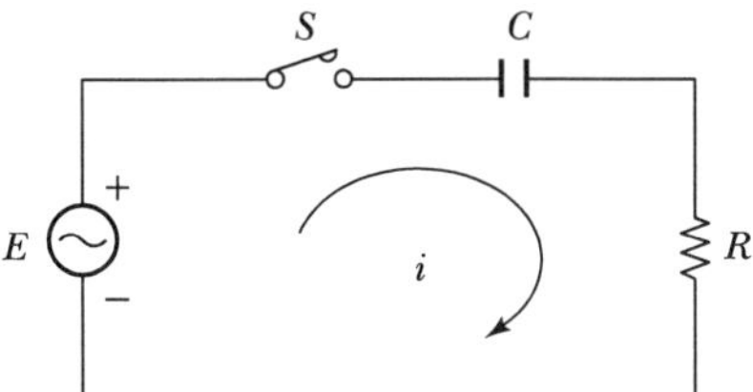

풀이

1. 키르히호프의 전압, 전류 법칙으로부터 미분 방정식은

$$Ri+\frac{1}{C}\int idt=E_m\sin(\omega t+\theta) \quad \cdots\cdots ①$$

2. 일반해 $i=i_s+i_t$이므로

1) 특별해 $i_s=I_m\sin(\omega t+\theta+\phi)$

$$I_m=\frac{E_m}{\sqrt{R^2+\left(\frac{1}{\omega C}\right)^2}}$$

$$\phi=\tan^{-1}\frac{1}{\omega CR}$$

2) 과도해는 우변을 0으로 놓은 미분 방정식의 일반해이며,

$$Ri+\frac{1}{C}\int idt=0$$

$$i_t=Ae^{-\frac{1}{RC}t}$$

3) 일반해는

$$i=i_s+i_t=I_m\sin(\omega t+\theta+\phi)+Ae^{-\frac{1}{RC}t}\text{[A]} \quad \cdots\cdots ②$$

(1) 식 ①에서 $t=0$일 때 $i(0)=\frac{E_m}{R}\sin\theta$이므로

$$\frac{E_m}{R}\sin\theta=I_m\sin(\omega t+\theta+\phi)+Ae^{-\frac{1}{RC}t}$$

(2) 여기에, $t=0$을 대입하여 A를 구하면

$$A=\frac{E_m}{R}\sin\theta-I_m\sin(\theta+\phi) \cdots\cdots ③$$

(3) 식 ③을 식 ②에 대입하면, 일반해는

$$\therefore\ i=I_m\sin(\omega t+\theta+\phi)+\left[\frac{E_m}{R}\sin\theta-I_m\sin(\theta+\phi)\right]e^{-\frac{1}{RC}t}\,[\mathrm{A}]$$

PART 01

전기기초 기출문제

CHAPTER 01 건축물 전기설비

기출 01 1[kW]를 열량[kcal/hour]으로 환산하시오.(환산식을 쓸 것) 〈78-1-9〉

풀이

1. 1시간은 3,600초 ⇒ 1[kWh]=3,600[kWs]
   ∵ [W]=[J/s]이므로

2. 1[kW]=1[kJ/s] ⇒ 3,600[(kJ/s) · s]=3,600[kJ]
   1[kJ]=0.24[kcal] ⇒ 3,600[kJ]=3,600×0.24≒860[kcal]
   따라서 1[kW]=860[kcal/hour]가 된다.

기출 02 다음과 같은 부하가 존재할 때 종합역률과 피상전력을 계산하시오. 〈99-1-12〉

구분	용량[kW]	역률	피상전력[kVA]
부하 1	50	0.5	100
부하 2	100	0.75	133.333
부하 3	200	0.9	222.222
합 계	350	?	?

풀이

1. 합성 무효전력

$$Q = \sqrt{100^2 - 50^2} + \sqrt{133.333^2 - 100^2} + \sqrt{222.222^2 - 200^2}$$
$$= 86.6 + 88.19 + 96.86 = 271.65[\mathrm{kVAR}]$$

2. 피상전력

$$P_a = 350 + j271.65 = \sqrt{350^2 + 271.65^2} = 443[\mathrm{kVA}]$$

3. 종합역률

$$\cos\theta = \frac{350}{443} = 0.79 = 79[\%]$$

기출 03 3상 4선식 공급방식의 전압강하 계산식 $e = \dfrac{k \times L \times I}{1,000 \times A}$[V]에서 전선의 재질이 구리(Cu), 알루미늄(Al)인 경우 k 값을 각각 구하시오.(k : 계수, A : 전선의 단면적[mm²], L : 전선 길이[m], I : 전류[A]) 〈117-1-1〉

풀이

1. 배선의 전압강하

간선 등에서 전선 길이가 길고 대전류의 경우 아래 계산식으로 전압강하를 계산하는 것이 바람직하다.

전압강하 $e = E_s - E_r \fallingdotseq K \times I(R\cos\theta + X\sin\theta) \times L$

여기서, e : 전압강하[V]
K : 배선방식에 대한 계수
I : 부하전류[A]
R : 전선 1km당 교류 도체저항[Ω/km]
X : 전선 1km당 리액턴스[Ω/km]
$\cos\theta$: 부하 측 역률
L : 선로의 길이[km]

2. 옥내배선의 전압강하

옥내배선 등 비교적 전선의 길이가 짧고, 전선이 가는 경우에서 표피효과나 근접효과 등에 의한 도체저항 값의 증가분이나 리액턴스분을 무시해도 지장이 없는 때는 아래 계산식으로 전압강하를 계산할 수 있다.

1) 구리도체(Cu, 경동)의 경우 전압강하
(표준 연동의 저항률은 1/58[Ω, mm²/m], 경동선의 도전율은 97[%])

$$e = K \times I \times R \times L = 1 \times I \times \rho_s \times \frac{L}{A} = I \times L \times \frac{1}{58} \times \frac{100}{97} \fallingdotseq \frac{17.8 \times L \times I}{1,000 \times A}$$

2) 알루미늄도체(Al)의 경우 전압강하
(표준 연동의 저항률은 1/58[Ω, mm²/m], 알루미늄의 도전율은 표준 연동선의 61[%])

$$e = K \times I \times R \times L = 1 \times I \times \rho_s \times \frac{L}{A} = I \times L \times \frac{1}{58} \times \frac{100}{61} \fallingdotseq \frac{28.2 \times L \times I}{1,000 \times A}$$

배전방식	전압강하(경동)	전압강하(알루미늄)
3상 4선식	$e = \dfrac{17.8 \times L \times I}{1,000 \times A}$	$e = \dfrac{28.2 \times L \times I}{1,000 \times A}$

3. 적용

도체저항 값의 증가분이나 리액턴스분을 무시해도 지장이 없는 단거리의 분기회로 또는 직류회로에 적용한다.

기출 04 교류 도체의 실효 저항 계산 시 적용하는 표피효과계수와 근접효과계수에 대하여 설명하시오. 〈102-3-1〉

풀이

1. 교류도체의 실효저항

1) $r = r_0 \times k_1 \times k_2$

여기서, r_0 : 20[℃]에서의 직류 최대도체저항[Ω/cm]

k_1 : 상시허용온도의 도체 저항과 20[℃]에서의 도체저항 비

k_2 : 교류도제저항과 직류도체저항의 비

(단, $k_1 = 1 + \alpha(T_1 - 20)\ k_2 = 1 + \lambda_s + \lambda_p$)

여기서, α : 저항온도계수

λ_s : 표피효과계수

λ_p : 근접효과계수

2) 직류도체저항 r_0는 아래 식으로 구한다.

$$r_0 = \frac{10^3}{58 \cdot A \cdot \eta_c} K_1 \cdot K_2 \cdot K_3 \cdot K_4 \times 10^{-5} [\Omega/\text{cm}]$$

여기서, A : 도체 단면적[mm²]

η_c : 도체 도전율 0.93~1.00(동), 0.61(알루미늄)

K_1 : 소선 연입률 1.02~1.03

K_2 : 분할도체 및 다심케이블의 집합연입률 1.01~1.02

K_3 : 압축성형에 따른 가공경화계수 1.00~1.01

K_4 : 최대도체저항계수 1.03~1.04

2. 표피효과 및 근접효과 계수

1) 표피효과 계수(λ_s)

$$\lambda_s = F(X), \quad X = \sqrt{\frac{8\pi f \mu_s \cdot K_{S1}}{r_0 k_1 \times 10^9}}$$

여기서, K_{S1} : 비분할 도체(1), 4분할 도체(0.44), 6분할 도체(0.39)

$r_0 k_1$: 사용 온도에서의 직류 도체 저항[Ω/m]

μ_s : 도체의 비투자율(보통 $\mu_s = 1$)

그리고, λ_s의 간략식으로 $X < 2.8$일 때, 아래 식을 적용하거나 데이터에서 구한다.

$$\lambda_s = F(X) = \frac{X^4}{192 + 0.8X^4}$$

2) 근접효과 계수(λ_p)

$$\lambda_p = \frac{\frac{3}{2}\left(\frac{d_1}{S}\right)^2 G(X')}{1-\frac{5}{24}\left(\frac{d_1}{S}\right)^2 H(X')}$$

여기서, d_1 : 도체 바깥 지름, S : 도체 중심 간격, X' : $0.894X$

$G(X')$: $G(X)$ 표를 이용해서 구한다.

$H(X')$: $\frac{F(X')}{G(X')}$

그리고, λ_p의 간략식으로 $X < 2.8$일 때, 아래 식을 채용하거나 데이터에서 구한다.

$$\lambda_p = \frac{X'^4}{192+0.8} \cdot X'^4\left(\frac{d_1}{S}\right)^2 0.312\left(\frac{d_1}{S}\right)^2 + \frac{1.18}{\frac{X'^4}{192+0.8X'^4}+0.27}$$

기출 05 간격이 d[m]인 평행한 평판 사이의 정전용량을 구하시오(단, 판의 면적은 $S[\mathrm{m}^2]$이고, 면전하 밀도를 $\delta[\mathrm{C/m}^2]$라 한다). 〈114-1-6〉

풀이

1. 평행평판 도체에서의 정전용량

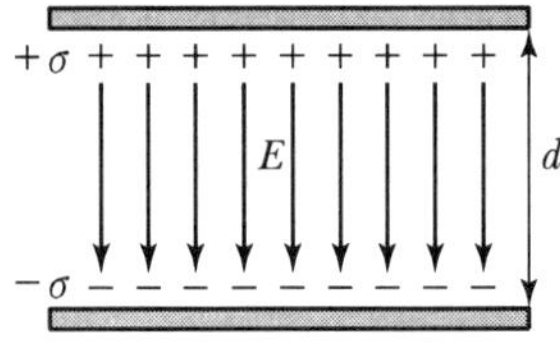

위 그림과 같이 평행평판 도체에서 극판 간의 거리를 d[m]라 할 때, 두 평판 도체의 면전하밀도가 $\delta[\mathrm{C/m}^2]$일 때 전속밀도 $D=\delta[\mathrm{C/m}^2]$이므로 전계의 세기 $E=\frac{D}{\varepsilon_0}=\frac{\delta}{\varepsilon_0}[\mathrm{V/m}]$이고, 두 극판 간의 전위 차 V는 전계와 전위의 관계식에 의해 $V=Ed=\frac{\delta}{\varepsilon_0}d$가 된다. 따라서 평행평판 사이의 단위 면적당 정전용량 C_0는 $C_0=\frac{\delta}{V}=\frac{\varepsilon_0}{D}[\mathrm{F/m}^2]$가 된다. 극판 간격이 d[m]이고, 면적이 $S[\mathrm{m}^2]$인 평행평판 도체에서의 정전용량 C[F]는 $C=C_0S=\frac{\varepsilon_0}{d}S$[F]가 된다. 따라서 평행평판 도체에서의 정전용량은 극판 면적 S가 크고, 극 간 거리 d가 작을수록 증가한다.

기출 06 아래 그림을 이용하여 도선에 흐르는 전류에 의해서 각 도선이 받는 단위 길이당 힘을 구하고, 플레밍의 왼손법칙을 설명하시오. 〈123-2-3〉

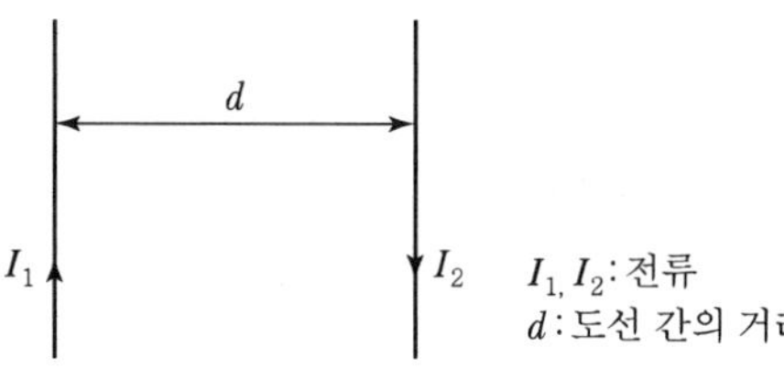

풀이

1. 도선의 단위 길이당 작용하는 힘

 1) 각 도선의 단위 길이당 전자력(F)

$$F = IB = \mu_0 HI = \mu_0 \frac{I}{2\pi d} I = \mu_0 \frac{I^2}{2\pi d}$$

$$F = \frac{\mu_0 I_1 I_2}{2\pi D} = \frac{2I_1 I_2}{D} \times 10^{-7} [\mathrm{N/m}]$$

$$\fallingdotseq K \times 2.04 \times 10^{-8} \times \frac{I^2 m}{D} [\mathrm{kg/m}]$$

여기서, μ_0 : 진공의 투자율($\mu_0 = 4\pi \times 10^{-7}$ [H/m])

r : 두 도선 간의 간격[m]

D : 도체의 중심거리(등가선간거리 $D = \sqrt[3]{D_{ab} \cdot D_{bc} \cdot D_{ca}}$ [m])

K : 케이블 배열에 따른 계수(삼각배열 : 0.866)

 2) 도선에 작용하는 힘의 방향

 (1) 같은 방향의 전류가 흐를 경우 : 바깥쪽의 전류밀도 상승(상호 작용 힘 → 인력 발생)

 (2) 반대 방향의 전류가 흐를 경우 : 안쪽으로 전류밀도 상승(상호 작용 힘 → 척력 발생)

 (3) 문제에 주어진 그림은 같은 방향으로 전류가 흐르므로 인력이 발생한다.

2. 플레밍의 왼손법칙 : 힘의 크기 $F = Bli$ [N]

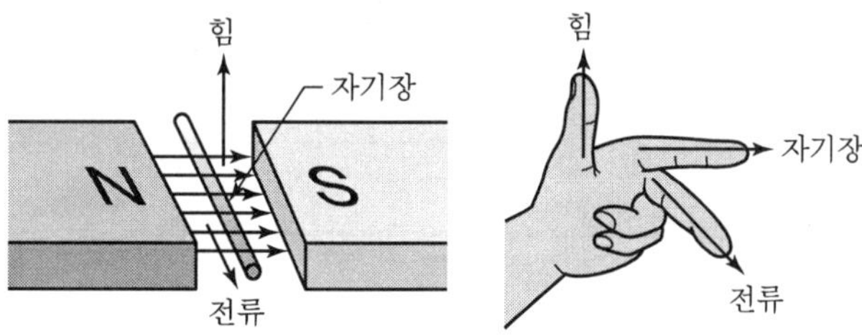

 1) 플레밍의 왼손법칙이란 자기장 속에 있는 도선에 전류가 흐를 때 자기장의 방향과 도선에 흐르는 전류의 방향으로 도선이 받는 힘의 방향을 결정하는 규칙이다.

2) 왼손의 검지 : 자기장의 방향, 중지 : 전류의 방향으로 했을 때, → 엄지가 가리키는 방향이 도선이 받는 힘의 방향이다.

3. 맺음말

전동기의 회전 원리는 플레밍의 왼손법칙에 따라 회전방향이 결정된다.

기출 07 그림의 회로에서 2[Ω]의 단자전압을 계산하여 구하시오. 〈81－1－2〉

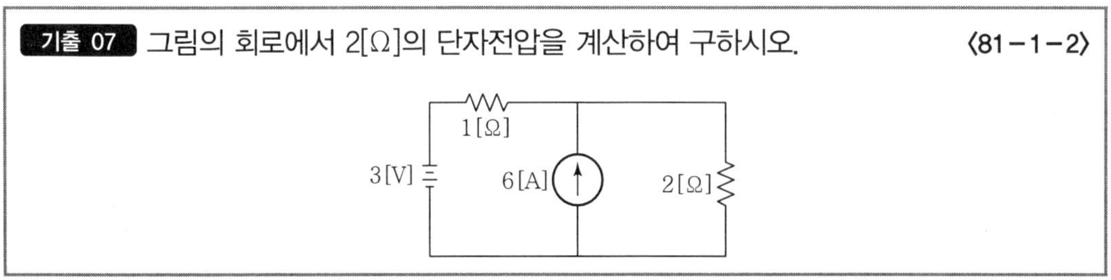

풀이

테브난의 정리를 활용하여 계산하면 다음과 같다.

1. 전기회로의 전류원은 개방하고 전압원을 단락하여

1) 전류원 개방 시 : 3[V]의 전압원에 의해서 저항에 흐르는 전류는

$$I_1 = \frac{3}{1+2} = 1[\mathrm{A}]$$

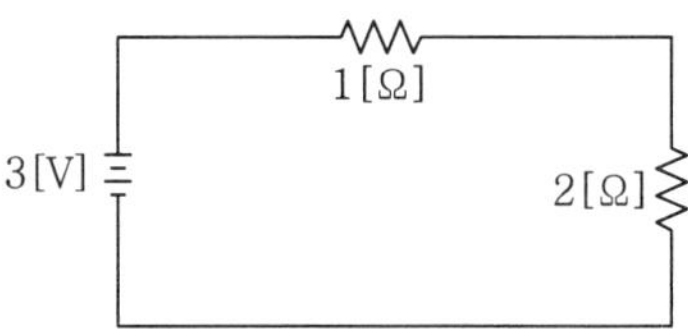

2) 전압원 단락 시 : 6[A]의 전류원에 의해서 2[Ω]의 저항에 흐르는 전류는

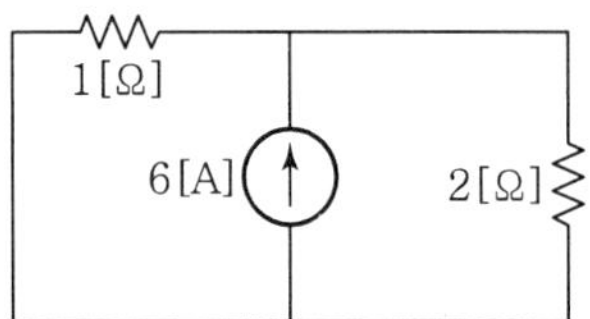

$$I_2 = \frac{6}{1+2} \times 1 = 2[\mathrm{A}]$$ 따라서,

2. 2[Ω]의 저항에 흐르는 전류는 $1+2=3[\mathrm{A}]$

3. 2[Ω]의 저항에 걸리는 전압은 $\therefore\ 3\times 2 = 6[\mathrm{V}]$

기출 08 그림과 같은 회로에서 S를 열었을 때 전류계의 지시는 10[A]였다. S를 닫을 때 전류계의 지시는 몇 [A]인가? 〈71-1-5〉

풀이

정저항 회로를 이용하면 다음과 같다.

1. 스위치가 열린 상태에서 양단에 걸린 전압을 구하면

$$E = IR = 10 \times \left(\frac{4 \times 6}{4+6} + 3 \right) = 54[\mathrm{V}]$$

2. 스위치를 닫았을 때 합성저항을 구하면

$$R = \frac{4 \times 6}{4+6} + \frac{3 \times 9}{3+9} = 4.65[\Omega]$$

스위치를 닫았을 때 전류는

$$I = \frac{54}{4.65} = 11.6[\mathrm{A}]$$

기출 09 아래 그림과 같은 환상 솔레노이드 코일의 자기인덕턴스를 구하시오. 〈71-2-6〉

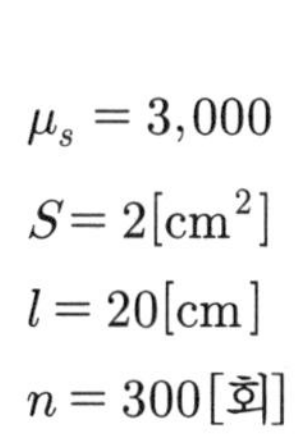

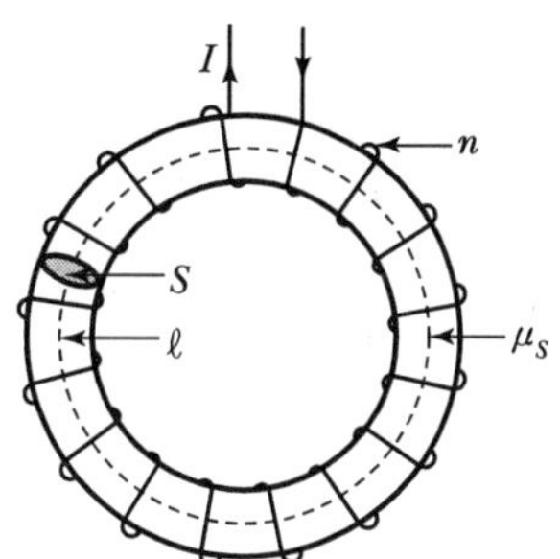

풀이

1. 환상 솔레노이드의 자기인덕턴스는

내부자계 $H = \dfrac{nI}{l}[\mathrm{AT/m}]$

자속 $\phi = BS = \mu HS = \mu_0 \mu_s HS = \dfrac{\mu_0 \mu_s nIS}{l}[\mathrm{Wb}]$

$LI = n\phi$에서

$$\therefore\ L = \frac{n\phi}{I} = \frac{\mu_0\mu_s nIS}{l} \times \frac{n}{I} = \frac{\mu_0\mu_s n^2 S}{l} \quad \cdots\cdots ①$$

2. 식 ①에 문제에서 주어진 값과 진공의 투자율 $\mu_0 = 4\pi\times10^{-7}$을 대입하면

$$L = \frac{\mu_0\mu_s n^2 S}{l} = \frac{4\pi\times10^{-7}\times3{,}000\times300^2\times2\times10^{-4}}{0.2} = 0.34[\mathrm{H}]$$

기출 10 무한히 긴 직선도선에 전류 I[A]가 흐를 때 도선으로부터 r[m] 떨어진 점에서의 자계의 세기 H[AT/m]를 구하시오. 〈114-1-13〉

풀이

1. 직선 전류에 의한 자계의 세기
   1) 도체 표면에만 전류가 분포한 경우

      앙페르의 주회 적분 법칙

      $$\oint_c H\cdot dl = \oint H\cos\theta dl = \sum I = I$$

      $$\oint_c H\cdot dl = \oint H\cos\theta dl = NI$$

      $\mathrm{rot}\,H = J[\mathrm{A/m^2}]$ – 미분형

      $\oint_c Hdl = I$이므로 $2\pi rH = I$

      $$\therefore\ H = \frac{I}{2\pi r}[\mathrm{AT/m}]$$

   2) 도체 내부에 전류가 균일 분포한 경우

      도체 내부의 자계 $H' = \dfrac{I'}{2\pi r} = \dfrac{rI}{2\pi a^2}[\mathrm{AT/m^2}]\left(\dfrac{I'}{I} = \dfrac{\pi r^2}{\pi a^2}\right.$이므로 $\left.I' = \dfrac{r^2}{a^2}I\right)$

   3) 각 도체의 자계의 세기 $\left[\begin{matrix}\text{도체}\\ I\end{matrix}\right]H$

   4) 무한장 직선 도선(원주$=2\pi r$) $H = \dfrac{I}{2\pi r}[\mathrm{AT/m}]$

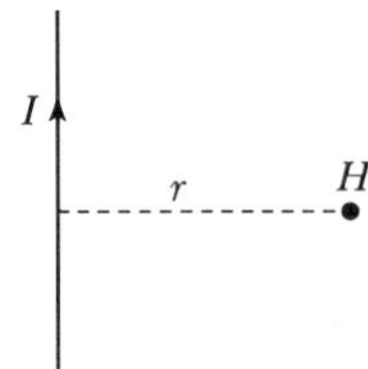

기출 01 선전하밀도가 ρ_l[C/m]인 무한히 긴 선전하로부터 거리가 각각 a[m], b[m]인 두 점 사이의 전위차 V_{ab}[V]를 구하시오. 〈117-1-7〉

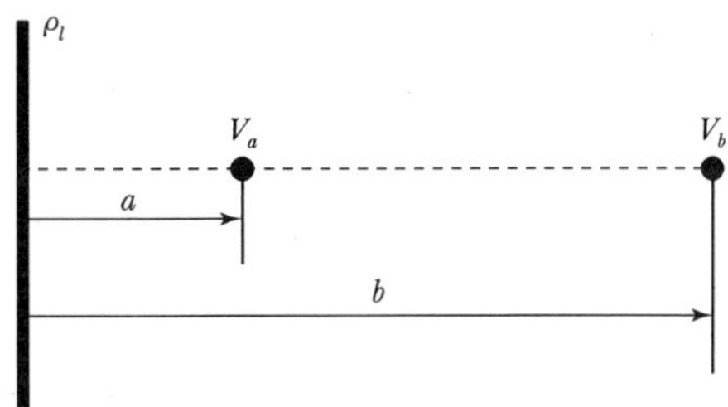

풀이

1. 무한장 직선 도체에서의 전계

선전하밀도 λ[C/m]로 분포되어 있는 무한장 직선 도체에 의한 전속은 축 대칭에 의해 직선 도체에 수직으로 방사사의 분포를 가진다.

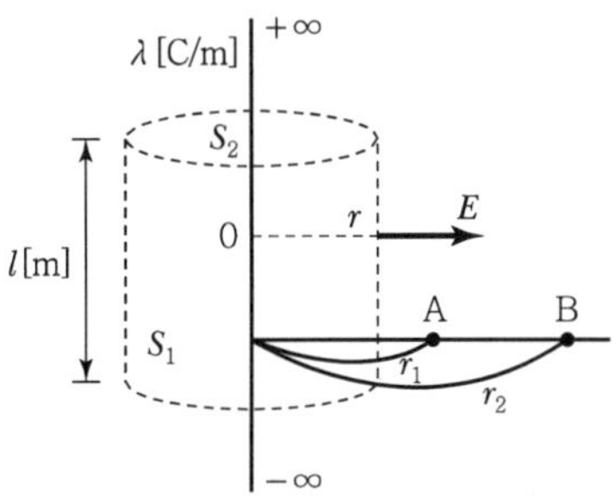

그림과 같이 반경 r[m], 길이 l[m]인 원통의 가우스면을 취하면 이 폐곡면 내부의 전하량 $Q=\lambda l$[C]이 된다. 따라서 직선 도체에서 거리 r[m]인 점의 전속밀도는 가우스 법칙에 의해

$$(\text{좌변})=\oint_s D\cdot ds=\int_{\text{옆면}} D\cdot ds+\int_{\text{상면}} D\cdot ds+\int_{\text{하면}} D\cdot ds$$

$$=\int_{\text{옆면}} D\cdot ds+0+0=D\cdot 2\pi rl$$

$$(\text{우변})=\int_1 \lambda dl=\lambda l$$

$D\cdot 2\pi rl=\lambda l$에서 $D=\dfrac{\lambda}{2\pi r}$[C/m^2]이다. 따라서 전계의 세기 $E=\dfrac{\lambda}{2\pi\varepsilon_0 r}$[V/m]로 표시된다.

2. 선전하 밀도 ρ_l[C/m]인 무한히 긴 선전하로부터 거리가 각각 a[m], b[m]인 두 점 사이의 전위차 V_{ab}[V]

$$V_{ab}=-\int_b^a Edr=-\int_b^a \frac{\lambda}{2\pi\varepsilon_0 r}dr=-\frac{\lambda}{2\pi\varepsilon_0}\int_b^a \frac{1}{r}dr=\frac{\lambda}{2\pi\varepsilon_0}\ln\frac{b}{a}$$

기출 02 그림과 같은 회로에서 인덕터 L에 흐르는 전류가 교류 전원전압 E와 동상이 되기 위한 저항 R_2의 값을 구하시오. 〈87-3-4〉

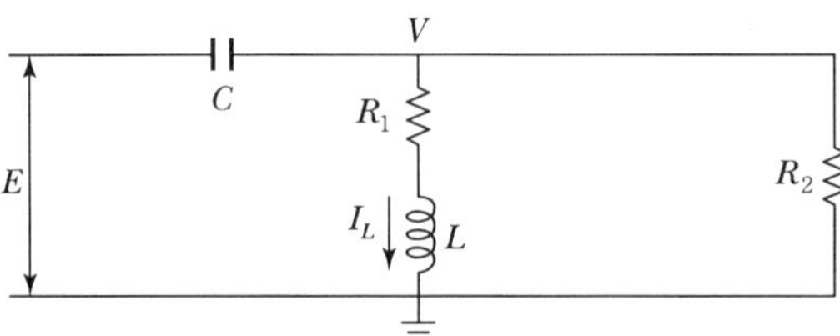

풀이

전원에서 본 회로의 합성 임피던스 Z_{t_0}는

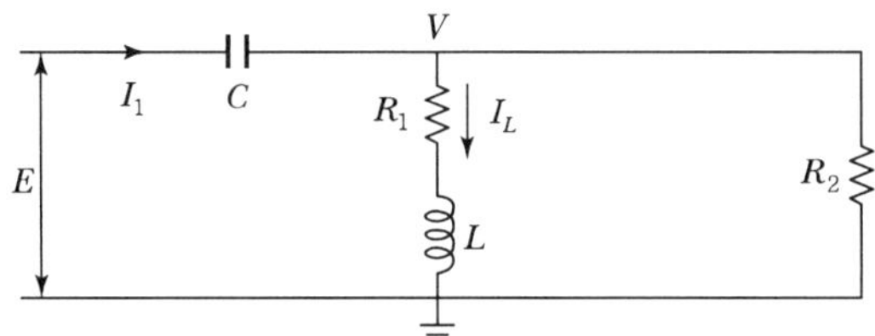

1. 각 임피던스의 변환

$$a = \frac{1}{j\omega C}$$

$$b = R_2$$

$c = R_1 + j\omega L$을 변환

$Z_{t_0} = a + \dfrac{b \cdot c}{b+c}$(여기서, Z_{t_0}=합성임피던스)

2. 회로전류

$$I = \frac{E}{Z_{t_0}} \times \frac{b}{b+c} = \frac{E}{a + \dfrac{b \cdot c}{b+c}} \times \frac{b}{b+c} = \frac{E \cdot b}{a(b+c) + b \cdot c}$$

여기서 동위상이 되기 위해서는 허수부=0이어야 하므로

$$a(b+c) + b \cdot c = 0$$

3. 따라서 허수부=0의 조건에서

$$\frac{1}{j\omega C}(R_2 + R_1 + j\omega L) + R_2(R_1 + j\omega L) = 0$$

$\dfrac{R_2}{j\omega C} + \dfrac{R_1}{j\omega C} + \dfrac{L}{C} + R_1R_2 + j\omega LR_2 = 0$에서 $j = 0$ 조건으로 정리하면

$$R_2\omega L = \frac{R_1 + R_2}{\omega C}, \qquad \therefore\ R_2\omega^2 LC = R_1 + R_2$$

$$R_2(\omega^2 LC - 1) = R_1$$

$$\therefore\ R_2 = \frac{R_1}{\omega^2 LC - 1}$$

기출 03 다음 회로에서 전력계(Wattmeter)에 나타난 전력을 구하시오. 〈117-2-4〉

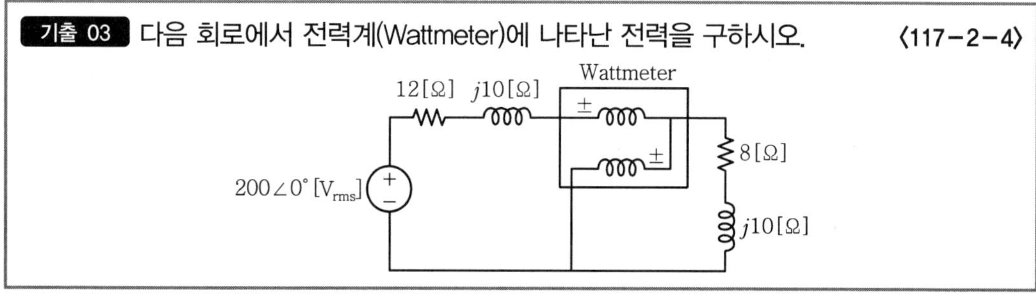

풀이

1. 부하단 전압 산출

   1) 회로에 흐르는 전류

   $$I_L = \frac{200\angle 0}{(12+8)+j(10+10)} = 5 - j5$$

   2) 부하단 전압

   $$V_L = (5-j5)(8+j10) = 90 + j10$$

2. 부하단 전력

$$P_L = I_L \times V_L = (5-j5)(90+j10) = 500 - j400$$

[별해]

1. 부하에 걸리는 전압

$$V_L = \frac{8+j10}{(12+8)+j(10+10)} 200\angle 0 = 90 + j10$$

2. 부하의 전력

$$P = \frac{V^2}{Z} = \frac{(90+j10)^2}{8+j10} = 500 - j400$$

기출 04 그림과 같은 회로에서 교류전압을 인가하는 경우 저항 R을 변화시켜 저항에서 소비되는 전력이 최대가 되기 위한 조건과 최대 소비전력을 구하시오. 〈97-1-6〉

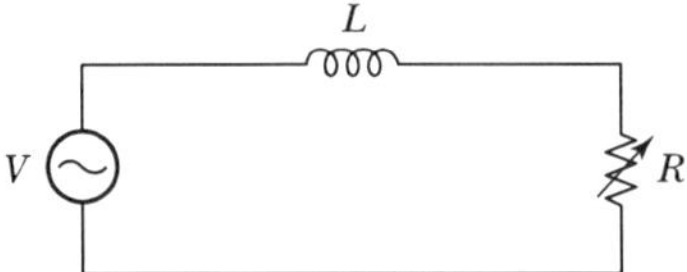

풀이

1. 저항에서의 소비전력은

$$P = I^2 R = \left(\frac{V}{R+j\omega L}\right)^2 \cdot R \Rightarrow \frac{P}{V^2} = \frac{R}{(R+j\omega L)^2}$$

2. 위 식의 R에 관해 미분하면

※ $y = \frac{f(x)}{g(x)} \Rightarrow y' = \frac{f'(x)g(x) - f(x)g'(x)}{g(x)^2}$

$$\frac{d}{dR}\left(\frac{P}{V^2}\right) = \frac{(R+j\omega L)^2 - R \cdot 2 \cdot (R+j\omega L)}{(R+j\omega L)^4}$$

$$= \frac{R^2 - (\omega L)^2 + j2\omega LR - 2R^2 - j2\omega LR}{(R+j\omega L)^4} = \frac{-(\omega L)^2 - R^2}{(R+j\omega L)^4}$$

분자가 0이 되어야 하므로

$-(\omega L)^2 - R^2 = 0$(여기서 $j^2 = -1$이므로)

$-(\omega L)^2 = R^2 \Rightarrow (j\omega L)^2 = R^2$

$|j\omega L| = R$일 때, 즉 $\omega L = R$일 때 R에서의 소비전력은 최대가 된다.

즉, 부하가 내부 임피던스와 같을 때 최대전력이 전송된다.

기출 05 RLC로 구성된 부하에 공급되는 전압, 전류의 순시값은 다음과 같다. 〈93-4-1〉

$\nu(t) = V_m \cos(\omega t + \alpha)$[V]

$i(t) = I_m \cos(\omega t + \beta)$[A]

1) 부하에 공급되는 순시전력을 구하시오.
2) 앞의 결과를 이용하여 부하에 공급되는 유효전력과 무효전력을 정의하고 그 의미를 설명하시오.

풀이

1. 순시전력

$p = V_m I_m \cos(\omega t + \alpha)\cos(\omega t + \beta) = 2VI\cos(\omega t + \alpha)\cos(\omega t + \beta)$ ································ ①

$x = \omega t + \alpha$, $y = \omega t + \beta$로 두면

$p = 2VI\cos x \cos y$

> ▣ 삼각함수의 가법정리
> $\cos(x-y) = \cos x \cos y + \sin x \sin y$ ………… (1)
> $\cos(x+y) = \cos x \cos y - \sin x \sin y$ ………… (2)

(1)+(2)의 경우

$$2\cos x \cos y = \cos(x-y) + \cos(x+y)$$
$$= \cos(\omega t + \alpha - \omega t - \beta) + \cos(\omega t + \alpha + \omega t + \beta)$$
$$= \cos(\alpha - \beta) + \cos(2\omega t + \alpha + \beta)$$

$$\therefore \cos(\omega t + \alpha)\cos(\omega t + \beta) = \frac{1}{2}[\cos(\alpha-\beta) + \cos(2\omega t + \alpha + \beta)] \quad \cdots\cdots ②$$

식 ②를 ①식에 대입하면

$$p = 2VI \times \frac{1}{2}[\cos(\alpha-\beta) + \cos(2\omega t + \alpha + \beta)]$$
$$= VI\cos(\alpha-\beta) + VI\cos(2\omega t + \alpha + \beta) \quad \cdots\cdots ③$$

2. 평균전력은 식 ③을 한 주기에 대해서 적분하면

$$P = \frac{VI}{2\pi}\int_0^{2\pi}[\cos(\alpha-\beta) + \cos(2\omega t + \alpha + \beta)]d\omega t$$
$$= \frac{VI}{2\pi}\int_0^{2\pi}\cos(\alpha-\beta)d\omega t + \frac{VI}{2\pi}\int_0^{2\pi}\cos(2\omega t + \alpha + \beta)d\omega t$$

cos함수와 sin함수의 한 주기를 적분하면 항상 0이므로 위 식에서 두 번째 항은 0이다.

α, β는 상수이므로

$$P = \frac{VI}{2\pi}\int_0^{2\pi}\cos(\alpha-\beta)d\omega t = \frac{VI}{2\pi}[\cos(\alpha-\beta)\omega t]_0^{2\pi} = \frac{VI}{2\pi}[\cos(\alpha-\beta)\times 2\pi]$$
$$= VI\cos(\alpha-\beta) \quad \cdots\cdots ④$$

3. 유효전력과 무효전력

1) 식 ③에서 $\alpha - \beta$는 상수이므로 첫 번째 항은 시간에 따라 변하지 않는 값인데 이것이 식 ④로 표시되는 유효전력이다.
2) 두 번째 항은 전원주파수의 2배의 주파수로 진동하는 평균값이 0인 성분인데 이것이 무효전력이다.
3) 유효전력은 전원으로부터 부하로 공급되는 유효한 전력이고, 무효전력은 전원과 부하 사이를 쓸데없이 왔다갔다 하기만 하는 전력이라고 말할 수 있다.

4. 유효전력과 무효전력의 비교

구분	유효전력	무효전력
부하	저항성분	리액턴스 성분(유도성 · 용량성 부하)
제어	발전소	발전소, SVC, STACOM 등
발생	에너지	계자전류의 양
기능	일을 한다.	일을 하지 않고, 상쇄되지 않는 한 계통에 영향을 준다.

기출 06 아래 그림에서 공진주파수를 구하시오. 〈71-3-6〉

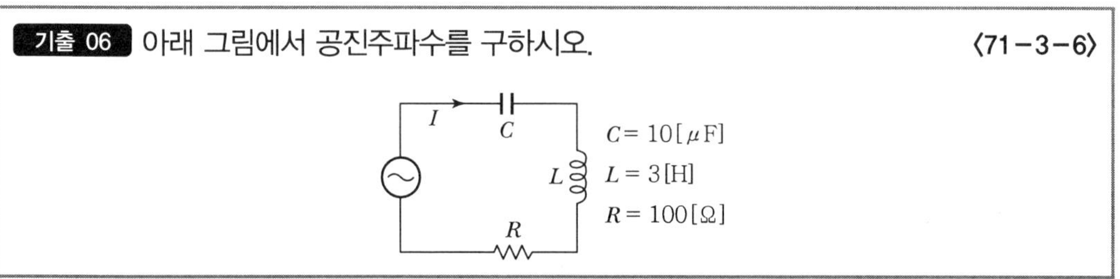

풀이

1. 공진주파수란

회로의 위상차를 제거하여 가장 최고전력을 낼 수 있도록 하는 주파수를 말한다.

즉, 콘덴서는 전류가 전압에 비하여 90° 빠르고, 인덕턴스는 전류가 전압에 비하여 90° 늦는 성질이 있는데, 이를 저항과 같이 연결하여 쓰면 위상차가 나타난다. 이때 위상차를 조절하여 각 임피던스를 최소화하는데 이 주파수를 공진주파수라고 한다.

2. $R-L-C$회로의 임피던스는

$Z = R + jX = R + j\left(\omega L - \dfrac{1}{\omega C}\right)$에서

직렬공진은 임피던스 Z의 값이 최소일 때이므로

$\omega L - \dfrac{1}{\omega C} = 0$의 경우 직렬공진이 된다.

3. 공진주파수는($\omega = 2\pi f$)

$\omega L = \dfrac{1}{\omega C}$, $2\pi f L = \dfrac{1}{2\pi f C}$

$\therefore\ f = \dfrac{1}{2\pi\sqrt{LC}} = \dfrac{1}{2\pi\sqrt{3 \times 10 \times 10^{-6}}} = 29.06[\text{Hz}]$

■ RLC회로에서 공진현상

직렬공진	Z가 최소 $Z=R$	I 최대 $I=\frac{E}{R}$	Z의 허수부 $X=0$	전류 동상
병렬공진	Y가 최소 $Y=G$	I 최소 $I=GE$	Y의 허수부 $B=0$	전압과 전류가 동상

기출 07 $R=22[\Omega]$, $L=10[\mathrm{H}]$, $C=10[\mu\mathrm{F}]$의 직렬 공진회로에 $220[\mathrm{V}]$의 전압을 인가할 때 공진주파수 f_r과 공진 시의 전류 I_r을 구하고 직렬 공진의 특성에 대하여 설명하시오. 〈103－1－6〉

풀이

1. 직렬공진

1) 공진 시의 주파수

$\omega_r L-\frac{1}{\omega_r C}=0$ 에서 공진주파수는 다음과 같다.

$$\omega_r=\frac{1}{\sqrt{LC}} \Rightarrow f_r=\frac{1}{2\pi\sqrt{LC}}\text{에서}$$

$$f_r=\frac{1}{2\pi\sqrt{LC}}=\frac{1}{2\pi\sqrt{10\times10\times10^{-6}}}\fallingdotseq 15.9[\mathrm{Hz}]$$

2) 공진 시의 전류

회로의 리액턴스 성분이 0이 되어 전압과 전류가 동상이 되고(역률=1), 그 결과 회로 임피던스가 최소로 됨으로써 회로 전류가 최대로 되는 상태를 직렬공진이라고 한다.

$$I_r=\frac{V}{\sqrt{R^2+(\omega L-\frac{1}{\omega C})^2}}=\frac{220}{\sqrt{22^2-(1{,}000-1{,}000)}}=100[\mathrm{A}]$$

2. 직렬공진 특성

1) 리액턴스와 주파수의 관계

$R-L-C$ 직렬회로에서 전원의 각주파수 ω를 변화시킬 때 회로 리액턴스의 변화를 나타내면 다음과 같다.

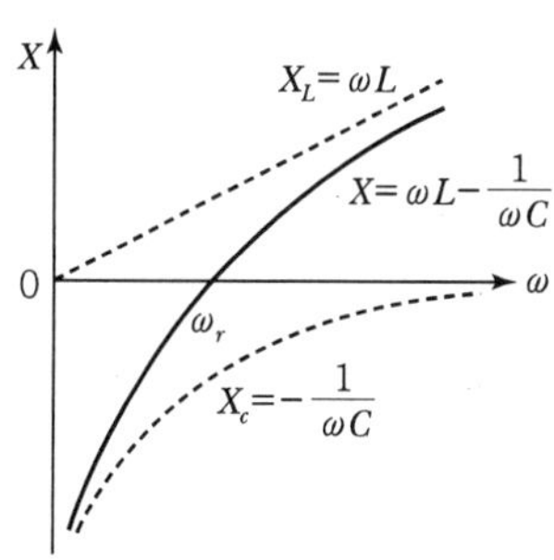

[그림 1] 리액턴스와 주파수

2) R, X, Z와 주파수의 관계

공진 주파수에서는 $X=0$이므로 $Z=R$이 되고, 따라서 임피던스는 최소가 된다.

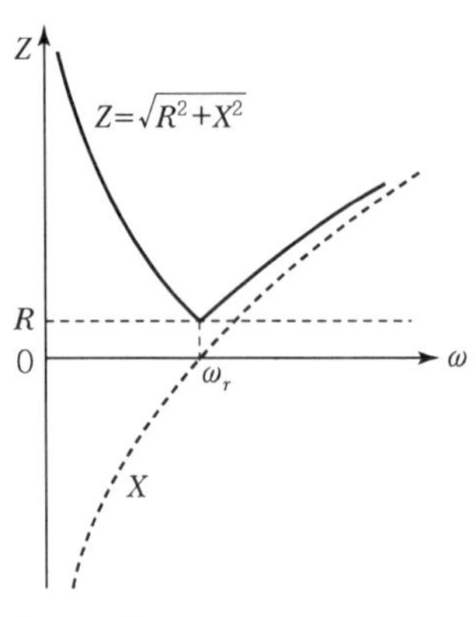

[그림 2] R, X, Z와 주파수

3) 어드미턴스의 특성

임피던스 특성과 역의 관계가 있다.

$\omega=\omega_0$에서 어드미턴스 Y는 최대가 되며, 그 값은 $\frac{1}{R}$이 된다. 따라서 회로손실과 관계되는 저항 R이 작을수록 Y곡선은 더욱 예리하게 되는데 이러한 특성 곡선을 공진곡선이라 한다.

직렬공진 시 전류가 매우 크게 되어 L, C 양단에는 매우 큰 전압이 나타난다.

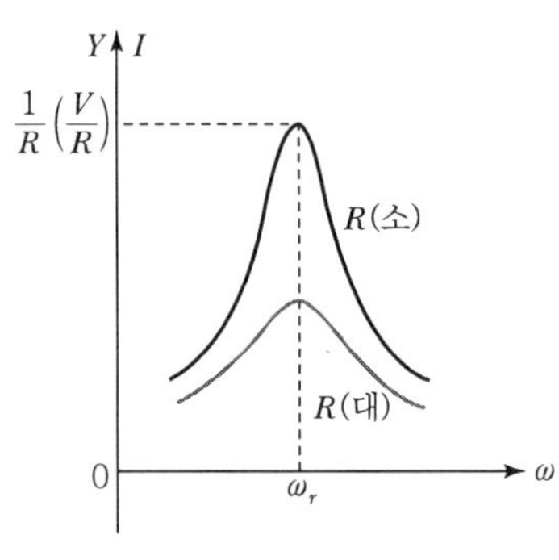

[그림 3] 공진곡선

기출 08 그림과 같은 회로에서 인덕터 L에 흐르는 전류가 교류전원 전압 E와 동상이 되기 위한 저항 R_2 값을 구하시오. 〈119-3-2〉

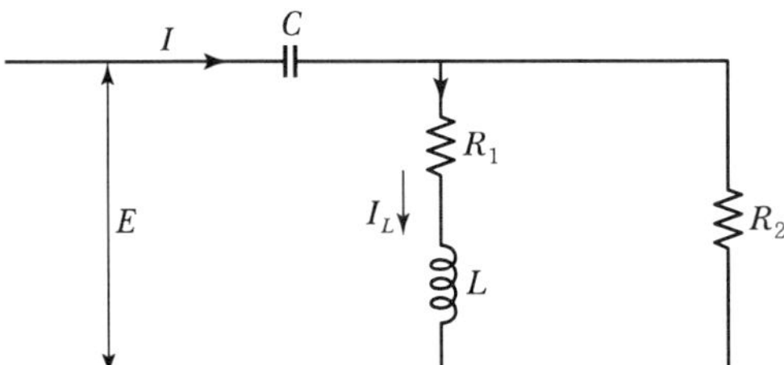

풀이

1. 회로에 흐르는 전전류를 I, L에 흐르는 전류 I_L이라 하면

1) $I=\dfrac{E}{\dfrac{1}{j\omega C}+\dfrac{R_2(R_1+j\omega L)}{R_2+R_1+j\omega L}}$ ………………………………………… ①

2) $I_L = I \times \dfrac{R_2}{R_1 + (R_2 + j\omega L)}$ .... ②

3) 회로의 전체 임피던스

$$Z = \frac{1}{j\omega C} + \frac{R_2(R_1 + j\omega L)}{R_2 + (R_1 + j\omega L)} = \frac{R_1 + R_2 + j\omega L + j\omega C R_2(R_1 + j\omega L)}{j\omega C(R_1 + R_2 + j\omega L)} \quad \cdots\cdots ③$$

4) L에 흐르는 전류 I_L

$$I_L = \left[\frac{E}{\dfrac{R_1 + R_2 + j\omega L + j\omega C R_2(R_1 + j\omega L)}{j\omega C(R_1 + R_2 + j\omega L)}}\right] \times \frac{R_2}{R_2 + (R_1 + j\omega L)} \quad \cdots\cdots ④$$

$$= \frac{ER_2}{\dfrac{R_1}{j\omega C} + \dfrac{R_2}{j\omega C} + \dfrac{L}{C} + R_2(R_1 + j\omega L)}$$

$$= \frac{E}{-j\dfrac{1}{\omega C}\left(\dfrac{R_1}{R_2} + 1\right) + \dfrac{L}{R_2 C} + R_1 + j\omega L} \quad \cdots\cdots ⑤$$

2. 동상의 조건의 저항 R_2

동상이 되려면 식 ⑤에서 I_L에 흐르는 분모의 허수부가 0이 되어야 하므로

$$-j\frac{1}{\omega C}\left(\frac{R_1}{R_2} + 1\right) + j\omega L = 0 \quad \cdots\cdots ⑥$$

따라서 $-j\dfrac{1}{\omega C}\left(\dfrac{R_1}{R_2} + 1\right) = -j\omega L$

그러므로 $1 + \dfrac{R_1}{R_2} = \omega^2 LC$, $\dfrac{R_1}{R_2} = \omega^2 LC - 1$이 된다.

$$\therefore\ R_2 = \frac{R_1}{\omega^2 LC - 1}$$

기출 09 어떤 임의의 리셉터클(콘센트)에 부하를 연결하여 해석하고 싶다. 이때 가장 간단히 응용할 수 있는 것이 테브난 등가회로이다. 현장에서 어떤 계측기를 이용하면 이 회로를 구할 수 있는지 답하고, 다음 회로의 테브난 등가회로를 구하시오. 〈71-1-13〉

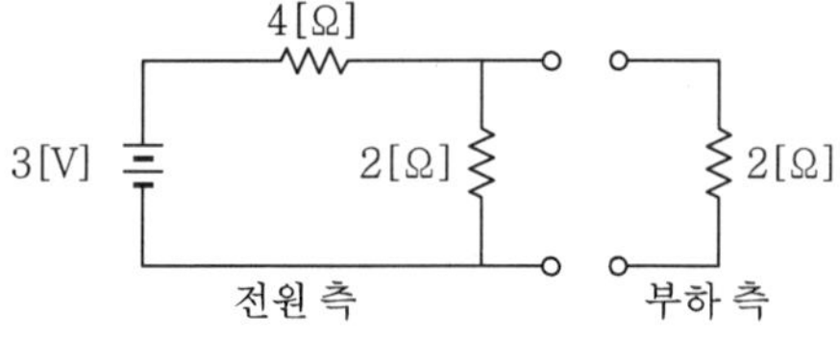

풀이

1. 테브난의 정리

그림과 같은 능동회로에서 임의의 단자 a, b 단자를 개방했을 때 a, b 사이에 전압을 V, a, b단자로부터 회로망 쪽 임피던스(이때 능동회로 내의 전압원은 단락한다.)를 Z_S라 한다.

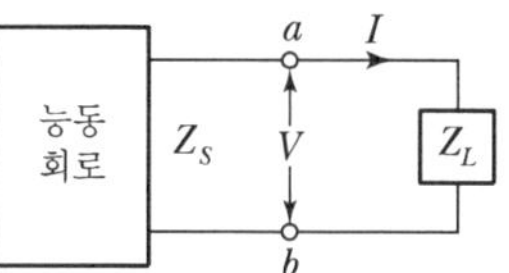

$$\therefore\ I = \frac{V}{Z_S + Z_L}$$

단자 a, b 사이에 임피던스 Z_L을 접속했을 때 Z_L에 흐르는 전류를 테브난의 정리에 의하여 구할 수 있다.

2. 테브난의 등가회로

1) 전원 측에 흐르는 전류를 I[A]라고 하면 a, b 단자 사이의 전압은

$$I = \frac{3}{4+2} = 0.5[\text{A}],\ \text{따라서}\ V_{ab} = 0.5 \times 2 = 1[\text{V}]$$

2) a, b단자에서 전원 측을 본 임피던스는 전원을 단락하면 병렬이므로

$$Z_{ab} = \frac{4 \times 2}{4+2} = \frac{8}{6} = \frac{4}{3}[\Omega]$$

3) 등가회로를 그리면 다음과 같다.

3. 필요한 계측기

전압 · 전류 · 임피던스를 측정하기 위해 전압계, 전류계, 저항계 또는 멀티테스터가 필요하다.

기출 10 다음 회로에서 저항 R_1, R_2에 흐르는 전류 I_1, I_2를 구하시오. 〈117-1-13〉

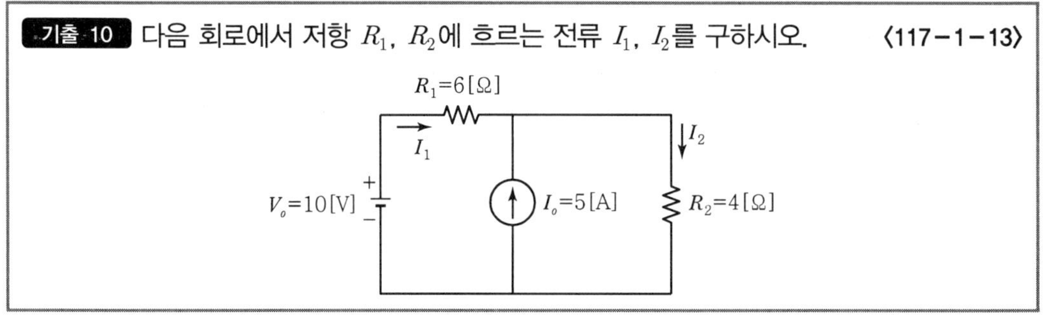

풀이

1. 전압원에 의한 전류 산출(전류원은 개방)

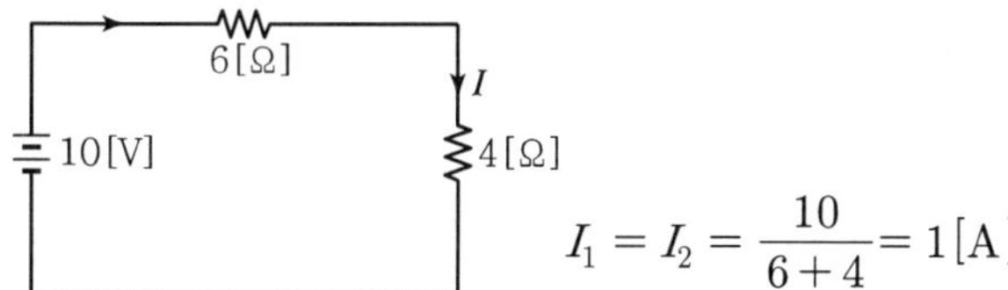

$$I_1 = I_2 = \frac{10}{6+4} = 1[\text{A}]$$

2. 전류원에 의한 전류 산출(전압원은 단락)

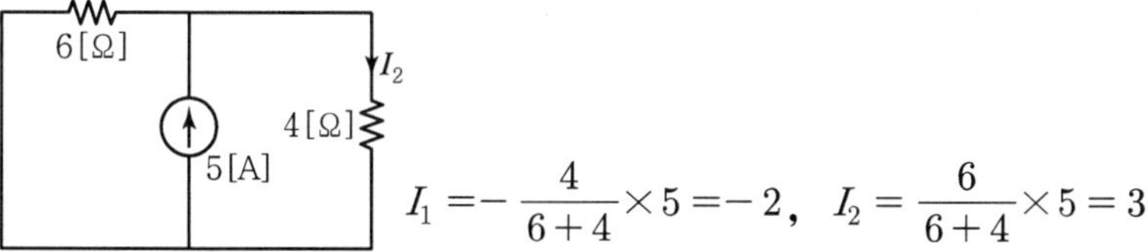

$$I_1 = -\frac{4}{6+4} \times 5 = -2, \quad I_2 = \frac{6}{6+4} \times 5 = 3$$

3. 합계전류 산출(중첩의 원리)

$I_1 = -1, \quad I_2 = 4$

기출 11 그림과 같은 회로에서 단자 a, b에 $10 + j4[\Omega]$ 부하를 연결할 때 a, b 간에 흐르는 전류를 계산하시오. 〈102-1-11〉

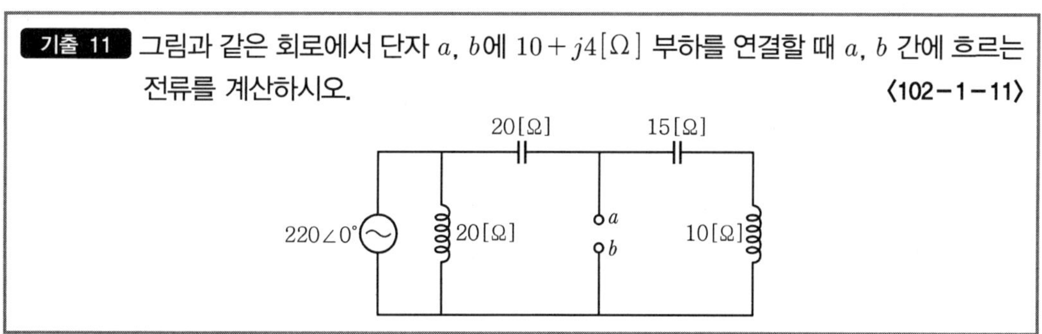

풀이

테브난의 정리를 이용하면 a, b에서 본 등가 임피던스는 전원을 단락하면 $j20$은 없어지고

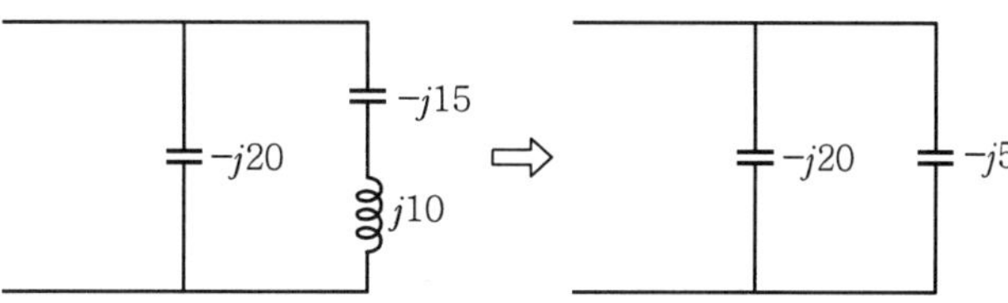

1. $Z = \dfrac{-j20 \times -j5}{-j20 - j5} = -j4$

2. a, b 사이의 전압 V

V는 $(-j20)$과 $(-j5)$으로 나누어지므로

$$V = \frac{(-j15+j10)\times 220}{-j20-j15+j10} = \frac{-j5}{-j25}\times 220 = 44[\text{V}]$$

3. 등가회로

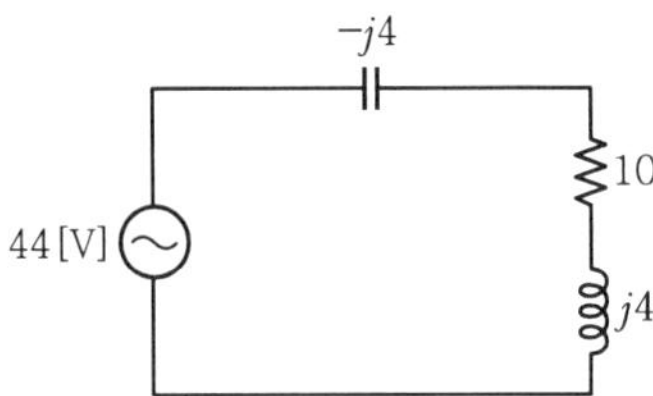

$Z = 10 + j4 - j4 = 10$

$\therefore\ i = \dfrac{44}{10} = 4.4[\text{A}]$

기출 12 다음 회로에서 스위치 SW를 닫기 직전의 전압 V_{oc}[V]와 $a-b$점에서 전원 측을 쳐다본 등가 임피던스(Z_{eq}), 스위치 SW를 닫은 후 Z에 흐르는 전류[A]를 구하시오. **〈77−1−7〉, 〈110−1−13〉**

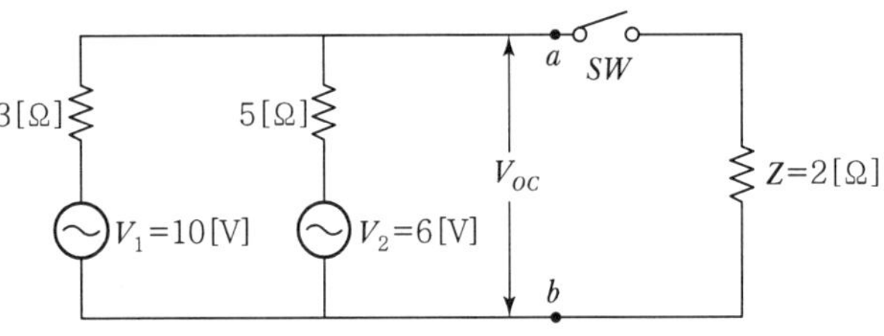

풀이

1. 스위치 SW를 닫기 직전의 전압 V_{oc} : 밀만의 정리

$$V_{OC} = \frac{Y_1E_1 + Y_2E_2}{Y_1 + Y_2} = \frac{\frac{1}{3}\times 10 + \frac{1}{5}\times 6}{\frac{1}{3} + \frac{1}{5}} = 8.5[\text{V}]$$

2. $a-b$점에서 전원 측을 바라본 경우 등가 임피던스 Z_{eq}

전원 측을 바라본 임피던스는 전원이 전압원일 경우에는 단락하고, 전류원인 경우에는 개방한다. 따라서 등가회로는 저항 병렬접속의 형태가 된다.

$$Z_{eq} = \frac{3 \times 5}{3+5} = 1.875[\Omega]$$

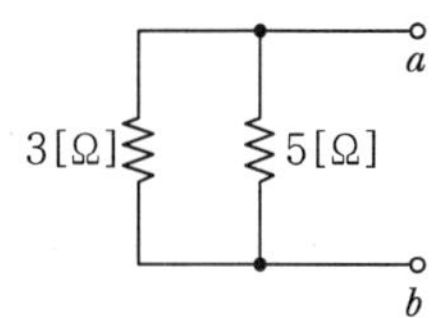

3. 스위치 SW를 닫은 후에 Z에 흐르는 전류 : 테브난의 정리

$$I = \frac{V}{Z_{eq}+Z} = \frac{8.5}{1.875+2} = 2.19[\text{A}]$$

[별해] 쌍대원리를 활용한 방법

1. 전압원은 전류원, 저항은 컨덕턴스, 직렬은 병렬로 바꾼다.

2. 회로를 정리하면

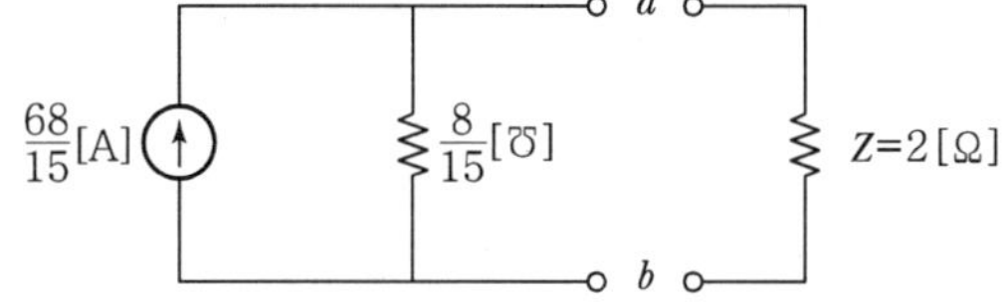

전류 $I = \frac{10}{3} + \frac{6}{5} = \frac{68}{15}[\text{A}]$

컨덕턴스 $G = \frac{1}{3} + \frac{1}{5} = \frac{8}{15}[℧]$

3. 등가회로는

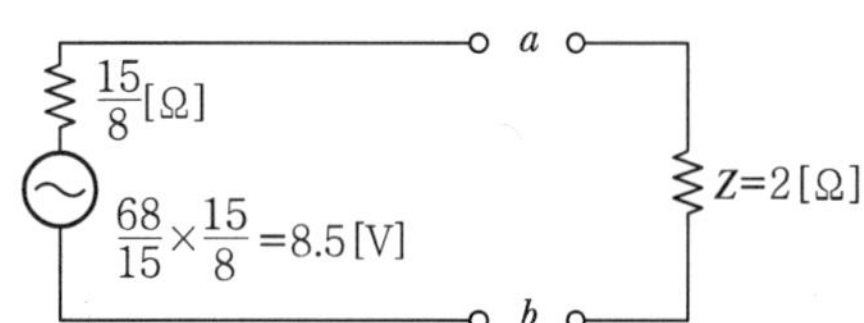

$$Z_T = \frac{15}{8} \fallingdotseq 1.875[\Omega]$$

$$I = \frac{8.5}{1.875+2} = 2.19[\text{A}]$$

기출 13 어떤 부하에 흐르는 전류를 측정한 결과 10[A]였다. 여기에 병렬로 저항을 연결하여 저항에 흐르는 전류값이 15[A]로 나타났고, 부하와 저항 전체에 흐르는 전류값이 20[A]일 때 부하의 역률을 구하시오. 〈95-1-8〉

풀이

1. 문제의 내용을 회로로 그리면 그림과 같다.

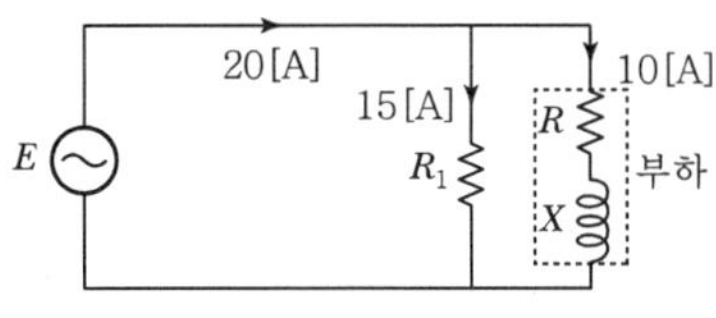

[그림 1] 등가회로

[그림 1]에서 원래의 임피던스 $R+jX$에 흐르는 유효전류를 I_R, 무효전류를 I_X라고 하고, 저항 R_1에 흐르는 전류를 I_{R1}이라고 하면 다음과 같은 벡터도를 그릴 수 있다.

피타고라스의 정리를 이용해서 벡터도로부터 다음 식을 쓸 수 있다.

$I_R^2 + I_X^2 = 10^2 \Rightarrow I_X^2 = 100 - I_R^2$ ······························· ①

$(15 + I_R)^2 + I_X^2 = 20^2$ ················· ②

①식을 ②식에 대입하면

$(15 + I_R)^2 + (100 - I_R^2) = 20^2$

$225 + 30I_R + I_R^2 + 100 - I_R^2 = 400$

$30I_R = 75 \Rightarrow I_R = 2.5$ ················ ③

③식을 ①식에 대입하면

$I_X^2 = 100 - 2.5^2 = 93.65 \Rightarrow I_X = \sqrt{93.75} = 9.68$

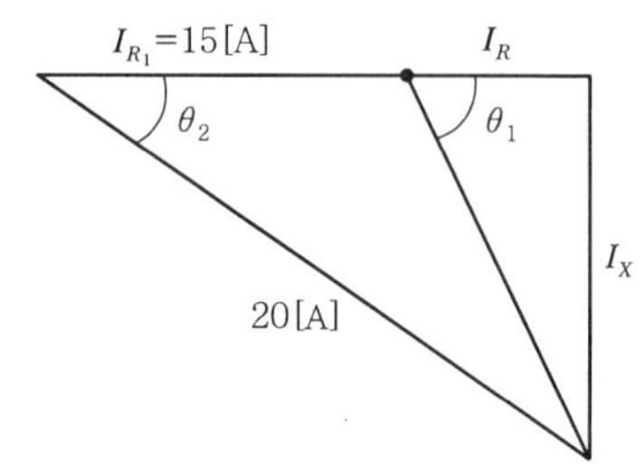

[그림 2] 벡터도

2. 저항이 병렬로 접속되기 전 원래의 역률은

$\theta_1 = \tan^{-1}\left(\frac{9.68}{2.5}\right) = 75.52° \Rightarrow \cos 75.52° = 0.25 \Rightarrow 25[\%]$

저항이 병렬로 접속된 후의 역률은

$\theta_2 = \tan^{-1}\left(\frac{9.68}{15 + 2.5}\right) = 28.95° \Rightarrow \cos 28.95° = 0.875 \Rightarrow 87.5[\%]$

기출 14 그림과 같은 회로에서 지상 역률 0.75로 유효전력 10[kW]를 소비하는 부하에 병렬로 콘덴서를 설치하여 부하에서 본 역률을 0.9로 개선하고자 한다. 콘덴서를 설치하여 역률을 0.9로 개선하였을 경우 부하전압을 220[V]로 유지하기 위하여 전원 측에 인가해야 할 전압(V_s)을 계산하시오. **〈113-3-2〉**

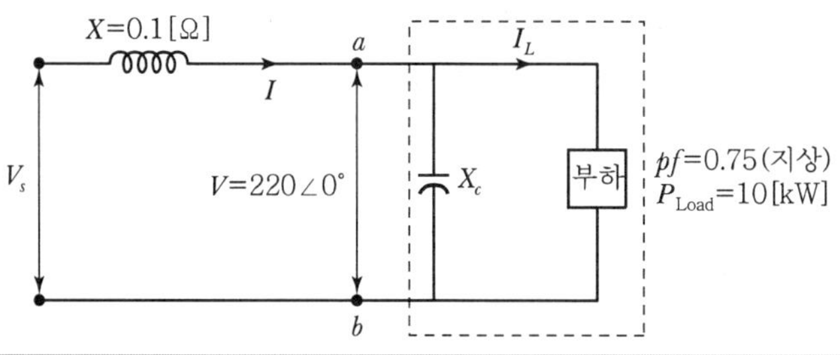

풀이

참고 전원설비 : 진상용 콘덴서의 역률 개선

1. 역률개선 효과

역률을 개선하면 부하전류가 감소함에 따라 다음과 같은 이점이 있다.

1) 전압강하가 감소한다.

2) 배선의 전력손실이 감소한다.

3) 무효전력이 감소하므로 변압기의 설비여력이 생긴다.

4) 전력요금의 할인 혜택을 받을 수 있다.

2. 전압강하의 감소

배전선 및 변압기는 전류가 흐르면 전압강하가 발생되며 역률 개선에 의해 전류가 감소하므로 전압강하는 감소하게 된다.

1) 역률 개선 전 전압강하

배전선의 임피던스는 $R+jX[\Omega]$으로 표시되며, 부하역률을 $\cos\theta$라 하면 역률 개선 전 전압강하는 $\Delta E = V_S - V_R \fallingdotseq I(R\cos\theta + X\sin\theta)$가 된다.

따라서 역률 개선 전 전압강하 $\Delta E_1 = I(R\cos\theta_1 + X\sin\theta_1) = \dfrac{P}{V_R}(R + X\tan\theta_1)$

단, $P = V_R I\cos\theta$

2) 역률 개선 후 전압강하

$$\Delta E_2 = I(R\cos\theta_2 + X\sin\theta_2) = \frac{P}{V_R}(R + X\tan\theta_2)$$

여기서, $\tan\theta_1 > \tan\theta_2$이므로 $\Delta E_1 > \Delta E_2$가 된다.

3) 전압강하의 감소분

$\Delta E = \Delta E_1 - \Delta E_2 = \dfrac{P \cdot X}{E_R}(\tan\theta_1 - \tan\theta_2)$가 된다.

3. 전원 측에 인가해야 할 전압(V_s)

$$V_s = V_R + I(R\cos\theta + X\sin\theta) = 220 + \frac{10}{0.22}(0.1\times\sqrt{1-0.9^2}) \fallingdotseq 244.4[\mathrm{V}]$$

기출 15 그림과 같이 병렬 연결된 회로에서 R, X부하가 선로 $0.5+j0.4[\Omega]$을 통하여 전력을 공급받고 있다. 부하단 전압이 120[V_{rms}], 부하의 소비전력은 3[kVA], 진상 역률 0.8일 때 다음을 구하시오. 〈106-1-5〉

1) 전원 전압

2) 선로의 손실 전력(유효 및 무효 전력)

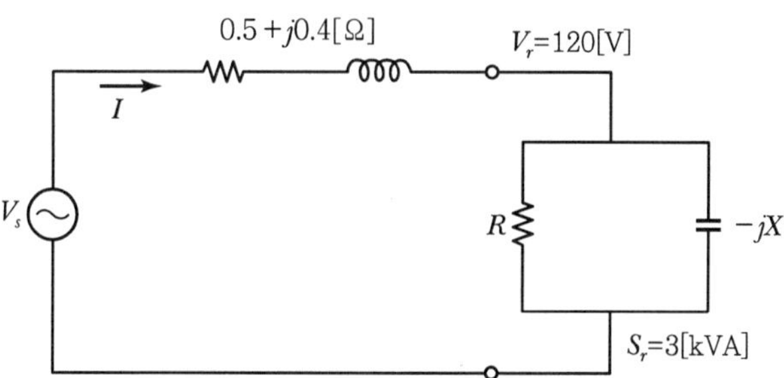

풀이

1. 전원전압

$E_S = E_R + I(R + jX)$

$E_S = E_R + IR\cos\theta - IX\sin\theta + j(IX\cos\theta + IR\sin\theta)$

$E_S = \sqrt{(E_R + IR\cos\theta - IX\sin\theta)^2 + (IX\cos\theta + IR\sin\theta)^2}$

$P_a = E_R I = 3[\mathrm{kVA}]$

$I = \dfrac{P_a}{E_R} = \dfrac{3{,}000}{120} = 25[\mathrm{A}]$

$\cos\theta = 0.8$(진상)

$E_S = E_R + IR\cos\theta - IX\sin\theta + j(IX\cos\theta + IR\sin\theta)$

$= 120 + 25 \times 0.5 \times 0.8 - 25 \times 0.4 \times 0.6 + j(25 \times 0.4 \times 0.8 + 25 \times 0.5 \times 0.6)$

$= 124 + j15.5 = \sqrt{124^2 + 15.5^2} \fallingdotseq 124.96[\mathrm{V}]$

2. 선로의 손실 전력

1) 유효전력 $P = I^2R = 25^2 \times 0.5 = 312.5[\mathrm{W}]$

2) 무효전력 $P_r = I^2X = 25^2 \times 0.4 = 250[\mathrm{VAR}]$

기출 16 3상 Y부하(1상당 임피던스 : $30 + j40[\Omega]$)와 Δ부하(1상당 임피던스 : $60 - j45[\Omega]$)가 병렬로 연결된 부하에 $2 + j4[\Omega]$의 선로를 통해 전력을 공급하고 있다. 전원측 전압은 207.85[V]이다. 다음 물음에 답하시오. 〈97-2-2〉

1) 전원에서 공급하는 전류, 유효 및 무효전력은?
2) 부하단 전압은?
3) Y부하 및 Δ부하 1상에 흐르는 전류는?
4) Y부하 및 Δ부하에서 사용하는 전력 및 선로손실은?

풀이

1. 부하결선도

1) $\mathrm{Y}-\Delta$ 부하결선도

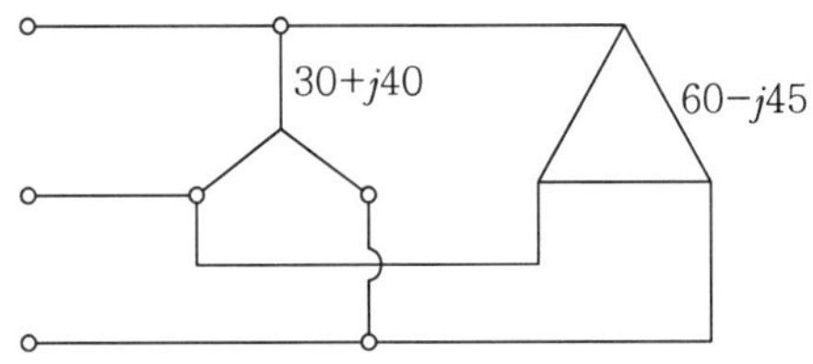

2) Δ부하를 Y로 변환하면(Δ=3Y)

$$Z_2 = \frac{(60-j45)^2}{3\times(60-j45)} = \frac{(60-j45)}{3} = 20-j15$$

$V_l = \sqrt{3}\,V_p$이므로

$$V_p = \frac{V_l}{\sqrt{3}} = \frac{207.85}{\sqrt{3}} = 120[\text{V}]$$

2. Y-Y 부하 결선도는 다음과 같다.

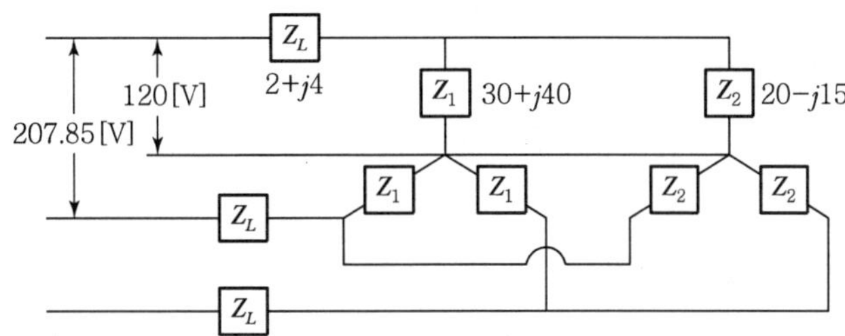

1) 1상 등가회로 전류, 유효 및 무효전력은

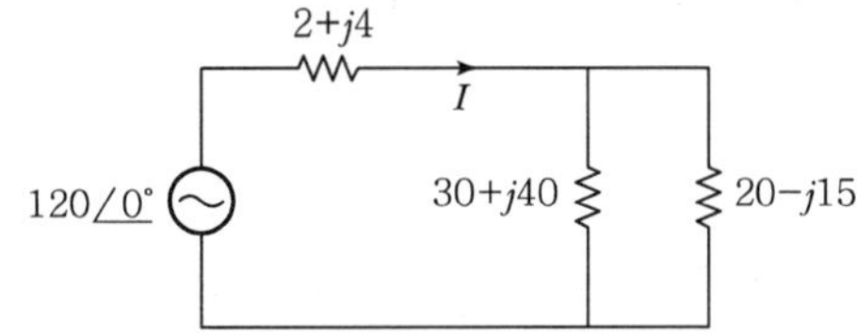

(1) 전류

$$I_S = \frac{E}{Z} = \frac{120\angle 0°}{2+j4+\dfrac{(30+j40)\times(20-j15)}{30+j40+20-j15}} = \frac{120\angle 0°}{2+j4+\dfrac{48+j14}{2+j}} + = \frac{120\angle 0°}{\dfrac{48+j24}{2+j}}$$

$$= \frac{120\angle 0°}{24\angle 0°} = 5\angle 0°[\text{A}]$$

(2) 유효전력 및 무효전력

$W_1 = EI^* = 120\angle 0° \times 5\angle 0° = 600\angle 0°[\text{VA}]$

1상 전력 $W_1 = EI = 120\angle 0° \times 5\angle 0° = 600\angle 0°[\text{W}]$

3상 전력 $W_3 = 3W_1 = 1{,}800\angle 0°[\text{VA}]$

∴ 유효전력 1,800[W], 무효전력 0[VAR]

2) 부하단 전압

$$E_r = E_s - IZ_L$$

$$= 120\angle 0° - 5\angle 0° \times (2+j4)$$

$$= 120 - 10 - j20 = 110 - j20[\text{V}]$$

$$|E_r| = \sqrt{110^2 + 20^2} \angle \tan^{-1}\frac{-20}{110} = 111.8\angle -10.3°$$

3) Y 및 Δ 부하전류

(1) Y부하전류

$$I_y = \frac{|E_r|}{Z_1} = \frac{111.8\angle -10.3°}{30 + j40} = \frac{111.8\angle -10.3°}{50\angle 53.10} = 2.24\angle -63.4°$$

(2) Δ부하전류

$$I_\Delta = \frac{|E_r|}{Z_2}\frac{111.8\angle -10.3°}{20 - j15} = \frac{111.8\angle -10.3°}{25\angle -36.87} = 4.47\angle 26.57°$$

4) 부하전력 및 선로손실

(1) 선로손실 $P_l = 3I^2R = 3 \times 5^2 \times (2 + j4) = 150 + j300$

(2) 부하전력

$$P_Y = 3EI^* = 3 \times 111.8\angle -10.3° \times 2.24\angle 63.4°$$
$$= 751.3\angle 53.10 ≒ 450 + j600$$

$$P_\Delta = 3EI^* = 3 \times 111.8\angle -10.3° \times 4.47\angle -26.57°$$
$$= 1499.2\angle -36.87 ≒ 1,200 - j900$$

기출 17 3상 4선식 옥내배선에서 무유도 부하 3[Ω], 4[Ω], 5[Ω]을 각 상과 중성선 사이에 접속하였다. 지금 변압기 2차 단자에서 선간전압을 173[V]로 할 때 중성선에 흐르는 전류를 구하시오.(단, 변압기 및 전선의 임피던스는 무시한다.) 〈100-1-12〉

풀이

1. 개요

아래 그림에서 전원은 선간전압의 크기가 173[V]인 평형 3상이라 하면, 상전압은 100[V]이고, 무유도성 3[Ω], 4[Ω], 5[Ω]의 부하이므로 각 상에 흐르는 전류는

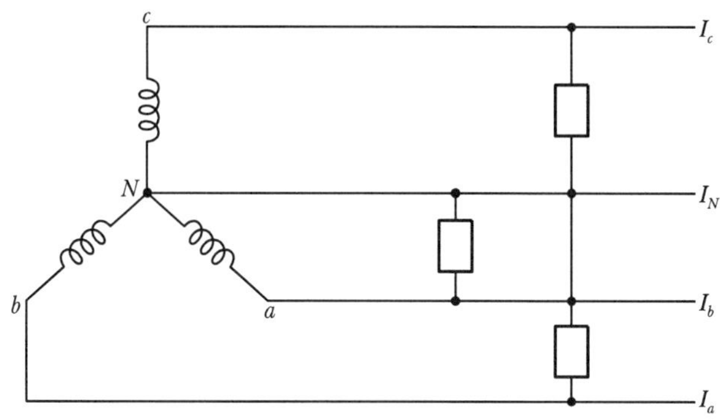

2. 중성선의 전류

$I_a = \dfrac{100}{3}\angle 0°$, $I_b = \dfrac{100}{4}\angle -120°$, $I_c = \dfrac{100}{5}\angle -240°$가 된다.

중성선에는 각 상의 선전류가 합하여 흐르므로

$$I_N = I_a + I_b + I_c = \frac{100}{3} + \frac{100}{4}\left(-\frac{1}{2} - j\frac{\sqrt{3}}{2}\right) + \frac{100}{5}\left(-\frac{1}{2} + j\frac{\sqrt{3}}{2}\right)$$

$$= \frac{100}{3} + \left(-\frac{25}{2} - j\frac{25\sqrt{3}}{2}\right) + \left(-\frac{20}{2} + j\frac{20\sqrt{3}}{2}\right) = 10.83 - j4.33$$

$$|I_N| = \sqrt{(10.83)^2 + (4.33)^2} = 11.66[\text{A}]$$

기출 18 다음과 같이 평형 Y결선 부하에 공급하는 3상 전로에서 b상이 개방(단선)되어 있고 부하 측 중성선은 접지되어 있다.

불평형 선전류 $I_l = \begin{vmatrix} I_a \\ I_b \\ I_c \end{vmatrix} = \begin{vmatrix} 10\angle 0° \\ 0 \\ 10\angle 120° \end{vmatrix}$[A]이다.

대칭분 전류와 중성선 전류(I_n)를 구하시오. 〈108-1-9〉

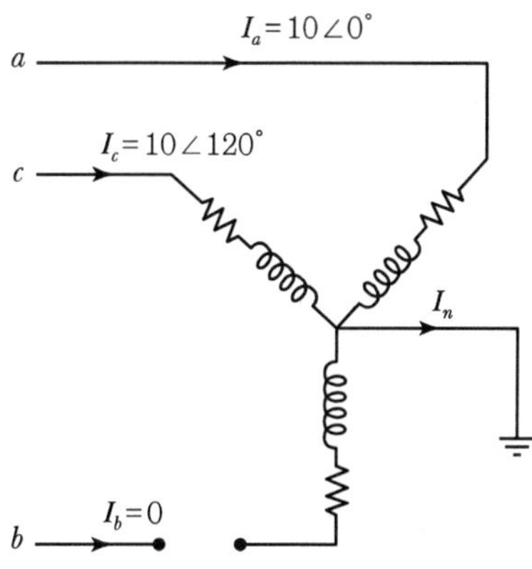

풀이

$I_a = 10\angle 0° = 10$

$I_b = 0$

$I_c = 10\angle 120° = 10\cos 120° + j\sin 120° = -5 + j8.66$

중성점에서 KCL

$I = I_a + I_b + I_c = 10 - 5 + j8.66 = 5 + j8.66$

$\therefore\ I = \sqrt{5^2 + 8.66^2}$, $\tan^{-1}\dfrac{8.66}{5}$

$I = 10\angle 60°$

기출 19 평형 3상 회로에서 순시전력의 총합이 항상 일정하며 유효전력과 동일함을 설명하시오. 〈92-1-6〉

풀이

1. 교류순시전력과 평균전력

1) a상 순시전력

$e_a = E_{am}\sin\omega t$, $i_a = I_{am}\sin(\omega t - \theta)$

$P_a = E_{am}I_{am}\sin\omega t\sin(\omega t - \theta) = 2E_aI_a\sin\omega t\sin(\omega t - \theta)$ ············ ①

▣ 3각함수 공식

$2\sin x\sin y = \cos(x-y) - \cos(x+y)$ ············ ②

위 식에서 $x = \omega t$, $y = \omega t - \theta$로 두면

$2\sin\omega t\sin(\omega t - \theta) = \cos(\omega t - \omega t + \theta) - \cos(\omega t + \omega t - \theta) = \cos\theta - \cos(2\omega t - \theta)$

$\sin\omega t\sin(\omega t - \theta) = \frac{1}{2}[\cos\theta - \cos(2\omega t - \theta)]$ ············ ③

2) ③식을 ①식에 대입하면 교류순시전력은 다음 식으로 표시된다.

$P_a = 2E_aI_a\sin\omega t\sin(\omega t - \theta) = \frac{1}{2} \cdot 2E_aI_a[\cos\theta - \cos(2\omega t - \theta)]$

$= E_aI_a\cos\theta - E_aI_a\cos(2\omega t - \theta)$ ············ ④

3) b상 순시전력

a상과 같은 요령으로 하면 b상의 순시전력은 다음 식으로 표시된다.

$e_b = E_{bm}\sin(\omega t - 240°)$

$i_b = I_{bm}\sin(\omega t - 240° - \theta)$

$P_b = E_{bm}I_{bm}\sin(\omega t - 240°)\sin(\omega t - 240° - \theta)$

$= 2E_bI_b\sin(\omega t - 240°)\sin(\omega t - 240° - \theta)$

$= E_bI_b\cos\theta - E_bI_b\cos(2\omega t - 480° - \theta)$ ············ ⑤

4) c상 순시전력

a상과 같은 요령으로 하면 c상의 순시전력은 다음 식으로 표시된다.

$e_c = E_{cm}\sin(\omega t - 120°)$

$i_c = I_{cm}\sin(\omega t - 120° - \theta)$

$P_c = E_{cm}I_{bm}\sin(\omega t - 120°)\sin(\omega t - 120° - \theta)$

$= 2E_cI_c\sin(\omega t - 120°)\sin(\omega t - 120° - \theta)$

$= E_cI_c\cos\theta - E_cI_c\cos(2\omega t - 240° - \theta)$ ············ ⑥

5) a상의 평균전력은 한 주기의 평균을 주기로 나누어 주면 된다. 식 ④를 적분하면

$$P_1 = \frac{1}{2\pi}\int_0^{2\pi} EI[\cos\theta - \cos(2\omega t - \theta)]d\omega t$$

$$= \frac{EI}{2\pi}\int_0^{2\pi}\cos\theta d\omega t - \frac{EI}{2\pi}\int_0^{2\pi}\cos(2\omega t - \theta)d\omega t$$

정현파나 여현파의 한 주기의 적분은 0이므로 위 식의 두 번째 항은 0이다. 또한 첫 항에서 $\cos\theta$는 상수이므로

$$P_1 = \frac{EI}{2\pi}\int_0^{2\pi}\cos\theta d\omega t = \frac{EI}{2\pi}[\cos\theta \times \omega t]_0^{2\pi}$$

$$= \frac{EI}{2\pi}[\cos\theta \times 2\pi - \cos\theta \times 0]_0^{2\pi} = EI\cos\theta \quad \cdots\cdots ⑦$$

3상 평형일 때 3상 평균전력은 식 ⑦의 1상 전력을 3배로 하면 되므로

$$P_3 = 3EI\cos\theta \quad \cdots\cdots ⑧$$

2. 3상 교류순시전력의 합

1) 3상 전력의 합은 앞의 식 ④, ⑤, ⑥의 합이다.

$$p_a = E_aI_a\cos\theta - E_aI_a\cos(2\omega t - \theta)$$

$$p_b = E_bI_b\cos\theta - E_bI_b\cos(2\omega t - 480° - \theta)$$

$$p_c = E_cI_c\cos\theta - E_cI_c\cos(2\omega t - 240° - \theta)$$

3상 평형이므로 $|E_a| = |E_b| = |E_c| = E$, $|I_a| = |I_b| = |I_c| = I$

$$p_3 = 3EI\cos\theta - EI[\cos(2\omega t - \theta) + \cos(2\omega t - 240° - \theta) + \cos(2\omega t - 480° - \theta)] \cdots ⑨$$

2) 식 ⑨에서 [ ] 안의 값을 계산하면

$$\cos(2\omega t - \theta) + \cos(2\omega t - 240° - \theta) + \cos(2\omega t - 480° - \theta)$$

$$= \cos(2\omega t - \theta) + \cos[2\omega t - (240° + \theta)] + \cos[2\omega t - (480° + \theta)]$$

$$= \cos 2\omega t\cos\theta + \sin 2\omega t\sin\theta + \cos 2\omega t\cos(240° + \theta) + \sin 2\omega t\sin(240° + \theta)$$
$$+ \cos 2\omega t\cos(480° + \theta) + \sin 2\omega t\sin(480° + \theta)$$

$$= \cos 2\omega t\cos\theta + \cos 2\omega t\cos(240° + \theta) + \cos 2\omega t\cos(480° + \theta)$$
$$+ \sin 2\omega t\sin\theta + \sin 2\omega t\sin(240° + \theta) + \sin 2\omega t\sin(480° + \theta)$$

$$= \cos 2\omega t[\cos\theta + \cos(240° + \theta) + \cos(480° + \theta)]$$
$$+ \sin 2\omega t[\sin\theta + \sin(240° + \theta) + \sin(480° + \theta)] \quad \cdots\cdots ⑩$$

3) 식 ⑩에서 [ ] 안의 값을 계산하면

(1) $[\cos\theta + \cos(240° + \theta) + \cos(480° + \theta)]$

$$= \cos\theta + (\cos 240°\cos\theta - \sin 240°\sin\theta) + (\cos 480°\cos\theta - \sin 480°\sin\theta)$$

$$= \cos\theta - 0.5\cos\theta + 0.866\sin\theta - 0.5\cos\theta - 0.866\sin\theta = 0$$

(2) $[\sin\theta + \sin(240° + \theta) + \sin(480° + \theta)]$

$= \sin\theta + (\sin 240° \cos\theta + \cos 240° \sin\theta) + (\sin 480° \cos\theta + \cos 480° \sin\theta)$

$= \sin\theta - 0.866\cos\theta - 0.5\sin\theta + 0.866\cos\theta - 0.5\sin\theta = 0$

결국 식 ⑨에서 [ ] 안은 0이 되므로 남는 것은

$P_3 = 3EI\cos\theta$

뿐인데, $\cos\theta$는 상수이므로 이는 항상 일정한 값이고 유효전력이며, 또한 식 ⑧의 3상 평균전력과 같음을 알 수 있다.

기출 20 선간전압이 350[V]인 3상 평형계통이 그림과 같이 연결되어 있다. 〈95-4-3〉

1) One-Phase Diagram을 그리시오.

2) v_1, i_2 부분의 전압[V], 전류[A]의 실효값을 구하시오.

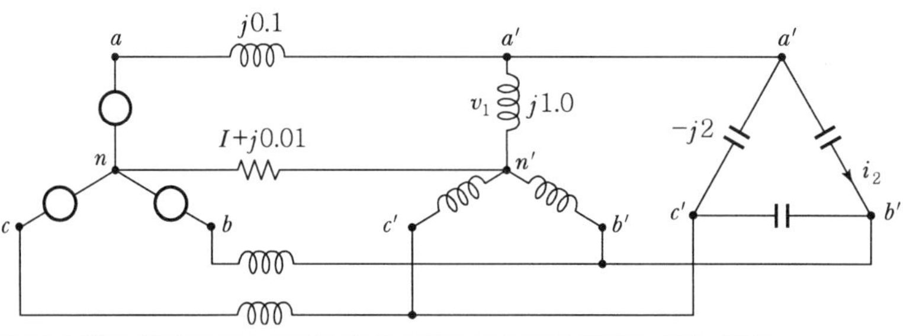

풀이

1. One-Phase Diagram

문제에 주어진 회로에서 a', b', c'의 Δ회로를 Y로 변환하면

$$Z_{Ya} = \frac{Z_{ab}Z_{ca}}{Z_{ab} + Z_{bc} + Z_{ca}} = \frac{2 \times 2}{2+2+2} = \frac{2}{3}$$

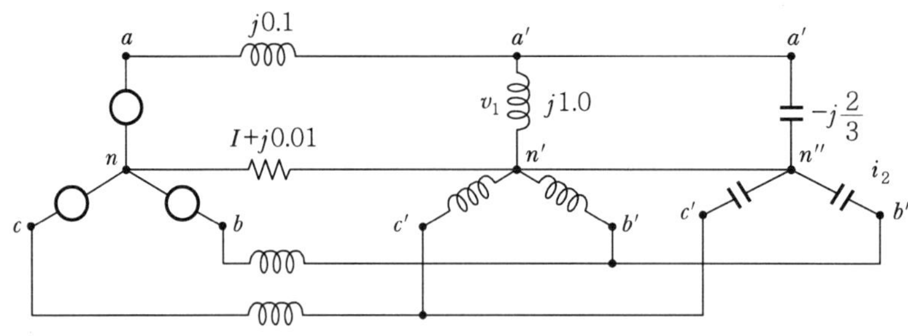

3상 평형인 경우 중성선에는 전류가 흐르지 않으므로 중성선의 임피던스는 의미가 없다. 따라서 중성선의 임피던스를 무시하면 단상(a상)회로는 다음과 같다.

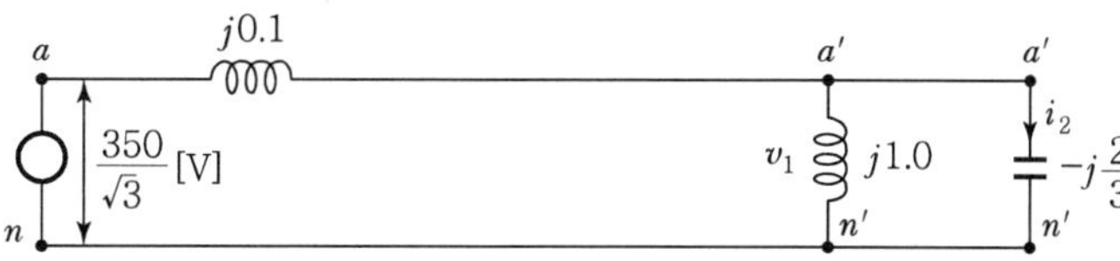

2. v_1, i_2 **부분의 전압 전류의 실효값**

회로의 합성임피던스는

$$Z = j0.1 + \frac{j1.0 \times \left(-j\frac{2}{3}\right)}{j1.0 - j\frac{2}{3}} = j0.1 + \frac{\frac{2}{3}}{\frac{j}{3}} = j0.1 - j2 = -j1.9$$

$j0.1[\Omega]$의 인덕턴스를 통해 흐르는 전류는

$$I_{j0.1} = \frac{\frac{350}{\sqrt{3}}}{-j1.9} = j106.35[\mathrm{A}](\text{진상전류})$$

$j0.1[\Omega]$의 인덕턴스에서의 전압강하는

$$\varDelta E = j0.1 \times j106.35 = -10.635[\mathrm{V}]$$

v_1의 전압은

$$E_{v1} = \frac{350}{\sqrt{3}} - (-10.635) = 212.71[\mathrm{V}]$$

이 경우에는 진상전류에 의한 페란티 효과에 의해서 ν_1이 전원전압보다 높아진다.

$-j\frac{2}{3}[\Omega]$의 콘덴서와 $i_{j1.0}[\Omega]$에 흐르는 전류는 각각

$$I_{-j2/3} = I_{j1.0} \times \frac{j1.0}{j1.0 - j\frac{2}{3}} = j106.35 \times \frac{j1.0}{j\frac{1}{3}} = j319.05[\mathrm{A}]$$

$$I_{j1.0} = I_{j1.0} \times \frac{-j\frac{2}{3}}{j1.0 - j\frac{2}{3}} = j106.35 \times \frac{-j\frac{2}{3}}{j\frac{1}{3}} = -j212.7[\text{A}]$$

3. 맺음말

1) 콘덴서에는 90° 진상전류 319.05[A]가 흐르고, 인덕턴스에는 212.7[A]의 90° 지상전류가 흘러서 이들이 서로 상쇄되고 남은 106.35[A]의 진상전류가 $j0.1[\Omega]$의 인덕턴스에 흐른다.

2) Y로 변환된 콘덴서에 흐르는 전류는 선전류이고, 이를 Δ로 변환하면 콘덴서에는 상전류가 흐르는데, Δ결선에서 상전류는 선전류의 $1/\sqrt{3}$이므로, i_2는

$$i_2 = \frac{j319.05}{\sqrt{3}} = j184.2[\text{A}]$$

기출 21 그림과 같은 불평형 Y회로에 평형 3상 전압을 가할 때의 중성점의 전압 V_N을 구하시오. 〈60-1-13〉

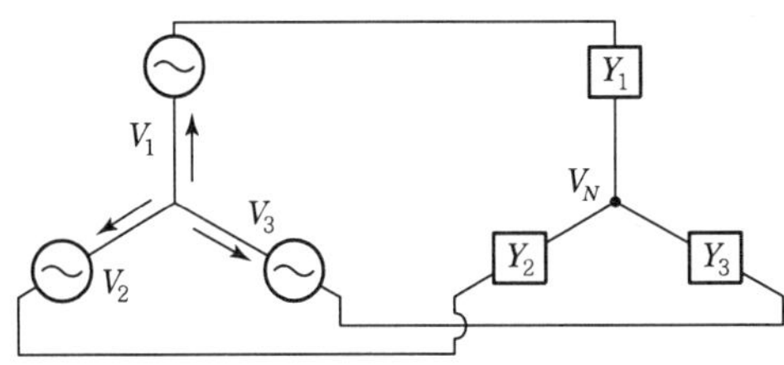

풀이

1. 부하가 불평형이므로 $V_N \neq 0$(단, 부하가 평형이면 $V_N = 0$)이 되고 다음과 같이 계산된다.

1) 각 선에 흐르는 전류를 I_1, I_2, I_3라고 하면

$I_1 = Y_1(V_1 - V_N)$

$I_2 = Y_2(V_2 - V_N)$

$I_3 = Y_3(V_3 - V_N)$

2) 여기서 벡터적으로 $I_1 + I_2 + I_3 = 0$이 되어야 하므로

$Y_1(V_1 - V_N) + Y_2(V_2 - V_N) + Y_3(V_3 - V_N) = 0$

$V_N(Y_1 + Y_2 + Y_3) = Y_1 V_1 + Y_2 V_2 + Y_3 V_3$

2. 맺음말

불평형 Y회로 중성점의 전압 V_N은

$$\therefore\ V_N = \frac{Y_1V_1 + Y_2V_2 + Y_3V_3}{(Y_1 + Y_2 + Y_3)}$$

기출 22 그림과 같이 3상 평형 부하인 경우 중성선 $O' - O$에는 전류가 흐르지 않음을 수식으로 설명하시오. 〈113-1-2〉

단, $i_1 = I_m \sin\omega t$, $i_2 = I_m \sin\left(\omega t - \frac{2\pi}{3}\right)$, $i_3 = I_m \sin\left(\omega t - \frac{4\pi}{3}\right)$

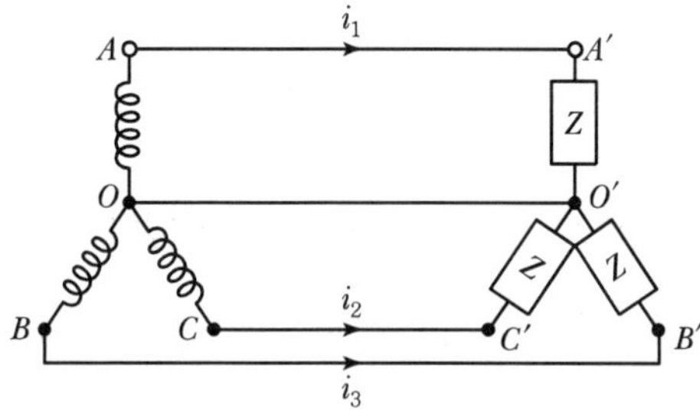

풀이

1. 중성선에 흐르는 전류

$$(0'-0)\dot{i}_N = \dot{i}_1 + \dot{i}_2 \angle -\frac{2\pi}{3} + i_3 \angle -\frac{4\pi}{3}$$

$$= I_m + I_m\left(-\frac{1}{2} - j\frac{\sqrt{3}}{2}\right) + I_m\left(-\frac{1}{2} + j\frac{\sqrt{3}}{2}\right) = 0$$

$$\dot{i}_N = I_m \sin\omega t + I_m \sin\left(\omega t - \frac{2\pi}{3}\right) + I_m \sin\left(\omega t - \frac{4\pi}{3}\right)$$

$$= I_m + I_m\left(-\frac{1}{2} - j\frac{\sqrt{3}}{2}\right) + I_m\left(-\frac{1}{2} + j\frac{\sqrt{3}}{2}\right) = 0$$

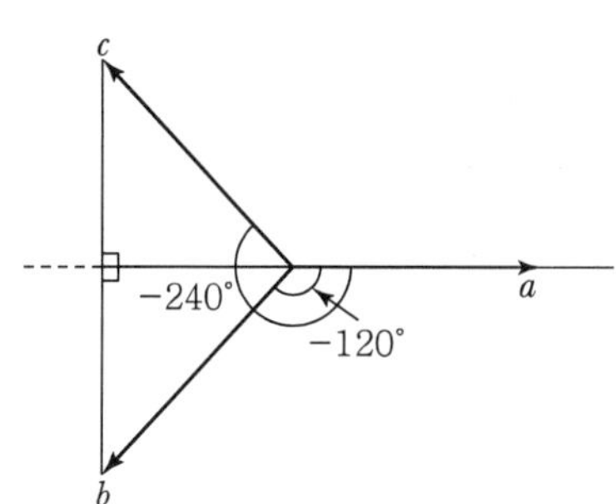

기출 23 3상 회로의 선간 전압이 $V_1 = 80$[V], $V_2 = 50$[V], $V_3 = 50$[V]일 때 대칭분과 불평형률을 구하시오. 〈62-3-2〉

풀이

1. 3상 Vector Diagram은

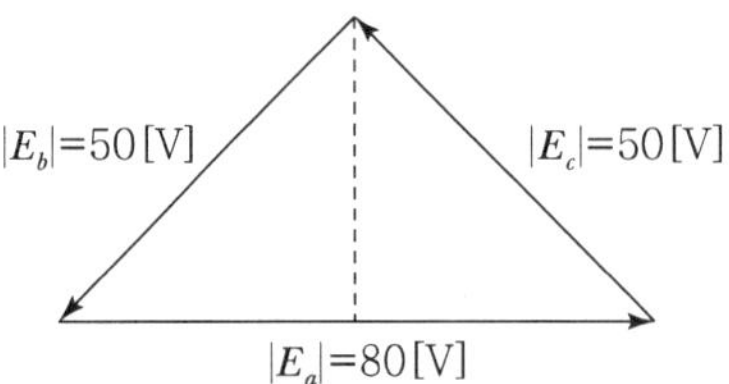

$\dot{E}_a = 80$, $\dot{E}_b = -40 - j30$, $\dot{E}_c = -40 + j30$

2. 대칭분은 E_a, E_b, E_c의 영상, 정상, 역상분 전압을 말하므로

$$E_0 = \frac{1}{3}(E_a + E_b + E_c) = \frac{1}{3}(80 - 40 - j30 - 40 + j30) = 0$$

$$E_1 = \frac{1}{3}(E_a + aE_b + a^2E_c)$$

$$= \frac{1}{3}\left\{80 + \left(-\frac{1}{2} + j\frac{\sqrt{3}}{2}\right)(-40 - j30) + \left(-\frac{1}{2} - j\frac{\sqrt{3}}{2}\right)(-40 + j30)\right\}$$

$$= 57.3[\text{V}]$$

$$E_2 = \frac{1}{3}(E_a + a^2E_b + aE_c)$$

$$= \frac{1}{3}\left\{80 + \left(-\frac{1}{2} - j\frac{\sqrt{3}}{2}\right)(-40 - j30) + \left(-\frac{1}{2} + j\frac{\sqrt{3}}{2}\right)(-40 + j30)\right\}$$

$$= \frac{1}{3}(120 - 20\sqrt{3}) = 22.7[\text{V}]$$

3. 불평형률은

$$\therefore \text{불평형률} = \left|\frac{E_2}{E_1}\right| \times 100 = \frac{22.7}{57.3} \times 100[\%] = 39.6[\%]$$

기출 24 그림의 회로에 전압 인가 시 과도현상에 대해 전류식과 시정수를 유도하시오.

〈68－1－5〉

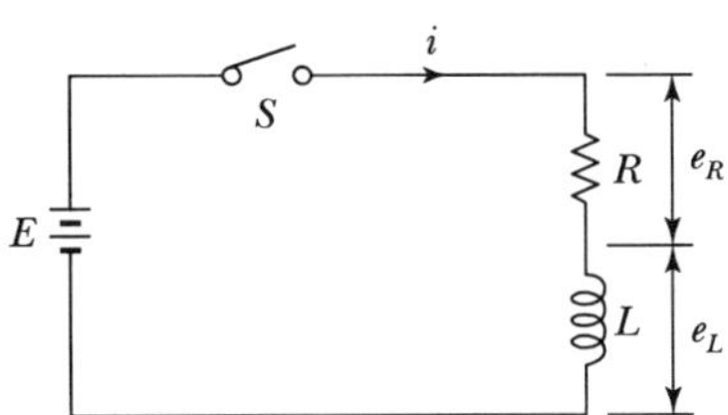

풀이

1. 키르히호프의 전압 법칙에 의하여

$E = e_R + e_L$ ·· ①

여기서, $e_R = Ri$, $e_L = L\dfrac{di}{dt}$ 이므로

$E = Ri + L\dfrac{di}{dt}$ ·· ②

일반해(i)=특별해(i_s)+보조해(i_t) ·· ③

1) 특별해 i_s는

정상전류이며, 이 경우 인가 기전력은 직류 전압이므로 정상 전류도 직류가 되어야 한다.

식 ②에서

$E = Ri_s + 0$

$\therefore\ i_s = \dfrac{E}{R}$ ·· ④

2) 보조해는 좌변 E를 0으로 놓은 미분 방정식, 즉

$0 = Ri + L\dfrac{di}{dt}$ ·· ⑤

의 일반해이다.

2. 이 미분 방정식의 해를 $i_t = Ae^{pt}$라 하면,

식 ⑤에 대입하여 ·· ⑥

$0 = RAe^{pt} + LApe^{pt}$

$0 = Ae^{pt}(R + Lp)$

$\therefore\ R + Lp = 0$에서 $p = -\dfrac{R}{L}$

1) 보조해는 $i_t = Ae^{-\frac{R}{L}t}$ 이다.

따라서, $i = i_s + i_t = \frac{E}{R} + Ae^{-\frac{R}{L}t}$ ············ ⑦

여기서 A는 적분 상수이며, 초기 조건에 의하여 결정된다.

지금 $t = -0$에서 S를 닫기 직전에 회로 전류 $i = 0$으로 놓으면, $t = +0$에서 S를 닫은 직후에도 i는 0이 된다.

식 ⑦에서

$0 = \frac{E}{R} + A \Rightarrow A = -\frac{E}{R}$ ············ ⑧

가 된다.

2) 일반해는

$i = \frac{E}{R}\left(1 - e^{-\frac{R}{L}t}\right)$[A] ············ ⑨

제1항은 정상항이며, 정상 전류를 표시한다. 제2항은 과도항이며, 시간의 경과와 더불어 감쇠하여 $t = \infty$에서 0으로 되는 항이다.

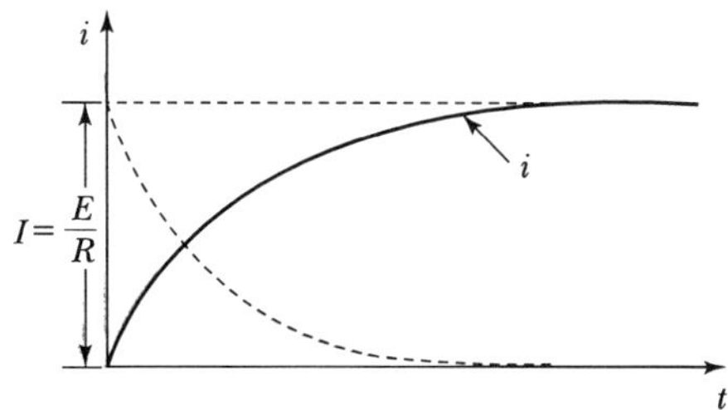

3) 식 ⑨에서

τ(회로의 시정수 : Time Constant)$= \frac{L}{R}$

즉, 정상 전류 $i = I$의 점근선과 만나는 점까지의 시간을 의미하며, τ의 대소로써 과도상태의 계속 시간의 장단을 판단한다.

[별해] 라플라스 방정식

1. 전류식

평형 방정식은

$L\frac{di}{dt} + Ri = E$

식 ①을 라플라스 변환하면

$$LsI(s)+RI(s)=\frac{E}{s}$$

$$I(s)(Ls+R)=\frac{E}{s}$$

$$I(s)=\frac{E}{s(Ls+R)}=\frac{E}{Ls\left(s+\frac{R}{L}\right)}$$

위 식을 부분 분수로 전개하면

$$I(s)=\frac{E}{L}\left(\frac{K_1}{s}+\frac{K_2}{s+\frac{R}{L}}\right)$$

$$K_1=\frac{1}{s+R/L}\bigg|_{s=0}=\frac{L}{R},\ K_2=\frac{1}{s}\bigg|_{s=-\frac{R}{L}}=-\frac{L}{R}$$

$$I(s)=\frac{E}{L}\cdot\frac{L}{R}\left(\frac{1}{s}-\frac{1}{s+R/L}\right)$$

전류식은 위 식을 역 라플라스 변환하면 된다. 즉

$$i(t)=\frac{E}{R}\left(1-e^{-\frac{R}{L}t}\right)$$

이 되고 이를 그림으로 그려 보면 다음과 같다.

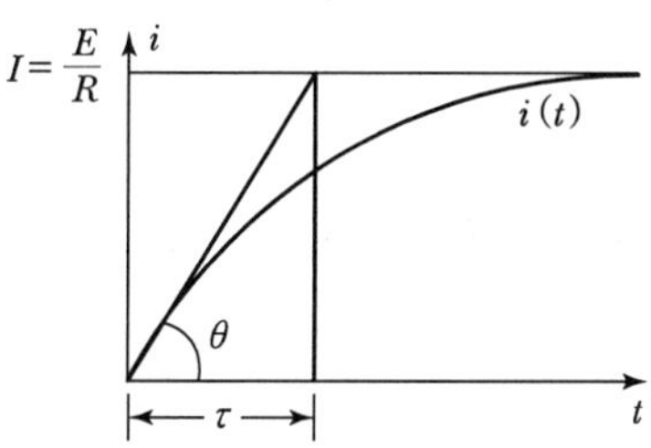

2. 시정수

그림에서 τ가 시정수이다. 그런데

$$\tan\theta=\frac{di(t)}{dt}\bigg|_{t=0}$$ 이므로

$$\tan\theta=\frac{di(t)}{dt}=\frac{d}{dt}\left(\frac{E}{R}-\frac{E}{R}e^{-\frac{R}{L}t}\right)=\frac{E}{R}\cdot\frac{R}{L}e^{-\frac{R}{L}t}=\frac{E}{L}\left(\because\ t=0\text{일 때 } e^{-\frac{R}{L}t}=1\right)$$

또한 그림에서

$$\tan\theta=\frac{\frac{E}{R}}{\tau}$$

PART 01 전기기초

따라서

$$\frac{E}{L} = \frac{\frac{E}{R}}{\tau} \rightarrow \tau = \frac{\frac{E}{R}}{\frac{E}{L}} = \frac{L}{R}$$

$\alpha = \frac{1}{\tau} = \frac{R}{L}$를 감쇠율이라 한다.

$i = \tau$일 때의 전류값 i_τ는

$$i_\tau = \frac{E}{R}\left(1 - e^{-\frac{R}{L}\tau}\right) = \frac{E}{R}(1 - e^{-1}) = 0.6321i$$

가 되며, 이를테면 $L = 1[\text{mH}]$, $R = 1[\Omega]$인 선륜(線輪)에 있어서는 시정수 t는 0.001초가 되고, 1/1,000초란 시간이 경과하면 전류는 정상값 i의 63.2[%]에 도달하게 된다.

기출 25 다음 그림을 보고 시간응답 $v(t)$를 구하시오. 〈80-4-3〉

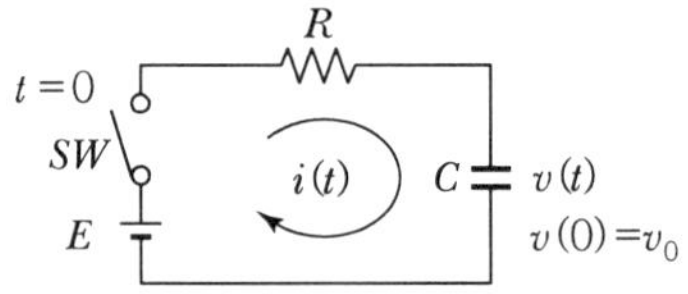

풀이

1. 회로에서 전압(또는 전류)의 시간함수는 다음 관계를 가진다.

   전압(또는 전류)의 시간함수=최종치+(초기치−최종치)$\exp\left[-\frac{t}{\tau}\right]$

2. 문제의 그림에서

   콘덴서 C의 초기전압($t=0$에서의 전압)은 v_0,

   최종전압($t=\infty$ 에서의 전압)은 E이고,

   $R-C$ 직렬회로에서 시정수는 $\tau = RC$이므로

   $$v(t) = E + (v_0 - E)e^{-\frac{1}{RC}t} = E - (E - v_0)e^{-\frac{1}{RC}t}$$

기출 26 다음 회로의 부하전류를 중첩의 정리를 이용하여 부하전류 I_L[A]을 구하시오.

〈119-1-6〉

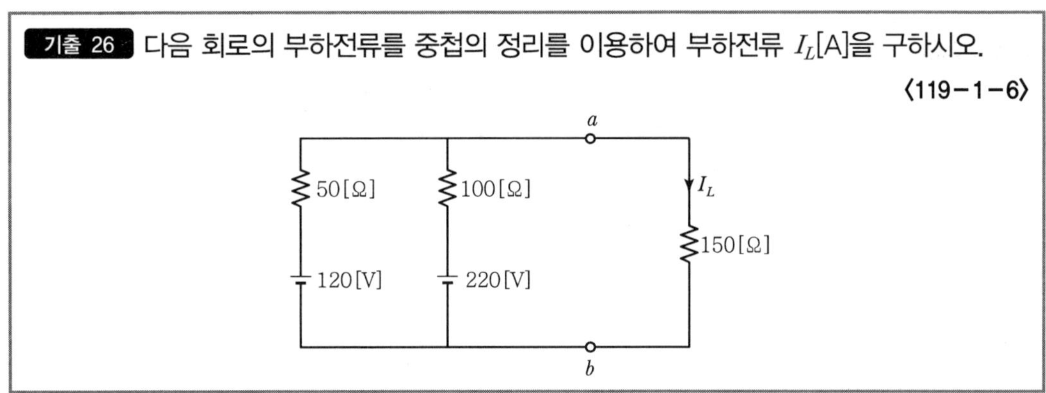

풀이

1. 120[V]의 전압원 작용 시 부하에 흐르는 전류 I'

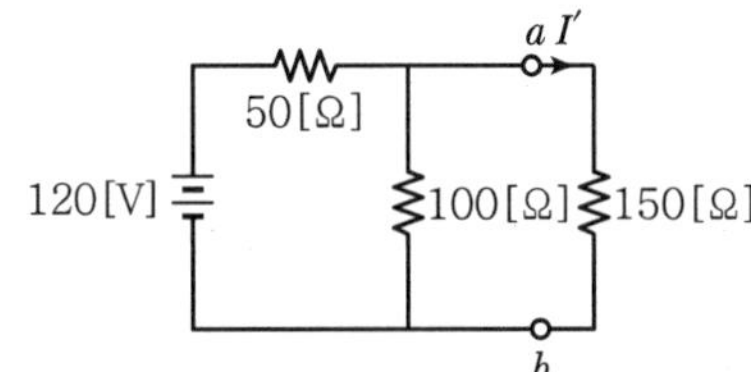

$$I' = \frac{120}{50 + \frac{100 \times 150}{100 + 150}} \times \frac{100}{100 + 150} = 0.44[\text{A}]$$

2. 220[V]의 전압원 작용 시 부하에 흐르는 전류 I''

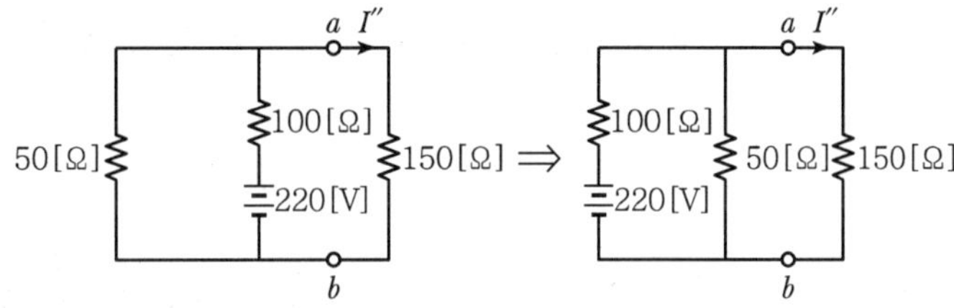

$$I'' = \frac{220}{100 + \frac{50 \times 150}{50 + 150}} \times \frac{50}{50 + 150} = 0.4[\text{A}]$$

3. $\therefore\ I_L = I' + I'' = 0.44 + 0.4 = 0.84[\text{A}]$

기출 27 다음 그림에서 $t=0$에서 스위치 S를 닫을 때 과도전류 $i(t)$를 구하시오. 〈116-1-4〉

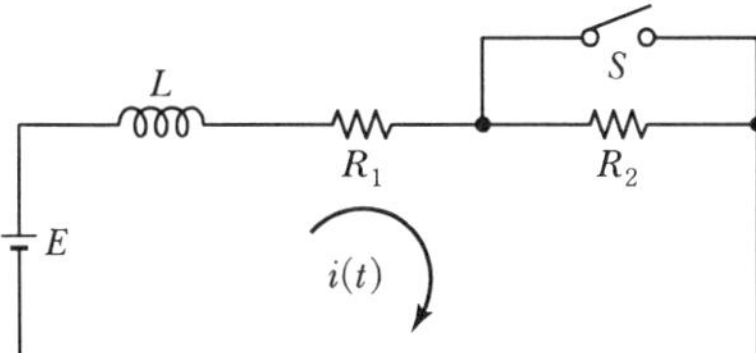

풀이

1. 미분방정식에 의한 과도전류 $i(t)$ 산출

1) 정상상태 전류(i_s)

(1) $i=i_s$(정상상태)$+i_t$(과도상태)

(2) $i_s=\dfrac{E}{R_1}$

2) 과도상태(i_t)

(1) 키르히호프의 전압방정식으로부터 $R_1 i+L\dfrac{di}{dt}=0$ ·· ①

(2) 이 미분방정식을 해를 $i_t=Ae^{pt}$라 하고 식 ①에 대입하면

$$0=RAe^{pt}+LAPe^{pt}$$

$$Ae^{pt}(R_1+LP)=0 \text{ 에서, } P=-\frac{R_1}{L}$$

$$\therefore\ i_t=Ae^{-\frac{R_1}{L}t}$$

(3) A는 초기조건에 의해 결정되는 상수로, $I=i_s+i_t=\dfrac{E}{R_1}+Ae^{-\frac{R_1}{L}t}$

(4) $t=-0$, 즉 S를 닫기 직전의 회로전류 $I=\dfrac{E}{R_1+R_2}$이므로

$$\frac{E}{R_1+R_2}=\frac{E}{R_1}+A\text{에서 } A=E\left(\frac{1}{R_1+R_2}-\frac{1}{R_1}\right)=E\frac{-R_2}{(R_1+R_2)R_1}$$

3) 전류(i)의 산출

$$i=i_s+i_t=\frac{E}{R_1}+Ae^{-\frac{R_1}{L}t}$$

$$=\frac{E}{R_1}+E\frac{-R_2}{(R_1+R_2)R_1}e^{-\frac{R_1}{L}t}=\frac{E}{R_1}\left(1-\frac{R_2}{(R_1+R_2)}\right)e^{-\frac{R_1}{L}t}$$

기출 28 그림의 $R-L$ 직렬회로에서 전압 인가 시 과도현상에 대해 〈77-4-1〉

1) 전류식(i)

2) 시정수(τ)

3) 전압식(E_R, E_L)

4) 전력량식(W_R, W_L, W)을 유도하시오.

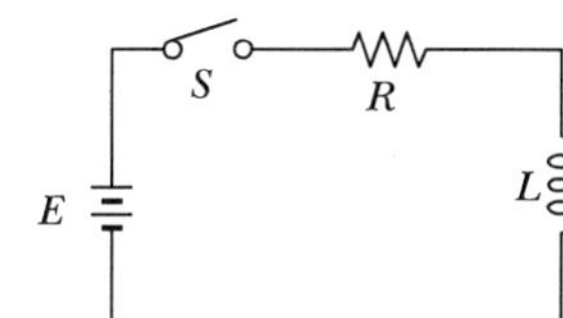

풀이

1. 전류식

1) 평형 방정식은

$$L\frac{di}{dt}+Ri=E \quad \cdots\cdots\cdots ①$$

2) 식 ①을 라플라스 변환하면

$$LsI(s)+RI(s)=\frac{E}{s}$$

$$I(s)(Ls+R)=\frac{E}{s}$$

$$I(s)=\frac{E}{s(Ls+R)}=\frac{E}{Ls\left(s+\dfrac{R}{L}\right)} \quad \cdots\cdots\cdots ②$$

3) 식 ②를 부분 분수로 전개하면

$$I(s)=\frac{E}{L}\left(\frac{K_1}{s}+\frac{K_2}{s+\dfrac{R}{L}}\right)$$

$$K_1=\left|\frac{1}{s+\dfrac{R}{L}}\right|_{s=0}=\frac{L}{R},\ K_2=\left|\frac{1}{s}\right|_{s=-\frac{R}{L}}=-\frac{L}{R}$$

$$I(s)=\frac{E}{L}\cdot\frac{L}{R}\left(\frac{1}{s}-\frac{1}{s+R/L}\right) \quad \cdots\cdots\cdots ③$$

4) 식 ③을 역 라플라스 변환하면 전류식은 다음과 같이 된다.

$$i(t)=\frac{E}{R}\left(1-e^{-\frac{R}{L}t}\right) \quad \cdots\cdots\cdots ④$$

2. 시정수(τ)

1) 식 ④를 그래프로 그리면 다음과 같다.

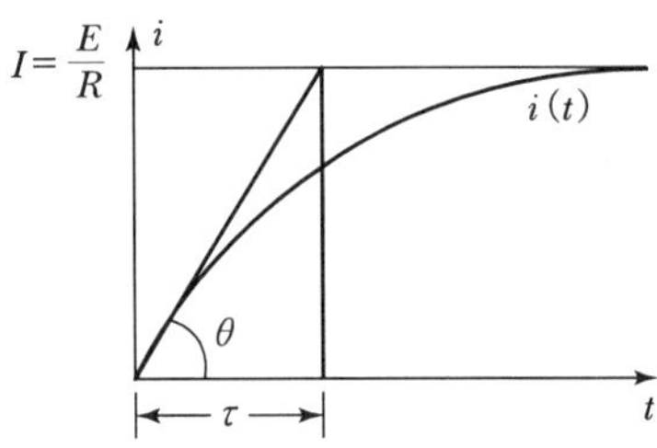

2) 그림에서 $i(t)$곡선은 $t=0$에서는 급격히 증가하다가 시간이 경과할수록 서서히 증가하는 것을 볼 수 있다. 이때 만일 $t=0$에서의 비율로 계속 증가한다면 τ초에 E/R에 도달하게 될 것인데 이 τ가 시정수이다.

3) 그림으로는 $t=0$에서 $i(t)$곡선에 접선을 그어 E/R 직선과 만나는 점에서 수선을 내려 시간축과 만나는 점이 시정수를 표시한다.

4) 이를 식으로 증명하면 그림에서

$$\tan\theta = \left.\frac{di(t)}{dt}\right|_{t=0} = \left.\frac{E}{R}\cdot\frac{R}{L}e^{-\frac{R}{L}t}\right|_{t=0} = \frac{E}{L}$$

또한 그림에서 $\tan\theta=(E/R)/\tau$이므로 이를 위 식과 연관시켜 정리하면

$$\tan\theta = \frac{E}{L} = \frac{E/R}{\tau}$$

$$\tau = \frac{E/R}{E/L} = \frac{L}{R}$$

3. 전압식(E_R, E_L)

1) 저항에 걸리는 전압

$$E_R = R\cdot i(t) = R\cdot\frac{E}{R}\left(1-e^{-\frac{R}{L}t}\right) = E\left(1-e^{-\frac{R}{L}t}\right)[\mathrm{V}]$$

2) 인덕턴스에 유기되는 전압

$$E_L = L\cdot\frac{di(t)}{dt} = L\cdot\frac{d}{dt}\cdot\frac{E}{R}\left(1-e^{-\frac{R}{L}t}\right)$$

$$= L\cdot\frac{E}{R}\cdot\frac{R}{L}e^{-\frac{R}{L}t} = E\cdot e^{-\frac{R}{L}t}[\mathrm{V}]$$

3) 즉, $t=0$에서는 전전압이 인덕턴스에 걸리고 $t=\infty$에서는 전전압이 저항에 걸린다.

4. 전력량식(W_R, W_L, W)

전력량은 0 → t초까지 적분해서 구해야 한다. 다음 식에서 τ는 시정수가 아니라 시간변수이다.

1) 저항에서 소비되는 전력량

$$W_R = \int_0^t E_R(\tau)i(\tau)d\tau$$

$$= \int_0^t E\left(1-e^{-\frac{R}{L}\tau}\right)\frac{E}{R}\left(1-e^{-\frac{R}{L}\tau}\right)d\tau = \frac{E^2}{R}\int_0^t\left(1-e^{-\frac{R}{L}\tau}\right)^2 d\tau$$

$$= \frac{E^2}{R}\int_0^t\left(1-2e^{-\frac{R}{L}\tau}+e^{-2\frac{R}{L}\tau}\right)d\tau = \frac{E^2}{R}\left[\tau+\frac{2L}{R}e^{-\frac{R}{L}\tau}-\frac{L}{2R}e^{-2\frac{R}{L}\tau}\right]_0^t$$

$$= \frac{E^2}{R}\left(t+\frac{2L}{R}e^{-\frac{R}{L}t}-\frac{L}{2R}e^{-2\frac{R}{L}t}-\frac{2L}{R}+\frac{L}{2R}\right)$$

$$= \frac{E^2}{R}t+\frac{E^2L}{R^2}\left(2e^{-\frac{R}{L}t}-\frac{1}{2}e^{-\frac{2R}{L}t}-\frac{3}{2}\right)$$

2) 인덕턴스에 축적되는 전력량

$$W_L = \int_0^t E_L(\tau)i(\tau)d\tau$$

$$= \int_0^t Ee^{-\frac{R}{L}\tau}\frac{E}{R}\left(1-e^{-\frac{R}{L}\tau}\right)d\tau = \frac{E^2}{R}\int_0^t\left(e^{-\frac{R}{L}\tau}-e^{-\frac{2R}{L}\tau}\right)d\tau$$

$$= \frac{E^2}{R}\left[-\frac{L}{R}e^{-\frac{R}{L}\tau}+\frac{L}{2R}e^{-\frac{2R}{L}\tau}\right]_0^t = \frac{E^2}{R}\left(-\frac{L}{R}e^{-\frac{R}{L}t}+\frac{L}{2R}e^{-\frac{2R}{L}t}+\frac{L}{R}-\frac{L}{2R}\right)$$

$$= \frac{E^2L}{R^2}\left(-e^{-\frac{R}{L}t}+\frac{1}{2}e^{-\frac{2R}{L}t}+\frac{1}{2}\right)$$

3) 합성 전력량

$$W = \int_0^t E(\tau)i(\tau)d\tau$$

$$= \int_0^t E\frac{E}{R}\left(1-e^{-\frac{R}{L}\tau}\right)d\tau = \frac{E^2}{R}\int_0^t\left(1-e^{-\frac{R}{L}\tau}\right)d\tau$$

$$= \frac{E^2}{R}\left[\tau+\frac{L}{R}e^{-\frac{R}{L}\tau}\right]_0^t = \frac{E^2}{R}\left(t+\frac{L}{R}e^{-\frac{R}{L}t}-\frac{L}{R}\right)$$

$$= \frac{E^2}{R}t+\frac{E^2L}{R^2}\left(e^{-\frac{R}{L}t}-1\right)$$

기출 29 다음을 Fourier 급수로 전개하시오. 〈84-4-4〉

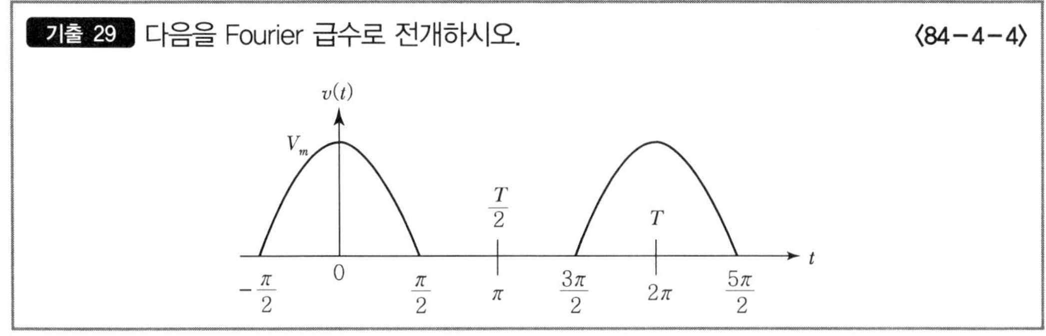

풀이

1. 개요

푸리에 급수로 전개한다는 의미는 "주기함수이면서 비정현파 또는 비여현파인 파형을 직류분과 무한대 개의 정현파 및 여현파 성분으로 분해하는 것"을 말한다. 주기함수를 푸리에 급수로 전개하면 다음 식과 같은 형태로 표시된다.

$$y(x)=A_0+(A_1\cos x+B_1\sin x)+(A_2\cos 2x+B_2\sin 2x)+(A_3\cos 3x+B_3\sin 3x)$$

$$=A_0+\sum_{n=1}^{\infty}(A_n\cos nx+B_n\sin nx)$$

위 식에서 A_0는 직류분이고 $A_n\cos nx$는 여현파 성분, $B_n\sin nx$은 정현파 성분이다.

따라서 어떤 주기함수를 푸리에 급수로 전개한다는 것은 위 식의 A_0, A_n 및 B_n을 구하는 것을 의미한다.

2. 푸리에 급수전개

1) 그림의 주기함수에서

$$y(x)=A_0+(A_1\cos x+B_1\sin x)+(A_2\cos 2x+B_2\sin 2x)+\cdots\cdots \quad \cdots\cdots ①$$

문제에서 주어진 그래프는 여현파의 반파 정류파이다. 즉

$$y(x)=V_m\cos x$$

2) ①식에서 0이 되는 항을 모두 제외하면 A_0항만 남게 된다.

$$\int_{-\pi}^{\pi}y(x)dx=\int_{-\pi}^{\pi}A_0dx$$

$$\int_{-\pi}^{\pi}V_m\cos x dx=\int_{-\pi}^{\pi}A_0dx=A_0[x]_{-\pi}^{\pi}=A_0[\pi-(-\pi)]=2\pi A_0$$

따라서 $A_0=\dfrac{1}{2\pi}\displaystyle\int_{-\pi}^{\pi}V_m\cos x dx$ $\cdots\cdots$ ②

②식은 $y(x)$의 평균값을 구하는 것이다(즉, 푸리에 급수 전개에서 A_0항은 그 함수의 평균값을 의미한다). 그런데 다음 그림에서 $-\pi$에서 $-\dfrac{\pi}{2}$까지와 $\dfrac{\pi}{2}$에서 π까지의 주어진 함수

의 값이 0이므로 적분은 $-\frac{\pi}{2}$에서 $\frac{\pi}{2}$까지만 하면 된다. 즉

$$A_0 = \frac{1}{2\pi}\int_{-\frac{\pi}{2}}^{\frac{\pi}{2}} V_m \cos x dx = \frac{V_m}{2\pi}[\sin x]_{-\frac{\pi}{2}}^{\frac{\pi}{2}}$$

$$= \frac{V_m}{2\pi}\left[\sin\frac{x}{2} - \left(-\sin\frac{x}{2}\right)\right] = \frac{V_m}{2\pi}[1-(-1)] = \frac{V_m}{\pi} \quad \cdots\cdots ③$$

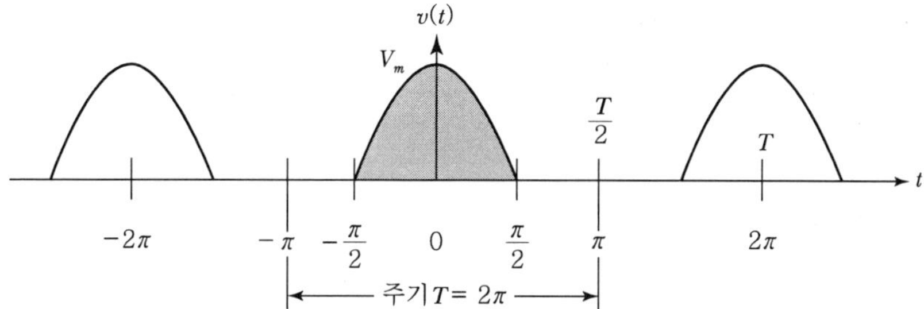

3) ①식에서 A_0항을 제외하면 즉, 적분하면 0이 되는 항을 제거하면 다음 항만 남게 된다.

$$\int_{-\pi}^{\pi} y(x)dx = \int_{-\pi}^{\pi} A_1\cos x dx + \int_{-\pi}^{\pi} A_2\cos 2x dx + \int_{-\pi}^{\pi} A_3\cos 3x dx + \cdots\cdots$$

$$+\int_{-\pi}^{\pi} B_1\sin 2x dx + \int_{-\pi}^{\pi} B_2\sin x dx + \int_{-\pi}^{\pi} B_3\sin 3x dx + \quad \cdots\cdots ④$$

④식에 $\cos nx(n=1,\ 2,\ 3\cdots)$을 곱하고 적분해도 등식은 성립한다. 즉

$$\int_{-\pi}^{\pi} y(x)\cos nx dx = \int_{-\pi}^{\pi} A_1\cos^2 x dx + \int_{-\pi}^{\pi} A_2\cos^2 2x dx + \int_{-\pi}^{\pi} A_3\cos^2 3x dx + \cdots\cdots$$

$$+\int_{-\pi}^{\pi} B_1\sin x\cos x dx + {}_m\int_{-\pi}^{\pi} B_2\sin 2x\cos 2x dx + \quad \cdots\cdots ⑤$$

⑤식에서 $\sin nx\cos nx$항은 적분하면 모두 0이 된다.

▣ 삼각함수의 가법정리

1. $\sin(2nx) = \sin(nx+nx) = \sin nx\cos nx + \cos nx\sin nx = 2\sin nx\cos nx$

   $\therefore \sin nx\cos nx = \frac{1}{2}\sin(2nx) \quad \cdots\cdots ⑥$

2. $\cos 2x = \cos(x+x) = \cos x\cos x - \sin x\sin x = \cos^2 x - \sin^2 x$에서

   위 식의 우변에 +1, −1을 해주어도 값이 변하지 않으므로

   $\cos 2x = \cos^2 x - \sin^2 x_1 + 1 - 1$

   위 식의 +1 대신 $\cos^2 x + \sin^2 x$를 해주면$(\cos^2 x + \sin^2 x = 1)$

   $\cos 2x = \cos^2 x - \sin^2 x + \cos^2 x + \sin^2 x - 1 = 2\cos^2 x - 1$

   $\cos^2 x = \frac{\cos 2x + 1}{2} \quad \cdots\cdots ⑦$

⑥식의 우변 n에 어떤 값을 대입하고 적분해도 한 주기의 값은 0이다. 따라서 ⑤식에서 B_n 항은 모두 0이 되므로 이를 제거하면 다음 항만 남게 된다.

$$\int_{-\pi}^{\pi} y(x)\cos nx dx = \int_{-\pi}^{\pi} A_1\cos^2 x dx + \int_{-\pi}^{\pi} A_2\cos^2 2x dx + \int_{-\pi}^{\pi} A_3\cos^2 3x dx + \cdots\cdots$$

$$= \int_{-\pi}^{\pi} A_n\cos^2 nx$$

따라서 $y(x) = V_m\cos x$를 대입하면

$$\int_{-\pi}^{\pi} V_m\cos x\cos nx dx = \int_{-\pi}^{\pi} A_n\cos^2 nx = A_n\int_{-\pi}^{\pi}\cos^2 nx$$

$$A_n = \frac{\int_{-\pi}^{\pi} V_m\cos x\cos nx dx}{\int_{-\pi}^{\pi}\cos^2 nx} \quad \cdots\cdots ⑧$$

⑦식의 우변을 적분하면

$$\int_{-\pi}^{\pi}\left(\frac{\cos 2x + 1}{2}\right)dx = \int_{-\pi}^{\pi}\left(\frac{\cos 2x}{2}\right)dx + \int_{-\pi}^{\pi}\frac{1}{2}dx$$

$$= 0 + \left[\frac{1}{2}x\right]_{-\pi}^{\pi} = \frac{1}{2}[\pi - (-\pi)] = \pi$$

이 결과는 n의 어떤 값에 대해서도 성립하므로 ⑧식에서

$$A_n = \frac{\int_{-\pi}^{\pi} V_m\cos x\cos nx dx}{\pi} \quad \cdots\cdots ⑨$$

⑨식에서 $-\frac{\pi}{2}$에서 $\frac{\pi}{2}$까지만 적분을 하면

$$A_1 = \frac{\int_{-\pi}^{\pi} V_m\cos^2 x dx}{\pi} = \frac{V_m}{\pi}\int_{-\frac{\pi}{2}}^{\frac{\pi}{2}}\cos^2 x dx = \frac{V_m}{\pi}\int_{-\frac{\pi}{2}}^{\frac{\pi}{2}}\left(\frac{\cos 2x + 1}{2}\right)dx$$

$$= \frac{V_m}{\pi}\int_{-\frac{\pi}{2}}^{\frac{\pi}{2}}\left(\frac{\cos 2x}{2}\right)dx + \frac{V_m}{\pi}\int_{-\frac{\pi}{2}}^{\frac{\pi}{2}}\frac{1}{2}dx$$

$$= \frac{V_m}{\pi}\left[\frac{1}{2}x\right]_{-\frac{\pi}{2}}^{\frac{\pi}{2}} = \frac{V_m}{\pi}\cdot\frac{\pi}{4} = \frac{V_m}{2} \quad \cdots\cdots ⑩$$

4) 삼각함수의 가법정리를 이용해서 A_n항에 대해서 적분하면

> ▣ 삼각함수의 가법정리
> $\frac{1}{2}\cos(A-B)+\frac{1}{2}\cos(A+B)=\cos A\cos B$

$$A_n=\frac{\int_{-\pi}^{\pi}V_m\cos x\cos nx\,dx}{\pi}=\frac{V_m}{\pi}\int_{-\pi}^{\pi}\frac{1}{2}[\cos(1-n)+\cos(1+n)]x\,dx$$

$$=\frac{V_m}{2\pi}\int_{-\frac{\pi}{2}}^{\frac{\pi}{2}}[\cos(1-n)x\,dx+\cos(1+n)x\,dx]$$

$$=\frac{V_m}{2\pi}\left[\frac{\sin(1-n)x}{1-n}+\frac{\sin(1+n)x}{1+n}\right]_{-\frac{\pi}{2}}^{\frac{\pi}{2}} \quad \cdots\cdots ⑪$$

⑪식에서 n이 홀수가 되면 $\sin(1-n)x$ 또는 $\sin(1+n)x$의 ( )안이 짝수가 되어 sin값은 모두 0이 되므로 짝수항만 남는다.

$$A_n=\frac{V_m}{2\pi}\left[\frac{\sin(n-1)x}{1-n}+\frac{\sin(n+1)x}{1+n}\right]_{-\frac{\pi}{2}}^{\frac{\pi}{2}}$$

$$=\frac{V_m}{2\pi}\left[\left(\frac{\sin(n-1)\frac{\pi}{2}}{n-1}+\frac{\sin(n+1)\frac{\pi}{2}}{n+1}\right)-\left(\frac{\sin(n-1)\left(-\frac{\pi}{2}\right)}{n-1}+\frac{\sin(n+1)\left(-\frac{\pi}{2}\right)}{n+1}\right)\right] \quad \cdots\cdots ⑫$$

5) ④, ⑩, ⑫식을 합해서 정리하면 주어진 함수에 대한 푸리에 급수는

$$y(x)=\frac{V_m}{\pi}+\frac{V_m}{2}\cos x+\frac{2V_m}{\pi}\left(\frac{1}{3}\cos 2x-\frac{1}{15}\cos 4x+\frac{1}{35}\cos 6x-\frac{1}{63}\cos 8x\cdots\right)$$

$$=\frac{V_m}{\pi}+\frac{V_m}{2}\cos x$$

$$+\frac{2V_m}{\pi}\left[\sum_{n=2}^{\infty}\left\{\frac{1+(-1)^{(n+2)}}{2}\right\}\times(-1)^{(n+2)}\times\frac{1}{(n-1)(n+1)}\cos nx\right]$$

기출 30 다음 그림과 같은 회로에서 $t=0$인 순간에 스위치 S를 개방한다면 병렬접속 단자 간에 전위차 V의 값과 $V-t$ 곡선을 그리시오. 〈69-1-13〉

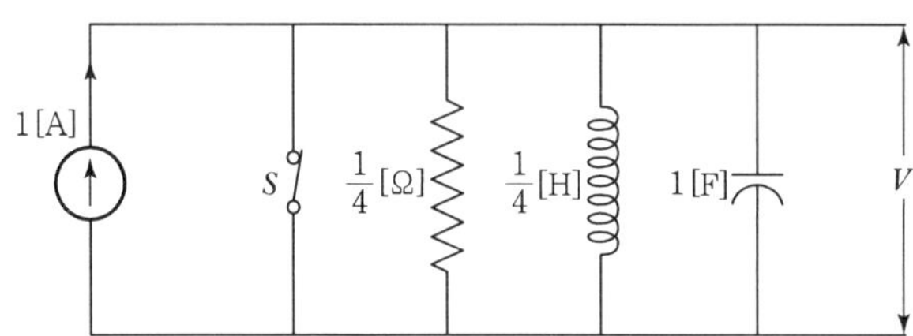

풀이

1. 회로전류는

스위치를 열기 전에는 1[A] 전부가 스위치를 통해서 흐르다가 스위치 S를 여는 순간 1A의 전류는 저항과 인덕턴스 및 콘덴서에 분류하여 흐를 것이다(정전류원이므로 전류의 크기는 변함이 없다). 따라서 저항에 흐르는 전류를 I_R, 인덕턴스에 흐르는 전류를 I_L, 콘덴서에 흐르는 전류를 I_C라고 하면

$$I_R + I_L + I_C = 1[\mathrm{A}] \quad \cdots\cdots ①$$

2. 회로전압은

저항과 인덕턴스 및 콘덴서 양단에 걸리는 전압은 모두 같으므로

$$RI_R = L\frac{dI_L}{dt} \Rightarrow \frac{1}{4}I_R = \frac{1}{4}\frac{dI_L}{dt} \rightarrow I_R = \frac{dI_L}{dt} \rightarrow \int I_R dt = I_L \quad \cdots\cdots ②$$

$$RI_R = \frac{1}{C}\int I_C dt \Rightarrow \frac{1}{4}I_R = \int I_C dt \rightarrow \frac{1}{4}\frac{I_R}{dt} = I_C$$

3. 식 ②의 결과를 식 ①에 대입하면

$$I_R + \int I_R dt + \frac{1}{4}\frac{I_R}{dt} = 1 \quad \cdots\cdots ③$$

1) 식 ③을 라플라스 변환하면

$$I_R(s) + \frac{1}{s}I_R(s) + \frac{1}{4}sI_R(s) = \frac{1}{s}$$

$$I_R(s)\left(1 + \frac{1}{s} + \frac{1}{4}s\right) = \frac{1}{s}$$

$$I_R(s) = \frac{1}{s\left(1 + \frac{1}{s} + \frac{1}{4}s\right)} = \frac{1s}{s\left(\frac{1}{4}s^2 + s + 1\right)}$$

$$= \frac{4s}{s(s^2 + 4s + 4)} = \frac{4}{(s+2)^2} \quad \cdots\cdots ④$$

2) 식 ④를 역라플라스 변환하면

$I_R(t) = 4te^{-2t}$ ······ ⑤

3) 따라서 양단의 전압 V는

$V(t) = RI_R(t) = \frac{1}{4} \times 4te^{-2t} = te^{-2t}$ ······ ⑥

식 ⑥을 미분하면

$y = e^{ax} \Rightarrow y' = ae^{ax}$ 에서

$\frac{dV(t)}{dt} = -2te^{-2t}$ ······ ⑦

4. t=0의 순간에 $V(t)$의 값

식 ⑦의 값이 0이 되기 위해서는 $t = 0.5$ 또는 $t = \infty$가 되어야 하는데 $t = \infty$는 의미가 없고 $t = 0.5$초에서 최댓값을 가지는데 이때 $V(t)$의 값은

$V(0.5) = te^{-2t} = 0.5e^{-2 \times 0.5} = 0.1839[\text{V}]$

5. 그래프를 그리기 위해서 0, 1, 2, 3, 4, 5초에서의 $V(t)$ 값을 구하면

$V(0) = 0 \times e^{-2 \times 0} = 0[\text{V}]$

$V(1) = 1e^{-2 \times 1} = 0.1353[\text{V}]$

$V(2) = 2e^{-2 \times 2} = 0.0366[\text{V}]$

$V(3) = 3e^{-2 \times 3} = 0.0074[\text{V}]$

$V(4) = 4e^{-2 \times 4} = 0.0013[\text{V}]$

이상의 결과를 그래프로 그리면 다음과 같다.

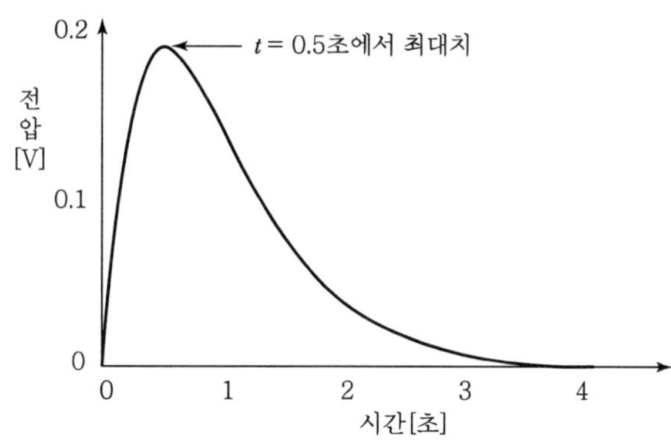

PART 02

전력부하설비

CHAPTER

01 조명설비

1.1 전반조명설계

1. 조명의 용어와 단위

[표 1] 용어 설명 및 단위

용어	정의	해설	기호	단위	비고
광속	빛의 양 (광원의 밝기)	램프의 경우에는 광원으로부터 발산되는 빛의 양을 가리킨다. 조명 계산에서 필요하게 된다.	F	루멘[lm]	
광도	빛의 세기 (광원의 어느 방향에 대한 밝기)	램프로부터 발산된 광속을 반사갓으로 집광하면 더욱 밝게 할 수 있다.	I	칸델라[cd]	
조도	빛을 받는 면의 밝기	조명설계에 있어서 기본이 되는 밝음의 기준	E	럭스[lx]	기구커버는 휘도를 작게 하기 위함
휘도	광 표면의 밝기	백열등은 형광등보다도 휘도가 높다. 이것은 광원의 발광면적이 적기 때문이다.	B	스틸브[sb]	
광속 발산도	물체의 밝기	조도×반사율, $\dfrac{\text{광속}\times\text{투과율}}{\text{면의 면적}[m^2]}$	R	래드럭스 [rlx]	

2. 측광량과 상호 간의 관계

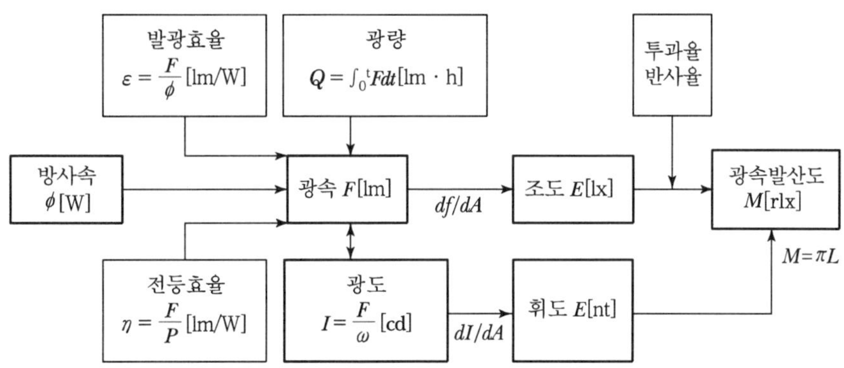

3. 실내조도 계산법

가. ZCM(구역공간법)

천장, 벽, 바닥의 반사율을 고려하여 실내 공간을 천장, 실(방), 바닥공간으로 분할하여 유효반사율을 적용하는 계산법으로 다음과 같다.

공간비율 $CR = \dfrac{5H(X+Y)}{X \cdot Y}$

나. 광속법

작업면 위의 필요한 총광속을 구하여 수평면 평균조도에 대한 램프나 기구의 수를 계산하는 방법으로 실내조명을 설계하는 경우 사용한다.

조명률을 구하기 위한 Factor로서 실지수는 K로 나타내며 다음 식으로 구한다.

실지수(방지수) $K = \dfrac{X \cdot Y}{H(X+Y)}$

여기서, H : 광원서 작업면까지의 높이[m]

X : 실의 가로길이[m]

Y : 실의 세로길이[m]

CHAPTER 01

필수예제

예제 01	옥내 전반조명설계방법에 대하여 설명하시오.	〈63-2-5〉

풀이

1. 개요

일반적인 설계는 건축주의 설계지침서에 의거 계획 및 기본설계 후 시공을 위한 실시설계로서 완성되며, 옥내 조명 설계는 이러한 절차에 의해 건축 및 관련 설계가 완성되는 흐름에 따른다.

1) 설계(조명)대상물의 조사 ⇒ 사전조사
2) 광원의 선정
3) 조명기구의 선택
4) 조명기구의 간격과 배치
5) 소요조도의 결정
6) 방지수의 결정
7) 조명률, 유지율의 결정
8) 광원의 크기 및 계산(=조도의 계산)

전반조명 설계 방법은 3배광법을 중심으로 기술한다.

2. 각 항목의 설명

1) 설계 대상물의 조사 : 각종 건축물의 종류, 사용목적, 용도, 기능, 건축주의 의도 및 예산의 정도, 법적인 규제 또는 적용사항 조사

2) 광원의 선정 : 조명대상물의 사용 목적, 용도, 기능에 적합한 광원의 선택
   (1) 옥내 조명 : 형광등, 백열등, 할로겐등, 메탈핼라이드(고천장의 경우)
   (2) 옥외 조명 : 저압 및 고압 나트륨, 메탈핼라이드, 고압 수은램프

3) 조명기구의 선택

   작업장의 특징, 재료의 특징, 직사 현휘가 없고 반사 현휘가 적을 것, 설비의 효율, 수직면과 사면(斜面) 위의 조도, 진한 그림자가 일어나지 않고 유지 관리가 용이한 조명기구를 선택

4) 조명기구의 간격과 배치
   (1) 조도균제도 ⇒ 균등한 조도분포를 얻기 위한 조명기구의 간격과 배치가 적절하여야 한다.

(2) 일반적인 광원의 최대간격(S)은

- 작업면과 광원까지의 높이 H의 1.5배 이내, 즉 $S \leq 1.5H$
- 등과 벽과의 간격 S_0는 $S_0 \leq 1/2H$ 또는 $S_0 \leq 1/3H$

5) 조명기구의 배치

조명기구의 배치에서 고려할 사항

(1) 작업면상의 조도 분포(균제도)

(2) 벽면조도와 그 분포

(3) 방안의 집기류, 기계류 등과의 관계

(4) 작업자의 손밑 어두움과 작업면과의 관계

(5) 사람의 얼굴, 사람의 이동과의 관계

(6) 동선상의 유도효과, 글레어와의 관계

(7) 채광창과의 관계

(8) 창밖에서 본 내부 인상과의 관계

6) 소요조도의 결정은 설계조도 기준 : KS A 3011을 기준으로 설계한다.

설계 대상물에 요구되는 필요조도 결정 시 고려해야 할 사항으로 고조도가 요구되는 요인으로는

(1) 시각 대상물의 크기가 작거나 정확도 및 작업속도가 높을수록

(2) 시각 대상물과 배경의 대비가 작을수록

(3) 작업시간이 장시간 계속될수록

(4) 작업자의 연령이 많거나 시 작업자의 심신이 약한 상태에 있을수록

(5) 시야 내 눈부심 등 방해 요인이 클수록 높게 설정된다.

7) 방지수의 결정

방의 형태 및 천장 높이에 따라 조명률에 변화를 준다.

실지수 K는 조명률을 구하고자 할 때 방의 특징을 반영시키는 것으로 다음과 같이 나타낸다.

$$K = \frac{X \cdot Y}{H \cdot (X+Y)}$$

여기서, X : 방의 폭, Y : 방의 길이, H : 작업면과 Lamp와의 수직간격

8) 조명률의 결정

(1) 조명률이란 광속의 이용률이라고도 표현되며, 광원의 발산 광속에 대한 목적 피조면에 도달하는 총광속을 의미하고, 일반적으로 다음과 같이 나타낸다.

$$\text{조명률(광속이용률)} = \frac{\text{목적 피조면에 도달하는 총광속[lm]}}{\text{광원으로부터 발산되는 총광속[lm]}}$$

위의 식과 같이 조명률에는 기구효율, 반사율 등이 포함되어 있고 조명률과 기구효율과의 관계는

$U = F_s / F$

여기서, F_s : 피조면에 도달한 광속[lm]

F : Lamp로부터 발산되는 총광속[lm]

(2) 조명률 U에 관계되는 사항

- 조명기구의 광학특성(기구효율 및 배광)
- 방의 형태 및 천장 높이
- 조명기구의 부착위치
- 천장, 벽, 바닥의 반사율

9) 감광보상률과 유지율

보수율 적용 시 고려사항

(1) 램프의 광속 감퇴

(2) 조명기구의 광학적 효율변화

(3) 램프 및 조명기구의 주위환경(먼지, 오염 등)에 의한 반사율, 투과율 등의 감소

$$\text{보수율}(M) = \frac{\text{램프를 교체하기 직전의 작업면 조도[lx]}}{\text{초기(신설 시) 작업면에서의 설계조도[lx]}}$$

(4) 보수율 M의 역수를 감광보상률 D라 하며, $D = 1/M$의 관계가 있다.

1.3 : 깨끗한 일반 사무실, 1.5 : 깨끗한 공장, 2.0 : 먼지가 많은 장소

10) 광원의 크기 및 계산(=조도의 계산)

등당 광속에 의한 총광속을 계산하고 발산 광속의 이용에 대한 조명설비의 효율에 따라 실내면의 평균 조도 계산 방법은 3배광법(평균 광속법)은 주로 우리나라에서 사용되고 미국의 구역공간법(ZCM ; Zonal Cavity Method), 영국의 구역법(BZM ; British Zonal Method), 국제조명위원회(CIE)의 CIE법 등이 있으나 각 방법별 계산 결과의 실용적인 면에서는 크게 불편한 것은 없다.(☞ 참고 : 3. 실내조도 계산법)

[표 1] 실지수표

기호	A	B	C	D	E	F	G	H	I	J
실지수 (K)	5	4	3	2.5	2	1.5	1.25	1	0.8	0.6
범위	4.5 이상	4.4 ~3.5	3.5 ~2.75	2.75 ~ 2.25	2.25 ~1.75	1.75 ~1.38	1.38 ~1.12	1.12 ~0.9	0.9 ~0.7	0.7 이하

[표 2] 조도계산식 비교

구분	광속법(3배광법)	구역공간법(ZCM법)
조도 계산	$E=\frac{F\cdot U\cdot M\cdot N}{A}=\frac{F\cdot U\cdot N}{AD}$ E : 조도[lx] F : 광원 한 개의 광속[lm] U : 조명률 N : 광원의 수 A : 실의 면적[m^2] D : 감광보상률 (M : 보수율, 유지율)	$E=\frac{F(CU)N\cdot LLF}{A}=\frac{\phi(CU)\cdot LLF}{A}$ LLF (Light Loss Factor) : 광손실률 CU(Coefficient of Utilization) : 이용률
조명률	$U=\frac{F_s}{F}$ F_s : 작업면 도달광속[lm] F : 광원의 전광속[lm]	CU(이용률) : 광원으로부터 나온 총광속 ϕ가 작업면에 입사한 비율 F(총광속) : CU를 사용 작업면을 균등하게 조명하는 데 필요한 총광속
반사율	천장 · 벽 · 바닥	유효공간반사율 : 실내면반사율과 Cavity와의 관계에서 산출(ρ_{cc}, ρ_{fc})
실지수	조명률을 구하기 위한 Factor $K=\frac{X\cdot Y}{H(X+Y)}$ H : 광원에서 작업면까지의 높이[m] X : 실의 가로길이[m] Y : 실의 세로길이[m]	CR(Cavity Ratio) : 공간비율 $CR=\frac{5H(X+Y)}{X\cdot Y}$ CCR : 천장공간비율(Ceiling Cavity Ratio) RCR : 방공간비율(Room Cavity Ratio) FCR : 바닥공간비율(Floor Cavity Ratio) 천장공간(CC) hcc 방공간(RC) hRc 작업면 바닥공간 (FC) 바닥면 hFc h는 HRC : RCR 계산 시 적용 HCC : CCR 계산 시 적용 HFC : FCR 계산 시 적용
보수율	$M=M_t\times M_f\times M_d$ $M=\frac{E_e}{E_i}$ (E_e : 교체직전조도 E_i : 초기조도) $M_t=\frac{F_e}{F_i}$ (광속비) $M_f=\frac{\eta_e}{\eta_i}$ (Lamp의 효율비) $M_d=\frac{\eta_e}{\eta_i}$ (조명기구의 효율비)	LLF(광손실률) =회복 가능요인×회복 불가능요인 $=(LLD\cdot LDD\cdot RSDD\cdot LBO)$ $\times(LAT\cdot LV\cdot BF\cdot LSD)$ LLD : 램프의 광출력 감소 LDD : 등기구 오염에 의한 감소 $RSDD$: 실내면 오염감소 LBO : 램프수명 LAT : 등기구 주위온도 LV : 등기구 전압 BF : 안정기 Factor LSD : 등기구 표면감소(표면열화)

예제 02 조도계산에 적용하는 입사각 여현의 법칙을 설명하시오. 〈66-1-12〉

풀이

1. 개요

조도(E)란 작업면의 밝기를 표시하는 것으로 어떤 면에 투사되는 단위면적당 입사광속의 밀도를 말한다.

2. 조도계산에 적용하는 입사각 여현의 법칙

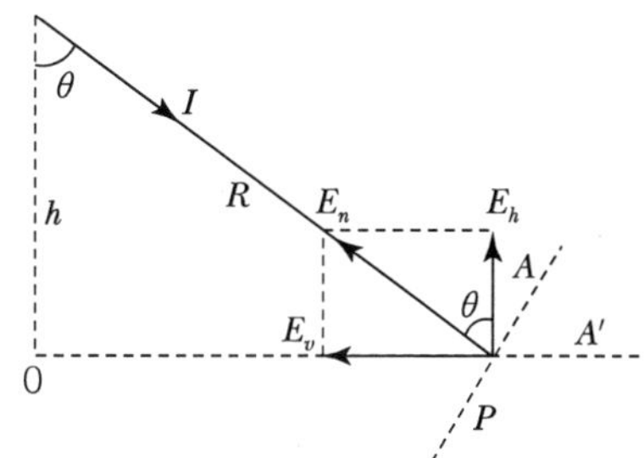

1) 광도 I[cd]인 점광원의 경우

임의의 점 P에 대한 조도에는 법선조도(E_n), 수직면 조도(E_v), 수평면 조도(E_h) 등이 있다.

2) 광도 I[cd]인 점광원의 반지름 R[m]의 구의 중심에 놓을 경우

구면 위 모든 점의 조도(E)는 $E = \dfrac{F}{A} = \dfrac{4\pi I}{4\pi R^2} = \dfrac{I}{R^2}$[lx]

즉, 구면 위의 조도는 광원의 광도에 비례하고 거리의 제곱에 반비례한다.

이와 같이 어떤 점광원의 어느 방향의 광도가 I[cd]일 때 R[m]의 거리에 있는 빛의 방향에 수직인 면 A 위의 법선조도 E_n은 다음과 같다.

$$E_n = \frac{I}{R^2}\text{[lx]}$$

3) 광선의 방향에 대하여 면의 법선이 각 θ를 이루는 평면 A'를 고려하면, 그 면적은

$A' = A/\cos\theta$[m^2]이며, A'위의 조도 E'

$$E' = \frac{F}{A'} = \frac{F}{\dfrac{A}{\cos\theta}} = E_n\cos\theta\text{[lx]}$$

즉, 어떤 면 위의 임의점 P의 조도는 광원의 광도 및 $\cos\theta$에 비례하고, 거리의 제곱에 반비례한다.

4) 이와 같이 입사각 θ의 여현에 비례하는 것을 "입사각 여현의 법칙"이라 한다.

예제 03 광속법에 의한 가로등 조명 계산식을 기술하고 아래와 같은 서울시내 도로의 가로등을 조명설계하시오. **〈55회 건축전기설비기술사〉**

- 조명률 : 0.43, 배선설계 제외
- 도로구분 : 주요 간선도로
- 도로제원 : 전폭 40[m] (차도폭 : 22[m], 보도폭 : 9[m]×2=18[m])
- 교통상황 : 교통량 25,000[대/일], 설계속도 : 60[km/h]
- 도로포장 : 아스팔트 포장

풀이

1. 개요(출제 당시 기준 적용)

1) 도로조명은 야간에 보임을 확실하게 하여 차량 운전자와 보행자의 안전을 확보하고 도시미관 향상 및 보안 유지와 상업활동에도 기여하고 있다.

2) 도로조명 기획 시 도로의 종류, 교통량, 자동차의 일반적인 주행속도, 도로 주변의 다른 조명의 설치상황 등을 충분히 검토하여야 하며 고효율 광원에 의한 조도 확보, 도로의 유도성 확보, 노면 휘도 분포의 조화가 잘 이루어지도록 설계한다.

2. 광속법에 의한 가로등 조명 계산식

1) 연속 조명에 있어서는 선정된 광원과 조명기구를 사용하여 요구되는 휘도를 얻을 수 있도록 조명기구의 간격 및 램프의 규격을 결정하여야 하며, 일반적으로 광속법에 의하여 계산된다.

$$\frac{F}{S}=\frac{W\cdot K\cdot L}{N\cdot U\cdot M}$$

여기서, F : 조명기구 1등당 광원의 광속[lm]

S : 등주의 간격[m]

W : 차도의 폭[m]

K : 평균조도 환산계수[lx/nt]

L : 기준휘도[nt=cd/m^2]

N : 조명기구 배열에 의한 계수

(한쪽, 지그재그 배열 : $N=1$, 마주보기 비열 : $N=2$)

U : 조명률(도로폭/등주 높이)

0.3~0.5 ⇒ 등기구의 배광 특성에 따라 다름

M : 보수율

0.6~0.75 ⇒ 교통량, 주변 상황과 보수 상태에 따라 다름

2) 서울 시내에서는 일반적인 도로 상황(교통량, 주행속도 등을 감안)에 따른 기준 조도를 정하여 다음 식을 적용하고 있다.

$$조도\ E = \frac{F \cdot N \cdot U \cdot M}{W \cdot S}[\text{lx}]$$

[표 1] 평균 노면 휘도 적용

노폭	평균 노면 휘도	비고
고속도로, 주간선도로, 보조간선도로	2[nt]	도로변의 주변 환경이 밝은 경우
집산 및 국지도로	1[nt]	

[표 2] 평균 조도 환산 계수

노면 마감 재질 / 도로 종류	일반 도로 조명
아스팔트	15[lx/nt]
콘크리트	10[lx/nt]

※ 55회 출제 당시의 기준으로 현재는 도로의 종류, 도로 여건 등에 따라 $M_1 \sim M_5$ 등급으로 구분된다.

[표 3] 조명기구의 높이 및 간격

구분	Cut Off형		Semi Cut Off형		Non Cut형	
	등주 높이(H)	등간격(S)	등주 높이(H)	등간격(S)	등주 높이(H)	등간격(S)
한쪽 배열	1.0W 이상	3H 이하	1.2W 이상	3.5H 이하	1.4W 이상	4H 이하
지그재그 배열	1.7W 이상	3H 이하	0.8W 이상	3.5H 이하	0.9W 이상	4H 이하
양측 및 중앙 배열	1.5W 이상	3H 이하	0.6W 이상	3.5H 이하	0.7W 이상	4H 이하

3. 도로조명 설계

1) 도로 현황 조사

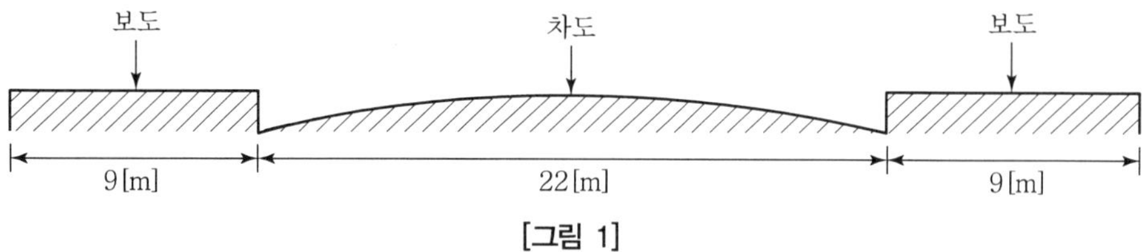

[그림 1]

(1) 1차선 폭 4.5[m] 기준 시 4차선(22[m]÷4.5[m]≒4차선)

- 도로 폭에 따른 분류 : 광로(차도에 비하여 보도의 비율이 높음)
- 용도에 따른 분류 : 시내 상업지역 간선도로
- 노면마감에 따른 분류 : 아스팔트 도로

2) 운전자(차도)에 대한 도로조명 설계

(1) 평균 노면 휘도 : 2[nt] ⇒ 조도 기준 : 15[lx/nt]×2[nt]=30[lx]

(2) 조명방식 : Pole 조명방식(Hight Way형)

(3) 광원 : 효율, 광원, 광원색 및 연색성을 고려 ⇒ 메탈핼라이드 400[W]로 선정

(4) 조명기구 : KS C 7611(도로 조명 기구)에 규정하는 조명 기구로 눈부심의 제한 조건을 만족하는 세미커트 오프형을 선정

(5) 조명기구의 배치 및 간격

- 조명기구의 배열 : 마주보기 방식 채택
- 등주 높이 : 차도폭×0.6 이상(22[m]×0.6=13.2[m]) ⇒ 시중제품 12[m] 선정
- 조명기구의 간격

$$S = \frac{(F \cdot N \cdot U \cdot M)}{(E \cdot W)}$$

$$= \frac{35{,}000[\text{lm}] \times 2 \times 0.43 \times 0.65}{30[\text{lx}] \times 22[\text{m}]}$$

$$= 28.8[\text{m}] \fallingdotseq 29[\text{m}] \quad (\text{S} \leq 3.5H)\text{에 만족함}$$

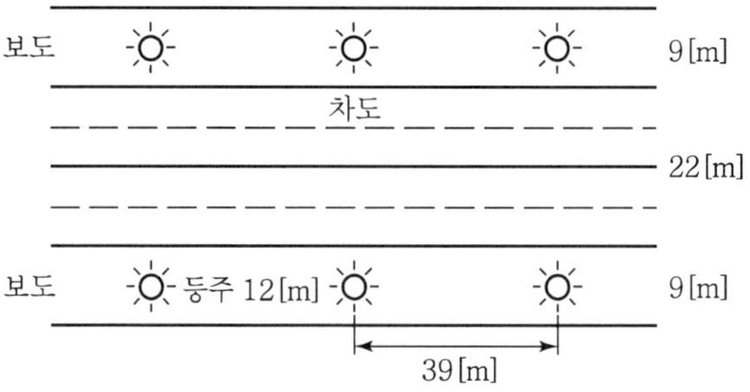

보도 9[m]
차도 22[m]
보도 등주 12[m] 9[m]
39[m]

[그림 2] 조명기구의 배열, 배치 및 간격

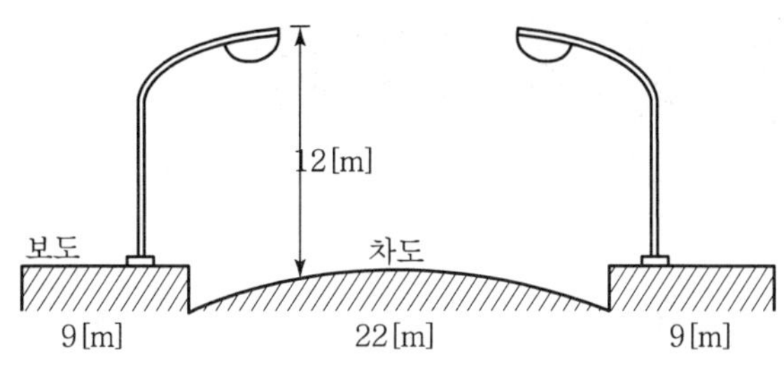

[그림 3] 가로등주 설치

3) 보행자(보도)에 대한 도로조명 설계
   (1) 조도(노면상의 평균 조도) : 상업지역으로 20[lx] 이상
   (2) 조명방식 : Pole 조명방식으로 가등등주와 겸용
   (3) 조명기구 : Semi－Cut－Off형
   (4) 광원 : 도시 미관 및 광색을 고려하여 메탈핼라이드 250[W]로 선정
   (5) 조명기구의 높이(보도측 한쪽 배열)
   $H \leq 1.4W$, $1.4 \times 9[\mathrm{m}] = 12.6[\mathrm{m}]$ ⇒ 차도측 높이와 동일한 12[m]로 함

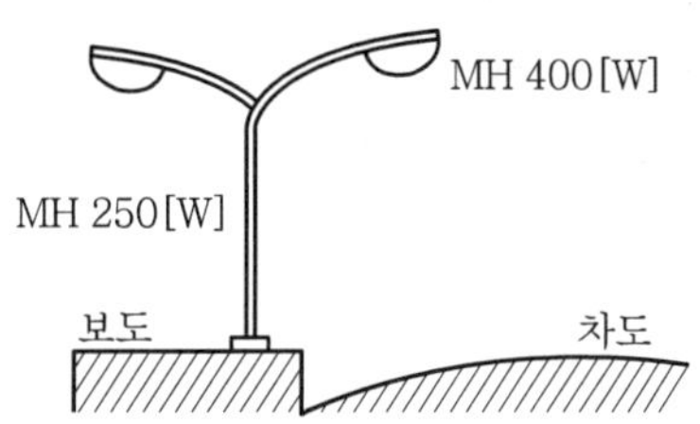

[그림 4] 차도 및 보도 가로등 설치 형태

4. 맺음말
   1) 도로조명은 광원(점), 도로의 유도성(선), 고른 노면 휘도 분포(면)의 조화가 잘 이루어져야 한다.
   2) 획일적인 등주 및 배치 방법에서 탈피하여 도로의 인지성이 있는 설계가 되어야 한다.
   3) 도로의 미관을 고려한 통합 Pole(가로등, 신호등 및 도로 표지판 등) 설치와 유지보수 시 차량통행을 고려하고 이론과 현장이 조화되도록 설계한다.

CHAPTER

02 동력설비

2.1 유도전동기

1. 유도전동기의 슬립 토크 특성

가. 유도전동기의 동기속도

1) 동기속도(Synchronous)란 각 상의 극수에 의해서 발생되는 회전 자기장의 분당 회전수 N_S를 전원 주파수 f와 같은 주기로 회전하는 것을 동기속도라 한다.

2) $N_S = \dfrac{120 \cdot f}{p}$[rpm]

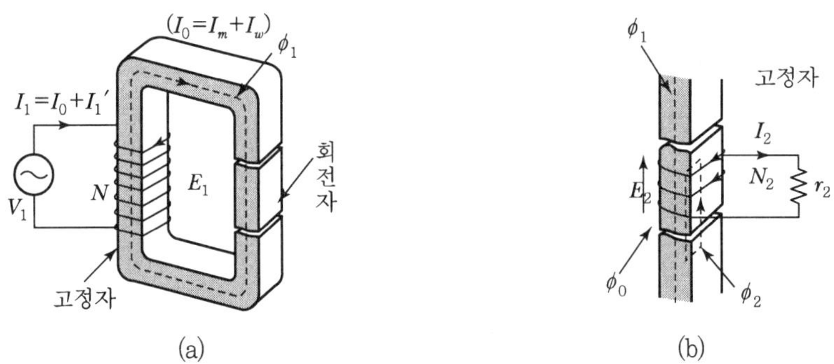

[그림 1] 전자유도와 유도기전력

나. 전기적 출력과 슬립

1) [그림 1]에서 출력저항 R_2에 의해서 전기적인 출력 $P_2 \fallingdotseq I_2^2 r_2$이 출력된다. 또한 공극을 통해서 기계적 회전출력 토크 T가 ω의 각속도로 출력된다.

$$T = k\phi_1 \cdot \phi_2 \cdot \sin\theta [\text{N} \cdot \text{m}]$$

2) 회전자의 회전속도가 N[rpm]일 때

가) 정격 기계적 출력은 $P_{0m} = \omega T = 2\pi \dfrac{N}{60} T$[W]………………… ⑤가 된다.

나) ⑤식에서 회전자의 실제속도는 $N = f \times 60$[rpm]와 같으며, 회전 자기장 속도인 동기속도 N_S에 대해서 늦어진 속도 $N = (1-s)N_S$로 회전한다.

3) 슬립 s는 위와 같이 미끄러져 늦게 회전하는 비율을 말한다. $s = \dfrac{N_S - N}{N_S}$

가) $s=1$, $N=0$ 경우 회전자가 정지하여 회전 자기력선속과는 완전한 슬립상태가 된다.

나) $s<1$인 경우 회전자가 기동하는 상태이다.

(1) 2차 쪽의 N_2권선의 회전자 속도 기전력 전압 E_2가 감소된 sE_2로 이때 2차 운전 전류 I_{2S}가 흐른다. $I_{2S}=\dfrac{sE_2}{\sqrt{r_2^2+(sx_2)^2}}$[A], 역률 $\cos\theta=\dfrac{r_2}{\sqrt{r_2^2+(sx_2)^2}}$

(2) 여기서, 기동 시에는 $r_2 \ll x_2$이므로 기동전류는 역률이 불량한 대전류가 된다.

다) $s=0$일 경우 슬립이 전혀 없는 무부하 상태로 회전자와 회전자기장이 같은 속도로 동기 회전하는 상태가 된다.

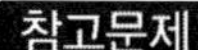

참고문제

슬립의 표현 예

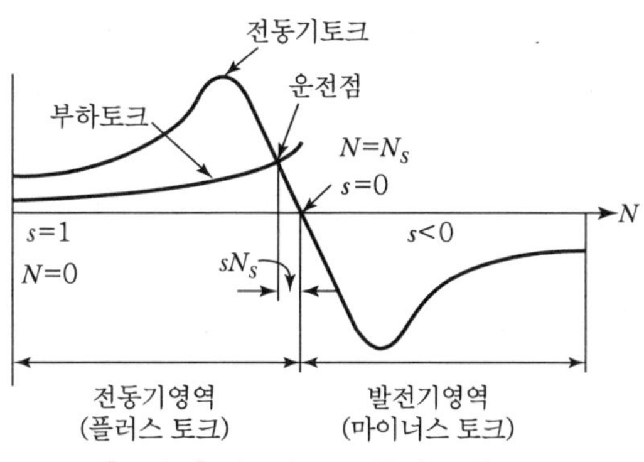

[그림 2] 전동기 토크 특성 곡선

풀이

슬립 $s=\dfrac{N_S-N}{N_S}$ 이때 회전자계에 대한 회전자의 상대속도는 $N=(1-s)N_S$

1. $0<s<1$ 사이는 전동기 영역
2. $s=0$에서 전동기는 동기속도로 회전
3. $s<0$인 경우는 외부에서 주어진 에너지에 의해서 발전기로 동작

회전자계의 동기속도는 $N_S=\dfrac{120f}{p}$[rpm]이므로 슬립이 s인 경우

유도전동기의 회전속도는 $N=N_S(1-s)=\dfrac{120f}{P}(1-s)$[rpm]이다.

$\therefore$ $s=1$ 변압기, $s=0$ 동기기, $0<s<1$ 전동기

다. 유도전동기의 기계적 출력

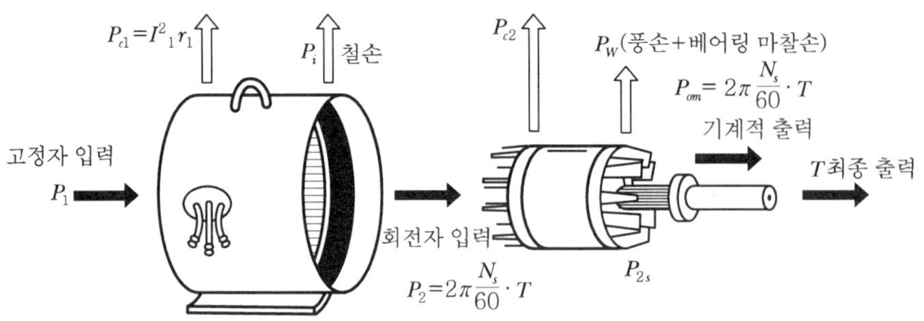

[그림 3] 기계적 에너지 변환흐름도

1) 고정자 입력 P_1은 1차 전류 I_1에 의한 고정자 동손 $P_{C1}=I_1^2 r_1$과 고정자 철심에서 자기적인 철손 P_i가 소모되고 유효한 입력 $P_2=I_2^2 r_2$는 회전자에 저장된다.

2) 회전자 입력은 2차 회전자 동손 P_{C2}와 풍손 P_W의 손실을 뺀 후 슬립부하 쪽에 P_{2S}의 입력으로 작용된다.
   가) 회전자에서 2차 전류 I_2에 의해서 2차 회전자 동손(P_{C2})은 $P_{C2}=I_2^2 r_2$[W]
   나) 출력 슬립부하 쪽에 주는 전기적 출력(P_{2S})은 $P_{2S}=I_2^2\cdot\frac{r_2}{s}$[W]이다.
   다) 결국 전동기의 기계적 출력(P_{om})은 $P_{om}=P_{2S}-P_{c2}=I_2^2\left(\frac{r_2}{s}-r_2\right)=I_2^2 R_2$[W]

   여기서, I_2 : 2차 전류 실효값
   P_{om} : 슬립저항 $R_2=\frac{r_2(1-s)}{s}$인 부하에서 소비되는 출력전력
   (P_{om}의 에너지가 기계적 동력으로 실제 변환된다.)

3) 유도전동기의 기계적 출력(P_{om})은 $P_{om}=\omega T$이고 $\omega=\frac{2\pi}{60}N$이므로
   가) 출력토크는 $T=\frac{60P_{om}}{2\pi N}$[N · m]이고
   나) 전기적 토크는 $T=\frac{P_{2S}}{2\pi N_S}$[N · m]이고 이를 동기와트 토크라고 한다.
   다) 결과적으로 전기적 출력과 슬립관계에서 슬립 운전되는 전동기 토크는

   $T=\frac{60}{2\pi N_S}\cdot\frac{sE_2^2 r_2}{r_2^2+(sx_2)^2}$[N · m]이 된다.

4) 위 식에서 운전 중의 토크 특성은 토크는 E_2^2에 비례하고 전자유도와 유도기전력에서 V_1이 가변되면 I_1과 ϕ_1이 가변되어 $E_2 = -N_2 \frac{d\phi_1}{dt}$에서 E_2가 가변되는 특성이 있다.

2. 슬립과 속도-토크 출력 특성

가. 속도-토크 특성 곡선

1) 기동토크 T_S는 $s=1$일 때이고 [그림 4]의 ①
2) 기동이 끝나기까지는 $(sx_2)^2 \gg r_2^2$이므로 r_2^2을 무시하면 토크는 슬립에 반비례한다. T곡선 ②
3) 회전속도가 증가하여 s가 매우 작게 되면 $(sx_2)^2 \ll r_2^2$이 되므로 $(sx_2)^2$을 무시하면 T는 슬립 s에 비례한다.

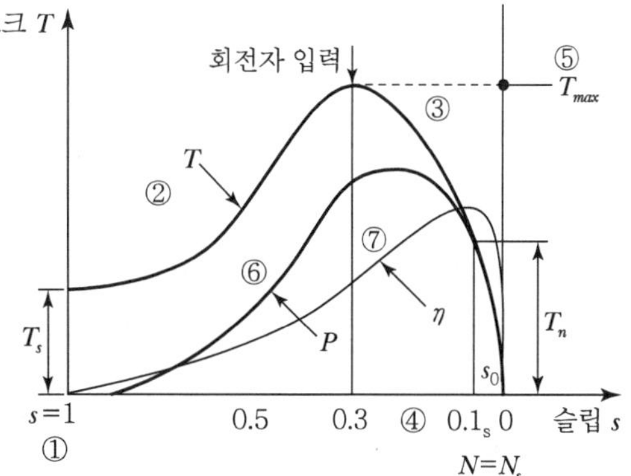

[그림 4] 슬립 속도와 토크 특성 곡선

4) 안전 운전영역은 $s=0.3 \sim 0.1$ 근처의 정격 토크 범위 $T_{\max} \sim T_n$ 주변이다.
5) 위 전동기 토크 식에서 $\frac{r_2^2}{s^2} = x_2^2$이 될 때 최대토크 $T_{\max}$가 구해진다.

$$T = \frac{60}{2\pi N_S} \cdot \frac{E_2^2}{2x_2}[\text{N} \cdot \text{m}],\ s = 0.3 \text{ 부근}$$

6) 곡선 ⑥은 P_{om} 기계적 출력곡선이며
7) 곡선 ⑦ η는 P_1과 P_{om}의 비로 전동기의 효율곡선이다.

나. 비례적 토크 추이 특성(2차 저항 증가)

유도전동기의 회전자의 권선저항 r_2에 가변저항기(R_2)를 연결하여 회전자 회로의 저항을 증가시키면서 속도-토크 특성을 살펴본다.

1) [그림 5]의 속도-토크 곡선에서 r_2를 2.5배 증가시키면 기동전류는 100[A]에서 90[A]로 감소하고 기동토크는 $T_{S1} = 100[\text{N} \cdot \text{m}]$로 부터 $T_{S2} = 200[\text{N} \cdot \text{m}]$으로 증가된다. 또한, 회전속도는 r_2일 때 800[rpm]에서 r_2를 2.5배로 증가시키면 500[rpm]으로 감소되어 최대토크 $T_{\max}$로 되어 작은 기동전류에서 기동이 된다.

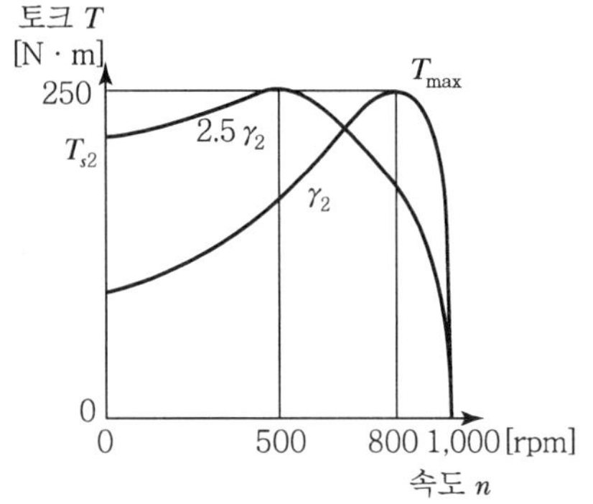

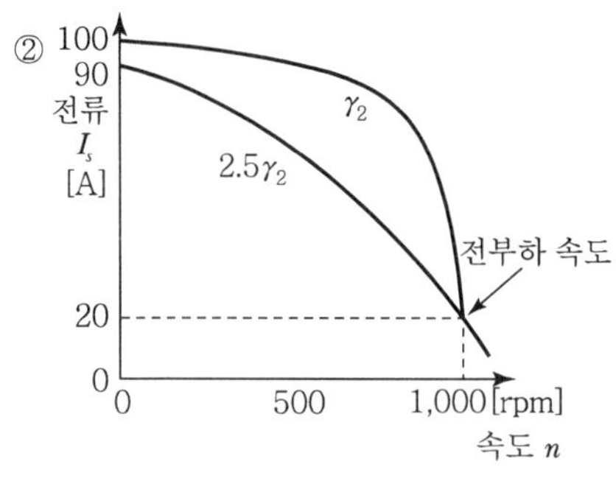

[그림 5] 2차 저항 가변에 대한 기동 토크와 기동 전류 특성

2) 이와 같이 외부 저항 r_2의 증가에 비례하여 전동기의 최대토크가 낮은 속도 쪽으로 이동하는 것을 토크의 비례추이(Proportional Shift)라고 한다.

3) 운전 중 2차 단락전류 $I_{2S} = \dfrac{sE_2}{\sqrt{r_2^2 + (sx_2)^2}} = \dfrac{E_2}{\sqrt{\left(\dfrac{r_2}{s}\right)^2 + x_2^2}}$ [A]

역률은 $\cos\theta = \dfrac{r_2}{\sqrt{r_2^2 + (sx_2)^2}}$ 운전 중에는 부하가 걸리게 되어 슬립 s로 감속되어 운전된다. 즉, 슬립부하 $\dfrac{r^2}{s}$가 커지면 2차 전류 I_2가 증가하게 된다.

4) 위 식에서 $\dfrac{r_2}{s} = \dfrac{r_2}{s} - r_2 + r_2$로 고쳐쓰면,

$\dfrac{r_2}{s} = \dfrac{(1-s)r_2}{s} + r_2 = \dfrac{1-s}{s} r_2 + r_2 = R_2 + r_2$로부터 $R_2 = r_2\left(\dfrac{1-s}{s}\right)$의 슬립 부하 성분을 분리시킬 수 있다.

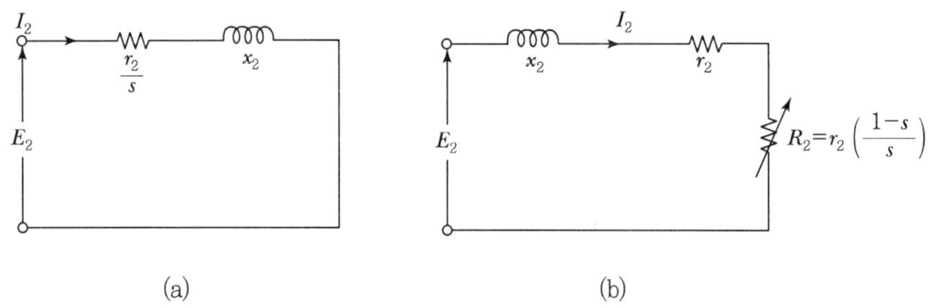

[그림 6] 슬립 출력 등가회로(비례추이)

PART 02

전력부하설비 기출문제

CHAPTER 01 조명설비

기출 01 조명설비에서 전력[W]이 조도(Lux)로 변화되는 과정을 설명하시오. 〈66-4-5〉

풀이

1. 개요

1) 광원이 발광하는 방법에는 고온에 의한 온도방사(Incandescence)와 방전에 의한 형광방사(Fluorescence)의 두 가지 방사에너지로 어느 것이나 전자파의 형태로 방사된다.

2) 온도방사는 물질의 원자 또는 분자에 열을 가하여 온도를 상승시켜 발광하게 하는 것이고, 루미네선스는 온도방사 이외의 발광을 말한다.

3) 온도방사를 이용한 것이 백열등 및 할로겐등이고 루미네선스의 방사현상을 이용한 조명등이 방전등이며, 아크등은 루미네선스와 온도방사의 두 가지를 모두 이용한 것이다.

4) 광원에서 방사된 전자파에는 가시광선뿐만 아니라 적외선 및 자외선도 포함되어 있는데 이중 인간의 눈으로 인지할 수 있는 가시광선(파장 380~760[nm])의 이 방사속을 광속이라 한다.

5) 이 광속이 어느 면에 도달할 때 그 면에 도달되는 광속의 양(Lumen)과 면이 광속의 방향과 이루는 각도에 따라 그 면의 조도가 결정된다.

2. 전력이 조도로 변화되는 과정

1) 온도 방사

(1) 백열전구나 할로겐 전구의 필라멘트에 전력이 공급되면 $P = I^2R$[Joule/sec]의 식으로 표시되는 열이 발생하여 필라멘트의 온도가 2,700[℃] 정도까지 올라가서 열에 의한 온도방사가 시작된다.

(2) 그러나 전구에 입력되는 전력은 전부 빛으로 변화하는 것이 아니고 대부분은 적외선으로 방사되고, 그 외에 유리나 베이스 및 봉입 가스에 의한 열전도에 의해서 대기 중으로 방출된다.

2) 형광 방사

(1) 방전관은 보통 유리관 안에 기체나 금속 증기를 봉입하고 그 양단에 전극이 있으며, 전극에 전류제어장치를 통해서 외부회로가 접속되어 있는 구조로 되어 있다.

(2) 방전을 개시하기 전에는 관내에 있는 기체 또는 증기의 원자는 불규칙하게 모든 방향으

로 운동하지만, 전압이 인가되어 일단 방전이 개시되면 방전로에 걸쳐서 전기적 절연파괴가 일어나고, 이 도전로를 통해서 음(−)의 전하를 가지고 있는 자유전자는 양극으로 끌려가서 전류를 형성함과 동시에, 양극으로 끌려가는 전자의 양만큼의 전자가 음극으로부터 방출되어 방전을 계속한다.

(3) 음극에서 전자가 방출되는 방법에는 전계방출과 전자방출이 있다.

(4) 방출된 전자는 전계에 의해 양극으로 이동하며, 전자는 수은 또는 아르곤 원자와 충돌하여 이들을 여기 또는 전리시킴으로써 발광하고 방전을 지속한다.

3) 발광효율(☞ 참고 : 조명의 용어와 단위)

4) 전등효율(☞ 참고 : 조명의 용어와 단위)

5) 기구효율

광원은 조명기구에 설치되는데 광원에서 나온 발산광속의 일부는 기구의 반사갓 등에 흡수되기 때문에, 즉 기구효율이 1보다 작기 때문에 실제로 사용할 수 있는 광속은 전등효율보다도 더 작아진다.

6) 조도(☞ 참고 : 조명의 용어와 단위)

기출 02 평균 조도 500[lx]의 전반조명을 한 40[m^2]의 크기의 방이 있다. 사용된 조명기구 1대당 광속은 500[lm], 조명률 0.5, 보수율 0.8로 되어 있을 때 조명 기구당 소비전력 70[W]로 할 경우 이 방에서 24시간 연속 점등하면 얼마의 전력량이 되는가? **〈79년 건축전기설비기술사〉**

풀이

1. 조명 기구 수 N은

$$N=\frac{EAD}{FU}=\frac{EA}{FUM}[\text{개}]$$

여기서, E : 500[lx], A : 40[m^2], F : 500[lm], U : 0.5, M : 0.8

$$N=\frac{500\times 40}{500\times 0.5\times 0.8}=100[\text{개}]$$

2. 사용 전력량

사용 전력량=조명 기구×기구당 소요 전력×사용 시간

=100×70×24

=168,000[Wh]=168[kWh]

기출 01 계자 권선 및 전기자 권선의 저항이 각각 $0.1[\Omega]$ 및 $0.12[\Omega]$인 직류 직권 전동기가 있다. 이 전동기를 230[V]의 전원에 접속하였다. 부하전류가 80[A]인 경우 회전속도가 12.5[rps]이었다면 부하전류가 20[A]일 때의 회전속도를 구하시오.(단, 여기서 20[A]일 때 계자자속은 80[A]일 경우의 45[%]이다.) 〈99-2-5〉

풀이

1. 부하전류 80[A]가 흐를 때 전기자 유도기전력

   $230 - 80(0.1 + 0.12) = 212.4[\mathrm{V}]$

2. 부하전류 20[A]가 흐를 때 전기자 유도기전력

   $230 - 20(0.1 + 0.12) = 225.6[\mathrm{V}]$

3. 부하전류 20[A]일 때 회전속도

   직류직권전동기는 유도기전력에 비례하고 자속에 반비례하므로 주어진 조건에서 20[A]일 때 계자자속은 80[A]일 경우의 45[%]이므로

   $\therefore\ n = 12.5 \times \dfrac{225.6}{212.4} \times \dfrac{1}{0.45} \fallingdotseq 29.5[\mathrm{rps}] = 1{,}770[\mathrm{rpm}]$이다.

기출 02 권선형 3상 유도전동기가 있다. 60[Hz] 회로에서 전부하로 운전되고 있는 경우 회전수가 1,140[rpm]이다. 동일 전압 전일 토크로 회전수를 950[rpm]으로 할 경우 회전자 회로의 각 상의 저항을 계산하시오.(단, 여기서 회전자는 성형이고, 각 상의 저항은 $r[\Omega]$이다.) 〈99-4-5〉

풀이

1. 슬립 $S = \dfrac{1{,}140 - 950}{1{,}140} \fallingdotseq 0.17$

   같은 토크에 대한 슬립은 2차 저항에 비례하므로,

   전 부하토크로 기동하려면 비례추이 특성에 의해서

   $\dfrac{R_1}{s_1} = \dfrac{R_2}{s_2} = \dfrac{R_3}{s_3} = \dfrac{R_4}{s_4} = \cdots$ 이므로

2. 2차 회로의 저항

$\frac{r}{0.17} \fallingdotseq 5.88r[\Omega]$

3. 결론적으로 삽입해야 할 저항

$5.88r - r = 4.88r[\Omega]$

이 저항은 제1단의 저항이고, 이 저항을 점차 감소시켜 최후에 단락하여 기동을 끝낸다.

기출 03 소방펌프용 3상 농형 유도전동기를 Y－△ 방식으로 기동하고자 한다. Y－△ 기동방식이 직입(전전압)기동방식에 비해서 기동전류 및 기동토크가 $\frac{1}{3}$로 감소됨을 설명하시오. **〈113－1－13〉**

풀이

1. 기동전류

스타－델타 기동방식에서 기동전류가 $\frac{1}{3}$로 감소하는 이유와 차단기 선정을 $\frac{3 \times I_N}{\sqrt{3}}$으로 하는 이유는

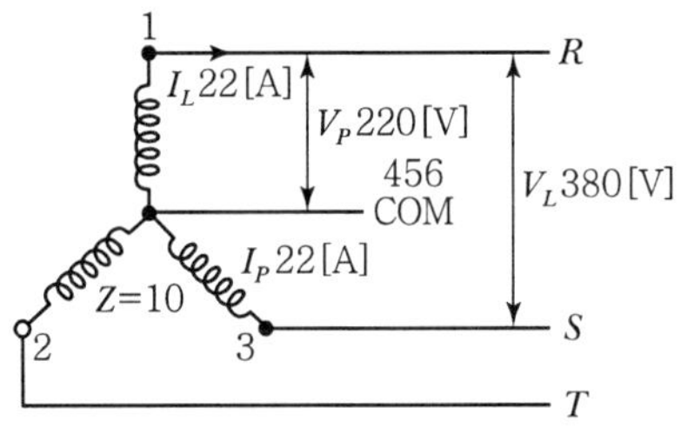

[그림1] Y **결선**

가. Y결선에서 선간전압 $V_L = \sqrt{3} \times$ 상전압 V_P 이므로

상전압 $V_P = \frac{\text{선간전압}\, V_L}{\sqrt{3}} = \frac{380}{1.732} = 220[\text{V}]$

상전류 $I_P = \frac{\text{상전압}\, V_P}{\text{임피던스}\, Z} = \frac{220}{10} = 22[\text{A}]$

Y결선에서 선전류 I_L =상전류 I_P이므로 선전류는 22[A]이다.

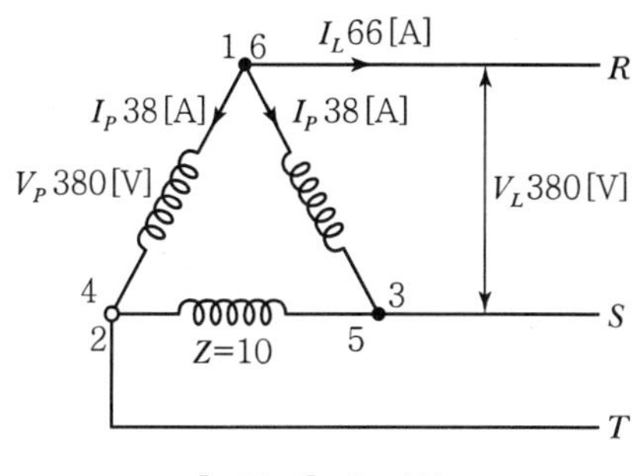

[그림 2] △ 결선

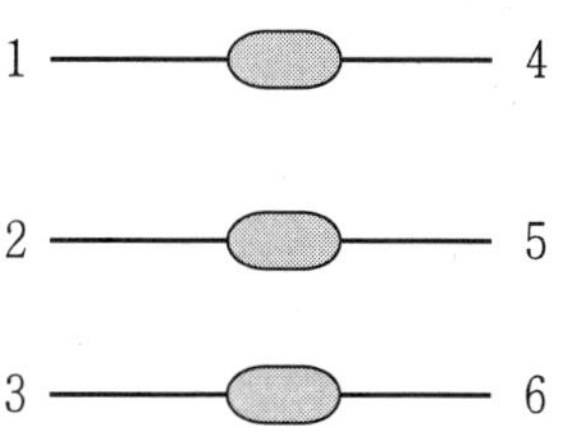

[그림 3] 모터코일선번

나. △결선에서 선간전압=상전압 V_P이므로 각 상에 흐르는 상전류 I_P는

$$I_P = \frac{\text{상전압 } V_P}{\text{임피던스 } Z} = \frac{380}{10} = 38[\text{A}]$$

선전류 $I_L = \sqrt{3} \times$ 상전류 I_P 이므로 $I_L = \sqrt{3} \times 38 = 66[\text{A}]$

다. △결선과 Y결선에서

선전류에서 $I_\triangle = 66[\text{A}]$이고 $I_Y = 22[\text{A}]$이므로 3 : 1의 관계이고

상전류는 $I_\triangle = 38[\text{A}]$이고 $I_Y = 22[\text{A}]$이므로 $\sqrt{3}$: 1의 관계이다.

그러므로 스타-델타 기동방식으로 하면 직입기동보다 기동전류가 $\frac{1}{3}$로 감소한다.

차단기의 선정에서 직입기동 시 5~6배의 기동전류를 감안하여 차단기의 정격용량(AT)을 $3 \times I_N$(모터의 전부하전류=규약전류)으로 한다면

스타-델타 기동방식에서 차단기의 정격용량(AT)은 $\frac{3 \times I_N}{\sqrt{3}}$의 방법으로 선정한다.

2. 기동토크

$T \propto V^2$이므로 $T \propto (380)^2$이고 $T \propto (220)^2$일 때 기동토크는 약 $\frac{1}{3}$배로 감소한다.

기출 04 다음과 같은 단선도에서 유도 전동기가 직입 기동하는 순간, 전동기 연결 모선의 전압은 초기 전압의 몇 [%]가 되는지 계산하시오. 〈108-2-6〉

[계산 조건]

1) 각 기기들의 per unit 임피던스는 100[MVA] 기준으로 계산한다.
2) 변압기 손실은 무시한다.
3) 각 모선의 초기 전압은 100[%]로 가정한다.

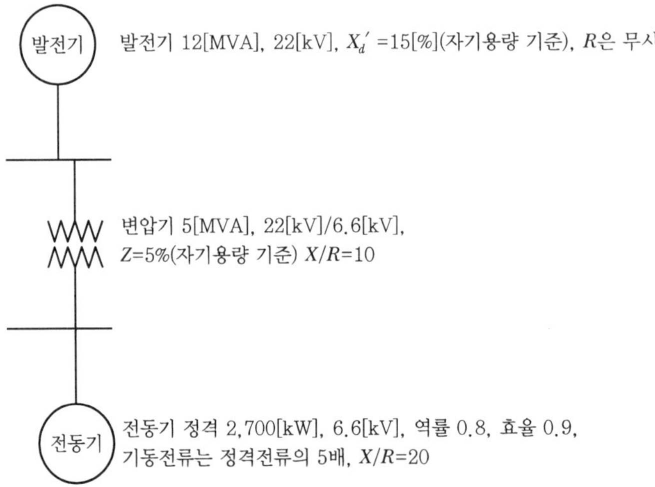

풀이

1. 발전기

$\%X_g = 15[\%]$이므로

기준용량 100[MVA]로 환산 시

$$\%X_g = \frac{100}{12} \times 15 = 125[\%],\ \ R_g = 0[\%]$$

2. 변압기

$$\%R_t = \frac{\%Z}{\sqrt{1+(\frac{X}{R})^2}} = \frac{5}{\sqrt{1+10^2}} = 0.498$$

$\%X_t = \%R \times (\frac{X}{R}) = 0.498 \times 10 = 4.98$이므로 기준용량 100[MVA]으로 환산 시

$$\%R_t = \frac{100}{5} \times 0.498 = 9.96,\ \ \%X_t = \frac{100}{5} \times 4.98 = 99.6$$

3. 계통 전체 $\%Z$

$\%R_{tot} = 9.96$

$$\%X_{tot} = \%X_g + \%X_t = 125 + 99.6 = 224.6$$

4. 기동 시 전동기 입력(2,700[kW])

유효전력 $P = \dfrac{2,700 \times 5}{0.9} = 15,000[\text{kW}]$

피상전력 $P_a = \dfrac{15,000}{0.8} = 18,750[\text{kVA}]$

무효전력 $Q = \sqrt{18,750^2 - 15,000^2} = 11,250[\text{kVAR}]$

5. 전압 변동률 $\varepsilon = \dfrac{P \cdot \%R + Q \cdot \%X}{T_B}$

여기서, P : 유효전력, Q : 무효전력, T_B : 기준용량

$$\varepsilon = \frac{15,000 \times 9.96 + 11,250 \times 224.6}{100 \times 10^3} = 26.76[\%]$$

6. 결론

각 모선의 초기전압은 100[%]로 가정하므로 $100[\%] - 26.76[\%] = 73.23[\%]$

기출 05 3상 유도전동기 공급 선로에서 CT(100/5[A])의 2차 측에 50/51계전기가 연결되어 있다. 50/51계전기의 정정치와 시간 탭 설정방법을 그림으로 설명하시오.(단, 3상 유도전동기의 정격은 500[kW], 6.6[kV]이고 역률과 효율은 각각 92[%]와 93[%]이다. 구속전류는 정격전류의 6배이고, 가속시간 5초, Safe Stall Time 9초이다.)

〈115-2-1〉

풀이

1. 유도전동기 과부하 및 단락보호(50/51)
   1) 한시 Tap : 전동기 전부하전류(Full Load Current)의 115[%]에 정정
   2) 한시 Lever : 기동전류 및 기동시간과 열적한계곡선(Thermal Limit Curve) 등을 고려하여 Time Dial을 선정한다.(기동전류에 계전기는 구동하지만 차단기는 동작하지 않도록 선정)
   3) 순시 Tap : (모터 근처 2상 단락에 동작) 기동전류의 150[%](250[%])에 정정(돌입전류<기동전류). 기동전류에 동작하지 않도록 한다.

2. 유도전동기 보호계전기 50/51 정정
   1) 유도전동기 전부하전류(정격전류)

$$I_n = \frac{P}{\sqrt{3}\, V\cos\theta \cdot \eta} = \frac{500}{\sqrt{3} \times 6.6 \times 0.92 \times 0.93} \fallingdotseq 51.1[\text{A}]$$

2) 유도전동기 기동전류

$I_s = I_n \times 6 = 306.6[\mathrm{A}]$

3) 순시(50) Tap

기동전류의 150[%]로 정정하면 $i_{\text{순시Tap}} = 306.6 \times 1.5 \times \dfrac{5}{100} \fallingdotseq 23[\mathrm{A}]$

따라서 순시 Tap은 30[A]에 정정한다.

4) 한시(51) Tap

전동기 정격전류의 115[%]로 정정하면

$i_{\text{한시Tap}} = I_n \times 1.15 \times \dfrac{5}{100} = 51.1 \times 1.15 \times \dfrac{5}{100} \fallingdotseq 2.9[\mathrm{A}]$

따라서 한시 Tap은 3[A]에 정정한다.

3. Time Dial 설정

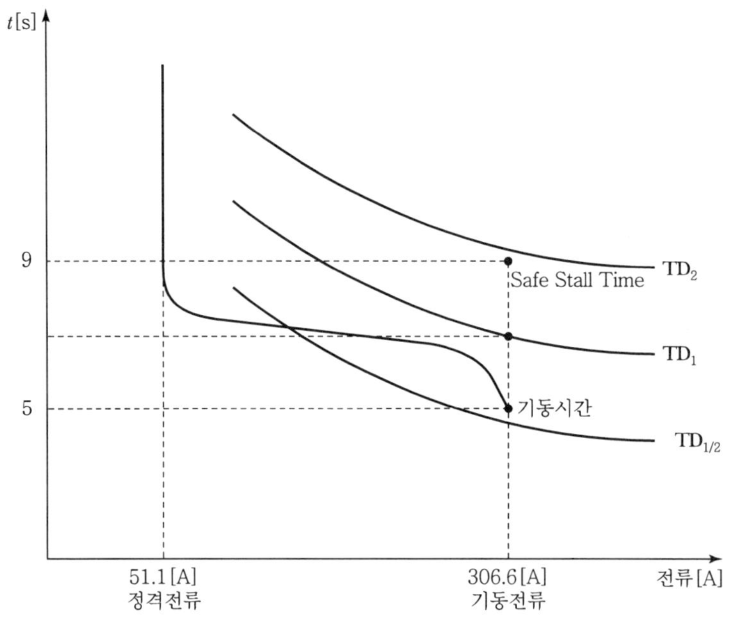

1) TD_2 설정 시 : 기동 시는 문제가 없으나 Safe Stall Time을 넘어가서 전동기 보호가 불가능

2) $TD_{1/2}$설정 시 : 전동기 기동시간보다 작아서 기동 실패

3) TD_1 설정 시 : 보호 가능

Time Dial$= \dfrac{5+9}{2} = 7[\mathrm{s}]$, 따라서 7[s]에 정정한다.

기출 06 3상 유도전동기가 4극, 50[Hz], 10[HP]로 전 부하에서 1,450[rpm]으로 운전하고 있을 때, 고정자동손은 231[W], 회전 손실은 343[W]이다. 다음을 구하시오.

(1) 축 토크 〈116-2-6〉

(2) 유기된 기계적 출력

(3) 공극전력

(4) 회전자동손

(5) 입력전력

(6) 효율

풀이

참고 전원설비 : 유도전동기의 원리 및 특성

[조건] 회전자의 속도 1,450[rpm]일 때

1) 정격 기계적 출력 $P_1 = \omega T = 2\pi \dfrac{N}{60} T[\mathrm{N \cdot m}]$

2) 동기속도 $N_s = \dfrac{120 \cdot f}{P}[\mathrm{rpm}]$

3) 슬립 $s = \dfrac{N_s - N}{N_s} = \dfrac{1,500 - 1,450}{1,500} = 0.03$

(1) 축 토크 $T = \dfrac{P_2}{\omega} = \dfrac{P}{2\pi \dfrac{N}{60}}[\mathrm{N \cdot m}]$

$$= \frac{1}{9.8} \times \frac{60}{2\pi} \times \frac{P}{N}[\mathrm{kg \cdot m}]$$

$$= 0.975 \times \frac{P}{N} = 0.975 \times \frac{10 \times 745}{1,450} = 5.01[\mathrm{kg \cdot m}]$$

> ▣ 단위변환
>
> • [N · m] → [kg · m], $1[\mathrm{N}] = \dfrac{1}{9.8}[\mathrm{kgf}]$
>
> • 1[PS] = 0.735[kW], 1[HP] = 0.745[kW]

(2) 유기된 기계적 출력 = 입력전력 − 동손 = 7,450 − 231 = 7,219[W]

> ▣ 기계적 출력 $P_o = (1-s)P_2$, $N_s = \dfrac{120f}{P} = \dfrac{120}{4} \times 50 = 1,500[\mathrm{rpm}]$에서
>
> ① 회전자 입력 P_2 = 고정자 입력 − 회전손실
>
> = 10×0.745 − 0.343
>
> = 7.107[kW]

PART 02 전력부하설비

② 슬립 $s = \frac{N_s - N}{N_s} = \frac{1,500 - 1,450}{1,500} = 0.03$

$\therefore P_o = (1 - 0.03) \times 7.107 = 6.89[\text{kW}]$

(3) 공극전력(Gap Power)

회전자의 동손과 기계적 출력의 비는 $P_{om} = P_{2S} - P_{C2} = P_{C2}\left(\frac{1}{s} - 1\right)$에서

$R_r : \left(\frac{1}{s} - 1\right) \cdot R_r = 1 : \frac{1}{s} - 1$

$1 : \frac{1}{s} - 1 = 231[\text{W}] : 7,450[\text{W}] \qquad \therefore s = 0.033$

$P_2 = \frac{3I_2^{\ 2} r_2}{s} = \frac{231}{0.033} = 7,000[\text{W}]$

(4) 회전자동손 $P_{C2} = sP_2 = 0.03 \times (7,450 + 231 + 343) = 240.72[\text{W}]$

(5) 입력전력 $= 10 \times 745 = 7,450[\text{W}]$

(6) 효율 $= \frac{\text{출력}}{\text{입력}} \times 100 = \frac{(7,450 - 231 - 343)}{10 \times 745} \times 100 = 92.3[\%]$

기출 07 냉각수 펌프의 전동기 회전수를 인버터를 이용하여 속도 조절 시 전동기의 회전수와 출력, 펌프유량, 압력(수압)과의 관계를 설명하시오. 〈63-1-8〉

풀이

1. 펌프유량(토출량)과 회전수의 관계

토출구경(D)이 일정할 때 유량은 유속(V)에 비례하고, 유속은 임펠러의 회전수(n)에 비례하므로, 결국 유량(Q)은 회전수에 비례하게 된다. 즉

$\frac{Q_2}{Q_1} = \frac{n_2}{n_1}$

2. 압력(전양정)과 회전수의 관계

유량(토출량) Q는 (유속 V)×(직경 D)^{2}에 비례하므로

$Q_1 = KV_1 D_1^2$

$Q_2 = KV_2 D_2^2$

$$\frac{Q_2}{Q_1}=\left(\frac{V_2}{V_1}\right)\left(\frac{D_2}{D_1}\right)^2=\left(\frac{H_2}{H_1}\right)^{\frac{1}{2}}\left(\frac{D_2}{D_1}\right)^2$$

여기서 $D_1 = D_2$라면

$$\frac{Q_2}{Q_1}=\left(\frac{H_2}{H_1}\right)^{\frac{1}{2}}$$

$$\frac{H_2}{H_1}=\left(\frac{Q_2}{Q_1}\right)^2=\left(\frac{n_2}{n_1}\right)^2$$

3. 출력(동력)과 회전수의 관계

동력 L은 (토출량Q)×(압력 P 또는 전양정 H)에 비례하므로

$$\frac{L_2}{L_1}=\frac{Q_2}{Q_1}\times\frac{H_2}{H_1}=\frac{n_2}{n_1}\times\left(\frac{n_2}{n_1}\right)^2=\left(\frac{n_2}{n_1}\right)^3$$

4. 맺음말

유량, 압력, 출력은 각각 회전수의 1승, 2승, 3승에 비례한다.

기출 08 제곱 저감 토크 부하인 전동기 Blower의 VVVF 적용 시 50[%] 감소운전을 할 때 에너지 절약효과를 설명하시오. 〈66-2-6〉

풀이

1. 2승 저감 토크 부하의 개요

유체 부하(송풍기, 펌프류 등)는 토크가 속도의 2승에 비례하여 변하고, 출력은 속도의 3승에 비례하는 부하이다.

2. VVVF의 개요

VVVF(Variable Voltage Variable Frequency)는 상용 전원으로부터 공급된 전력은 전압과 주파수를 가변시켜 전동기에 공급하여 전동기 속도를 제어하는 일련의 장치를 말한다.

유도 전동기를 인버터로 구동하는 경우, 전동기의 기동 전류를 적당히 억제하고, 또 필요한 토크를 발생하여 안전한 운전을 하기 위해서는 주파수를 바꾸는 동시에 인버터 출력 전압을 주파수에 비례하게 함으로써, 정토크 특성이 된다. 이와 같은 V/F 일정 제어 특성을 가지고 있다.

3. 에너지 절약 효과

전동기의 축동력은 다음의 식과 같다.

$P = 9.8QH$[kW]

PART 전력부하설비

여기서, 유량(풍량) $Q \propto N$, 유압(풍압), $Q \propto N^2$이므로, 축동력은

$P = 9.8QH[\mathrm{kW}] \propto N \times N^2 \propto N^3$

의 관계가 성립되어 소비전력은 회전수의 3승 또는 유량의 3승에 비례하게 된다.

예를 들어, 회전수를 50%로 운전할 때의 축동력은 다음과 같다.

$$P \propto N^3 = \left(\frac{50}{100}\right)^3 = 0.125$$

즉, 12.5%로 된다.

소비전력은 100[%] 회전 시와 비교하면, 87.5[%]나 이론적으로 에너지 절감이 된다.

기출 09 단상 변압기 3대를 $\Delta-\Delta$ 결선 운전 중에 단상변압기 1 대 고장으로 V－V결선 운전을 해야 할 경우 이용률, 출력량 및 각상 전압변동률과 역률관계. 그리고 유도전동기에 미치는 영향에 대해 설명하시오. 〈89－2－4〉

풀이

1. Δ 결선 회로

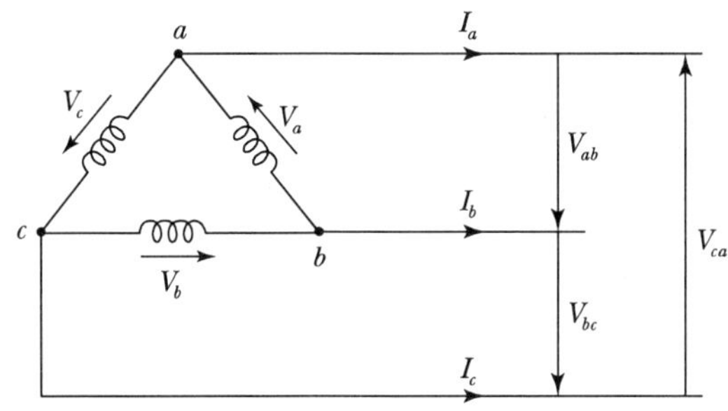

1) 상전압과 선간전압 관계

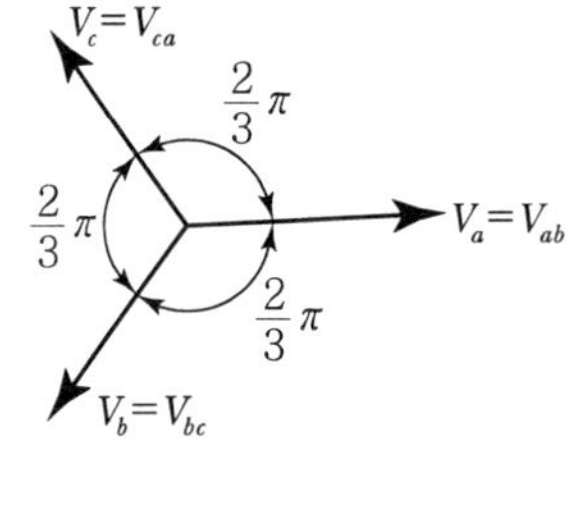

$$V_a = V_{ab} \qquad V_b = V_{bc} \qquad V_c = V_{ca}$$

$\therefore$ 상전압 (V_p)=선간전압(V_l)

2) 상전류와 선전류 관계

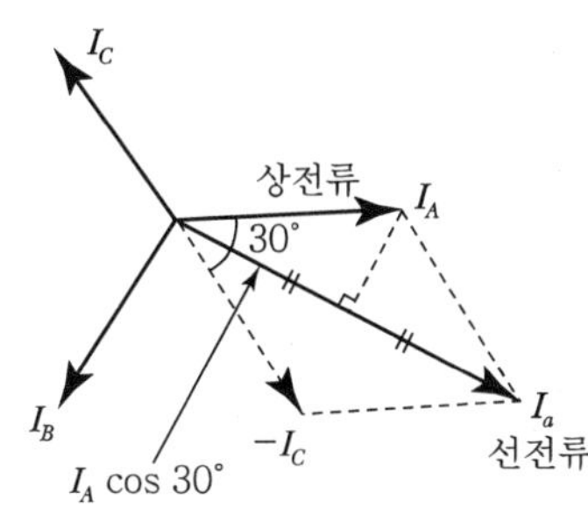

(1) Δ결선 회로의 a점에서 키르히호프법칙 적용

선전류 $I_a = I_A - I_C = I_A + (-I_C)$

(2) Vector도에서

$$I_a = I_A \cos 30° \times 2 = I_A \times \frac{\sqrt{3}}{2} \times 2 = \sqrt{3}\, I_A$$

$$\therefore\ I_l = \sqrt{3}\, I_p \angle -\frac{\pi}{6}$$

3) 출력용량

$$P_\Delta = 3 \times V_p I_p \cos\theta = 3 \times V_l \times \frac{I_l}{\sqrt{3}} \cos\theta = \sqrt{3}\, V_l I_l \cos\theta\,[\text{W}]$$

2. V결선 회로

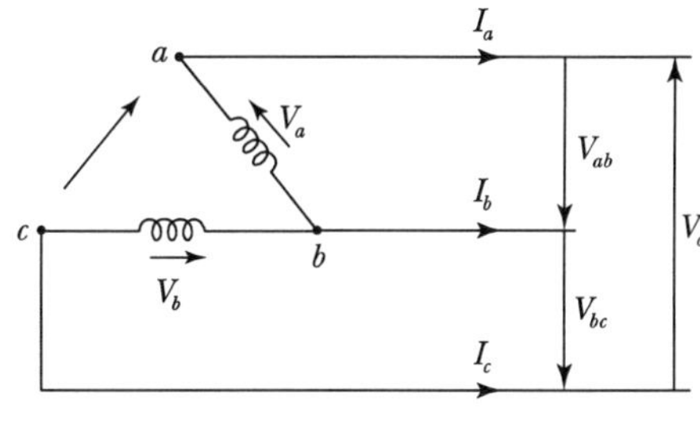

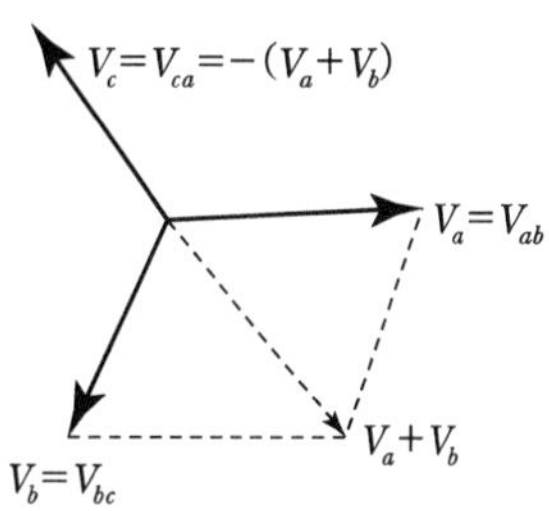

1) 상전압과 선간전압 관계 : $V_l = V_p$

2) 상전류와 선전류 관계 : $I_l = I_p$

3) 출력용량 : $P_v = \sqrt{3}\, V_l I_l \cos\theta\,[\text{W}]$

3. Δ와 V결선 비교(단상 2대 용량과 비교)

1) 출력비 : $\dfrac{P_v}{P_2} = \dfrac{\sqrt{3}\, V_p I_p \cos\theta}{3\, V_p I_p \cos\theta} = \dfrac{\sqrt{3}}{3} = 0.577$

2) 이용률 : $\dfrac{P_v}{P_2} = \dfrac{\sqrt{3}\, V_p I_p \cos\theta}{2\, V_p I_p \cos\theta} = \dfrac{\sqrt{3}}{2} = 0.866$

4. 각 상 전압변동률과 역률 관계

1) 1차 측에 평형 전압을 공급하고 2차 측에 평형 3상 부하를 걸어도 실제로는 a, b상에는 누설 전류가 있고 c상에는 전압강하가 없기 때문에 2차 측의 3상 전압에는 불평형이 생기게 된다.

2) 즉, 불평형 전압강하에 의한 전압변동이 발생하게 되고 이에 따른 역률 저하 현상 발생

5. 유도전동기에 미치는 영향

전압강하에 의한 불평형분 발생 ⇒ 역상전류 발생 ⇒ 회전방향과 반대방향의 회전토크 발생 및 코일에 Joule 열을 발생시켜서 전동기 온도를 상승시키기 때문에 전동기 출력은 감소한다.

PART 03

전원설비

CHAPTER 01 수 · 변전설비계획

1.1 수 · 변전설비의 계획 및 설계

1. 수 · 변전설비 기본기능

가. 기기의 운전, 정지, 개폐의 상태를 표시하고 이상 발생 시 경보를 울려주는 감시기능
나. 기기운전을 수동 · 자동 변환시키면서 운전시킬 수 있으며 이상 발생 시 제어하는 기능
다. 부하 또는 기기의 계기상태를 파악하고 측정하는 계측기능
라. 측정값을 자동기록하며, 데이터를 집계하여 사용량을 기록하는 기록기능

2. 수 · 변전설비 설계 시 고려사항

수 · 변전 전기설비 계획의 기본원칙은 건축물의 사용목적에 적합하고 안전하며 신뢰도 높은 경제적 설비로서 장래 확장계획을 고려하여야 한다.

가. 건축물의 사용목적에 적합할 것
나. 화재위험, 정전 · 감전 등 사고가 없는 안전한 설비일 것
다. 기기의 성능이 우수하며, 운전이 간편한 신뢰도 높은 설비일 것
라. 건설비가 저렴하고, 운전유지비를 절감할 수 있는 경제적 설비일 것
마. 기기 배치가 합리적이고 기기 반 · 출입이 용이한 설비일 것
바. 소형 · 경량으로 정비 · 보수가 간편한 설비일 것
사. 감시, 경보설비가 확보된 보안성 있는 설비일 것
아. 에너지절약 및 부하증가에 대한 확장계획을 고려한 미래지향적 설비일 것
자. 주변 환경과 조화를 이룰 것

3. 수 · 변전설비의 설계순서

가. 설계 Flow Chart

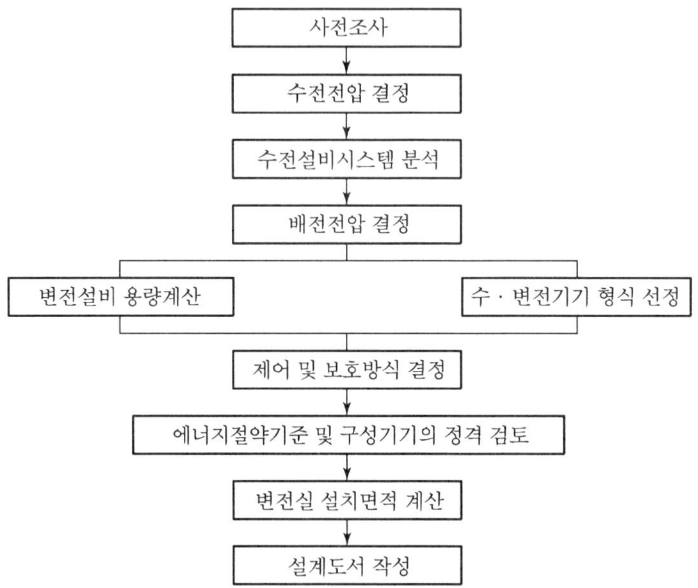

나. 자가용 수 · 변전설비의 계획순서

건물의 특징 파악(환경영향 평가) → 부하설비용량의 산출 → 수전설비용량의 산출(변압기 용량의 결정) → 수전전압(한전공급규정)의 결정 → 수전방식의 결정 → 수 · 변전실 계획(내진대책) → 모선 및 제어방식 선정 → 수 · 변전기기의 선정 → 설계도서의 작성 → 공사발주의 순서가 일반적인 계획절차이다.

4. 수 · 변전설비의 설계 시 검토사항

가. 사전조사

1) 대지위치, 배치계획, 건축물의 관련 법규 검토 등 건축물의 특징을 파악한다.
2) 에너지 절약에 대한 계획 및 유지 · 보수 등의 안전에 대한 대책을 고려한다.
3) 설치장소의 환경조건(소음, 진동, 내진, 염해 등)을 조사하여 설비대책을 검토한다.

나. 수전전압의 결정

1) 계약전력과 전력회사의 전기공급 약관에 의해 결정되므로 전력회사와 협의 결정한다.

2) 계약전력에 따른 공급전압

가) 계약전력 10[MW] 미만은 3상 22.9[kV] 수전 가능

나) 계약전력 10[MW] 이상은 3상 154[kV] 수전 가능

다. 수전 · 변전설비 시스템 결정

1) 수전설비 시스템 선정(☞ 참고 : 수전 · 배전방식의 구성)

가) 수전설비 시스템은 건물의 용도와 부하의 중요도, 예비전원설비의 유무, 전원의 공급신뢰도 및 경제성을 고려하여 결정한다.

나) 수전방식의 종류에는 1회선 수전, 2회선 수전(평행 2회선, 본선예비선, 루프), Spot Network 수전방식 등이 있다.

다) 일반적으로 1회선 수전이 기본이고 전원 신뢰도를 고려하여 2회선 수전을 한다.

2) 변전설비 시스템 선정

배전전압의 결정은 부하의 종류 및 크기, 배전거리, 전압변동 등 경제성을 고려하여 정하고 부 변전소가 있거나 대용량 모터가 있는 경우 고압으로 배전한다.

가) 변압기 변압방식

설비는 직강압 방식, 2단 강압방식 중 부하의 용량 · 특성 · 전압강하 등을 고려하여 변압방식을 선정한다.

나) 변압기 뱅크구성(변압기의 회로구성)

(1) 뱅크 수가 적으면 간단하고 경제적이지만, 뱅크수가 많으면 단락용량이 커서 차단용량이 증가하고 사고 발생 시 정전범위가 커진다.

(2) 뱅크 구성은 부하 특성 · 용량 · 종류 및 계절부하 등을 고려하여 결정한다.

다) 변압기 모선방식

(1) 단일모선, 전환 가능 단일모선, 이중모선, 루프모선 방식 등이 있으며 부하의 중요도 · 설비용량 · 운용형태를 고려하여 선정한다.

(2) 계통운용 및 경제성 측면에서 전환 가능 단일모선방식이 많이 채용된다.

라. 변전설비 용량의 산출

1) 부하설비용량의 추정

가) 부하설비용량을 알고 있을 경우 부하설비별 입력환산에 의한 용량을 선정한다.

나) 부하설비용량을 모르고 있을 경우 건물 용도별 등급 또는 시설규모에 따른 과거실적을 참고하여 용량을 추정한다.

2) 최대수용전력의 계산

가) 전등, 동력, 공조, 전산부하 등의 추정 부하설비용량의 최대수용전력을 구한다.

나) 최대수용전력을 적용하여 수용률, 부등률, 부하율을 산정한다.

3) 변압기 용량의 결정

최대수용전력에 의하여 조명 · 동력부하 변압기의 부하설비용량을 결정하며, 변압기 2단 강압방식의 경우 주변압기에는 부등률을 추가 적용한다.

가) 부하종류별 변압기 용량 산정

나) 변압기 강압방식에 의한 용량 산정

마. 사용기기의 선정

1) 사용기기의 선정은 난연성, 방재형, 저손실형 기기를 중심으로 채용한다.
2) 변압기는 몰드변압기, 가스절연변압기, 아몰퍼스변압기 등 방재형을 선택한다.
3) 차단기는 VCB, GCB 등 불연성 차단기를 선정한다.
4) 배전반은 운전이 간편하고 신뢰성 있는 전자화 배전반을 검토한다.
5) 154kV 이상의 경우 가스절연장치(GIS)를 검토한다.

바. 보호방식의 결정

1) 수전회로, 변압기, 모선, 배전선에 대하여 과전류 및 지락보호방식을 결정한다.
2) PF−S형, PF−CB형, CB형의 주 보호장치를 선정한다.

형식	수전설비용량	주 차단기	고압 콘덴서 총용량
PF−S형	300[kVA] 이하	PF와 고압개폐기를 조합해서 사용하는 것	100[kVA] 이하
PF−CB형	500[kVA] 이하	한류형 전력퓨즈 PF와 CB를 조합해서 사용	300[kVA] 이하
CB형	500[kVA] 이상	CB를 사용할 것	

사. 변전실 계획

1) 변전실은 부하의 중심, 배전이 용이한 장소로 계획한다.(전기적)
2) 기기의 배치가 점검보수에 충분한 면적과 높이를 확보하여야 한다.(건축적)

가) 중량물을 견디는 기초(200~500[kg/cm^2])를 할 수 있는 장소

나) 천장높이가 충분한 장소(저압 3[m] 이상, 고압 · 특고압 4.5[m] 이상)

3) 수해, 누수, 가연성가스 및 분진 등의 발생우려가 없는 곳(환경적)

1.2 변전설비 용량선정

1. 변전설비 용량선정

가. 부하설비용량 추정

1) 부하설비용량을 알고 있을 경우 부하설비별 입력환산에 의한 설비용량을 계산한다.

[표 1] 조명부하의 입력환산표

부하설비	입력 환산 용량
형광등	전구 Watt수×1.25배
백열등	전구 Watt수×1배
HID	전구 Watt수×1.15배

[표 2] 전동기 등 입력 환산표

사용 설비별			출력표시	입력[kW] 환산율
소형 기기 · 전열기			W · kW	100%
특수기기(전기로 등)			kW[kVA]	100%
전동기	저압	단상	kW	133%
		3상	kW	125%
	고압, 특고압		kW	118%

2) 부하설비용량을 모르고 있을 경우 건물용도별 등급 또는 설비의 규모에 의한 설비용량을 추정한다.

가) 인텔리전트빌딩의 경우 IB 등급별 부하밀도에 의한 표준부하 산정
부하설비용량 산정=단위면적당 표준부하밀도[VA/m^2]×연면적[m^2]

[표 3] 인텔리전트 빌딩의 부하밀도[VA/m^2]

0등급	1등급	2등급	3등급
일반적인 사무자동화된 건물	인텔리전트 빌딩이라 칭할 수 있는 최소의 건물	IB로서 표준 건축물	실현 가능한 대부분의 설비를 갖춘 정보화 건물
110	125	157	250

나) 건물용도별 설비의 규모에 의한 과거실적을 참고한 표준부하 산정

[표 4] 건축물의 용도별 부하밀도[VA/m^2]

학교	주택	공공건물	호텔	종합병원	백화점	전산센터	연구소
60	70	100	120	160	170	185	220

다) 집합주택 및 전전화 주택의 부하상정

(1) 공동 주택은 전용면적 60[m^2] 이하는 3[kW]가 원칙, $P[\text{kVA}] = 3 + 0.5 \times \dfrac{A-60}{10}$

※ 종합수용률 50～100세대 : 40[%], 400～550세대 : 37[%], 850세대 초과 : 35[%]

(2) 전전화 주택은 7[kVA]가 원칙, $P[\text{VA}] = 60[\text{VA/m}^2] \times$바닥면적$[\text{m}^2] + 4{,}000[\text{VA}]$

※ 11～20세대 일반전력 수용률 : 48[%], 21세대 이상 일반전력 수용률 : 46[%]

나. 최대수용전력의 산정

1) 수용률(Demand Factor)

가) 수용가의 부하설비가 동시에 사용되는 정도를 나타내는 것이 수용률이며, 수용장소의 총 전기설비용량에 대한 수용전력의 비율을 백분율로 표시한다. 따라서 각 부하의 설비용량에 수용률을 곱해서 최대수용전력을 계산한다.

나) 수용률은 부하의 종류, 건물의 용도, 업종에 따라 모두 다르게 적용된다.

다) $수용률 = \dfrac{최대수용전력}{총설비용량} \times 100[\%]$

[표 5] 건물의 종류별 수용률[%]

구분 \ 건축물 종류	사무소용 빌딩		백화점용 빌딩		종합병원용 빌딩		호텔용 빌딩	
	범위	평균값	범위	평균값	범위	평균값	범위	평균값
일반전등 · 전열부하	57~83	70	58~92	75	45~75	60	49~71	60
일반 동력부하	38~72	55	47~83	65	40~70	55	42~68	55
OA기기(비상전등전열)	59~91	75	–	–	(45~75)	60	–	–
냉방동력부하	59~91	75	65~95	80	70~100	85	64~96	85

2) 부등률(Diversity Factor)

가) 수용가의 사용부하에 따라 부하특성이 변동하므로 수용가 상호 간, 변압기 상호 간, 배전선 상호 간에서 각개의 최대부하가 생기는 시각이 각각 다르다. 이와 같이 부하설비가 동시에 최대가 되지 않는 정도를 표시한다.

나) 수용률만 적용하면 변압기의 용량이 과대하므로 부등률을 적용하여 변압기를 적정 용량으로 산정한다. 부등률은 2단 강압방식의 주변압기에만 적용하며 직강압 방식에는 수용률만 적용한다.

다) $부등률 = \dfrac{각\ 부하군의\ 최대수용전력의\ 합}{합성최대수용전력} \geq 1$

[표 6] 변압기용량 산출 시의 적용 부등률

공급점	구분	부등률
배전간선 (고압)	전등수용가	1.35
	동력수용가	1.15
	전등 TR 간	1.18
	동력 TR 간	1.36

3) 부하율(Load Factor)

가) 전기설비가 어느 정도 유효하게 사용되는가를 나타내며, 수전설비 또는 전력공급설비의 이용률을 표시하는 지표가 된다. 따라서 부하율이 높을수록 설비가 효율적으로 사용되는 것이다.

나) 전력의 사용은 시간에 따라 항상 변동하며 부하율은 일·월·년 부하율로 구분하고 기간이 길수록 그 값은 낮아진다.

다) 부하율$=\dfrac{\text{부하의 평균전력(1시간 평균)}}{\text{최대수용전력(1시간 평균)}}\times 100[\%]$

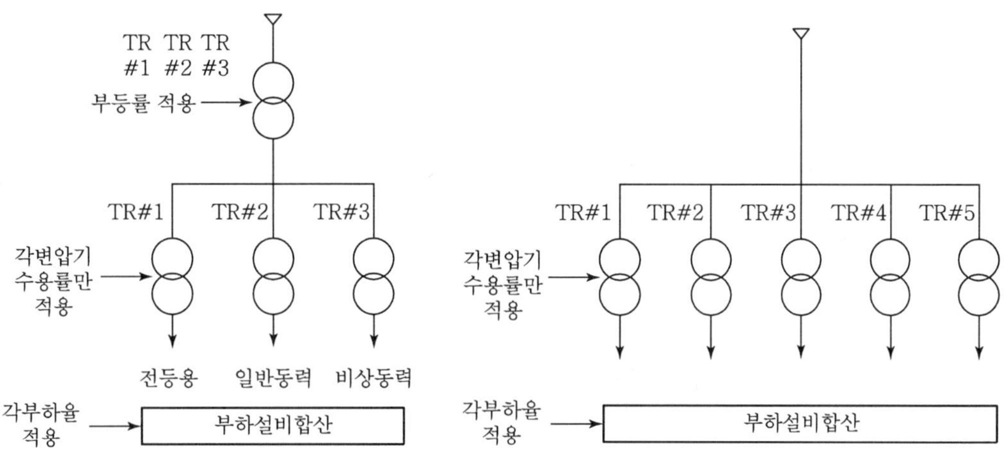

[그림 1] 수용률, 부등률 적용 예

4) 수용률, 부등률, 부하율과의 관계

- 최대부하=부하의 설비합계$\times\dfrac{\text{수용률}}{\text{부등률}}$[kW](변압기용량 산정)

↑

- 부하율$=\dfrac{\text{부하평균전력(1시간 평균)}}{\text{최대수용전력(1시간 평균)}}\times 100[\%]$

$=\dfrac{\text{부하평균전력}}{\text{총설비용량}}\times\dfrac{\text{부등률}}{\text{수용률}}$

↑

- 수용률$=\dfrac{\text{최대수용전력}}{\text{총설비용량[kW]}}\times 100[\%]$

↓

- 부등률$=\dfrac{\text{각 개의 최대수용전력합}}{\text{합성최대수용전력}}\geq 1$

[합성최대수용전력$=\dfrac{\text{최대수용전력의 합}}{\text{부등률}}$(단, 각 수용가의 수용률이 같다면)

→ 합성최대수용전력$=\dfrac{\text{총설비용량}\times\text{수용률}}{\text{부등률}}$]

다. 주 변압기용량의 결정

1) 부하종류별 변압기용량 산정

가) 전등용 변압기 : $P[\mathrm{kVA}] = \dfrac{\text{전등 출력합계}[\mathrm{kW}]}{\text{역률}}$

나) 전동기용 변압기 : $P[\mathrm{kVA}] = \dfrac{\text{전동기 출력합계}[\mathrm{kW}]}{\text{효율} \times \text{역률}}$

전동기가 여러 대 동시 기동할 경우 : $P = \dfrac{\text{전동기 출력합계}}{\text{효율} \times \text{역률}} \times \dfrac{\%Z \cdot N}{\varepsilon}[\mathrm{kVA}]$

여기서, $\%Z$: 변압기 %임피던스
N : 정격전류와 기동전류 비
ε : 전동기 기동 시 허용전압강하[%]

다) 부하설비용량이 불명확한 경우
월간 최대전력 소비량을 산출하여 단위 생산량당의 소요전력량을 추정하는 방법

$P = \dfrac{W}{T} \cdot \dfrac{1}{L} \times 100[\mathrm{kW}]$

여기서, P : 최대수용전력[kW]
W : 월간 최대소비전력량[kWh]
T : 월간조업시간[h]
L : 월부하율[%]

2) 변압기 강압방식에 의한 용량 산정

가) 변압기용량 : $P_r = \dfrac{P}{\eta \times \cos\phi}[\mathrm{kVA}]$

여기서, P : 최대수용전력[kW]
η : 변압기의 종합효율[%]
$\cos\phi$: 전부하의 종합역률

나) 직강압방식일 때 : $P_r[\mathrm{kVA}] \geq$ 부하설비용량[kVA]의 합×수용률[%]

다) 2단 강압방식일 때 : $P_r[\mathrm{kVA}] \geq \text{총설비용량} \times \dfrac{\text{수용률}}{\text{부등률}}[\mathrm{kVA}]$

3) 주 변압기 용량 산정(Main TR 용량 산정)

주 변압기 용량$= \dfrac{\text{각부하 설비용량의 총합계} \times \text{수용률}}{\text{부등률}} \times \text{여유율}[\mathrm{kVA}]$

가) 장래 증설에 대한 20[%] 여유분을 감안하여 용량을 결정하고 표준변압기를 선정한다.
나) 보안상 책임분계점은 자가용 전기설비 설치자의 구내에 설치한다.

CHAPTER 01

필수예제

예제 01	수 · 변전설비의 단선결선도를 최근 경향에 따라 작성하고, 설계에서 채용한 주요 기기 및 정격용량을 표시하시오. **〈55회 건축전기설비기술사〉**

- 수전전압 : 22.9[kV], 3상 3선식
- 수전방식 : 2회선(상용, 예비선 수전)
- 수전용량 : 4,000[kVA]
- 변압기 뱅크 : 2뱅크
- 부하전압 : 3,300[V], 3상 4선식
- 변전설비방식 : 큐비클 방식

풀이

1. 개요

변전실 내 모든 기기는 신뢰도 향상, 기기 보호 및 안전성 확보 및 설치면적을 고려하여 옥내 큐비클에 내장하도록 하며, 유지보수 경제성, 에너지절약형 전기기기의 채용 등을 고려한다.

2. 설계용량계산

1) 수전방식 : 2회선 수전(상용, 예비선 수전)

2) 뱅크 구성 : 2,000[kVA] 2뱅크

3) 주요 회로의 정격전류 검토 : $I = \dfrac{P}{\sqrt{3}\,V}$

(1) 주회로의 정격전류

$$I_0 = \frac{4,000}{\sqrt{3} \times 22.9} = 100.85[\text{A}]$$

(2) 2,000[kVA] 변압기의 1차 측 정격전류

$$I_1 = \frac{2,000}{\sqrt{3} \times 22.9} = 50.43[\text{A}]$$

(3) 2,000[kVA] 변압기의 2차 측 정격전류

$$I_2 = \frac{2,000}{\sqrt{3} \times 3.3} = 349.92[\text{A}]$$

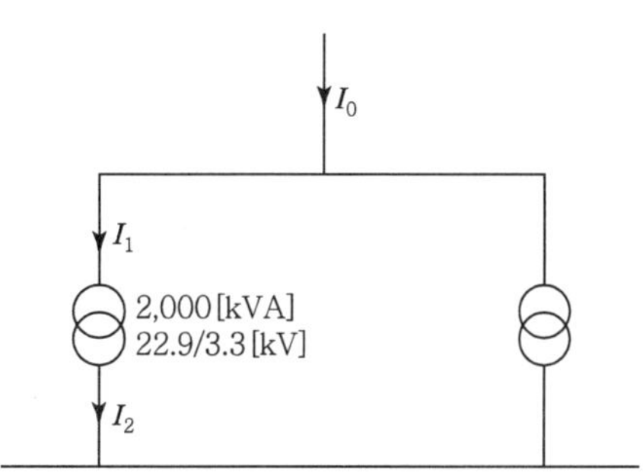

PART 03 전원설비

4) 단락용량 계산

(1) 수전 측 단락용량 : 수전 측 단락용량의 계산은 전력회사로부터 주어지는 전원 측 변압기 및 선로 임피던스에 의해서 이루어져야 하나, 조건이 없으므로 22.9[kV] 배전선로의 전력공급업자 규격인 1차 측 차단기 단락정격(25.8[kV], 12.5[kA], 520[MVA])을 적용하여 산정한다.

(2) 부하 측 단락용량

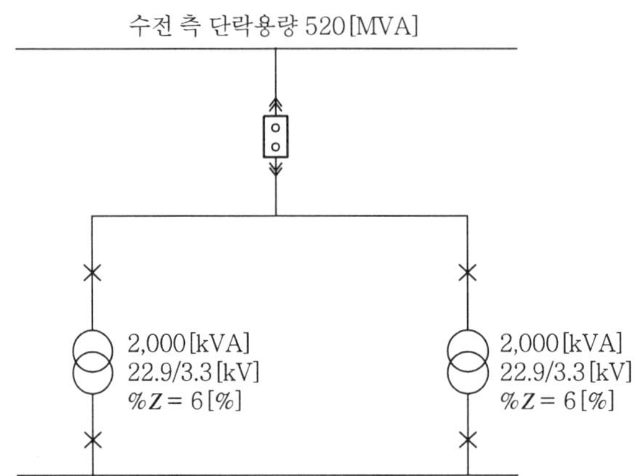

※ 변압기의 %Z는 한국전기공업협동조합규격(KEMC) 규정에 준하여 6[%]로 선정함

3. 주요 기기의 용량계산

1) 차단기의 선정

(1) 기준용량을 2,000[kVA]로 하고, %임피던스를 계산한다.

- 전원 측의 %임피던스

$$\%Z_p = \frac{2,000}{520,000} \times 100 = 0.3846$$

- 변압기의 %임피던스 : 6[%]

(2) 임피던스 작성도

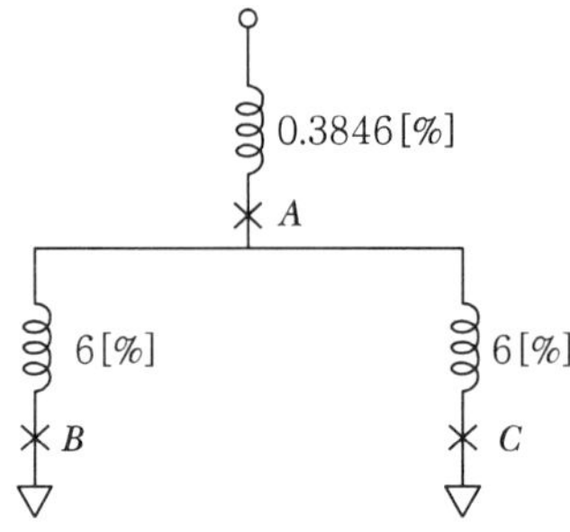

(3) 단락전류 I_s는 다음과 같다.

- A점 단락 시

  $I_s = I_n \times \frac{100}{\%Z}$의 식에 의해서

  $$I_{SA} = \frac{2,000}{\sqrt{3} \times 22.9} \times \frac{100}{0.3846} \times 10^{-3} = 13.1[\text{kA}]$$

  2상 단락 시에는 $I_{SA} = 13.1 \times \frac{\sqrt{3}}{2} = 11.3[\text{kA}]$

- B점 단락 시

  $$I_{SB} = \frac{2,000}{\sqrt{3} \times 3.3} \times \frac{100}{6.3846} \times 10^{-3} = 5.48[\text{kA}]$$

  2상 단락 시에는 $I_{SB} = 5.48 \times \frac{\sqrt{3}}{2} = 4.74[\text{kA}]$

- C점 단락 시 : B점 단락 시와 동일함

2) 위 결과값에 직류성분과 기계적 강도를 고려한 여유율을 적용하여 아래와 같이 결정한다.

(1) A점 단락 시 $I_{SA} = 13.1 \times 1.25 = 16.4[\text{kA}]$

(2) B점 단락 시 $I_{SA} = 5.48 \times 1.25 = 6.85[\text{kA}]$

(3) C점 단락 시 $I_{SA} = 5.48 \times 1.25 = 6.85[\text{kA}]$

3) 주요 수·변전기기의 사양 및 선정기준은 다음과 같다.

구분	규격	선정기준	
ALTS	25.8[kV], 600[A]		
LBS	24[kV] 3P 600[A] (퓨즈부 200[A] 한류형)	퓨즈규격	$2I_n$ 또는 $2I_n$의 직상위 규격
MOF	PT : 22.9(13.2)[kV]/110[V] CT : 150/5[A](40[VA]×3), $40I_n$	CT 과전류강도	CT • 1차 전류 60[A]까지 $75I_n$ • 1차 전류 60[A] 초과 $40I_n$
		CT비	I_n 또는 I_n의 직상위 규격
PF	PF×3, 25.8[kV], 200AF, 20[kA] 비한류형	PF 규격	$1.3 \sim 1.5I_n$ 적용
LA	18[kV], 2.5[kA]		22.9[kV] 배전선로용은 내선규정에 준하여 정함
변압기	몰드형, 2,000[kVA] 22.9[kV]/3.3[kV], $\%Z$=6[%]		KEMC에 준하여 정함

구분	규격	선정기준	
VCB	• 주 차단기 : 24[kV]600[A], 20[kA] • 변압기 2차 측 차단기 : 24[kV] 600[A], 20[kA] • 변압기 2차 측 차단기 : 3.6[kV] 600[A], 8[kA]		KEMC에 준하여 정함
계기용 CT	• 특고용 : 75/5[A] • 고압용 : 150/5[A]		$1.1I_n$ 또는 직상위 규격
콘덴서	80[kVA]		변압기 2,000[kVA] 이하는 4[%]

※ 비고 : KEMC는 한국전기공업협동조합규격을 의미한다.

3. 단선결선도

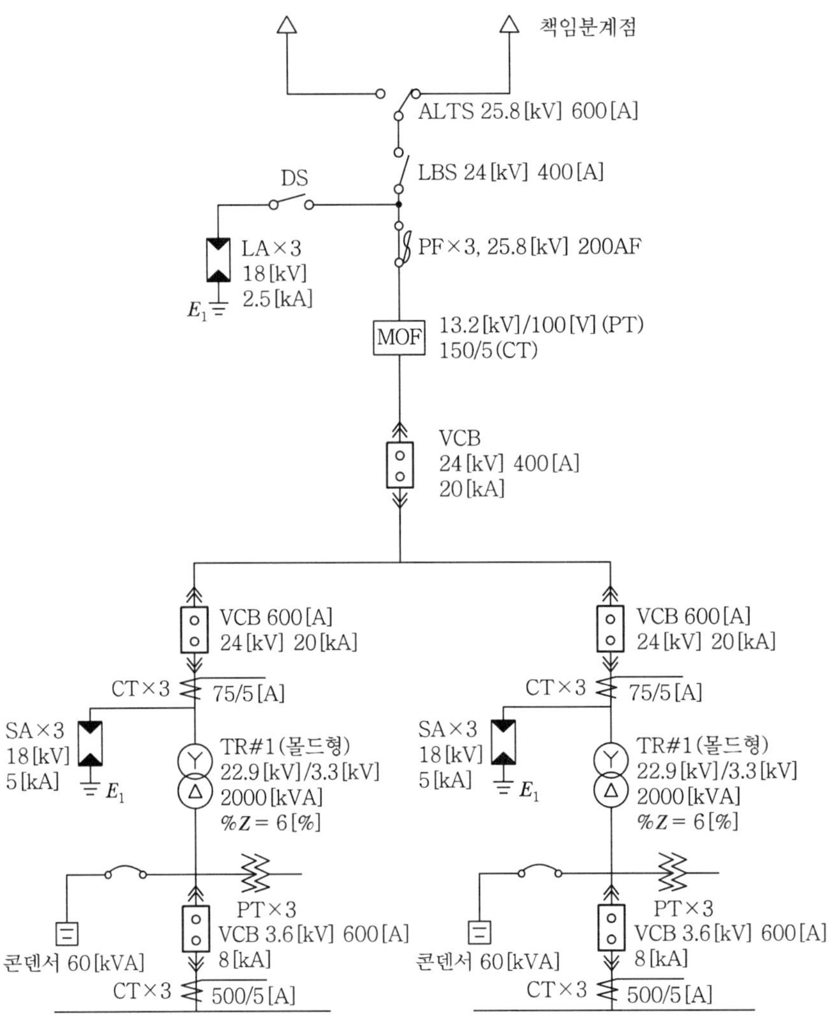

예제 02 3상 4선식 22.9[kV] 다중접지 계통에서 변압기 용량 1,500[kVA]를 수전하고자 한다. 수전설비의 구성요소의 주요기능과 정격에 대해 설명하시오.

풀이

1. 수전설비의 구성 개요

최근의 전기수용설비는 신뢰성, 안전성, 에너지절약성 등을 우선적으로 검토되어야 하며, 3상 4선식 22.9[kV] 다중접지 계통에서 변압기 용량 1,500[kVA] 수전설비의 구성은 내선규정의 표준결선도에 준하여 구성하는 것이 바람직하다.

2. 표준구성도

3상 4선식 22.9[kV] 다중접지 계통에서 변압기 용량 1,500[kVA] 수전설비의 구성은 내선규정의 표준결선도에 준하여 다음과 같이 구성한다.

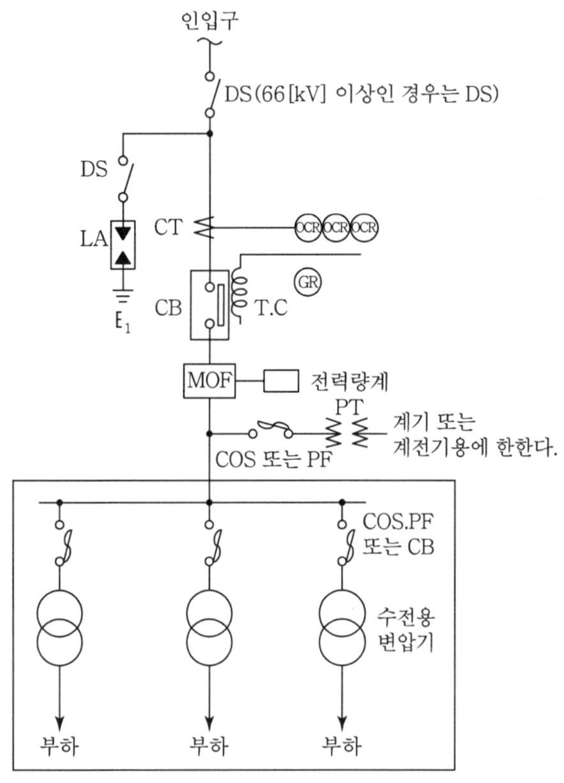

[그림 1] 특별고압수전설비 결선도

PART 03 전원설비

3. 수전설비 구성기기의 기능과 정격사항

특히 주의할 점은 발전기와 전동기가 전원을 공급한다는 점이다.

이에 의하여 고장 전류를 계산하는 경우 기여전류를 고려한다.

기기명	기능	정격사항 및 설계요건
ALTS (자동부하 전환개폐기)	수용가에 이중전원을 확보하여 예비전원으로 순간 자동 전환되어 무정전 전원공급을 수행하는 3회로 2스위치의 개폐기	• SF_6형 채택 • 정격전압 : 25.8[kV] • 정격전류(연속전류) : 600[A] • 전환시간 : 0.2초
DS (단로기)	• 전로의 접속 및 분리의 목적으로 사용 • 무전류의 상태에서 개폐	• 차단기와 동일하나 정격단시간전류치는 2초를 기준으로 함 • 정격전압 24[kV], 정격단시간전류 12.5[kA]
LA (피뢰기)	• 뇌서지 등의 이상 전압을 대지로 신속히 방류하여 전기기기를 보호하는 장치 • 갭레스형 채택	내선규정 • LA의 정격전압 : 18[kV] • LA의 방전전류 : 2.5[kA]
CB (차단기)	• 평상시에는 부하전류의 개폐 • 지락 및 단락사고 시 부하차단	• 부하전류$=\dfrac{1,500}{\sqrt{3}\times 22.9}=37.8$[A]이므로 CB의 정격전류 : 600[A] • 정격전압$=22.9\times\dfrac{1.2}{1.1}=25.8$[kV] • 정격차단용량 : 한전의 차단용량을 확인하여 선정하며, 여기서는 520[MVA]로 한다. 또한 정격차단전류를 계산하여 산정할 수도 있다.
MOF (계기용 전압 · 전류변성기)	고전압과 대전류를 저전압 소전류로 변성하여 전력량계 및 최대수용전력계에 공급	• PT : 22.9(13.2)[kV]/110[V] • CT : 50/5[A](40[VA]×3), 과전류강도 $75I_n$
CT (계기용 변류기)	전선로에 직렬로 취부하여 대전류를 소전류로 강전시키는 데 사용	CT : 50/5[A](40[VA]×3), 과전류강도 $75I_n$
변압기 뱅크	• 부하기기의 전압에 적합하게 전압을 변성하는 장치 • 뱅크 구분은 사용전압, 상용과 비상용, 부하용도, 심야전력 등으로 구분 • 무부하손실을 줄이기 위해 직강압 방식 채택 • 저손실형 변압기 선정	• 조명용 변압기 : 몰드형 500[kVA], 22.9[kV]/380－220[V], BIL 95[kV] • 냉방용 변압기 : 몰드형 500[kVA], 22.9[kV]/380－220[V], BIL 95[kV] • 일반동력용 변압기 : 몰드형 500[kVA], 22.9[kV]/380－220[V], BIL 95[kV]
전력용 콘덴서	• 역률 개선용 • 전압 조정용	1,500[kVA]×0.04(%)=60[kVA]

예제 03 사무소용 건물의 변전설비용량 산정방법에 대하여 설명하시오.

〈54회 건축전기설비기술사〉

풀이

1. 개요

1) 건물의 인텔리전트화, 고기능화, 복잡화 등으로 부하설비용량이 급증하고 있다.

2) 변전설비에서 가장 중요한 전력용 변압기의 적정 용량 산정은 매우 중요하다.

(1) 변압기 용량의 과다 산정 시 : 초기투자비 과다, 손실 증가

(2) 변압기 용량의 과소 산정 시 : 안전상의 문제 제기

3) 변전설비용량의 계산방법에는

(1) 기본설계 단계 : 표준부하밀도에 의한 계산방법

(2) 실시설계 단계 : 실부하에 의한 계산방법

2. 변전설비용량의 계산법

1) 기본설계 단계 시의 표준부하밀도에 의한 계산방법

(1) 단위면적당 표준부하 적용에 의하여 설비용량을 산정하는 방법

(2) 부하종별 설비용량=부하밀도[VA]×건물 연면적[m^2]

2) 표준부하밀도(내선 규정) : 건물 종류 및 장소에 따른 표준부하

(1) 조명 부하(주택, 사무실, 아파트) : 30[VA/m^2]

(2) 복도, 계단 : 5[VA/m^2]

(3) 강당 : 10[VA/m^2]

(4) 기타 부하 : 설치하는 전기기계 · 기구의 부하용량에 따라 개별산출한다.

3) 통계적 실적자료를 근거로 한 부하밀도(조명학회 발표자료)

분류	조명	OA	일반 동력	냉방 동력	계[VA/m^2]
사무실	30	19(자동화 1단계)	30~40	터보 40~50 빙축 5~10	110~130
IB 빌딩(표준수준)	30	40~50(자동화 3단계)	30~40	터보 40~50 빙축 5~10	145~160

3. 변전설비용량 산정방법

$$\text{부하종별 변압기용량} \geq \text{최대수요전력} = \frac{\text{총부하설비용량} \times \text{수용률}}{\text{부등률}}[\text{kVA}]$$

1) 수용률 $= \dfrac{\text{최대수용전력}[\text{kW}]}{\text{총부하설비용량}[\text{kVA}]} \times 100\%$

PART 03 전원설비

[표 1] 수용률 기준(사무소용 빌딩의 경우)

조명 부하	내선규정에 의해 10[kVA] 이하 100[%], 10[kVA] 초과 70[%]
일반동력부하	참고자료에 의해서 50~60[%]
냉방동력부하	참고자료에 의해서 85~90[%]

2) $\text{부등률} = \dfrac{\text{각 뱅크별 최대수요전력의 합}}{\text{합성 최대전력}} \geq 1$

(1) 건물에 적용하는 부등률

공급점	변압기	부등률
배전선	전동변압기	1.18
배전선	동력변압기	1.36

(2) 적용방법

- 1 Step 방식에는 적용하지 않는다.
- 2 Step 방식에서 주변압기에만 적용한다.

4. 실시설계 단계에서 변압기용량 산정방법

1) 실부하를 적용하여 변전설비용량을 산정하는 방법

2) 부하종별 설비용량 계산방법

(1) 부하종별 부하목록 작성 : 일반조명, 일반동력, 냉방동력, 승강기동력, 비상용부하(소방동력), 기타 특수부하(OA)

(2) 부하종류별 집계

(3) 장래부하 증가율 고려(한국건설기술연구원 자료)

- 5년간 최대수요 전력 증가율 : 14.4[%]
- 10년간 최대수요 전력 증가율 : 35[%]

(4) 변전설비용량 산정

$\text{부하종별 변압기 용량} = \dfrac{\text{총부하 설비용량} \times \text{수용률}}{\text{부동률} \times \text{역률}}$

부하종별 산정된 용량에 상위의 표준변압기를 채용한다.

5. 변압기 용량 산정 시 추가 고려사항

변전설비의 안전성, 신뢰성, 경제성, 에너지 절약성 등을 고려하여 변압기 용량을 선정하는 것이 바람직하다.

1) 저손실형 변압기 및 표준형 기기를 선택한다.

2) 안전성, 유지관리성, 에너지절약 등을 고려하여 몰드 변압기, 아몰퍼스 변압기 등을 채용

3) 주위온도와 발열량 냉각방식을 고려한다.

4) 급전방식과 변압기대수를 고려한다.

5) 고조파 부하용 변압기는 선정 시 고조파 내량을 고려한다.

예제 04 500세대 아파트 단지의 경우 수전설비, 변전설비, 발전설비를 기획하시오.(단, 단위세대면적 85[m^2]의 고층아파트로서 공용시설 부하는 1.5[kVA]/세대로 가정한다.) **〈56회 건축전기설비기술사〉**

풀이

1. 개요

최근의 공동주택은 정보화의 진전으로 신뢰성, 안전성, 에너지 절약성 등을 우선적으로 검토되어야 하며, 수전설비의 구성은 내선규정의 표준결선도에 준하여 구성하는 것이 바람직하다.

2. 수전설비 요건

1) 수전설비는 2회선 수전방식(1회선 예비)을 채택한다.

2) 특고압 최소 인입선의 규격은 24[kV] CNCV 60[mm^2] 이상이어야 한다. 다만, 침수의 우려가 있는 경우에는 CNCV-W 케이블(수밀형)을 사용하는 것이 바람직하다.

3) 인입방식은 인근 한전선로에서 분기하여 단지 내 전기실까지 지중 인입한다.

3. 변전설비 요건

1) 변전설비의 단선도 : 변전설비의 구성은 내선규정의 표준결선도에 준하여 구성하는 것이 바람직하며, 구성기기의 정격사항도 내선규정, 한전의 ESB 규정, KS 규격에 준하여 선정한다.

2) 변압기의 뱅크

(1) 변압기의 뱅크 구분은 사용전압, 상용과 비상용, 부하용도, 심야전력 등으로 구분하고 변압기의 무부하손실을 줄이기 위해 직강압 방식을 채택하며, 저손실형 변압기를 선정한다.

(2) 공동주택에서의 동력용 변압기는 사용목적에 따라 일반(난방) 동력용과 비상동력용 변압기로 구분하나, 수전용량이 1,000[kVA] 이하인 경우에는 일반동력용과 비상동력용을 구분하지 않고 공용 동력용변압기를 적용하는 것이 일반적이다.

공용 동력용 변압기 = (승강기부하용량 × 승강기수용률) + (일반동력부하 × 수용률)
+ (비상동력부하 × 수용률)

(3) 공용 또는 개별난방방식의 공동주택의 경우 전체 동력부하중 고조파를 발생하는 부하(인버터식 기기)가 50[%]를 차지할 경우에는 고조파를 고려한 변압기 용량 산정 시 안전율(k-factor)로 2를 적용한다. 즉, 고조파를 발생하는 부하들만 가지고 있는 변압기는 고조파 부하를 발생하지 않는 변압기보다 그 용량을 2배로 하여야 한다는 의미이다.

3) 변압기 용량 산정방법

(1) 세대용 변압기용량 : 주택건설기준에 준하여 60[m²]까지는 3[kVA], 10[m²] 초과 시마다 500[VA]를 추가 계산한다. 그리고 최근에는 식기세척기 부하 등을 고려하여 추가로 2[kVA]를 계산한다.

- 수용률(내선규정 참조) : 100세대 이상 45[%] 적용
  - 세대당 부하밀도 : 3,000+{(85−60)/10×500}+2,000=6,500[VA]
  - 변압기 용량=6.5[kVA]×500세대×수용률(0.45)=1,462[kVA]

(2) 공용부 변압기 용량 : 공용부 부하는 인버터식 승강기, 공용부 전등, 주차장, 보안등, 급배수, 오수시설 및 소화동력 등을 말하며, 문제에서 주어진 조건을 고려하여 산정한다.

- 세대당 부하밀도 : 1,500[VA]
- 수용률(주택공사의 기준을 참조) : 52[%]
  - 변압기 용량=1,500[VA]×500세대×수용률(52[%])=390[kVA]
  - 고조파를 발생하는 부하, 즉 승강기가 50[%]를 차지한다고 고려할 경우 : (390×1/2)×2=390[kVA]
  - 변압기 용량 : 고조파를 발생하는 부하(390[kVA])+고조파를 발생하지 않는 부하(195[kVA])=585[kVA]

4. 발전설비 요건

1) 건축법, 소방법 등에서 규정하고 있는 예비전원을 필요로 하는 부하기기 목록을 산정하고, 관련법에서 규정하고 있는 용량과 가동시간을 확보하여야 한다.

(1) 건축법 : 비상용승강기, 배연설비, 비상조명

(2) 소방법 : 자탐설비, 비상콘센트 설비, 유도등 설비, 소화동력 등

(3) 공동주택관리령 : 발전기 시설, 급수펌프 구축

(4) 주차장법 : 비상콘센트 설치

2) 자가용 발전설비의 경우 정전 후 10초 이내에 전압을 확립하여 30분 이상 안정적으로 공급할 수 있어야 하며, 특히 비상용승강기는 2시간 이상 연속 운전이 가능하여야 한다.

3) 상시전원의 이상 시 예비전원으로 절체하는 비상전원절체기(ATS)를 시설하여야 하며, 고신뢰도 및 안전성이 우선되어야 한다. ATS의 정격전류는 100/200/400[A] 등이 있으므로 적합한 사양을 선정한다.

4) 발전기 용량(주택공사의 자료 참조)

500세대×0.5[kW]/세대=250[kW]

CHAPTER

02 수 · 변전기기

2.1 임피던스

1. 임피던스

가. 정지대칭기기의 경우

1) 정상임피던스(Z_1)와 역상임피던스(Z_2)는 서로 같으며, 정상과 역상임피던스가 불균형이 되면 역상전류가 흐르면서 기기 및 권선의 온도 상승 원인이 된다.
2) 정지대칭기기의 종류에는 변압기, 리액터, 송전선로 등이 있다.

나. 회전기의 경우

1) 영상임피던스(Z_0)는 영상회로에서 단락전류를 제한하는 임피던스를 말한다. 따라서 계통접지와 관련하여 계통지락전류에 직접영향을 준다.
2) 회전기기의 종류에는 전동기, 발전기 등이 있다.

다. 영상임피던스

1) 영상회로란 3상 선로에서 단자 a, b, c를 일괄하고 이것과 대지 사이에 단상전원을 넣어 이 회로망에 단상교류를 흘릴 때 단상교류가 흘러가는 범위를 영상회로라 하며, 이때 단락전류를 제한하는 임피던스를 영상임피던스라 한다.
2) 회전기에 있어서는 역상전류가 흐르면 회전자 온도 상승의 원인이 되지만 변압기와 같은 정지기기에서는 영향이 없다. 그러나 영상임피던스는 계통접지와 관련하여 계통지락전류에 직접적인 영향을 준다.

2. 임피던스 종류

가. 임피던스의 구분

1) 영상임피던스(Z_0)는 영상전류인 동상의 전류가 각 상에 흘렀을 때의 임피던스
2) 정상임피던스(Z_1)는 각 상에 정상의 3상 평형전류가 흘렀을 경우의 임피던스
3) 역상임피던스(Z_2)는 각 상에 역상의 3상 평형전류가 흘렀을 경우의 임피던스

나. 변압기의 임피던스

1) 변압기의 임피던스는 변압기 권선의 저항과 리액턴스에 관련되나 거의 1차, 2차 권선의 상호 간격에 따른 누설임피던스 크기에 의해 결정된다.
2) 영상임피던스도 누설리액턴스를 무시하면 정상임피던스와 같다. 결국 변압기는 누설임피던스에 의해 정상 · 역상 · 영상임피던스가 결정된다.

다. 발전기의 임피던스

1) 영상임피던스(Z_0)는 발전기의 각 상 권선에 위상이 같은 단상교류를 흘렸을 경우 임피던스 **예** 단상전류 억제성분
2) 정상임피던스(Z_1)는 발전기에 상회전이 정상적인 평형 3상전류를 흘렸을 경우 작용하는 임피던스 **예** 동기임피던스와 같다.
3) 역상임피던스(Z_2)는 발전기에 상회전이 반대인 평형 3상전류를 흘렸을 경우 작용하는 임피던스 **예** 회전자 온도 상승의 원인이 된다.

라. 선로의 임피던스

저압계통에서는 특히 케이블의 임피던스가 단락전류를 억제하는데 큰 역할을 한다.

1) 선로는 정지물로 임피던스는 정상과 역상임피던스 값이 서로 같다.
2) 선로의 영상임피던스는 대전류가 흐를 때의 값으로 인덕턴스와 정전용량 값을 사용하여야 한다. **예** 가공선로 $Z_1 \fallingdotseq Z_2 < Z_0$, 지중선로 $Z_1 \fallingdotseq Z_2 > Z_0$

3. %임피던스

가. %임피던스의 의미

1) [그림 1]의 회로에서 임피던스 Z에 정격전압 E가 인가되어 정격전류 I_n이 흐르면 임피던스에 의한 전압강하가 발생한다. 이때 전압강하분($Z \cdot I_n$)과 회로의 정격전압(E)의 비를 백분율로 표시한 것을 %임피던스라고 한다.

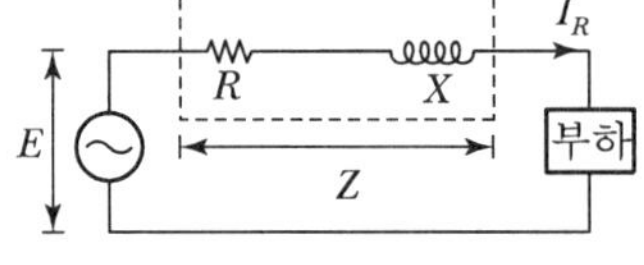

[그림 1] %임피던스 개념도

$$\%Z = \frac{Z[\Omega] \cdot I_n[\mathrm{A}]}{E[\mathrm{V}]} \times 100\,[\%]$$

2) %임피던스가 적을 경우

가) 단락전류가 반비례하여 증가하므로 계통의 안정성에 직접적인 영향을 준다. 특히 전압변동률, 무부하손과 동손의 비, 계통의 단락용량, 변압기의 병렬운전, 단락 시 전자기계력에 직접적인 관련이 있다.

나) 단락전류가 증가하면 저압 배전반 Bus 및 MCCB의 단락용량이 증대하고, 케이블의 굵기도 굵어져야 하므로 경제적 부담을 가중시킨다.

3) %임피던스 값이 증가할 경우

단락전류가 감소하므로 계통의 안정도 저하, 전압강하율 및 전압변동률이 커져서 전동기의 기동시간이 길게 되므로 전동기와 케이블을 과열하게 하여 계전기의 오동작을 초래하는 경우가 생긴다.

나. %임피던스와 Ω임피던스의 관계

%임피던스는 선로의 전압강하분과 정격전압의 비를 백분율로 표시한 것으로 인가전압 E[V]를 E[kV]의 단위로 나타낼 경우(단, 3상 용량은 $P_3 = \sqrt{3}\,V \cdot I$[kVA]이다.)

1) $\%Z = \dfrac{Z \cdot I}{1,000E} \times 100[\%] = \dfrac{Z \cdot I}{10E}[\%]$ ← 양변에 E를 곱하면($\%Z = \dfrac{Z \cdot I}{V/\sqrt{3}} \times 100$)

2) $\%Z = \dfrac{Z \times EI}{10E^2} = \dfrac{Z \times P\,[\text{kVA}]}{10E^2}[\%]$

여기서, P : 변압기의 정격용량[kVA]

전력계통의 $\%Z$를 역으로 Ω임피던스 Z로 환산하면 $Z = \dfrac{\%Z \times 10E^2}{P\,[\text{kVA}]}[\Omega]$

3) 선간전압[kV]에 의한 3상 접속 시의 변압기 임피던스는 $Z = \dfrac{\%Z \times 10\,V^2}{P_3[\text{kVA}]}[\Omega]$

[표 1] 전력용 변압기의 임피던스 표준값

공칭전압[kV]	%임피던스
22.9	6.0
154	11
345	15

다. %임피던스법이나 단위법을 사용하는 이유

1) 임피던스 $Z[\Omega]$은 사용하는 전압에 따라 그 값이 달라지기 때문에 계통전압의 기준값을 정하고 각 부분의 임피던스를 기준전압으로 환산해야 한다.
2) $\%Z$법은 단위를 가지지 않는 무명수로 표시되므로 기준전압으로 단위를 환산할 필요 없이 그대로 적용할 수 있다.
3) 변압기의 임피던스를 $\%Z$로 표시하면 고압 측이나 저압 측에서 그 값이 같아 계산식이 간단해진다. 여기서 권수비 $a = \dfrac{n_1}{n_2} = \dfrac{E_1}{E_2} = \dfrac{I_2}{I_1} = \sqrt{\dfrac{Z_1}{Z_2}}$ 일 경우

예 $\%Z_1 = \frac{Z_1 \cdot I_1}{E_1} \times 100 = \frac{a^2 Z_2 \cdot \frac{I_2}{a}}{aE_2} \times 100 = \frac{Z_2 \cdot I_2}{E_2} \times 100 = \%Z_2$

4. %임피던스의 종류

가. 선로의 %임피던스

1) 전선로에 흐르는 전류를 i 선로의 임피던스를 Z라고 할 때 선로의 전압강하는 $e = Z \cdot i$ 이며, 정격인가 전압이 E일 경우 선로의 %임피던스는

$$\%Z = \frac{e}{E} \times 100[\%]$$

2) 즉, %임피던스는 선로의 전압강하량과 정격전압의 비를 백분율로 표시한 것

$$\%Z = \frac{Z \cdot i}{E} \times 100[\%]$$

나. 변압기의 %임피던스

1) 변압기의 2차를 단락한 상태에서 변압기에 정격 전류가 흐르게 하는 1차 측 인가전압을 E라 하면 %임피던스는

2) $\%Z = \frac{e}{E} \times 100[\%]$

여기서, E : 정격 1차 전압
e : 변압기의 임피던스 전압($Z \cdot I$)

다. 전동기의 %임피던스

1) 전동기는 회전자를 구속한 상태에서 고정자에 정격전류를 흐르게 하는 전압과 정격전압의 비를 백분율로 표시한 것이 %임피던스와 같다.
2) 이때 %임피던스는 한 상의 정상 임피던스를 말한다.

2.2 변압기 여자전류

1. 변압기의 여자전류

가. 변압기의 여자전류 계산

1) 등가회로에서 2차 단자를 개방시킨 상태에서 1차 코일에 정현파 전압 V_1을 인가 시 순시치 v_1은 $v_1 = \sqrt{2}\, V_1 \sin\omega t$[V]이 된다.

여기서, 1차 권선의 자기인덕스를 L_1, 2차 권선의 자기인덕스를 L_2라 하면

$$L_1 = \frac{\mu N_1^2 A}{l}[\mathrm{H}], \quad L_2 = \frac{\mu N_2^2 A}{l}[\mathrm{H}] \quad \cdots ①$$

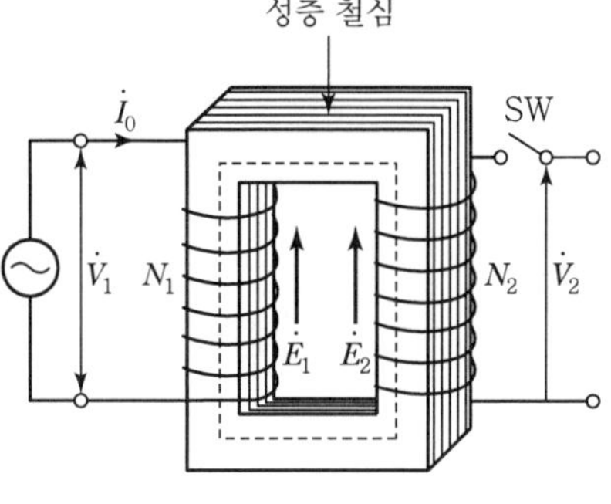

[그림 1] 변압기 회로도

2) [그림 1]에서 변압기 회로 2차 단자를 열고 1차 단자 양단에 실효값 V_1을 인할 경우 이때 흐르는 전류의 순시치 i_0는

$$i_0 = \frac{1\text{차에 가해진 전압}}{1\text{차 코일의 임피던스}}$$

$$= \frac{\sqrt{2}\, V_1 \sin\left(\omega t - \frac{\pi}{2}\right)}{\omega L_1} = \sqrt{2}\, I_0 \sin\left(\omega t - \frac{\pi}{2}\right) \quad \cdots\cdots ②$$

여기서 ②식의 $I_0 = \dfrac{V_1}{\omega L_1}$를 여자 전류라 하며, 여자 전류 I_0는 전압 V_1보다 위상각이 $\dfrac{\pi}{2}$ 늦어지기 때문에 전류에 의해서 철심 중에는 교번자속이 발생한다.

3) 여자 전류에 의한 교번자속(Alternating Flux)의 크기

자속 $\phi = \dfrac{\mathcal{F}}{R_m}$에서 (여기서, 기자력 $\mathcal{F} = Ni$, 자기저항 $R_m = \dfrac{l}{\mu A}$)

가) 자속의 순시치 $\phi = \dfrac{N_1 i_0}{\frac{l}{\mu A}} = \dfrac{\mu A N_1 i_0}{l}[\mathrm{Wb}] \quad \cdots\cdots ③$

나) 여기서 ①식 자기 리액턴스 L_1값 및 ②식 전류의 순시치 i_0값을 대입하면

$$\phi = \frac{\sqrt{2}\, V_1}{\omega N_1}\sin\left(\omega t - \frac{\pi}{2}\right) = \sqrt{2}\,\phi \sin\left(\omega t - \frac{\pi}{2}\right) = \phi_m \sin\left(\omega t - \frac{\pi}{2}\right)[\mathrm{Wb}]\text{가 된다.}$$

또한 $\phi = \dfrac{V_1}{\omega N_1} = \dfrac{V_1}{2\pi f N_1}[\mathrm{Wb}]$

$\phi_m = \sqrt{2}\,\phi$ (여기서, ϕ_m : 자속의 최대치)

나. 자속과 여자 전류의 관계

위 식의 결과에서 자속 ϕ는 전압 V_1보다 위상이 90° 뒤지고 여자 전류 i_0와는 동상이다. 최대 교번자속 ϕ_m은 V_1에 따라 정해지고 동일한 전압 V_1에서 주파수가 높아지면 ϕ_m이 작아지므로, 철심의 단면적이 작아도 되며 무선주파가 되면 철심은 필요가 없다.

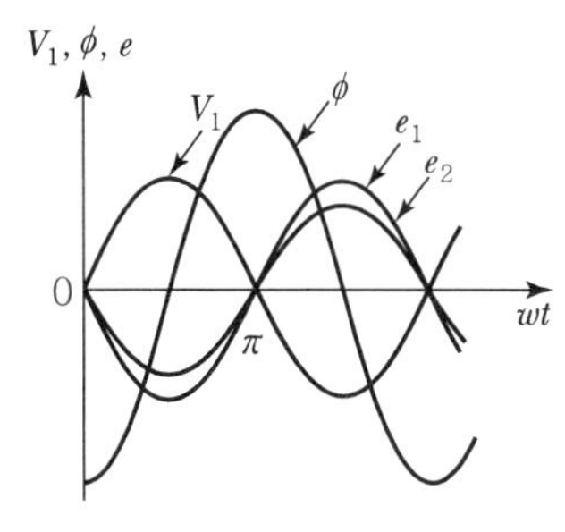

[그림 2] 무부하에서 전압·자속의 파형

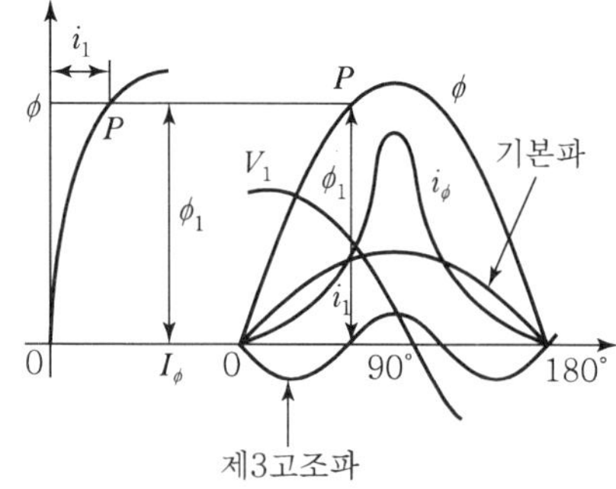

[그림 3] 철심의 자화전류와 자속의 관계

다. 철심의 자화전류와 자속의 관계(철손)

$B-H$ 곡선 대신 $\phi-i$ 곡선으로 표시한 무부하전류의 파형은 [그림 3]에서 자화곡선상의 임의점 P는 철심의 자속값을 나타내며, 이때 흐르는 전류는 자속을 만드는 자화전류 i_ϕ라 한다.

자속 ϕ_1은 자화곡선상 P점이 정현파로 움직일 때 자화전류 i_1에 의하여 결정된 자속이며 자화전류는 자화곡선상에서 철심의 포화에 접근할수록 첨예해지는 비정현파가 된다.

2.3 변압기 병렬운전

1. 변압기의 병렬운전 조건

가. 각 변압기의 1차 및 2차의 정격전압이 같고 권수비도 같을 것
나. 변압기 %임피던스 값이 같을 것
다. %저항과 %리액턴스의 비가 같을 것
라. 정격용량비가 1 : 3 이하일 것
마. 단상은 극성이 3상에서는 상회전 방향 및 위상변위(각변위)가 같을 것

병렬운전 조건	단상 Tr	3상 Tr
극성이 맞을 것	○	○
권선비가 같을 것	○	○
%임피던스가 같을 것	○	○
상회전 방향 및 위상변위가 같을 것	–	○

2. 병렬운전에 적합하지 않은 경우

가. 부하의 합계가 변압기 정격용량보다 큰 경우

나. 병렬운전 중 변압기 무부하 순환전류가 정격전류 10[%]를 초과하는 경우

다. 순환전류와 부하전류치의 합이 정격부하의 110[%]를 넘는 경우

[표 1] 3상 변압기의 병렬운전 결선

병렬운전 가능 결선		불가능한 결선	
A 변압기	B 변압기	A 변압기	B 변압기
Δ−Δ	Δ−Δ	Δ−Δ	Δ−Y
Y−Y	Y−Y	Δ−Y	Y−Y
Y−Δ	Y−Δ	−	−
Δ−Y	Δ−Y	−	−
Δ−Δ	Y−Y	−	−
Δ−Y	Y−Δ	−	−

3. 병렬운전의 부하분담

가. 부하전류의 분류

1) 각 변압기의 1차 측과 2차 측이 동일 모선에 접속되어 있으므로 두 변압기의 단자전압은 $V_1 = Z_a I_a + V_2$, $V_1 = Z_b I_b + V_2$ …… ①

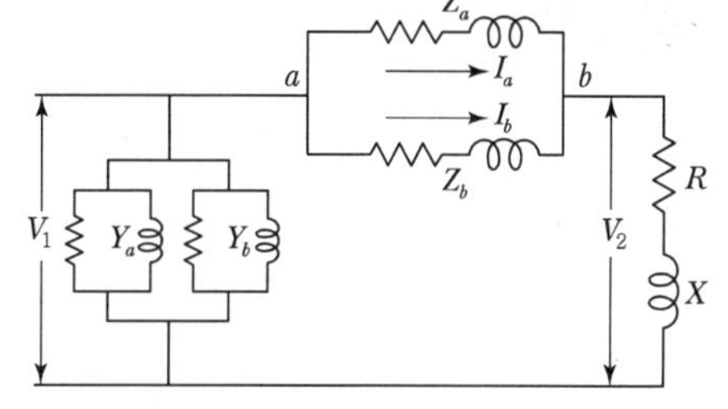

[그림 1] 병렬운전변압기의 등가회로

2) 여자전류를 무시할 경우 1차 전류 I_1은 $I_1 = I_a + I_b$이다.

따라서 $Z_a I_a = Z_b I_b = Z_1 I_1$(여기서, $Z_1 = \dfrac{Z_a Z_b}{Z_a + Z_b}$) .... ②

②식으로부터 각 변압기의 부하전류 분담은 $I_a = \dfrac{Z_1}{Z_a} I_1$, $I_b = \dfrac{Z_1}{Z_b} I_1$ .... ③

3) 결론은 각 변압기의 부하전류는 내부임피던스에 반비례하여 분류한다.

나. 백분율 임피던스의 부하분담

1) A, B 2대 변압기의 전 부하전류를 각각 I_A, I_B라 하고 1차 정격전압을 V라 하면, %임피던스를 $(\% z_a)$, $(\% z_b)$로 표시하면

$(\% z_a) = \dfrac{Z_a I_A}{V} \times 100[\%]$, $(\% z_b) = \dfrac{Z_b I_B}{V} \times 100[\%]$ .... ④

2) 식 ③으로부터 $\dfrac{I_a}{I_b}=\dfrac{Z_b}{Z_a}=\dfrac{(\%z_b)V}{I_B}\times\dfrac{I_A}{(\%z_a)V}=\dfrac{(kVA)_A(\%z_b)}{(kVA)_B(\%z_a)}$이 된다.

$(kVA)_A=m\cdot(kVA)_B$이라면 $\dfrac{(kVA)_a}{(kVA)_b}=\dfrac{VI_a}{VI_b}=m\dfrac{(\%z_b)}{(\%z_a)}$ ………………………… ⑤

여기서, $(kVA)_A$, $(kVA)_B$: 변압기 A, B의 정격용량

$(kVA)_a$, $(kVA)_b$: 각 변압기의 부하용량

3) 즉, 어떤 부하에 대해서도 각 변압기의 부담전류가 정격용량에 비례하여 $I_a/I_b=m$이 되기 위해서는 백분율 임피던스 강하 $(\%z_a)$와 $(\%z_b)$가 같아야 한다.

다. 다수의 변압기가 병렬로 결선된 경우 변압기에 흐르는 전류

$$I_1=\frac{\dfrac{kVA}{\%IZ_1}}{\dfrac{kVA}{\%IZ_1+\%IZ_2\cdots}}\times I_L,\quad I_2=\frac{\dfrac{kVA}{\%IZ_2}}{\dfrac{kVA}{\%IZ_1+\%IZ_2\cdots}}\times I_L$$

여기서, I_L : 병렬변압기에서 선로로 흘러나가는 선전류

참고문제

TR_1, TR_2의 변압기 %임피던스가 3%와 3.5%의 경우 과부하운전을 하지 않기 위한 변압기 병렬운전 시 부하제한은?(단, 용량은 각 75[kVA])

풀이

1. $TR_1=\dfrac{3.5}{3+3.5}\times150=80.8[\text{kVA}]$, $TR_2=\dfrac{3}{3+3.5}\times150=69.2[\text{kVA}]$

2. 임피던스 전압이 낮은 TR_1이 과부하되므로 P를 낮추면

$75[\text{kVA}]=\dfrac{3.5}{3+3.5}\times P$에서 $\therefore P=139[\text{kVA}]$ 부하를 걸면

$TR_1=\dfrac{3.5}{3+3.5}\times139=75[\text{kVA}]$, $TR_2=64[\text{kVA}]$로 부하분담

2.4 변압기 전압변동률

1. 변압기의 손실

가. 변압기 손실의 분류

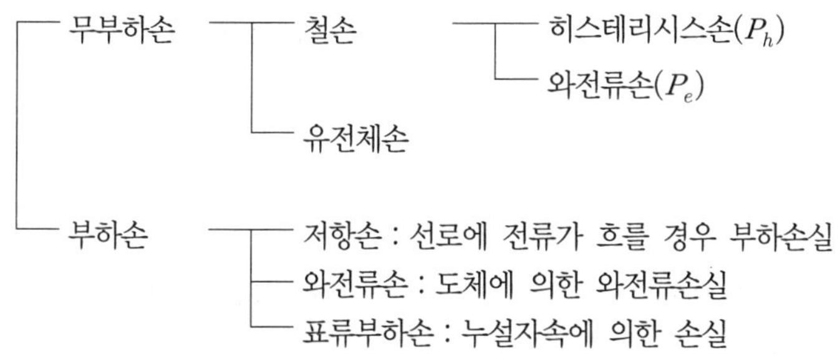

나. 무부하손의 발생원리

1) 히스테리시스손(Hysteresis Loss)

가) 히스테리시스손이란 히스테리시스 곡선에서 철심이 자화하면서 자속밀도 B_1에서 B_2까지 변화하는데 필요한 에너지를 말한다. 즉, [그림 2]의 $B-H$ 곡선에서 자속밀도축의 폐면적이 손실로서 철심에 교번자장이 유도되었을 경우 자속변화에 따라 열이 발생한다.

나) 히스테리시스손 : $P_h = k_h \cdot f \cdot B_m^{1.6}$[W/m³]

여기서, k_h : 재료의 종류에 따른 정수(규소강판 1.6~2.0)
B_m : 최대자속밀도[Wb/m²]

2) 와전류손(Eddy Current Loss)

가) 와전류손은 철 등의 금속 내부를 지나는 자속이 변화하면 철 내부에서는 자속의 변화를 방해하려는 방향으로 유도기전력이 발생하여 와전류손이 흐른다. 따라서 와전류손은 철심강판 두께의 제곱에 비례하여 발생하며 무부하 손실의 20[%]를 점유한다.

나) 와전류손 : $P_e = k_e(t \cdot f \cdot k_f \cdot B_m)^2$[W/m³]

여기서, k_e : 재료의 종류에 따른 정수
t : 강판두께
k_f : 파형률

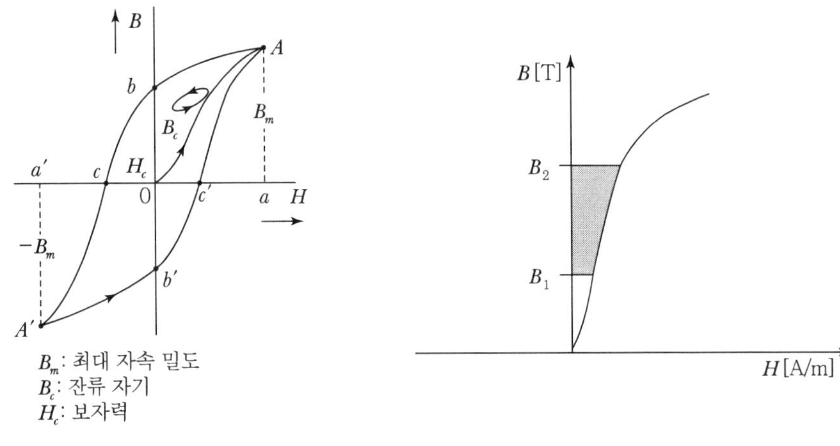

[그림 1] 히스테리시스 곡선　　[그림 2] 자화에너지($B-H$ 곡선)

2. 전압변동률

가. 정의

1) 변압기의 전압변동률은 전부하 시와 무부하 시의 2차 단자전압의 변동 정도를 나타내 주는 것으로 이 값이 크면 부하의 증감에 따라 2차 전압의 변동이 큰 것을 의미한다.
2) 변압기 2차 단자전압은 정격부하를 접속하면 무부하일 때에 비해 다소 감소한다.

나. 전압변동률의 계산

1) 변압기의 2차 단자에 정격전압 V_{2n}이 되도록 정격부하를 유지하다가 변압기를 무부하로 하는 경우 단자전압 V_{20}와의 변동값을 백분율로 표시한다.

$$\text{전압변동률 } \varepsilon = \frac{V_{20} - V_{2n}}{V_{2n}} \times 100[\%]$$

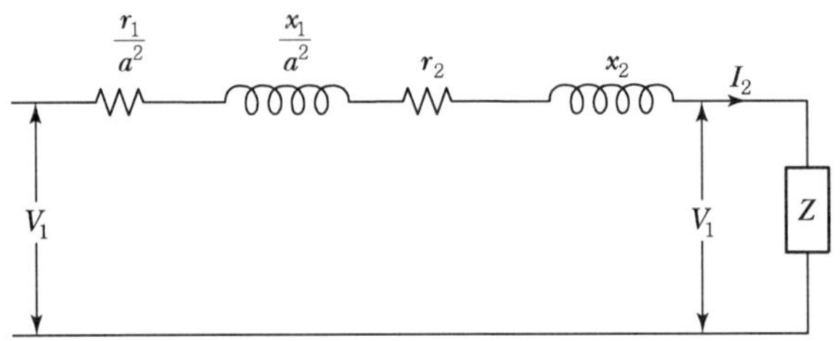

[그림 3] 변압기 2차환산 등가회로

2) 전압변동률의 계산유도

가) [그림 3] 변압기 2차 환산등가회로에서 정격전류 I_2, 저항 $R=\dfrac{r_1}{a^2}+r_2$, 리액턴스 $X=\dfrac{x_1}{a^2}+x_2$이라 놓고, V_{20}, V_{2n}을 2차 전류 I_2 기준으로 벡터도를 그리면 [그림 4]와 같이 된다.

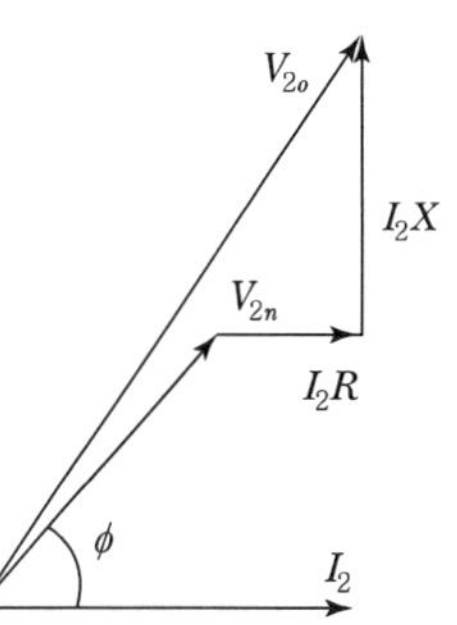

[그림 4] 변압기 벡터도

나) 여기서, 전압변동률을 계산하면

(1) $V_{20}=V_{2n}+I_2Z$

$=V_{2n}+I_2(\cos\phi-j\sin\phi)(R+jX)$

$=V_{2n}+I_2(R\cos\phi+X\sin\phi)$

$+jI_2(X\cos\phi-R\sin\phi)$ ……양변을 제곱하면

(2) $V_{20}^2=(V_{2n}+I_2R\cos\phi+I_2X\sin\phi)^2+(I_2X\cos\phi-I_2R\sin\phi)^2$ ………… ①

(3) 식 ①을 V_{2n}으로 양변을 나누면

$$\left(\frac{V_{20}}{V_{2n}}\right)^2=\left(1+\frac{I_2R}{V_{2n}}\cos\phi+\frac{I_2X}{V_{2n}}\sin\phi\right)^2+\left(\frac{I_2X}{V_{2n}}\cos\phi-\frac{I_2R}{V_{2n}}\sin\phi\right)^2 \quad \cdots\cdots ②$$

다) 정격전류 I_n에 의한 저항강하, 리액턴스강하 및 임피던스강하를 정격전압 V_{2n}에 대한 백분율로 표시하면(Z를 %임피던스강하 $Z=\sqrt{p^2+q^2}$)

(1) p를 %저항강하 $p=\dfrac{I_2R}{V_{2n}}\times 100[\%]$

q를 %리액턴스강하 $q=\dfrac{I_2X}{V_{2n}}\times 100[\%]$ 조건을 ②식에 대입하면

$$\left(\frac{V_{20}}{V_{2n}}\right)^2=\left(1+\frac{p}{100}\cos\phi+\frac{q}{100}\sin\phi\right)^2+\left(\frac{q}{100}\cos\phi-\frac{p}{100}\sin\phi\right)^2 \quad \cdots\cdots ③$$

$\varepsilon=\left(\dfrac{V_{20}}{V_{2n}}-1\right)\times 100[\%]$에 식 ③을 대입하면

(2) 위 식을 치환방법과 2항의 정리 즉 $\sqrt{1+x}\fallingdotseq 1+\dfrac{x}{2}$를 이용하여 정리하면

$$\varepsilon=p\cos\phi+q\sin\phi+\frac{1}{200}(q\cos\phi-p\sin\phi)^2$$

3항의 값이 매우 작으므로 $\dfrac{1}{200}(q\cos\phi-p\sin\phi)^2$ 생략하면

$\therefore\ \varepsilon=p\cos\phi+q\sin\phi$ ………………………………………… ④

3) 결론, 일반적으로 전압변동률은 부하율 $m=1$, 역률이 100[%]일 때를 말하므로

가) $\cos\phi=1$일 때 $\varepsilon=p+\dfrac{1}{200}q^2$이 된다.

PART 03 전원설비

여기서, 제2항을 무시하면 $\varepsilon \fallingdotseq p = \dfrac{I_{2n} \cdot R}{V_{2n}} = \dfrac{I_{2n}^2 \cdot R}{V_{2n} \cdot I_{2n}} = \dfrac{\text{전부하동손}}{\text{정격용량}} \times 100$

최대전압변동률 값은 $\varepsilon_{max} = \sqrt{p^2 + q^2}$ 이다.

나) 보통 변압기는 용량이 클수록 p(%저항 강하)보다 q(%리액턴스 강하)가 몇 배 크다. 따라서 부하역률이 나쁘면 전압변동률이 커지고 앞선 역률의 경우 역률 각은 마이너스가 되고 전압이 상승하게 된다.

다. 전압변동의 영향 및 대책

1) 전압변동의 영향 : 선로손실의 증가, 조명부하에 Flicker 발생, 전기기기의 오동작 및 정지 등의 영향을 받는다.

2) 전압변동의 대책 : 전압변동은 주로 부하의 무효전력 변동에 기인하는 것으로, 전원 측 리액턴스를 X_s로 하고 무효전력 변동분을 ΔQ로 하면 전압변동 ΔV는

가) 수식 : $\Delta V = X_s \cdot \Delta Q / E$ (E=수전전압 일정하면 $\Delta V = X_s \cdot \Delta Q$)

나) 대책 : X_s의 감소, 전압 E을 직접 조정, ΔQ의 감소(무효전력의 보상), 발생 측의 대책에 의해 변동무효전력을 줄인다. 일반 부하 측에서 대책을 세운다.

2.5 차단기 정격선정

1. 차단기 정격의 선정기준

가. 정격전압(Rated Voltage)

정격전압은 회로의 사용전압에 따라 정해지며 차단기에 인가될 수 있는 계통최고전압을 말한다. 3상의 정격전압은 선간전압(실효값)으로 표시한다.

예 정격전압=공칭전압×1.2/1.1

나. 정격전류(Rated Normal Current)

1) 정격전류는 정격전압 및 정격주파수에서 차단기 각 부분의 규정된 온도 상승 한도를 초과하지 않고 그 회로에 접속하여 연속적으로 흘릴 수 있는 전류의 한도를 말한다.

$$\text{정격전류}(I_n) = \frac{P}{\sqrt{3} \times V \times \cos\theta} [\text{A}]$$

2) 부하종류별 정격전류 여유도

가) 일반회로=부하전류×1.2배

나) 전동기회로＝부하전류×3배

다) 콘덴서회로＝부하전류×1.5배

다. 정격차단전류(Rated Short－circuit Breaking Current)

1) 차단기의 정격전압에 해당하는 회복전압 및 정격재기전압을 갖는 회로조건에서 규정된 표준 동작책무 및 동작상태에 따라 차단기가 차단할 수 있는 차단전류의 최대한도를 말한다. 차단시간은 정격차단시간 이내, 차단전류는 교류분 실효값으로 표시한다.

2) 정격차단전류$(I_s) = \dfrac{100}{\%Z} I_n [\text{kA}]$ 여기서, $I_n = \dfrac{P}{\sqrt{3} \times V} [\text{kA}]$

라. 정격투입전류(Rated Short－circuit Making Current)

1) 회로가 고장으로 차단된 후에 고장이 회복되었는지 확인되지 않은 상태에서 재투입하여 강제송전을 시도하는 경우가 많다. 이때 접촉자는 폐로 중의 전자적 반발력을 이겨 투입이 완료되어야 하므로 전류가 흐르지 않는 경우보다 큰 힘이 필요하다.

2) 따라서 정격투입전류는 모든 정격 및 규정된 회로조건에서 표준동작책무에 따라 투입할 수 있는 투입전류의 한도이며 투입전류 최초 파형의 순시 최댓값으로 표시한다.

3) 일반적으로 정격투입전류는 정격차단전류의 2.5배를 선정한다.

마. 정격단시간전류(Rated Short－time Withstand Current)

1) 차단기의 정격단시간전류는 전류를 1초 동안(800[kV]의 경우 2초 동안) 차단기에 고장전류가 흘렀을 때 이상이 발생하지 않는 전류의 최대한도를 말한다.

2) 단락전류보다 큰 값의 차단기를 시설하여야 3상 단락 시 사고를 구간 내에서 효율적으로 차단할 수 있고 차단시간 전까지 차단기 및 기타 설비가 순간적인 대전류에 견딜 수 있도록 하기 위해 정격전류의 2.5배로 한다.

바. 정격절연강도(Rated Insulation Level)

차단기 정격절연강도는 상용주파내전압, 충격파(뇌충격 내전압) 및 개폐임펄스내전압의 절연내력으로 표시하며, 계통전압 단시간 동안 가해지는 이상전압 및 충격성 이상전압 등에 대하여 견뎌야 한다.

1) 상용주파내전압(Power－Frequency Withstand Voltage)은 차단기가 견디어야 하는 상용주파전압 최댓값/$\sqrt{2}$(실효값)을 말한다.

2) 뇌임펄스내전압(Lightning Impulse Withstand Voltage)은 차단기가 견디어야 하는 뇌임펄스전압의 최댓값을 말한다.

3) 개폐임펄스내전압(Switching Impulse Withstand Voltage)은 차단기가 견디어야 하는 개폐임펄스전압의 최댓값을 말한다.

[표 1] 차단기의 절연강도(한전기준)

정격전압 (kV, rms)	상용주파내전압 (kV, rms)		뇌충격내전압 (kV, peak, 12/50μs)		개폐임펄스내전압 (kV, peak, 250/2,500μs)	
	도전부와 대지	동상극간	도전부와 대지	동상극간	도전부와 대지	동상극간
25.8	70(60)	70(60)	150	150	–	–
170	325	325	750	750	–	–
362	450	520	1,175	1,175	950	800

사. 과도회복전압(TRV ; Transient Recovery Voltage)

1) 과도회복전압은 정격차단전류 또는 그 이하의 전류를 차단할 때 차단기 극간에 나타나는 전압을 말하며, 차단기는 이 전압에 견딜 수 있는 절연성능을 가져야 한다.
2) 정격전압 72.5[kV] 이하 차단기의 과도회복전압은 2－Parameter를 72.5[kV]를 초과하는 차단기는 4－Parameter를 적용한다.
3) 고유과도회복전압(Prospective TRV)이란 과도회복전압의 형태를 결정하는 주요 요인에는 계통의 특성, 고장 형태, 차단기의 특성이 있다. 이 중 고장형태 및 차단기의 특성을 일정하게 유지하고 순수한 계통 특성에만 의해 결정되는 과도회복전압을 말한다.

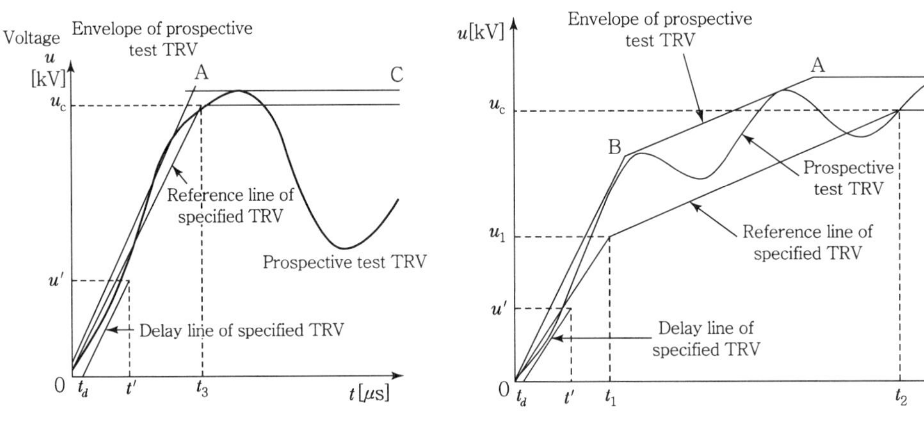

[그림 1] 2－Parameter

[그림 2] 4－Parameter

아. 정격차단시간(Rated Break－time)

정격차단시간은 개극시간과 아크시간의 합으로 정격차단시간을 표시한다.

1) 정격차단시간이란 정격차단전류를 정격전압, 정격주파수 등 규정된 회로조건에서 표준동작책무에 따라 차단할 경우 차단시간의 한도를 의미한다.

   예 정격차단시간 = 개극시간 + 아크시간

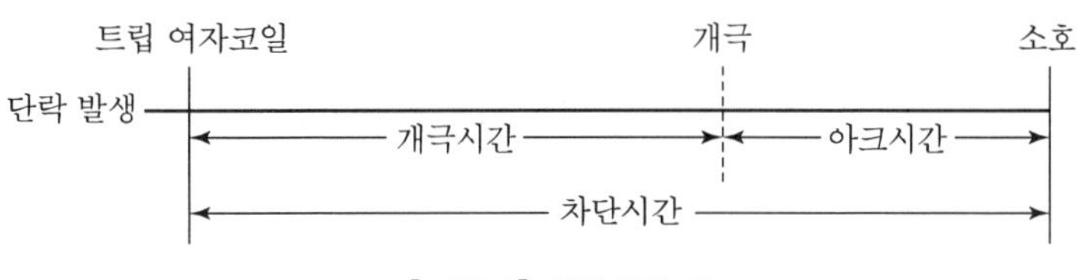

[그림 3] 차단시간 Diagram

2) 개극시간(Opening Time)이란 폐로상태에서 차단기의 트립제어장치에 정격이 인가된 순간부터 접촉자가 개리(開離)할 때까지의 시간을 개극시간이라 말하며, 정격값에서 트립시키는 경우의 개극시간을 정격개극시간이라 함(Fuse의 경우 용단시간)

자. 표준동작책무(Rated Operating Sequence)

1) 차단기의 표준동작책무는 정격전압에서 차단기의 투입, 차단 또는 투입차단을 정해진 시간 간격으로 행하는 일련의 동작을 말한다.

2) 차단기의 표준 동작책무(C 투입동작, O 차단동작, CO 일련의 단위동작)

가) 일반용 CO－15초－CO　　차단기에 적용

나) 고속도 재투입용 O－0.3초－CO－3분－CO　　차단기(25.8[kV]급 15초)

3) 차단기의 정격(24[kV]용)

정격전압[kV]	정격차단전류[kA]	차단시간[Cycle]	투입전류[kA]	차단용량[MVA]
24	12.5	5	31.5	520
	20	5	50	830
	25	5	63	1,000
	40	5	100	1,700

2. 차단기 차단용량 선정

가. 차단용량

1) 정격차단용량이란 계통의 3상 단락전류 용량의 한도를 말하며 차단기의 정격전압과 정격차단전류를 곱하고 여기에 $\sqrt{3}$ 배를 한 값이다.

2) 정격차단용량 $P_s[\text{MVA}] = \sqrt{3} \times V[\text{kV}] \times I_s[\text{kA}]$

$$\text{차단용량}(P_s) = \frac{100}{\%Z_n} \times P[\text{kVA}] \ \left[\frac{P_s}{P} = \frac{\sqrt{3}\,VI_s}{\sqrt{3}\,VI_n} = \frac{\frac{100}{\%Z}I_n}{I_n} = \frac{100}{\%Z} \right]$$

나. 고장전류의 계산

3상 대칭단락전류(I_s) : $I_s = \frac{100}{\%Z} \times I_n = \frac{100}{\%Z} \times \frac{P}{\sqrt{3}\ V}$

1) 3상 비대칭단락전류=(3상 대칭단락전류)×α(비대칭계수)
2) 차단기 차단용량 선정시 계산되는 고장전류 값에 1.5~2배 정도의 여유를 두는 것이 바람직하다.

2.6 퓨즈

1. 전력퓨즈의 특성

가. 전류-시간특성($I-t$ 특성)

1) 단시간 허용특성

가) 퓨즈에 전류를 통전한 경우 퓨즈소자가 열화하지 않는 전류-시간특성을 말한다.
나) 적용부하에 대한 퓨즈의 정격전류 선정 시 필요하다.

2) 용단특성

가) 퓨즈에 과전류를 흘려서 용단시킨 경우의 전류-시간특성을 말한다.
나) 변압기용, 전동기용, 콘덴서용에 적합한 용단종별 표시에 적용한다.
다) 용단특성의 종류에는 최소용단특성, 평균용단특성, 최대용단특성이 있다.

3) 차단특성

가) 사고전류가 흘러 퓨즈소자가 용(단, 소호하여 차단을 완료하기까지의 전류-시간특성을 말한다.)
나) 상위 차단기와 동작협조 검토에 사용한다.

나. 한류특성

1) 한류형 퓨즈는 고장전류를 차단할 때 최초의 반파에서 차단하여 전류파고치를 낮게 하는 특성으로 최대통과전류를 크게 한류하기 때문에 회로에 연결된 직렬기기의 열적, 기계적 강도를 줄일 수 있다.
2) 한류형 퓨즈의 한류치와 규약차단전류는 보통 다음 식으로 산출한다.

최대통과전류 $I_P = k^3\sqrt{F \times I_S}$ 즉, 한류치는 고장전류의 1/3승에 비례한 크기로 제한

여기서, k : 상수, F : 퓨즈 엘리멘트의 최소단면적[mm^2]
I_S : 규약차단전류[A]

2. 전력퓨즈 및 차단기의 차단 특성 비교

가. 전류파형 비교

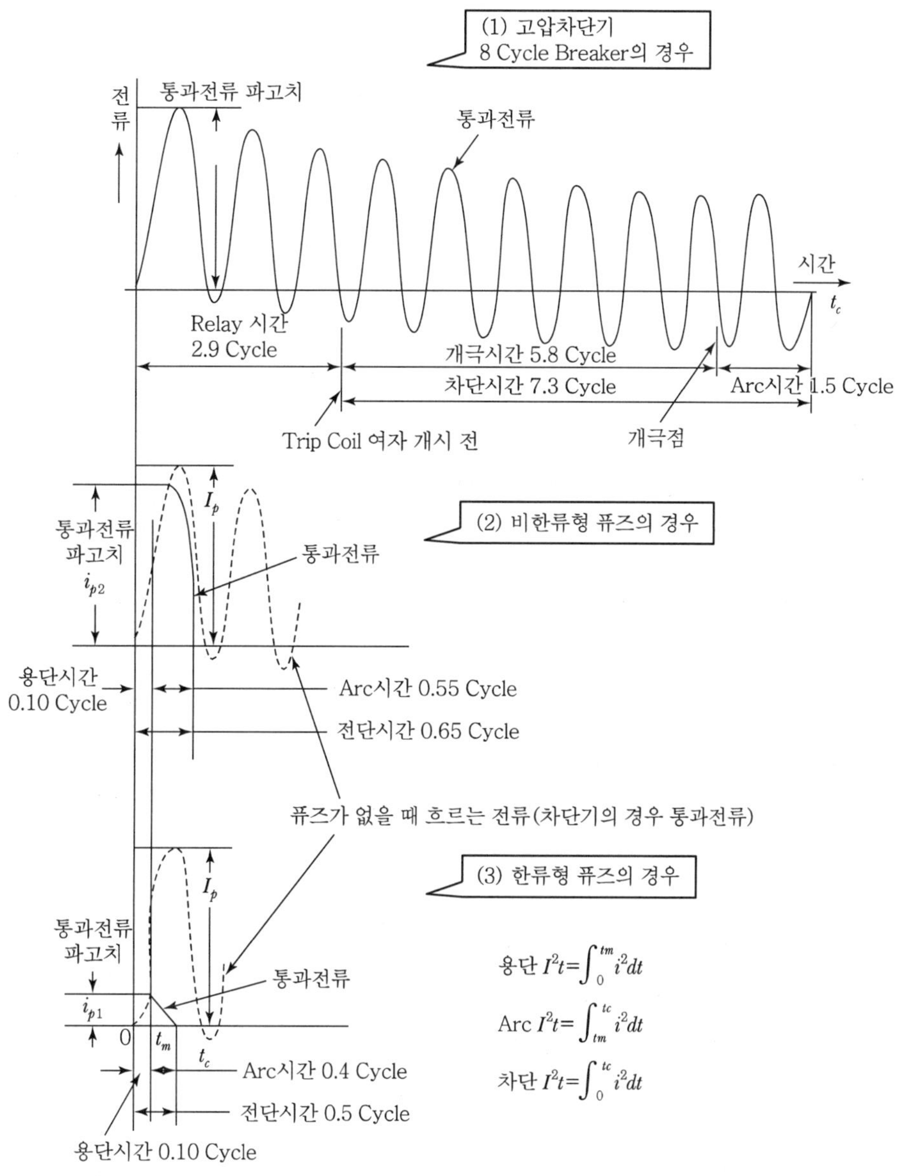

[그림 1] 각종 단락보호장치의 차단 시 전류파형 비교도(동일 조건 차단의 경우)

나. 차단기 특성 비교

[표 1] 차단기 특성 비교

특성	차단기	비한류형 퓨즈	한류형 퓨즈
전차단시간	10Cycle	0.65Cycle	0.5Cycle
최대 통과 전류	단락전류 파고치(최대단락 전류 실효값의 $2\sqrt{2}$ 배)	단락전류 파고치의 80[%]	단락전류 파고치의 10[%]
차단 I^2t	단락전류와 같이 증가	단락전류와 같이 증가	크게 증가하지 않음
소전류 차단기능	• 정격차단전류 이하에서 동작하면 반드시 차단된다. • 과부하 보호 가능하다.	• 정격차단전류 이하에서 동작하면 반드시 차단된다. • 과부하 보호 가능하다.	• 용단시간이 긴 소전류 영역에서 차단되지 않고 큰 고장전류에 차단 용이하다. • 과부하 보호에 사용 곤란

3. Fuse의 동작 특성

가. 동작시간 0.01초 이상의 동작 특성

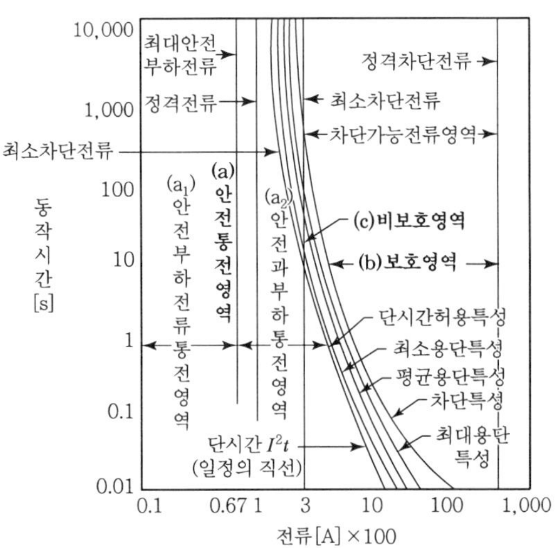

[그림 2] 전력퓨즈의 전류–시간 특성 곡선

1) 안전통전영역(a)

부하전류를 안전하게 통전 가능한 영역. 안전부하전류통전영역+안전과부하통전영역

2) 보호영역(b)

가) 최소차단전류 이상 정격차단전류까지의 영역으로 이 영역의 전류는 확실하게 차단한다.

나) 퓨즈는 열동적으로 동작하여 대전류, 즉 단락전류는 확실하게 차단하나 과부하보호에는 부적합하다.

3) 비보호영역(c)

가) 안전통전영역과 보호영역 사이의 영역으로 이 영역의 사고전류는 보호되지 않고 용단되지 않아도 손상 열화할 우려가 있다.

나) 이것이 퓨즈의 단점이며 퓨즈의 본질상 이 영역은 없앨 수 없으므로 이 영역에는 전류를 흘리지 않는다.

다) 대책으로 큰 정격전류를 선정하거나 다른 보호장치로 보호한다.

나. 동작시간 0.01초 이하의 동작 특성

1) 단시간허용 I^2t

가) 단시간전류(I_S)와 허용시간(t_S)의 관계는 "$I_S^2 \times t_S$=일정"하다. 즉, 단시간 전류는 제곱에 비례하여 증가하므로 허용시간은 짧게 된다.

나) 단시간허용 I^2t가 일정한 것은 퓨즈의 단점으로 순간적인 과도전류에도 퓨즈가 용단 또는 열화되므로 주의해야 한다.

예 "허용열에너지=단시간 허용 I^2t"는 일정

2) 차단 I^2t

가) 퓨즈가 차단 완료할 때까지 회로에 유입하는 열에너지의 크기로서 이 값이 피보호기기의 열적강도(I^2t)보다 작은 퓨즈를 사용해야 한다.

나) 퓨즈는 한류작용과 고속 동작으로 차단기에 비하면 차단 I^2t는 매우 적어 큰 보호특성을 가지고 있다.

다) 다른 기기와 열적강도 검토의 경우 사용한다.

3) 통과전류파고치

단락전류와 통과전류 파고치와 관계는 한류특성으로 나타나며 단락전류에 의한 전자력 등 피보호기기와 기계적 강도 검토의 경우 사용된다.

2.7 피뢰기

1. 피뢰기의 설치

가. 피뢰기 선정 시 유의사항(설계순서)

1) 피뢰시 설치장소에서의 최대상용주파 대지전압을 선정한다.
2) 가장 심한 피뢰기 방전전류의 크기 및 파형을 고려한다.(2.5~10[kA], 보통 3[kA] 이하)
3) 피 보호기기의 충격절연내력을 결정한다.(공기의 절연내력은 고도가 높을수록 저하)
4) 피뢰기의 정격전압 및 공칭방전전류 결정한다.
5) 피뢰기의 절연협조를 검토하여 보호레벨 결정한다.(피보호 기기의 충격절연내력과 피뢰기 보호레벨 간의 절연협조는 충격전압에 대하여 20[%], 개폐 서지에 대하여 15[%]의 여유를 둔다. 따라서 최소보호비를 1.2로 한다.)
6) 이격거리 및 기타 관계요소를 고려하여 전압을 결정한다.(가능한 한 피보호기기에 근접한 곳에 피뢰기를 설치한다.)

나. 피뢰기 설치장소

1) 발 · 변전소의 인입구 및 인출구
2) 특고압 배전용 변압기의 고압 및 특고압 측
3) 특고압, 고압 가공전선으로부터 공급받는 수전장소의 인입구
4) 지중선로와 가공전선로가 접속되는 곳

다. 피뢰기의 설치위치

1) $V_t = V_P + \dfrac{2uS}{V}$ [kV]

여기서, V_P : 피뢰기 억제전압
V_t : 기기에 걸리는 전압(최대 LIWL)
u[kV/μs] : 침입파의 진행속도(차폐선로 500, 일반선로 200)
S[m] : 피뢰기와 기기와의 거리
V[m/μs] : 서지전파속도(가공선로 300, 케이블 150)

2) 22.9[kV] 계통의 피뢰기 위치는 피보호기기로부터 20[m] 이내에 설치한다.
3) 변압기 단자에 가해지는 파고치는 S(거리)가 길어지면 파고치가 높게 된다.
4) 선로가 케이블인 경우에는 케이블 양단에 피뢰기를 설치한다.

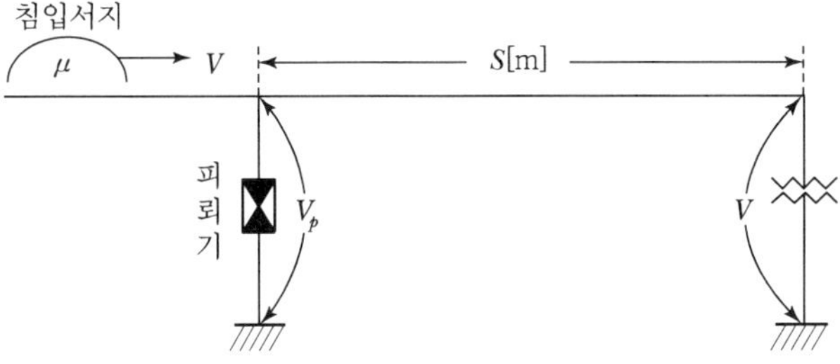

[그림 1] 피뢰기와 피보호기 거리

라. 피뢰기의 접지

1) 피뢰기의 접지조건

가) 피뢰기의 접지저항은 가능한 3[Ω] 이하를 유지한다.
나) 피뢰기의 접지는 다중접지식으로 하는 것이 가장 유리하다.
다) 피뢰기에 사용하는 접지도선은 가능한 한 짧게 한다.
라) 피뢰기의 접지는 단독접지가 좋으나 공통접지도 가능하다.

2) 피뢰기용 접지선의 굵기 선정 : $S= \frac{\sqrt{t}}{282} \times I_S[\text{mm}^2]$

여기서, I_S : 낙뢰전류 또는 고장전류[kA]

t : 고장계속시간[sec](22[kV]급 선로 1.1 적용)

3) 접지계수

가) 접지계수 $\phi = \frac{V_f}{V_L} \times 100 = \frac{V_f}{\sqrt{3}\, V_0} \times 100 \qquad \therefore \frac{V_f}{V_0} = \sqrt{3} \times \frac{\phi}{100}$

여기서, V_f : 건전상의 대지전압 실효치

V_L : 사고제거 후의 선간전압

V_0 : 상전압

나) 유효접지된 접지계수 80[%]의 경우 1선 지락사고가 발생했을 때 고장 시 대지전압은 선간전압의 0.8배 또는 상전압의 1.385배($0.8 \times \sqrt{3}$)

2. 피뢰기의 주요 특성

가. 제한전압

1) 제한전압의 종류에는 뇌임펄스 제한전압, 개폐임펄스 제한전압 등이 있다.

2) 제한전압이 결정되는 원리

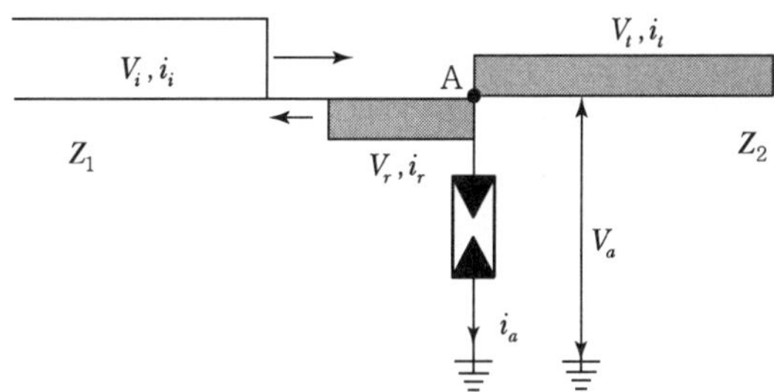

V_i, i_i : 입사파의 전압 · 전류

V_r, i_r : 반사파의 전압 · 전류

V_t, i_t : 투과파의 전압 · 전류

V_a : 피뢰기 제한전압

i_a : 피뢰기 방전전류

Z_1, Z_2 : 선로의 특성임피던스

[그림 2] 피뢰기의 제한전압

가) [그림 2]의 A점을 기준으로 볼 때 투과파 전압은 입사파에서 반사파를 뺀 것

$V_i - V_r = V_t$

따라서 피뢰기에 걸리는 제한전압은 투과파 전압 $V_t = V_a$가 된다.

$V_i - V_r = V_t = V_a$ ……………………………………………………… ①

나) A점에 키르히호프의 법칙을 적용하여 반사파 전류를 구하면

$i_i - i_r = i_a + i_t$에서 $i_r = i_i - i_a - i_t$ ……………………………………… ②

다) 입사파 전압, 반사파 전압(입사파와 방향이 반대 −), 투과파 전압은

$$V_i = Z_1 i_i,\ \ V_r = -Z_1 i_r,\ \ V_t = Z_2 i_t \text{에서 } i_t = \frac{V_t}{Z_2} = \frac{V_a}{Z_2} \quad \cdots\cdots\cdots\cdots ③$$

라) 피뢰기 제한전압(V_a)은

$$V_a = V_i + Z_1 i_r = V_i + Z_1(i_i - i_a - i_t) = V_i + Z_1 i_i - Z_1 i_a - Z_1 i_t \quad \cdots\cdots\cdots ④$$

식 ④에 식 ③을 대입하면 $V_a = V_i + V_i - Z_1 i_a - Z_1 i_t$

$$= 2V_i - Z_1 i_a - Z_1 \frac{V_a}{Z_2} \quad \cdots\cdots\cdots\cdots ⑤$$

식 ⑤를 정리하면

$V_a + Z_1 \dfrac{V_a}{Z_2} = 2V_i - Z_1 i_a$에서 V_a로 정리하면, $V_a\left(1 + \dfrac{Z_1}{Z_2}\right) = 2V_i - Z_1 i_a$에서

제한전압 $V_a = \dfrac{2V_i - Z_1 i_a}{\dfrac{Z_2 + Z_1}{Z_2}} = \dfrac{Z_2(2V_i - Z_1 i_a)}{Z_1 + Z_2}$

마) 피뢰기의 제한전압을 특성임피던스와 입사파 전압 및 피뢰기의 방전전류 함수로 표시하면

$$V_a = \frac{2Z_2}{Z_2 + Z_1} V_i - \frac{Z_1 Z_2}{Z_2 + Z_1} i_a \qquad \text{여기서, } i_a = \frac{V_t}{R_a}$$

3) 제한전압에 영향을 주는 요소

가) 제한전압은 충격파의 파형과 피뢰기의 방전특성 등에 의해 결정되며 피보호기기에 가해지는 전압은 피뢰기의 접지저항과 피보호기기의 특성 및 피뢰기로부터 피보호기기까지 거리 등에 의하여 달라진다.

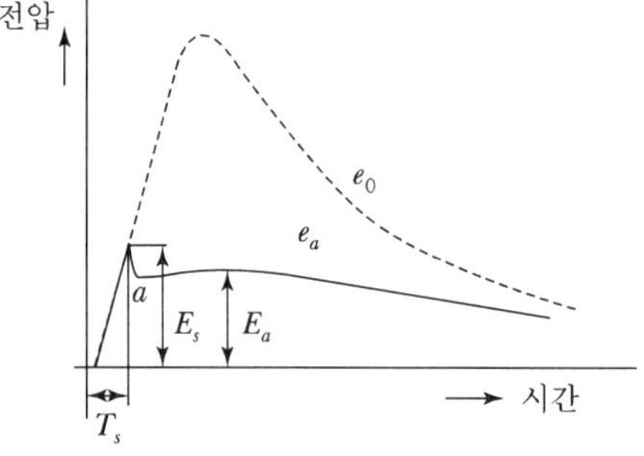

[그림 3] 임펄스 방전개시전압

나) 임펄스 방전개시전압과 시간의 관계

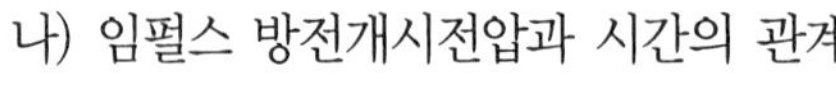

T_s : 임펄스 방전개시까지의 시간

E_s : 임펄스 방전개시전압

E_a : 제한전압 파고값

e_a : 제한전압(a점 이후)

e_0 : 원전압(방전개시 전의 단자 간 전압)

나. 과전률과 열폭주 현상

1) 동작개시전압은 누설전류(I_R)가 1~3[mA]가 흐를 때의 전압을 말하며 동작개시전압을 초과하는 전압이 긴 시간 동안 인가되면 피뢰기는 열 폭주로 인하여 파손하게 된다.

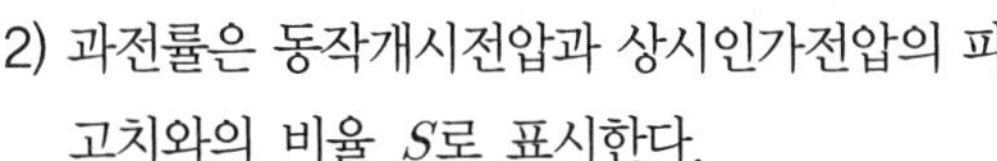

2) 과전률은 동작개시전압과 상시인가전압의 파고치와의 비율 S로 표시한다.

가) 과전률(S)

$$= \frac{\text{상시인가전압의 파고치}}{\text{동작개시전압}} \times 100[\%]$$

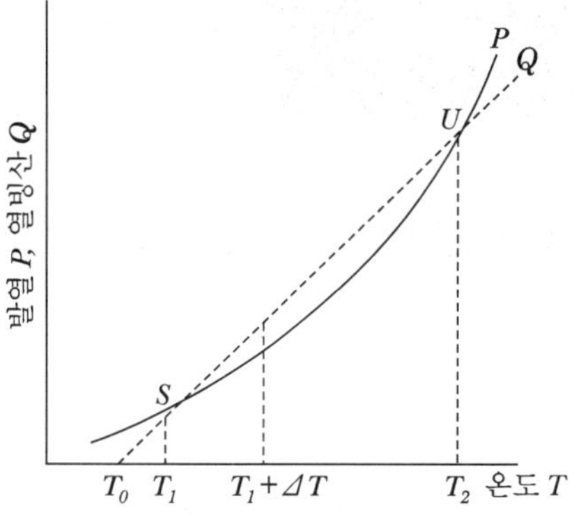

[그림 4] 산화아연소자의 발열특성

나) 피뢰기에 있어서 과전률은 장기수명특성이나 열폭주의 기준으로 사용하며 45~80[%] 정도이다.

다) 계통전압이 높고, 저감절연을 한 경우 피뢰기는 과전률이 높은 고정격 피뢰기가 된다.

3) 열 폭주(Thermal Runaway) 현상

가) 산화아연소자의 발열량과 피뢰기의 방열량이 평형을 이루면 안정을 이루지만 누설전류의 증가로 발열량이 방열량보다 큰 경우에는 피뢰기는 과열이 되고 열 폭주에 의하여 파괴에 이르는 것이 열 폭주현상이다.

나) 산화아연소자에 일정전압을 인가하면 소자의 저항분에 의한 누설전류가 흐른다. 이 누설전류(I_R)에 의해 소자가 발열한다.

(1) 발열량<방열량 : 정상

(2) 발열량>방열량 : 과열로 소자파괴 열 폭주

CHAPTER 02

필수예제

예제 01	변압기 임피던스 전압의 크기 및 구성(다수변압기의 경우)에 관하여 전력공급설비 설계 시 검토하여야 할 사항에 대하여 설명하시오. 〈71-2-2〉

풀이

1. 변압기의 임피던스 전압

1) 변압기 임피던스 전압은 정격전류가 흐를 때 변압기 자체의 내부 임피던스에 의해서 전압 강하의 크기를 말한다. 정격 전류를 I라 하고 내부 임피던스를 Z라고 할 때 임피던스 $E_Z = IV$[V]가 된다.

2) 그러나 변압기 임피던스 전압은 임피던스 전압 그 자체로 표시하기 보다는 일반적으로 %임피던스로 표시한다. 변압기 내부 임피던스를 Z, 정격전류를 I, 정격 상전압을 E, 선간 전압을 V라 하면 $\%Z$는 다음과 같이 계산된다.

$$\%Z = \frac{IZ}{E}\times 100 = \frac{EIZ}{E^2}\times 100 = \frac{P_1 Z}{10E^2} = \frac{P_3 Z}{10\,V^2}$$

여기서, P : kVA 단위, E : kV 단위, V : kV 단위
Z : Ω 단위, P_1 : 단상전력, P_3 : 3상 전력

3) 따라서 임피던스 전압이 크다고 하는 것은 %임피던스가 크다는 것을 의미하는데, 이 경우에는 2차 측의 단락 시 단락 전류는 작아서 좋다고 하겠으나 전압변동률이 커지는 단점이 있다.

4) 결국 변압기의 임피던스 전압 또는 %임피던스는 단락전류와 전압변동률의 두 가지 측면에서 절충하여 결정되어야 할 사항이다.

2. 설계 시 변압기의 임피던스 전압 관련 고려사항

1) 전압변동률

(1) 전압변동률은 다음 식으로 계산된다.

$$\text{전압변동률 } \varepsilon = \frac{V_{20} - V_{2n}}{V_{2n}}\times 100[\%] = \frac{IZ}{V_{2n}}\times 100[\%] \quad \cdots\cdots ①$$

여기서, V_{20} : 무부하 2차 전압, V_{2n} : 정격 2차 전압
I : 정격전류, Z : 변압기 내부 임피던스

(2) 식 ①에서 임피던스 전압이 커지면 전압변동률이 커지는 것을 볼 수 있다. 변압기 2차 측의 전압변동률을 적게 하기 위해서는 임피던스 전압은 작을수록 좋다고 할 수 있다.

2) 단락전류 및 차단기의 차단용량

(1) 차단기의 용량이란 일반적으로 그 차단기가 설치된 바로 2차 측에서 3상 단락 사고가 난 경우 이를 차단할 수 있는 용량한도를 말하며 다음 식으로 계산한다.

차단용량$(MVA) = \sqrt{3} \times$정격전압[kV]$\times$정격차단전류[kA]

기준용량과 $\%Z$가 주어진 경우

차단용량 MVA $= \dfrac{100}{\%Z} \times$기준용량[MVA] ······························ ②

기기의 정격용량과 $\%Z$가 주어진 경우

차단용량 MVA $= \dfrac{100}{\%Z} \times$정격용량[MVA] ······························ ③

(2) 식 ②와 ③에서 보면 차단기의 차단용량은 %임피던스, 즉 임피던스 전압강하에 반비례해서 커지는 것을 볼 수 있다. 결국 단락전류의 크기를 제한하기 위해서는 임피던스 전압은 작을수록 좋다.

3) 변압기의 병렬운전

(1) 임피던스가 다른 2대 변압기의 부하분담

2대의 변압기 T_1, T_2의 임피던스를 각각 Z_1, Z_2라 하고 전부하를 P라 하면 변압기 각각에 걸리는 부하분담은 다음과 같다.

$$P_{T1} = \frac{Z_2}{Z_1 + Z_2} \times P,\ P_{T2} = \frac{Z_1}{Z_1 + Z_2} \times P$$

(2) 용량과 $\%Z$가 다른 여러 대의 변압기를 병렬로 운전하는 경우

- 정격용량과 %임피던스가 서로 다른 변압기를 여러 대 병렬운전할 때 걸 수 있는 합성 최대 부하는 각 변압기 용량의 합계가 되지 않는다.
- 예를 들어 a, b, c 3대의 변압기가 용량이 P_a, P_b, P_c이고 그 각각의 자기용량 기준 % 임피던스가 Z_a, Z_b, Z_c인 경우에 합성최대 전력은 다음 각각의 경우에 따라 달라진다.

Z_a가 가장 작은 경우 $P_{\max} \le Z_a\left(\dfrac{P_a}{Z_a} + \dfrac{P_b}{Z_b} + \dfrac{P_c}{Z_c}\right)$

Z_b가 가장 작은 경우 $P_{\max} \le Z_b\left(\dfrac{P_a}{Z_a} + \dfrac{P_b}{Z_b} + \dfrac{P_c}{Z_c}\right)$

Z_c가 가장 작은 경우 $P_{\max} \le Z_c\left(\dfrac{P_a}{Z_a} + \dfrac{P_b}{Z_b} + \dfrac{P_c}{Z_c}\right)$

변압기 대수가 4, 5, ⋯, N대인 경우도 같은 요령으로 계산할 수 있다.

• 따라서 임피던스 전압강하와 용량이 각기 다른 다수 변압기를 병렬운전하고자 할 때 걸 수 있는 최대전력을 P_m이라고 하면 P_m은 각 변압기 개개의 정격용량의 합계보다 작아진다. 즉

$P_m < P_a + P_b + P_c$

가 되므로 위의 식에 의해서 걸 수 있는 합성최대 전력을 계산해서 합성용량을 산정해야 할 것이다.

예제 02 그림과 같은 3권선 변압기의 누설리액턴스[%], Z_{ps}, Z_{st}, Z_{tp}가 아래와 같을 때 30[MVA]를 기준으로 한 1, 2, 3차 임피던스[%]로 표시된 3권선 변압기의 등가회로를 그리시오. **〈62회 발송배전기술사〉**

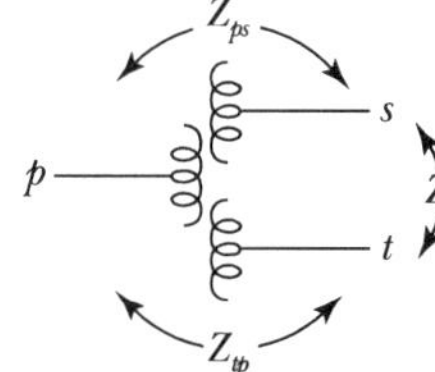

Z_{ps} ja[%] : 30[MVA] 기준

Z_{st} jb[%] : 5[MVA] 기준

Z_{tp} jc[%] : 5[MVA] 기준

풀이

1. 30[MVA] 기준으로 환산하면

$$Z_{ps} = ja[\%]$$

$$Z_{st} = jb \times \frac{30}{5} = j6b[\%]$$

$$Z_{tp} = jc \times \frac{30}{5} = j6c[\%]$$

따라서

$$Z_p = \frac{Z_{ps} + Z_{tp} - Z_{st}}{2} = \frac{ja + j6b - j6c}{2} = j\frac{a + 6(b-c)}{2}[\%]$$

$$Z_s = \frac{Z_{ps} + Z_{st} - Z_{tp}}{2} = \frac{ja + j6c - j6b}{2} = j\frac{a + 6(c-b)}{2}[\%]$$

$$Z_t = \frac{Z_{st} + Z_{tp} - Z_{ps}}{2} = \frac{j6b + j6c - ja}{2} = j\frac{6(b+c) - a}{2}[\%]$$

이므로

2. 등가회로는 다음과 같다.

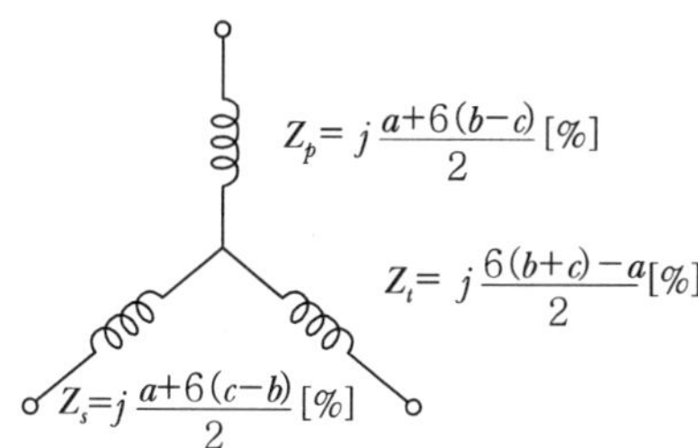

예제 03 변압기 병렬운전 시 서로 다른 임피던스의 경우 계산 예를 들어 설명하시오.

〈83-3-3〉

풀이

1. 변압기의 병렬운전 조건(☞ 참고 : 변압기의 병렬운전 조건)

2. 변압기 %임피던스값

임피던스 전압이 다른 변압기를 병렬운전하게 되면 용량에 비례한 부하가 분담되지 않고 임피던스 전압이 낮은 쪽이 과부하가 된다.

1) 용량이 같고 임피던스가 다른 변압기의 부하분담

(1) 2대 변압기 T_1, T_2의 임피던스를 Z_1, Z_2라고 하면 변압기 각각의 부하분담은

$$P_{T1} = \frac{Z_2}{Z_1 + Z_2}P,\ P_{T2} = \frac{Z_1}{Z_1 + Z_2}P\ (\text{단},\ P = P_1 + P_2)$$

또는 P_{T1}, P_{T2}의 %임피던스를 $\%Z_1$, $\%Z_2$라고 하면 변압기 각각의 부하분담은

$$P_{T1} = \frac{\%Z_2}{\%Z_1 + \%Z_2} \times P,\ P_{T2} = \frac{\%Z_1}{\%Z_1 + \%Z_2} \times P$$

(2) 결론적으로 임피던스 전압이 작은 변압기의 부하분담이 커지게 되므로 임피던스 전압의 차가 큰 변압기는 병렬운전을 피해야 한다. 일반적으로 두 변압기의 정격용량의 비가 3 : 1 미만이고 백분율 임피던스 차이가 10[%] 이내인 경우 병렬운전하여도 무방하다.

2) 용량과 $\%Z$가 모두 다른 경우의 합성최대부하

(1) 정격용량과 %임피던스가 서로 다른 변압기를 여러 대 병렬운전할 때 걸 수 있는 합성최대부하의 간단한 계산법

(2) 변압기 용량이 P_a, P_b, P_c이고, 각각 자기용량의 %임피던스가 Z_a, Z_b, Z_c인 경우

㉠ Z_a, Z_b, Z_c 중에서 Z_a가 가장 작은 경우 $P_{\max} \le Z_a\left(\dfrac{P_a}{Z_a}+\dfrac{P_b}{Z_b}+\dfrac{P_c}{Z_c}\right)$

㉡ Z_a, Z_b, Z_c 중에서 Z_b가 가장 작은 경우 $P_{\max} \le Z_b\left(\dfrac{P_a}{Z_a}+\dfrac{P_b}{Z_b}+\dfrac{P_c}{Z_c}\right)$

㉢ Z_a, Z_b, Z_c 중에서 Z_c가 가장 작은 경우 $P_{\max} \le Z_c\left(\dfrac{P_a}{Z_a}+\dfrac{P_b}{Z_b}+\dfrac{P_c}{Z_c}\right)$

3. 계산 예

1) $\%Z$가 각각 6[%], 8[%]인 1,000[kVA] 변압기 두 대를 병렬운전할 때 부하가 2,000[kVA]이면

$$P_{T6\%} = \frac{8}{6+8}\times 2{,}000 = 1{,}143[\text{kVA}]$$

$$P_{T8\%} = \frac{6}{6+8}\times 2{,}000 = 857[\text{kVA}]$$

가 되어 임피던스가 작은 변압기는 과부하가 된다. 과부하되지 않고 걸 수 있는 최대부하는 임피던스가 작은 변압기에 정격부하가 걸리도록 해야 하므로

$$\frac{8}{6+8}\times P_{\max} = 1{,}000[\text{kVA}]$$

$$P_{\max} = \frac{6+8}{8}\times 1{,}000 = 1{,}750[\text{kVA}]$$

2) 예를 들어 용량과 $\%Z$가 각각 (1) 750[kVA] 6[%], (2) 1,000[kVA] 7[%], (3) 1,200[kVA] 8[%]인 3대의 변압기를 병렬운전할 때 걸 수 있는 최대부하는

$$P_{\max} \le Z_a\left(\frac{P_a}{Z_a}+\frac{P_b}{Z_b}+\frac{P_c}{Z_c}\right) = 6\times\left(\frac{750}{6}+\frac{1{,}000}{7}+\frac{1{,}200}{8}\right) = 2{,}507.14[\text{kVA}]$$

이때 각 변압기의 부하분담은

(1) 750[kVA] 변압기 $\rightarrow 6\times\dfrac{750}{6} = 750[\text{kVA}]$

(2) 1,000[kVA] 변압기 $\rightarrow 6\times\dfrac{1{,}000}{7} = 857.14[\text{kVA}]$

(3) 1,200[kVA] 변압기 $\rightarrow 6\times\dfrac{1{,}200}{8} = 900[\text{kVA}]$

예제 04 변압기 용량은 50[kVA]로 같지만, 변압기 임피던스가 각각 3[%] 및 3.7[%]인 2대의 변압기를 병렬운전할 경우 걸 수 있는 부하의 최댓값 P_{Lm}[kVA]를 구하여라.(단, 각 변압기의 저항과 리액턴스의 비는 같다고 한다.)

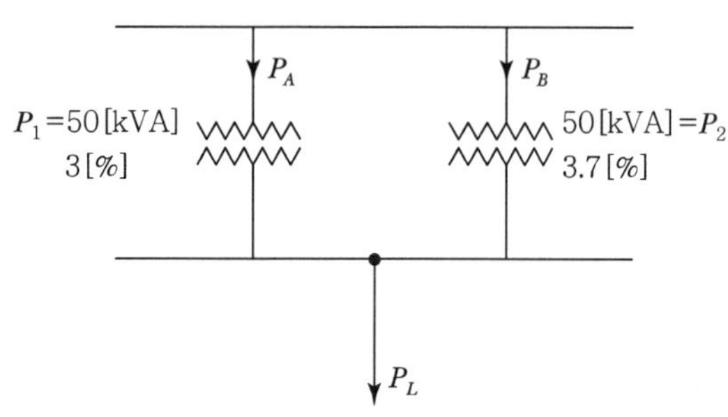

풀이

1. 개요

그림과 같이 병렬운전할 변압기의 용량은 $P_1 = P_2 = 50$[kVA]로 같은 용량이므로, 부하가 증가하였을 경우 먼저 정격 용량에 도달하는 것은 임피던스가 작은 변압기이다.

2. 최대부하의 계산

P_1 변압기에 걸리는 부하 P_A가 50[kVA]일 때, $Z_1 = 3[\%]$, $Z_2 = 3.7[\%]$이므로

최대 부하 P_{Lm}[kVA]은

$$P_A = \frac{Z_2 P_1}{Z_1 P_2 + Z_2 P_1} \times P_{Lm}$$

위 식에서 임피던스가 작은 변압기에 정격부하가 걸려야 하므로

$$50 = \frac{3.7}{3+3.7} \times P_{Lm} (\because \ P_1 = P_2 \text{이므로})\text{에서 } P_{Lm} = \frac{3+3.7}{3.7} \times 50$$

따라서, P_{Lm}은 90.5[kVA]이다.

예제 05 15[kVA], 6.6[kV]/2.4[kV]인 변압기의 2차 측에서 본 합성저항은 7.05[Ω], 리액턴스는 10.27[Ω]이다. 역률 100[%] 및 80[%]일 때의 전압변동률을 구하여라.

풀이

1. 정격 2차 전류

$$I_2 = \frac{15{,}000}{2{,}400} = 6.25[\text{A}]$$

1) %저항 강하는

$$p=\frac{I_2 \cdot r}{V_{2n}}=\frac{6.25\times 7.05}{2,400}\times 100=1.84[\%]$$

2) %리액턴스 강하는

$$q=\frac{I_2 \cdot x}{V_{2n}}=\frac{6.25\times 10.27}{2,400}\times 100=2.67[\%]$$

2. 이것으로부터 역률 100[%]일 때의 전압변동률을 구하면

$$\varepsilon=1.84+\frac{2.67^2}{200}=1.88[\%]$$

또, 역률 80[%]일 때의 전압변동률은

$$\varepsilon=p\cos\phi+q\sin\phi+\frac{(q\cos\phi-p\sin\phi)^2}{200}[\%]$$

$$=1.84\times 0.8+2.67\times 0.6+\frac{(2.67\times 0.8-1.84\times 0.6)^2}{200}=3.074+0.0053$$

$$=3.08[\%]$$

3. $p\cos\phi+q\sin\phi$ 값을 ①, $\frac{(q\cos\phi-p\sin\phi)^2}{200}$ 값을 ②라고 할 때

①≫②이므로 일반적으로 ②를 생략한다.

예제 06 최대수요전력이 7,100[kW], 부하역률 0.95, 네트워크 수전 회전수 3회선, 네트워크 변압기의 과부하율 130[%]일 경우 네트워크 변압기용량은 몇 [kVA] 이상이어야 하는가? **〈50회 건축전기설비기술사〉**

풀이

1. 개요

네트워크 변압기란 Spot-Network 배전방식(3회선 배전방식)에 사용하는 주변압기를 말한다.

2. 네트워크 변압기 용량 산정

1) 우선 총부하 설비 용량을 구하면

$$\frac{7,100}{0.95}=7,473.68[\text{kVA}]$$

2) 변압기의 예비 용량 계수 적용

정지 피더수	공급 피더수		
	2	3	4
1	1.54	1.15	1.03
2	–	2.31	1.54

7,473.68[kVA]의 부하가 있는 3회선 스폿(Spot) 네트워크인 경우, 1피더가 정지하더라도 정상적으로 공급을 계속하려면 변압기의 예비 용량 계수를 곱하여 다음과 같이 구한다.

$$\frac{7,473.68}{3} \times 1.15 = 2,864[\text{kVA}]$$

따라서, 3,000[kVA]의 3대를 설치해야 한다.

3. 한국전력공사의 Spot Network 배전공사 지침에 의한 방법으로 산정하면 다음과 같다.

$$\text{네트워크 변압기} = \frac{\text{최대 수요 전력[kVA]}}{\text{공급 피더수} - 1} \times \frac{1}{1.3}$$

$$= \frac{7,100/0.95}{3-1} \times \frac{1}{1.3} = 2,874.5[\text{kVA}]$$

따라서, 3,000[kVA]의 3대를 설치해야 한다.

예제 07 그림과 같이 A변전소에서 B변전소로 1회선 송전을 하고 있다. 이 경우 B변전소의 (e)차단기의 차단용량을 구하여라.(단, 계통의 %임피던스는 10[MVA]를 기준으로 그림에서 표시한 것으로 한다.)

차단기의 정격차단용량[MVA]
50[MVA], 100[MVA], 200[MVA], 300[MVA], 500[MVA]

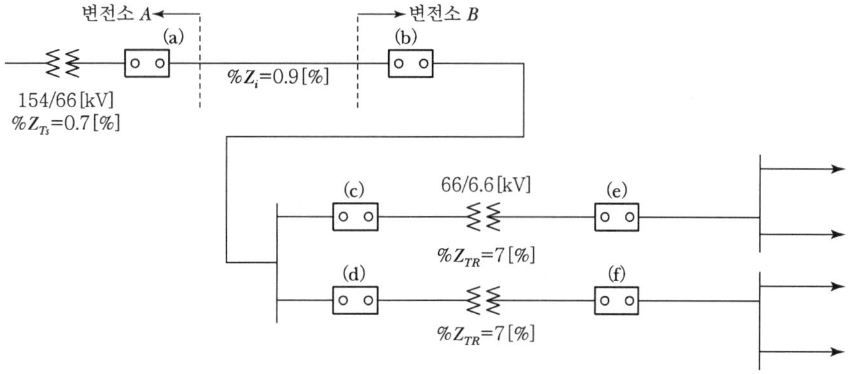

풀이

1. 차단기의 차단용량 P_s는

$P_s = P_n \times \frac{100}{\%Z}$에서

합성 임피던스 $\%Z = 0.7 + 0.7 + 7 = 8.6[\%]$

기준 용량 $P_n = 10[\text{MVA}]$

2. 차단기 정격용량은

$P_s = 10 \times \frac{100}{8.6} = 116.28[\text{MVA}]$

차단기의 정격용량은 표에 의해서 200[MVA]를 선정한다.

예제 08 그림의 A, B점의 단락전류를 구하고, 현장에서 사용되고 있는 차단기 용량을 구하시오.(단, 변압기 임피던스는 표준값으로 임의로 정하고 선로의 임피던스는 무시한다.)

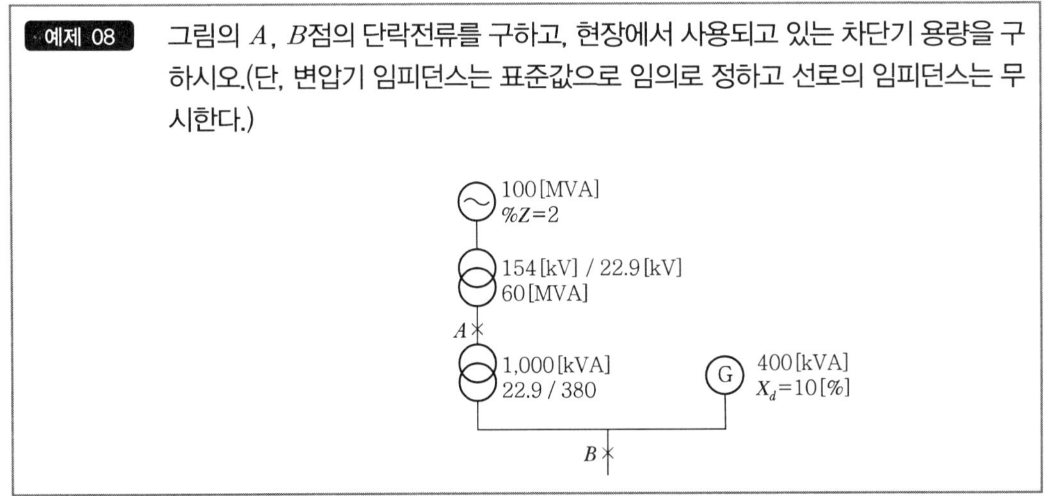

풀이

1. 각 기기나 선로의 표준임피던스를 결정, 변압기의 $\%Z$는?
   1) 154/22.9[kV] 60[MVA]급 변압기의 한전 EBS 140 규격에서 14.5[%] 정도로 선정
   2) 22.9[kV]/380[V] 1,000[kVA] 변압기는 4~7.5[%]에서 5.5[%]로 선정

   ※ 한전 EBS 규격 변압기 임피던스 : 154[kV] 60[MVA] 14.5[%], 22.9[kV] 1,000[kVA] 5.5[%]

2. 각 %임피던스를 기준 Base로 환산
   1) 먼저 모선 측은 한국전력에서 무한선로의 $\%Z$를 100[MVA] 기준으로 2[%] 정도로 제공한다.
   2) 154[kV] 60[MVA] 변압기의 %임피던스를 환산하면, $\%Z_A = \frac{100}{60} \times 14.5 = 24.2[\%]$

3) 22.9[kV] 1,000[kVA] 변압기 %임피던스를 환산하면, $\%Z_B = \frac{100}{1} \times 5.5 = 550[\%]$

4) 발전기를 상시 발전기로 보고 %Z를 환산하면, $\%Z_G = \frac{100}{0.4} \times 10 = 2,500[\%]$

3. 기준 Base로 환산된 각 %임피던스를 가지고 임피던스 맵을 작성하면

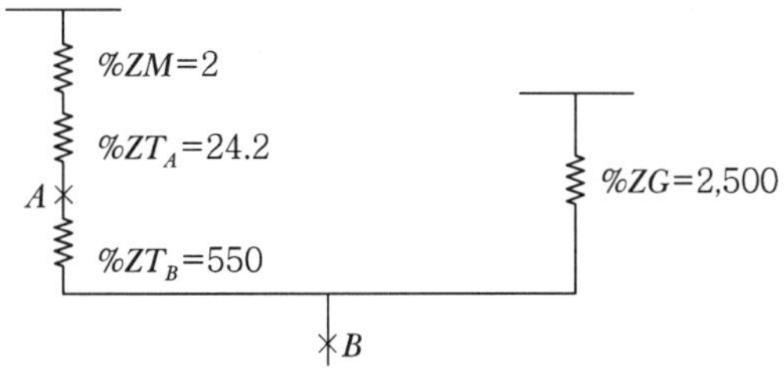

1) A점의 합성임피던스 : $\%Z_A = 25.98$

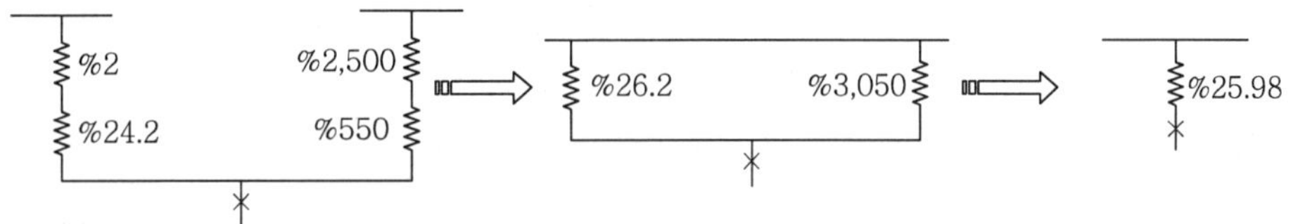

2) B점의 합성임피던스 : $\%Z_B = 468.3[\%]$

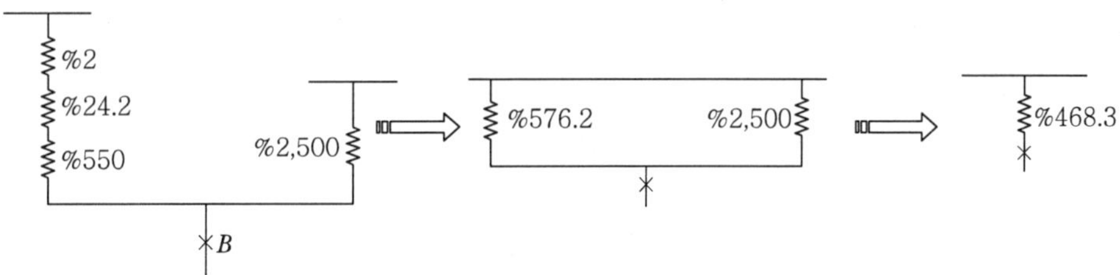

4. 단락전류 계산

1) A점의 단락전류 : $I_A = \frac{100}{\%Z} \times I_n = \frac{100}{25.98} \times \frac{100}{\sqrt{3} \times 22.9} = 9.7[\text{kA}]$

2) B점의 단락전류 : $I_B = \frac{100}{\%Z} \times I_n = \frac{100}{468.3} \times \frac{100}{\sqrt{3} \times 0.38} = 32.4[\text{kA}]$

5. 적용 차단기 선정

1) A점의 차단기 용량 : 25.8[kV]급 12.5[kA]

$\sqrt{3} \times 22.9 \times 9.7 = 384.2[\text{MVA}]$이므로 표준용량은 520[MVA] 차단기를 선정

※ 일반적으로 기준용량을 100[MVA]로 설정하기 때문에 과도상태 5배 이상을 차단할 수 있으려면 520[MVA] 이하로 선정이 불가능하다.

2) B점의 차단기 용량 : 저압차단기 표준규격 600[V] 42[kA]

>>참고 **차단기 정격 전압**

1. 25.8[kV](공칭전압 22.9[kV]) 경우
   12.5[kA] → 520[MVA], 20[kA] → 830[MVA], 25[kA] → 1,000[MVA], 40[kA] → 1,700[MVA]
2. 7.2[kV](공칭전압 6.6[kV]) 경우
   12.5[kA] → 160[MVA], 20[kA] → 250[MVA], 31.5[kA] → 390[MVA], 40[kA] → 500[MVA]

예제 09 수용가 인입구의 전압이 22.9[kV], 주 차단기의 차단 용량이 250[MVA]이다. 10[MVA], 22.9/3.3[kV] 변압기의 임피던스가 5.5[%]일 때, 변압기 2차 측에 필요한 차단기 용량을 다음 표에서 선정하여라.

차단기의 정격차단 용량[MVA]
10, 20, 30, 50, 75, 100, 150, 250, 300, 400, 500, 750, 1,000

풀이

1. 합성 임피던스

위의 내용을 그림으로 나타내면 다음과 같다.

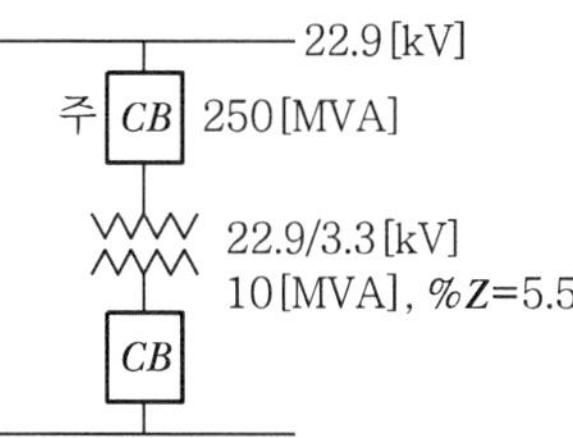

기준 용량을 10[MVA]로 정하고, Impedance Map으로 그리면

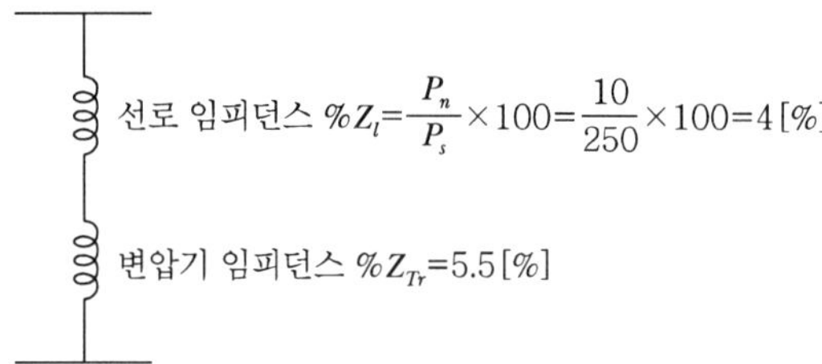

합성 임피던스 $\%Z=\%Z_l+\%Z_{Tr}$ 에서 $\%Z=4+5.5=9.5[\%]$

2. 변압기 2차 측에 필요한 차단기 용량(P_s)은

$$P_s = 10 \times \frac{100}{9.5} = 105.26[\text{MVA}]$$

표준 용량을 선정하면 150[MVA]가 된다.

예제 10 그림과 같이 파동 임피던스가 $Z_1[\Omega]$, $Z_2[\Omega]$인 두 선로의 접점 P에 피뢰기를 설치하였다. Z_1선로에서 구형 전압파 E[kV]가 입사했을 때 Z_2선로의 전압 투과파를 $E/3$[kV]로 하는 피뢰기의 저항 $R[\Omega]$의 값을 구하여라. **〈90발송배전기술사〉**

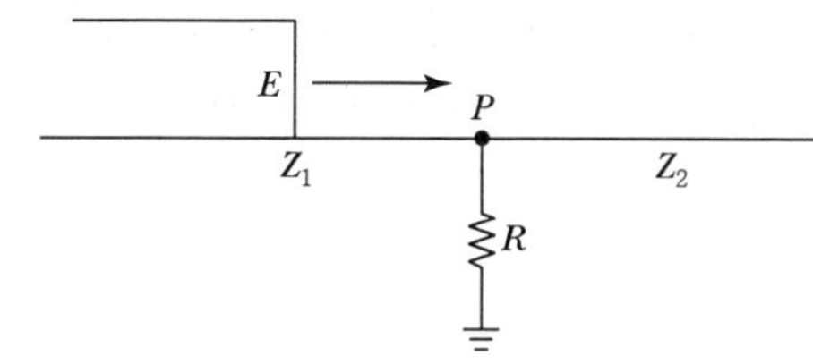

풀이

1. 제한전압

피뢰기의 제한 전압을 나타내는 식은

$$e_a = \frac{2Z_2}{Z_1 + Z_2}\left(e_1 - \frac{Z_1}{2} i_a\right) \cdots\cdots ①$$

$$\begin{cases} e_1 : \text{전압의 입사파} \\ i_a = \dfrac{e_a}{R} (R = \text{피뢰기의 저항}) \end{cases} \cdots\cdots ②$$

식 ②를 식 ①에 대입하면

$$e_a = \frac{2Z_2}{Z_1 + Z_2}\left(e - \frac{Z_1}{2} \cdot \frac{e_a}{R}\right)$$

$$e_a = \frac{2Z_2}{Z_1 + Z_2} e_1 - \frac{2Z_2}{Z_1 + Z_2} \cdot \frac{Z_1}{2} \cdot \frac{e_a}{R}$$ 이항정리를 하면

$$e_a\left(1 + \frac{Z_1 Z_2}{Z_1 + Z_2} \cdot \frac{1}{R}\right) = \frac{2Z_2}{Z_1 + Z_2} \cdot e_1$$

$$e_a = \frac{\dfrac{2Z_2}{(Z_1 + Z_2)} \cdot e_1}{\dfrac{R(Z_1 + Z_2) + Z_1 Z_2}{R(Z_1 + Z_2)}} = \frac{2Z_2 R}{R(Z_1 + Z_2) + Z_1 Z_2} \cdot e_1$$

2. 투과파

피뢰기의 제한 전압값이 Z_2선로 투과파의 크기가 되므로

$e_a = \frac{E}{3}$, $e_1 = E$ 따라서

$$\frac{E}{3} = \frac{2Z_2R}{R(Z_1+Z_2)+Z_1Z_2} \cdot E$$

따라서, $R = \frac{-Z_1Z_2}{Z_1 - 5Z_2}$가 된다.

> **예제 11** 파동 임피던스 $Z_1 = 400[\Omega]$의 선로 종단에 파동 임피던스 $Z_2 = 1,200[\Omega]$인 변압기가 접속되어 있다. 지금 선로에서 파고치 $e_1 = 800[\text{kV}]$의 전압이 입사하였다. 접속점에서 전압 반사파, 투과파를 구하여라.

풀이

1. 전압 반사파의 파고치 e_2는

$$e_2 = \frac{Z_2 - Z_1}{Z_1 + Z_2}e_1 = \frac{1,200-400}{400+1,200} \times 800 = 400[\text{kV}]$$

2. 전압 투과파의 파고치 e_3는(즉, 접속점의 전압파고치는 e_3)

$$e_3 = \frac{2Z_2}{Z_1+Z_2} \times e_1 = \frac{2 \times 1,200}{400+1,200} \times 800 = 1,200[\text{kV}]$$

> **예제 12** 154[kV] 송전선 1회선에 공급하는 변전소 송전선로의 Flashover 전압이 935[kV]였다. 송전선으로부터 입사하는 충격파로부터 기기를 보호하기 위해서 변전소에 피뢰기(LA)를 설치한다.
> 1) 선로에의 전압투과파 파고치를 기기에 대한 허용충격전압치인 절연강도 750[kV]의 85[%]로 억제하기 위한 LA의 저항치는?
> 2) LA의 최대방전전류는 얼마인가?(단, 송전선의 파동임피던스는 425[Ω], 변전소 기기의 파동임피던스는 1,650[Ω]이다.)

풀이

1. LA의 저항치는?

위의 문제 내용을 그림으로 나타내면 다음과 같다.

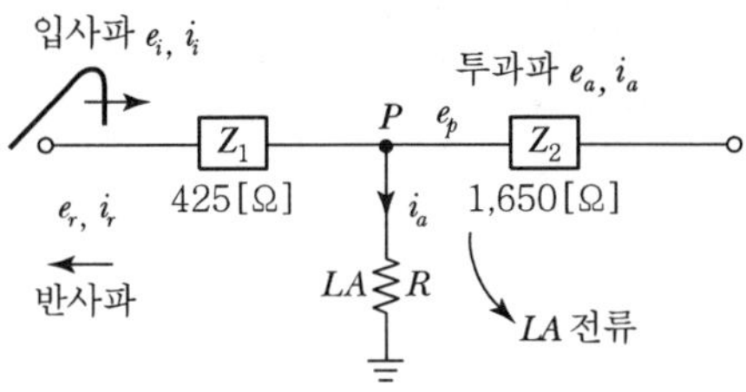

1) 피뢰기의 제한 전압을 나타내는 식은

$$e_a = \frac{2Z_2}{Z_1 + Z_2}\left(e_1 - \frac{Z_1}{2}i_a\right) \quad \cdots\cdots ①$$

에서 피뢰기의 저항을 R이라고 하면,

$$i_a = \frac{e_a}{R} \quad \cdots\cdots ②$$

이다. 식 ②를 식 ①에 대입하면

$$e_a = \frac{2Z_2R}{Z_1Z_2 + R(Z_1 + Z_2)} \cdot e_1$$

2) 따라서, 피뢰기의 제한 전압값이 선로 Z_2의 투과파의 크기가 되므로

$e_a = 750 \times 0.85 = 637.5[\text{kV}]$

$e_1 = 935[\text{kV}]$

$Z_1 = 425[\Omega]$

$Z_2 = 1,650[\Omega]$이므로

LA의 저항 R은

$$637.5 = \frac{2 \times 1,650 \times R}{(425 \times 1,650) + R(425 + 1,650)} \times 935$$

$$= \frac{3,085,500R}{2,075R + 701,250}$$

$\therefore\ R = 254[\Omega]$

2. LA의 최대 방전 전류 i_a는?

$$i_a = \frac{e_a}{R} = \frac{2Z_2}{Z_1Z_2 + R(Z_1 + Z_2)} \times e_1$$

$$= \frac{2 \times 1,650}{(425 \times 1,650) + 254(425 + 1,650)} \times 935$$

$\therefore\ i_a = 2.51[\text{kA}]$

PART 03 전원설비

CHAPTER

03 보호기기

3.1 CT

1. 변류기의 일반정격

가. 변류비

1) 1차 전류에 대한 2차 전류 크기의 비를 변류비라 한다.
2) 표시방법은 철심 CT에서 1차 전류가 1,200[A]일 때 2차 전류가 5[A]이면 1,200/5[A]로 표시한다.

나. 정격전류

1) **정격 1차 전류** : 회로를 연속해서 흐를 수 있는 최대부하전류에 여유를 주어 결정한다.
   가) 수배전회로, 변압기회로 : 최대부하전류의 125~150[%]를 적용
   나) 전동기회로 : 최대부하전류의 200~250[%]를 적용
2) **정격 2차 전류** : 접속되는 부하의 정격입력전류를 고려하여 결정하며 일반적으로 5[A]가 표준이다.
   가) 일반표준치 계기 또는 계전기 : 5[A], 원방제어 디지털계기 : 0.1~1[A]
   나) 다중비 CT일 때는 명판에 표시된 변류비만 사용해야 한다.
3) **정격 3차 전류** : 접지계 영상전류 검출에 이용한다.
   가) 3권선 영상분로 회로는 CT비가 400/5[A] 이상일 때 사용하며, 1차와 3차 변류비는 100/5[A]이다.
   나) 영상전류 검출
      (1) 접지계 : CT Y결선 잔류회로(300[A] 이하), 3권선 영상분로회로(300[A] 초과)
      (2) 비접지계 : ZCT, 접지콘덴서와 ELB

다. 정격전압 분류

1) **공칭전압** : 정격 주파수에서 전로를 대표하는 선간전압
2) **최고전압** : 전로에 발생하는 최고의 선간전압으로 공칭전압의 1.1/1배 또는 1.15배
   예 최고전압(제작회사 기기 설계 시 적용) = 공칭전압×1.15~1.2/1.1

공칭전압[kV]	3.3	6.6	22	154
최고전압[kV]	3.45	6.9	23	161

라. 극성(Polarity)

1차 전류의 방향에 대하여 2차 전류의 방향을 나타내는 특성이며 감극성과 가극성의 2가지가 있으며 우리나라에서는 감극성을 표준으로 하고 있다.

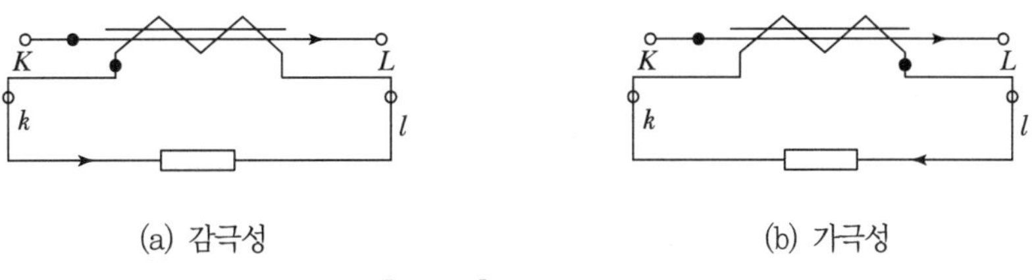

(a) 감극성 (b) 가극성

[그림 1] 극성의 종류

마. 정격부담[VA]

1) 변류기 부담이란 변류기의 2차 단자 간 또는 3차 단자 간에 접속되는 부하를 말하며, 정격주파수에서 2차 정격전류가 흘렀을 때 소비되는 피상전력과 그 부하의 역률로 나타낸다.

   예 변류기의 선정조건 "정격부담 ≥ 사용부담", 정격부담[VA] $= I^2Z$

   CT 정격 2차 부담[VA] $= I_2^2$(CT 2차 정격전류) $\times Z$(부하임피던스)

2) 정격부담은 변류기 오차범위를 유지할 수 있는 부하 임피던스로서 2차 전류 또는 3차 전류의 제곱과 부하임피던스의 곱으로 표시한다. 예 일반적으로 40[VA]가 사용

[표 1] 변류기 정격 2차 부담

용도	계급	정격 2차 부담	역률
계기용	0.5급	15, 25, 40, 100	0.8
	1.0~3.0급	5, 10, 15, 25, 40, 60, 100	0.8

3) 실부담(사용부담)은 부하 구성요소에 정격 2차 전류가 흐를 때의 피상전력으로 규정하고 있으며, 변류기 사용부담 산출은 직렬로 접속되어 있는 계기, 계전기, 접속전선 등 개개부담[VA]의 산출 합으로 정격부담 이하이어야 한다.

   예 사용부담[VA]$= I_2^2 \cdot Z_b$

   여기서, I_2 : 2차 정격전류

   Z_b : CT 2차 회로 임피던스(계전기, 계기 및 2차 케이블 등)

바. 오차 계급(Accuracy Class)

1) 변류비 오차 또는 위상각 오차 등에 대하여 계급별로 허용범위를 정한 규정으로 우리나라는 계전기용, 계기용으로 구분되어 있다.
2) 계전기용은 대전류 영역에서 비오차를 중요시하며 과전류 정수 n에서 10[%] 이내, 계기용은 평상시 100[%] 부하 부근에서 정밀도를 중요시하고 있으며 ±1~2[%]이다.

2. 변류기의 특성

가. 변류기의 포화 특성

1) 포화 특성

가) CT는 1차 전류가 증가하면 2차 전류도 변류비에 비례하여 증가한다. 그러나 어느 한계에 도달하면 1차 전류는 증가하여도 2차 전류는 포화하여 증가하지 않는다.

나) 곡선의 포화가 시작되면 여자전압이 10[%] 증가할 때 여자전류가 50[%]씩 증가하는데 이 점을 포화점(Knee Point)이라 하며 곡선이 45° 절선과 만난다.

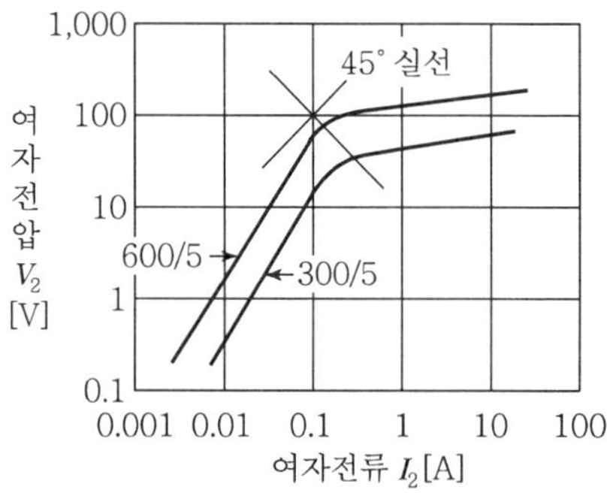

[그림 2] 변류기의 포화 특성 곡선

다) CT의 포화 개시점에서의 전압을 정격포화개시전압(Knee Point Voltage ; V_K)라 하며 이 값이 충분히 커야 고장전류 영역에서 오차가 적어서 확실한 보호가 가능하다.

2) 변류기 등가회로

가) CT의 2차 전류는 저역률의 지상부하로서 I_2는 I_o와 거의 동상이다. 즉 $|I_2'| \fallingdotseq |I_2| + |I_o|$에서 여자임피던스 Z_f 값이 매우 크므로 I_0는 아주 적다. 그러나 V_2가 높아지면 철심이 포화하게 되고 여자임피던스는 단락상태 정도로 작아지므로 I_o는 급증하여 I_2는 거의 0이 된다.

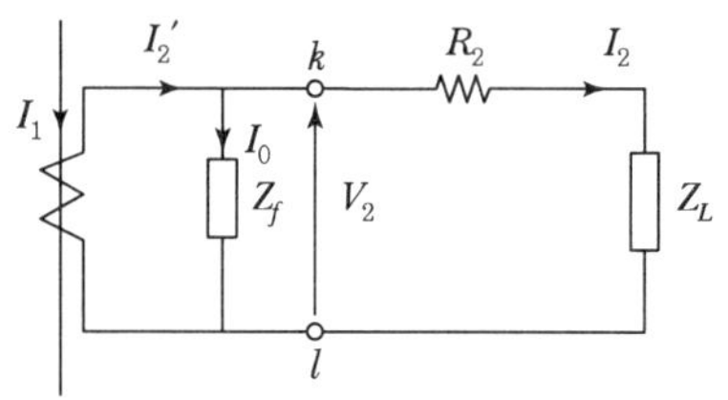

[그림 3] 변류기 등가회로

여기서, Z_f : 여자임피던스 　　R_2 : 2차 케이블 및 CT 2차 저항
Z_L : CT 2차 부하임피던스 　　I_1 : 1차 전류
I_2' : 1차 전류를 공칭 변류비에 의하여 2차 측으로 환산한 값
I_o : 여자전류 　　I_2 : CT의 2차 전류

나. 변류기 비오차

1) 비오차(ε)

실제변류비가 공칭변류비와 얼마만큼 다른가를 백분율로 표시한 것을 말한다.

가) $\varepsilon = \dfrac{\text{공칭변류비} - \text{실제변류비}}{\text{실제변류비}} \times 100 = \dfrac{\dfrac{I_1}{I_2} - \dfrac{I_P}{I_S}}{\dfrac{I_P}{I_S}} \times 100 = \dfrac{K - K_n}{K_n} \times 100$

$= \dfrac{K \cdot I_S - I_P}{I_P} \times 100[\%]$

여기서, K : 정격전류비, K_n : 실제전류비

I_P : 실제 1차 전류(측정 1차 전류)

I_S : 측정에서 실제 1차 전류가 흐를 때의 실제 2차 전류

나) 변류기의 1차 전류 증가 시 어떤 한도를 넘어서면 자속밀도가 포화하여 여자전류가 급증하므로 비오차가 부(−)가 되고 CT 2차 회로 측으로는 전류가 흐르지 않게 된다. 이런 경향은 2차 부담이 클수록 심해진다.

참고문제

100/5 변류기 1차에 100[A]가 흐를 때 2차에 4.95[A]가 흐를 경우 변류기 비오차

풀이

1. 변류비 $K = \dfrac{100}{5}$

$\therefore \ \varepsilon = \dfrac{20 \times 4.95 - 100}{100} \times 100 = -1[\%]$

2. 비오차 $\varepsilon = \dfrac{100/5 - 100/4.95}{100/4.95} \times 100 = -1[\%]$

2) 합성오차

$$\varepsilon_P(\%) = \frac{100}{I_P}\sqrt{\frac{1}{T}\int_0^T (Ki_s - i_P)^2 dt}$$

여기서, i_P : 1차 전류의 순시값

i_s : 2차 전류의 순시값

가) 합성오차 개념에서 가장 중요한 것은 여자전류와 2차 전류에서 비선형 상태이다. 이것이 높은 고조파를 유도하기 때문에 올바른 동작을 위하여는 고조파 양을 제한해야 한다.

나) 합성오차는 전류오차와 위상차의 벡터 합으로 표시하며 전류오차와 위상차의 벡터 합보다 적어서는 안 된다.

다) 전류오차는 과전류계전기의 동작, 위상차는 위상감도계수에 관계된다.

3) 비보정 계수(Ratio Correction Factor)

가) 미국 ANSI 규격에서 정하고 있는 변류기의 비오차 표시방법 중 한 가지이다.

나) $RCF = \dfrac{\text{측정변류비}}{\text{공칭변류비}}$ 또는 측정전류비 = 공칭변류비 × RCF

다. 과전류 정수

1) 과전류 정수란 CT의 철심이 포화되면 마이너스 오차가 발생하는데 이 과전류 범위에서의 비오차 특성을 과전류 정수라 한다. 즉, 정격부담에서 변류비 오차가 $-10[\%]$가 되는 때의 1차 전류와 정격 1차 전류와의 비를 말한다.

표준 과전류 정수(n)는 $n>5$, $n>10$, $n>20$ 등으로 표시한다.

과전류 정수$(n) = \dfrac{\text{비오차가 } -10[\%] \text{ 되는 때의 1차 전류}}{\text{정격 1차 전류}}$

2) 과전류 정수(n), 즉 변류기의 포화는 철심의 특성 및 단면적이 같으면 [그림 3] 변류기 등가회로의 2차 유기전압(V_2)에 의해 정해진다.

가) n값이 작다는 것은 CT 철심의 포화값이 작으므로 CT 1차 측에 과대한 전류가 흐를 때 그에 비례한 값을 얻을 수 없다는 것을 의미한다.

나) n값이 크다는 것은 정격 과전류 정수가 큰 변류기의 2차 회로에는 사고전류에 비례한 큰 전류(계전기의 단시간 허용치인 200[A] 이상의 전류)가 흘러 계기, 계전기의 열적 · 기계적 내량이 문제가 될 수 있다.

다) 일반적으로 과전류정수(n) × 2차 부담[VA] = 일정

3) CT 2차 전류의 포화현상을 줄이기 위한 방법

가) 정격부담[VA]이 큰 것 혹은 과전류 정수가 큰 것을 사용한다.

나) CT의 리드저항을 낮추기 위하여 케이블은 굵은 것을 사용한다.

다) 다수 계기류를 한 개의 CT에 접속할 경우 계기용과 계전기용으로 분리한다.

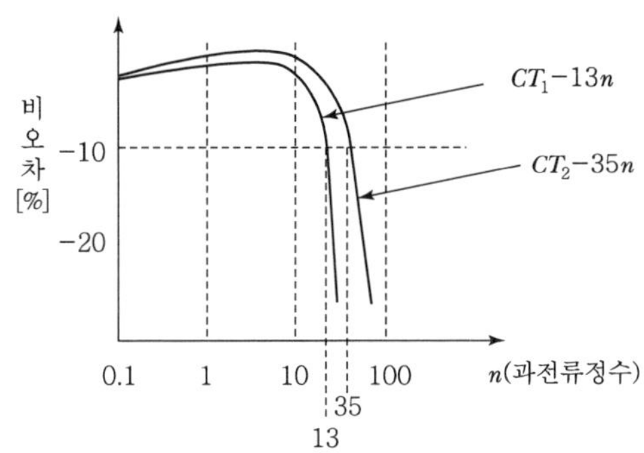

- 과전류정수가 클수록 비오차는 작다.
- 철심 포화 시 비오차가 급격히 커진다.

[그림 4] 과전류 특성

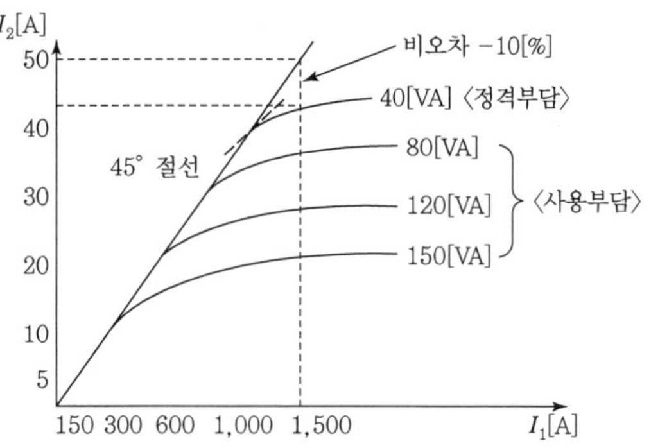

(6.9[kV], 150/5[A], 40[VA], $n>10$)

[그림 5] 과전류 정수

4) 과전류 정수 선정 시 유의사항

가) 과전류 정수는 고장전류에 대해 CT가 포화하지 않도록 $n \geq \dfrac{\text{최대사고전류}}{\text{정격1차전류}}$가 되도록 선정하여야 한다.

나) 고장전류가 흘렀을 때 보호할 수 있는 범위 내에서 되도록 작은 값을 선정하는 것이 계기, 계전기로 유입하는 전류가 적어서 안전하다.

다) 겉보기 과전류 정수(n')는 사용부담에 따라 다음과 같이 달라진다.

$$n' = n \times \frac{\text{CT 정격부담} + \text{CT 정격 내부손실}}{\text{CT 사용부담} + \text{CT 내부손실}}$$

라. 과전류 강도

1) 열적 과전류 강도

가) CT의 과전류에 대한 권선의 온도 상승에 의한 용단강도로서 CT에 손상을 주지 않고 1초간 1차 측에 흘릴 수 있는 최대전류[kA_{rms}]를 말한다.

예 과전류강도 40이란 정격 1차 전류의 40배 순간전류에 견디는 것을 의미한다.

나) 통전시간 t[s]에 있어서의 과전류 강도(S)는 $S = \dfrac{S_n}{\sqrt{t}}$[A]

여기서, S_n : 정격과전류 강도[A]

t : 시간(통전시간 t는 0.25~5.0초 정도까지 성립)

2) 기계적 과전류 강도

가) 단락 시 전자력에 의한 권선의 변형에 견디는 강도로서 CT가 사고전류 최댓값에 의한 전자력에 손상되지 않은 1차 측 전류의 파고치[kA_{peak}]를 말한다.

나) 열적과전류강도(열적전류)의 2.5배로 되어 있다.

3) 선정 시 유의사항

가) CT의 과전류 강도는 표준 과전류 강도(S_n)값 이상으로 설정한다.

나) 한전거래용 MOF 과전류 강도 10~15/5[A]는 $150I_n$, 20~60/5[A]는 $75I_n$, 75/5[A] 이상은 $40I_n$ 이상

>>참고 **정격 내전류의 표시 예**

1. CT의 정격 내전류 표시방법에는 정격과전류 강도 또는 정격과전류의 두 가지 방법이 있다.
2. 정격 내전류란 변류기의 3차 권선을 개방한 상태에서 정격 2차 부담의 25[%]의 부담하에서 1차 권선에 1초간 흘렸을 경우(충전) 열적 및 기계적으로 규격에 정한 성능을 보증할 수 있는 과전류 한도를 말한다.
3. 정격 내전류의 종류
   ① 열적 내전류(1초간 충전한 후의 최종온도가 허용절연온도를 초과하지 않는 전류한도)
   ② 기계적 내전류(직류분을 포함한 사고전류 최댓값에 의한 전자력에 대한 내력)

예

정격 과전류 강도	보증 과전류
40	정격 1차 전류의 40배
75	정격 1차 전류의 75배
150	정격 1차 전류의 150배
300	정격 1차 전류의 300배

마. IPL과 FS(IEC에서만 계측기용 CT에 정의)

1) IPL(Rated Instrument Limit Primary Current)

가) CT 2차 부담이 정격부담일 때 계측기용 CT의 합성오차(Composite Error)가 10[%] 또는 그 이상일 때의 1차 전류의 최솟값을 말한다.

나) 계통고장으로 인한 높은 전류로부터 계측용 CT에 연결된 계측기 또는 이와 유사한 장치를 보호하기 위하여 합성오차는 10[%]보다 커야 한다.

2) FS(Factor Security)

정격 1차 전류와 IPL과의 비를 말하며, CT의 1차 측에 계통고장전류가 흐를 경우 계측용 CT의 2차 측에 연결된 계측기 또는 이와 유사한 장치는 FS값이 적을수록 안전하다. FS값은 계측용일 경우 5 또는 10 이하가 된다.

[표 2] 계측기용 CT와 보호용 CT의 차이

항목	계측기용 CT	보호용 CT
오차계급	0.1, 0.2, 0.5, 1, 3, 5	5P, 10P
정격전류	전류비 오차	전류비 오차
과전류에 대한 1차정격	IPL	정격오차 1차 전류
과전류에 대한 규정	FS(규정은 없으나 적을수록 좋다.)	$n=5$, 10, 15, 20, 30
과전류 강도(열적)	계통고장전류(대칭실효값)	계통고장전류(대칭실효값)
과전류 강도(기계적)	계통고장전류의 파고치	계통고장전류의 파고치

PART 03 전원설비

3.2 GVT 지락전류계산

1. 비접지 계통에서의 지락전류계산

가. 1선 지락 시 지락전류계산

1) 1선 지락 시 각 상에 흐르는 영상전류를 I_0, 정상전류를 I_1, 역상전류를 I_2라 하면

가) 대칭회로에서 A상 지락 시 $I_a = I_0 + I_1 + I_2 = 3I_0 = \dfrac{3E_a}{Z_0 + Z_1 + Z_2}$이므로

나) 비유효 접지계통에서는 $Z_0 \gg Z_1$ or Z_2이므로 $I_g \fallingdotseq \dfrac{3E_a}{Z_0}$가 된다.

2) [그림 1]에서 1선이 완전 지락($R_g = 0$)되었을 때 I_g 값은

$E_a = \dfrac{6,600}{\sqrt{3}}$[V], $Z_0 = 3R_N$ 따라서 지락전류(I_g)는

$I_g = \dfrac{3E_a}{Z_0} = \dfrac{3 \times 6,600/\sqrt{3}}{3 \times 38} \fallingdotseq 100$[A]이다.

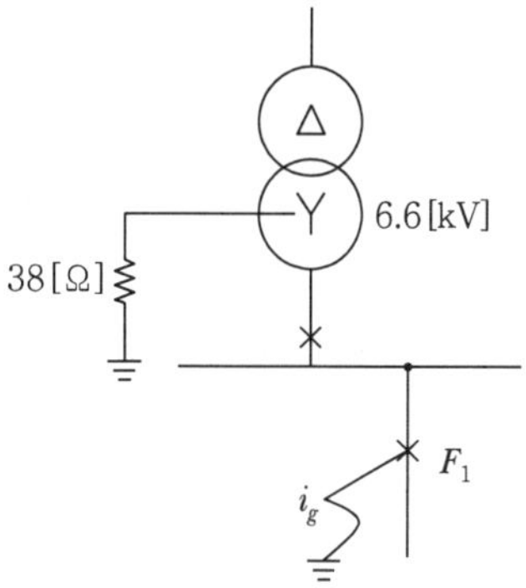

[그림 1] 지락전류 계산

나. 대지 충전전류를 고려한 1선 지락전류

1) [그림 2]에서와 같이 1선이 완전 지락($R_g = 0$)되었을 때

가) 1선 지락전류 $I_g \fallingdotseq \dfrac{3E_a}{Z_0}$에서

나) 대지 정전용량 C가 존재할 때 1상당 영상임피던스(Z_0)는

$$Z_0 = \frac{1}{\frac{1}{3R_N} + j\omega C}$$

다) 1선 지락전류 I_g는 영상임피던스(Z_0)를 I_g에 대입

$$I_g = \frac{3E_a}{Z_0} = \frac{3E_a}{\frac{1}{\frac{1}{3R_N} + j\omega C}} = 3E_a\left(\frac{1}{3R_N} + j\omega C\right) = \frac{E_a}{R_N} + j\omega 3C \cdot E_a$$

위 식에서 제1항과 제2항을 $I_N = \frac{E_a}{R_N}$, $I_C = 3\omega C \cdot E_a = \omega C_0 \cdot E_a$이라 하면

지락전류는 벡터의 합 $I_g = I_N + jI_C$이 된다. 즉, $|I_g| = \sqrt{I_N^2 + I_C^2}$

여기서, I_N은 인위적 접지전류이고 I_C는 3상 일괄 대지충전용량이다.

라) 1선 지락전류 I_g의 V_0에 대한 위상각 θ는 $\tan\theta = \frac{I_C}{I_N}$에서

$$\theta = \tan^{-1}\frac{I_C}{I_N} = \tan^{-1}\frac{\omega C_0 E_a}{E_a/R_N} = \tan^{-1}R_N\omega C_0$$이다.

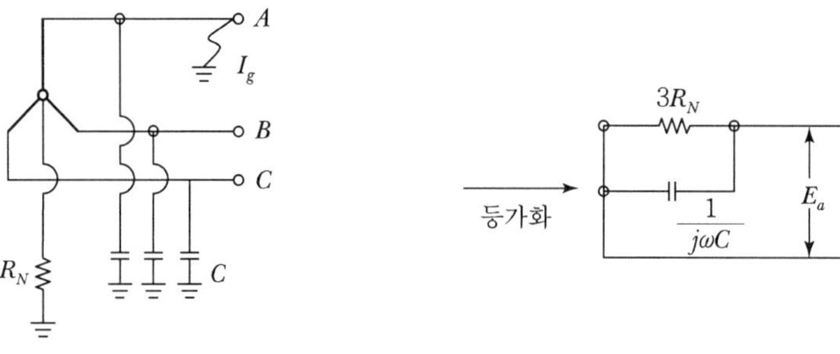

[그림 2] 충전전류를 고려한 1선 지락　　　**[그림 3] 등가회로**

2) [그림 3]에서 케이블과 전동기의 3상 일괄 커패시턴스가 0.5[μF]라 하면

가) $I_N = \frac{6,600/\sqrt{3}}{38} = 100[\text{A}]$

$$I_C = 2\pi f C_0 \frac{6,600}{\sqrt{3}} = 377 \times 0.5 \times 10^{-6} \times \frac{6,600}{\sqrt{3}} = 0.718[\text{A}]$$

나) 지락전류 $I_g = \sqrt{100^2 + 0.718^2} \fallingdotseq 100$

위상각 $\theta = \tan^{-1} 38 \times 377 \times 0.5 \times 10^{-6} = \tan^{-1} 0.0072 = 0.41°$

다. 비접지(GVT접지)계통에서 영상전압에 미치는 영향

1) 비접지계통의 지락사고 구성도([그림 4] 참조)

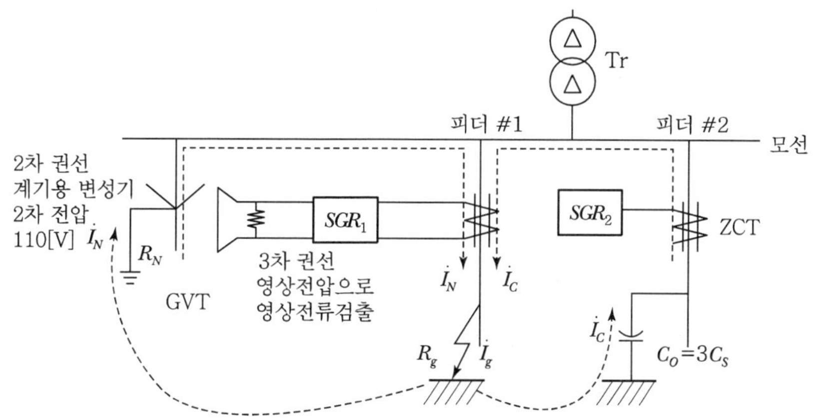

고장회선 I_{CO}는 왕복으로 없어지고 ZCT에는 나머지 피더의 합계분 I_C가 I_N에 겹쳐진다.

[그림 4] GVT(GPT) 동작 구조도

2) 지락고장 등가회로도([그림 5] 참조)

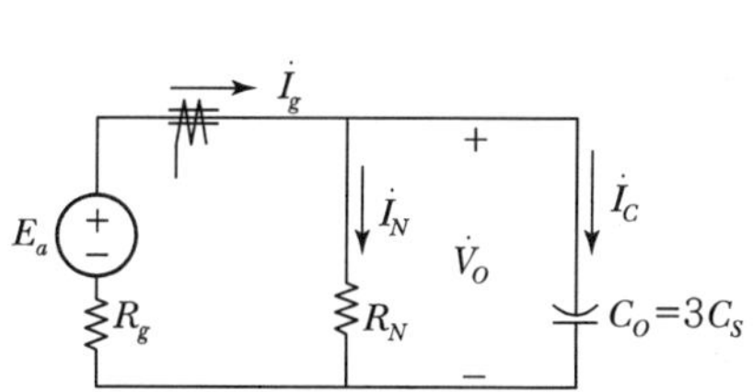

〈c.f〉 등가회로 작성

- 전원 측을 단락하고 3상을 단상으로 취급한다.
- 지락점에 정상대지전압 및 고장저항을 삽입한다.
- $\dot{Z}_0 = R_N // \dfrac{1}{j3\omega C_s}$

[그림 5] 지락고장 등가회로

3) 영상전압

가) GVT 1차 측

$$V_{01} = \frac{Z_0}{Z_0 + R_g} \cdot E_a = \frac{E_a}{\left(1 + \dfrac{R_g}{R_N}\right) + j3\omega C_S R_g} = \frac{E_a}{\left(1 + \dfrac{R_g}{R_N}\right) + j\dfrac{I_C}{E_a} \cdot R_g}$$

여기서, $Z_0 = \dfrac{1}{\dfrac{1}{3R_N} + j\omega C_S}$, $I_C = \omega C_0 E_a$

나) GVT 3차 측

$$V_{03} = \frac{3}{n} \cdot V_{01} = \frac{3E_a}{n\left[\left(1 + \frac{R_g}{R_N}\right) + j\frac{I_C}{E_a} \cdot R_g\right]}$$

4) 1선 지락전류 I_g

가) $I_g = \dfrac{3E_a}{Z_0 + Z_1 + Z_2 + 3R_g}$

(1) 일반적으로 자가용 전기설비계통은 직접접지방식인 경우를 제외하고

$\dot{Z}_0 \gg \dot{Z}_1, \dot{Z}_2$

(2) 영상분은 $\dot{Z}_0 \fallingdotseq 3R_N // \dfrac{1}{j\omega C_s} = \dfrac{1}{1/3R_N + j\omega C_S}$ 이므로

나) $$I_g \fallingdotseq \frac{3E_a}{Z + 3R_g} = \frac{3E_a}{\dfrac{1}{\dfrac{1}{3R_N} + j\omega C_S} + 3R_g} = \frac{\left(\dfrac{1}{3R_N} + j\omega C_S\right) \cdot 3E_a}{1 + \left(\dfrac{1}{3R_N} + j\omega C_S\right) \cdot 3R_g}$$

$$= \frac{\left(\dfrac{1}{R_N} + j\omega C_0\right)E_a}{1 + \dfrac{R_g}{R_N} + j\omega C_0 R_g} = \frac{\dfrac{E_a}{R_N} + jI_C}{\left(1 + \dfrac{R_g}{R_N}\right) + j\dfrac{I_C}{E_a}R_g} = \left(\frac{1}{R_N} + j\omega C_0\right)V_{01}$$

다) ZCT의 전류 I_g 및 GVT의 전압 V_{03}이 SGR의 입력이 되는데, 각각의 크기와 위상차 θ에 의하여 방향판별 및 동작력이 얻어진다.

$$\theta = \tan^{-1}\frac{I_g}{V_{03}} = \tan^{-1}\left[\frac{n}{3}\left(\frac{1}{R_N} + j3\omega C_S\right)\right] = \tan^{-1}\frac{3\omega C_S}{1/R_N} = \tan^{-1}\frac{I_C \cdot R_N}{E_a}$$

5) 1선 지락전류 V_{03}와 I_C 및 R_g관계

가) 고장점 저항 R_g가 클수록 전류 I_g 및 V_{03}가 작아지므로 감도가 낮아진다.

나) 케이블 배선이 길어지면 $C_0 = 3C_S$, 즉 최대통과전류 $I_C = \omega C_0 E_a$가 커지므로 영상전압 V_{03}가 작아져서 감도가 낮아진다.

다) GVT 대수가 증가하거나 주 변압기를 저항 접지로 운전할 경우 병렬합성저항인 R_N이 감소하므로 역시 영상전압 V_{03}가 작아져서 감도가 낮아진다.

2. GVT 접지계의 등가저항과 지락전류

GVT 3차 측을 Open Delta로 결선하여 한류저항기(CLR ; Current Limited Resistance) R_e를 연결 시 등가회로는 GVT 1차 측에 저항접지 형태가 된다.

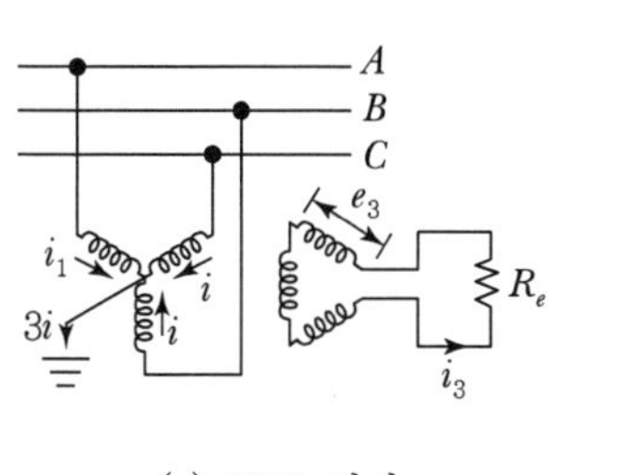

(a) GPT 접지

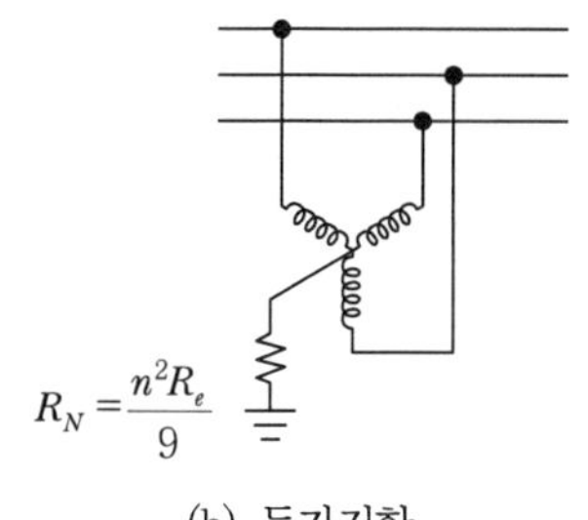

(b) 등가저항

[그림 6] GPT 접지계

가. 등가저항

1) GVT 3차 권선의 각 상의 전압을 e_3라 하고 이때 전류제한저항 R_e에 흐르는 전류를 i_3라 할 때

가) 저항 R_e에 흐르는 전류 $i_3 = \dfrac{3e_3}{R_e}$ ………………………………………… ①

나) 여기서, 상전압을 GVT 1차의 상전압 e_1으로, 전류를 1차 전류 i_1으로 환산하면

$e_1 = ne_3$, $i_1 = \dfrac{i_3}{n}$ ………………………………………………………… ②

다) 식 ①을 ②에 대입하면 $i_1 = \dfrac{i_3}{n} = \dfrac{3e_3}{nR_e} = \dfrac{3e_1}{n^2R_e}$

여기서, 중성점에서 대지로 흐르는 전류(i)는 $i = 3i_1$이 된다.

라) 지락 사고 시 중성점에 흐르는 전류는 $i = 3i_1 = \dfrac{9e_1}{n^2R_e} = \dfrac{e_1}{n^2R_e/9}$ ………… ③

2) 1차로 환산한 등가저항(R_N)은

$$R_N = \frac{n^2R_e}{9}$$

여기서, n : GVT의 권수비, R_e : 한류저항기(CLR)의 제한저항[Ω]

나. 지락전류 중 유효전류 I_N의 결정

일반적으로 6.6[kV] 계통에서 변압기 3차 전압이 190[V]이므로($V_{03} = \dfrac{3V_0}{n} = \dfrac{3I_g \cdot R_N}{n}$)

1) 변압비 $n = \dfrac{6,600/\sqrt{3}}{190/3} = 60$

2) 등가저항(R_N) : 500[kVA] 용량의 GVT 3대를 Y결선하여 사용할 때 제한저항(R_e)을 25[Ω]으로 하면 이때의 1차 등가저항(R_N)은

$$\therefore \; R_N = \frac{n^2 \times R_e}{9} = \frac{60^2 \times 25}{9} = 10,000[\Omega]$$이 된다.

3) GVT 접지계에서 GVT의 유효전류(I_N)는

$$I_N = \frac{E_a}{R_N} = \frac{6,600/\sqrt{3}}{10,000} = 0.381[\mathrm{A}] \fallingdotseq 380[\mathrm{mA}]$$

가) 따라서 SGR의 동작전류는 200~380[mA] 범위로 한다. 여기에서 200[mA]가 되려면 R_N은 10,000[Ω]보다 커야 한다.

나) 위의 [그림 6]에서 중성점 저항접지 대신에 GVT 접지계통이라면 $I_N = 0.381[\mathrm{A}]$이고, $I_C = 0.718[\mathrm{A}]$이므로 지락전류 I_g는 $R_g = 0$일 때

(1) 지락전류 $I_g = \sqrt{0.381^2 + 0.718^2} = 0.8128[\mathrm{A}] \fallingdotseq 0.813[\mathrm{A}]$이고

(2) 위상각 $\theta = \tan^{-1}\dfrac{I_C}{I_N} = \tan^{-1}\dfrac{0.718}{0.381} \fallingdotseq 62°$가 된다.

GVT 용량[VA]	1차 전압[V]	2차 전압[V]	3차 영상전압	제한저항	접지유효전류
500	$6,600/\sqrt{3}$	$110/\sqrt{3}$	190	25	0.381
200	$6,600/\sqrt{3}$	$110/\sqrt{3}$	190	50	0.19
500	$6,600/\sqrt{3}$	110/3	110	8	0.39
250	$3,300/\sqrt{3}$	$110/\sqrt{3}$	190	50	0.38
200	$3,300/\sqrt{3}$	110/3	110	50	0.13

4) 보통 I_N(유효전류)은 380[mA]로 선정한다. 이는 지락방향계전기 감도가 380[mA] 부근에서 고감도를 나타내고 또한 ZCT 1차 정격전류가 200[mA]이므로 여유전류를 두어 380[mA]로 한다. 따라서 GVT 각 상의 전류는 $\dfrac{380}{3} = 127[\mathrm{mA}]$로 결정한다.

3.3 진상용 콘덴서

1. 역률 개선의 원리

가. 원리

부하와 병렬로 진상용 콘덴서(X_c)를 접속하면 진상용 콘덴서에 흐르는 전류 I_c는 전압 E보다 90° 앞선 위상이 공급된다. 따라서 부하전류 I_L은 I_c만큼 상쇄되어 겉보기 전류가 I_0

에서 I_1으로 감소하고 현재의 역률 $\cos\theta_0$는 목표역률 $\cos\theta_1$으로 개선된다.

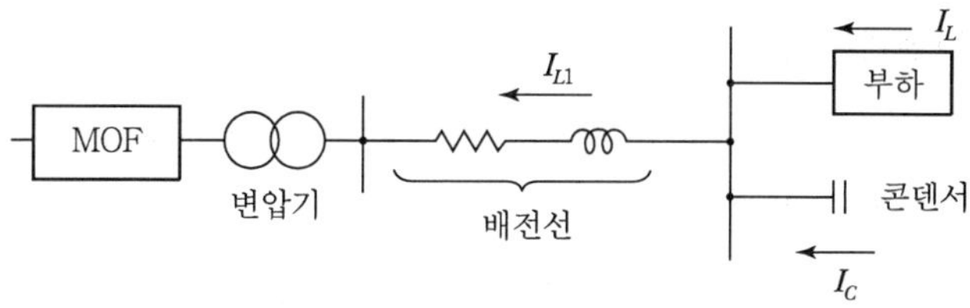

[그림 1] 콘덴서 설치 구성도

나. 콘덴서 용량

부하 유효전력 P[kW]의 부하역률을 $\cos\theta_0$에서 $\cos\theta_1$ 역률로 개선하는 데 필요한 콘덴서 용량(Q_C)은

$$Q_C = P[\text{kW}](\tan\theta_0 - \tan\theta_1) = P\left(\sqrt{\frac{1}{(\cos\theta_0)^2} - 1} - \sqrt{\frac{1}{(\cos\theta_1)^2} - 1}\right)[\text{kVA}]$$

※ $\tan\theta = \dfrac{\sin\theta}{\cos\theta}$, $\cos^2\theta + \sin^2\theta = 1$

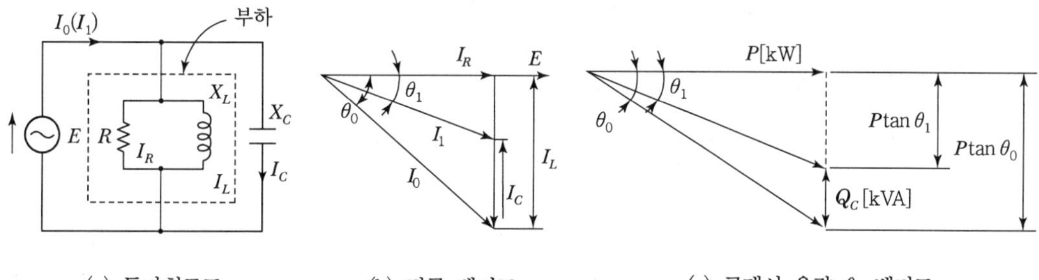

(a) 등가회로도 (b) 전류 벡터도 (c) 콘덴서 용량 θ_c 벡터도

[그림 2] 역률 개선의 원리

›› 참고 계측기 없이 역률 계산 예

1. 보통 역률의 계측은 전기설비 역률계 측정값을 사용하지 않고 다음 식으로 계산한다.

$$\cos\theta = \frac{\text{kW(유효전력)}}{\text{kVA(피상전력)}} = \frac{\text{kW}}{\sqrt{3}\times\text{kV}\times\text{A}} = \frac{\text{kW}}{\sqrt{(\text{kW})^2 + (\text{kVAR})^2}}$$

2. 유효전력 P[kW], 역률 $\cos\theta_0$로 하면 유효전력 Q[kVA]는

$$Q = \frac{P}{\cos\theta_0}\times\sin\theta_0 = P\cdot\tan\theta_0$$

3. Q_c 콘덴서를 부하와 병렬접속하면 Q는 $Q - Q_c$가 된다.

개선 후의 역률 $\cos\theta_1$은 $\cos\theta_1 = \dfrac{\text{유효전력}}{\text{피상전력}}$ 또는 개선 전의 역률 $\cos\theta_0$와 부하 T[kVA]가 주어진 경우 $Q_c = T\cdot\cos\theta_0(\tan\theta_0 - \tan\theta_1)$

2. 콘덴서의 설치효과

가. 변압기의 손실감소

1) 변압기의 손실 중 동손은 부하전류의 제곱에 비례하여 증감하므로 역률을 개선하면 동손을 크게 줄일 수 있다.
2) 동손 저감량(W_{t1})은(단, 변압기의 손실 중 동손이 차지하는 비율이 75[%]의 경우)

$$W_{t1} = \left(\frac{100}{\eta} - 1\right) \times m\left(\frac{P^2}{P_t}\right) \times \left(\frac{1}{\cos^2\theta_0} - \frac{1}{\cos^2\theta_1}\right)[\mathrm{kW}]$$

여기서, η : 변압기 효율, m : 변압기 손실비율(3/4), P : 부하용량[kW]
P_t : 변압기 용량[kW], $\cos\theta_0$: 개선 전 역률, $\cos\theta_1$: 개선 후 역률

나. 배전선의 손실감소

1) 배전선의 선로손실 $P_l = I^2 \cdot R$, 부하전력 $P = VI\cos\theta$[kW]이므로 역률이 개선되면 부하전류가 감소하여 배전선로의 손실이 경감된다.
2) 손실감소량(W_{t2})은 $W_{t2} = \left(\frac{P}{V}\right)^2 \times R \times \left(\frac{1}{\cos^2\theta_0} - \frac{1}{\cos^2\theta_1}\right) \times 10^{-3}$[kW]이다.

다. 전압강하의 개선

1) 전압강하 $\Delta V = I(R\cos\theta + X\sin\theta)$에서 전압강하 ΔV는 선로저항 R, 선로리액턴스 X, 부하전류 I, 역률 $\cos\theta$로 결정된다.
2) 배전선로의 전압강하는 $X > R$이므로 I가 클수록, 역률이 낮을수록 크게 된다. 따라서 콘덴서 설치로 역률이 개선되면 부하전류가 감소하게 되고 $\cos\theta$ 값이 1에 가깝게 변하므로 전압강하는 감소된다.
3) 전압강하율은 $\varepsilon = \frac{E_s - E_r}{E_r} \times 100$[%]이므로

   역률 개선에 따른 전압강하율의 경감분($\Delta\varepsilon$)은 $\Delta\varepsilon \fallingdotseq \frac{Q_c}{R_c} \times 100$[%]

   여기서, $Q_c = P_r(\tan\theta_0 - \tan\theta_1)$: 삽입하는 콘덴서의 용량[kVAR]
   $R_c(\fallingdotseq E_r^2/X)$: 콘덴서를 삽입하는 모선의 단락용량[kVA]

라. 설비용량의 증가(설비용량의 여유도 증가)

1) 역률이 개선되면 선로전류가 감소하기 때문에 과부하 상태의 변압기에 부담을 줄일 수 있으며 변압기를 증설하지 않고 부하를 증설할 수 있다.
2) 부하증설 용량(ΔP)는 $\Delta P = P_t\cos\theta_1 - P_1$

여기서, ΔP : 증설 가능한 부하용량, P_t : 변압기 용량[kW]
$\cos\theta_1$: 개선 후 역률, P_1 : 개선 전 부하용량[kW]

마. 전기요금의 감소

수용가 역률을 개선하면(90~95[%]까지) 전기요금 중 기본요금을 할인 적용한다.

1) 전력요금=기본요금+사용량 요금(사용전력량[kWh] × 전력단가[원])으로 구성된다.

2) 기본요금=계약전력[kW]$\times\left(1+\dfrac{90-\text{역률}}{100}\right)\times$전력단가[원/kW]

3.4 직렬리액터

1. 설치 이유

가. 역률 개선용 콘덴서를 설치할 경우 고조파 발생이 증가하여 고조파 전압에 의한 변압기의 과열 · 소음증대, 콘덴서 회로에 이상전류가 발생하고, 고조파 전류에 의한 계전기류 오동작 등의 문제를 보완하기 위하여 설치한다.

나. 단락용량이 큰 계통에서 대용량의 콘덴서 군이 설치되는 경우 고조파 전류에 의하여 회로 전압이나 전류 파형의 왜곡 발생, 콘덴서 투입 시 돌입전류 발생, 콘덴서 개방 시 이상 현상(재점호) 발생 등의 문제점은 직렬리액터를 설치하여 억제할 수 있다.

2. 설치 목적

가. 고조파에 의한 전압파형 왜곡 억제

나. 콘덴서 투입 시 돌입전류 억제

다. 콘덴서 개방 시 이상현상 억제

3. 직렬리액터의 용량 산정

가. 3상 회로에서 제5고조파에 대하여 회로를 유도성으로 하기 위한 리액터 용량 산정

1) 용량계산 $nX_L > \dfrac{X_C}{n} \rightarrow X_L > \dfrac{1}{n^2}X_C$

예 $5\omega L > \dfrac{1}{5\omega C} \rightarrow \omega L > \dfrac{1}{5^2\omega C} = 0.04\dfrac{1}{\omega C}$

2) 즉, 콘덴서 용량성 리액턴스에 4[%] 이상의 유도성 리액턴스를 설치하면 되는데, 일반적으로 여유를 두어 6[%] 정도를 사용한다.

나. 제3고조파에 대해서는 $\omega L > \frac{1}{3^2 \omega C} = 0.11 \frac{1}{\omega C}$로 약 11[%]가 되는데, 여유를 두어 13[%] 사용한다.

4. 직렬리액터 사용 시 주의사항

가. 콘덴서 단자전압의 상승

6[%] 리액터 삽입으로 콘덴서 단자전압은 약 6.38[%] 상승하고 콘덴서 전류도 약 6.38[%] 상승하여 콘덴서 용량이 약 13[%] 증가하므로 큐비클 내의 발열을 검토한다.

1) 콘덴서 단자전압 $V_C = \frac{X_C}{X_L + X_C} \times E = \frac{1}{1-(\omega^2 LC)} \times E$

2) 직렬리액터가 6[%]의 경우 $V_C = \frac{1}{1-0.06} E = 1.06E$

여기서, E : 콘덴서 정격전압[V]

참고문제

직렬리액터 용량과 콘덴서 단자전압 관계(콘덴서의 단자전압 상승)

풀이

1. 콘덴서만 접속된 경우

1) 콘덴서의 정전용량이 C라면 이때 흐르는 전류 I_C는 $I_C = \frac{E}{\frac{1}{j\omega C}} = j\omega CE$

2) 콘덴서에 걸리는 전압 $E_C = I_C X_C = j\omega CE \times \left(-j\frac{1}{\omega C}\right) = E$ ········· ①

2. 콘덴서에 직렬리액터가 직렬로 접속된 경우

1) 회로의 합성리액턴스를 X라고 하면

합성리액턴스는 $X = X_L + X_C = j\omega L - j\frac{1}{\omega C} = j\left(\omega L - \frac{1}{\omega C}\right)$

이때 흐르는 전류는 $I = \frac{E}{X} = \frac{E}{j\left(\omega L - \frac{1}{\omega C}\right)}$ ········· ②

2) 콘덴서 양단에 걸리는 전압은

$$E_C = I \cdot X_C = -j\frac{1}{\omega C} \cdot I = -j\frac{1}{\omega C} \times \frac{E}{j\left(\omega L - \frac{1}{\omega C}\right)}$$

$$= -\frac{E}{\omega C\left(\omega L - \frac{1}{\omega C}\right)} = \frac{E}{1-\omega^2 LC} \quad \cdots\cdots ③$$

3) 예를 들어 용량성 리액턴스 $X_C = \frac{1}{\omega C} = 10[\Omega]$, 유도성 리액턴스 $X_L = 0.6[\Omega]$(10[Ω]의 6[%])이라 하고 전원전압이 100[V]라면 직렬 리액터가 없는 경우 콘덴서에 걸리는 전압은 몇 [%] 상승하는가?

가) 직렬 리액터가 없는 경우 콘덴서에 걸리는 전압은 위의 식 ①로부터 100[V]가 되고,

나) 직렬 리액터가 접속된 경우에는 위의 식 ③으로부터

$$E_C = \frac{100}{\frac{1}{10} \times (0.6-10)} = 106.38[V]$$로 되어 콘덴서의 단자전압이 6[%] 이상 상승한다.

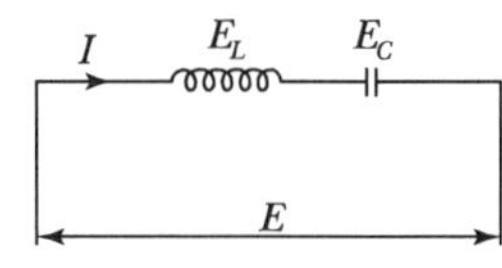

[그림 1] 콘덴서와 용량

다) 이 경우 리액터 양단에 걸리는 전압은

$$E_L = X_L \cdot I = \omega L \times \frac{E}{\left(\omega L - \frac{1}{\omega C}\right)} = 0.6 \times \frac{100}{(0.6-100)} = -6.38[V]$$

따라서 $E = E_C + E_L = 106.38 - 6.38 = 100[V]$가 된다.

나. 콘덴서와 용량을 합치는 경우

1) 6[kVA]의 리액터에 100[kVA]의 콘덴서가 접속하면 리액턴스가 6[%]가 되어 제5고조파에 유효하게 되나,

2) 동일한 리액터에 50[kVA]의 콘덴서가 연결되면 3[%]의 리액턴스가 되므로 주의해야 한다.

가) 100[kVA] 콘덴서에서 50[kVA]의 콘덴서를 접속하면 리액터의 전류는 1/2로 줄어들고, 리액터 용량은 리액터에 걸리는 전압과 전류의 곱이므로 $P_R = I \times V_L$

나) $P_R = I \times V_L = I \times IX_L = I^2 X_L$로 실제 리액터 용량은

$$6[kVA] \times \left(\frac{1}{2}\right)^2 = 6[kVA] \times \left(\frac{50}{100}\right)^2 = 1.5[kVA]$$로 감소되어

50[kVA] 콘덴서에서는 $\frac{1.5}{50} \times 100 = 3[\%]$가 된다.

다. 콘덴서의 최대사용전류는 그 충전전류에 고조파가 포함되어 있는 경우 그 합성전류의 실효값이 정격전류의 135[%] 이내로 규정되어 있다. 콘덴서 전류가 정격전류의 120[%] 이상 흐르는 경우 고조파에 영향을 받고 있다고 예상되므로 직렬리액터를 사용할 필요가 있다.

라. 모선에 단락전류가 큰 계통 및 병렬콘덴서군이 있는 경우 콘덴서 투입 시 돌입전류가 과대해지므로 직렬리액터를 부착한 제품을 설치하는 것이 좋다.

5. 직렬리액터의 문제점 및 대책

가. 문제점

1) 직렬리액터를 설치하면 콘덴서 단자전압이 상승한다.
2) 직렬리액터를 설치하면 리액터가 없을 때보다 전류가 증가한다.

가) 직렬리액터가 없을 때 전류 $I_C = \dfrac{E}{X_C}$[A]이다.

나) 직렬리액터가 있을 때 전류 $I_{CL} = \dfrac{E}{X_L - X_C}$[A]로 되어 합성임피던스가 감소하므로 전류는 증가한다.

나. 대책

1) 단자전압의 상승에 대해서는 콘덴서 정격전압이 계통 공칭전압보다 높은 것을 사용한다.
2) 전류증가에 대해서는 콘덴서회로 분기차단기와 콘덴서회로 전선의 허용전류를 증가한 전류치 이상이 되는 것으로 사용한다.

3.5 전력계통의 절연협조

1. 절연협조의 기본원리

가. 절연협조

전력계통에서 발생하는 각종 이상전압에 대해 부하설비 등 전기설비 전체의 절연을 피뢰기 등 보호장치를 적용해서 기술적 · 경제적으로 합리화하는 것이다.

나. 절연협조의 기본

내부적 원인에 의한 이상전압에 대해서는 특별한 보호장치가 없어도 섬락, 절연파괴를 일으키지 않을 정도의 절연강도를 지니게 하고, 외부원인 외뢰에 대하여는 피뢰장치로 기기절연을 안전하게 보호하는 것을 기본으로 한다.

다. 절연의 합리화 방안

1) 내뢰는 상규대지 파고값의 4배 이하이므로 기기 자체의 내력으로 견디도록 설계하여 특별한 보호장치 없이 섬락절연파괴를 일으키지 않을 정도의 절연강도를 확보한다.
2) 외뢰는 기기 자체의 절연강도를 뇌충격에 견딜 수 있도록 높인다는 것은 현재의 기술로나 경제적으로 불가하므로 피뢰장치로 기기의 절연을 안전하게 보호하도록 하고 있다.

2. 수 · 변전설비의 절연협조

가. 피뢰기의 적용

1) 정격전압의 선정

계통의 과전압은 뇌서지와 개폐서지 및 상용주파 이상전압이 있으며 피뢰기가 보호해야 할 대상은 뇌서지와 개폐서지이다. 정격전압은 속류를 차단할 수 있는 최대교류전압으로 1선 지락 시의 건전상 대지전압 상승값에 여유를 둔 전압으로 한다.

가) 정격전압 : $E_R = \alpha\beta V_m = k V_m$

여기서, α : 접지계수(비유효 접지계 1.0, 유효접지계 0.65~0.80)
β : 여유도(1~1.15 적용)
k : V_m에 대해 피뢰기를 k% 피뢰기라고 호칭한다.
V_m : 최고허용전압(공칭전압(E) × 1.2/1.1)

나) 비유효 접지계통 : 114~116[%] 피뢰기 적용
다) 유효 접지계통 : 80~100[%] 피뢰기 적용

2) 공칭방전전류

피뢰기의 보호성능 및 자기회복성능을 표시하기 위하여 사용하는 방전전류의 규정치로 뇌임펄스 전류의 파고치로 표시한다.

가) 10[kA] : 발 · 변전소, 154[kV] 이상 전력계통, 66[kV] 이상 변전소, 장거리 송전선
나) 5[kA] : 66[kV] 및 그 이하 계통에서 뱅크용량 3,000[kVA] 이하
다) 2.5[kA] : 배전선로, 22.9[kV]－Y 수전설비

3) 피뢰기의 제한전압과 보호레벨

가) 피뢰기의 제한전압은 피뢰기에 충격파 전류가 흐르고 있을 때 피뢰기의 단자전압 즉, 피뢰기 방전 중의 단자전압으로 방전전류와 관계가 있다.
나) SiC 특성요소의 소자는 방전전류가 증가하면 제한전압도 증가하나 ZnO형 피뢰기는 방전전류에 대해 일정하므로 제한전압의 파고치를 보호레벨 값으로 한다.

다) 따라서 피뢰기의 보호레벨은 뇌임펄스에 대해 뇌충격 내전압의 80[%] 이하, 개폐임펄스에 대해 70[%] 이하로 한다.

나. 피뢰기와 피보호기기의 거리

1) 피뢰기와 변압기가 떨어져 있는 경우 변압기는 리액턴스로 구성되어 뇌전압은 변압기를 통과하지 못하고 부싱에서 반사되어 입사파와 반사파가 겹쳐서 입사파의 2배의 전압이 걸린다.

2) 변압기 부싱에 걸리는 전압은 $V_t = V_p + \dfrac{2\mu S}{V}$[kV]이다.

따라서 V_t가 LIWL을 초과하지 않는 거리 S를 구하여 피뢰기의 위치를 선정한다.

여기서, V_p : LA의 제한전압
μ : 침입파의 진행속도[kV/μs](일반선로 200, 차폐선로 500)
S : 피뢰기와 변압기의 거리[m]
V : 진행파의 전파속도[m/μs](케이블 150, 가공선로 300)

다. 전기기기의 절연강도(☞ 참고 : 이상전압의 종류와 전기기기의 절연강도)

전력계통은 발전기, 선로, 변압기, 차단기, 개폐기 등과 같은 많은 기기와 공작물들로 이루어져 있다. 이러한 기기들은 자체의 기능에서 요구하는 절연강도를 가지고 있는데, 기기의 절연강도는 상용주파 내전압과 뇌충격 내전압(LIWL)으로 규정하고 이것을 절연계급이라 한다.

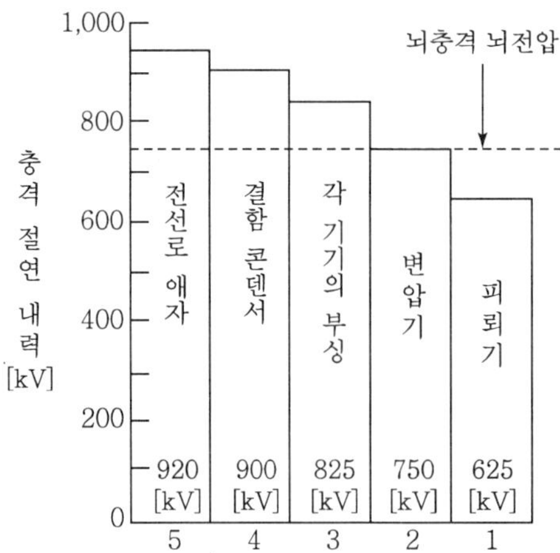

[그림 1] 전력기기의 절연강도

3. 송 · 배전 선로에서의 절연협조

가. 가공 배전선로

근본 방침은 송전선로의 것과 다를 바가 없다. 다만 배전선로 상에 분산 배치된 배전용 변압기의 보호가 절연협조의 주안점으로 피뢰기 선택과 적용이 중요하다.

나. 전력계통의 접지

계통접지를 유효 접지계통으로 하면 1선 지락 시 건전상의 대지전압을 1.3배 이하로 억제할 수 있어 피뢰기의 정격전압을 낮게 할 수 있다.

1) 유효접지의 조건은 접지계수가 1.3 이하이거나 계통의 영상리액턴스와 정상리액턴스의 비가 3 이하이고 영상저항과 정상리액턴스의 비가 1 이하일 때이다.
2) 유효접지 조건식 : $\frac{R_0}{X_1} \le 1$, $\frac{X_0}{X_1} \le 3$

4. 계통의 절연설계

가. 전력계통의 절연설계

1) 기본원칙은 뇌전압 이외의 이상전압에서는 섬락 내지는 절연파괴가 일어나지 않도록 하는 것이다.
2) 전력설비의 절연설계 기본은 외부이상전압에 대하여 피뢰기(LA)로 보호하고 내부이상전압에 대하여 여유 있게 뇌충격 내전압을 정하여 계통 전체의 절연이 합리화되도록 하고 있다.
3) 변압기인 경우에는 뇌충격 뇌전압이 낮아지면 중량이 가벼워지고 가격이 저하한다. 또 임피던스가 줄어서 계통 안정도의 향상에도 기여한다.

나. 변전소의 절연설계

뇌에 대하여 완전 차폐되고 피뢰기에 의하여 과전압이 억제되는 것을 전제한다.

CHAPTER 03

필수예제

예제 01 아래 그림과 같이 결선된 CT의 3상 평형회로에서 전류계가 4[A]를 지시하였다고 한다. CT의 변류비가 20인 경우 선로의 전류는 몇 [A]인지 계산하여라.

〈50회 건축전기설비기술사〉

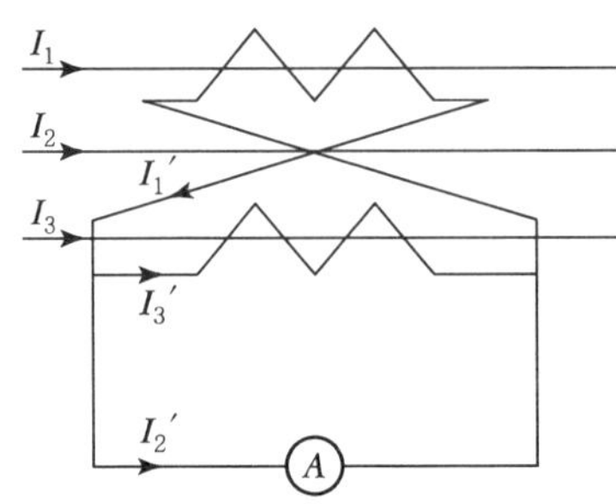

풀이

1. 개요

그림에서 2대의 CT는 교차 접속되어 있는 상태이며, 교차 접속의 전류계는 2상차의 전류값이 흐르며, 평형 3상에서 2상차의 값은 각상 전류값의 $\sqrt{3}$ 배가 된다.
따라서, 선로의 전류를 I_1이라고 했을 때 전류값을 계산하면 다음과 같다.

2. 전류값 계산

전류계의 전류값 $I_2' = \sqrt{3} \times \dfrac{I_1}{\text{CT비}}$ 에서

$I_2' = 4$, CT비 20을 적용하면 $4 = \sqrt{3} \times \dfrac{I_1}{20}$

$\therefore$ 선로의 전류 $I_1 = \dfrac{4 \times 20}{\sqrt{3}} = 46.189 = 46.19[\text{A}]$

예제 02 어떤 전기설비 시공에서 3,300[V]의 고압 3상 회로에 변압비 33의 계기용 전압기 2대를 그림과 같이 설치 접속하였다. 전압계 V_1, V_2, V_3의 지시를 구하여라.

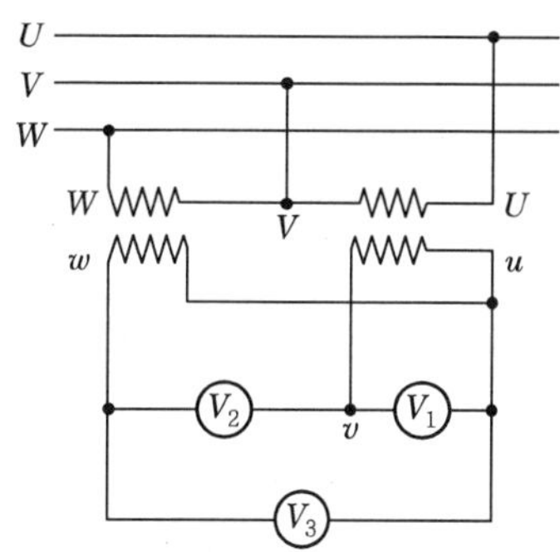

풀이

1. 계기용 변압기의 2차 측이 역 V접속이므로

2차 측 전압 $V_1 = V_3 = \dfrac{3,300}{33} = 100[\text{V}]$

2. 위상 관계를 그림으로 나타내면

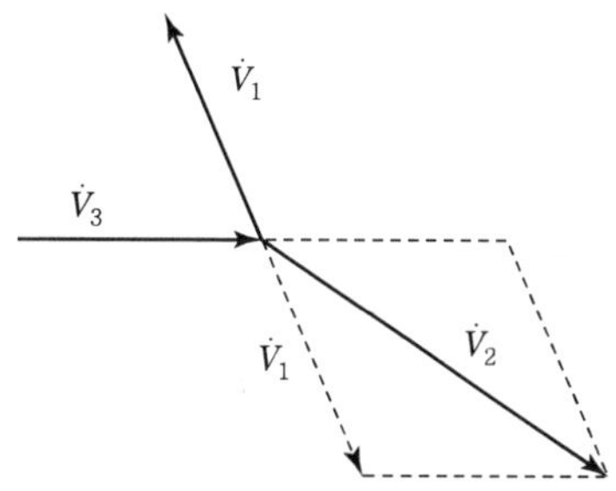

평형 3상에서 2상차의 값은 각상 전압값의 $\sqrt{3}$ 배가 되며,

$V_2 = \sqrt{3} \times 100 = 173.2[\text{V}]$

예제 03 전동기 등의 유도성 부하에 의해 저하되는 역률을 개선하기 위해 설치하는 진상용 콘덴서의 역률 개선 효과와 용량산출 방법에 대해 설명하시오. 〈89-4-5〉

풀이

1. 역률 개선 원리

부하와 병렬로 진상용 콘덴서(X_c)를 접속하면 진상용 콘덴서에 흐르는 전류 I_c는 전압 E보다

90° 앞선 위상이 공급된다. 따라서 부하전류 I_L은 I_c만큼 상쇄되어 겉보기 전류가 I_0에서 I_1으로 감소하고 현재의 역률 $\cos\theta_0$는 목표역률 $\cos\theta_1$으로 개선된다.

1) 역률 개선 분석도

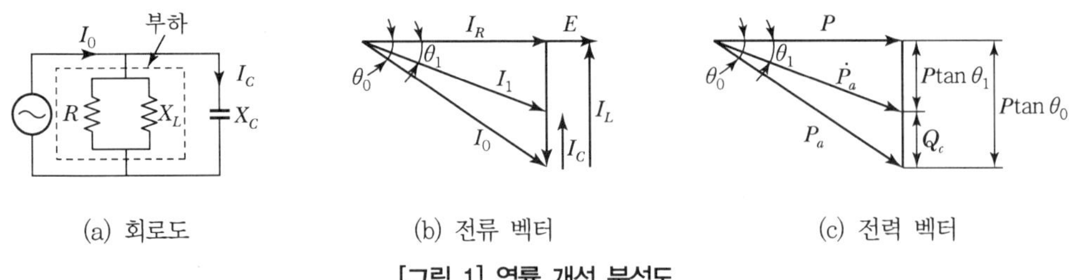

[그림 1] 역률 개선 분석도

여기서, P : 유효전력[kW], P_a : 개선 전 피상전력[kVA]

$\dot{P}_a$: 개선 후 피상전력[kVA], P_r : 개선 전 무효전력[kVAR]

$\dot{P}_r$: 개선 후 무효전력[kVAR], Q_C : 콘덴서 용량[kVA]

2) 콘덴서 용량산출

(1) 역률 개선은 유도성 부하의 지상 무효전력(전류)을 콘덴서의 진상 무효전력(전류)으로 감소시키는 것이다.

(2) [그림 1]에서 부하 역률 $\cos\theta_0$을 $\cos\theta_1$으로 개선하는 데 필요한 콘덴서 용량 $\cos\theta_1$는 다음과 같다.

$$Q_c = P(\tan\theta_0 - \tan\theta_1) = P[\text{kW}] \times \left(\sqrt{\frac{1}{\cos^2\theta_0} - 1} - \sqrt{\frac{1}{\cos^2\theta_1} - 1}\right)[\text{kVA}]$$

이때 피상전력은 P_a에서 $\dot{P}_a$로 감소하게 된다.

㉠ 1ϕ, 3ϕ Y결선의 경우 [μF] 계산

콘덴서 용량$(Q_C) = 2\pi f CV^2 \times 10^{-9}[\text{kVA}]$

$$C = \frac{Q_C}{2\pi f V^2} \times 10^9[\mu\text{F}]$$

㉡ 3ϕ, Δ결선의 경우 [μF]

콘덴서 용량 $Q_C = 6\pi f CV^2 \times 10^{-9}[\text{kVA}] \Rightarrow C = \dfrac{Q_C}{6\pi f V^2} \times 10^9[\mu\text{F}]$

㉢ 통상적으로 200[V] 이하는 [μF]로, 200[V] 이상은 [kVA]로 표시한다.

(3) 콘덴서 부설용량 기준표에 의한 방법

현장에서 주로 사용되고 있는 방법

2. 콘덴서 설치효과

1) 변압기 손실의 저감

(1) 변압기에서의 전력손실의 대부분은 철심 내에서 생기는 철손과 권선에서 생기는 동손이며, 동선은 부하전류의 제곱에 비례하여 증감하므로 역률을 개선하면 동손을 크게 줄일 수 있다.

(2) 변압기 손실 중 부하손(동손)이 75[%]라고 하면 동손 저감량은 다음과 같다.

$$W_t = P_t \times \left(\frac{100}{\eta} - 1\right) \times \frac{3}{4} \times \left(\frac{P}{P_t}\right)^2 \times \left(1 - \frac{\cos^2\theta_0}{\cos^2\theta_1}\right)[\mathrm{kW}]$$

여기서, P : 부하용량[kW], P_t : 변압기용량[kW], W_t : 손실저감량

η : 변압기효율, $\cos\theta_0$: 개선하기 전의 역률, $\cos\theta_1$: 개선한 후의 역률

2) 배전설비의 여유도 증가

역률 개선에 의해 선로전류가 감소함으로써 변압기나 배전선 등의 부담이 가벼워지고, 설비에 여유가 생겨 기존설비를 증가하지 않고 여유분만큼 부하를 더 사용할 수 있다.

$$\text{설비여유도} = \frac{P_1 - P_0}{P_0} = \frac{\cos\theta_1}{\cos\theta_0} - 1$$

여기서, P_0 : 역률 개선 전의 부하용량[kW], P_1 : 역률 개선 후의 부하용량[kW]

$\cos\theta_0$: 개선 전 역률, $\cos\theta_1$: 개선 후 역률

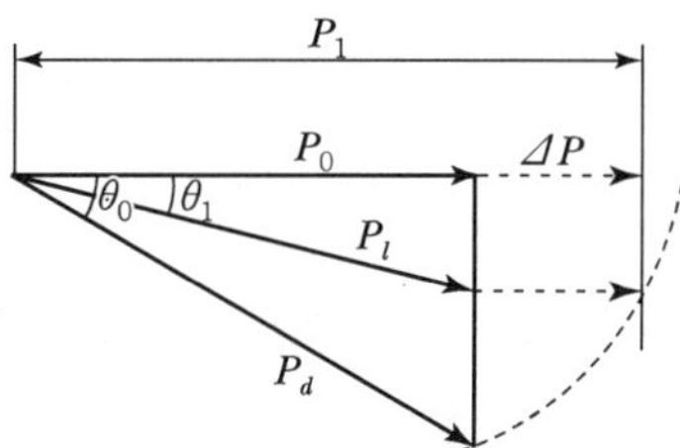

[그림 2] 배전설비의 여유도 증가

여기서, P_d : 개선 전 피상전력, P_l : 개선 후 피상전력

ΔP : $(\theta_0 - \theta_1)$에 의한 개선여유용량, P_1 : 역률 개선 후의 부하용량[kW]

3) 전압강하의 저감

진상콘덴서 설치에 의한 역률 개선으로 선로전류가 감소하면 배전선로나 변압기 저항, 리액턴스에 의한 전압강하 향상되거나 전압이 안정되므로 부하설비의 생산능률이 전압강하 향상되거나 전압이 안정되므로 부하설비의 생산능률이 전압강하의 크기는 대개 다음 식으로 산출된다.

$$\Delta V = \frac{P}{V\cos\theta}(R\cos\theta + X\sin\theta)$$

여기서, ΔV : 전압강하의 크기[V], P : 전력[kW]

V : 선간전압[kV], R : 선로 및 변압기의 저항[Ω]
X : 선로 및 변압기의 리액턴스[Ω], $\cos\theta$: 역률

4) 전기요금 경감
한국전력공사의 공급규정에 의거 기준역률 90[%] 이하가 될 경우 별도의 추가요금을 지불하여야 하나 90[%] 이상 유지 시 기본요금 할인하는 제도

(1) 전력요금=기본요금+전력량 요금
(2) 기본요금=계약전력[kW]$\times\left(1+\dfrac{90-\text{역률}}{100}\right)\times$전력단가[원/kW]
(3) 전력요금=사용전력량[kWh]×전력단가[원/kWh]

5) 콘덴서 설치위치에 따른 효과
(1) 고압 모선 측에 설치하는 경우
㉠ 관리가 용이하고 무효전력에 신속한 대응이 가능하다.
㉡ 전력요금 등에 대한 절감효과가 있으나 선로 개선효과는 기대할 수 없다.
㉢ 경제적으로 설비를 구성할 수 있다.

(2) 고압 측 모선과 부하에 분산 배치하는 방법
㉠ 수전모선과 부하와 병행하여 설치하는 방법으로 모선에 설치방법보다 개선효과 등이 크다.
㉡ 고압 모선 측에 설치하는 경우보다 비경제적이다.

(3) 부하 말단에 분산하여 설치하는 방법
㉠ 콘덴서 설치효과가 배전선을 포함한 경로를 통해 나타나므로 각각의 부하에 개별적으로 설치하는 방식이 가장 효과가 좋다.
㉡ 효과는 좋으나 경제적 부담이 크다.

예제 04 출력 15[kW], 역률 85[%]인 3상 380[V]용 유도 전동기가 연결된 회로를 역률 95[%]로 개선시키기 위해 소요되는 콘덴서의 용량[μF]을 구하여라.

〈52회 건축전기설비기술사〉

풀이

1. 콘덴서 용량 Q는

$Q = P(\tan\theta_1 - \tan\theta_2)$[kVA]

여기서, P : 유효 전력[kW], $\cos\theta_1$: 개선 전 역률, $\cos\theta_2$: 개선 후 역률

2. 콘덴서 용량 산출

$$Q = P(\tan\theta_1 - \tan\theta_2) = P\left(\frac{\sin\theta_1}{\cos\theta_1} - \frac{\sin\theta_2}{\cos\theta_2}\right) = P\left(\frac{\sqrt{1-\cos^2\theta_1}}{\cos\theta_1} - \frac{\sqrt{1-\cos^2\theta_2}}{\cos\theta_2}\right)$$

$$= P\left(\sqrt{\frac{1}{\cos^2\theta_1} - 1} - \sqrt{\frac{1}{\cos^2\theta_2} - 1}\right)$$

$$= 15\left(\sqrt{\frac{1}{0.85^2} - 1} - \sqrt{\frac{1}{0.95^2} - 1}\right)$$

$$= 15(0.620 - 0.329) = 4.365 ≒ 4.37[\text{kVA}]$$

3. 소요 콘덴서의 용량 $C[\mu\text{F}]$는

$$Q = 3 \cdot I_C V = 3 \cdot \frac{V}{X_C} \cdot V = 3 \cdot (2\pi f C V^2)$$

여기서, V : 선간 전압

$$C = \frac{Q}{6\pi f V^2} = \frac{4{,}370}{6 \times 3.14 \times 60 \times 380^2} = 26.7[\mu\text{F}]$$

예제 05	실부하 6,000[kW] 역률 85[%]로 운전하는 공장에서 역률을 95[%]로 개선하는데 필요한 콘덴서 용량은? **〈53회 건축전기설비기술사〉**

풀이

콘덴서 용량 Q_c는

$$Q_c = P(\tan\theta_1 - \tan\theta_2) = P\left(\frac{\sin\theta_1}{\cos\theta_1} - \frac{\sin\theta_2}{\cos\theta_2}\right) = P\left(\sqrt{\frac{1}{\cos^2\theta_1} - 1} - \sqrt{\frac{1}{\cos^2\theta_2} - 1}\right)$$

$$= 6{,}000\left(\sqrt{\frac{1}{0.85^2} - 1} - \sqrt{\frac{1}{0.95^2}}\right) = 6{,}000(0.620 - 0.329) = 1{,}746[\text{kVA}]$$

예제 06	제5고조파로부터 역률 개선용 콘덴서를 보호하기 위하여 직렬리액터을 설치하고자 한다. 콘덴서 용량이 200[kVA]라고 할 때, 이론상 필요한 직렬리액터의 용량을 계산하고, 실제로는 몇 [kVA]의 직렬리액터를 설치하여야 하는지 명시하여라.

풀이

1. 개요

고조파 중 제3고조파는 변압기의 Δ 결선에 흡수되어 밖으로 나타나지 않으므로 콘덴서 회로에서 문제되는 것은 제5고조파 이상의 고조파이다. 이 제5고조파를 소멸시키려면, 콘덴서 C에 직렬 리액터 $X_L(=\omega L)$을 접속하여 제5고조파에 대해서 공진하도록 하면 된다. 그러면 제5고조파는 단락되어 파형의 왜곡을 방지할 수 있다.

2. 직렬리액터 용량

기본 주파수를 f_0라 하면, 제5고조파의 주파수는 $f=5f_0$이다.

따라서, f에서 공진하려면 $\omega L=\dfrac{1}{\omega C}$

$2\pi f L=\dfrac{1}{2\pi f C}$, $2\pi\times 5f_0\times L=\dfrac{1}{2\pi\times 5f_0\times C}$

$\therefore\ 2\pi f_0 L=\dfrac{1}{5\times 5}\times\dfrac{1}{2\pi f_0 C}$

결국, 직렬리액터는 콘덴서 용량의 $\dfrac{1}{25}$, 즉 4[%]의 유도 리액턴스를 선정하면 된다.

(1) 이론상의 콘덴서 용량은 200×0.04=8[kVA]

(2) 실제의 콘덴서 용량은 6[%]를 표준으로 하므로 200×0.06=12[kVA]

CHAPTER

04 고장계산

4.1 고장전류

1. 고장전류 계산의 목적

가. 차단기의 차단용량 결정

나. 전력기기의 기계적 강도 및 정격 결정

다. 케이블의 사이즈 선정 검토

라. 보호계전기의 정정 및 보호협조 검토

마. 통신유도장애 및 유효접지 조건의 검토

바. 순시전압강하 등 계통의 구성검토 등

2. 고장전류의 형태

가. 고장전류의 성분

1) 고장전류는 [그림 1]과 같이 횡축에 대하여 비대칭인 전류가 흐르며 이 전류는 횡축에 대하여 대칭(Symmetrical)인 교류성분과 비대칭(Asymmetrical)인 직류성분으로 구분한다.

2) 고장전류 속에 포함되어 있는 직류분은 회로정수(X/R비)에 따라 크기가 결정되고 시간과 함께 감소한다.

나. 고장전류의 형태

1) 대칭전류

가) 대칭단락전류 실효값이란 고장전류 가운데 교류분만의 실효값을 말한다.

나) ACB, MCCB, Fuse 선정 시 이 전류값에 의하여 선정한다.

2) 비대칭전류

가) 비대칭단락전류 실효값이란 고장전류에 포함되어 있는 직류분을 포함한 전류의 실효값을 말하며 최대비대칭단락전류 실효값[7], 최대비대칭단락전류 순시값[8], 3상 평균비대칭단락전류 실효값[9]으로 구분한다.

나) 전선, CT 등의 열적강도 및 직렬기기의 기계적강도 검토 시 활용한다.

---

7) 비대칭단락전류 실효값(I_s)이 최대가 되는 투입 위상값으로 전선이나 CT 등의 열적강도 검토 시 사용한다.

8) 비대칭단락전류 순시값이 최대가 되는 투입 위상값으로 직렬기기 기계적 강도 검토 시 사용한다.
 예 보통 단락 발생 후 1/2 사이클에서 최대가 된다.

9) 각 상 비대칭단락전류 실효값의 평균값을 취한다.

3. 고장전류의 종류

구분	정의 및 특징	적용
First Cycle Fault Current (초기 과도전류)	• 1/2사이클 시점의 고장전류 • 모든 단락전류에 대하여 고려 • 모든 회전기는 차과도 리액턴스 적용	• 케이블의 굵기 선정 • 순시값 탭(IIT)[10] 정정 • PF용량 선정
Interrupting Fault Current(과도전류)	• 3~5Cycle의 고장전류 • 모든 단락전류에 대하여 고려 • 발전기는 초기 과도리액턴스 적용	차단기 차단용량 선정
Steady State Fault Current(정상상태 전류)	• 계통 임피던스의 변화가 안정된 시점의 고장 전류 • 발전기는 과도리액턴스 적용	보호계전기의 한시탭 (ICS) 정정

4. 차단시점의 단락전류 크기

가. 대칭단락전류(I_s) : $I_{대칭} = \dfrac{X}{\sqrt{2}}$

나. 비대칭단락전류(I_{as}) : $I_{비대칭} = \sqrt{\left(\dfrac{X}{\sqrt{2}}\right)^2 + Y^2}$

여기서, X : 차단전류의 발호순시에서 교류분의 진폭, Y : 직류분 진폭

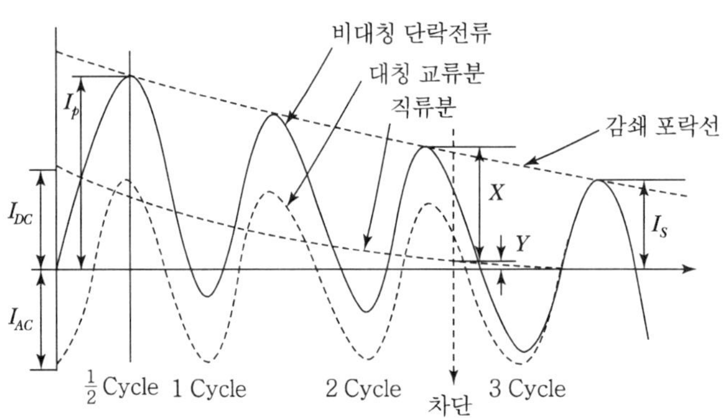

[그림 1] 단락전류의 구성

다. 차단기 차단용량 선정을 위한 고장전류의 계산

1) 3상 대칭단락전류 $I_s = \dfrac{100}{\%Z} \times I_n = \dfrac{100}{\%Z} \times \dfrac{P_n}{\sqrt{3}\,V}$ (여기서, $I_n = \dfrac{P_n}{\sqrt{3}\,V}$)

---

10) IIT(Indicating Instantaneous Trip Unit), ICS(Indicating Contact Switch Unit)

2) 3상 비대칭단락전류11) = 3상 대칭단락전류 × 비대칭계수(MF)12)

3) 차단기 차단용량 선정 시 계산된 고장전류값에 1.5~2배 정도의 여유를 두는 것이 바람직하다.

4.2 지락고장전류계산

1. 발전기 기본식

가. 발전기 기본식의 성립조건

1) 발전기의 무부하 유도기전력은 대칭을 유지한다. 발전기의 내부 유도기전력은 언제나 각 상의 크기가 같고 120° 위상차를 유지한다.

2) 각 대칭분 전류에 의한 전압강하는 각 대칭분 임피던스에 의해서만 발생한다. 즉, 영상분 전류는 영상임피던스에 의해서만 전압강하를 발생하고, 정상분 전류는 정상임피던스에 의해서만, 역상분 전류는 역상임피던스에 의해서만 전압강하를 발생한다는 것이다.

나. 발전기의 기본식 산출

각 상의 단자전압(불평형 단자전압) $\dot{V}_a$, $\dot{V}_b$, $\dot{V}_c$의 표현

1) 발전기 기전력 $\dot{E}_a$, $\dot{E}_b$, $\dot{E}_c$(상전압 = 대지전압)가 대칭인 조건에서 불평형 전류 $\dot{I}_a$, $\dot{I}_b$, $\dot{I}_c$가 흘렀을 때 각 상의 전압강하를 $\dot{v}_a$, $\dot{v}_b$, $\dot{v}_c$하면 a, b, c 각 상의 단자전압 $\dot{V}_a$, $\dot{V}_b$, $\dot{V}_c$는

$$\dot{V}_a = \dot{E}_a - \dot{v}_a$$

$$\dot{V}_b = \dot{E}_b - \dot{v}_b = a^2\dot{E}_a - \dot{v}_b$$

$$\dot{V}_c = \dot{E}_c - \dot{v}_c = a\dot{E}_a - \dot{v}_c \qquad \cdots\cdots ①$$

---

11) 비대칭분은 정현파의 대칭분과 전류의 크기가 시간축(x)을 중심으로 상하가 대칭이 되지 않고 [그림 1]처럼 비대칭이 되는 직류분 파형이 합으로 이루어진 파형이다.

12) 비대칭계수(MF ; Multiplying Factor)는 DC분이 포함된 비대칭파의 전류실효값을 대칭 AC분의 교류값으로 바꾸는 계수로 대칭단락전류의 실효값 I_s와 비대칭단락전류의 실효값 I_{as}의 비로 나타낸다. 여기서 $\frac{1}{2}$[Hz] 시점의 대칭분 단락전류의 최댓값을 I_P라 두면 $I_P = (\gamma I_s) < 2\sqrt{2}\,I_s = 2.828 I_s$이다. 일반적으로 직류분 감쇄를 고려하여 $f = 60$[Hz] 계통에서는 $I_P = 2.6 I_s$로 간주한다.
비대칭계수 $K = \dfrac{I_{as}(\text{비대칭전류의 실효치})}{I_s(\text{대칭전류의 실효치})} = 1.6 \sim 2.5$ 실효값의 경우 $I_{as} = KI_s$로 표현할 때 K_1은 단상 최대 비대칭계수, K_3은 3상 평균 비대칭계수이다.

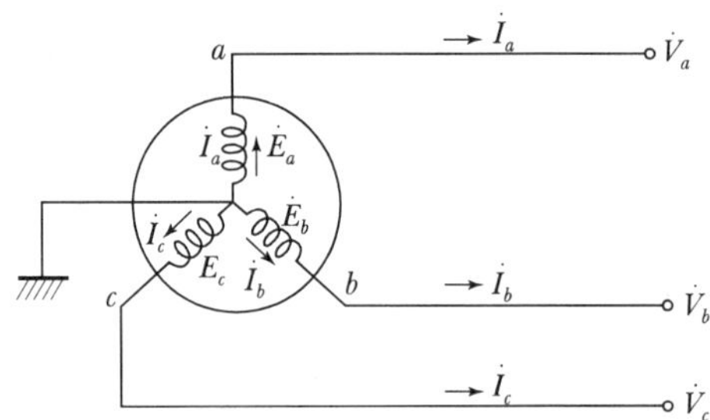

[그림 1] 발전기에 불평형 전류가 흘렀을 때

2) 각 상의 단자전압을 대칭성분으로 분해하면($1+a+a^2=0$, $a^3=1$ 관계를 이용)

$$\dot{V}_0 = \frac{1}{3}(\dot{V}_a + \dot{V}_b + \dot{V}_c) = -\frac{1}{3}(\dot{v}_a + \dot{v}_b + \dot{v}_c)$$

$$\dot{V}_1 = \frac{1}{3}(\dot{V}_a + a\dot{V}_b + a^2\dot{V}_c) = E_a - \frac{1}{3}(\dot{v}_a + a\dot{v}_b + a^2\dot{v}_c)$$

$$\dot{V}_2 = \frac{1}{3}(\dot{V}_a + a^2\dot{V}_b + a\dot{V}_c) = -\frac{1}{3}(\dot{v}_a + a^2\dot{v}_b + a\dot{v}_c) \quad \cdots\cdots ②$$

3) 대칭성분 전류 I_0, I_1, I_2를 각각 흘렸을 경우의 임피던스 Z_0, Z_1, Z_2를 영상임피던스, 정상임피던스, 역상임피던스라 하면 내부임피던스, 즉 전기자의 전압강하는

가) 영상전류 I_0만 흘렸을 경우 각 상의 전압강하는 $\dot{Z}_0\dot{I}_0$로 발전기 영상임피던스이다.

나) 각 상에 정상의 3상 평형전류($\dot{I}_1$, $a^2\dot{I}_1$, $a\dot{I}_1$)를 흘렸을 경우 전압강하는 $\dot{Z}_1\dot{I}_1$, $a^2\dot{Z}_1\dot{I}_1$, $a\dot{Z}_1\dot{I}_1$으로 발전기의 정상임피던스 즉, 발전기 명판의 동기임피던스이다.

다) 각 상에 역상의 3상 평형전류($\dot{I}_2$, $a\dot{I}_2$, $a^2\dot{I}_2$)를 흘렸을 경우 전압강하는 $\dot{Z}_2\dot{I}_2$, $a\dot{Z}_2\dot{I}_2$, $a^2\dot{Z}_2\dot{I}_2$로 발전기의 역상임피던스라 한다.

4) 실제의 전압강하는 각 대칭분 전류가 흘렀을 경우 각 상분의 전압강하(임피던스와 대칭분 전류의 곱)를 중첩하여 표시하면

가) $\dot{v}_a = \dot{Z}_0\dot{I}_0 + \dot{Z}_1\dot{I}_1 + \dot{Z}_2\dot{I}_2$

나) $\dot{v}_b = \dot{Z}_0\dot{I}_0 + a^2\dot{Z}_1\dot{I}_1 + a\dot{Z}_2\dot{I}_2$

다) $\dot{v}_c = \dot{Z}_0\dot{I}_0 + a\dot{Z}_1\dot{I}_1 + a^2\dot{Z}_2\dot{I}_2$ ······ ③

5) 위 식을 이용하여 대칭분 전압강하를 구하면

가)+나)+다)에서 $\frac{1}{3}(\dot{v}_a + \dot{v}_b + \dot{v}_c) = \dot{Z}_0\dot{I}_0$

가)+나)×a+다)×a^2에서 $\frac{1}{3}(\dot{v}_a + a\dot{v}_b + a^2\dot{v}_c) = \dot{Z}_1\dot{I}_1$

가) + 나) × a^2 + 다) × a에서 $\frac{1}{3}(\dot{v}_a + a^2\dot{v}_b + a\dot{v}_c) = \dot{Z}_2\dot{I}_2$ ………………………………………… ④

6) 식 ④를 식 ②에 대입하여 단자전압의 대칭분, 즉 발전기 기본식을 구할 수 있다.

$\therefore\ \dot{V}_0 = -\dot{Z}_0\dot{I}_0,\ \dot{V}_1 = \dot{E}_a - \dot{Z}_1\dot{I}_1,\ \dot{V}_2 = -\dot{Z}_2\dot{I}_2$

2. 전력계통의 고장계산

가. 고장계산 순서

대칭좌표법을 이용한 고장계산법의 흐름도 및 1선 지락고장의 계산식을 유도한다.

1) 전력계통의 고장조건을 파악한다.
2) 불평형 성분에 고장조건을 적용하여 대칭분을 계산한다. 예 $\dot{I}_0,\ \dot{I}_1,\ \dot{I}_2$
3) 발전기 기본식에 대입하며 발전기 단자에 나타나는 대칭분 및 고장조건을 연립시켜 계산한다.
4) 각각의 대칭분을 중첩시켜 실제로 알고자 하는 각 단자에서의 불평형분의 값을 구한다. 예 $\dot{I}_a,\ \dot{I}_b,\ \dot{I}_c$

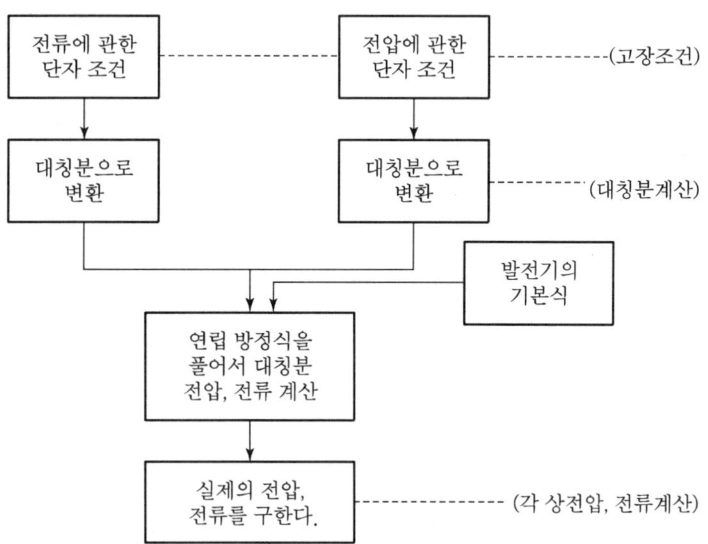

[그림 2] 대칭좌표법에 의한 고장계산의 개요도

PART 03 전원설비

나. 전력계통의 고장 종류

구분	등가회로	고장전류
1선 지락 (a상 지락)	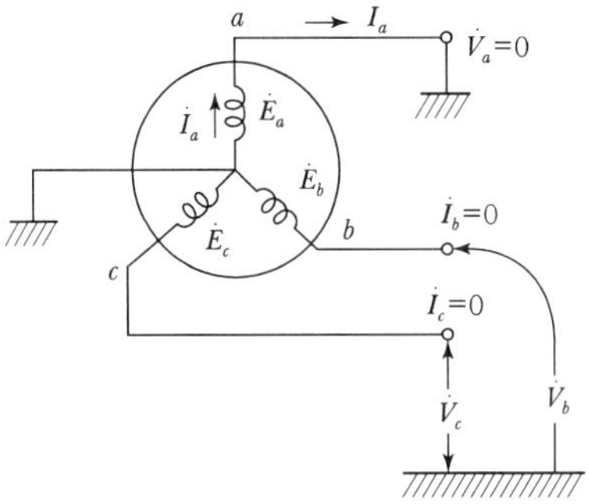 조건 $V_a=0,\ I_b=I_c=0$	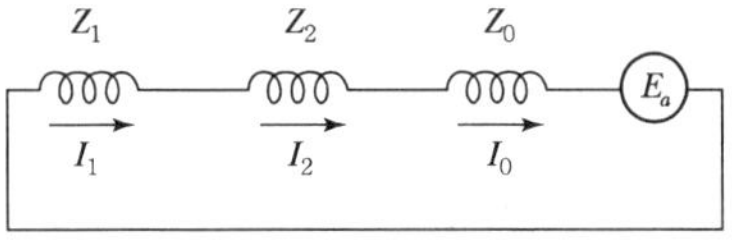 $I_0=I_1=I_2=\dfrac{E_a}{Z_0+Z_1+Z_2}$ $I_a=I_0+I_1+I_2=\dfrac{3E_a}{Z_0+Z_1+Z_2}=3I_0$
2선 지락	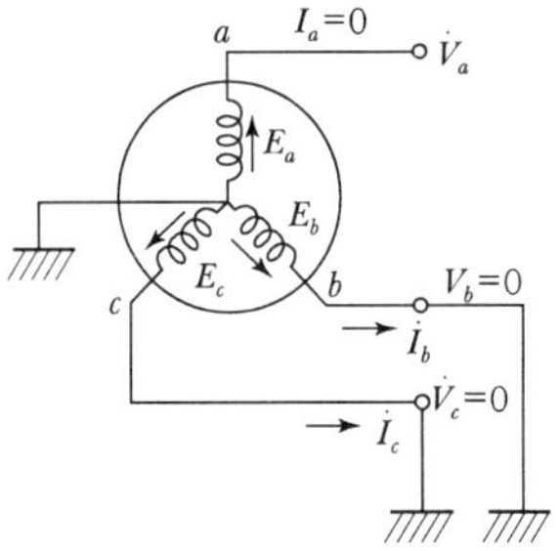 조건 $I_a=0,\ V_b=V_c=0$	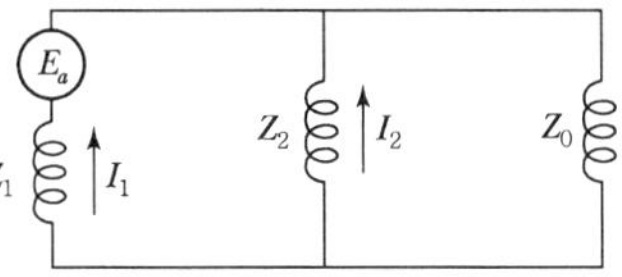 $I_1=\dfrac{E_a}{Z_1+\dfrac{Z_0Z_2}{Z_2+Z_0}}$, $I_2=-I_1\times\dfrac{Z_0}{Z_0+Z_2}$
선간 단락 (b, c상)	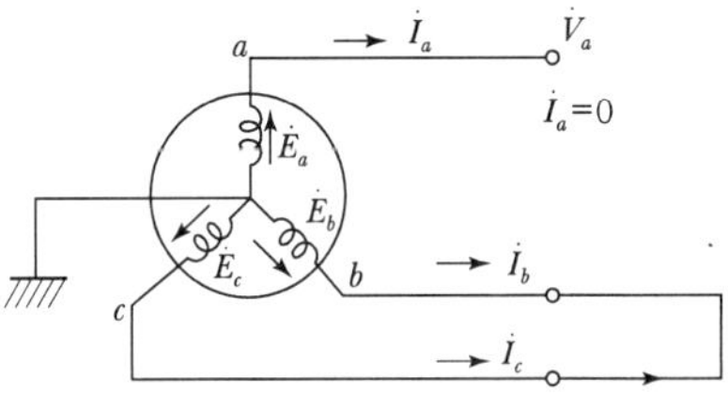 조건 $V_b=V_c,\ I_a=0,\ I_b+I_c=0$	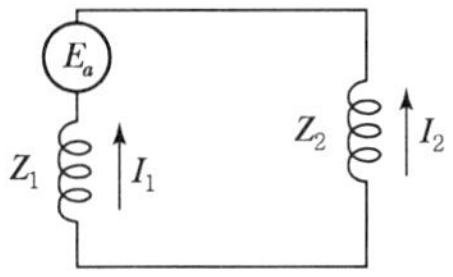 $I_1=-I_2=\dfrac{E_a}{Z_1+Z_2}$, $I_a=0$ $I_b=a^2I_1+aI_2=a^2I_1-aI_1$ $=\dfrac{(a^2-a)E_a}{Z_1+Z_2}$
3상 단락	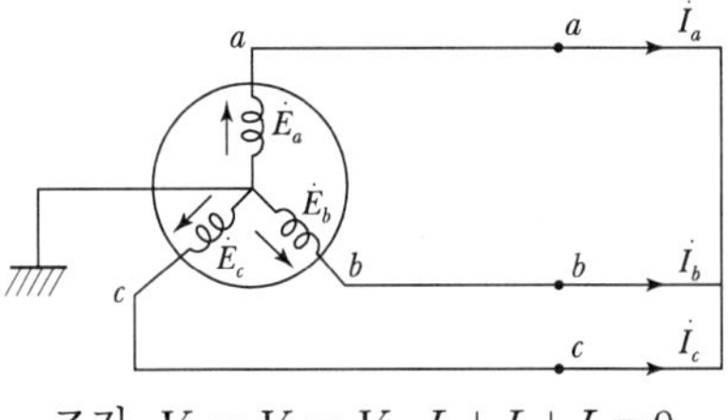 조건 $V_a=V_b=V_c,\ I_a+I_b+I_c=0$	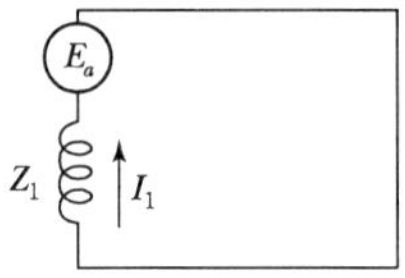 $I_1=\dfrac{E_a}{Z_1}$, $I_0=I_2=0$, $I_a=I_1=\dfrac{E_a}{Z_1}$

3. 1선 지락 고장전류의 계산

가. 무부하 상태의 발전기 a상이 접지되었을 경우

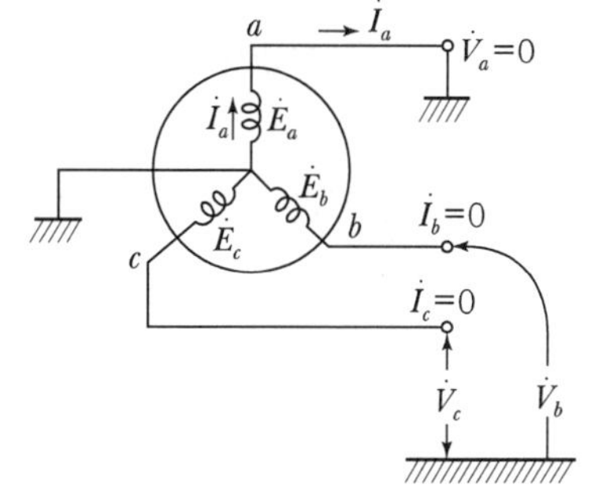

[그림 3] 1선 지락고장

1) 1선 지락 고장조건

$I_b = I_c = 0,\ \ V_a = 0$

a상에 흐르는 전류가 지락전류 I_g이므로

따라서 $I_a = I_g$이다.

2) 대칭분 계산(불평형 성분에 고장조건을 대입)

$$I_0 = \frac{1}{3}(\dot{I}_a + \dot{I}_b + \dot{I}_c) = \frac{1}{3}(\dot{I}_a + 0 + 0) = \frac{1}{3}\dot{I}_a$$

$$I_1 = \frac{1}{3}(\dot{I}_a + a\dot{I}_b + a^2\dot{I}_c) = \frac{1}{3}(\dot{I}_a + a \times 0 + a^2 \times 0) = \frac{1}{3}\dot{I}_a$$

$$I_2 = \frac{1}{3}(\dot{I}_a + a^2\dot{I}_b + a\dot{I}_c) = \frac{1}{3}(\dot{I}_a + a^2 \times 0 + a \times 0) = \frac{1}{3}\dot{I}_a$$

$$\therefore\ I_0 = I_1 = I_2 = \frac{1}{3}I_a,\ I_a = 3I_0$$

3) 발전기 기본식과 연립

고장조건에서 a상의 전압 $\dot{V}_a = \dot{V}_0 + \dot{V}_1 + \dot{V}_2 = 0$에서

발전기 기본식 $\dot{V}_0 = -\dot{Z}_0\dot{I}_0,\ \dot{V}_1 = \dot{E}_a - \dot{Z}_1\dot{I}_1,\ \dot{V}_2 = -\dot{Z}_2\dot{I}_2$을 대입하면

$$\dot{V}_a = \dot{V}_0 + \dot{V}_1 + \dot{V}_2 = -\dot{Z}_0\dot{I}_0 + \dot{E}_a - \dot{Z}_1\dot{I}_1 - \dot{Z}_2\dot{I}_2$$

$$= \dot{E}_a - (\dot{Z}_0\dot{I}_0 + \dot{Z}_1\dot{I}_1 + \dot{Z}_2\dot{I}_2) = \dot{E}_a - (\dot{Z}_0 + \dot{Z}_1 + \dot{Z}_2)\dot{I}_0 = 0$$

$$\dot{E}_a = (\dot{Z}_0 + \dot{Z}_1 + \dot{Z}_2)I_0$$

$$\therefore\ I_0 = \frac{\dot{E}_a}{\dot{Z}_0 + \dot{Z}_1 + \dot{Z}_2} = \frac{1}{3}\dot{I}_a(\text{여기서, } I_0 = I_1 = I_2)$$

4) 따라서 1선 지락 고장전류는

$$\dot{I}_a = \dot{I}_0 + \dot{I}_1 + \dot{I}_2 = 3\dot{I}_0 = \frac{3\dot{E}_a}{\dot{Z}_0 + \dot{Z}_1 + \dot{Z}_2}$$

직접접지가 아닌 경우 $Z_0 \gg Z_1, Z_2$이므로 지락전류는 $I_g \fallingdotseq \dfrac{3\dot{E}_a}{Z_0}$

나. 중성선에 접지저항 R_g가 있을 경우

1) 중성점의 대지전위 E는 1선 지락 시 영상전류가 접지저항에 흘러서 a상의 대지전위는 0이 아니라 $V_a = R_g I_a$이다.

발전기 기본식을 적용하면

$$\dot{V}_a = \dot{V}_0 + \dot{V}_1 + \dot{V}_2 = \dot{E}_a - (\dot{Z}_0 + \dot{Z}_1 + \dot{Z}_2) I_0$$

$$= R_g I_a = 3 R_g I_0$$

$$\dot{E}_a = (\dot{Z}_0 + \dot{Z}_1 + \dot{Z}_2 + 3R_g) I_0$$

$$\therefore\ I_0 = \frac{\dot{E}_a}{\dot{Z}_0 + \dot{Z}_1 + \dot{Z}_2 + 3R_g} = I_1 = I_2 = \frac{1}{3} I_a$$

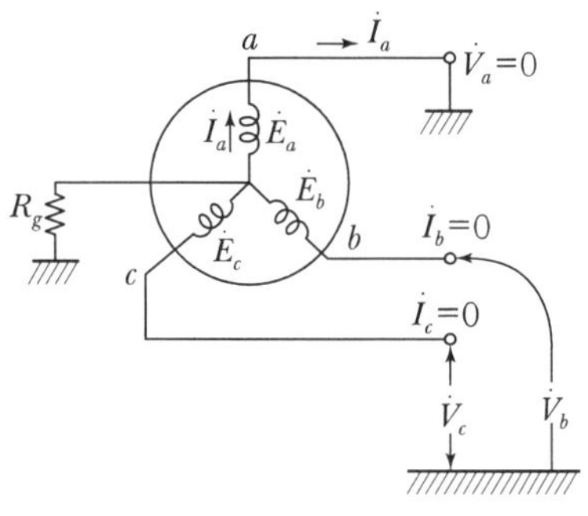

[그림 4] 1선 지락고장(접지저항 R_g)

2) 따라서 1선 지락 고장전류는 다음과 같다.

$$\dot{I}_a = \dot{I}_0 + \dot{I}_1 + \dot{I}_2 = 3\dot{I}_0 = \frac{3\dot{E}_a}{\dot{Z}_0 + \dot{Z}_1 + \dot{Z}_2 + 3R_g}$$

4.3 %Z법에 의한 고장전류계산

1. 고장전류 계산방법의 종류

가. 대칭좌표법

나. 클라크좌표법

다. 임피던스법(Ω법, PU법, %임피던스법)

1) %임피던스법 : %임피던스는 선로의 전압강하량과 정격전압의 비를 백분율로 표시하여 기기나 선로 등의 임피던스 크기를 [Ω] 대신에 [%]로 표시하는 데 이용한다.

$I_s = \dfrac{E}{Z[\Omega]} = \dfrac{E}{\dfrac{\%Z \times E}{100 I_n}} = \dfrac{100}{\%Z} \times I_n$ [A]에서 3상 단락전류 크기를 정격전류의 몇 배가 단락 전류로 흐르게 되는가를 쉽게 알 수 있다.

2) Ω법 : [V]를 [Ω]로 나누어 단락전류 [A]를 구하는 계산방법($I_s = \dfrac{E}{Z}$[A])으로 고장점에서 본 전계통의 임피던스 Z[Ω]를 구하는 것에 적용한다. 회로 전압별 임피던스 환산이 불편하여 잘 쓰지 않는다.

3) PU법 : $\%Z$를 Per Unit(PU=$\%Z$/100)로 표시 후 기준용량으로 계산한다.

2. %임피던스에 의한 단락전류 산출

가. 전력계통의 파악

단선결선도를 준비하고 계통구성, 변압기 운전방법, 발전기 · 전동기 등의 계통운영방법과 결선 등 계통을 파악한다.

나. 고장전류에 이용되는 계통임피던스 결정

1) 전원(한전) 측 임피던스($\%Z_S$) : 수전점에서 본 전원 측 임피던스

22.9[kV]로 수전받는 수용가는 한전 154[kV] 변전소의 변압기 표준용량이 45/60[MVA]($\%Z=14.5$[%])이므로 이것으로부터 계산하거나 개략 500[MVA](X/R비 : 10) 정도로 하면 실용적으로 문제가 없다.

가) 기준용량은 한전에서 제시되는 임피던스는 100[MVA]를 기준용량으로 환산할 경우 kVA_{B1}의 Z_{puB1}을 kVA_{B2}의 Z_{puB2}로 환산하면

$$Z_{puB2}=\frac{\mathrm{kVA}_{B2}}{\mathrm{kVA}_{B1}}\times Z_{puB1}$$

나) 22.9[kV] 수용가 예시

(1) 전원 측 단락용량을 500[MVA]로 할 경우 이를 기준용량 1,000[kVA] 임피던스로 환산하면 $X_{pu}=\dfrac{1,000[\mathrm{kVA}]}{500[\mathrm{MVA}]\times 1,000}=0.002_{\mathrm{pu}}[0.2\%]$

(2) 한전 제시 $\%Z=0.14+j1.24$(100[MVA])일 때 기준용량 10[MVA]로 환산하면 $\%Z=\dfrac{10[\mathrm{MVA}]}{100[\mathrm{MVA}]}\times(0.14+j1.24)=1.4+j12.4$[%]가 된다.

2) 케이블 및 전선 임피던스($\%Z_l$)

가) 일반적으로 케이블은 [Ω/km]로 주어지므로 이를 $\%Z$나 Z_{pu}로 환산하여야 한다.

나) 용량환산 : $\%Z=\dfrac{\mathrm{kVA}_{기준}\cdot Z[\Omega]}{10\times\mathrm{kV}^2}$[%]을 $Z_{pu}=\dfrac{\mathrm{kVA}_{기준}\times Z[\Omega]}{1,000\times\mathrm{kV}^2}$ 변환,

$$Z_{pu}=\frac{\%Z}{100}$$

(1) 22.9[kV] 60[mm²] CV Cable의 선로정수가 $0.389+j0.175$[Ω/km]로 주어지고 선로의 길이가 1.5[km]라 하면 $\%Z$의 값은?(단, 기준용량을 1,000[kVA]로 한다.)

(2) $\%Z=\dfrac{\mathrm{kVA}\times Z[\Omega]}{10\times\mathrm{kV}^2}=\dfrac{1,000(0.389+j0.175)\times 1.5}{10\times 22.9^2}=0.113+j0.05[\%]$

※ 선로가 4조일 경우 %임피던스는 $\%Z/4$로 산정

3) 변압기 임피던스($\%Z_B$)

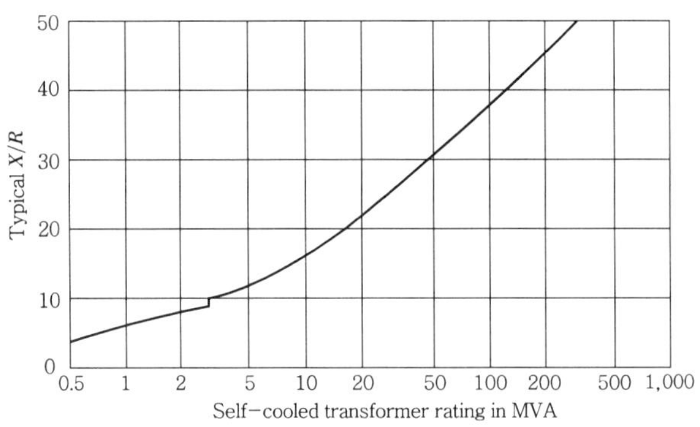

[그림 1] X/R Ratio of Transformers(Based on ANSI/IEEE C37.010-1979[2])

가) 변압기 임피던스는 일반적으로 %임피던스로 표시되며 기준용량으로 환산할 경우 변압기 명판에 표시를 이용하거나 제작사의 문의하여 산정한다.(단, X/R비는 표 참조)

나) 용량환산 : $R_{pu} = \dfrac{P_B}{P_A} \times \left(\dfrac{\%R}{100}\right)$, $X_{pu} = \dfrac{P_B}{P_A} \times \left(\dfrac{\%X}{100}\right)$ $\left[\%Z_B = \dfrac{P_B}{P_A} \times \%Z_A\right]$

여기서, P_B : 기준용량

P_A : 시설용량

$\%Z_B$: 기준용량의 환산 $\%Z$

$\%Z_A$: 시설용량의 $\%Z$

다) 2,000[kVA] 변압기의 경우

변압기 %임피던스가 $j6[\%]$라고 할 때 기준용량 100[MVA]로 변환

$$X_{pu} = \frac{100 \times 10^3}{2,000} \times \frac{6}{100} = 3.0_{pu} = j300[\%]$$

4) 회전기의 임피던스($\%X_m$)

가) 회전기의 임피던스는 전동기의 임피던스와 X/R비를 참고하여 조합한 Data를 일반적으로 적용한다.

나) 보통 과도리액턴스는 동기발전기 9[%], 동기전동기 10[%], 유도전동기 25[%]를 적용한다.

다) 5,000[kVA] 발전기의 예시

$\%X$를 17[%]라 하고 X/R비를 30이라 할 때 10[MVA] 임피던스로 환산하면

(1) $X_{pu} = \dfrac{\text{kVA}_{\text{기준}} \times \%X/100}{\text{kVA}} = \dfrac{(10 \times 1,000) \times 17/100}{5,000} = 0.34$

(2) $R_{pu} = \dfrac{X_{pu}}{X/R} = \dfrac{0.34}{30} = 0.0113$

따라서 $Z_{pu} = 0.0113 + j0.34(\%Z = 1.13 + j34)$

라) 250[kVA], 역률 80[%]인 3.3[kV] 고압 유도전동기가 3.45[kV] 모선에 접속되어 있을 경우 임피던스를 10[MVA]로 환산하면 다음과 같다.(단, 유도전동기 차과도 리액턴스 X는 17[%], DF(Demand Factor)는 95[%], X/R비는 14이다.)

$$X_{pu} = \frac{\mathrm{kVA}_{base} \times \%X/100 \times (MV/SV)^2}{\mathrm{kVA} \times DF/100} = \frac{(10 \times 1{,}000) \times 0.17 \times (3.3/3.45)^2}{250 \times 95/100}$$

$= 6.549$

$R_{pu} = \dfrac{X_{pu}}{X/R} = \dfrac{6.549}{14} = 0.468$ 따라서 $Z_{pu} = 0.468 + j6.549$

[표 1] Typical X/R, X'' and Multiplying Factor(MF) for Fault Calculation Based On ANSI/IEEE Standards

Motor Type		1st Cycle Fault			Interrupting Duty			Minimum Fault		
		X/R	X''	MF	X/R	X''	MF	X/R	X''	MF
Synchronous Motors	S	30	20	1	30	20	1.5	30	20	0
Generator	G	29/45	9	1	29/45	9	1	29/45	9	
Induction Motors less than 50[HP]	I<50[HP]	9	17	1.67	9	17	0	9	17	0
Induction Motors of 50 to 150[HP]	I=50~150[HP]	9	17	1.2	9	17	3	9	17	0
Induction Motors of over 250[HP]	I>250[HP]	9	17	1	9	17	1.5	9	17	0
Induction Motors of over 1,000[HP]	I>1,000[HP]	30	17	1	30	17	1.5	30	17	0

다. 임피던스 맵의 작성 및 임피던스 합성

1) 각 기기나 선로의 임피던스에 따라 임피던스도를 작성한다.
2) 발전기, 전동기 등 단락전류 공급원은 무한대 모선으로 간주하여 한전전원과 병렬 연결한다.

3) 다음에 사고점에서 본 전원 측의 임피던스를 합성한다.

4) 고장점까지의 사이에 있는 임피던스는 직 · 병렬에 주의하여 임피던스도를 작성한다.

라. 단락전류 산출

1) 3상 대칭단락전류 : $I_s = \dfrac{100}{\%Z} \times \dfrac{P_n}{\sqrt{3} \times V}$[A]

(22.9[kV], 100[MVA]의 경우 I=2,521[A])

2) 3상 비대칭단락전류 = I_s(3상 대칭단락전류 실효값)× α(비대칭계수)

마. 차단기용량 산정

1) 3상 대칭단락전류를 적용하고 장래 증설을 감안 1.5~2.0 정도 여유를 둔다.

2) 표준용량 선정 : 차단용량[MVA] = $\sqrt{3}$ ×정격전압[kV]×정격차단전류[kA]

가) 정격차단전류 : 7.2kV(12.5kA/20kA/31.5kA/40kA),
24kV(12.5kA/20kA/25kA/40kA)

나) 22.9[kV] 선로의 최소차단용량 예 $\sqrt{3} \times 24[\text{kV}] \times 12.5[\text{kA}] = 520[\text{MVA}]$

CHAPTER 04

필수예제

예제 01 수전점에서 단락용량 계산에 대하여 검토항목 및 순서를 나열하고 설명하시오. 〈86-2-2〉

풀이

1. 고장전류의 계산법
   1) 대칭좌표법
   2) 임피던스법 : pu법, $\%Z$법, Ω법

2. 고장전류 계산목적
   1) 고장 제거를 위한 차단기 선정
   2) 계통의 기계적, 열적 강도 선정
   3) 보호계전방식 및 기기 정정치 선정
   4) 순시전압강하 검토 등

3. 단락용량 계산순서

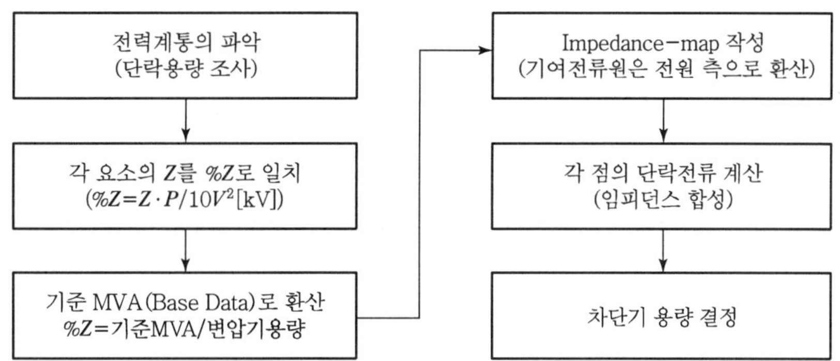

1) 각 기기나 선로의 표준용량 결정
   (1) 보통고압의 경우 100[MVA] 기준으로 계산한다.
   (2) 계산문제 해결 시 임의로 선정 가능하고 정격전류 계산 시 표준용량을 적용하여야 한다.

2) 각 임피던스를 기준용량으로 환산

$$\%Z_s = \frac{P_2}{P_1} \times \%Z_L = \frac{\text{기준용량}}{\text{자기용량}} \times \%Z_1$$

$\%Z_L$을 $\%Z_s$로 변환 예

3) 임피던스 합성

(1) 각 기기나 선로의 임피던스에 따라 임피던스도를 작성한다.

(2) 발전기, 전동기 등 단락전류 공급원은 무한대 모선으로 간주하여 한전전원과 병렬 연결한다.

(3) 다음에 사고점에서 본 전원 측의 임피던스를 합성한다.

(4) 고장점까지의 사이에 있는 임피던스는 직 · 병렬에 주의하여 임피던스도를 작성한다.

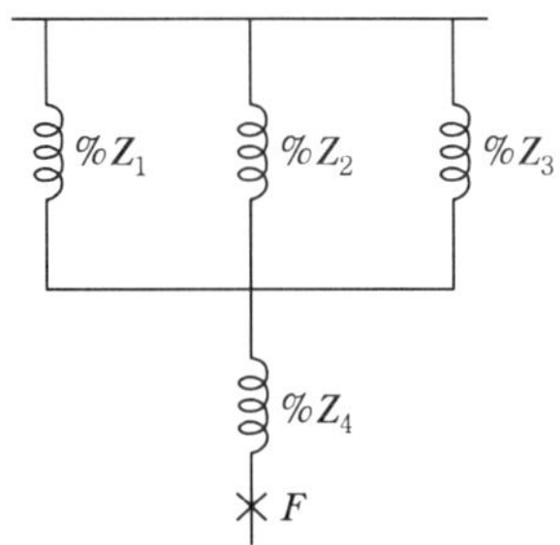

[그림 1] 임피던스 맵의 예

4) 단락전류 계산

$$I_S = \frac{100}{\%Z} \times I_n [\text{A}]$$

5) 차단기 선정

(1) 표준용량 선정 : 차단용량[MVA] = $\sqrt{3}$ × 정격전압[kV] × 정격차단전류[kA]

(2) 위 표준용량에 3상 대칭단락전류(비대칭계수)를 적용하고 장래 증설을 감안 1.5~2.0 정도 여유를 둔다.

예제 02	단락전류 계산 시 사용되는 Ω법, pu 임피던스법, 퍼센트 임피던스법에 대하여 설명하시오. 〈63-1-7〉

풀이

1. 개요

차단기의 차단용량 선정을 위하여는 전력계통의 사고 시 계통 각 부분의 고장전류 및 전압분포를 계산하여 차단전류를 선택하며, 또한 전기적 · 기계적 강도를 고려 여유있게 선정하여야 한다. 이러한 단락전류 계산에는 다음 4가지 방법이 있다.

1) Ohm법

2) pu 임피던스법(Per Unit법)

3) 퍼센트 임피던스법

4) 대칭좌표법

2. 단락전류 계산법

1) Ohm법

전압(V), 전류(I), 저항(R)에 의한 계산법(예 $I=\dfrac{V}{R}$[A])

2) Per Unit법

전압, 전류 또는 전력 등에 어떤 기준량(Base량)을 정하고 그 기준 전압 또는 기준 전류에 몇 배인가를 표시하는 방법을 말하며, 단위법으로 표시한 양에는 [pu]를 붙인다.

3) Percent Impedance법

Per Unit법을 백분율로 나타낸 것이다.

(1) %임피던스의 개념

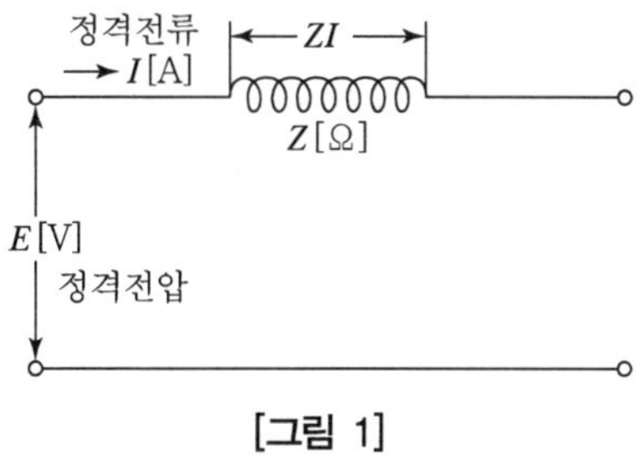

[그림 1]

[그림 1]과 같이 임피던스 Z[Ω]이 접속되고 E[V]의 정격전압이 인가되어 있는 회로에 정격전류 I[A]가 흐르면 ZI[V]의 전압강하가 생기게 된다.

이 전압강하분 ZI[V]가 회로의 정격전압 E[V]에 대해서 몇 [%]에 해당하는가 하는 관점에서 E[V]에 대한 ZI[V]의 비를 %로 나타낸 것이 %임피던스인 것이다. 즉,

$$\%Z=\frac{Z[\Omega]\cdot I[\mathrm{A}]}{E[\mathrm{V}]}\times 100[\%]$$

(2) %임피던스를 사용하는 이유

임피던스[Ω]는 사용하는 전압에 따라 그 값이 각각 달라지고 있기 때문에 하나의 계통 전압이 서로 다른 여러 개의 부분으로 이루어질 경우에는 반드시 사전에 계통 전압의 기준값을 정하고, 각 부분의 임피던스를 이 기준인 전압값에 맞추어서 환산해준 다음에 집계하여야 한다. 그러나 %임피던스는 이러한 번거로움이 없이 각 부분의 값을 그대로 집계해 갈 수 있다.

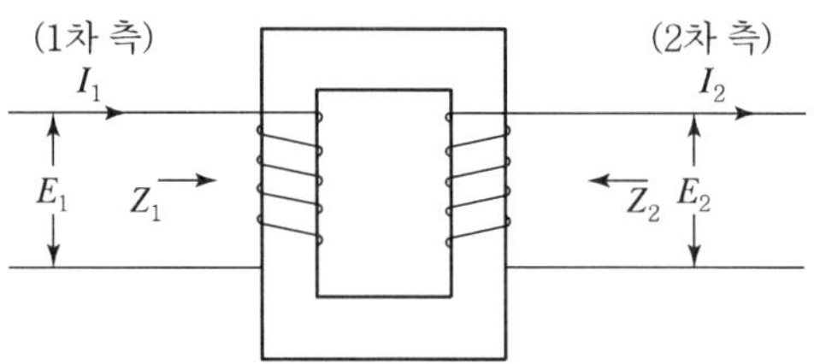

[그림 2] 변압기의 1, 2차 회로

예를 들어 [그림 2]와 같이 변압기 회로에서 $E_1 > E_2$일 때 변압비, 즉 권수비를

$a = \dfrac{E_1}{E_2}$라 하면 $\dfrac{I_1}{I_2} = \dfrac{1}{a}$, $\dfrac{Z_1}{Z_2} = a^2$이므로

$$\%Z_2 = \frac{Z_2 I_2}{E_2} \times 100 = \frac{\frac{1}{a^2} Z_1 \cdot a I_1}{\frac{1}{a} E_1} \times 100 = \frac{Z_2 I_2}{E_1} \times 100 = \%Z_1$$로 된다.

그러므로, 변압기의 임피던스를 $\%Z$로 나타내면 고압 측에서 보거나 저압 측에서 보더라도 언제나 그 값이 같기 때문에 Ω임피던스처럼 전압에 대해서 환산할 필요가 없다.

(3) %임피던스법에 의한 단락전류 계산

일반적으로 전력계통에서는 임피던스의 크기를 [Ω]값 대신에 [%]값으로 나타내는 경우가 많다. 지금 정격전류를 I_n[A], 정격 Y전압을 E[V]라고 하면 우선 $\%Z$의 정의 식에서

$$\%Z = \frac{Z I_n}{E} \times 100[\%]$$

$$\therefore\ Z[\Omega] = \frac{\%Z \times E}{100 I_n}[\Omega]$$이므로,

단락전류 I_s는 $I_s = \dfrac{E}{Z[\Omega]} = \dfrac{E}{\dfrac{\%Z \times E}{100 \times I_n}} = \dfrac{100}{\%Z} \times I_n$[A]로 쉽게 계산할 수 있다.

예제 03 그림과 같은 22/3.3[kV] 수전설비에서 3.3[kV] 측 F점에서 사고가 발생할 경우 단락전류[kA]는?(단, 여기에서 수전점 단락용량은 900[MVA]로 한다.)

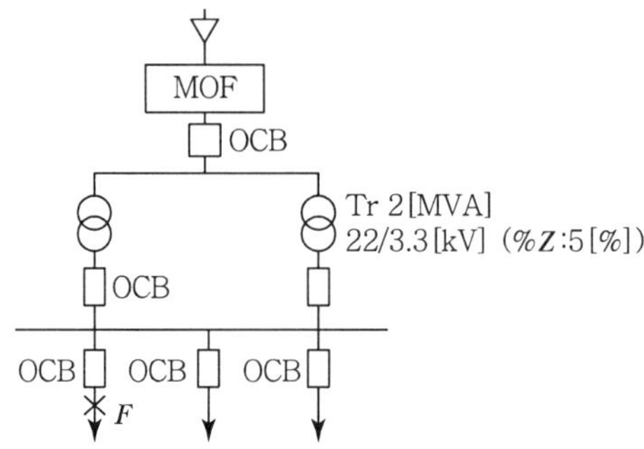

풀이

1. 단락전류 계산의 목적

   1) 차단기의 차단용량 결정
   2) 전력기기의 기계적 강도 및 정격 결정
   3) 케이블의 사이즈 선정 검토
   4) 보호계전기의 정정 및 보호협조 검토
   5) 통신유도장애 및 유효접지 조건의 검토
   6) 순시전압강하 등 계통의 구성검토 등

2. 단락전류 계산

   1) 기준 $\%Z$값

   수전점 단락 용량이 900[MVA]이므로 수전점까지의 $\%Z_t$은

   $$\%Z_t = \frac{P_n}{P_s} \times 100 = \frac{2}{900} \times 100 = 0.22[\%]$$

   2) 임피던스 맵(Impedance Map)으로 그리면 다음과 같다.

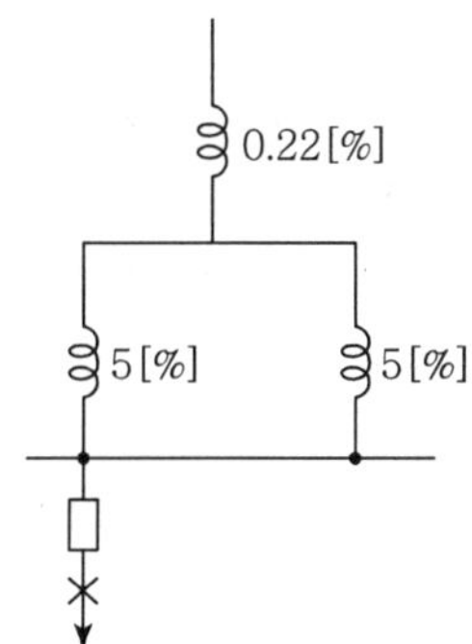

   따라서, 합성 %임피던스는

   $$\%Z = 0.22 + \frac{5}{2} = 2.72[\%]$$

   3) OCB의 단락 전류 I_s는

   $$P_s = P_n \times \frac{100}{\%Z} = 2 \times \frac{100}{2.72} = 73.53[\text{MVA}]$$

   $$I_s = \frac{P_s}{\sqrt{3}\,V} = \frac{73.53 \times 10^3}{\sqrt{3} \times 3.3} = 12,864[\text{A}] = 12.864[\text{kA}]$$

   또는, 단락 전류 I_s는

   $$I_s = I_n \times \frac{100}{\%Z} = \left(\frac{2 \times 10^3}{\sqrt{3} \times 3.3}\right) \times \frac{100}{2.72} = 12.864[\text{kA}]$$

   로 구할 수 있다.

>>참고 수전계통에서 단락용량 계산방법

1. 일반적으로 수전계통의 계통임피던스는 한국전력에 문의하여야 알 수 있다.
2. 22.9[kV] 1차 측의 경우 12.5[kA], 520[MVA]을 기준으로 계산한다.
3. 전원 측 %Z를 계산하면

[예시] TR의 용량을 2,000[kVA]의 경우

1) 전원 측 %Z는 $\%Z = \frac{I_n}{I_s} \times 100[\%]$에서

$$I_n = \frac{2,000}{\sqrt{3} \times 22.9} \fallingdotseq 50.4[\text{A}]$$

$$\%Z = \frac{50.4}{12.5 \times 10^3} \times 100 = 0.4032[\%]$$

2) 차단용량

$$P_s = \frac{100}{\%Z} \times P_n = \frac{100}{0.4032} \times 2,000 \fallingdotseq 496[\text{MVA}]$$

예제 04 고장용량이 3,500[MVA](X/R = 무한대)인 전원에 3상 변압기(용량 35[MVA], 3상, 154[kV]/6.6[kV], X = 6[%], R = 0)의 2차 측 주 차단기(정격 42[kA] sym rms, 1초 정격)에 설치된 변류기(4,000/5[A], C200)에 순시과전류 계전기(코일 임피던스가 2[Ω]이고 CT 2차 전류 60[A]에 정정)와 강반한시 과전류계전기(계전기 전류 60[A]에서 1초 동작하는 시간지연곡선에 정정)가 연결되어 있다. CT 2차 측의 전선은 0.1[Ω/m], 거리 30[m]이다. 고장 직전의 전압은 6.9[kV]이다. 2차 측 모선에 발생한 3상 단락 고장전류를 차단기가 성공적으로 차단 가능한지 여부를 판별하여라. **〈50회 발송배전기술사〉**

풀이

1. 계통도

위의 내용을 그림으로 나타내면 다음과 같다.

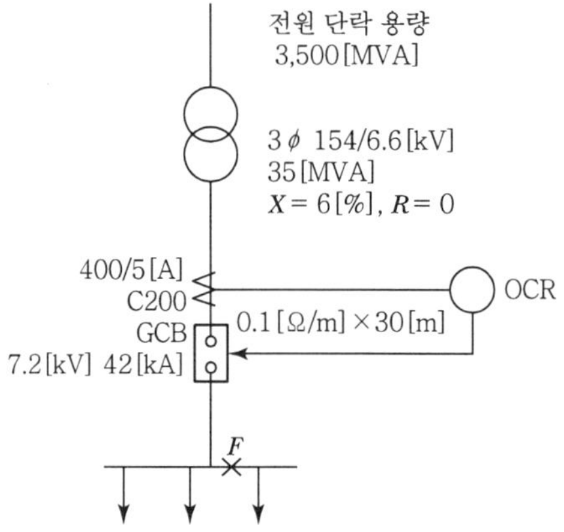

2. 단락 전류 계산

100[MVA] 기준으로 $\%Z$를 구한다.

1) 선로 측의 $\%Z_l$는 $\%Z_l = \frac{P_n}{P_s} \times 100 = \frac{100}{3,500} \times 100 = 2.86[\%]$

2) 변압기의 환산 $\%Z_T$는 $\%Z_T = 6 \times \frac{100}{35} = 17.14[\%]$

3) 합성 임피던스는 $\%Z = \%Z_l + \%Z_T = 2.86 + 17.14 = 20[\%]$

따라서, 케이블 임피던스를 무시하고, 개략적인 단락 전류값을 구하면

$I_s = I_n \times \frac{100}{\%Z} = \frac{100,000}{\sqrt{3} \times 6.6} \times \frac{100}{20} \times 10^{-3} = 43.74[\text{kA}]$이다.

여기서, 변압기 정격 전류에 대한 비율은 다음과 같다.

$$\frac{43,740}{\frac{35,000}{\sqrt{3} \times 6.6}} = \frac{43,740}{3,061.8} = 14.29\text{배}$$

3. CT의 2차 부담

OCR 전류 코일 : 2[Ω]

CT 2차 측 전선 : 0.1[Ω/m]×30[m]=3[Ω]

합계부담 : $Z_2 = 2 + 3 = 5[\Omega]$

따라서, CT의 포화 없이 흘릴 수 있는 전류 한계는 $I = \frac{V}{Z} = \frac{200}{5} = 40[\text{A}]$

그러므로 정격 전류에 대한 포화 전류의 비 $\frac{40}{5} = 8\text{배}$

> **▣ 알아보기**
> CT 규격 : C−200("C"급은 Bushing CT임)
> 표준 부담 2[Ω] 2차 전류 5[A]
> 따라서, 2[Ω]×5[A]×과전류 정수(20배)=200[V]

CT 정격 부담 $VA = VI = Z \cdot I^2 = 2 \times 5^2 = 50[\text{VA}]$

4. 릴레이 동작 특성

CT 변류기

정격 1차 전류 $I_1 = \frac{35,000}{\sqrt{3} \times 6.6} = 3,061.8[\text{A}]$

이므로 표준값 4,000/5[A]로 선정하여야 함

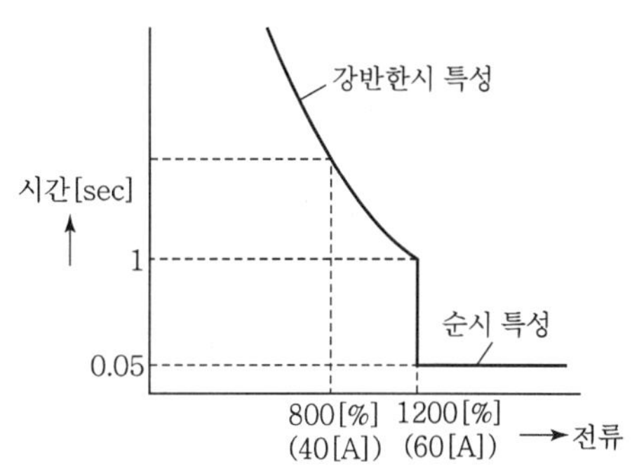

5. 검토 결과

1) 2차 측 모선에 3상 단락 사고 전류는 43.74[kA]로 정격 전류 대비 14.29배(1,429[%])로 순시 요소(1,200[%] Setting)가 동작하여야 하나, CT의 정격 부담이 적기 때문에 CT의 포화로 인하여 8배(800[%])만 감지하게 되어 실제로는 강반한시 요소가 동작하여 그림과 같이 트립하는 데 1초 이상 걸린다.
2) 따라서 막대한 사고 전류가 장시간 흐르므로 주 차단기(42[kA], 1초 정격)의 정격을 오버하여 차단기 또는 주변압기가 소손될 우려가 있다.

예제 05 1,500[kVA] 22.9[kV] 수 · 변전설비의 CT를 선정하시오.

풀이

1. 최대부하전류 : $I_n = \dfrac{1,500}{\sqrt{3} \times 22.9} ≒ 37.8[\text{A}]$

2. CT의 정격 1차 전류값

1) 수 · 변전설비의 경우 최대부하전류의 125~150[%]의 여유를 준다.
2) $37.8 \times 1.5 = 56.7[\text{A}]$ 따라서 표준정격은 60/5

3. CT의 정격부담

1) CT의 정격부담 > CT 2차 측의 사용부담
2) 일반적으로 강반한시계전기 17[VA], 계기(전압계, 전류계), 배선부담을 고려 40[VA]

4. 책임 분계점의 기준용량을 100[MVA]라 할 경우

기준전류는 2,521[A], 단락고장지점에서 전원 측까지의 총 $\%Z=50$(전원 측 $\%Z$+전선로 $\%Z$+CT 및 기기 $\%Z$), 비대칭계수 1.3으로 했을 때 과전류 정수값은

$$I_n = \frac{100 \times 10^3}{\sqrt{3} \times 22.9} = 2,521[\text{A}]$$

1) 대칭단락전류 실효값 : $I_s = \dfrac{100}{\%Z} I_n = \dfrac{100}{50} \times 2,521 = 5,042[\text{A}]$
2) 최대비대칭 단락전류 : $I = I_s \times 1.3 = 5,042 \times 1.3 = 6.6[\text{kA}]$
3) 최대비대칭 단락전류값을 기준으로 PF의 동작시간(0.03초) 단시간 과전류값은
$I_P = I \times \sqrt{0.03} = 6,600 \times 0.17 = 1,122[\text{A}]$ 최대사고전류
4) CT 과전류강도를 구하면 $S_N = \dfrac{I_P}{\text{정격 1차 전류}} = \dfrac{1,122}{60} ≒ 20$(표준정격 선정)

5. CT의 과전류정수×CT의 2차 부담=일정

과전류정수가 너무 크게 되면 CT 2차 측에는 사고전류에 비례한 큰 전류가 흐르게 되어 계전기의 열적 · 기계적 내량이 문제가 되므로 주의해야 한다.

1) CT의 설치 위치는 주 차단기 1차 측에 설치하고 보호계전기의 선정은 과전류계전기의 강반한시형을 선정한다.
2) 오차계급은 계기용 및 계전기용으로서 1.0급으로 선정한다.

6. 최종 변류기 선정은 60/5[A], 40[VA], n>20, 1.0급을 선정한다.

예제 06 그림과 같이 보호용 변류기 선정에 대하여 실제 설계의 적용방법을 기술하라.(단, 변류기 사용부담은 20[VA]이다.)

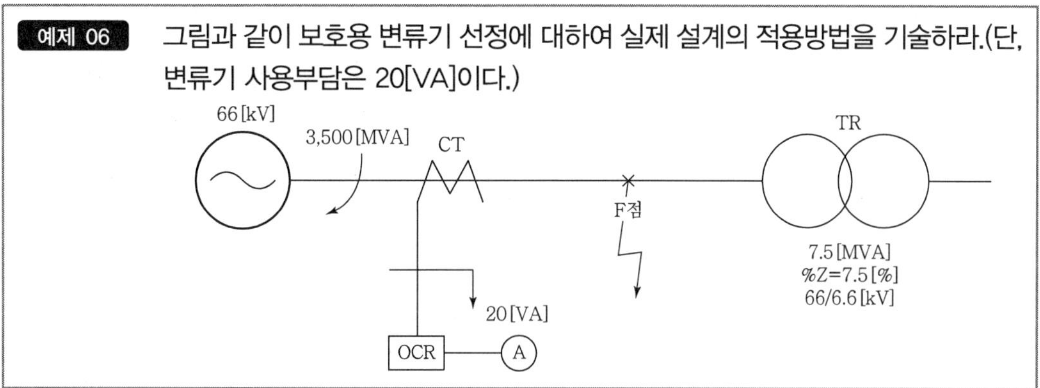

풀이

1. 변류기 정격의 선정순서

1) 임피던스의 산출(10[MVA] 베이스 임피던스)

가) 전원 측 임피던스(%Z) : $P_s = \dfrac{100}{\%Z} \times P_n$ 에서, $\%Z = \dfrac{100}{3,500} \times 10 \fallingdotseq 0.3[\%]$

나) 변압기 임피던스(%Z) : $\dfrac{10}{\%Z} = \dfrac{7.5}{7.5\%} = 10[\%]$

2) 최대고장전류(I_s) : $I_s = \dfrac{100}{\%Z} \times I_n = \dfrac{100}{0.3} \times \dfrac{10 \times 10^3}{\sqrt{3} \times 66} = 29.2[\text{kA}]$

3) 최대부하전류(I_L) : $I_L = \dfrac{P}{\sqrt{3}\,V_1} = \dfrac{7,500}{\sqrt{3} \times 66} = 66[\text{A}]$

4) CT 1차 정격전류 : $I_1 = I_L \times$여유율$= 66 \times 1.5 \fallingdotseq 100[\text{A}]$

5) 정격부담 및 오차계급

가) CT 2차 측의 사용부담<CT의 정격부담(정격 40, 75, 150, 300) : 40[VA]

나) 계기용 및 계전기용으로서 1.0급으로 계기를 선정한다.

6) 과전류 정수 : TR 1차 측 고장전류(I_s')는 $I_s' = \frac{10 \times 10^3}{\sqrt{3} \times 66} \times \frac{100}{0.3+10} = 850[A]$

따라서 과전류정수(n)은 $n = \frac{I_s'}{I_1} = \frac{850}{100} = 8.5$ $\therefore\ n > 10$

2. 정격 내전류(1초간 흘릴 수 있는 최대 실효값 전류) I_n

$$I_n = \frac{I_s}{I_1} = \frac{29,200}{100} \fallingdotseq 300\text{배}$$

3. 보호계전기의 단락보호에 대하여 검토

상기 선정된 CT(100/5[A], 40[VA], $n>10$)가 계전기 측에서도 문제가 없음을 확인

1) 변류기의 과부담도 α, 과부하내량 β에서 $\alpha<\beta$을 만족할 수 있는 조건은

가) $\alpha = \frac{\text{최대고장전류}}{\text{CT 정격 1차 전류} \times \text{과전류정수}} < \beta$, $\beta = 40I_n = 40 \times 300 = 12,000$

나) $\alpha = \frac{29,200}{150 \times 20} = 9.8 < 12$

$\therefore\ \alpha<\beta$의 조건에 만족한다. $\therefore\ n>20$ 수정

2) 따라서 최종 변류기의 선정은 150/5[A], 40[VA], n>20, 1.0급, 정격 내전류 31.5[kA]

예제 07 %임피던스법에 의한 고장전류계산

풀이

1. 개요

%임피던스란 회로의 임피던스(Z)에 정격전류(I_n)가 흘렀을 때 임피던스에 의한 전압강하($Z \cdot I_n$)과 회로전압(E)이 백분율로 나타낸 것을 말한다.

2. 고장전류의 계산목적

1) 고장 제거를 위한 차단기 선정
2) 계통의 기계적 · 열적 강도 선정
3) 보호계전방식 및 기기 정정치 선정
4) 순시전압강하 검토 등

3. 단락전류의 계산 적용

1) 차단기의 차단용량 결정
2) 전력기기의 기계적 강도 및 정격 결정
3) 케이블의 사이즈 선정 검토
4) 보호계전기의 정정 및 보호협조 검토
5) 통신유도장애 및 유효접지 조건의 검토
6) 순시전압강하 등 계통의 구성검토 등

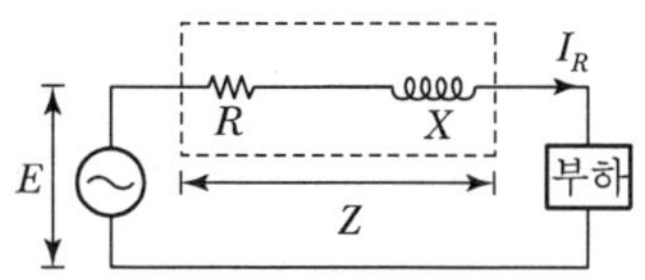

[그림 1] %임피던스 개념도

4. 단락전류의 계산 Flow

☞ 참고 : 예제 01〈86−2−2〉 수전점에서 단락용량 계산 풀이 참조

5. %임피던스에 의한 단락전류 산출

1) 전력계통의 파악

단선결선도를 준비하고 계통구성, 변압기 운전방법, 발전기 · 전동기 등의 계통운영방법과 결선 등 계통을 파악한다.

2) 고장전류에 이용되는 계통임피던스 결정

(1) 전원(한전)측 임피던스($\%Z_S$) : 수전점에서 본 전원 측 임피던스

- 기준용량은 한전에서 제시되는 임피던스는 100[MVA]를 기준용량으로 환산할 경우 kVA_{B1}의 $Z_{pu\,B1}$을 kVA_{B2}의 $Z_{pu\,B2}$로 환산하면

$$Z_{pu\,B2} = \frac{\mathrm{kVA}_{B2}}{\mathrm{kVA}_{B1}} \times Z_{pu\,B1}$$

(2) 케이블 및 전선 임피던스($\%Z_l$)

- 용량환산 : $\%Z = \dfrac{\mathrm{kVA}_{\text{기준}} \cdot Z[\Omega]}{10\mathrm{kV}^2}$[%]을 $Z_{pu} = \dfrac{\mathrm{kVA}_{\text{기준}} \times Z[\Omega]}{1{,}000 \times \mathrm{kV}^2}$ 변환

$(\therefore\ Z_{pu} = \dfrac{\%Z}{100})$

(3) 변압기 임피던스($\%Z_B$)

- 용량환산 : $R_{pu} = \dfrac{P_B}{P_A} \times \left(\dfrac{\%R}{100}\right)$, $X_{pu} = \dfrac{P_B}{P_A} \times \left(\dfrac{\%X}{100}\right)\left[\%Z_B = \dfrac{P_B}{P_A} \times \%Z_A\right]$

여기서, P_B : 기준용량

P_A : 시설용량

$\%Z_B$: 기준용량의 환산

$\%Z$, $\%Z_A$: 시설용량의 $\%Z$

(4) 회전기의 임피던스($\%X_m$)

- 5,000[kVA] 발전기의 예시

  $\%X$를 17[%]라 하고 X/R비를 30이라 할 때 10[MVA] 임피던스로 환산하면

  $$X_{pu}=\frac{\text{kVA}_{\text{기준}}\times\%X/100}{\text{kVA}}=\frac{(10\times1{,}000)\times17/100}{5{,}000}=0.34$$

  $$R_{pu}=\frac{X_{pu}}{X/R}=\frac{0.34}{30}=0.0113$$

  따라서 $Z_{pu}=0.0113+j0.34(\%Z=1.13+j34)$

3) 임피던스 맵의 작성 및 임피던스 합성

(1) 각 기기나 선로의 임피던스에 따라 임피던스도를 작성한다.

(2) 발전기, 전동기 등 단락전류 공급원은 무한대 모선으로 간주하여 한전전원과 병렬 연결한다.

(3) 다음에 사고점에서 본 전원 측의 임피던스를 합성한다.

(4) 고장점까지의 사이에 있는 임피던스는 직 · 병렬에 주의하여 임피던스도를 작성한다.

4) 단락전류 산출

(1) 3상 대칭단락전류 : $I_s=\frac{100}{\%Z}\times\frac{P_n}{\sqrt{3}\times V}$[A]

(22.9[kV] 100[MVA]의 경우 I=2,521[A])

(2) 3상 비대칭단락전류= I_s(3상 대칭단락전류 실효값)$\times\alpha$(비대칭계수)

5) 차단기용량 선정

(1) 3상 대칭단락전류를 적용하고 장래 증설을 감안 1.5~2.0 정도 여유를 둔다.

(2) 표준용량 선정 : 차단용량[MVA]= $\sqrt{3}$ ×정격전압[kV]×정격차단전류[kV]

CHAPTER

05 예비전원설비

5.1 발전설비의 용량

1. 발전기용량 산정

가. 발전기용량 산정은 다음과 같이 계산할 수 있으며, 해당 건축물의 소방부하, 비상부하 및 그 밖의 정전 시에 운전이 필요한 부하 등의 특성을 고려하여 산정할 수 있다.

$$GP \geq [\Sigma P + (\Sigma Pm - PL) \times a + (PL \times a \times c)] \times k$$

여기서, GP : 발전기용량[kVA]

ΣP : 전동기 이외 부하의 입력용량 합계[kVA]

ΣPm : 전동기 부하용량 합계[kW]

PL : 전동기 부하 중 기동용량이 가장 큰 전동기의 부하용량[kW], 다만 동시에 기동될 경우에는 이들을 더한 용량으로 한다.

a : 전동기의 kW당 입력용량계수(a 추천값은 고효율 1.38, 표준형 1.45이다.)

c : 전동기의 기동계수

k : 발전기 허용전압강하계수(단, 명확하지 않은 경우 1.07~1.13으로 할 수 있다.)

나. 발전기용량 계산식은 부하의 입력용량 환산방법, 전동기의 입력용량 환산계수, 전동기의 기동용량 환산계수를 정하여, 동력부하 중 가장 큰 전동기의 기동용량, 고조파발생부하 가중치, 발전기 허용전압강하 등을 반영하여야 한다.

1) 전동기부하 이외 부하의 입력용량 산출(ΣP)

전동기부하 이외 부하를 비과도성 부하(조명, 전열, 히터, UPS, 전자기기 등), 일반부하, 고조파발생부하로 구분하여 용량을 산출한다.

가) 일반부하의 입력용량 산출(고조파발생부하 제외)

$$P = \frac{\text{부하용량(kW)}}{\text{부하효율} \times \text{역률}}$$

나) 고조파발생부하의 입력용량 산출(UPS 및 LED조명, 전자식 안정기 사용 방전등, 전자기기 등)

PART 03 전원설비

① UPS의 입력용량

$$P=\left[\frac{\text{UPS출력(kVA)}}{\text{UPS효율}}\times\lambda\right]+\text{축전지충전용량(UPS용량의 6}\sim\text{10\% 적용)}$$

② UPS 이외 입력용량

$$P=\left[\frac{\text{부하용량(kW)}}{\text{효율}\times\text{역률}}\right]\times\lambda\text{(THD 가중치)}$$

※ 고조파가중치(THD)는 KS C IEC 61000-3-6의 표 6을 참고한다. 다만, 고조파저감장치를 설치하여 THD가 10% 이하의 경우에는 가중치 1.25를 적용할 수 있다.

2) 전동기 입력용량계수(a)

고효율 전동기의 평균 입력용량은 1.38, 표준형 전동기는 1.45이다. 따라서 전동기의 입력용량은 전동기 용량별로 역률과 효율을 적용하여 산출한다. 그러나 전동기마다 효율과 역률을 적용하는 것이 어려울 경우 전동기 출력용량 1kW당 평균입력계수를 적용할 수 있다. 저압전동기 용량인 0.75~110kW 평균값을 적용한다.

전동기의 출력용량(kW)은 $P=\frac{\text{부하용량(kW)}}{\text{부하효율}\times\text{역률}}$로 산출하며, 건축물에 사용하는 전동기는 건축물의 에너지절약 설계기준에 따라 대부분 고효율 전동기를 사용한다.

3) 전동기의 기동계수(c)

전동기의 기동특성을 반영한 것이다.

가) 직입기동방식의 기동전류 : 추천값 6(범위 5~7)

나) Y-Δ기동은 직입기동 대비 기동전류가 1/3배로 감소 : 추천값 2(범위 2~3)

다) VVVF(인버터) 기동은 공급전압 0V에서 정격전압까지 제어 : 추천값 1.5(범위 1~1.5)

라) 리액터기동방식은 리액터의 Tap선택(정격전압 대비 공급전압 정도) : 표의 추천값

구분	탭(Tap)		
	50%	65%	80%
기동계수(c)	3	3.9	4.8

4) 발전기 허용전압강하 계수(k)

발전기의 허용전압강하율 구간은 15~20% 범위, 발전기정수는 20~25% 범위를 많이 적용한다. 다만, 명확하지 않은 경우 1.07~1.13으로 할 수 있다.

구분		발전기정수 x_d'' (%)					
		20	21	22	23	24	25
발전기 허용 전압강하율 (%)	15	1.13	1.19	1.25	1.30	1.36	1.42
	16	1.05	1.10	1.16	1.20	1.26	1.31
	17	0.98	1.03	1.07	1.12	1.17	1.22
	18	0.91	0.96	1.00	1.05	1.09	1.14
	19	0.95	0.09	0.94	0.98	1.02	1.07
	20	0.80	0.84	0.88	0.92	0.96	1.00

PART 03 전원설비

5.2 축전지 및 정류기의 용량

1. 축전지 용량의 산정(AIEE법 기준)

가. 부하종류의 결정 : 비상용 조명부하, 차단기 투입부하 등

나. 방전전류(I)의 산출 : 최대부하전류치를 사용한다. $I[\text{A}] = \dfrac{\text{부하용량}[\text{VA}]}{\text{정격전압}[\text{V}]}$

다. 방전시간(T)의 결정

예상되는 최대부하시간으로 한다.(소방법 30~60분 이상, 건축법 10분 이상)

라. $T-I$ 예상부하특성 곡선 작성

방전 마지막 시간에 큰 방전전류를 사용하는 조건을 적용하여 기동 비상부하용량을 수용할 수 있어야 한다.([그림 1] 참조)

마. 축전지 종류 및 셀 수의 결정 : $n = \dfrac{V(\text{부하의 정격전압})}{V_0(\text{축전지의 공칭전압})}$

1) 가격 면에서 연축전지의 급방전형(HS형)이 유리하다.
2) 성능 · 보수 면에서 유리한 알칼리 축전지 경우 비상조명에는 알칼리 포켓 표준형(AM)형이 적합하고 순간 대전류에는 알칼리 포켓 급방전형(AMH형)이 적합하다.
3) 셀 수는 부하의 제한전압과 최저제한전압을 고려하여 결정한다.

종류	셀 수	셀의 공칭전압[V]	정격전압[V]
연축전지	54	2.0	2.0×54=108
알칼리축전지	86	1.2	1.2×86=103

바. 허용최저전압 결정

허용최저전압은 부하 측의 기기에서 요구하는 최저전압 중 최고값에 축전지와 부하 사이의 접속선의 전압강하를 합한 것으로 다음과 같이 구한다.

1) 허용최저전압 $V = \dfrac{V_a + V_c}{n}$ [V/cell]

여기서, V_a : 부하의 허용최저전압
V_c : 축전지와 부하 간 총 전압강하
n : 셀 수

2) 예상 최저전지 온도의 결정

가) 축전지는 온도가 낮아지면 방전특성이 낮으며 온도가 높아지면 방전특성이 양호해지나 35~45[℃] 부근에서 좋아지나 45[℃] 이상이 되면 다시 저하한다.

나) 축전지 최저온도는 실내에서는 5[℃], 옥외 큐비클의 최저 주위온도는 5~10[℃], 한랭지는 −5[℃]를 기준으로 한다.

사. 보수율(L)

축전지는 장기간 사용하거나 사용 조건 등이 변경되기 때문에 이 용량 변화를 보상하는 보정치로서 보통 $L = 0.8$를 사용하고 있다.

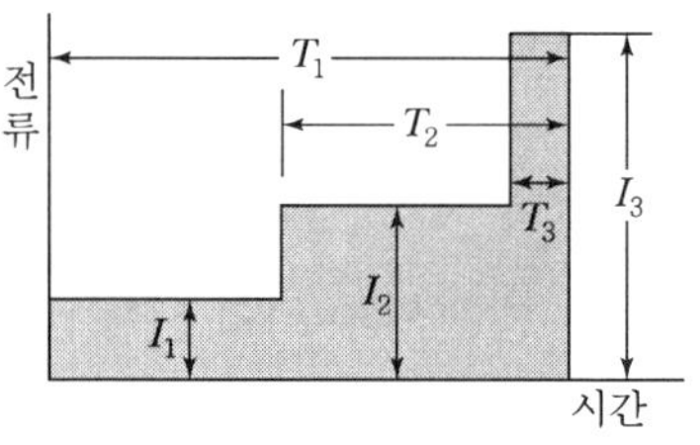

[그림 1] 용량계산 모델

아. 용량환산시간 "K" 값의 결정

1) K 값은 방전시간, 축전지의 온도 및 허용 최저전압으로 정해지며 용량환산시간 기준 Table에서 구한다.

2) 용량환산식(C)

$$C = \frac{1}{L}[K_1 I_1 + K_2(I_2 - I_1) + K_3(I_3 - I_2) + \cdots + K_n(I_n - I_{n-1})]\,[\text{Ah}]$$

여기서, C : 25[℃]에서 정격 방전율[13] 환산용량
K : 최저전압에 의한 용량환산시간[h]
I : 방전전류[A]
L(보수율) : 보통 $L = 0.8$을 사용

13) 방전율이란 전지가 가진 전체용량의 어느 정도를 방전하는가 하는 수치

2. 정류기의 용량 산정

가. 입력용량

$$P_{AC} = \frac{(I_L + I_C) \times V_D}{\cos\theta \times \eta \times 10^3} [\text{kVA}]$$

여기서, P_{AC} : 정류기 교류 측 입력용량[kVA]
I_L : 정류기 직류 측 부하전류[A]
I_C : 정류기 직류 측 축전지 충전전류[A]
V_D : 정류기 직류 측 전압[V]
$\cos\theta$: 정류기 역률, η : 정류기 효율

나. 부하전류

$$I_{AC} = \frac{(I_L + I_C) \times V_D}{\sqrt{3} \times E \times \cos\theta \times \eta} [\text{A}]$$

여기서, I_{AC} : 정류기 교류 측 입력전류[A]
E : 교류 측 전압[V]

5.3 UPS 용량

1. UPS 정격용량 산정

가. UPS 용량 산정 시 고려사항

1) 부하용량을 충분히 만족할 것
2) 부하 기동 시 무정전전원장치 출력한계 값을 초과하지 않을 것
3) 순차 기동할 경우 나중에 투입된 부하가 과부하 내량 허용 값 이내일 것
4) 과도전압변동은 부하 급변량이 정격용량의 50[%] 이내일 것
5) 향후 부하용량의 증가분을 고려하여 제작사의 표준용량으로 선정할 것

나. UPS 축전지의 선정과 용량 계산

1) UPS 축전지의 선정 시 고려사항

가) 축전지 요구사항 : 높은 신뢰성, 고출력 밀도, 경제성, 고에너지 밀도, 긴 수명
나) 축전지 용량 산정 : 방전전류, 방전지속시간, 허용최저 축전지전압, 축전지 온도, 보수율 등에 의해 결정된다.

다) 축전지는 화학반응을 이용한 제품으로 온도영향이 대단히 크다.

예 연축전지는 1[℃]에 약 1[%]의 용량변화를 한다.

2) UPS 축전지 용량 계산

가) 방전전류의 계산 $I = \dfrac{P_0 \times 10^3 \times Pf}{ef \times ns \times inv \times cov}$[A]

여기서, P_0 : UPS 출력[kVA], Pf : 부하역률
ef : 방전종지전압[V/셀], ns : 축전지 직렬개수
inv : 인버터 효율, cov : 컨버터 효율

나) 축전지용량 $C = \dfrac{1}{L} KI$ [Ah](단, 25[℃]에서의 정격 방전율 환산용량)

다) Back-Up Time의 선정 : 방전전류값에 의한 제조사 정격에 의하여 산정한다.

다. UPS 용량 산정

1) 정상부하에 의한 산정 : $P_1 \geq K_1 \Sigma P_{N1}$

여기서, P_{N1} : 1단계 투입 시 부하정상전력[kVA]
K_1 : 여유율(1.0~1.3)은 수용률과 고조파를 고려

2) 부하기동용량에 의한 산정 : $P_2 \geq K_1 \Sigma P_{N1} + P_{PN}$

여기서, P_{PN} : 최후로 투입하는 돌입부하전력(P_{PN}/δ)
δ : 과부하 내량계수(1.2~1.5)

3) 부하기동 시 전압변동에 의한 산정 : $P_3 \geq \dfrac{P_{P1}}{L}$

여기서, P_{P1} : 1단계 투입 시 부하종합전력
L : 전압변동 10% 이내 부하급변 허용계수(0.2~0.5)

4) 위 용량 산정값에서 최대 UPS 용량값을 선정한다.

2. UPS 시스템의 병렬운전

가. 운전방식의 종류

1) 단일시스템 : 상시운전방식, 비상시 운전방식

2) 병렬시스템 : 대기운전방식, 동기운전방식

나. UPS 병렬시스템 비교

시스템 방식		시스템 구성	적용 예
UPS	바이패스		
단일 시스템	무	 교류 입력 → UPS → 교류 출력	• 주파수 변환을 요하는 부하 • 바이패스를 적용 못하는 부하
	절단 전환	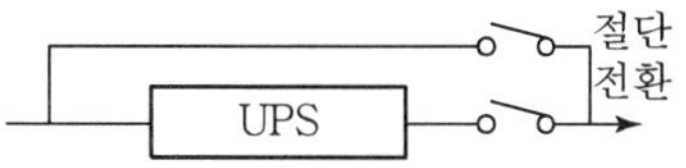 UPS, 절단 전환	터널조명 등 바이패스 전환 시의 절단시간(0.05~0.1[s] 정도)이 허용되는 부하
	무순단 전환	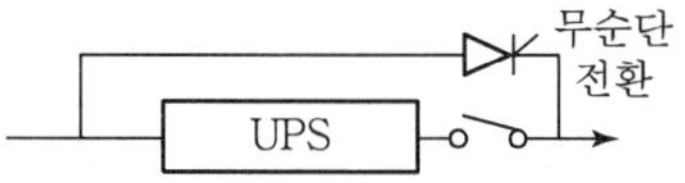 UPS, 무순단 전환	모든 컴퓨터 부하에 적용
병렬운전 시스템	무	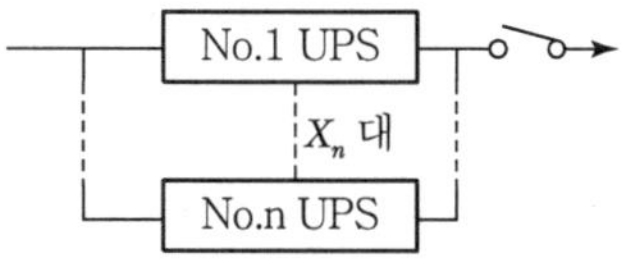 No.1 UPS, X_n 대, No.n UPS	주파수 변환을 요하는 온라인 시스템 등 대용량으로 고 신뢰성이 요구되는 부하
	절단 전환	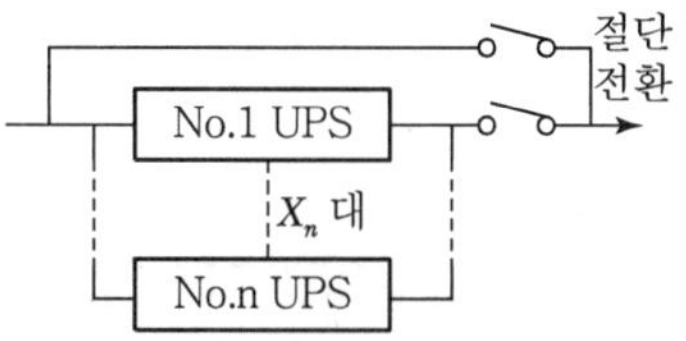 No.1 UPS, X_n 대, No.n UPS, 절단 전환	각종 온라인 시스템 등의 모든 중요 부하에 적용
	무순단 전환	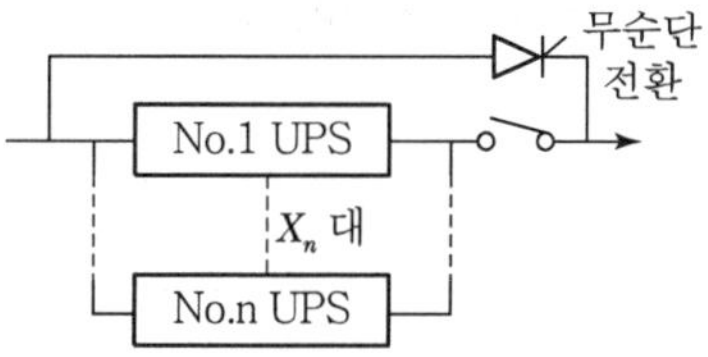 No.1 UPS, X_n 대, No.n UPS, 무순단 전환	금융기관 온라인 시스템 등 가장 높은 신뢰성이 요구되는 부하

CHAPTER 05

필수예제

예제 01 비상용 발전기의 용량 산정 방식에 대해 설명하시오. 〈89-3-2〉

풀이

다음의 발전기용량 계산사례를 가지고 설명하면 다음과 같다.

1. 발전기용량 산정방법(☞ 참고 : 전원설비 & 발전설비의 용량)
   1) 발전기에 연결되는 전체 부하를 부담할 수 있는 발전기용량을 산정하는 방법
   2) 소방 및 비상부하와 그 밖의 정전 시 운전이 필요한 부하를 구분하여 큰 값의 발전기 용량을 산정하는 방법으로, 이 경우 부하를 구분하여 회로를 구성하고, 화재 시에는 그 밖의 정전 시 운전이 필요한 부하를 차단한다.

2. 부하 목록

부하명	용량[kW]	대수	부하 합계		소방 및 비상부하		그 밖의 정전 시 부하	
			전동기	전동기 외	전동기	전동기 외	전동기	전동기 외
옥내소화전	15	1	15	–	15	–	–	–
소화보조펌프	3.7	1	3.7	–	3.7	–	–	–
SP주펌프	55	3	165	–	165	–	–	–
SP보조펌프	3.7	1	3.7	–	3.7	–	–	–
제연설비	30	2	60	–	60	–	–	–
전실제연	11	2	22	–	22	–	–	–
비상용 승강기	22	2	44	–	44	–	44	–
승객용 승강기	15	4	60	–	–	–	60	–
조명(LED)	250	–	–	250	–	250	–	250
급수펌프	7.5	3	22.5	–	–	–	22.5	–
영구배수펌프	15	10	150	–	–	–	150	–
배수펌프	3.7	5	18.5	–	–	–	18.5	–
UPS	100	1	–	100	–	–	–	100
합계			564.4	350	313.4	250	295	350
			914.4		563.4		645	

3. 발전기용량의 계산

1) 부하특성 검토

(1) 조명용 분전반에 고조파 저감장치 설치(λ : 1.25 적용)

(2) 조명등 LED램프 사용, 효율 85[%], 역률 90[%]

(3) UPS의 THD는 10[%] 이하(λ : 1.25 적용), 효율 95[%]

2) 발전기 연결 전체 부하를 부담할 수 있는 발전기용량 산정

(1) 고조파발생부하

① UPS부하 입력용량

$$P = \left(\frac{\text{UPS출력[kVA]}}{\text{UPS효율}} \times \lambda\right) + \text{충전지 충전용량(UPS용량의 6~10[\%] 적용)}$$

$$= \left(\frac{100}{0.95} \times 1.25\right) + (100 \times 0.1) = 141.6[\text{kVA}]$$

② LED 조명부하

$$P = \left(\frac{\text{부하용량[kW]}}{\text{효율} \times \text{역률}}\right) \times \lambda = \left(\frac{250}{0.85 \times 0.9}\right) \times 1.25 \fallingdotseq 408.4[\text{kVA}]$$

따라서, 고조파발생부하 입력용량 합계는 550[kVA]

(1) 발전기용량의 산정

$$GP \geq [\Sigma P + (\Sigma Pm - PL) \times a + (PL \times a \times c)] \times k$$

여기서, $\Sigma P = 550[\text{kVA}]$

$\Sigma Pm = 564.4[\text{kW}]$

$PL = 165[\text{kW}]$ → $55[\text{kW}] \times 3$대 동시 기동

$a = 1.38$(고효율 전동기)

$c = 2(Y - \Delta)$

$k = 1.13$(명확하지 않은 경우 1.07~1.13에서 최댓값 적용)

$$GP \geq [550 + (564.4 - 165) \times 1.38 + (165 \times 1.38 \times 2)] \times 1.13 \geq 1,758.9[\text{kVA}]$$

발전기용량의 선정은 1,758.9[kVA]와 같거나 큰 용량을 선정한다.

3) 소방 및 비상부하와 그 밖의 정전 시 운전이 필요한 부하 중 큰 값 발전기용량 산정

(1) 고조파발생부하 입력용량 산출(LED조명부하)

$$P = \left(\frac{\text{부하용량[kW]}}{\text{효율} \times \text{역률}}\right) \times \lambda = \left(\frac{250}{0.85 \times 0.9}\right) \times 1.25 \fallingdotseq 408.4[\text{kVA}]$$

(2) 발전기용량의 산정

$$GP \geq [\Sigma P + (\Sigma Pm - PL) \times a + (PL \times a \times c)] \times k$$

여기서, $\Sigma P = 408.4[\text{kVA}]$

$\Sigma Pm = 313.4[\text{kW}]$

$PL = 165[\text{kW}]$

$a = 1.38$(고효율 전동기)

$c = 2(Y-\Delta)$

$k = 1.13$(명확하지 않은 경우 1.07~1.13에서 최댓값 적용)

$$GP \geq [408.4 + (313.4 - 165) \times 1.38 + (165 \times 1.38 \times 2)] \times 1.13 \geq 1{,}209.0[\text{kVA}]$$

4) 그 밖의 정전 시 운전이 필요한 부하용량을 적용

(1) 고조파발생부하

① UPS부하 입력용량

$$P = \left(\frac{\text{UPS출력[kVA]}}{\text{UPS효율}} \times \lambda\right) + \text{충전지 충전용량(UPS용량의 6～10[\%] 적용)}$$

$$= \left(\frac{100}{0.95} \times 1.25\right) + (100 \times 0.1) = 141.6[\text{kVA}]$$

② LED조명부하

$$P = \left(\frac{\text{부하용량[kW]}}{\text{효율} \times \text{역률}}\right) \times \lambda = \left(\frac{250}{0.85 \times 0.9}\right) \times 1.25 \fallingdotseq 408.4[\text{kVA}]$$

따라서, 고조파발생부하 입력용량 합계는 550[kVA]

(2) 발전기용량의 산정

$$GP \geq [\Sigma P + (\Sigma Pm - PL) \times a + (PL \times a \times c)] \times k$$

여기서, $\Sigma P = 550[\text{kVA}]$

$\Sigma Pm = 295[\text{kW}]$

$PL = 22[\text{kW}]$ → 비상용 승강기 1대

$a = 1.38$(고효율 전동기)

$c = 1.5$(비상용 승강기 VVVF기동)

$k = 1.13$(1.07~1.13에서 최댓값)

$$GP \geq [550 + (295 - 22) \times 1.38 + (22 \times 1.38 \times 1.5)] \times 1.13 \geq 1{,}098.6[\text{kVA}]$$

5) 발전기용량 결정

발전기 연결 전체 부하를 기준으로 결정할 때는 1,758.9[kVA]와 같거나 큰 용량을 선정하여야 한다. 그러나 설계자가 발주자 및 감리원 측과 협의, 화재안전기준에 적합하고 법령에서 정하는 예비전원을 공급하거나 부하용량을 공급하는 데 지장이 없으면서 경제성을 고려할 경우에는 소방 및 비상부하용량 합계로 산정한 발전기용량 1,209[kVA]와 같거나 큰 용량을 선정할 수도 있다.

예제 02 변전실 정류기반 설계 시 축전지 용량산출 방법에 대해 설명하시오. 〈63-3-5〉

풀이

1. 개요

전원 측이 정전될 경우나 소내 발전기의 고장 정지 등에 대비하고, 전력설비의 조작 신뢰도를 높이기 위하여 소내 조작전원인 DC 축전지의 설치가 필수적이며, 이에 상응하는 축전지의 용량은 예상되는 부하의 최대시간을 적용하여 산정하되 기기조작에 필요한 최저전압이 완전방전시까지 유지되도록 하여야 한다.

2. 축전지 용량 산출법

1) 거치식 축전지 용량 산출식

거치식 축전지 용량 산출의 일반식은 아래와 같이 표시된다.

$$C = \frac{1}{L}[K_1 I_1 + K_2(I_2 - I_1) + K_3(I_3 - I_2) + \cdots + K_n(I_n - I_{n-1})]$$

여기서, C : 25[℃]에 있어서의 정격 방전율 환산용량[Ah]

L : 보수율(통상 0.8을 기준으로 함)

K : 축전지의 최저 온도 및 허용된 최저 전압에 따라 결정되는 용량환산방전시간[h]

I : 방전전류[A]

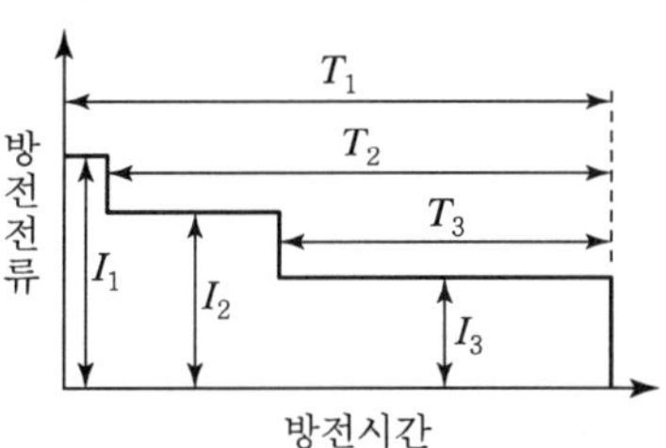

[그림 1] 축전지의 방전 패턴 예

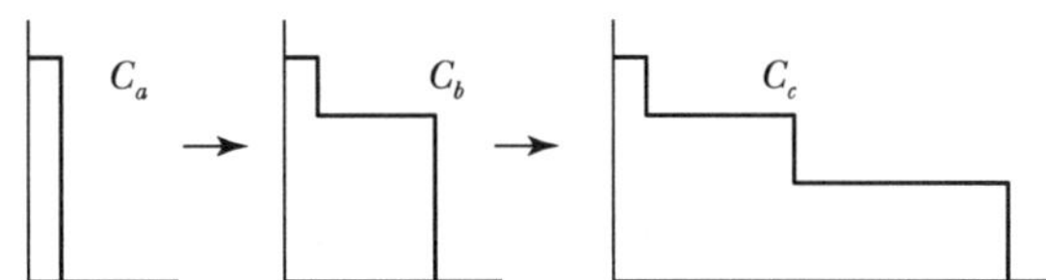

[그림 2] 축전지의 방전 패턴 분해도

2) 용량 산출 순서

(1) 축전지의 용량은 부하의 크기와 성질, 예상 정전시간, 순시 최대 방전전류의 세기, 제어케이블에 의한 전압강하, 경년에 의한 용량의 감소, 온도 변화에 의한 용량 보정 등을 고려하여 종합적으로 계산하며,

(2) 방전전류가 증가하는 부하특성에서는 전류가 감소하기 직전까지의 부하특성을 구분하여 축전지 용량을 구하여야 하는데, 이렇게 구한 축전지 용량 중 최대의 것을 전체의 부하에 필요한 정격 방전율 환산 용량으로 한다.

3) 축전지 용량 산출 시 고려사항

(1) 허용 최저 전압 유지 : 허용 최저 전압은 부하 측의 각 기기에서 요구하는 최저 전압 중에서 최고의 값에다 축전지와 부하 사이의 접속선의 전압 강하를 합한 것으로 다음과 같다.

$$V = \frac{V_a + V_c}{n} \text{[V/cell]}$$

여기서, V_a : 부하의 허용 최저 전압[V]

V_c : 축전지와 부하 사이의 전압 강하[V]

n : 축전지 직렬 접속 셀 수

[표 1] 1셀당 허용 최저 전압

정격전압	100[V]					
허용 최저 전압	95[V]		90[V]		85[V]	
종류	연	알칼리	연	알칼리	연	알칼리
셀 수	54	86	54	86	54	86
허용 최저 전압/셀	1.8	1.10	1.7	1.06	1.6	1.00

(2) 방전시간과 방전전류 계산 : 예상되는 최대 부하시간으로 한다. 그리고 방전전류는 최대 부하 전류치를 사용한다.

예로 비상 조명용 전등 부하만을 고려하는 경우에는 비상조명의 부하용량으로부터 전류를 구한다.

$$I[\text{A}] = \frac{\text{부하용량[VA]}}{\text{정격전압[V]}}$$

(3) 예상되는 최저 전지 온도의 결정 : 축전지는 온도가 낮아지면 방전특성이 낮으며, 온도가 높아지면 방전 특성은 양호해지나 35∼45[℃] 부근에서 좋아져서 45[℃] 이상이 되면 다시 저하한다. 축전지의 최저 온도는 실내에 설치하는 경우에는 +5[℃], 옥외큐비클에 설치하는 경우에는 최저 주위 온도 5∼10[℃], 추운 지방에서는 −5[℃]로 한다.

(4) 축전지 셀 수의 결정 : 셀 수는 부하의 제한전압과 최저 제한전압을 고려해서 결정한다. 일정한 부하에 대하여 셀 수를 적게 하면 최고 제한전압에 대해서는 안전하지만 용량이 큰 축전지가 필요하다. 또 셀 수를 많이 하면 축전지 용량은 적어도 되지만 충 · 방전 시의 과대 전압을 피하기 위하여 전압 조정장치가 필요하다. 그러므로 셀 수의 선정은 이들 관계를 종합적으로 검토하여 결정하며 표준 셀 수로는 다음 표의 내용을 많이 사용한다.

종류	셀 수	셀의 공칭전압[V]	정격 전압[V]
연축전지	54	2.0	2.0×54=108[V]
알칼리축전지	86	1.2	1.2×86=103[V]

예제 03 다음 그림과 같이 방전특성을 갖는 부하에 필요한 축전지 용량[Ah]을 구하여라.

- 방전전류[A] $I_1 = 500,\ I_2 = 300,\ I_3 = 100,\ I_4 = 200$
- 방전시간(분) $T_1 = 120,\ T_2 = 119.9,\ T_3 = 60,\ T_4 = 1$
- 용량환산시간 $K_1 = 2.49,\ K_2 = 2.49, K_3 = 1.46,\ K_4 = 0.57$
- 보수율은 0.8을 적용한다.

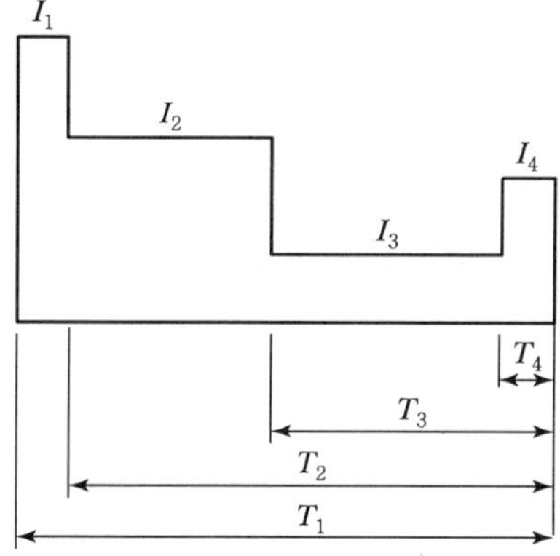

풀이

1. 개요

축전지의 용량은 부하의 크기와 성질, 예상 정전시간, 순시 최대 방전전류의 세기, 제어케이블에 의한 전압강하, 경년에 의한 용량의 감소, 온도 변화에 의한 용량 보정 등을 고려하여 종합적으로 계산되어야 한다.

2. 방전전류 계산

방전전류가 감소하기 직전까지의 부하 특성마다 잘라서 축전지 용량을 산정하여 가장 큰 용량을 선정한다.

1) $I_1 = 500[\text{A}],\ t_1 = 0.1[\text{분}],\ K_1 = 2.94$

$$C_A = \frac{1}{L}K_1 I_1 = \frac{1}{0.8}\times(2.49\times 500) = 1,556.25[\text{Ah}]$$

2) $I_1 = 500[\text{A}],\ t_1 = 0.1[\text{분}],\ K_1 = 2.49$

$I_2 = 300[\text{A}],\ t_2 = 59.9[\text{분}],\ K_2 = 2.49$

$$C_B = \frac{1}{L}[K_1 I_1 + K_2(I_2 - I_1)]$$

$$= \frac{1}{0.8}\times[2.49\times 500 + 2.49\times(300-500)]$$

$$= 932.5[\text{Ah}]$$

3) $I_1 = 500[\text{A}],\ t_1 = 0.1[\text{분}],\ K_1 = 2.49$

$I_2 = 300[\text{A}],\ t_2 = 59.9[\text{분}],\ K_2 = 2.49$

$I_3 = 100[\text{A}],\ t_3 = 59[\text{분}],\ K_1 = 1.46$

$I_4 = 200[\text{A}],\ t_4 = 1[\text{분}],\ K_4 = 0.57$

$$C_C = \frac{1}{L}[K_1 I_1 + K_2(I_2 - I_1) + K_3(I_3 - I_2) + K_4(I_4 - I_3)]$$

$$= \frac{1}{0.8}\times[2.49\times 500 + 2.49(300-500) + 1.46(100-300) + 0.57(200-100)]$$

$$= 640[\text{Ah}]$$

4) 따라서, C_A, C_B, C_C 중 최댓값인 $C_A = 1,556.25[\text{Ah}]$ 이상인 축전지를 선정한다.

전원설비 기출문제

CHAPTER 01 수 · 변전설비계획

기출 01 어느 공장의 부하설비가 다음 표와 같다. 일일중 6시간은 33[%] 정도의 부하로 운전되고 8시간은 100[%] 부하로 운전된다. 이 공장의 큐비클식 옥내 수 · 변전 설비는 최신 기기를 사용하여 합리적 운영이 가능하며 변압기 사고 시 및 정전 시 대처가 용이하고 다단 운전이 용이한 설비가 되도록 단선 결선도와 같이 설계하였다. T분기점으로부터 변압기 2차 측 차단기 (번호〈7〉번에서 〈19〉번까지) 장치의 종류, 규격 또는 정격을 기술하시오. 〈68－4－6〉

번호	부하종별	연결부하	수용률
1	일반 생산설비	2,625[kVA]	40[%]
2	항온, 항습 클린룸 설비	375[kVA]	40[%]
3	냉난방기계 설비	1,340[kVA]	50[%]
4	냉동, 냉장설비	660[kVA]	50[%]
5	전등, 전열설비	730[kVA]	70[%]
6	통신, 전열설비	550[kVA]	40[%]
7	기술사, 복지설비	500[kVA]	60[%]
8	소방 등의 비상부하	500[kVA]	60[%]
합계		7,280[kVA]	
변압기 예비율		10[%]	
부등률		1.3	
발전기 예비율		20[%]	
특고 수전방식		3상 4선식, 12.2/22.9[kV]	
저압 배전방식		3상 4선식, 220/380[V]	

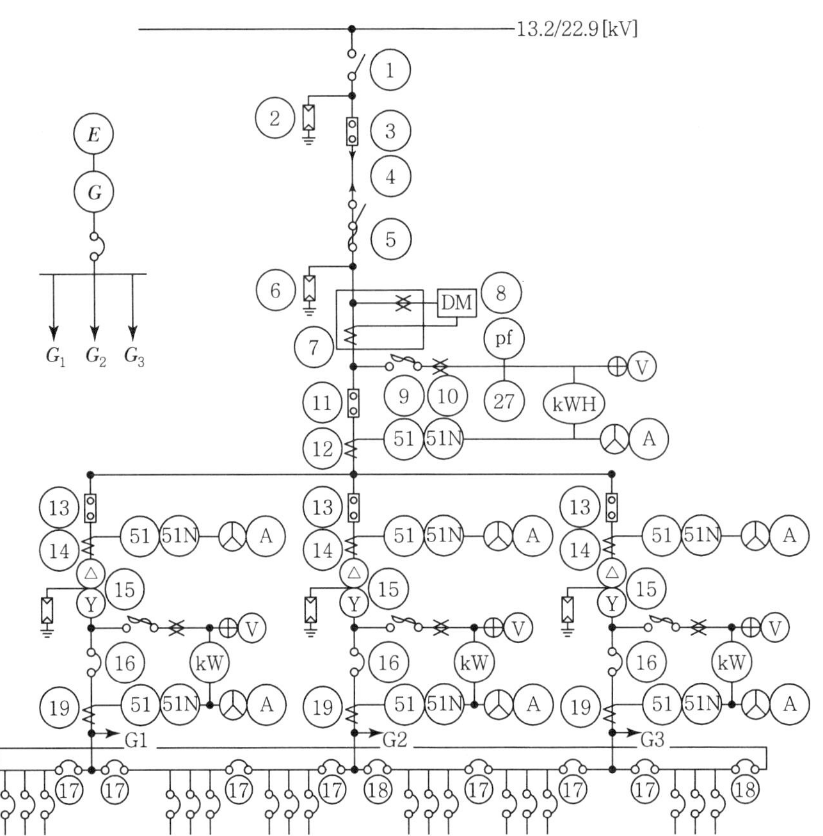

[기타 조건]

① 수전은 한전 가공선로에서 T분기하여 지중으로 인입하여 침수의 우려가 있다고 한다.

② 부하 중에는 기동 시 순간전압강하나 고조파 발생기기는 없고 고조파의 유입도 없다고 한다.

③ 부하역률은 100[%]에 가깝다고 한다.

④ 수전 측 단락 용량은 300[MVA]이고 변압기 내부 임피던스는 6[%]라고 한다.

⑤ 각 변압기의 부하는 전부 동일하며 각 저압배전 분기회로의 연결 부하량도 같다고 한다. 기타는 무시한다.

풀이

1. 각 부하의 최대수용전력 계산

번호	부하종별	연결부하[kVA]	수용률[%]	최대수용전력
1	일반 생산설비	2,625	40	1,050[kVA]
2	항온, 항습 클린룸 설비	375	40	150[kVA]
3	냉난방기계 설비	1,340	50	670[kVA]
4	냉동, 냉장설비	660	50	330[kVA]
5	전등, 전열설비	730	70	511[kVA]
6	통신, 전열설비	550	40	220[kVA]
7	기술사, 복지설비	500	60	300[kVA]
8	소방 등의 비상부하	500	60	300[kVA]
합계		7,280	48.5	3,531[kVA]

2. 변압기 용량 산정

변압기가 3대이고 용량이 모두 같다고 했으므로 다음 표와 같이 부하를 배정한다. 배전간선 TR2, TR3 변압기는 부하 간의 부등률을 1.2 정도로 본다.

TR	부하종별	최대 수용전력	변압기 부하합계	부등률	실제로 걸리는 최대부하
TR1	일반 생산설비	1,050[kVA]	1,050[kVA]	1	1,050[kVA]
TR2	냉난방기계 설비	670[kVA]	1,220[kVA]	1.2	1,017[kVA]
	냉동, 냉장설비	330[kVA]			
	통신, 전열설비	220[kVA]			
TR3	항온, 항습 클린룸 설비	150[kVA]	1,261[kVA]	1.2	1,050[kVA]
	전등, 전열설비	511[kVA]			
	기숙사, 복지설비	300[kVA]			
	소방 등의 비상부하	300[kVA]			

따라서 변압기 용량은 여유를 두어 1,200[kVA] 3대로 한다.

3. 각각의 장치의 규격 또는 정격

1) COS

정격전류 : $I_n = \dfrac{3,600}{\sqrt{3} \times 22.9} = 90.8[\mathrm{A}] \Rightarrow 100[\mathrm{A}]$

정격전압 : 25.8[kV], 정격차단 전류 : 10[kA]

2) LA

정격전압 : 18[kV], 정격 방전전류 : 5[kA]

3) ASS

정격전압 : 25.8[kV], 정격전류 : 200[A]

4) 인입 케이블

차수층과 수밀층이 있는 단심 22.9[kV] 60[mm^2] CNCV×3C×2조(1조는 예비회선)

5) Power Fuse

200AF/150AT 한류형 전력 퓨즈

6) LA

정격전압 : 18[kV], 정격 방전전류 : 5[kA]

7) MOF

CT : 90.8×1.3=118⇒120/5[A], PT : 13.2[kV]/110[V]

8) Demand Meter

최대수용 전력계(한전에서 제공)

9) COS

정격전압 : 25.8[kV], 정격차단 전류 : 10[kA]

10) PT

PT : 13.2[kV]/110[V], 110[VA]

11) VCB

정격전압 : 25.8[kV], 정격전류 : 630[A], 정격 차단용량 : 520[MVA]

12) CT

120/5[A], 40[VA]

13) VCB

정격전압 : 25.8[kV], 정격전류 : 630[A], 정격 차단용량 : 520[MVA]

14) CT

40/5[A], 40[VA]

15) 변압기

몰드 변압기 3상 1,200[kVA], 22.9[kV]/380−220[V]

16) ACB

- 정격전압 : 600[V]
- 정격전류 : $I_n = \frac{1,200 \times 10^3}{\sqrt{3} \times 380} = 1,823[\mathrm{A}] \Rightarrow 2,000[\mathrm{A}]$
- 정격차단용량 : $1,823 \times \frac{100}{6} = 30[\mathrm{kA}] \Rightarrow 45[\mathrm{kA}]$

17) ACB

정격전압 : 600[V], 정격전류 : 2,000[A], 정격차단용량 : 45[kA]

18) ACB

정격전압 : 600[V], 정격전류 : 2,000[A], 정격차단용량 : 45[kA]

19) CT

40/5[A], 40[VA]

기출 02 550세대 고층아파트 단지를 건설하려고 한다. 이 경우 수전설비, 변전설비, 발전설비를 기획하시오.(단, 단위 세대면적은 108[m^2], 공용시설 부하는 1.8[kVA/세대]로 가정한다.) 〈120-2-4〉

풀이

1. 개요

1) 설계 시 고려사항

(1) 전기설비의 신뢰성, 안정성, 경제성

(2) 유지 보수, 조작 · 취급의 간편성, 장래 증설

(3) 전압 변동, 친환경성, 에너지 절약 등

2) 설계조건

(1) 세대수 : 550세대

(2) 면적 : 108[m^2]/세대

(3) 공용시설 부하 : 1.8[kVA]/세대

2. 수변전 및 예비전원 설비

1) 수변전 설비

(1) 수전방식

① 3ϕ 4[W] 22.9[kV]/1회선 수전, 2차배전 : 380−220[V]

② FR CNCO−W 2회선(예비 포함), 지중인입

(2) 강압방식

One Step(경제성, S/S 면적 등 고려)

(3) 부하설비 용량 추정(주택건설기준 제40조)

① 세대부하

㉠ {(108−60)[m^2]×500[VA]/10[m^2]}+3[kVA]=5.5[kVA]/세대

※ (108－60)[m^2]＝48[m^2] → 50[m^2](10[m^2] 단위로 반올림)

㉡ 5.5[kVA]/세대×550세대＝3,000[kVA]

② 공용부하(1.8[kVA]/세대 적용)

1.8[kVA]/세대×550세대＝1,000[kVA]

(4) 변압기 용량 산정

① 수용률 적용(내선규정) : 40[%]

세대용 TR : 3,000×0.4＝1,200[kVA] → 750[kVA]×2기 적용

② 변압기 Bank 구성

㉠ 세대용 TR : 750[kVA]×2기

㉡ 공용 TR : 1,000[kVA]×1기

2) 예비전원 설비

(1) 비상 발전기 용량 산출

① PG법 or RG법 적용(가장 큰 값)

② 주공산정법 : (승강기＋전동기＋조명＋정화조)×수용률/부등률

③ 간이추정식 : {총부하설비[kVA]×역률}×0.3(IB인증조건 : 20[%] 이상)

＝2,500[kVA]×0.8×0.3＝600[kW] → 750[kW] 선정

3. One－Line Skeleton Diagram

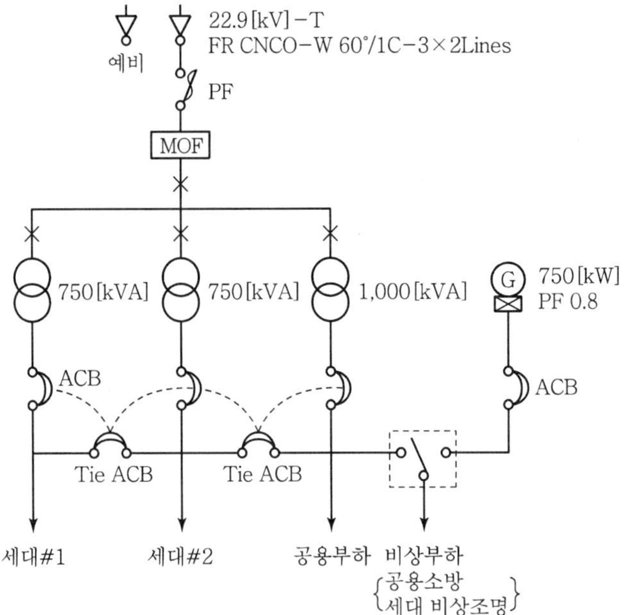

기출 03 최근 급속히 증가하고 있는 대기업 전용의 인터넷 데이터센터(IDC) 건설 시 수 · 변전설비에 대한 신뢰성과 안전성이 많이 요구되고 있다. IDC 수 · 변전설비를 계획하시오. 〈87-2-1〉

- 규모 : 서버실 10,000[m^2], 지원공용시설 5,000[m^2]
- 조건 : 서버실은 m^2당 400[VA], 항온 항습기는 서버 전원용량의 50[%], UPS는 정지형임

풀이

1. IDC 개요

1) IDC(Internet Data Center)는 보통 수백-수천 개의 서버가 밀집되어 운전되고 있는 곳이다. 서버 하나하나는 각기 하나의 Web Site 만을 가지고 있을 수도 있으나 경우에 따라서는 여러 회사의 Web Site가 하나의 서버에서 운영되기도 한다.

2) 인터넷의 특성상 Web Site는 24시간 잠시도 멈추어서는 안 되는 설비이기 때문에 IDC에서 전력공급의 신뢰도는 지극히 중요하다.

3) 따라서 IDC의 수 · 변전설비를 계획함에 있어서, 서버에 공급되는 전력은 상시 높은 신뢰도로 운전될 수 있도록 해야 할 것이며, 상용전원이 정전되었을 때 순시에 자동적으로 필수적인 부하에 전력을 공급할 수 있는 순간 특별 비상전원 시스템을 완벽하게 갖추어야 할 것이다.

2. DIC 수 · 변전 설비계획

1) 부하용량

(1) 서버실 : 10,000×400=4,000[kVA]

(2) 지원 공용실 : 문제에서 [VA/m^2]가 주어지지 않았으므로 일반 사무용 건물 정도로 보아 150 [VA/m^2]를 적용하면 5,000×150=750[kVA]

(3) 항온 항습기 : 4,000×0.5=2,000[kVA]

(4) 부하용량 합계 : 6,750[kVA]

2) 수전용량

(1) 서버와 전력과 항온항습기는 24시간 가동되어야 하므로 수용률은 100[%]로 본다.

(2) 지원공용실의 경우 일반 사무용 건물의 수용률은 통계적으로 33~96[%]인데, IDC의 경우 낮에도 거의 모든 전등이 점등되어 있고, OA 기기들도 동시에 사용된다고 볼 수 있으므로 통계 중의 최댓값을 적용하면 96[%]가 된다.

(3) 따라서 수용률을 전체적으로 100[%]로 보면 수전용량은 최소 6,750[kVA]가 된다.

3) 변압기

(1) 구성 : 변압기는 서버실용과 항온항습기용을 1뱅크로 하고, 지원공용실용을 1뱅크로 구성한다.

(2) 용량 : 서버실 및 항온항습기용 변압기는 장래 서버증설과 변압기 효율 등을 고려해서 단상 2,500[kVA] 변압기 4대로 하여 3대는 3상 결선해서 사용하고 1대는 예비기로 두고, 지원공용실용 변압기는 1,000[kVA] 3상 몰드 변압기 1대를 사용하면 총 수전용량은 8,500[kVA]가 된다.

(3) 감압방식 : 직강압방식으로 $\Delta-Y$ 결선, 22.9 [kV]/380~220[V]로 한다.

4) 수전방식

(1) 신뢰성을 극대화하기 위해 그림과 같이 예비회선 수전방식으로 해서 상시 수전하던 회선에 사고가 발생한 경우 즉시 예비회선으로 절체할 수 있도록 한다.

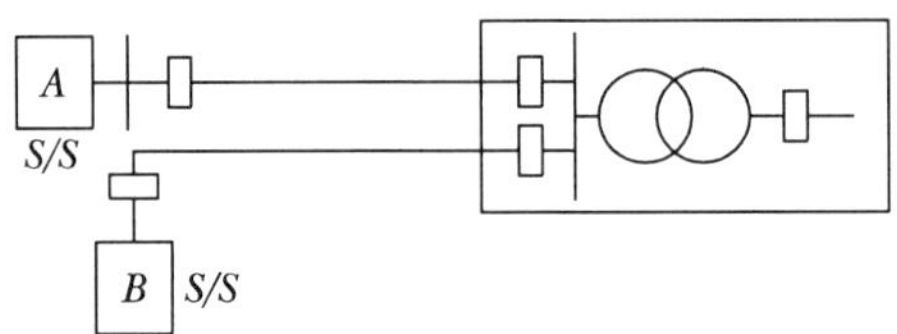

(2) 수전전압은 10,000[kW] 이하이므로 22.9[kV]로 수전한다.

5) 예비전원

(1) UPS

- 정전되는 순간 최소한 서버에는 100[%] 전력이 그대로 공급되어야 하고, 항온항습기 일부도 운전되어야 하므로 UPS 용량은 5,000[kVA]로 한다.
- UPS 구성은 예비기 2대를 포함해서 총 500[kVA] 12대로 한다.
- 운전방식은 상시운전방식으로 12대를 상시 동시에 운전한다. 즉 $(n+2)$ 병렬방식으로 한다.

(2) 비상발전기

비상발전기 용량은 일반적으로는 건축법 및 소방 관계법의 규정에 따를 경우

- 비상부하와 자체적인 필수부하에 전력을 공급하기 위해서 총설비 용량의 30[%] 정도를 기준으로 해서 $6,750\times0.3=2,025\fallingdotseq2,000$[kVA]로 하면 되겠으나,
- IDC의 특수성과 장시간 정전을 고려해서 UPS의 용량과 같이 5,000[kVA]로 하는 것이 좋다.

기출 01 다음 회로에서 I_1, I_2의 전류값을 구하시오. 〈77-1-3〉

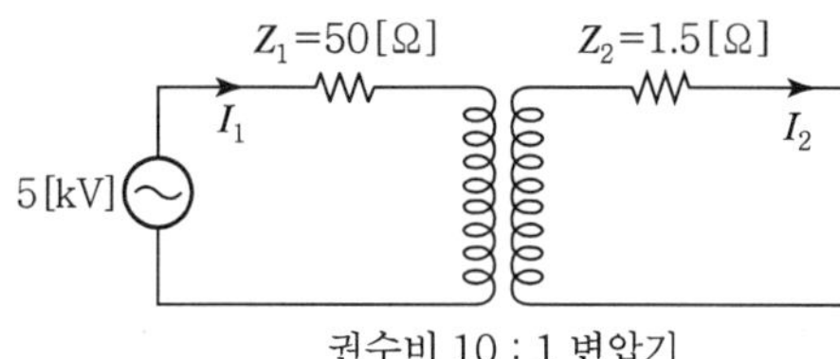

풀이

1. 변압기 권수비 관계

1) 권수비 $a=\dfrac{n_1}{n_2}=\dfrac{V_1}{V_2}=\dfrac{I_2}{I_1}=\sqrt{\dfrac{Z_1}{Z_2}}$ 에서

변압기 2차 권선의 임피던스를 1차 측으로 환산하면

$Z_{21}=a^2Z_2=1.5\times 10^2=150[\Omega]$

2) 전원 측에서 본 합성임피던스는

$Z=50+150=200[\Omega]$

2. 전류

1) 1차 측 전류는

$I_1=\dfrac{5{,}000}{200}=25[\text{A}]$

2) 2차 측 전류는

$aI_1=10\times 25=250[\text{A}]$

≫참고 변압기 2차 측 임피던스를 1차 측으로 환산할 때 $Z_{21}=a^2Z_2$가 되는 이유는 다음과 같다.

변압기 권수비 $a=\dfrac{\text{1차 측 권회수}}{\text{2차 측 권회수}}=\dfrac{n_1}{n_2}$

$I_2=aI_1,\ E_2=\dfrac{E_1}{a}$

$Z_2=\dfrac{E_2}{I_2}=\dfrac{1}{a^2}\cdot\dfrac{E_1}{I_1}=\dfrac{1}{a^2}Z_{21}$

$Z_{21}=a^2Z_2$

기출 02 용량 1,000[kVA], 22.9[kV]/380[V]인 변압기의 퍼센트 임피던스가 5[%], $X/R=7$인 경우 지상역률 80[%]의 전부하로 운전하는 변압기의 전압변동률을 구하시오.

〈89－1－1〉

풀이

1. $\%Z$ 값은

$\%Z$는 정격전압에 대한 내부전압강하의 비이므로

$$\%Z=\frac{Z \cdot I_n}{E}\times 100$$

$$\therefore\ Z=\frac{\%Z \cdot E}{I_n\times 100}=\frac{\%Z \cdot \frac{V}{\sqrt{3}}}{I_n\times 100}$$

2. 변압기 정격전류는

$$I=\frac{1,000\times 10^3}{\sqrt{3}\times 380}=1,519.34[\mathrm{A}]$$

$$\%Z=\frac{IZ}{E}\times 100 \Rightarrow Z=\frac{\%Z\times \frac{V}{\sqrt{3}}}{100I}=\frac{5\times 220}{100\times 1,519.34}=0.0072$$

위에서 전압은 1상 기준이므로 상전압을 대입한다.

또한 $X/R=7$이므로

$$\tan^{-1}\frac{X}{R}=\tan^{-1}7=81.87°$$

변압기 임피던스를 복소수로 표시하면

$$Z=0.0072\angle 81.87=0.001+j0.007[\Omega]$$

3. 변압기의 내부 임피던스에 의한 전압강하는

배전선로에서 선로 임피던스에 의해 전압이 강하되는 것과 동일 식이 적용되어 3상 선간전압의 전압강하는

$$\Delta V=\sqrt{3}\,I(R\cos\theta+X\sin\theta)$$

전압변동률은

$$\varepsilon=\frac{V_0-V_N}{V_N}=\frac{\Delta V}{V_N}=\frac{\sqrt{3}\,I(R\cos\theta+X\sin\theta)}{V_N}$$

$$=\frac{\sqrt{3}\times 1,519.34\times(0.001\times 0.8+0.007\times 0.6)}{380}=3.46[\%]$$

[별해]

$\%Z = \%R + j\%X$에서

$|\%Z| = \sqrt{\%R^2 + \%X^2} = \%R\sqrt{1+\left(\frac{\%X}{\%R}\right)^2}$ 이므로

$$\%R = \frac{|\%Z|}{\sqrt{1+\left(\frac{X}{R}\right)^2}}$$

$$\%X = \sqrt{(\%Z)^2 - (\%R)^2}$$

1. 퍼센트 저항강하($\%R$)

$$\%R = \frac{|\%Z|}{\sqrt{1+\left(\frac{X}{R}\right)^2}} = \frac{5}{\sqrt{1+7^2}} \fallingdotseq 0.707[\%]$$

2. 퍼센트 리액턴스 강하($\%X$)

$$\%X = \%R\left(\frac{X}{R}\right) = 0.707 \times 7 \fallingdotseq 4.95[\%]$$

3. 전압변동률

여기서 $p = \%R,\ q = \%X$

$$\varepsilon = p\cos\theta + q\sin\theta[\%]$$
$$= 0.707 \times 0.8 + 4.95 \times \sqrt{1-0.8^2}$$
$$\fallingdotseq 3.5[\%]$$

기출 03 500[kVA] 변압기, 손실이 80[%] 부하율에서 53.4[kW], 60[%] 부하율에서 33.6[kW]일 때

1) 이 변압기의 40[%] 부하율에서 손실[kW]을 구하시오.

2) 최고 효율은 부하율이 몇 [%]일 때인가? 〈74-1-2〉

풀이

1. 변압기 손실은

1) P_l(전손실)$= P_i + m^2P_c$(여기서, P_i : 철손, P_c : 동손, m : 부하율)

$P_i + 0.8^2P_c = 53.4$ ………………………… ①

$P_i + 0.6^2P_c = 33.5$ ………………………… ②

PART 03 전원설비

2) ①－②의 경우

$0.28P_c = 19.8$

$P_c = 70.7[\text{kW}]$(전부하 동손)

$P_i + 0.8^2 \times 70.7 = 53.4$

$P_i = 53.4 - 70.7 \times 0.64 = 8.15[\text{kW}]$

40[%] 부하에서의 손실은

$P_i + 0.4^2 P_c = 8.15 + 0.4^2 \times 70.7 = 19.46[\text{kW}]$

2. 최고효율

최고효율은 철손과 동손이 같을 때이므로 $m = \sqrt{\dfrac{P_i}{P_c}}$ 부하율은 m이라고 하면

$8.15 = m^2 \times 70.7$

$m = \sqrt{\dfrac{8.15}{70.7}} = 0.34$

즉, 34[%] 부하에서 효율이 최대가 된다.

[별해]

1. 부하역률이 1일 때 최대 효율은

$$\eta = \frac{500 \times 0.34}{500 \times 0.34 + 8.15 + 70.7 \times 0.34^2} \times 100 = 91.24[\%]$$

2. 부하역률이 0.8일 때 최대 효율은

$$\eta = \frac{500 \times 0.34 \times 0.8}{500 \times 0.34 \times 0.8 + 8.15 + 70.7 \times 0.34^2} \times 100 = 89.28[\%]$$

기출 04 변압기 효율이 최대가 되는 관계식을 유도하시오.(단, V_2 : 변압기 2차 전압, I_2 : 변압기 2차 전류 F : 철손, R : 변압기 2차로 환산한 전 저항, $\cos\theta$: 부하역률)

〈108－1－4〉

풀이

1. 변압기 효율

변압기 효율 : $\eta = \dfrac{\text{출력}}{\text{입력}} = \dfrac{\text{출력}}{\text{출력}+\text{손실}} = \dfrac{V_2 I_2 \cos\theta}{V_2 I_2 \cos\theta + F + P_c}$

여기서, V_2 : 변압기 2차전압, I_2 : 변압기 2차 전류, F : 철손, $P_c = I_2^2 R$: 동손
R : 변압기 2차로 환산한 전 저항, $\cos\theta$: 부하역률

2. 변압기 최대효율 조건

변압기에서 몇 [%]의 부하로 운전할 때 그 변압기가 최대의 효율로 운전될 수 있는가 하는 것은 철손은 일정하게 결정되어 있고 변압기 2차로 환산한 전 저항 R도 이미 결정되어 있다.

권선의 저항이 R일 때 부하전류를 I_2라고 하면 동손은 $I_2^2 R$가 되므로 효율 식을 정리하면

$$\eta = \frac{V_2 I_2 \cos\theta}{V_2 I_2 \cos\theta + P_i + I_2^2 R} = \frac{V_2 \cos\theta}{V_2 \cos\theta + \dfrac{P_i}{I_2} + I_2 R}$$

이 식에서 효율이 최대가 되기 위해서는 식의 분모가 최소가 되어야 하는데 $V_2 \cos\theta$는 일정하므로

$y = \left(\dfrac{P_i}{I_2} + I_2 R\right)$이 최소가 되어야 한다. 이 식의 미분값이 0이 될 때 최소가 된다.

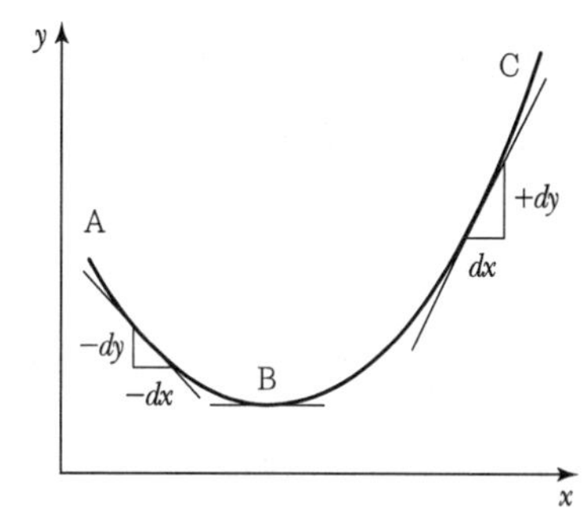

이 식을 I_2에 관해서 미분하면

$\dfrac{dy}{dI_2} = -P_i I_2^{-2} + R = -\dfrac{P_i}{I_2^2} + R$이 미분값이 0이 되어야

하므로 $-\dfrac{P_i}{I_2^2} + R = 0 \rightarrow R = \dfrac{P_i}{I_2^2} \rightarrow P_i = I_2^2 R$이 되어 결국 철손과 동손이 같을 때 변압기 효율이 최대가 된다.

기출 05 저항과 누설 리액턴스의 값이 (0.01+j0.04)[Ω]인 1,000[kVA] 단상변압기와 저항과 누설 리액턴스의 값이 (0.012+j0.036)[Ω]인 500[kVA] 단상변압기가 병렬운전한다. 부하가 1,500[kVA]일 때 각 변압기의 부하분담 값을 구하시오.(단, 지상역률은 0.8이고 2차 측 전압은 같다고 가정한다.) 〈116-4-4〉

풀이

1. 병렬조건

$P_1 = 1{,}000\,[\text{kVA}],\ Z_1 = 0.01 + j0.04$

$P_2 = 500\,[\text{kVA}],\ Z_2 = 0.012 + j0.036$

2. 부하분담

$$P_A = \frac{Z_2P_1}{Z_1P_2 + Z_2P_1} \times P_L,\ P_B = \frac{Z_1P_2}{Z_1P_2 + Z_2P_1} \times P_L \text{에서}$$

$Z_1P_2 + Z_2P_1 = 17 + j56,\ Z_2P_1 = 17 + j36,\ Z_1P_2 = 5 + j20$

지상역률 0.8이므로 1,500[kVA]는 $1,200 + j900$이다.

$$P_A = \left(\frac{12 + j36}{17 + j56}\right) \times (1,200 + j900) = 793.57 + j562.33 \quad \therefore\ 972.61[\text{kVA}]$$

$$P_B = \left(\frac{5 + j20}{17 + j56}\right) \times (1,200 + j900) = 406.42 + j337.66 \quad \therefore\ 528.38[\text{kVA}]$$

따라서, P_B 변압기 과부하가 된다.

3. P_B를 과부하하지 않기 위한 부하 제한은

$$P_L \times \left(\frac{5 + j20}{17 + j56}\right) = 500$$

$$\therefore\ P_L = 1.417 \times 10^3 - j70.59$$

$$\therefore\ P_A = \left(\frac{12 + j36}{17 + j56}\right) \times (1.417 \times 10^3 - j70.59) = 917.22 - j70.58 \quad \therefore\ 919.94[\text{kVA}]$$

$$\therefore\ P_B = \left(\frac{5 + j20}{17 + j56}\right) \times (1.417 \times 10^3 - j70.59) = 499.77 - j11.96 \quad \therefore\ 499.91[\text{kVA}]$$

기출 06 그림과 같이 용량(P_A, P_B)과 퍼센트 임피던스($\%Z_A$, $\%Z_B$)가 각각 다른 A, B 변압기를 병렬운전하는 경우 두 변압기가 과부하 운전하지 않고 공급할 수 있는 최대용량을 구하시오.(단, $P_A = 500$[kVA], $P_B = 400$[kVA], $\%Z_A = 5$[%], $\%Z_B = 4$[%])

〈89-3-3〉

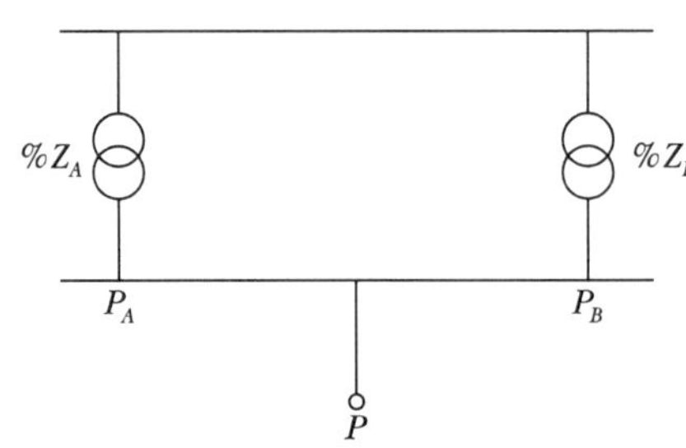

풀이

1. 병렬운전

1) 병렬운전의 목적

(1) 부하변동에 적극 대응

(2) 대수제어로 효율적 운전

(3) 무정전 공급으로 공급신뢰도 향상

2) 이상적인 병렬운전조건

(1) 각 변압기가 용량에 비례하여 부하분담

(2) 변압기 상호 간 순환전류가 흐르지 않아야 한다.

(3) 각 변압기 전류의 대수합은 부하전류와 같다.

3) 병렬운전의 부하분담

(1) 용량에 비례하고 $\%Z$에 반비례한다.

$$P_1 = \frac{\%Z_2 P_1}{\%Z_1 P_2 + \%Z_2 P_1} \times P_L, \quad P_2 = \frac{\%Z_1 P_2}{\%Z_1 P_2 + \%Z_2 P_1} \times P_L$$

2. 병렬운전 최대용량

1) 여러 대의 변압기가 병렬로 운전될 경우

용량은 각각 $P_1, P_2, P_3, \cdots\cdots, P_n$, %임피던스는 각각 $\%Z_1, \%Z_2, \%Z_3, \cdots\cdots, \%Z_n$이라면 변압기를 과부하 운전하지 않고 병렬운전으로 공급할 수 있는 최대용량은

예를 들어 $\%Z_1, \%Z_2, \%Z_3, \cdots\cdots, \%Z_n$ 중에서 $\%Z_1$이 가장 작다면

$$P_{\max} \le Z_1\left(\frac{P_1}{\%Z_1} + \frac{P_2}{\%Z_2} + \frac{P_3}{\%Z_3} + \cdots\cdots + \frac{P_n}{\%Z_n}\right)$$

2) 문제에서 주어진 조건들을 위 식에 대입하면

$$P_{\max} = 4 \times \left(\frac{400}{4} + \frac{500}{5}\right) = 800[\mathrm{kVA}]$$

[별해]

변압기의 용량과 퍼센트 임피던스가 각각 다르므로 $\%Z$를 동일용량으로 환산하여 계산하여야 한다.

1. $P_B = 400$[kVA]의 $\%Z$를 $P_A = 500$[kVA]로 환산하면

1) $m = \dfrac{P_A}{P_B}$일 때 A변압기 분담용량은

$$A = \frac{m\%Z_B}{\%Z_A + m\%Z_B} \times P, \quad B = \frac{\%Z_A}{\%Z_A + m\%Z_B} \times P$$

2) 여기서 A, B 변압기에 걸 수 있는 최대부하 P는

$P = \dfrac{\%Z_A + m\%Z_B}{m\%Z_B} \times A$, $P = \dfrac{\%Z_A + m\%Z_B}{\%Z_A} \times B$ 중 작은 측을 선택한다.

2. 각 변압기의 분담용량

P : 부하용량

$\%Z$를 P_A 변압기로 환산하면

$m=\dfrac{P_A}{P_B}$일 때 A변압기 분담용량

$$A=\frac{m\%Z_B}{\%Z_A+m\%Z_B}\times P=\frac{\dfrac{500}{400}\times 4}{5+\dfrac{500}{400}\times 4}\times 900=450[\text{kVA}]$$

$$B=\frac{\%Z_A}{\%Z_A+m\%Z_B}\times P=\frac{5}{5+\dfrac{500}{400}\times 4}\times 900=450[\text{kVA}]$$

3. 병렬운전 시 공급전력

여기서 A, B 변압기에 걸 수 있는 최대부하는 $\%Z$가 작은 부하에 부하분담이 크게 되므로

$B=\dfrac{\%Z_A}{\%Z_A+m\%Z_B}\times P=\dfrac{5}{5+\dfrac{500}{400}\times 4}\times P=400[\text{kVA}]$이므로 P_L로 정리하면

$\therefore\ P_L=800[\text{kVA}]$

변압기를 병렬운전하여 분담할 수 있는 정격용량은 800[kVA]이다.

기출 07 정격전압이 같은 A, B 2대의 단상변압기가 있다. A변압기는 용량 100[kVA], 퍼센트 임피던스는 5[%]이고, B변압기는 용량 300[kVA], 퍼센트 임피던스는 3[%]이다. 이 두 변압기를 병렬로 운전하여 360[kVA]의 부하를 접속하였을 때에 각 변압기의 부하분담을 구하고 퍼센트 임피던스가 같은 경우와 비교 설명하시오.

〈98－1－1〉

풀이

1. 변압기 병렬운전

1) 변압기 병렬운전시 부하분담

용량에 비례하고 $\%Z$에 반비례한다.

총 부하를 P_L이라 하면

$$P_A=\frac{\%Z_BP_A}{\%Z_AP_B+\%Z_BP_A}\times P_L,\ \ P_B=\frac{\%Z_AP_B}{\%Z_AP_B+\%Z_BP_A}\times P_L$$

2) 변압기 부하분담

$$P_A = \frac{3\times 100}{5\times 300 + 3\times 100}\times 360 = 60[\text{kVA}]$$

$$P_B = \frac{5\times 300}{5\times 300 + 3\times 100}\times 360 = 300[\text{kVA}]$$

3) $\%Z$가 같은 경우, 즉 $\%Z_A = \%Z_B$

$$P_A = \frac{\%Z_A P_A}{\%Z_A P_B + \%Z_A P_A}\times P_L = \frac{\%Z_A P_A}{\%Z_A (P_B + P_A)}\times P_L$$

$$= \frac{P_A}{P_A + P_B}\times P_L = \frac{100}{100+300}\times 360 = 90[\text{kVA}]$$

2. 같은 방법으로

$$P_B = \frac{300}{100+300}\times 360 = 270[\text{kVA}]$$

1) $\%Z$와 용량이 다른 경우 용량에 비례하고 $\%Z$에 반비례하여 부하를 분담한다.

2) $\%Z$가 같은 경우 용량에 비례하여 부하를 분담하고 이상적인 병렬운전이 가능하다.

기출 08 그림에서 변압기 1차 측은 230[kV]인 무한모선에 연결되어 있다고 가정하고 2차 측에 3상 단락고장이 발생했을 경우 변압기 1차 측 및 2차 측 선로에 흐르는 고장전류 [A]를 계산하시오. 〈93-1-11〉

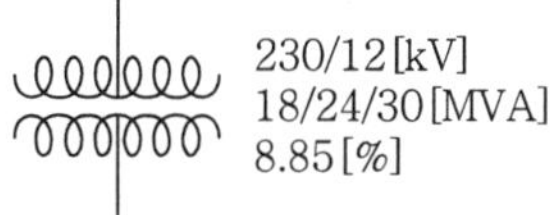

풀이

1. 서론

1) 무한모선은 내부임피던스가 Zero(0)로 부하에 무한히 전력을 공급할 수 있는 모선을 말한다.

2) 문제에서 변압기 용량이 18/24/30[MVA]의 3가지로 주어진 것은 변압기 냉각방식에 따라서 3가지 용량으로 사용될 수 있다는 것을 의미한다. 변압기는 사용되는 주위 온도에 따라 사용할 수 있는 변압기 용량의 한도가 변한다. 즉 사용 가능 용량은 온도 상승에 반비례한다.

3) 고장전류는 3상 단락전류를 계산하는데, 최댓값을 계산하는 것이 원칙이므로 최대용량 30[MVA]로 계산한다. 즉 변압기 2차 측에 주 차단기를 설치하기 위해서 고장전류를 계산하는 것이라면 최대용량으로 계산해야 한다.

4) 그러나 보호계전기의 동작전류를 정정할 때는 18/24/30[MVA] 중에서 그때그때 사용되는 용량을 기준으로 정정해야 할 것이다.

2. 고장전류계산

30[MVA]에서 변압기 2차 측 정격전류는

$$I_N = \frac{30 \times 10^6}{\sqrt{3} \times 12 \times 10^3} = 1,443[\text{A}]$$

무한모선에 연결되었다는 말은 전원임피던스가 0으로 변압기 1차 측 전원임피던스는 무시한다는 뜻이다. 따라서 2차 측 단락전류는 변압기 임피던스만 고려하면 되므로

$$I_{S2} = \frac{100}{\%Z} I_N = \frac{100}{8.85} \times 1,443 = 16,305[\text{A}]$$

1차 측 단락전류는

$$I_{S1} = 16,350 \times \frac{12}{230} = 850[\text{A}]$$

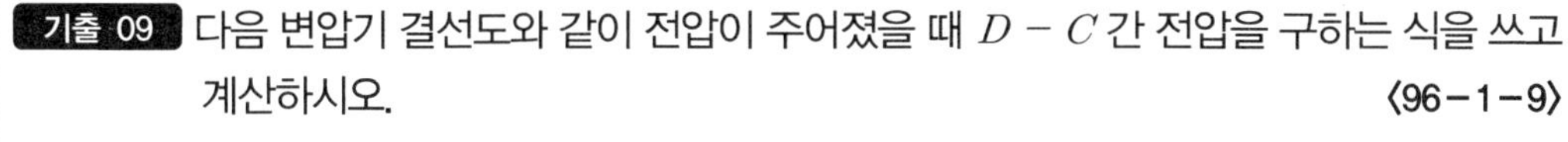

기출 09 다음 변압기 결선도와 같이 전압이 주어졌을 때 $D - C$ 간 전압을 구하는 식을 쓰고 계산하시오. 〈96-1-9〉

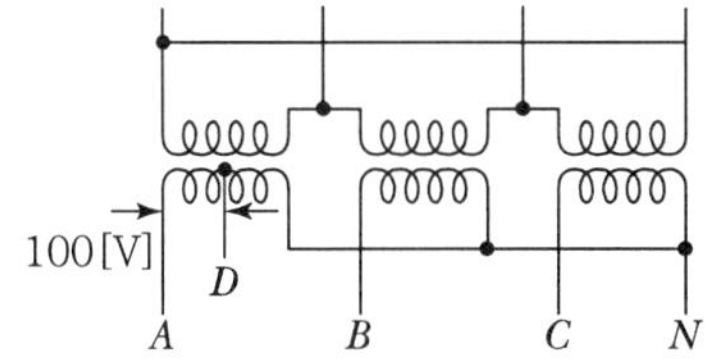

그림에서 $N - A$: 200[V]
$N - B$: 200[V]
$N - C$: 200[V]
$N - D$: 100[V]

풀이

1. 변압기 2차는 Y결선이고 각상의 전압은 다음과 같다.

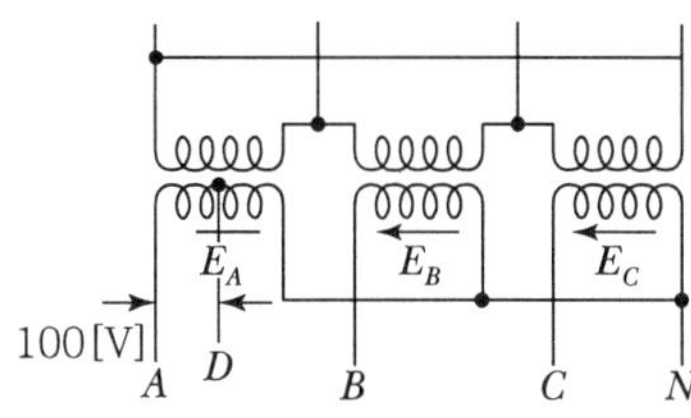

2. 벡터도를 그리면

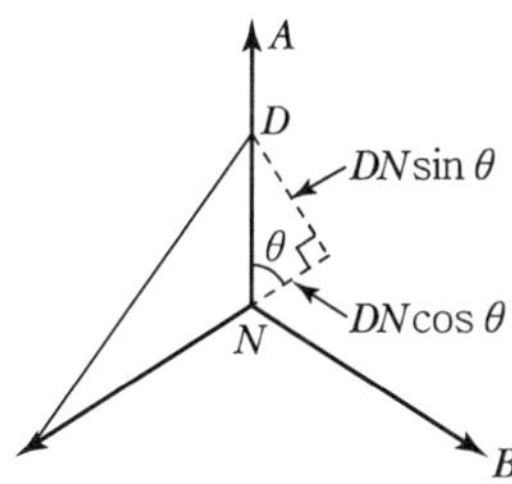

여기서 $\theta = 180° - 120° = 60°$

$$V_{CD} = \sqrt{(V_{CN} + DN\cos\theta)^2 + (DN\sin\theta)^2}$$

$$= \sqrt{\left(200 + 100 \times \frac{1}{2}\right)^2 + \left(100 \times \frac{\sqrt{3}}{2}\right)^2} = 264.58[\mathrm{V}]$$

> **기출 10** 단상 100[kVA], 2,400/240[V], 60[Hz]의 배전용 변압기가 직렬 임피던스 $(1.0 + j2.0)[\Omega]$의 선로를 통해 전력을 공급 받고 있다. 변압기 1차 측 환산 임피던스는 $(1.0 + j2.5)[\Omega]$이고 변압기 2차 측 부하가 240[V], 지역률 0.8로 운전할 때 다음을 구하시오.(단, 변압기는 부하율 50[%]로 운전한다고 본다.) 〈99-2-2〉
>
> 1) 변압기 1차 측 단자 전압
> 2) 선로 인입단 전압

풀이

1. 전압강하식의 유도

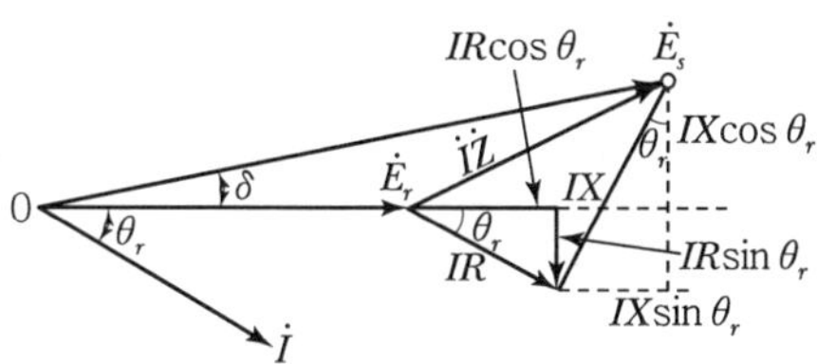

1) $\dot{E}_s = \dot{E}_r + \dot{I}\dot{Z}$

$$= E_r + I(\cos\theta_r - j\sin\theta_r)(R + jX)$$

$$= E_r + IR\cos\theta_r + IX\sin\theta_r + j(IX\cos\theta_r - IR\sin\theta_r)$$

$$= \sqrt{(E_r + IR\cos\theta_r + IX\sin\theta_r)^2 + (IX\cos\theta_r - IR\sin\theta_r)^2}$$

2) 여기서, $(E_r + IR\cos\theta_r + IX\sin\theta_r)^2 \gg (IX\cos\theta_r - IR\sin\theta_r)^2$로 허수부 제곱항을 무시하고 계산하면 $|E_s| \fallingdotseq E_r + I(R\cos\theta_r + X\sin\theta_r)$이 된다.

3) 따라서, 선로임피던스에 의한 전압강하 및 강하율은 다음과 같다.

가) 전압강하 $e = |E_s| - |E_r| = I(R\cos\theta_r + X\sin\theta_r)$

나) 전압강하율 $\varepsilon = \dfrac{|E_s| - |E_r|}{|E_r|} \times 100[\%] = \dfrac{I}{E_r}(R\cos\theta_r + X\sin\theta_r) \times 100[\%]$

2. 변압기 1차 측 단자 전압

2,400/ 240[V]
100[kVA]

1.0+j2.0[Ω] 1.0+j2.5[Ω]

$$I = \frac{\text{kVA}}{V \cdot \cos\theta} = \frac{50 \times 1{,}000}{2{,}400 \times 0.8} \fallingdotseq 26.041[\text{A}]$$

$\Delta E = I(R\cos\theta + X\sin\theta) = 26.041(1.0 \times 0.8 + 2.5 \times 0.6) = 59.8943[\text{V}]$

따라서 변압기 1차 측 전압은

$2{,}400 + \Delta E = 2{,}400 + 59.8943 = 2{,}459.89[\text{V}]$

3. 선로 인입단 전압(송전단 전압)

$\Delta E = I(R\cos\theta + X\sin\theta) = 26.041(2.0 \times 0.8 + 4.5 \times 0.6) = 112.7143[\text{V}]$

따라서 선로 인입단 전압은

$2{,}400 + \Delta E = 2{,}400 + 112.7143 = 22{,}512.7[\text{V}]$

4. 결론

부하율 50[%]에 해당되는 부하전류 26.041[A], 역률 0.8일 때, 변압기 2차 측이 정격전압 240[V]를 유지하기 위해서는 변압기와 선로에서 발생되는 전압강하를 고려하여 이에 상응하는 전압을 공급하면 된다.

기출 11 아래 3상 계통에서 각 설비의 per unit 리액턴스 값은 다음과 같다. 물음에 답하시오.
〈99－3－1〉

구분		용량[MVA]	전압[kV]	리액턴스[pu]
동기발전기	G1	100	25	$X_1 = X_2 = 0.2,\ X_0 = 0.05$
	G2	100	13.8	$X_1 = X_2 = 0.2,\ X_0 = 0.05$
변압기	T1	100	25/230	$X_1 = X_2 = X_0 = 0.05$
	T2	100	13.8/230	$X_1 = X_2 = X_0 = 0.05$
송전선로	TL12	100	230	$X_1 = X_2 = 0.1,\ X_0 = 0.3$
	TL13	100	230	$X_1 = X_2 = 0.1,\ X_0 = 0.3$
	TL23	100	230	$X_1 = X_2 = 0.1,\ X_0 = 0.3$

1) 송전선로의 100[MVA], 230[kV] 값을 단위 기준 값(per unit base)으로 사용하여 pu 시퀀스도를 그리시오.
2) 모선 3에서 본 테브난 등가회로를 그리시오.
3) 모선 3에서의 3상 단락고장 전류(per unit)를 구하시오.

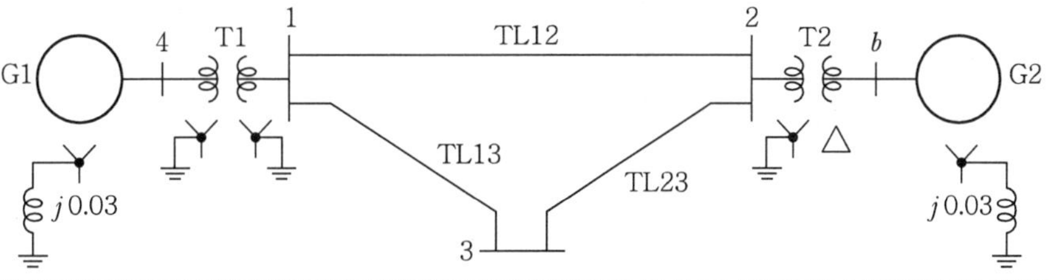

풀이

1. 송전선로의 100[MVA], 230[kV] 값을 단위 기준 값(per unit base)으로 사용하여 per unit 시퀀스도를 그리시오.

   1) 3상 단락전류 계산을 위해 정상분의 회로를 기준으로 per unit 시퀀스도를 작성한다.

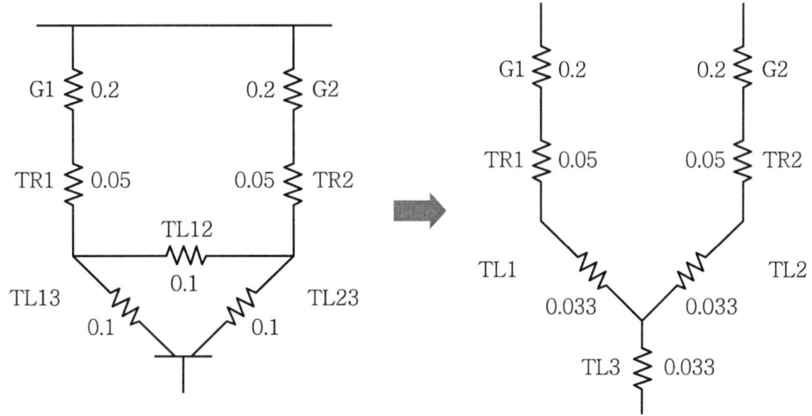

2) Δ를 Y로 변환하면

$$TL1 = TL2 = TL3 = \frac{0.1 \times 0.1}{0.1 + 0.1 + 0.1} \fallingdotseq 0.033$$

합성임피던스 0.175[Ω]

모선 3

3) 합성리액턴스는

$$X = \frac{0.283 \times 0.283}{0.283 + 0.283} + 0.033 = \frac{0.08}{0.566} + 0.033 \fallingdotseq 0.175$$

2. 모선 3에서 본 테브난 등가회로를 그리시오.

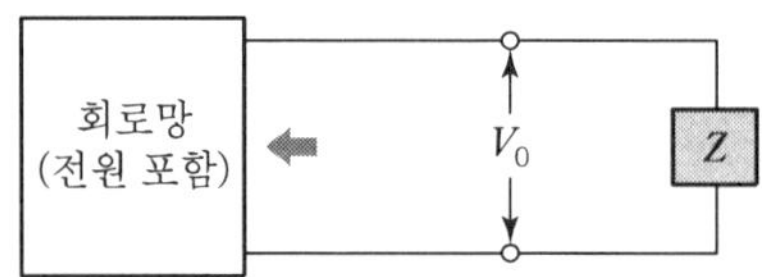

전압 전원 V_0는 부하 측 단자를 개방하였을 때 양단자에 나타나는 전압과 같고, 또 Z_0는 회로망 내의 모든 전원을 제거하고 개방단자에서 회로망 쪽을 본 임피던스와 같다. 여기서 전원을 제거한다는 것은 전원을 동작하지 못하게 하는 것, 즉 전원 전압의 경우는 양단자를 단락하고, 전류 전원의 경우는 그 양단자를 개방하는 것을 의미한다.

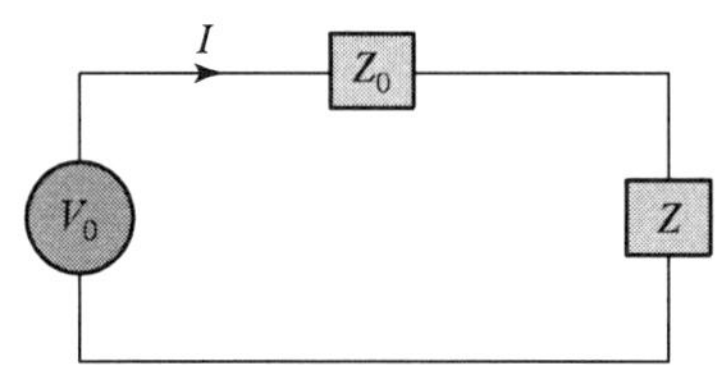

여기서, Z_0 : 0.175[Ω]

V_0 : 230[kV]

Z : 모선 3에서 본 부하 측 임피던스

3. 모선 3에서의 3상 단락고장 전류(per unit)를 구하시오.

$$I_S = \frac{100}{\%Z} I_n = \frac{1}{Z[\text{pu}]} I_n = \frac{1}{0.175} I_n = 5.714[\text{pu}]$$

기출 12	뱅크 용량 500[kVA] 이하의 변압기로부터 공급하는 저압전로에 시설하는 배선용 차단기의 차단용량 선정기준을 설명하시오. 〈104-3-2〉

풀이

1. 저압 과전류차단기 차단용량 선정기준

1) 저압회로에 시설되는 과전류차단기(MCCB, ACB, FUSE 등)의 차단용량은 그 곳을 통과하는 단락전류를 충분히 차단하는 능력을 가지는 것을 시설하여야 한다.
2) 배전반에 시설된 주 차단기와 간선용 차단기 간의 캐스케이드 차단방식 적용은 간선용 차단기로 보호되는 간선의 말단에서 최대단락전류가 10[kA]를 초과하는 경우 캐스케이드 차단방식이 인정되므로 간선용 차단기의 차단용량은 10[kA]의 것을 선정할 수 있다.
3) 분전반 내에 시설된 분기차단기의 사용부하점에서 단락전류가 10[kA]를 초과하는 경우에는 분전반 주 차단기(Back up 차단기)로 분기차단기를 보호하는 캐스케이드 차단방식이 인정되므로 분기차단기의 차단용량은 10[kA]의 것을 선정할 수 있다.
4) "2)", "3)"항의 Back up 차단기 차단용량은 설치점에서 발생하는 단락전류를 충분히 차단할 수 있는 차단용량의 것이어야 하며, Back up 차단기와 간선용 · 분기차단기 간의 캐스케이드 차단방식이 적용된 경우는 메이커 사양과 보호기기간의 특성을 충분히 검토하여 처리하여야 한다.

※ 전기설비기술기준 제38조(저압전로 중의 과전류차단기의 시설) 참조

2. 저압회로의 단락전류 산출

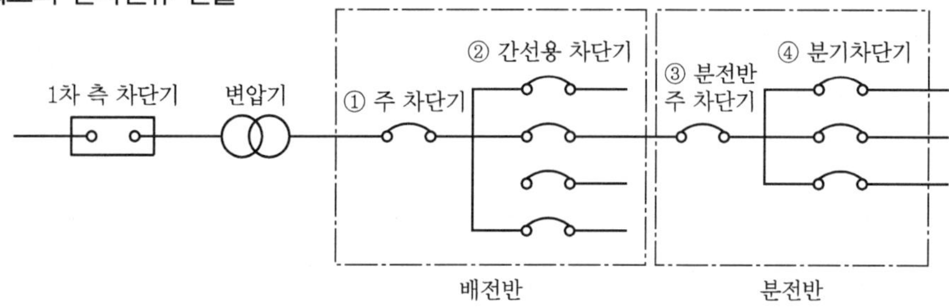

1) 단락전류 산출 시 사고점 기준
   가) 주 차단기
      변압기 2차 측에서 배전반 모선까지의 전로가
      ① 절연전선 또는 케이블인 경우 : 당해 전로 말단모선에서 발생한 단락전류의 값
      ② 나도체인 경우 : 주 차단기의 부하 측 단자에서 발생한 단락전류의 값
   나) 간선용 차단기
      ① 절연전선 또는 케이블인 경우 : 분전반 주 차단기 전원 측에서 발생한 단락전류값
      ② 나도체인 경우 : 간선용 차단기의 부하 측 단자에서 발생한 단락전류의 값
   다) 분전반 주 차단기
      분전반 주 차단기의 부하 측 단자에서 발생한 단락전류의 값
   라) 분기차단기
      분기회로의 제1부하점에서 발생한 단락전류의 값

2) 계산 전제조건

가) 전원 Source 임피던스를 "0"으로 간주하고 변압기 임피던스, 케이블 임피던스, 차단기 임피던스만 고려한다.

나) 전동기 부하에 대한 기여전류 고려는 개략적인 값이지만 운전 중인 정격전류의 4배를 더한 값을 사용하는 것으로 한다.

다) 방사상 배전방식을 기준으로 한다.

라) 단락사고에 영향을 주는 발전기, 동기전동기 등이 있는 계통이나 뱅킹 또는 네트워크 배전방식의 경우는 별도 계산방법에 의한다.

마) 임피던스 값

[표 1] 변압기 임피던스 Data(IEEE)

용량 [kVA]	1ϕ변압기 $\%Z$		3ϕ변압기 $\%Z$		용량 [kVA]	1ϕ변압기 $\%Z$		3ϕ변압기 $\%Z$	
	R	X	R	X		R	X	R	X
3	2.2	1.7	–	–	150	1	3.6	2.0	4.0
5	2.2	1.7	–	–	200	1	3.6	1.9	4.6
7.5	2.2	1.7	–	–	250	–	–	1.9	4.6
10	1.6	1.6	2.7	1.3	300	–	–	1.7	4.7
15	1.6	1.6	2.7	1.3	500	–	–	1.2	4.9
20	1.6	1.6	2.7	1.3	750	–	–	2.6	5.1
30	1.6	1.6	3.5	3.5	1,000	–	–	2.1	5.3
50	1.3	2	3.5	3.6	1,500	–	–	1.7	5.5
75	1.2	3.5	2.5	4.9	2,000	–	–	1.4	5.6
100	1.2	3.5	2.5	3.7	–	–	–	–	–

3. 3상 500[kVA] 변압기 2차 단락전류 계산 및 차단기 선정

1) 변압기 2차 고장점의 단락전류(기기 및 선로 임피던스 무시)

1,000[kVA] 기준 변압기 $\%Z$: $\%Z = \dfrac{1{,}000}{500} \times (1.2 + j4.9) = 2.4 + j9.8[\%]$

$$I_S = \frac{100}{\%Z} \times I_n = \frac{100}{\sqrt{2.4^2 + 9.8^2}} \times \frac{1{,}000}{\sqrt{3} \times 0.38} \fallingdotseq 15[\text{kA}]$$

2) 차단기 선정

전동기로부터 기여전류를 변압기 2차 정격전류의 4배로 계산하면

$$I_M = \frac{500}{\sqrt{3} \times 0.38} \times 4 \fallingdotseq 3[\text{kA}]$$

따라서 주 차단기의 차단용량은

$$I_{asm} = 15 + 3 = 18[\text{kA}]$$

MCCB 380[V]급 18[kA] 이상의 것을 선정하면 된다.

기출 13 그림에서 VCB_1과 VCB_2의 규격을 선정하시오.(단, 3상 단락용량은 전원 임피던스는 무시하고 변압기의 $\%Z$만 가지고 계산하고 차단기는 구입하기 쉬운 표준 규격품 중에서 선택하시오). 〈62-4-6〉

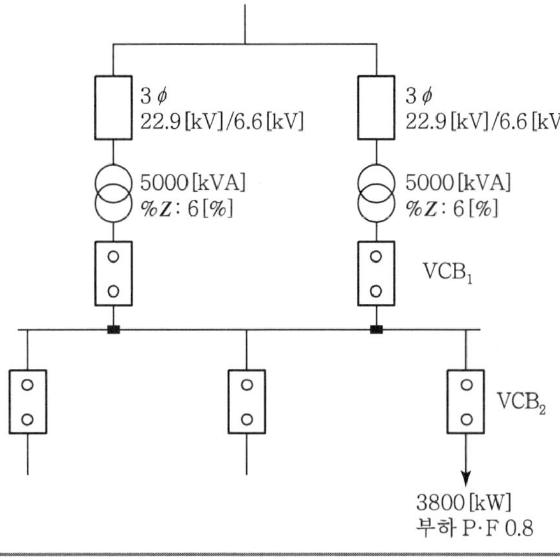

풀이

1. 차단기 VCB_1과 VCB_2의 정격전압

정격전압 $V = 6.6 \times \frac{1.2}{1.1} = 7.2[kV]$

2. 차단기의 정격전류

1) 5,000[kVA] 변압기 2차 측 부하전류는

$$I_1 = \frac{5,000}{\sqrt{3} \times 6.6} = 437.4[A]$$

따라서, VCB_1의 정격전류는 600[A](KS 기준)

2) 3,800[kW] 부하 측의 부하전류

$$I_2 = \frac{3,800}{\sqrt{3} \times 6.6 \times 0.8} = 415.5[A]$$

따라서, VCB_2의 정격전류는 600[A](KS 기준)

3. 차단기의 정격차단전류

임피던스 맵을 그리면 다음과 같다.

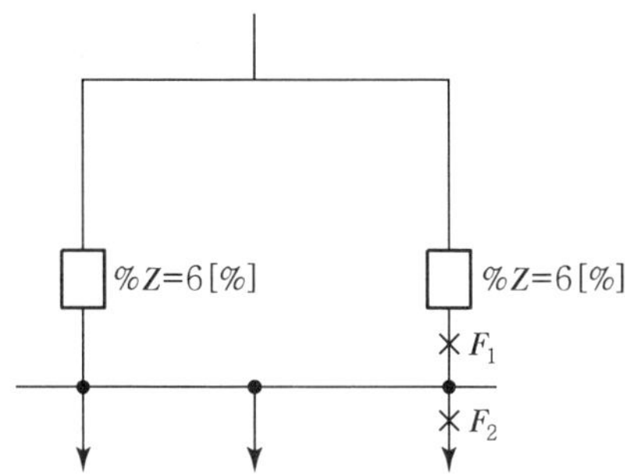

F_2 지점에서 단락되었을 때 변압기 두 대의 단락전류가 흐르므로 단락용량이 가장 크다.

1) F_1 지점에서 단락전류

$$I_{S1} = I_n \times \frac{100}{\%Z} = \frac{5,000}{\sqrt{3} \times 6.6} \times \frac{100}{6} = 7.29[\mathrm{kA}]$$

2) F_2 지점에서 단락전류

$$I_{S2} = I_{S1} \times 2 = 14.58[\mathrm{kA}]$$

3) 직류성분과 기계적 강도를 고려한 여유율(1.25배)을 고려하면

$$I_{S1} = 7.29 \times 1.25 = 9.1125[\mathrm{kA}] \fallingdotseq 12.5[\mathrm{kA}]$$

$$I_{S2} = 14.58 \times 1.25 = 18.225[\mathrm{kA}] \fallingdotseq 20[\mathrm{kA}]$$

4. 차단기의 규격

1) VCB_1의 규격

정격전압 7.2[kV], 부하전류가 437.4[A]이므로 630[A] 정격을 적용

정격차단전류 12.5[kA]

$\sqrt{3} \times 7.2 \times 12.5 = 156$[MVA]이므로 160[MVA] 선정

2) VCB_2의 규격

정격전압 7.2[kV], 부하전류가 415.5[A]×2이므로 1,250[A] 정격을 적용

정격차단전류 20[kA]

$\sqrt{3} \times 7.2 \times 20 = 249$[MVA]이므로 250[MVA] 선정

[표 1] 정격차단전류와 정격용량

정격전압[kV]	정격차단전류[kA]	정격용량[MVA]
7.2(공칭 6.6)	12.5	160
	20	250
	31.5	390
	40	500

정격전압[kV]	정격차단전류[kA]	정격용량[MVA]
25.8(공칭 22.9)	12.5	520
	20	830
	25	1,000
	40	1,700

기출 14 아래 그림과 같은 전력계통의 A점과 B점에서 3상 고장이 발생하였을 때 A점과 B점의 차단용량[MVA]과 차단전류[kA]를 구하시오.(단, 모선 전압은 11[kV]이고 선로의 임피던스는 고려하지 않는다.) 〈100-2-3〉

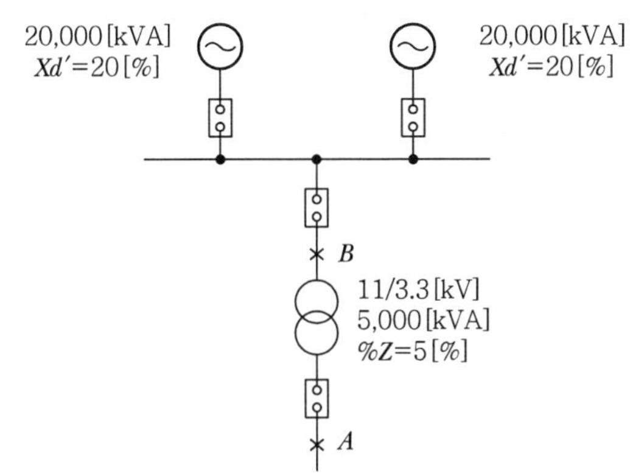

풀이

1. A점의 단락전류

1) 전원 측에서 A점까지의 %임피던스 : $\%Z_A$(5,000[kVA] 기준)

$$\%Z_A = \left(\frac{5,000}{20,000} \times 20 \div 2\right) + 5 = 10$$

2) 단락전류 $I_{SA} = \frac{100}{\%Z_A} \times \frac{P_N}{\sqrt{3} \times V} = \frac{100}{10} \times \frac{5,000}{\sqrt{3} \times 3.3} = 8.747[\text{kA}]$

3) 차단용량 $P_S = \sqrt{3}\, VI_{SA} = \sqrt{3} \times 3.3 \times 8.747 \fallingdotseq 50[\text{MVA}]$

2. B점의 단락전류

1) B점까지의 %임피던스 : $\%Z_B$(20,000[kVA] 기준)

$$\%Z_B = 20 \div 2 = 10$$

2) 단락전류 $I_{SA} = \frac{100}{\%Z_A} \times \frac{P_N}{\sqrt{3} \times V} = \frac{100}{10} \times \frac{20,000}{\sqrt{3} \times 11} = 10.497[\text{kA}]$

3) 차단용량 $P_S = \sqrt{3}\, VI_{SB} = \sqrt{3} \times 11 \times 10.497 \fallingdotseq 200[\text{MVA}]$

기출 15 피뢰기를 보호하고자 하는 기기의 가까이에 설치하는 것이 가장 효과적이다. 22.9[kV] 수전선로에서 제한 전압이 65[kV]인 피뢰기를 변압기 전방 15[m] 지점에 설치하였다. 전압상승률이 250[kV/μs]인 뇌임펄스 전압이 피뢰기의 전단에서 침입한 경우 변압기의 단자에서 어떠한 전압이 나타나겠는가?(단, 뇌임펄스 전압의 전파속도는 250[m/μs]이라 한다.) 〈56-0-0〉

풀이

1. 개요

1) 피뢰기의 설치 장소는 가능한 피보호 기기에 근접해서 설치하는 것이 바람직하다. 이것은 전력 설비에 침입한 뇌서지는 변압기 단자에 도달하였을 때 정(正)반사를 하고, 다시 피뢰기에서는 부반사해서 다시금 변압기를 향하게 된다.

2) 이와 같이 뇌서지 전압은 피뢰기와 변압기 사이에서 반사와 투과를 반복하기 때문에 변압기 단자에 걸린 전압 파고값 V_t는 증대하게 된다.

2. 기기에 걸리는 전압

뇌서지가 변압기 등 기기에 걸리는 전압 V_t는

$$V_t = V_p + \frac{2US}{v}$$

여기서, V_p : 피뢰기의 제한 전압[kV]

S : 피뢰기와 피보호 기기와의 거리[m]

U : 침입파의 파두준도(波頭峻度)[kV/μs]

따라서

$$V_t = 65 + \frac{2 \times 250 \times 15}{250} = 95[\text{kV}]$$

기출 16 그림과 같이 대지저항률이 100[Ω · m]인 토지에 반지름 20[cm]인 반구형 접지전극을 시설하였다. 접지전류가 100[A] 흐를 때 접지전극의 중심으로부터 1[m] 떨어진 점에서의 보폭전압은 몇 [V]인가?(단, 신발의 저항 및 접촉저항은 무시한다.) 〈56-0-0〉

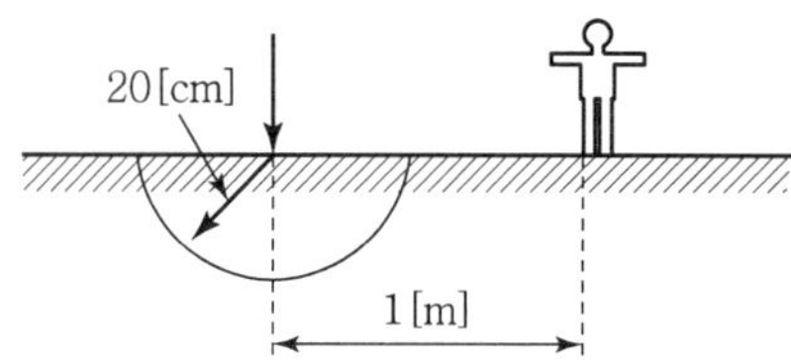

풀이

1. 개요

보폭 전압은 IEEE의 정의에 의하면 접지전극 부근의 대지 면의 두 점 간(양다리)의 거리 1[m]의 전위차이므로 전위 분포와 전위 경도에 의하여 보폭 전압을 구할 수 있다. 지금 반구형 접지 전극의 접지저항 R은

$$R = \frac{\rho}{2\pi r}$$

여기서, r : 전극의 반지름, ρ : 대지 저항률

2. 보폭전압

반구형 접지 전극의 전위 분포와 전위 경도는 $x > r$일 때

전위 분포 : $V(x) = RI = \frac{\rho I}{2\pi x}$

전위 경도 : $\left|\frac{d}{dt}V(x)\right| = \frac{\rho I}{2\pi x^2}$[V]이므로

1) 전위 분포로 보폭 전압을 구하는 방법

$$V_1 = \frac{100\times 100}{2\pi\times 1} = 1{,}592[\text{V}]$$

$$V_2 = \frac{100\times 100}{2\pi\times 2} = 796[\text{V}]$$

$$\therefore\ V_{12} = 1{,}592 - 796 = 796[\text{V}]$$

2) 경위 경도로 보폭 전압을 구하는 방법

$$V_{12} = \int\left|\frac{d}{dt}V_x\right|dx = \int_1^2 \frac{\rho I}{2\pi x^2}dx$$

$$= \frac{\rho I}{2\pi}\int_1^2 x^{-2}dx = \frac{\rho I}{2\pi}\left[-\frac{1}{x}\right]_1^2 = \frac{\rho I}{2\pi}\left[\frac{1}{1} - \frac{1}{2}\right] = 796[\text{V}]$$

> ▣ 알아보기
>
> $\int x^n dx = \frac{1}{n+1}x^{n+1} + C$ (단, $n \neq -1$일 때)

기출 17 정격용량 500[kVA]의 변압기에서 지상역률 80[%]의 부하에 500[kVA]를 공급하고 있다. 역률을 90[%]로 개선하여 이 변압기의 전용량까지 공급하려 한다. 이때 소요되는 전력용 콘덴서의 용량을 계산하고 또 이때 증가시킬 수 있는 역률 90[%]의 부하는 얼마인가? 〈69-2-3〉

풀이

1. 역률 개선 효과

역률 개선은 변압기의 손실감소, 배전선의 여유도 증가, 전압강하의 저감, 전기요금의 절감 등의 효과가 있다.

2. 소비전력 P[kW]= $VI\cos\theta$

1) 부하증가 전의 유효전력은

$500 \times 0.8 = 400$[kW]

2) 역률을 90[%]로 개선하는 경우 변압기가 공급할 수 있는 총 유효전력은

$500 \times 0.9 = 450$[kW]

3) 역률 개선 이후에 증가시킬 수 있는 용량은

$450 - 400 = 50$[kW]

$\frac{50}{0.9} = 55.56$[kVA]

> **기출 18** 100[V], 20[A], 1.6[kW] 의 단상유도 전동기에 병렬로 콘덴서를 접속하여 역률을 100[%]로 개선하려고 할 때 콘덴서 용량 [μF]를 구하시오.(단, 전원 주파수는 60[Hz]이다.) 〈77-1-11〉

풀이

1. 현재의 역률은

P[kW]= $VI\cos\theta$에서 $\cos\theta = 100[\%]$이므로

$$\cos\theta = \frac{1,600}{100 \times 20} \times 100 = 80[\%]$$

2. 역률을 100[%]로 개선하기 위해서

전체 무효전력만큼의 콘덴서를 병렬로 접속하면 되는데 전체 무효전력은

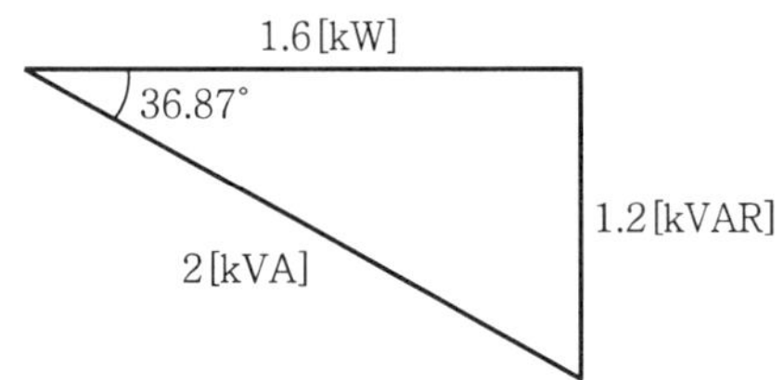

$\cos^{-1}0.8 = 36.87°$

$2 \times \sin 36.87° = 1.2$[kVAR]

3. 콘덴서 용량 $Q = \omega CE^2$에서

$$C = \frac{Q}{\omega E^2} = \frac{1.2\times 10^3}{377\times 100^2}[\mathrm{F}] = 318.5[\mu\mathrm{F}]$$

여기서 $\omega = z\pi f$에서 f =60[Hz]이므로 ω=377

> **기출 19** 어떤 공장의 소비전력이 100[kW], 이 부하의 역률이 0.6이다. 역률을 0.9로 개선하기 위하여 필요한 전력용 콘덴서의 용량[kVA]을 계산하여 구하시오. 〈81－1－7〉

풀이

1. 역률 개선용 콘덴서의 용량

$Q = P(\tan\theta_1 - \tan\theta_2)[\mathrm{kVAR}]$

$\theta_1 = \cos^{-1}0.6 = 53.13°$

$\theta_2 = \cos^{-1}0.9 = 25.84°$

$Q = P(\tan\theta_1 - \tan\theta_2) = 100\times(\tan53.13° - \tan25.84°) = 84.9[\mathrm{kVAR}]$

이 상황을 그림으로 그리면 다음과 같다.

2. 벡터도

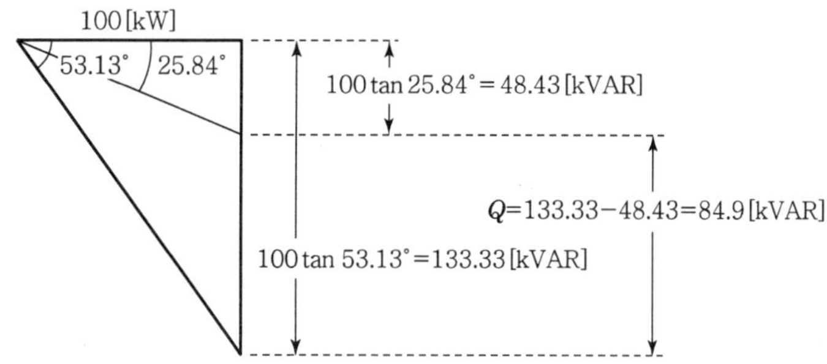

> **기출 20** 병렬 커패시터를 아래 그림과 같이 투입할 경우의 효과에 대해 전류페이저도와 전압페이저도를 사용하여 설명하시오. 〈95－1－4〉

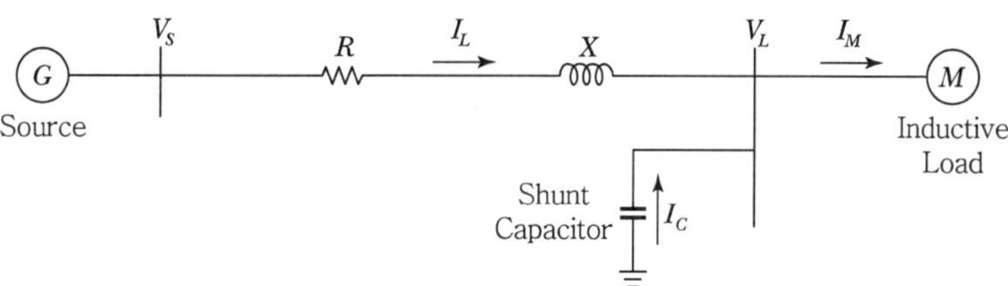

풀이

1. 콘덴서의 설치목적
   1) 역률 개선
   2) 손실저감
   3) 안정도 향상

2. 콘덴서의 설치효과
   1) 회로도

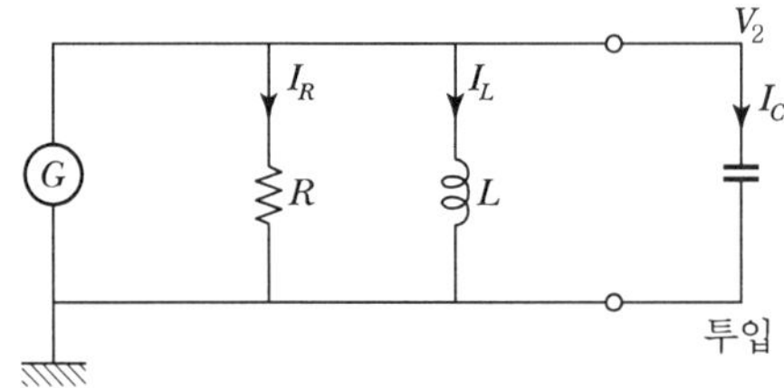

   2) 전류 페이저도

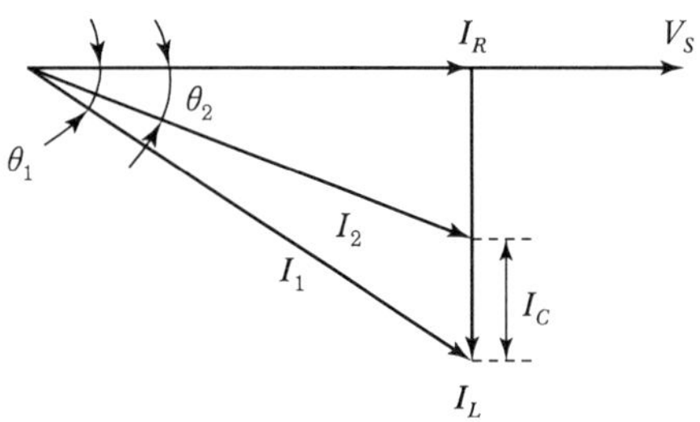

전류가 I_1에서 I_2로 줄어들고 역률도 θ_1에서 θ_2로 개선된다.

3. 콘덴서 투입 전

콘덴서를 투입 전에는 유도성 부하로 인하여 역률각 θ_1이 커지고, 전류도 커서 V_S와 V_L의 관계는 다음 그림과 같이 되어 전압강하가 크게 된다.

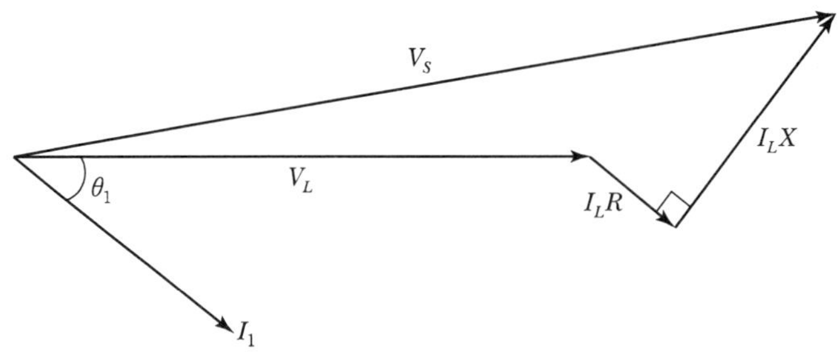

4. 콘덴서 투입 후

콘덴서를 투입한 경우에는 역률이 개선되므로 역률각 θ_2가 작아지고 전류의 절댓값도 작아져서 V_S와 V_L의 관계는 다음 그림과 같이 되어 전압강하가 작게 된다.

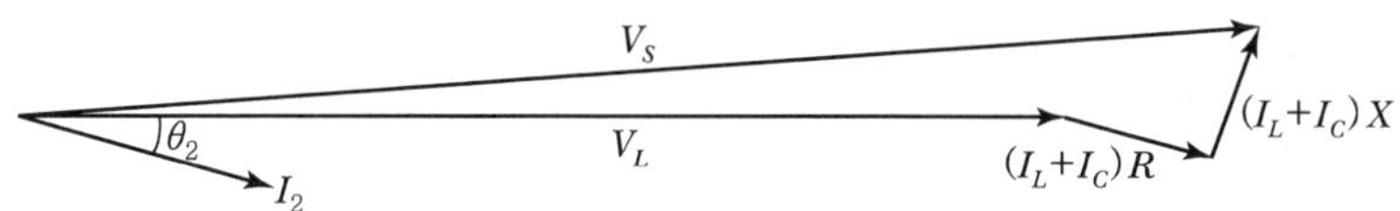

전압차 $V_S - V_L$, 즉 전압강하가 줄어드는데, 이것이 콘덴서를 투입한 효과이다.

기출 01 다음과 같은 수전설비에서 MOF의 과전류강도를계산하고, 정격 과전류강도를 선정하시오. 〈98-3-6〉

- 한전 측 변압기 $\%Z$: 14.5[%](45[MVA] 기준)
- 한전변전소에서 수용가 MOF까지의 %임피던스 : $3+j7.4$(100[MVA] 기준)
- X/R값에 의한 a계수(최대비대칭전류 실효값 계수) : 1.5
- 단락사고 시 PF의 작동시간 : 0.02초(200AF/40AT) MOF CT비 : 30/5
- 수용가 수전변압기 용량 : 3상 3선, 22.9[kV]/380-220[V], 750[kVA]

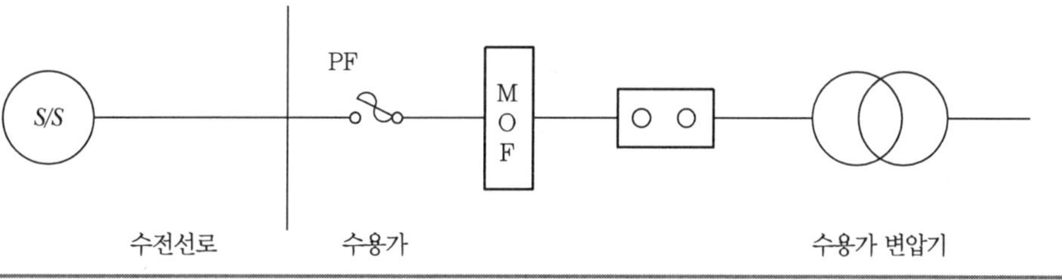

풀이

1. MOF(Metering Out Fit)의 정의

계기용 변압기 3대, 변류기 3대를 조합하여 고전압, 대전류를 저전압 소전류로 변성하여 최대수용전력량계에 전달하는 장치를 말한다.

2. 과전류강도

1) 과전류강도는 CT가 과전류로 인한 열적 · 기계적 변형력에 견딜 수 있는 강도를 말한다.

2) CT의 과전류강도는 $\dfrac{\text{회로의 고장전류}}{\text{정격 1차 전류}}$ 값 이상으로 선정한다.

3. 고장전류 계산

1) $\%Z$ 계산

100[MVA]를 기준으로 계산하면

한전 측 $\%Z$

$$\%Z_s = \frac{P_n}{P_s}\times\%Z_k = \frac{100}{45}\times 14.5 = 32.2[\%]$$

선로 $\%Z_l = 3+i7.4 = \sqrt{3^2+7.4^2} = 7.98[\%]$

최악의 경우 MOF 2차에서 고장 시 고장전류가 가장 크므로 TR의 $\%Z$는 제외

$\therefore\ \%Z = 32.2+7.98 = 40.18[\%]$

2) 단락전류

$$I_s = \frac{100}{\%Z}\times I_n = \frac{100}{40.18}\times\frac{100\times 1,000}{\sqrt{3}\times 22.9} = 6,274.7[\mathrm{A}]$$

여기서 100[MVA]를 기준으로 $\%Z$를 통일하였으므로 P_n은 100[MVA]를 적용한다.

$\frac{X}{R}$의 비대칭 계수가 1.5, 즉 6,274.7×1.5=9.41[kA]

4. MOF의 과전류강도

CT의 정격과전류 강도 S_n은 $S_n \geq S\sqrt{t}$ [kA] (여기서, S : 과전류 강도)

$\therefore\ S_n \geq 9.41\times\sqrt{0.02} = 1.33[\mathrm{kA}]$

배수는 $\frac{1,330}{30} = 44.3$배

따라서 과전류강도는 $40I_n$이 아닌 $75I_n$을 적용함

기출 02 22.9[kV]수전설비의 부하 전류가 18[A]이며 변류비가 $\frac{30}{5}$인 변류기를 통하여 과전류 계전기를 시설하였다. 120[%]의 과부하에 차단기를 동작시키고자 할 때 과전류 차단기의 Tap은 몇 [A]에 설정하여야 하는지 설명하시오. 〈105-1-13〉

풀이

1. 조건

1) 과전류 계전기는 순시요소와 한시차단요소가 있으며 순시탭은 3상단락전류의 150[%], 한시탭은 정격전류의 150~170[%]에 정정한다.

2) 문제에서 120[%]의 과부하에서 차단기를 동작시킨다고 하였음

2. 계산

CT 2차 전류는 $I_2 = 18 \times 1.2 \times \frac{5}{30} = 3.6[\mathrm{A}]$

일반적으로 OCR의 탭은 3, 4, 5, 6, 7, 8 등이 있으므로 4[A] 탭에 설정한다.

∴ 4[A]

기출 03 CT 1차 측에 흐르는 3상 단락 전류가 20[kA]일 때 정격 과전류 강도와 과전류 정수를 계산하시오.(단, CT비는 $\frac{400}{5}[\mathrm{A}]$, 2차 부담은 40[VA], CT 2차 측 실제 부담은 30[VA], 과전류 정수 선정 시 계수는 0.5이다.) 〈107-1-1〉

풀이

1. 과전류 강도

CT에 정격부담, 정격주파수 상태로 열적 · 기계적 · 전기적 손상 없이 1초간 흘릴 수 있는 최고 1차 전류를 정격 1차 전류로 나눈 값을 과전류 강도라 한다.

1) 정격 과전류 강도

① CT에 손상을 주지 않고 1초간 1차 측에 흘릴 수 있는 최대전류[$\mathrm{kA_{rms}}$]를 말하며 단락전류 이상의 표준정격인 25[kA]로 한다.

② 과전류 배수로 산정

t초간 통전 시 $S = \frac{S_n}{\sqrt{t}}$ 으로

여기서, S_n : 정격 과전류 강도, S : 열적 과전류 강도, t : 고장지속시간

1차 전류의 배수	2차 부담	역률
40	정격부담	0.8
75		
150		
300		

고장지속시간을 0.03초로 하면 정격 과전류 강도는 다음과 같다.

$$S_n = \frac{20,000\sqrt{0.03}}{400} ≒ 38.7$$

따라서 표준의 40배수의 과전류 배수로 선정한다.

2) 기계적 과전류 강도

CT가 전자력에 의하여 전기적으로나 기계적으로 손상되지 않은 1차 측 전류의 파고치 [$\mathrm{kA_{peak}}$]를 말한다. 열적 과전류의 2.5배로 되어 있다.

2. 과전류 정수

소요 과전류 정수 $n = \dfrac{20,000}{400} = 50$

과전류 정수 선정 시 계수 0.5를 적용하면 $n > 50 \times 0.5 = 25$ 표준의 과전류 정수보다 $n > 25$는 과다하므로 사용부담을 정격부담보나 작세 하여 과전류 정수를 소성한다.

손실을 무시하면 과전류 정수×부담≒일정이므로 사용부담이 30[VA]로서 정격부담 40[VA]인 경우의 과전류 정수는 40[VA]×n=30[VA]×25에서 $n = 18.75$

따라서 표준의 과전류 정수 $n > 20$으로 한다.

기출 04 6.6[kV] 비접지 계통에서 1선 지락사고 시 영상전압 산출식을 유도하고 GPT－ZCT에 의한 선택지락계전기(SGR)의 감도 저하 현상에 대하여 설명하시오.

〈107－3－2〉

풀이

1. 6.6[kV] 비접지 계통의 등가회로(☞ 참고 : 비접지 계통에서 영상전압에 미치는 영향)

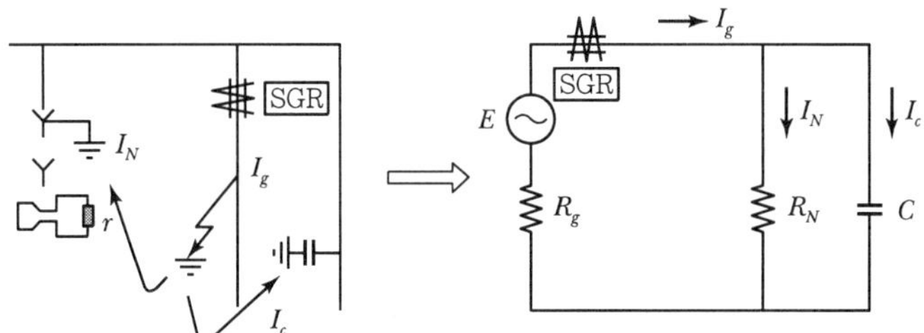

1) 1선 지락사고 시 지락전류(I_g)

$$I_g = \frac{3E}{Z_o} = \frac{3E}{\dfrac{1}{3R_N} + j\omega C} = \frac{E}{R_N} + j\omega 3C \cdot E$$

2) 1선 지락사고 시 영상전압

- GVT 1차 측 $V_{01} = \dfrac{Z_0}{Z_0 + R_g} \cdot E$
- GVT 2차 측 $V_{03} = \dfrac{3}{n} \cdot V_{01}$

2. 감도저하현상 설명

1) 지락점저항 R_g가 클수록 지락 시에 GPT의 2차 측에 나타나는 영상전압은 작다.

2) 충전전류 I_C가 클수록 지락 시에 GPT의 2차 측에 나타나는 영상전압은 작다.

3) 계통의 접지저항 R_N이 작을수록, 즉 GPT의 설치개소가 많아지면 병렬회로 임피던스가 되어 값이 작아져서 GPT의 2차 측에 나타나는 영상전압은 작다.

이와 같이 충전용량이 큰 계통, GPT의 설치개소가 많은 계통은 영상전압이 감소하여 SGR의 감도가 저하한다.

기출 05 Mold 변압기 2차 차단기로 VCB를 사용하여 3.3[kV] 유도전동기 부하에 전력을 공급한다. 변압기 보호용 SA(Surge Arrester)를 다음 계통조건으로 적용할 때 단선도를 작성하고 각 설비(VCB, SA 등)에 대하여 설명하시오. 〈98-3-1〉

- 22.9/3.3[kV] 3상 Mold 변압기 1,000[kVA](BIL : 40[kV])
- VCB의 개폐서지 전압은 정격전압의 3배

풀이

1. VCB의 특징

   1) 고속차단(3~5cycle)한다.
   2) 불연성이며, 차단성능이 우수하다.
   3) 소전류 차단 시 서지발생 가능성이 있다.
   4) 서지대책으로 VCB 2차에 SA 설치한다.

2. SA의 목적

   이상전압이 내습하면 서지를 흡수하여 2차기기에 악영향을 방지하기 위하여 설치

3. 단선결선도

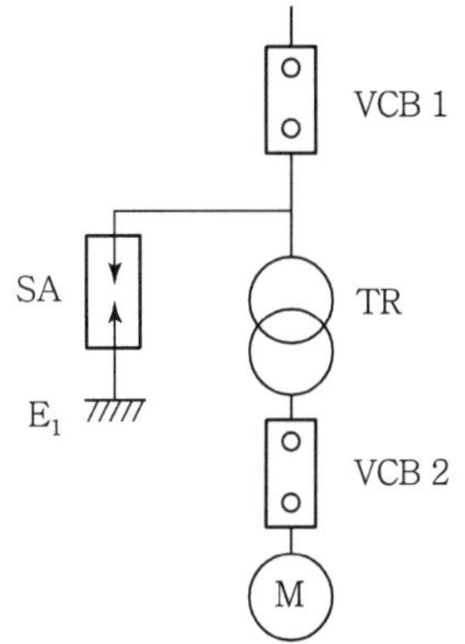

SA는 변압기 보호용

PART 03 전원설비

4. 서지전압 검토

1) VCB 개폐서지 전압이 정격의 3배이므로

BIL : 22.9×3=38.7[kV]

2) 변압기 BIL 40[kV]는 문제가 있다.

3) Mold TR 절연계급은 보통 다음과 같이 선정한다.

BIL=상용주파내전압 $\sqrt{2}\times 1.25$[kV]

$=50\sqrt{2}\times 1.25=88.38$[kV]

여유율 적용 표준값을 적용한다.

5. SA의 계통조건

1) VCB_1은

$$I_n=\frac{1,000}{\sqrt{3}\times 22.9}=25.2[A]$$

따라서 22.9[kV] 1차 측 차단기는 25.8[kV], 630[A], 12.5[kA], 560[MVA]를 적용한다.

2) 변압기 보호용 SA는 18[kV], 5[kA]를 적용한다.

공칭전압[kV]	3.3	6.6	22.9
정격전압[kV]	4.5	7.5	18
공칭방전전류[kA]	5	5	5

3) 기타 고려사항

문제에서는 변압기보호용 SA만 언급하였으나 변압기 2차 전동기용으로 VCB를 적용하였으므로 전동기 보호용 SA도 채택하는 것이 필요하다.

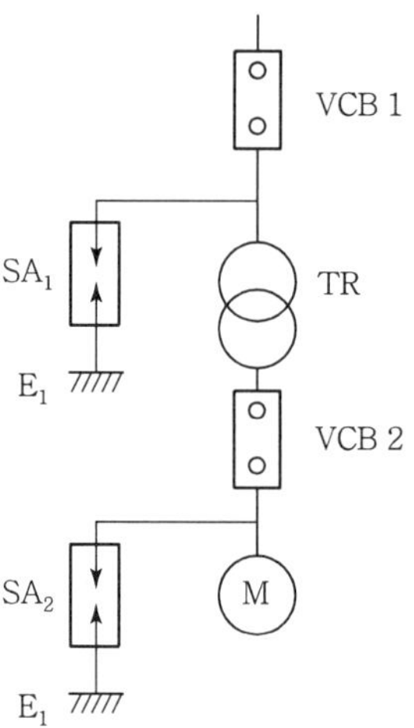

기출 01 그림과 같은 구내배전선로의 주변압기 임피던스는 자기용량기준 15[%], 변압기에서 고장점까지 선로의 정상 및 역상 임피던스는 $3+j5$[%], 선로의 영상임피던스는 $10+j20$[%], 지락점의 저항은 10[Ω]일 때 고장점 A의 3상 단락전류 및 1선 지락전류를 구하시오.(단, 변압기 임피던스는 리액턴스를 고려하였고, 선로 임피던스는 100[MVA] 기준이며, 전원 측 임피던스는 무시한다.) 〈89-2-1〉

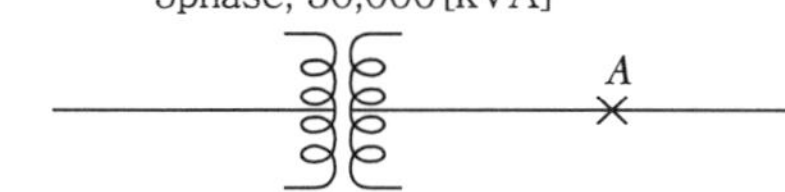

풀이

1. 고장계산법

고장계산법에는 $\%Z$법, pu법, 대칭좌표법 등이 있다. 문제에서 $\%Z$를 주어졌으므로 $\%Z$로 풀이하면 다음과 같다.

2. 3상 단락전류

1) 자기용량 기준 $\%Z$

$\%Z = \dfrac{Z \cdot [\text{kVA}]}{10[\text{kV}]^2}$에서 변압기 전압과 내부임피던스가 $\%Z \propto P$하므로

$\therefore\ \text{kVA}_1 : \%Z_1 = \text{kVA}_2 : \%Z_2$

$\therefore\ \%Z_2 = \dfrac{\text{kVA}_2}{\text{kVA}_1} \times \%Z_1 = \dfrac{\text{기준용량}}{\text{자기용량}} \times \%Z_1$

2) %임피던스 법으로 계산

(1) 단락 시 계통에 작용하는 임피던스는 정상분만 작용한다.
따라서 변압기의 정격전류는

$I_n = \dfrac{30{,}000}{\sqrt{3} \times 22.9} = 756.35[\text{A}]$

(2) 선로의 %임피던스를 30,000[kVA] 기준으로 환산하면

$\%Z_l = (3+j5) \times \dfrac{30}{100} = 0.9 + j1.5[\%]$

(3) 전체의 %임피던스는

$\%Z_1 = Z_T + Z_l = j15 + 0.9 + j1.5 = 0.9 + j16.5 = 16.52[\%]$

3) 3상 단락전류는

$$I_S = I_n \times \frac{100}{\%Z} = 765.35 \times \frac{100}{16.52} = 4,578.41[\mathrm{A}]$$

3. 1선 지락진류

1) 1선 지락 시에는 영상분, 정상분, 역상분 임피던스를 모두 고려하여야 한다.

$\%Z = \frac{I_n \cdot Z}{E} \times 100 \Rightarrow Z = \frac{\%Z \cdot E}{100 I_n}$ 를

$I_g = 3I_0 = \frac{3E_a}{Z_0 + Z_1 + Z_2 + 3R_g}$ 에 대입하면

$I_g = \frac{3 \times 100}{\%Z_1 + \%Z_2 + \%Z_0 + 3 \times \%R_g} \cdot I_n$ ································ ①

2) 선로의 정상 및 역상 %임피던스를 30,000[kVA] 기준으로 환산하면

$$\%Z_{l1} = \%Z_{l2} = (3 + j5) \times \frac{30}{100} = 0.9 + j1.5[\%]$$

3) 선로의 %영상임피던스를 30,000[kVA] 기준으로 환산하면

$$\%Z_{l0} = (10 + j20) \times \frac{30}{100} = 3 + j6[\%]$$

(1) 정상 및 역상 %임피던스의 합은

$$\%Z_1 (= \%Z_2) = j15 + 0.9 + j1.5 = 0.9 + j16.5$$

(2) 영상 %임피던스의 합은

$$\%Z_0 = j15 + 3 + j6 = 3 + j21$$

(3) 지락 저항의 %저항은

$$\%R_g = \frac{PZ}{10V^2} = \frac{30,000 \times 10}{10 \times 22.9^2} = 57.2[\%]$$

4) 이상의 결과들을 ①식에 대입하면

$$I_g = \frac{3 \times 100}{(0.9 + j16.5) + (0.9 + j16.5) + (3 + j21) + 3 \times 57.2} \times 756.35$$

$$= \frac{300 \times 756.35}{176.4 + j54} = 1,230 \angle -17.02°$$

$$= 1,230[\mathrm{A}]$$

[별해]

1. 3상 단락전류의 계산

1) $I_S = \dfrac{100}{Z_1} \times \dfrac{100{,}000}{\sqrt{3}\,V} = \dfrac{100}{Z_1} \times \dfrac{100{,}000}{\sqrt{3} \times 22.9}$

$= \dfrac{100}{Z_1} \times 2{,}520[\mathrm{A}]$

여기서, Z_1 : 정상 임피던스[Ω]

Z_T : 변압기 임피던스(리액턴스분만을 고려함)[Ω]

Z_{L1} : 선로의 정상 임피던스[Ω]

2) $Z_1 = Z_T + Z_{L1}$

$Z_T = j15 \times \dfrac{100}{30} = j50[\%]$ (100[MVA] 기준)

$Z_{L1} = 3 + j5$

$Z_1 = 3 + j5 + j50 = 3 + j55$ ………………………………………… ①

3) $I_S = \dfrac{100}{3 + j55} \times 2{,}520$

$= \dfrac{100 \times 2{,}520}{55.08} \fallingdotseq 4{,}577[\mathrm{A}]$

2. 1선 지락전류

1) $I_g = \dfrac{3 \times 100}{Z_1 + Z_2 + Z_0 + 3R_f} \times \dfrac{100{,}000}{\sqrt{3}\,V} = \dfrac{3 \times 100}{Z_1 + Z_2 + Z_0 + 3R_f} \times \dfrac{100{,}000}{\sqrt{3} \times 22.9}$

$= \dfrac{3 \times 100}{Z_1 + Z_2 + Z_0 + 3R_f} \times 2{,}520[\mathrm{A}]$ ………………………………………… ②

여기서, Z_0 : 영상 임피던스[Ω], Z_2 : 역상 임피던스[Ω]

Z_{L0} : 선로의 영상임피던스[Ω], R_f : 지락사고지점의 저항[Ω]

2) $Z_1 = Z_2 = Z_T + Z_{L1}$

3) $Z_0 = Z_T + Z_{L0}$

①에서 $Z_1 (= Z_2) = 3 + j55[\%]$

$Z_T = j50[\%]$

$Z_{L0} = 10 + j20$

$Z_0 = j50 + 10 + j20 = 10 + j70$

4) 지락점의 저항 $R_f = 30[\Omega]$은 100[MVA] 기준으로 환산하여 계산한다.

PART 03 전원설비

$$\%R_f = 10 \times \frac{100,000}{10 \times V^2} = 10 \times 19.07$$

$$\fallingdotseq 191[\%]$$

5) 따라서 ②식 $I_g = \dfrac{3 \times 100}{Z_1 + Z_2 + Z_0 + 3R_f} \times 2,520$에서

$$I_g = \frac{3 \times 100}{2(3 + j55) + 10 + j70 + 3 \times 191} \times 2,520$$

$$= \frac{3 \times 100}{589 + j180} \times 2,520 = \frac{3 \times 100 \times 2,520}{616}$$

$$\fallingdotseq 1,228[A]$$

기출 02 그림과 같은 계통에서 계통 Base 용량 및 전압을 100[MVA], 13.5[kV]로 할 때 변압기 T7 과 선로 Z_1의 pu임피던스를 구하시오(단, 변압기 권선비는 3.31 : 1 이고 변압기의 저항성분은 무시한다. 또한 Bus에 표기된 전압은 공칭전압이고 공급전원의 운전전압은 13.5[kV]이다.) **〈97－4－2〉**

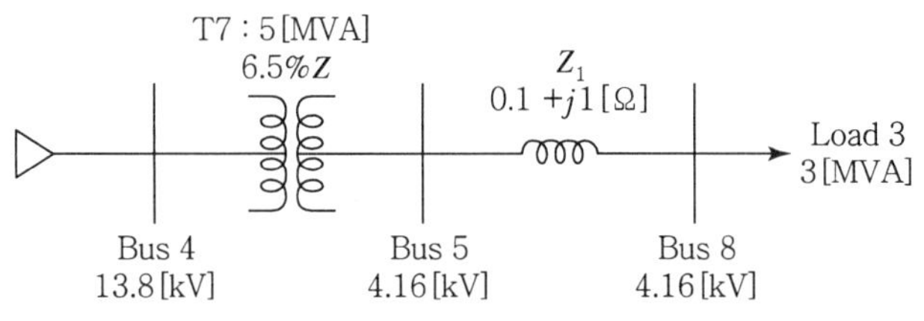

풀이

1. 선로 Z_1의 %임피던스

$$\%Z = \frac{PZ}{10V^2} = \frac{100 \times 10^3 \times (0.1 + j1)}{10 \times 13.5^2} = 5.49 + j54.9[\%]$$

2. pu 임피던스[pu]= $\dfrac{\%Z}{100}$ 이므로

기준전압 및 용량을 13.5[kV], 100[MVA]에서 $Z_{pu} = 1$이라 하면

1) T7 변압기의 %임피던스에서

$$Z_{pu} = \frac{100}{5} \times 0.065 = 1.3[pu]$$

2) 선로 임피던스 Z_1의 $\%Z$에서

$$Z_{1pu} = 0.055 + j0.55[pu] = 0.55[pu]$$

기출 03 아래와 같이 수용가 변압기 2차 측(F점)에서 3상 단락 고장이 발생하였을 경우 고장 전류를 계산하시오.(단, 선로의 임피던스는 $0.2305 + j0.1502[\Omega/\text{km}]$, 고장 전류 계산 시 기준용량은 $2,000[\text{kVA}]$로 하고 변압기의 $\dfrac{X}{R}$비는 그림과 같다.)

〈107-3-3〉

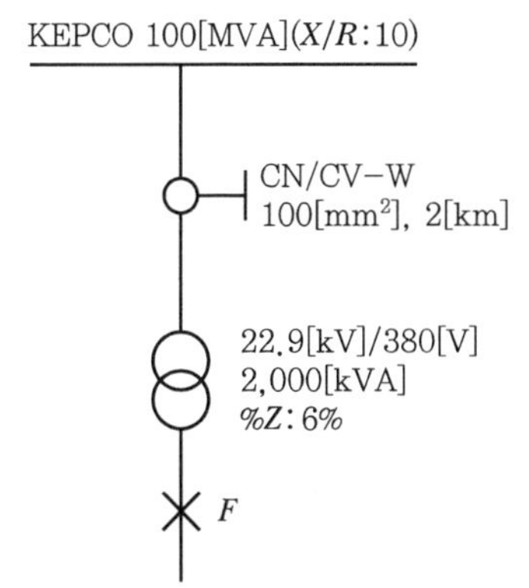

풀이

1. 임피던스 기준용량(2,000[kVA]) 변환

1) 전원 측 임피던스 : 100[MVA]

$$\%Z_S = \frac{P_n}{P_S} \times 100 = \frac{2,000[\text{kVA}]}{100 \times 1,000[\text{kVA}]} \times 100 = 2[\%]$$

$$\%R_S = \frac{\%Z_S}{\sqrt{1+(X/R)^2}} = \frac{2}{\sqrt{1+10^2}} \fallingdotseq 0.199[\%]$$

$$\%X_S = \%R \times (X/R) = 0.199 \times 10 = 1.99[\%]$$

2) 케이블

$$\%Z_L = \frac{P_n[\text{kVA}] \cdot Z[\Omega]}{10\,V[\text{kV}]^2} = \frac{2,000 \times (0.2305 + j0.1502)[\Omega/\text{km}] \times 2[\text{km}]}{10 \times 22.9[\text{kV}]^2}$$

$$\fallingdotseq 0.1758 + j0.1146$$

3) 변압기

상기 그림에서 X/R비를 8로 하면

$$\%R_T = \frac{\%Z_T}{\sqrt{1+(X/R)^2}} = \frac{6}{\sqrt{1+8^2}} \fallingdotseq 0.744[\%]$$

$$\%X_T = \%R_T \times (X/R) = 0.744 \times 8 = 5.952[\%]$$

2. 임피던스 맵(2,000[kVA] 기준)

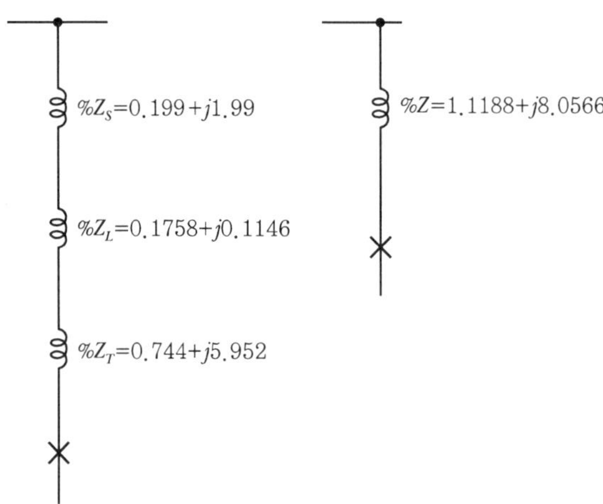

3. 고장전류

$$I_S = \frac{100}{\%Z} \times \frac{P_n}{\sqrt{3} \times V} = \frac{100}{\sqrt{1.1188^2 + 8.0566^2}} \times \frac{2,000}{\sqrt{3} \times 0.38} \fallingdotseq 37,358[\text{A}]$$

따라서 비대칭계수 및 여유도를 고려하여 표준의 65[kA] 이상의 차단기를 선정한다.

기출 04 다음 계통에서 변압기 출력단으로부터 50[m] 지점의 F_1에서 3상 단락사고가 발생하였다. 주어진 값을 참조하여 F_1 지점에서의 단락전류를 계산하시오.(단, 변압기 용량기준으로 퍼센트 임피던스법으로 계산하시오.) 〈93-3-6〉

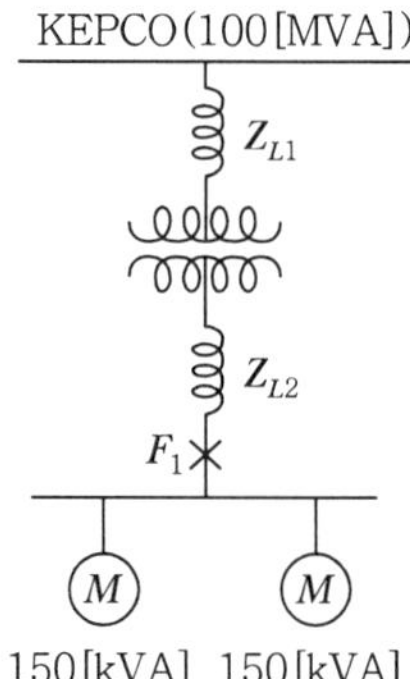

(1) KEPCO 측 임피던스 : 100[MVA], $X/R=10$

(2) $Z_{L1}=0.2+j0.15[\Omega/\text{km}]$: 2[km]

(3) Tr : 22.9/0.38[kV], 3상 500[kVA], $\%Z=2+j5$

(4) $Z_{L2}=0.1+j0.1[\Omega/\text{km}]$: 50[m]

(5) 전동기의 $\%Z$ 및 용량 : 각각 $j15$, 150[kVA]

풀이

1. %Z법에 의한 계산

1) $\%Z = \%R + j\%X$

$$|\%Z| = \sqrt{(\%R)^2 + (\%X)^2} = \%R\sqrt{1+\left(\frac{\%X}{\%R}\right)^2} = \%R\sqrt{1+\left(\frac{X}{R}\right)^2}$$

$\therefore \ \frac{\%X}{\%R} = \frac{X}{R}$ 비례관계로 같다.

2) %R과 %X로 정리하면

$$\therefore \ \%R = \frac{|\%Z|}{\sqrt{1+\left(\frac{X}{R}\right)^2}}, \qquad \therefore \ \%X = \%R\left(\frac{X}{R}\right)$$

2. $\%Z = \%R + j\%X$에서

1) KEPCO 측 임피던스를 변압기 용량기준으로 환산하면

$$Z_K = \frac{500}{100\times10^3}\times100 = 0.5[\%]$$

$X/R = 10$이므로

$$0.5 = \sqrt{R^2 + X^2} = \sqrt{R^2 + (10R)^2}$$

$$101R^2 = 0.5^2 \Rightarrow R^2 = \frac{0.5^2}{101} \Rightarrow \%R_K = \sqrt{\frac{0.5^2}{101}} = 0.04975[\%]$$

$$\%X_K = 10R = 0.4975[\%]$$

2) %Z를 기준용량으로 환산

(1) 변압기 1차 측 케이블의 %임피던스를 기준용량으로 계산하면

$$\%Z_{L1} = \frac{500\times(0.2+j0.15)\times2}{10\times22.9^2} = 0.0381 + j0.0286[\%]$$

(2) 변압기 2차 측 선로 %임피던스는

$$\%Z_{L1} = \frac{500\times(0.1+j0.1)\times0.05}{10\times0.38^2} = 1.7313 + j1.7313[\%]$$

(3) 고장점에서 전원 측을 본 %임피던스의 합은

$$Z_S = Z_K + Z_{L1} + Z_T + Z_{L2}$$
$$= (0.04975 + 0.0381 + 2 + 1.7313) + j(0.4975 + 0.0286 + 5 + 1.7313)$$
$$= 3.819 + j7.2574$$

(4) 전동기 %임피던스를 500[kVA] 기준으로 환산하면

$$\%Z_M = j15\times\frac{500}{150} = j50[\%]$$

PART 03 전원설비

(5) 전동기 2대의 병렬합성 임피던스는

$$\%Z_{M2} = j\frac{50}{2} = j25[\%]$$

3) 임피던스 맵

전동기가 동기전동기로 단락순간에 발전기로 작용하여 초기에는 기여전류가 단락점에 흐르므로 단락점에서 본 임피던스 맵은 다음과 같이 그릴 수 있다.

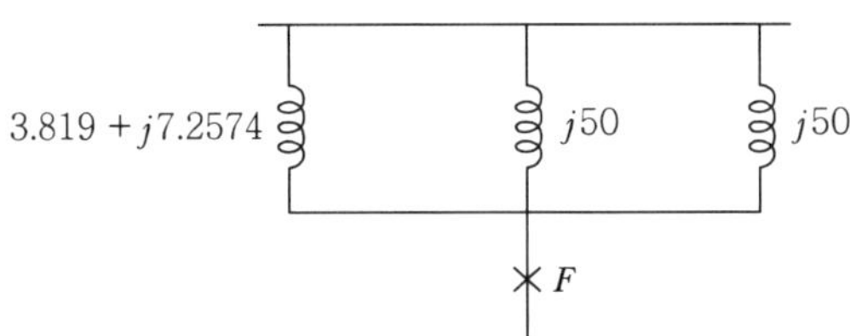

그림의 병렬합성 임피던스는

$$Z = \frac{(3.819 + j7.2574) \times j25}{(3.819 + j7.2574) + j25} = 2.2622 + j5.8924 = 6.3117[\%]$$

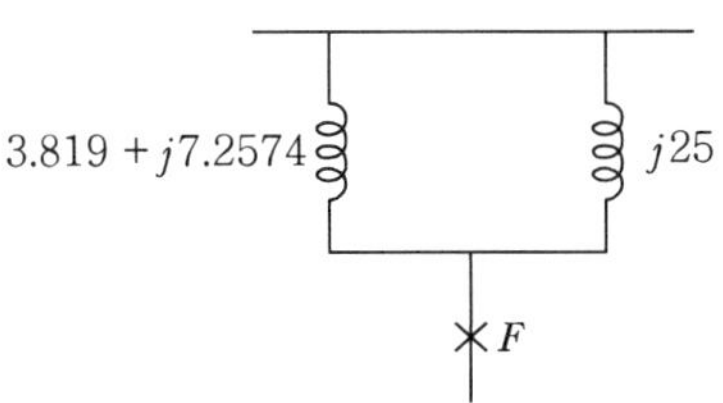

3. 단락전류는 (대칭 실효값)

1) 정격전류는

$$I_N = \frac{500}{\sqrt{3} \times 0.38} = 759.67[\mathrm{A}]$$

2) $I_{S-Sym} = I_N \times \frac{100}{\%Z} = 759.67 \times \frac{100}{6.3117} = 12{,}035[\mathrm{A}] = 12[\mathrm{kA}]$

비대칭 실효값은 비대칭계수 1.3을 적용하면

$\therefore\ I_{S-Asym} = 12 \times 1.3 = 15.6[\mathrm{kA}]$

기출 05 아래 그림은 11[kV]/400[V] 변압기를 통하여 부하에 전력을 공급하고 있는 3상 계통이다. 각 부분의 데이터는 아래와 같으며 부하모선 ③에서 3상 단락고장이 발생한 경우 고장전류[kA]를 구하시오. 〈95-4-1〉

- 11[kV] 모선 : 고장용량 250[MVA]
- 11[kV]/400[V] 변압기 : 용량 500[kVA], $Z=0.05$[pu]
- 185[mm^2] 케이블 : 0.1445[Ω/km], 길이 100[m]

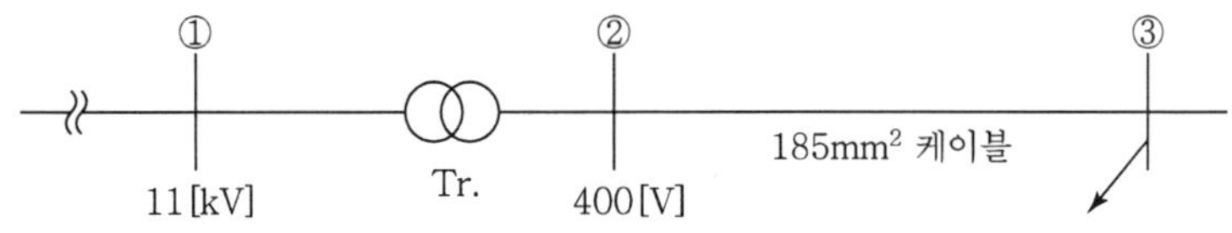

풀이

1. 변압기가 pu법으로 주어졌으면 pu법으로 계산한다.

   1) 전원 측 임피던스 : Z

$$Z=\frac{E^2}{P}=\frac{400^2}{250\times10^6}=0.00064[\Omega]$$

$$Z_{pu}=\frac{Z\cdot I}{E}=\frac{0.00064}{400/\sqrt{3}}\times\frac{500\times1,000}{\sqrt{3}\times400}=0.002[\text{pu}]$$

$$\text{pu}=\frac{\%Z}{100}$$ 이므로

$$\%Z=\frac{P_n}{P_S}\times100$$ 를 $$\text{pu}=\frac{P_n}{P_s}$$ 로 바꾸면

$$\therefore\ \text{pu}=\frac{P_n}{P_s}=\frac{500}{250\times1,000}=0.002[\text{pu}]$$

   2) 선로 측 임피던스 : Z_l

$$Z_l=0.1445[\Omega/\text{km}]\times0.1[\text{km}]=0.01445[\Omega]$$

$$\text{pu}=\frac{Z_l\cdot I}{E}=\frac{0.01445}{400/\sqrt{3}}\times\frac{500\times1,000}{\sqrt{3}\times400}=0.04515[\text{pu}]$$

   3) 임피던스 합 Z_{pu}

$$Z_{pu}=Z+Z_T+Z_l=0.002+0.05+0.045=0.097[\text{pu}]$$

2. 단락전류

$$\therefore\ I_s=\frac{1}{Z_{pu}}\times I_n=\frac{1}{0.097}\times\frac{500\times1,000}{\sqrt{3}\times400}=7,440.1[\text{A}]$$

기출 06 아래 그림과 같은 계통의 F점에 3상 단락 고장이 발생할 때 다음 사항을 계산하시오.(단, G_1, G_2는 같은 용량의 발전기이며 X_d'는 발전기 리액턴스 값)

가. 한류 리액터 X_L이 없을 경우 차단기 A의 차단용량[MVA]

나. 한류 리액터 X_L을 설치해서 차단기 A의 차단용량 100[MVA]로 하려면 이에 소요될 한류 리액터의 리액턴스(X_L) 값 〈105－2－6〉

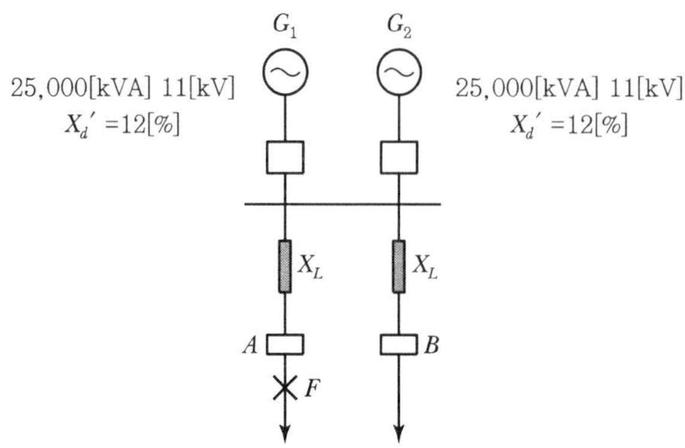

풀이

1. 발전기 $\%Z$를 자기용량(25[MVA]) 기준에서 해석하면

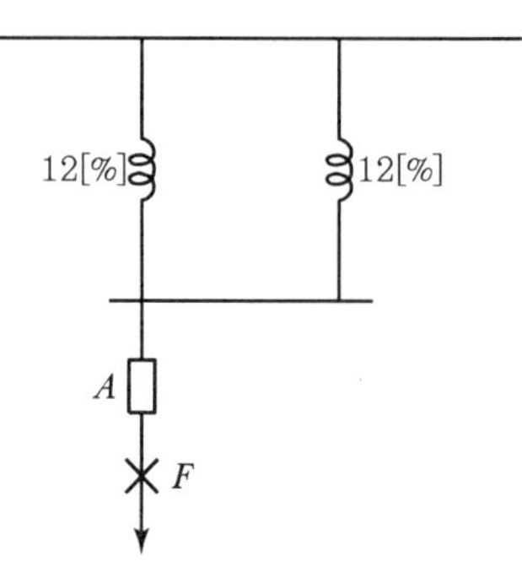

2. 25[MVA] 기준 임피던스 맵은

   1) 합성$\%Z$는 $\%Z=12/2=6[\%]$

   따라서 F점에서 3상 단락 시 X_L이 없는 경우

   2) 차단용량은

$$\therefore\ P_S = \frac{100}{\%Z}\times P_n = \frac{100}{6}\times 25 = 416.67[\text{MVA}]$$

3. A차단기의 차단용량이 100[MVA]가 되기 위한 합성 $\%Z$는

$$\%Z = \frac{P_n}{P_s}\times 100 = \frac{25}{100}\times 100 = 25[\%]$$

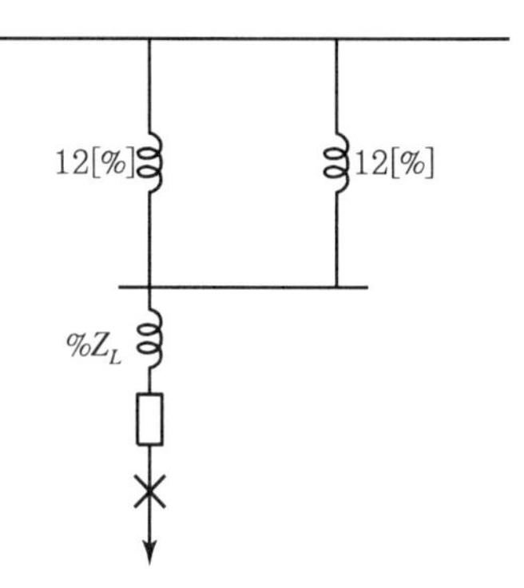

   1) 한류리액터의 $\%Z_L$

   $\%Z_L = 25-6 = 19[\%]$

   2) 한류리액터의 리액턴스 Z_L

$$\%Z = \frac{ZI}{E}\times 100 \qquad \therefore\ Z_L = \frac{\%Z\times\frac{V}{\sqrt{3}}}{I\times 100}$$

3) 한류리액터 X_2에 흐르는 전류 I는

$$I=\frac{25,000}{\sqrt{3}\times 11}=1,312.2[\mathrm{A}]$$

$$\therefore\ Z_L=\frac{19\times\frac{11,000}{\sqrt{3}}}{1,312.2\times 100}=0.92[\Omega]$$

기출 07 22.9[kV] 수전계통에서 다음 조건에 의하여 F_1과 F_2에서의 3상 단락전류를 계산하고, 차단기의 종류, 정격전류 및 정격차단용량을 선정하시오. 〈96-4-6〉

〈조건〉

- 100[MVA] 기준으로 pu법을 사용한다.
- 22.9/6.6[kV] 변압기 임피던스는 6[%]
- 6.6[kV]/380[V] 변압기 임피던스는 3.5[%]이며 제작오차를 고려한다.
- 전동기 기동전류는 전부하전류의 600[%]로 계산한다.
- 선로 임피던스는 무시한다.

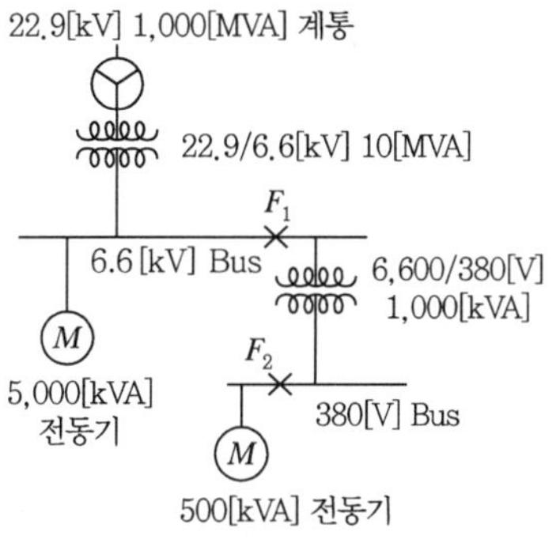

풀이

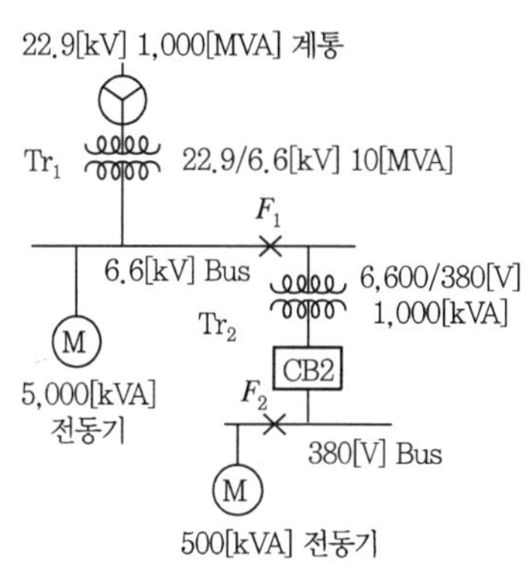

1. 계통의 전원 측을 기준으로 pu 계산

즉, 1,000[MVA] 전원 임피던스를 1[pu]라 하면 조건에서 100[MVA] 기준으로 pu법으로 계산

1) 전원 측 pu는 $\frac{P_n}{P_s}\times 1=\frac{100}{1,000}\times 1=0.1[\mathrm{pu}]$

(1) Tr₁은 $\frac{100}{10}\times 0.06=0.6[\mathrm{pu}]$

제작오차 10[%] 고려하면 $\frac{0.6}{1.1}=0.55[\mathrm{pu}]$

(2) Tr_2는 $\frac{100}{1}\times 0.035 = 3.5[\text{pu}]$

제작오차 10[%] 고려하면 $\frac{3.5}{1.1} = 3.18[\text{pu}]$

(3) M_1은 $\frac{100}{5\times 6}\times 1 = 3.3[\text{pu}]$

(4) M_2는 $\frac{100}{0.5\times 6}\times 1 = 33.3[\text{pu}]$

2. 계통의 2차 측 정격전류 I_n은

$$I_n = \frac{P}{\sqrt{3}\,V} = \frac{10\times 10^3}{\sqrt{3}\times 6.6} = 875[\text{A}]$$

정격전류는 표준품 1,250[A] 사용

3. F_1점 단락 시 임피던스 맵

1) 전동기는 무한대 모선으로 병렬처리

$$\text{합성 pu} = \frac{1}{\frac{1}{0.1+0.55}+\frac{1}{3.3}+\frac{1}{33.3+3.18}} = 0.54$$

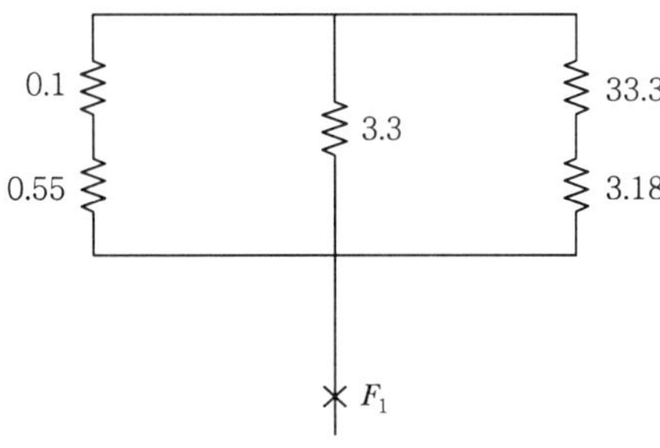

2) 단락전류

$I_s = \frac{100}{\%Z}I_n$에서 $\text{pu} = \frac{\%Z}{100}$이므로

$$I_s = \frac{1}{\text{pu}}\times I_n$$

$$I_s = \frac{1}{\text{pu}}\cdot I_n = \frac{1}{0.54}\times\frac{100\times 1{,}000}{\sqrt{3}\times 6.6} = 16.2[\text{kA}]$$

차단전류는 표준품 20[kA] 사용

3) 정격차단 용량

$P_s = \sqrt{3}\,VI_s = \sqrt{3} \times 7.2 \times 20 = 250[\text{MVA}]$

차단용량은 표준품 260[MVA] 사용

4. F_2점 단락 시 임피던스 맵

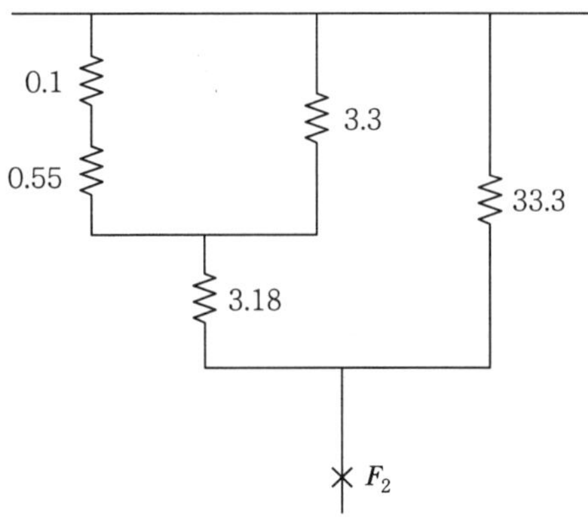

1) 합성 pu

$$\frac{(0.1+0.55)\times 3.3}{(0.1+0.55)+3.3}+3.18=\frac{2.145}{3.95}+\frac{3.18\times 33.3}{3.18+33.3}=0.543+2.90=3.443\,[\text{pu}]$$

2) $I_n = \dfrac{P}{\sqrt{3}\,V} = \dfrac{100\times 1{,}000}{\sqrt{3}\times 0.38} = 151{,}934[\text{A}]$

정격전류는 표준품 20[kA] 사용

3) 단락전류

$$I_s = \frac{1}{p.u}\cdot I_n = \frac{1}{3.44}\times\frac{100\times 1{,}000}{\sqrt{3}\times 0.38} = 44.17[\text{kA}]$$

단락전류는 표준품 70[kA] 적용

4) 정격차단용량

$P_s = \sqrt{3}\,VI_s = \sqrt{3}\times 500\times 70 = 60[\text{MVA}]$

PART 03 전원설비

기출 08 그림과 같은 저압회로의 F_1 지점에서 1선 지락전류와 3상 단락전류를 계산하시오. (단, 전원 측 용량 100[MVA]를 기준으로 하고 선로의 임피던스는 무시하며 1선 지락의 고장저항은 5[Ω]이다.) 〈113-2-3〉

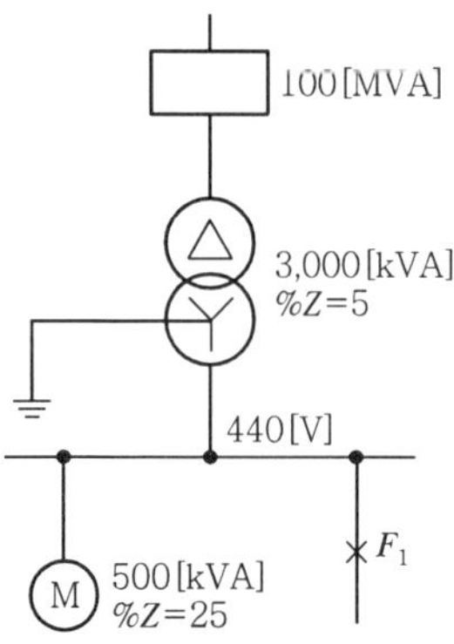

풀이

1. 임피던스

1) 전원 측 $Z_S = \frac{P_n}{P_s} \times 100 = \frac{3}{100} \times 100 = 3[\%]$ (3,000[kVA] 기준)

2) 주 변압기 $Z_t = 5[\%]$ (3,000[kVA] 기준)

3) 전동기 $Z_M = \frac{3,000}{500} \times 25 = 150[\%]$

4) 지락고장 $R_f = \frac{P_n R}{10V^2} = \frac{3,000 \times 5}{10 \times 0.44^2} ≒ 7,748[\%]$

5) 정상분 임피던스 $Z_1 = Z_2 = \frac{Z_M(Z_S + Z_t)}{Z_M + Z_S + Z_t} = \frac{150(3+5)}{150+3+5} ≒ 7.59[\%]$

6) 영상분 임피던스 $Z_0 = Z_t = 5[\%]$

2. 3상 단락전류

1) 기준전류 $I_B = \frac{3,000 \times 1,000}{\sqrt{3} \times 440} ≒ 3,936[\mathrm{A}]$

2) 3상 단락전류 $I_S = \frac{100}{Z_1} \times I_B = \frac{100}{7.59} \times 3,936 = 51,858[\mathrm{A}]$

3. 1선 지락전류

$$I_g = \frac{3 \times 100}{Z_0 + Z_1 + Z_2 + 3R_f} \times I_B = \frac{3 \times 100}{5 + 7.59 + 7.59 + 3 \times 7,748} \times 3,936 ≒ 51[\mathrm{A}]$$

기출 09 대형 건축물의 수전변전소에 3상 변압기(용량 30[MVA], 3상, 154/6.9[kV], $\%X=6[\%]$, $R=0$) 2차 측에 주 차단기(정격 40[kA], sym rms, 1[sec])가 설치되어 있다. 차단기에 설치된 변류기(100/5[A], C200)에는 순시 과전류 계전기(CT 2차 전류 100[A]에 정정)와 강반한시 과전류 계전기(CT 2차 전류 40[A] 1초에 동작하도록 정정)가 연결되어 있다. CT 2차 측 전선은 0.1[Ω/m], 왕복거리 20[m]이다. 순시/한시 과전류 계전기의 총 임피던스는 2[Ω]이다. 고장 직전의 변압기 2차 측 전압은 6.9[kV]이고 154[kV] 수전 전원 측의 고장용량은 3,000[MVA](X/R=무한대)이다. 2차 측 모선에 발생한 3상 단락 고장전류를 차단기가 성공적으로 차단 가능한지 여부를 다음 2단계를 통해서 판별하시오. 〈77-2-5〉

(1) 차단기의 차단용량의 적정 여부 확인
(2) 순시 및 한시 과전류 계전기의 동작 여부

풀이

1. 차단기의 차단용량의 적정 여부

1) 전원 측 임피던스는

$$P=\frac{E^2}{Z} \rightarrow Z=\frac{E^2}{P}=\frac{(154\times10^3)^2}{3,000\times10^6}=7.9053[\Omega]$$

2) 전원 측의 %임피던스는

$$\%Z=\frac{PZ}{10E^2}=\frac{3,000\times10^3\times7.9053}{10\times154^2}=100[\%]$$

3) 이를 30[MVA] 기준으로 환산하면

$$100\times\frac{30}{3,000}=1[\%]$$

4) 임피던스 맵을 그려보면 다음과 같으므로 합성임피던스는 7[%]가 된다.

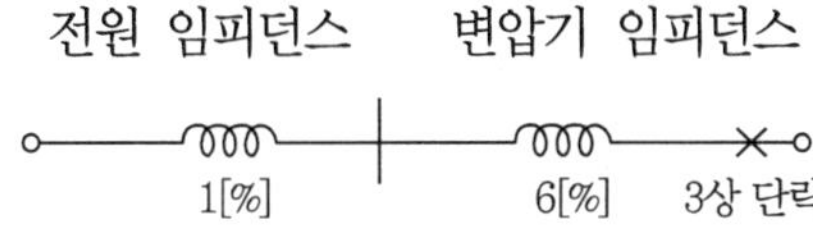

5) 변압기 2차 측의 정격전류는

$$I_N=\frac{30,000}{\sqrt{3}\times6.9}=2,510[A]$$

6) 변압기 2차 측의 단락전류는

$$I_S = I_N \times \frac{100}{\%Z} = 2{,}510 \times \frac{100}{7} = 35.86[\text{kA}]$$

∴ 차단기의 정격용량은 40[kA]이다.

2. 순시 및 한시 과전류 계전기의 동작 여부

1) C200의 의미

C200이란 CT의 과전류 정수를 20으로 보았을 때 CT 2차 정격전류×20×CT 부하회로의 임피던스를 의미한다. 즉

$5 \times 20 \times Z = 200 \Rightarrow Z = 2[\Omega]$

2) CT 2차 측의 임피던스

주어진 조건에서 CT 부하회로의 임피던스는 4[Ω]이 되므로 50/51 계전기의 만족한 동작을 기대하기는 어렵다.

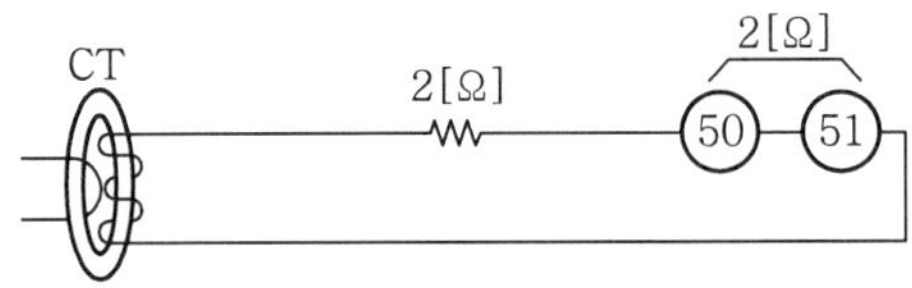

3) 각 요소의 동작 여부 검토

고장시 CT 2차 측 단자전압은

$$I_{CT2} = 35.86 \times 10^3 \times \frac{5}{100} = 1{,}793[\text{A}]$$

$$V_{CT2} = 1{,}793 \times 4 = 7{,}172[\text{V}]$$

로 계산이 되나 CT가 C200이기 때문에 자기포화(Magnetic Saturation)로 인해서 200[V]를 넘을 수가 없다.

따라서 2차 측 전류는 $200 \div 4 = 50[\text{A}]$ 정도밖에 되지 않으므로

100[A]로 정정되어 있는 순시요소는 동작하지 못하고

40[A]로 정정되어 있는 강반한시 요소가 동작하여 1초 이내에 차단된다.

결론적으로 순시요소까지 동작하기 위해서는 C400 이상의 CT가 필요하다.

기출 10 병렬로 연결된 2대의 변압기가 6[km]의 선로를 통해 배전반에 3상 전력을 공급하고 있다. 공급된 전력은 배전반의 차단기를 통해 부하에 공급된다. 변압기 규격 및 선로 데이터는 다음과 같으며 선로는 4개의 XLPE 3심 케이블로 부하까지 병렬로 연결되어 있다.(변압기 1, 2 : 132/11[kV], 20[MVA], $\%Z=10[\%]$ XLPE 3심 케이블: 185[mm²], 정격전류 410[A], 임피던스 0.1548[Ω/km]) 〈93-2-6〉

(1) 선로임피던스를 무시한 배전반 차단기 선정을 위한 고장전류를 구하시오.
(2) 선로임피던스를 고려한 배전반 차단기 선정을 위한 고장전류를 구하시오.

풀이

1. 전선의 병렬사용 조건(내선규정)
   1) 병렬사용 전선의 굵기는 동선 50[mm²] 이상, 알루미늄 70[mm²] 이상
   2) 동일한 종류 및 굵기의 도체
   3) 동일한 길이의 도체
   4) 동일한 터미널러그를 사용한다.

2. 퍼센트 임피던스법으로 계산
   1) 선로임피던스를 무시하는 경우
   문제에서 주어진 계통을 그림으로 그리면 다음과 같다.

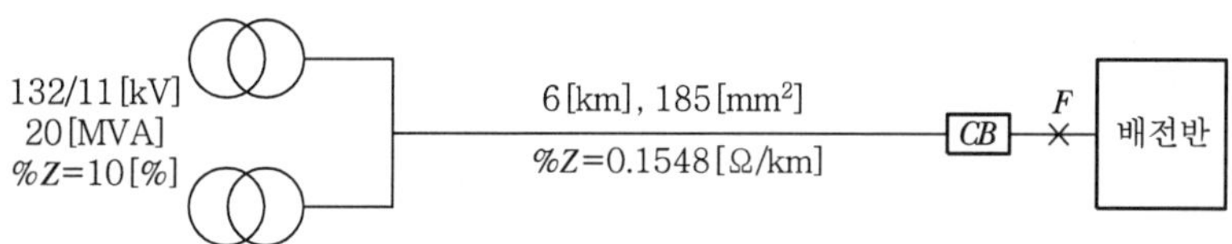

문제에서 전원 측 임피던스에 대한 언급이 없으므로 전원 측 임피던스는 무시한다.
변압기 1대의 2차 측 정격전류는

$$I_N = \frac{20\times10^3}{\sqrt{3}\times11} = 1{,}050[\text{A}] = 1.05[\text{kA}]$$

변압기 2대의 단락전류는

$$I_{S1} = \frac{100}{\%Z}\times I_N = \frac{100}{10}\times1.05\times2 = 21[\text{kA}]$$

   2) 선로임피던스를 고려하는 경우
   변압기 2대가 병렬이므로 병렬합성 %임피던스는

$$\%Z_2 = \frac{10\times10}{10+10} = 5[\%]$$

선로임피던스를 20[MVA] 기준으로 계산하면

$$\%Z_L = \frac{PZ}{10V^2} = \frac{20\times10^3\times6\times\frac{0.1548}{4}}{10\times11^2} = 3.838[\%]$$

(선로임피던스는 4조 병렬이므로 임피던스를 4로 나눈 것임)

F점에서의 3상 단락전류는

$$I_{S2} = \frac{100}{\%Z}\times I_N = \frac{100}{5+3.838}\times1.05 = 11.88[\mathrm{kA}]$$

3. 특성 차이 문제점

1) 전류는 저항이 적은 쪽으로 집중되어 케이블이 열화되고

2) 장거리 선로는 선로정수를 맞추기 위해서 연가를 한다.

[별해] 옴법으로 계산

1. 선로임피던스를 무시하는 경우

변압기 1대의 1상의 2차 측에서 본 임피던스는

$$Z = \frac{\%Z\times10V^2}{P} = \frac{10\times10\times11^2}{20\times10^3} = 0.605[\Omega]$$

변압기 2대의 병렬임피던스는

$$Z_2 = \frac{0.605\times0.605}{0.605+0.605} = \frac{0.605}{2} = 0.3025[\Omega]$$

단락전류는

$$I_{S1} = \frac{E}{Z} = \frac{\frac{11}{\sqrt{3}}}{0.3025} = 21[\mathrm{kA}]$$

2. 선로임피던스를 고려하는 경우

선로임피던스는

$$Z_L = 6\times\frac{0.1548}{4} = 0.2322[\Omega]$$

단락전류는

$$I_{S1} = \frac{E}{Z} = \frac{\frac{11}{\sqrt{3}}}{0.3025+0.2322} = 11.88[\mathrm{kA}]$$

기출 11 그림과 같은 계통에서 F점에서 단락사고 발생 시 전동기의 과도리액턴스(X'')에 의한 MF(Multiplying Factor)를 고려하여 단락전류를 계산하시오.(단, 전원 측과 선로의 임피던스는 무시한다.) 〈97-2-6〉

전동기용량	X''%	MF (Interrupting Duty 3~8Cycle)
500[kVA]	17	1.5
100[kVA]	17	3

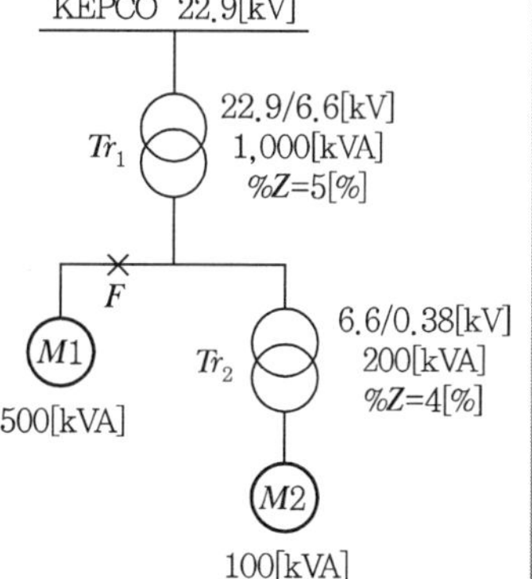

풀이

1. 서론

1) 단락 시 고장전류 공급원

(1) 고장전류 공급원 계통에 고장이 발생하면 한전 계통에서 고장전류를 공급하게 됨은 물론 회전기에서도 고장전류를 공급하게 된다.

(2) 전동기가 연결되어 있는 계통에 고장이 발생하면 고장 후 수Cycle까지는 전동기와 이것에 직결된 부하의 회전에너지(관성)에 의해 전동기는 발전기로 작용하고 자신의 과도리액턴스에 반비례한 고장전류를 사고점으로 공급하는데, 이를 전동기 기여(寄與)전류(Motor Contribution Current)라 한다.

(3) 유도전동기는 잔류자속만이 영향을 미치므로 수Cycle 후에는 소멸되지만 동기전동기는 타여자방식이므로 감쇄가 비교적 느리다.

2) 회전기 단락전류의 시간적 변화

(1) 고장전류 공급원이 회전기인 경우 회전기 임피던스는 일정하지 않고 시간에 따라 그림과 같이 변화되기 때문에 고장전류도 이에 따라 변화된다.

(2) 차과도리액턴스(Sub-Transient Reactance) X_d''는 고장이 일어난 첫 번째 사이클 동안의 전류를 결정하는 임피던스이다.

(3) 과도리액턴스(Transient Reactance) X_d'는 고장이 일어난 수 사이클 후의 고장전류를 결정하는 임피던스이다.

(4) 동기리액턴스(Synchronous Reactance) X_d는 안정된 상태에 도달한 후에 흐르는 전류를 결정하는 임피던스이다.

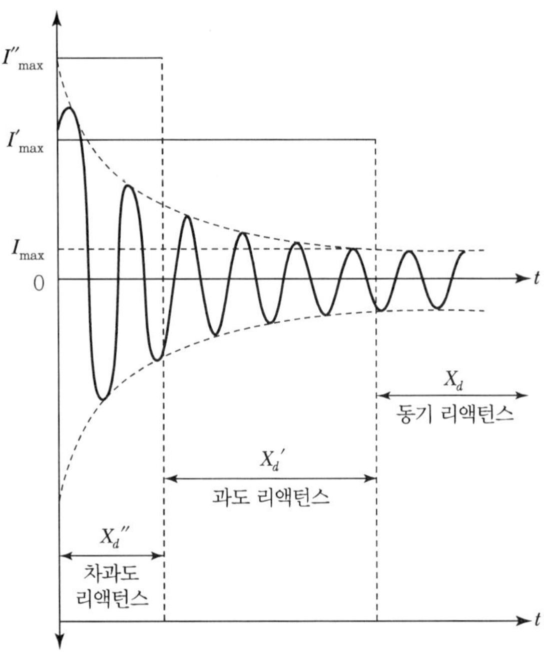

3) MF(Multiplying Factor)

(1) 고장발생 초기의 임의의 시간대의 비대칭고장전류값(rms)은 고장전류 속에 포함되어 있는 DC분의 감쇄율과 회전기 리액턴스 변화율에 대한 정확한 값을 알아야 되기 때문에 매우 어렵고 복잡하다.

(2) 이러한 것은 정확하게 산출하는 것이 바람직하지만 실제로는 간단한 계수를 곱하여 구하는 것이 일반적이다.

(3) MF는 DC분이 포함된 비대칭과 전류의 실효값을 대칭분 AC로 환산하는 계수로, 이 값은 다음과 같은 표에서 구하거나 그래프를 이용해서 구한다.

기기 종류		1st Cycle Fault			Interrupting Duty		
		X/R	X''	MF	X/R	X''	MF
발전기		29	9	1	29	9	1
동기전동기		30	20	1	30	20	1.5
3유도 전동기	50[HP] 이하	9	17	9	17	17	0
	50~150[HP]	9	17	9	17	17	3
	250~1,000[HP]	9	17	9	17	17	1.5
	1,000[HP] 초과	30	17	30	17	17	1.5

2. 단락전류 계산

1) 200[kVA]를 기준으로 환산

Tr_1의 $\%Z = \dfrac{200}{1,000} \times 5 = 1[\%]$

Tr_2의 $\%Z = 4[\%]$

M_1의 $\%Z = \dfrac{200}{500} \times \dfrac{17}{1.5} = 4.53[\%]$

M_2의 $\%Z = \dfrac{200}{100} \times \dfrac{17}{3} = 11.33[\%]$

2) 따라서 임피던스 맵은

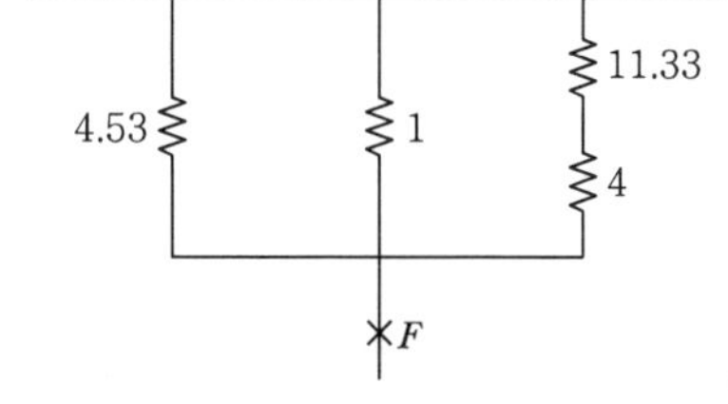

합성 $\%Z = \dfrac{1}{\dfrac{1}{4.53} + \dfrac{1}{1} + \dfrac{1}{15.33}} = 0.778[\%]$

3) $I_s = \dfrac{100}{\%Z} \times I_n = \dfrac{100}{0.778} \times \dfrac{200}{\sqrt{3} \times 6.6} = 2,248.8[\text{A}]$

기출 12 그림과 같이 발전기 2대로부터 대형 건물의 수전 변전소가 전력을 공급받고 있다. 각 모선에서의 3상 단락 전류를 구하기 위해 모선 임피던스 행렬 Z_{Bus}를 구했더니 다음과 같이 구성되었다. Z_{Bus}의 단위는 100[MVA] 기준 per unit 값이다. 각 모선의 고장 직전 전압은 1.0 per unit이다. 〈77-2-1〉

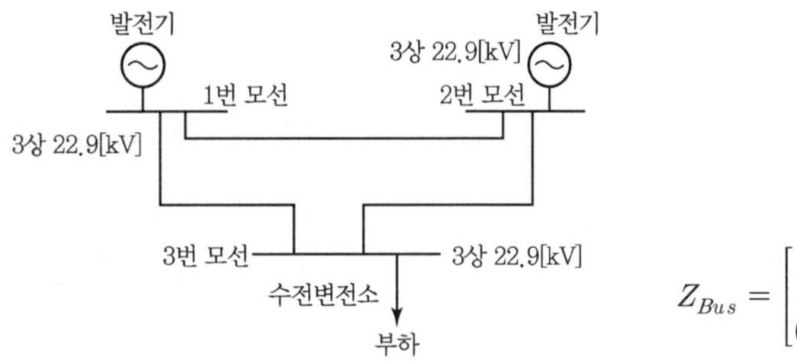

$$Z_{Bus} = \begin{bmatrix} 0.3 & 0.15 & 0.26 \\ 0.2 & 0.35 & 0.12 \\ 0.25 & 0.12 & 0.40 \end{bmatrix}$$

(1) 3번 모선에 3상 단락사고 발생 시 3번 모선에 유입되는 3상 단락 전류의 합 I_3를 구하시오.

(2) 3번 모선에 3상 단락 발생 시 1번 모선의 전압 V_1과 2번 모선의 V_2를 [kV] 단위로 구하시오.

풀이

1. 3번 모선에 유입되는 3상 단락전류

1) 단락전에 3번 모선의 정격전류는

$$I_n = \frac{100 \times 10^6}{\sqrt{3} \times 22.9 \times 10^3} = 2,521[\mathrm{A}]$$

2) 3번 모선의 3상 단락 전류는

$$I_3 = \frac{1}{Z_{33}} = \frac{1}{0.4} = 2.5$$

$I_S = \frac{1}{\%Z} \cdot I_n = \mathrm{pu} \times I_n$이므로

$2.541 \times 2.5 = 6,303[\mathrm{A}]$

2. 1번 모선과 2번 모선의 전압

고장 후 모선 전압은 고장 전 전압에서 고장전류로 인한 전압강하를 뺀 것이다.

1) 1번 모선의 전압은

$V_1 = 1 - Z_{13} \times 2.5 = 1 - 0.26 \times 2.5 = 0.35[\mathrm{pu}]$

$22.9 \times 0.35 = 8.015[\mathrm{kA}]$

2) 2번 모선의 전압은

$V_2 = 1 - Z_{23} \times 2.5 = 1 - 0.12 \times 2.5 = 0.7[\mathrm{pu}]$

$22.9 \times 0.7 = 16.03[\mathrm{kA}]$

기출 01 비상발전기에 투입되는 유도 전동기 1,000[kVA]를 안정되게 운전할 수 있는 발전기 용량을 설계하라.(단 발전기 과도 리액턴스 25[%], 기동순간 허용 전압강하 25[%])

〈65－1－5〉

풀이

1. 발전기 용량 산정방법

1) 발전기에 연결되는 전체 부하를 부담할 수 있는 발전기용량을 산정하는 방법

2) 소방 및 비상부하와 그 밖의 정전 시 운전이 필요한 부하를 구분하여 큰 값의 발전기 용량을 산정하는 방법

2. 부하조건

유도전동기 1,000[kVA]×1대 [순간허용전압강하 25%, 리액터 기동계수(50%) $C=3$, 고효율]

3. 발전기 용량 산정

1) 발전기 용량 산정은 다음과 같이 계산할 수 있으며, 해당 건축물의 소방부하, 비상부하 및 그 밖의 정전 시에 운전이 필요한 부하 등의 특성을 고려하여 산정할 수 있다.

$GP \geq [\Sigma P + (\Sigma Pm - PL) \times a + (PL \times a \times c)] \times k$

여기서, GP : 발전기용량[kVA]

ΣP : 전동기 이외 부하의 입력용량 합계[kVA]

ΣPm : 전동기 부하용량 합계[kW]

PL : 전동기 부하 중 기동용량이 가장 큰 전동기의 부하용량[kW], 다만 동시에 기동될 경우에는 이들을 더한 용량으로 한다.

a : 전동기의 [kW]당 입력용량계수(※ a 추천값은 고효율 1.38, 표준형 1.45이다.)

c : 전동기의 기동계수

k : 발전기 허용전압강하계수(단, 명확하지 않은 경우 1.07~1.13으로 할 수 있다.)

2) 전동기 입력용량계수(a)

고효율 전동기의 평균 입력용량은 1.38, 표준형 전동기는 1.45이다. 따라서 전동기의 입력용량은 전동기 용량별로 역률과 효율을 적용하여 산출한다. 그러나 전동기마다 효율과 역률을 적용하는 것이 어려울 경우 전동기 출력용량 1[kW]당 평균입력계수를 적용할 수 있다. 저압전동기 용량인 0.75~110[kW] 평균값을 적용한다.

3) 발전기 용량(고효율 전동기 적용)

$GP \geq [\Sigma P + (\Sigma Pm - PL) \times a + (PL \times a \times c)] \times k$

위 식에서 1,000[kW] 전동기 1대의 경우

발전기 용량 : $GP = (PL \times a \times c) \times k = (1{,}000 \times 1.38 \times 3) \times 1.07 \fallingdotseq 4{,}430$[kW]

기출 02 다음과 같은 3상 계통도가 있다. 각 물음에 답하시오. 〈91-3-3〉

G ΔY Line Load

- 발전기 : 100[MVA], 13.2[kV], $X = 0.2$[pu]
- 변압기 : 110[MVA], 13.2/115[kV], $X = 0.15$[pu]
- 선로임피던스 : $5 + j20$[Ω]
- 부하 : 80[MW], 역률 : 0.8 lag, 정격전압 : 115[kV]

(1) pu 임피던스도를 그리시오.($S_{base} = 110$[MVA])
(2) 발전기 출력 및 역률을 구하시오.(3상 계통도의 임피던스도, 발전기 출력과 역률)

풀이

1. pu법 임피던스 계산

기준용량을 정하고 그 기준 전압 또는 기준전류의 몇 배인가를 표시하는 방법으로 $\%Z$를 $\frac{1}{100}$로 하면 pu 값이 된다.

1) 발전기 등의 pu 계산

$$\%Z = \frac{Z \cdot I}{E} \times 100$$

$$\text{p.u} = \frac{\%Z}{100} = \frac{Z \cdot I}{E}$$

(1) 발전기 pu를 110[MVA] 기준으로 환산하면

$$\text{p.u}_{G110\Delta} = 0.2 \times \frac{110}{100} = 0.22[\text{pu}]$$

(2) 변압기의 pu는 110[MVA] 기준 0.15[pu]

(3) 선로의 pu를 110[MVA] 기준으로 환산하면

$$\text{p.u}_{L110base} = \frac{IZ}{E} = \frac{552 \times (5 + j20)}{115 \times 10^3 / \sqrt{3}} = 0.0416 + j0.1662 = 0.1713 \fallingdotseq 0.17$$

(4) 정격전류를 110[MVA] 기준으로 계산하면

$$I_{110base} = \frac{110 \times 10^3}{\sqrt{3} \times 115} = 552[\text{A}]$$

2) 부하의 pu 계산

(1) 부하 용량

$$P_{load} = \frac{80}{0.8} = 100[\text{MVA}] = 100 \times 0.8 + j100 \times 0.6 = 80 + j60[\text{MVA}]$$

(2) 부하 임피던스

$$Z_{load} = \frac{\left(\frac{115}{\sqrt{3}}\right)^2}{\frac{100}{3}} = \frac{115^2}{100} = 132.25[\Omega]$$

$$= 132.25 \times 0.8 + j132.25 \times 0.6 = 105.8 + j79.35[\Omega]$$

(3) 부하의 정격전류

$$I_{N-load} = \frac{100 \times 10^3}{\sqrt{3} \times 115} = 502[\text{A}] \text{ 또는 } I = \frac{115,000/\sqrt{3}}{132.25} = 502[\text{A}]$$

(4) 부하의 임피던스 pu

$$\text{pu}_{load} = \frac{IZ}{E} = \frac{502 \times (105.8 + j79.5)}{115 \times 10^3/\sqrt{3}} = 0.8 + j0.6$$

위의 부하임피던스를 110[MVA] 기준으로 환산하면

$$\text{pu}_{load110base} = (0.8 + j0.6) \times \frac{110}{100} = 0.88 + j0.66 = 1.1$$

3) 이상의 결과로 110[MVA]를 기준으로 한 계통의 임피던스 맵은 다음과 같다.

발전기	변압기	선로	부하
0.22[pu]	0.15[pu]	0.17[pu]	1.1[pu]

2. 발전기 출력 및 역률

1) 552[A]를 기준으로 1[pu]로 할 때 부하전류 502[A]는

$$I_{pu} = \frac{502}{552} = 0.9094[\text{pu}]$$

2) 부하의 소비전력은

$$P_{pu-load} = R[\text{pu}] \times I[\text{pu}]^2 = 0.88 \times 0.9094^2 = 0.7278$$

$$Q_{pu-load} = X[\text{pu}] \times I[\text{pu}]^2 = j0.66 \times 0.9094^2 = j0.5458$$

3) 선로의 소비전력은

$$P_{pu-line} = 0.0416 \times 0.9094^2 = 0.0344$$

$$Q_{pu-line} = j0.1662 \times 0.9094^2 = j0.1374$$

4) 변압기 소비전력은

$$Q_{pu-Tr} = j0.15 \times 0.9094^2 = j0.1241$$

5) 발전기 출력은 부하, 선로, 변압기 pu의 합이므로

$pu_G = (0.7278 + 0.0344) + j(0.5458 + 0.1374 + 0.1241) = 0.7622 + j0.8073$

위의 값은 110[MVA]를 기준으로 한 것이므로, 발전기 출력은

$\therefore\ P_G = 110 \times (0.7622 + j0.8073) = 83.8 + j88.8 = 122[\mathrm{MVA}]$

발전기 역률은

$\therefore\ \cos 46.66 \times 100 = 68.63[\%]$

기출 03 건축물에서 비상부하의 용량이 500[kW]이고 그중 마지막으로 기동되는 전동기의 용량이 50[kW]일 때의 비상 발전기의 출력을 계산하시오.(단, 비상 부하의 종합 효율은 85[%], 종합 역률은 0.9, 마지막 기동 시의 전압 강하는 10[%], 발전기의 과도 리액턴스는 25[%], 비상부하 설비 중 가장 큰 50[kW] 전동기 기동방식은 직입기동 방식이다.) 〈104-1-12〉

풀이

1. 개요

1) 비상부하 500[kW]에 LED 조명부하 350[kW]와 마지막 기동 전동기 50[kW]×1대, $Y-\Delta$기동방식을 적용하는 발전기 용량으로 산정

2) 발전기 용량 산정은 다음과 같이 계산할 수 있으며, 해당 건축물의 소방부하, 비상부하 및 그 밖의 정전 시에 운전이 필요한 부하 등의 특성을 고려하여 산정할 수 있다.

$GP \geq [\Sigma P + (\Sigma P_m - PL) \times a + (PL \times a \times c)] \times k$

여기서, GP : 발전기용량(kVA)

ΣP : 전동기 이외 부하의 입력용량 합계(kVA)

ΣP_m : 전동기 부하용량 합계(kW)

3) 부하특성 검토

(1) 조명용 분전반에 고조파 저감장치 설치(λ : 1.25 적용)

(2) 조명등 LED램프 사용, 효율 85[%], 역률 90[%]

(3) UPS의 THD는 10[%] 이하(λ : 1.25 적용), 효율 95[%]

2. 발전기 용량 산정

1) 고조파 발생부하

LED 조명부하

$$P = \left(\frac{\text{부하용량[kW]}}{\text{효율} \times \text{역률}}\right) \times \lambda = \left(\frac{350}{0.85 \times 0.9}\right) \times 1.25 \fallingdotseq 572$$

따라서 고조파 발생부하 입력용량 합계는 572[kVA]

2) 발전기 용량 산정

$GP \geq [\Sigma P + (\Sigma P_m - PL) \times a + (PL \times a \times c)] \times k$

여기서, $\Sigma P = 572$[kVA], $\Sigma P_m = 150$[kW]

PL : 50[kW]×1대=50[kW]

a : 1.38(고효율)

c : 2($Y-\Delta$)

k : 1.13(1.07~1.13에서 최댓값 적용)

$GP \geq [572 + (150-50) \times 1.38 + (50 \times 1.38 \times 2)] \times 1.13 \fallingdotseq 958[\text{kVA}]$

따라서 발전기 용량선정은 958[kVA]와 같거나 큰 용량을 산정한다.

기출 04 40[W] 120개, 60[W] 50개의 비상조명등이 있다. 방전시간은 30분, 연축전지가 HS형 54셀(cell), 허용최저전압이 90[V]일 때 소요 축전지 용량을 구하시오.(단, 부하의 정격전압 100[V], 연축전지 보수율 0.8, 방전시간이 30분일 때의 용량환산시간 K는 축전지 허용최저전압 1.6[V]일 경우 $K=1.1$, 허용최저전압 1.7[V]일 경우 $K=1.22$, 허용최저전압 1.8[V]일 경우 $K=1.54$로 한다.) 〈120-1-6〉

풀이

1. 축전지 용량 계산

1) 조명 단일 부하이므로 $C = \frac{1}{L}(K \times I)$로 계산한다.

2) 방전전류(I)의 산출 $I = \frac{(40 \times 120) + (60 \times 50)}{100} = 78[\text{A}]$

3) 허용최저전압 결정

1셀의 허용최저전압[V/cell]$= \frac{90}{54} \fallingdotseq 1.7$

4) 용량환산시간 K값 결정 : 조건에 따라 1.22로 결정한다.

5) 보수율의 결정 : 조건에 따라 0.8로 결정한다.

6) 축전지 용량 계산

$C = \frac{1}{L}(K \times I) = \frac{1}{0.8} \times (1.22 \times 78) = 118.95[\text{Ah}]$

기출 05 비상조명용 백열전등 부하가 110[V] 100[W] 58등, 60[W] 50등이고, HS 56 cell, 허용 최저전압 100[V], 최저 축전지 온도 5[℃], 용량환산 시간 $K=1.2$, 경년 용량 저하율이 0.8일 때, 축전지 용량[Ah]을 구하시오. 〈68-4-5〉

풀이

1. 개요

축전지에 여러 부하가 연결되어 있는 경우 그 중에서 어느 부하가 먼저 동작하고 어느 것이 나중 동작하게 될지는 일방적으로 단정하기는 어렵다. 따라서 축전지 용량을 산정할 때에는 그림과 같이 방전종기에 가장 큰 부하가 걸리는 상황을 가정하며 이때의 용량계산공식은 다음과 같다.

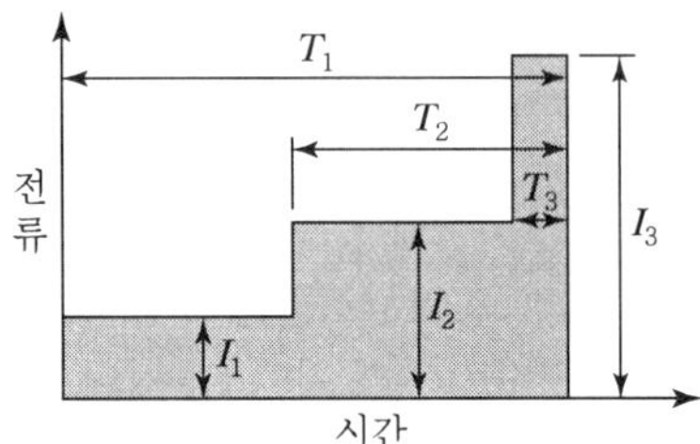

$$C=\frac{1}{L}[K_1I_1+K_2(I_2I_1)+\cdots\cdots+K_n(I_n-I_{n-1})]$$

여기서, L : 보수율(=경년용량 저하율)

K : 용량환산시간

2. 용량 계산

주어진 조건에서

$$I_1=\frac{60\times50}{100}=30[\mathrm{A}],\ I_2=\frac{100\times58}{100}=58[\mathrm{A}]$$

전등의 점등 순서가 ① 60[W] 전등이 먼저 점등된 상태에서 나중에 100[W] 전등이 점등되는 경우, ② 60[W] 전등과 100[W] 전등이 동시에 점등되는 경우, ③ 100[W] 전등이 먼저 점등된 상태에서 나중에 60[W] 전등이 점등되는 경우를 그림으로 그리면 다음과 같다.

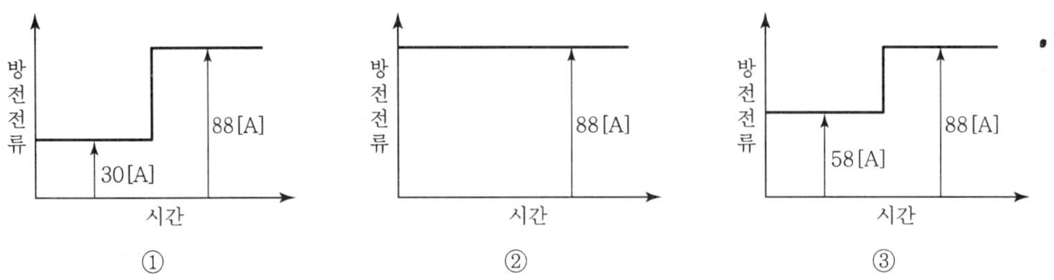

1)의 경우에 축전지의 25[℃]에서의 소요 용량은

$$C = \frac{1}{0.8}[1.2 \times 30 + 1.2 \times (88 - 30)] = 132[\mathrm{Ah}]$$

2)의 경우에 축전지의 25[℃]에서의 소요 용량은

$$C = \frac{1}{0.8}(1.2 \times 88) = 132[\mathrm{Ah}]$$

3)의 경우에 축전지의 25[℃]에서의 소요 용량은

$$C = \frac{1}{0.8}[1.2 \times 58 + 1.2 \times (88 - 58)] = 132[\mathrm{Ah}]$$

로 되어 어느 경우나 소요 용량은 동일하다.

3. 맺음말

앞의 3가지 경우의 소요 용량은 달라야 하지만 동일 값이 나온 것은 용량환산계수 K_1, K_2를 일률적으로 1.2로 주었기 때문이다.

기출 06 다음과 같은 조건에서 UPS의 축전지 용량을 계산하고 선정하시오. 〈100-1-2〉

[조건]

- UPS 용량 : 100[kVA], 부하역률 : 80[%], 인버터 효율 : 95[%], 컨버터 효율 : 90[%]
- 축전지 종류 : MSB(2[V]), 축전지 방전종지전압 : 1.75[V/cell]

[표 1] 전류[A](1.75[V], 주위온도 : 25[℃])

Type[Ah]	정전보상시간(분)					
	10분	20분	30분	40분	50분	60분
MSB300	454	340	250	214	187	166
MSB400	606	454	333	285	250	222
MSB500	757	568	416	347	312	277
MSB600	909	681	500	428	375	333
MSB700	1060	795	583	500	437	389
MSB800	1212	909	666	571	500	444

풀이

1. UPS 축전지의 선정 시 고려사항

1) 축전지 요구사항

① 높은 신뢰성

② 고출력 밀도

③ 경제성

④ 고에너지 밀도

⑤ 장수명

2) 축전지 용량 산정

① 방전전류 ② 방전지속시간

③ 허용최저 축전지전압 ④ 축전지 온도

⑤ 보수율

3) 축전지는 온도영향이 대단히 크다.

2. UPS 축전지 용량 계산

1) 방전전류의 계산

$$I = \frac{P_0 \times 10^3 \times PF}{ef \times ns \times inv \times cov}[\mathrm{A}]$$

여기서, P_0 : UPS 출력[kVA], PF : 부하역률

ef : 방전종지전압[V/셀], ns : 축전지 직렬개수

inv : 인버터 효율, cov : 컨버터 효율

$$I = \frac{100 \times 10^3 \times 0.8}{1.75 \times 180 \times 0.95 \times 0.9} \fallingdotseq 297[\mathrm{A}]$$

2) 축전지용량 $C = \frac{1}{L}KI[\mathrm{Ah}]$(단, 25℃에서의 정격 방전률 환산용량)

3) Back-up Time의 선정 : 방전전류 값에 의한 제조사 정격에 의하여 산정한다.

4) 주어진 조건에 의해 보수율 0.8을 적용하여 MSB 700으로 선정한다.

기출 07 아래 그림과 같은 방전전류가 시간과 함께 감소하는 패턴의 축전지 용량을 계산하시오.(이때 용량환산시간 K는 아래 표와 같고 보수율은 0.8로 한다.) **〈107-1-2〉**

시간	10분	20분	30분	60분	100분	110분	120분	170분	180분	200분
용량환산 시간(K)	1.30	1.45	1.75	2.55	3.45	3.65	3.85	4.85	5.05	5.30

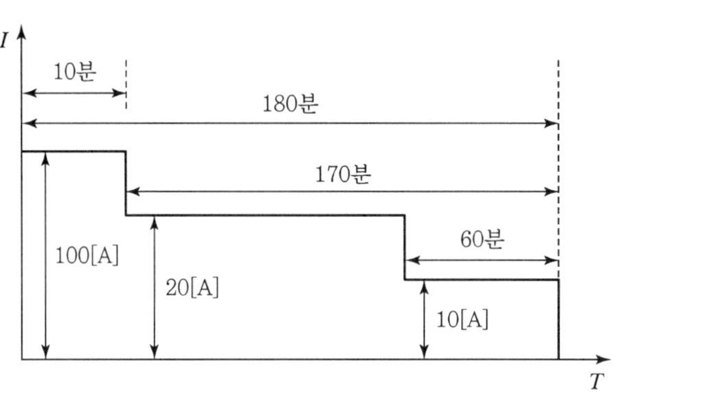

풀이

1. 축전지 용량계산

축전지 용량은 축전지 방전특성 곡선의 면적을 구하는 것과 같다.

1) 방전전류가 감소하는 부하

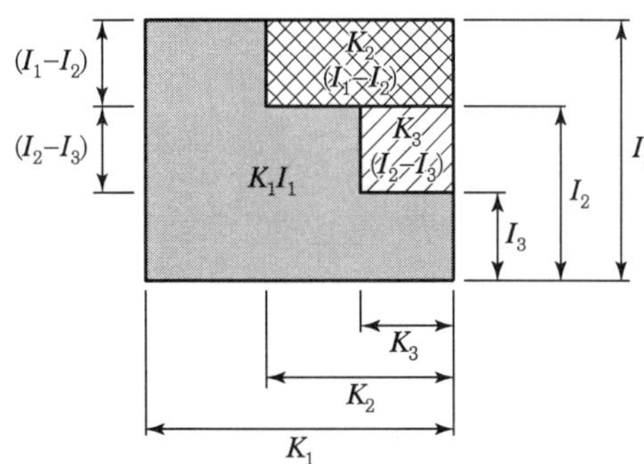

$$C=\frac{1}{L}[K_1I_1+K_2(I_2-I_1)+K_3(I_3-I_2)][\mathrm{Ah}]$$

여기서, C : 축전지 용량[Ah]

L : 보수율

K : 용량환산 시간계수

$$C=\frac{1}{0.8}[5.05\times100+4.85\times(20-100)+2.55(10-20)]=114.375[\mathrm{Ah}]$$

2) K값이 구간별로 주어진 경우

$$C=\frac{1}{L}[K_1I_1+K_2I_2+K_3I_3]$$

$$=\frac{1}{0.8}[(1.3\times100)+(3.65\times20)+(2.55\times10)]=285.625[\mathrm{Ah}]$$

2. 축전지 용량선정

최댓값인 285.625[Ah] 이상인 표준용량에서 선정한다.

PART 04

배전설비

CHAPTER

01 배선설계

1.1 전력케이블

1. 케이블의 선로정수

가. 저항(R)

1) 도체저항은 그 도체의 도전율, 도체단면적에 따라 변화한다. 그리고 케이블에서는 통전전류 주파수와 도체사이즈에 따라 표피효과가 발생해서 저항값은 직류보다 교류에 대한 값이 약간 크다. 그 이유는 통전전류 주파수와 도체 사이즈에 따라 표피작용과 근접효과에 의하여 전류 분포가 불균일하게 되기 때문이다.

2) 케이블 저항은 일반적으로 20[℃]에 있어서의 직류 표준저항값으로 나타낸다.

$$R_0 = \frac{1}{58} \cdot \frac{100}{C} \times \frac{1}{\pi/4 \cdot d_0^2 \cdot n}(1+k_2)(1+k_3)[\Omega/\text{km}]$$

여기서, C : 도전율[%], d_0 : 연동소선의 표준지름
n : 소선수, k_2 : 소선연선율(2~3%)
k_3 : 다심 케이블일 경우 심선 연선율(1~2%)

나. 인덕턴스(L)

1) 회로에 전류 i를 흘리면 전류 주위에 자계가 발생해서 회로는 자계의 전류에 의해서 생긴 자속과 항상 쇄교하게 된다. 이때 전류 i를 변화시키면 전류에 의한 자속과 회로와의 쇄교수가 변화하고 회로 내에는 자속의 변화를 방해하려는 방향으로 기전력 e가 유도된다.

   예 기전력 $e=-L\dfrac{di}{dt}$, 역기전력 $e=-\dfrac{d\phi}{dt}$ $\therefore L=\dfrac{d\phi}{di}$

2) 케이블의 인덕턴스는 도체의 중심거리(D)가 작기 때문에 가공선에 비하여 지중선로의 값이 훨씬 작아서 대략 1/3 정도밖에 되지 않는다.

케이블의 인덕턴스 $L = 0.05 + 0.4605\log_{10}\dfrac{D}{r}[\text{mH/km}]$

여기서, D[m] : 도체의 중심거리(등가 선간거리 $D=\sqrt[3]{D_{ab}\cdot D_{bc}\cdot D_{ca}}$[m])

다. 정전용량(C)

1) 케이블 정전용량은 600[V] 이하에서는 회로요소로서 큰 영향이 없으나 3.3[kV] 이상 계통에서는 지락전류 및 지락 시 영상전압에 연관되어 전압이 높을 때는 충전용량도 커져서 영향도 크다. 변압기용량이 커지고 케이블의 포설이 많아지면 케이블 용량도 증가하여 케이블의 정전용량은 중대한 회로요소가 된다.
2) 케이블에서 정전용량은 선간거리 대신 절연 반지름을 사용하기 때문에 지중송전선의 C 값이 가공송전선에 비해 약 30배 정도 크다. 즉, 케이블은 가공 전선에 비해서 인덕턴스는 작고 정전용량은 크다는 특징이 있다.
3) 단심 케이블의 정전용량은 $C = \dfrac{0.02413\varepsilon}{\log_{10}\dfrac{R}{r}}[\mu\mathrm{F/km}]$

여기서, ε : 유전율(유침지 3.4~3.9)
R : 연피의 안지름(절연 반지름)[m]
r : 도체의 반지름[m]

2. 케이블 전력손실

가. 저항손

1) 교류도체 실효저항(r)은 $r = r_0 \times k_1 \times k_2[\Omega/\mathrm{cm}]$
   가) 금속도체 저항은 통전에 의해 온도가 상승하면 저항온도계수(α)의 영향을 받는다.
   $k_1 = 1 + \alpha(T - 20[℃])$
   나) 교류의 경우 근접효과와 표피효과에 의하여 전선의 실효단면적이 감소하고 이에 따라 저항이 증가한다.
2) 케이블의 전력손실에서 가장 큰 비중을 차지하는 것이 저항손이다.
   가) 모든 도체는 저항값($R \fallingdotseq \rho$)을 가지고 있으며 저항값은 저항률과 도체의 단면적에 의하여 결정된다. 저항 : $R = \rho\dfrac{l}{S}[\Omega]$
   나) 저항을 가지고 있는 도체에 전류 i가 흐르면 줄열에 의한 전력손실이 발생한다.
   저항손 $P_r = i^2 \cdot R = i^2 \cdot \rho\dfrac{l}{S}[\mathrm{W}]$, $H = i^2R[\mathrm{W}] = i^2R[\mathrm{J/sec}] = 0.24\,i^2Rt[\mathrm{cal}]$

나. 유전체손

1) 유전체손은 절연물(유전체)을 전극 사이에 두고 교류전압을 인가하였을 때 발생하는 손실로서 누설컨덕턴스에 전류가 흘러서 발생하는 누설전류에 의한 전도손실과 교류 전기장에 의한 변위전류에 의한 유전손실이 있다.

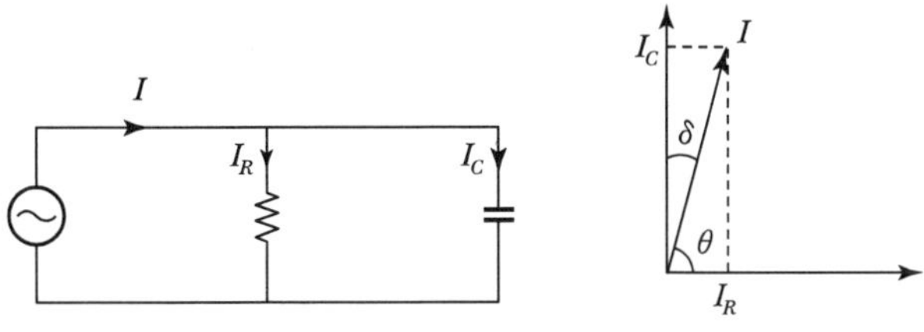

[그림 1] 케이블 유전체 손실

2) 케이블의 절연체 사이에 전압이 가해지면 절연체는 [그림 1]과 같이 저항과 콘덴서의 등가회로가 되는데 이때, 극히 적지만 저항을 통해서 전류(I_R)가 흐르고 가해진 전압이 V[V]이면 케이블 단위길이당의 유전체손은 다음 식으로 표시된다.

$$W = VI_R = VI_c \tan\delta [\mathrm{W}]$$

3) 케이블 유전체의 단위길이당 정전용량을 C라 할 때 콘덴서의 전류는 $I_C = 2\pi f CV$[A]

가) 단심케이블 유전손 $W = VI_c \tan\delta = V(2\pi f CV)\tan\delta = 2\pi f CV^2 \tan\delta [\mathrm{W/m}]$

$$= \frac{5}{9} f \varepsilon_s E^2 \tan\delta \times 10^{-10} [\mathrm{W/m^3}]$$

나) 3심케이블 유전손 $W = \sqrt{3}\, VI_c \tan\delta = 3 \times 2\pi f CV^2 \tan\delta [\mathrm{W/m}]$

4) 유전체손은 전압 및 온도에 따라 다르다. 이 특성에 의해서 절연물의 양부와 열화 유무를 판정한다.

예 3.3[kV] 계통 0.6~1.5[A/km], 6.6[kV] 계통 0.9~2[A/km]

다. 연피손(차폐손)

1) 연피손은 케이블 Sheath가 연피 또는 알루미늄피 등 도전성 외피로 되어있는 경우에 발생한다.

2) 케이블에 교류를 흘리면 전류의 전자유도작용으로 연피에 전압이 유기되고 이 전압에 의해 도전성 외피에 와전류가 흘러서 손실이 발생한다.

3) 연피손의 크기결정 요인

가) 연피의 도전율이 클수록, 전류가 클수록, 주파수가 높을수록 손실이 커진다.

나) 1회선을 형성하는 각 상간의 케이블 이격거리가 클수록 연피손이 커진다.

참고문제

유전체 손실 계산식의 유도 예

풀이

[그림 2]와 같이 유전체 양면에 고주파 교류를 인가할 때 흐르는 전류위상은 전압보다 90° 앞서야 한다. 그러나 이때 전류의 위상은 [그림 3]에서와 같이 δ만큼 기울어진다. 이것은 그만큼 유효전력이 소비되고 있다는 것을 의미한다.

1. 유전체에서 소비되는 유효전력은 $P = VI\cos\theta$[W]이다.
   여기서, $\cos\theta = \sin\delta$이며 또, 아주 작은 각도에서는 $\sin\delta = \tan\delta$로 볼 수 있다.
   따라서 $P = VI\tan\delta$[W] ······ ①
2. 콘덴서에 흐르는 전류는 $I = \omega CV = 2\pi f CV$이므로 ①식을 변형하면
   $P = 2\pi f CV^2\tan\delta$[W] ······ ②
3. 정전용량은 $C = \dfrac{\varepsilon S}{d}$, 전계 $E = \dfrac{V}{d} \rightarrow V = Ed$이므로 이것을 ②식에 대입하면
   $P = 2\pi f \dfrac{\varepsilon S}{d} E^2 d^2 \tan\delta = 2\pi f \varepsilon E^2 dS \tan\delta$[W] ······ ③
4. 유전율 $\varepsilon = \varepsilon_0\,\varepsilon_S$에서 공기 중 $\varepsilon_0 = 8.854 \times 10^{-12}$[F/m]을 대입하면
   $P = 2\pi f \cdot 8.854 \times 10^{-12} \varepsilon_S E^2 dS \tan\delta = \dfrac{5}{9} f \varepsilon_s E^2 \tan\delta \times 10^{-10}$[W/m³] ← dS 단위 체적

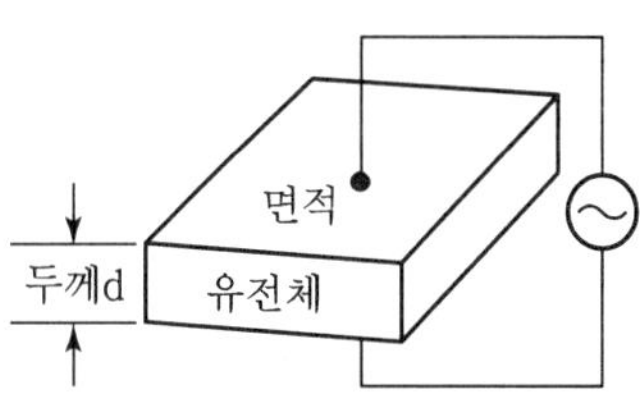

[그림 2] 유전체 손실 측정

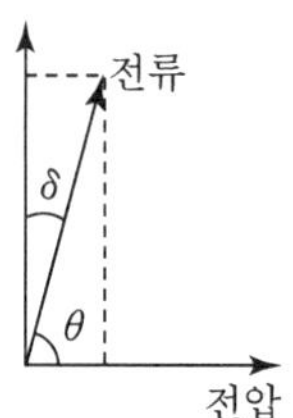

[그림 3] 벡터도

1.2 전기방식 비교

1. 전기방식의 분류(☞ 참고 : 전기방식의 전력손실비)

[표 1] 각종 전기방식에 의한 송전전력

전기방식	송전전력(P)	전선 1가닥당 송전전력(P_1)	전중량[%]	비고
단상 2선식	$VI\cos\phi$	$VI\cos\phi/2$	100	
단상 3선식	$VI\cos\phi$	$VI\cos\phi/3$	66.6	같은 굵기
2상 3선식	$2VI\cos\phi$	$\sqrt{2}\,VI\cos\phi/3$	94	〃
3상 3선식	$\sqrt{3}\,VI\cos\phi$	$\sqrt{3}\,VI\cos\phi/3$	115	
3상 4선식	$\sqrt{3}\,VI\cos\phi$	$\sqrt{3}\,VI\cos\phi/4$	87	같은 굵기
대칭 n상 n선식	$\frac{nV}{2}\cdot I\cos\phi$	$VI\cos\phi/2$	100	n은 짝수

2. 단상 2선식과 3상 3선식의 전력손실비

비교조건이 P, $\cos\phi$, l, V가 같은 경우 단상 2선식과 3상 3선식의 전력손실비를 구하면

가. 전선의 굵기를 동일하게 할 경우

전선의 굵기가 같으므로 1선당의 저항 R은 같다.

1) 손실은 단상 2선식의 경우 $P_{l2}=2\cdot I_2^2R_2=2\left(\dfrac{P}{V\cos\phi}\right)^2\cdot R$

3상 3선식의 경우 $P_{l3}=3\cdot I_3^2R_3=3\left(\dfrac{P}{\sqrt{3}\,V\cos\phi}\right)^2\cdot R$

따라서 전력손실비는 $\dfrac{P_{l3}}{P_{l2}}=\dfrac{3}{2}\left(\dfrac{1}{\sqrt{3}}\right)^2=\dfrac{1}{2}$ 또는 50[%]

2) 전선의 단면적은 저항($R=\rho\dfrac{l}{S}$)에 역비례하므로

가) 전력손실에서 $P_l=2\cdot I_2^2\cdot R_2=3\cdot I_3^2\cdot R_3$의 관계로부터 $\dfrac{R_3}{R_2}=\dfrac{2}{3}\left(\dfrac{I_2}{I_3}\right)^2$

$=\dfrac{2}{3}(\sqrt{3})^2=2$로 구분할 수 있다.

나) 따라서 단상 및 3상의 단면적 비는 $\dfrac{S_2}{S_3}=\dfrac{R_3}{R_2}=2$이므로 전선의 중량비는

$\dfrac{w_3}{w_2}=\dfrac{3S_3\cdot l}{2S_2\cdot l}=\dfrac{3}{2}\cdot\dfrac{1}{2}=\dfrac{3}{4}$ 또는 75[%]로 된다.

3) 결국 전선 중량은 같은 조건에 대해서 3상 3선 방식이 단상 2선 방식으로 송전하는 것 보다 75[%]의 전선총량으로 송전할 수 있다.

나. 전선의 중량을 동일하게 할 경우

단상의 경우의 전선 1가닥의 저항을 R이라고 하면 3상인 경우의 전선 1가닥의 저항은 $\frac{3}{2}\cdot R$로 된다. 따라서

1) 단상 경우 $P_{l2}=2\cdot I_2^2R_2=2\cdot\left(\frac{P}{V\cos\phi}\right)^2R$

2) 3상 경우 $P_{l3}=3\cdot I_3^2R_3\cdot\left(\frac{3}{2}R\right)=3\cdot\left(\frac{P}{\sqrt{3}\,V\cos\phi}\right)^2\cdot\left(\frac{3}{2}R\right)=\frac{3}{2}\cdot\left(\frac{P}{V\cos\phi}\right)^2R$

이므로

3) 전력손실비는 $\frac{P_{l3}}{P_{l2}}=\frac{3}{4}$ 또는 75[%]가 된다.

다. 도체비용

$$M=\alpha\cdot S\cdot l=\alpha\cdot\beta\cdot I\cdot l$$

여기서, α : 전압차에 따른 가격의 변동계수
β : 도체 사이즈에 따른 전류밀도의 변화계수
l : 송전거리

1.3 배선설계 부하상정

1. 배선설계 부하의 상정

가. 설비부하용량

1) "가) 및 나)"에 표시된 건축물의 종류 및 그 부분에 해당하는 표준부하에 바닥면적을 곱한 값에 "다)"에 표시된 건축물 등에 대응하는 표준부하[VA]를 더한 값으로 할 것

2) 설비부하용량 $=PA+QB+C$

여기서, P : 건축물 종류에 대응한 표준부하의 건축물 바닥면적[m^2](Q부분을 제외)
Q : 건축물 중 별도 계산할 부분의 표준부하 바닥면적[m^2]
A : 건축물 종류에 대응한 표준부하[VA/m^2]
B : 건축물 중 별도 계산할 부분의 표준부하[VA/m^2]
C : 가산하여야 할 [VA]수(*집합주택, 전전화 주택을 제외함)

가) 건축물의 종류에 대응한 표준부하

건축물의 종류	표준부하[VA/m²]
공장, 공회당, 사원, 교회, 연회장, 극장 등	10
기숙사, 여관, 호텔, 병원, 학교, 음식점, 다방, 대중목욕탕	20
사무실, 은행, 미용원, 이발소	30

나) 주택의 부하설비용량 산정기준

구분	부하설비용량
전용면적 60[m²] 미만	3[kW]
전용면적 60[m²] 이상	3[kW]+0.5[kW]/10[m²]당

다) 건축물(주택, 아파트를 제외) 중 별도 계산할 부분의 표준부하

건축물의 부분	표준부하[VA/m²]
복도, 계단, 세면장, 창고, 다락	5
강당, 관람석	10

라) 표준부하에 따라 산출한 수치에 가산하여야 할 [VA]수

(1) 주택, 아파트(1세대마다)에 대하여는 500~1,000[VA]

(2) 상점의 쇼윈도에 대하여는 폭 1[m]에 대하여 300[VA]

(3) 옥외 광고등, 전광사인, 네온사인 등의 [VA]수

(4) 극장, 댄스홀 등의 무대조명, 영화관 등의 특수 전등부하의 [VA]수

나. 수구별 예상부하

"가"의 수치는 일반적인 적용수치임으로 실제설비 수치를 적용할 것. 이때 예상 곤란한 콘센트, 틀어 끼우는 접속기, 소켓 등이 있을 경우 수구 종류에 의한 예상부하를 상정한다.

1) 콘센트는 1구든, 몇 개의 구든 1개로 본다.
2) 소형 : 공칭지름이 26[mm]의 베이스인 것
3) 대형 : 공칭지름이 39[mm]의 베이스인 것
4) 전항 이외의 부하상정은 설치하는 전기기계 · 기구의 부하용량에 따라 개별로 산출한다.

수구의 종류	예상부하[VA/m²]
소형전등수구, 콘센트	150
대형전등수구	300

2. 집합주택 등의 부하상정

가. 공동주택의 부하상정

상정한 사용전력량이 3[kVA] 이하로 되는 경우에는 원칙적으로 3[kVA]로 한다.

1) 상정부하용량

가) 사용전력량 P[VA]=30[VA/m²]×바닥면적[m²]+(500~1,000)[VA]

나) 위 방법으로 불충분할 경우 사용이 예상되는 전기사용기계 · 기구의 용량을 합하여 상정한다.

다) 주택건설기준 : 전용면적 60[m²] 이하의 경우 3[kW]

참고문제

공용주택의 부하상정을 수식으로 표현한 예

+풀이

전용면적 60[m²] 초과의 경우 10[m²]마다 0.5[kW]씩 가산한다.

$$P = 3 + 0.5 \times \frac{A-60}{10} \text{[kW]}$$

2) 공용부하 설비용량

위 부하용량 수요상정 값에 공용부하설비용량을 가산할 것

가) 조명부하 : 공용전등(복도, 계단 등), 비상용콘센트(배연용, 조명용)

나) 비상동력 : 급 · 배수펌프, 소화전용 펌프, 승강기(비상용 포함), 환기용 팬 등

3) 간선 수용률

가) 공동주택의 세대별 수용률 : 550세대 이하(37%), 850세대 이상(35%)

나) 공동주택의 간선은 세대별 수용률 표를 적용하여 간선의 굵기에 적용한다.

세대 수	4	50~100	400~550	850 초과
수용률[%]	100	40	37	35

나. 전전화 주택(전자동화 집합주택)

주택부분의 면적이 적은 경우로 산출한 상정부하용량이 7[kVA] 이하로 되는 경우에는 7[kVA]로 한다.

1) 상정부하용량

가) 사용전력량 P[VA] = 60[VA/m²] × 바닥면적[m²] + 4,000[VA]

나) 위 방법으로 불충분할 경우는 사용이 예상되는 각 수요기기의 용량합계에 따라 상정한다.

다) 심야전력을 이용하는 전기온수기 등은 그 전기온수기 등의 전기용량을 가산할 것

2) 공용부하 설비용량

위 부하용량 수요상정 값에 공용부하설비용량을 가산할 것

가) 조명부하 : 공용전등(복도, 계단 등), 비상용콘센트(배연용, 조명용)

나) 비상동력 : 급 · 배수펌프, 소화전펌프, 엘리베이터(비상용 포함), 환기용 팬 등

3) 간선 수용률

장래 부하증가를 고려하여 크게 설계할 것

가) 6~10가구 : 50[%]

나) 11~20가구 : 48[%]

다) 21~100가구 : 46[%]

라) 100 초과 가구 : 46[%]

1.4 전압강하

1. 전압강하율

가. 정의 : 배전선로에서 부하가 접속되지 않고 전압만 걸렸을 경우 수전단 전압은 송전단[14] 전압과 그 크기가 거의 같다. 그러나 부하가 접속되면 수전단 전압은 송전단 전압보다 낮아진다. 이때 전압의 차를 전압강하라 한다.

---

14) 송전선로의 선로 및 전기적 특성

① 선로특성

- 송전선로는 각 전선마다 선로정수 R, L, g, C가 선로에 따라 균일하게 분포되어 있는 3상 교류회로이다.
- 송전특성은 선로길이에 따라 달리하는데 수[km]의 단거리, 수십[km]의 중거리 그리고 100[km] 이상의 장거리로 구분한다.

② 전기적 특성

- 단 거리선로의 경우 저항과 인덕턴스만의 직렬회로로 나타낸다.
- 중거리 선로에서는 누설컨덕턴스는 무시하고 선로는 T형 회로 또는 π형 회로의 두 종류의 등가회로를 집중정수회로로 취급한다.
- 장거리 선로에서는 선로길이가 길어지므로 누설컨덕턴스까지 포함시킨 분포정수회로로 취급한다.

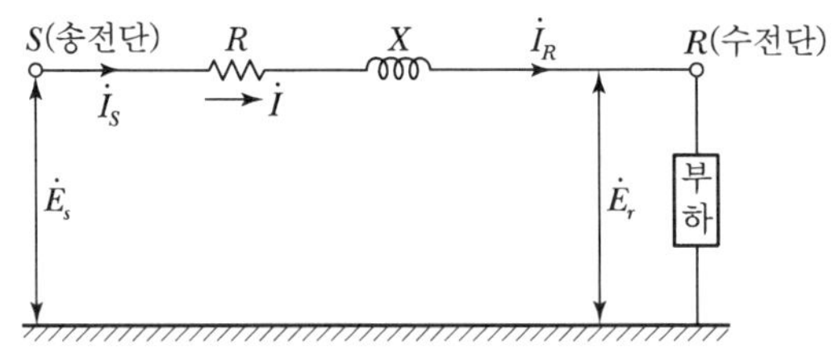

[그림 1] 배전선로의 등가회로

나. 전압강하 크기는 접속된 부하전류의 크기에 따라 변화하는데 이 전압강하의 수전단 전압에 대한 백분율[%]을 전압강하율이라 한다.

1) 전압강하율 $\varepsilon = \dfrac{E_S - E_r}{E_r} \times 100[\%]$

여기서, E_s : 송전단전압[V], E_r : 수전단전압[V]

2) 전압강하율은 전선의 저항, 리액턴스, 역률 및 전선을 흐르는 전류와 관계가 있다.

2. 허용전압강하의 결정 시 고려사항

가. 부하의 기능을 손상시키지 않을 것
나. 부하단자전압의 변동폭을 작게 할 것
다. 각 부하단자전압의 균일화를 이룰 것
라. 배선중의 전력손실을 줄일 것
마. 경제성이 손상되지 않도록 할 것

3. 전압강하의 계산

가. 배전선로 전압강하 계산

[그림 2]에서 $\dot{E}_s$, $\dot{E}_r$은 송전단과 수전단의 중성점에 대한 대지전압 V, $\cos\theta$를 역률, $\dot{E}_s$의 $\dot{E}_r$에 대한 위상각 θ_r라고 하고 $\dot{E}_r$를 기준 벡터로 잡아주면

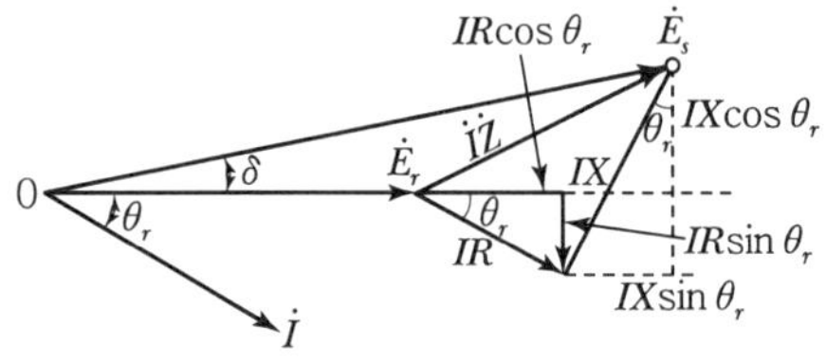

[그림 2] $\dot{E}_r$ 기준 벡터도

1) $\dot{E}_s = \dot{E}_r + \dot{I}\dot{Z}$

$$= E_r + I(\cos\theta_r - j\sin\theta_r)(R + jX)$$

$$= E_r + IR\cos\theta_r + IX\sin\theta_r + j(IX\cos\theta_r - IR\sin\theta_r)$$

$$= E_s' + jE_s''$$

여기서, E_s', E_s'' : $\dot{E}_s$의 $\dot{E}_r$에 대한 동상성분과 직각성분

2) 송전단의 전압 $\dot{E}_s$의 절댓값

$$|E_s| = \sqrt{(E_s')^2 + (E_s'')^2}$$
$$= \sqrt{(E_r + IR\cos\theta_r + IX\sin\theta_r)^2 + (IX\cos\theta_r - IR\sin\theta_r)^2}$$

여기서, $(E_r + IR\cos\theta_r + IX\sin\theta_r)^2 \gg (IX\cos\theta_r - IR\sin\theta_r)^2$로 허수부 제곱항을 무시하고 계산하면

3) $|E_s| \fallingdotseq E_r + I(R\cos\theta_r + X\sin\theta_r)$이 된다. 따라서

가) 전압강하 $e = |E_s| - |E_r| = I(R\cos\theta_r + X\sin\theta_r)$

나) 전압강하율 $\varepsilon = \dfrac{|E_s| - |E_r|}{|E_r|} \times 100[\%] = \dfrac{I}{E_r}(R\cos\theta_r + X\sin\theta_r) \times 100[\%]$

나. 3상 3선식에서의 전압강하 및 전압강하율

1) 전압강하 $e = |V_s| - |V_r| = \sqrt{3}\,I(R\cos\theta_r + X\sin\theta_r)$

2) 전압강하율 $\varepsilon = \dfrac{V_S - V_r}{V_r} \times 100[\%] = \dfrac{\sqrt{3}\,I(R\cos\theta_r + X\sin\theta_r)}{V_r} \times 100[\%]$

3) 양변에 V_r를 곱하면 $\varepsilon = \dfrac{\sqrt{3}\,IV_r(R\cos\theta_r + X\sin\theta_r)}{V_r^2} \times 100[\%]$

$$= \frac{PR + QX}{V_r^2} \times 100[\%]$$

여기서, $P = \sqrt{3}\,IV_r\cos\theta_r$: 부하전력[W]

$Q = \sqrt{3}\,IV_r\sin\theta_r$: 무효전력[VAR]

다. 근사식을 사용해서 부하가 평형되었을 경우 계산

1) 전압강하 $e = K_w \cdot (R\cos\theta_r + X\sin\theta_r) I \cdot L$[V]

여기서, K_w : 전기방식에 따른 계수

R : 전선 1[m]당 저항[Ω/m]

X : 전선 1[m]당 리액턴스[Ω/m]

θ : 역률각

I : 전류[A]

L : 길이[m]

[표 1] K_w의 값

전기방식	K_w
단상 또는 직류 2선식	2
단상 3선식, 3상 4선식	1
3상 3선식	$\sqrt{3}$

2) 케이블 사이즈를 선정할 때

$(R\cos\theta_r + X\sin\theta_r) \le \dfrac{e}{K_w \cdot I \cdot L}$로 하고 전압강하를 2[%]로 억제하여 케이블을 선정하면 된다.

라. 내선규정에서 정하고 있는 전압강하

[표 2] 전선길이 60[m]를 초과하는 경우의 전압강하

공급변압기의 2차 측 단자 또는 인입선 접속점에서 최원단의 부하에 이르는 사이의 전선길이[m]	전압강하[%]	
	사용장소 안에 시설한 전용변압기에서 공급하는 경우	전기사업자로부터 저압으로 전기를 공급받는 경우
120 이하	5 이하	4 이하
200 이하	6 이하	5 이하
200 초과	7 이하	6 이하

1.5 전압변동

1. 전압변동계산의 방법

가. 계산방법

1) 임피던스법
2) 등가저항법

(1), 2): 회로 임피던스는 옴값을 사용함으로써 변압기를 포함하지 않는 간단한 회로에 적용)

3) %임피던스법 : 변압기를 포함하는 복잡한 회로에 적용
4) 암페어미터법 : 선로경간이 긴 배전선 및 케이블의 전압강하

나. 임피던스법

$$\Delta E = E_S - E_R = E_S + IR\cos\phi + IX\sin\phi - \sqrt{E_S^2 - (IX\cos\phi - IR\sin\phi)^2}$$

1) 정상적인 전압강하는 구내 배전계획에서는 엄밀한 값이 필요치 않고 기준을 얻기 위한 계산이므로 위 식을 간략화하면

   $\therefore\ \Delta E \fallingdotseq \Delta E_2 = I(R\cos\phi + X\sin\phi)$

2) 각 배전방식에서의 전압강하 일반식

   $\therefore\ \Delta E = K \cdot I(R\cos\phi + X\sin\phi)$

참고문제

[그림 1]에서 $E_S = 6{,}930/\sqrt{3}$, 부하 600[kVA], 정격전압 6.6[kV], 역률 80[%]인 3상 부하, 선로 $R = 3[\Omega]$, $X = 4[\Omega]$인 경우 전압오차(ΔE, ΔE_2값)는?

풀이

1. 부하전류 $I = \dfrac{600 \times 10^3}{\sqrt{3} \times 6{,}600} = 52.5[\mathrm{A}]$, $E_S = 6{,}930/\sqrt{3} = 4{,}001[\mathrm{V}]$
2. 상세계산 $\Delta E = E_S + I(R\cos\phi + X\sin\phi) - \sqrt{E_S^2 - I^2(X\cos\phi - R\sin\phi)^2}$ 대입하여 계산하면 252.7[V]
3. 간략계산 $\Delta E_2 = I(R\cos\phi + X\sin\phi) = 252[\mathrm{V}]$ $\quad\therefore\ \Delta E - \Delta E_2 = 0.7[\mathrm{V}]$

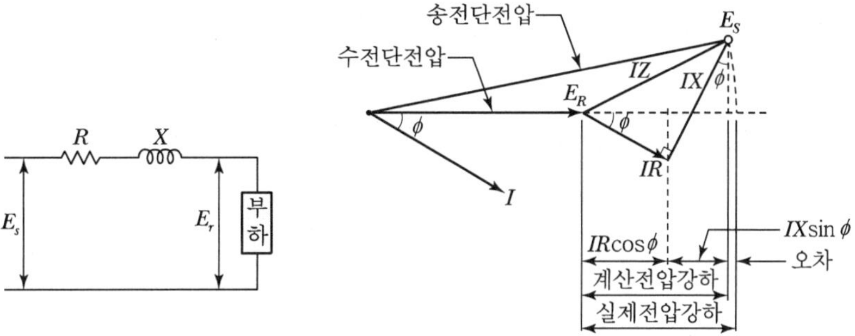

[그림 1] 간략계산의 벡터도

다. 등가저항법 : $E_S = E_R + I\varepsilon^{-j\phi}(R + jX)$

1) 위 식은 $E_S = (E_R + IR\cos\phi + IX\sin\phi) + j(IX\cos\phi - IR\sin\phi)$가 된다.
2) 간략화한 전압강하는 $\Delta E = E_S - E_R = I(R\cos\phi + X\sin\phi)$로 실수부분이므로 등가저항 R_e라 하며 $R_e = R\cos\phi + X\sin\phi$로 전선굵기, 배치, 부하 역률에 따라 정해진다.

참고문제

어떤 변압기에 무유도 부하를 접속했을 때의 전압강하율이 2.5[%]이고 역률 80[%]인 부하에 대해서는 3.8[%]이다. 이 변압기의 최대전압변동률과 부하역률은?

+풀이

1) 위 식을 변형하면 $\varepsilon = \dfrac{I(R\cos\phi + X\sin\phi)}{E_R} \times 100[\%] = p\cos\phi + q\sin\phi$

(단, $p = \dfrac{I \cdot R}{E_R} \times 100[\%]$, $q = \dfrac{I \cdot X}{E_R} \times 100[\%]$)

2) $\cos\phi = 1$일 때 $\varepsilon = 2.5[\%]$이므로 $2.5 = 1 \times p$ $\quad \therefore p = 2.5[\%]$
$\cos\phi = 0.8$일 때 $\varepsilon = 3.8[\%]$이므로 $3.8 = 2.5 \times 0.8 + q \times 0.6$ $\quad \therefore q = 3.0[\%]$

3) 전압변동률이 최대가 되는 부하의 역률은

$\tan\phi = \dfrac{q}{p} = \dfrac{3}{2.5} = 1.2$, $\theta = 50.2°$ $\quad \therefore \cos 50.2 = 0.64$

$\varepsilon = 2.5 \times 0.64 + 3 \times 0.768 = 3.9[\%]$

라. %임피던스법

앞의 계산은 전압강하 그 자체를 구했지만 %임피던스법은 전압변동률[%]로 구하는 것이 편리할 때 적용한다.

1) $\varepsilon = \dfrac{E_S - E_R}{E_R} \times 100 = \dfrac{I(R\cos\phi + X\sin\phi)}{E_R} \times 100[\%]$ ······ ①

2) ①식을 다음과 같이 표시하면 $\varepsilon = \dfrac{3E_R I(R\cos\phi + X\sin\phi)}{(\sqrt{3}E_R)^2} \times 100$

여기서, $T(=3EI[\mathrm{VA}])$: 부하피상전력[kVA], $V(=\sqrt{3}E)$: 선간전압[kV]

$$\varepsilon = \frac{T \times 10^3 (R\cos\phi + X\sin\phi)}{10^6 \times [\mathrm{kV}]^2} \times 100 = \frac{T \times (R\cos\phi + X\sin\phi)}{10[\mathrm{kV}]^2} \quad \cdots\cdots ②$$

3) 임피던스의 옴 값과 퍼센트 값의 관계를 이용하여 정리하면

$$R = \%R \times \frac{10 \cdot [\mathrm{kV}]^2}{T_B} \text{ 또는 } X = \%X \times \frac{10 \cdot [\mathrm{kV}]^2}{T_B} \quad \cdots\cdots ③$$

여기서, kV : 선간전압[kV], T_B : 3상 기준용량[kVA]

4) ③식을 ②식에 대입하면 $\varepsilon = \dfrac{T(\cos\phi \cdot \%R + \sin\phi \cdot \%X)}{T_B} = \dfrac{P \cdot \%R + Q \cdot \%X}{(\text{기준}[\mathrm{kVA}])}$

여기서, P : $T \cdot \cos\phi$, Q : $T \cdot \sin\phi$, T_B : 기준용량[kVA]

위 식을 변형하여 전류로 나타내면 $\varepsilon = \dfrac{I_R \cdot \%R + I_X \cdot \%X}{I_B}$

여기서, $I_R \cdot I_X$: 부하전류의 유효분 · 무효분, I_B : 기준전류(피상분)

마. 암페어미터법

1) 전압강하 개략을 알기 위하여 암페어미터표 등을 만들어 사용하면 편리하다.
2) $\Delta E = K(R\cos\phi + X\sin\phi)I \cdot L$에서 $I \cdot L$의 값을 각 배선사이즈, 부하역률을 구할 경우 편리하게 적용한다.

2. 전압강하와 전압변동의 비교

전압강하	전압변동
선로에 전류가 흐름으로써 발생하는 역기전력 때문에 생기는 송전단과 수전단의 전압차이	무부하 시 전압과 전부하 시 전압의 차이, 즉 부하가 갑자기 변화하였을 때에 그 단자전압의 변화
• 부하전류가 회로에 흐르면 선로, 변압기, 리액터 등 임피던스 때문에 전압강하가 발생한다. • 인접수용가의 전동기 부하의 기동, 아크로, 용접기 등의 운전에 기인한다.(과도적)	• 부하가 갑자기 변동하는 것으로 부하변동, 사고, 계통변환 등 항상 전압변동이 있다. • 모선전압은 부하변동, 사고, 계통변환 등으로 항상 전압변동이 있다.(정상적)
전동기의 기동과 같이 초 또는 분 단위의 변동하는 순시전압강하이다.	아크로, 용접기의 운전처럼 사이클 단위로 변동하는 Flicker 현상
전압강하율은 어떤 주어진 시점에서 그때 흐르던 부하전류에 따른 전압 크기변동 범위를 대상	전압변동률은 부하가 갑자기 변화하였을 때에 그 단자 전압의 변동 범위를 나타낸다.
전압강하율, $e = \dfrac{E_s - E_r}{E_r} \times 100[\%]$	전압변동률, $\varepsilon = \dfrac{V_{20} - V_{2n}}{V_{2n}} \times 100[\%]$

참고문제

전압과 무효전력의 관계식 유도 예

풀이

1. $\Delta V = \%X \cdot Q_c$의 식 유도($\Delta V = \%X \cdot Q_c$ & $\Delta V = X \cdot \dfrac{Q_c}{E}$)

   1) 전압변동분 $\Delta V' = V_S - V_r = \sqrt{3}\,I(R\cos\theta_0 + X\sin\theta_0) \cdots V_r$로 나누면,

   $$= \frac{1}{V_r}(\sqrt{3}\,V_r IR\cos\theta + \sqrt{3}\,V_r IX\sin\theta) = \frac{PR + QX}{V_r}$$

   (단, $P = \sqrt{3}\,V_r I\cos\theta$, $Q = \sqrt{3}\,V_r I\sin\theta$)

   2) 전압변동률 $\Delta V = \dfrac{PR + QX}{V_r^2}$ 이 식을 %로 표시하면($V_r^2 = 1.0[\mathrm{pu}]$)

   $\Delta V = P \cdot \%R + Q \cdot \%X$

   $\Delta V \fallingdotseq \%X \cdot Q$(송전선로 일반조건 $R \ll X$이므로 리액턴스 값이 크다.)

2. $\Delta V = \dfrac{Q_C}{R_C} \times 100[\%]$의 식 유도(☞ 참고 : 진상콘덴서의 역률 개선 원리 및 설치효과)

CHAPTER 01

필수예제

예제 01 저압 옥내 배전방식에 대해 설명하시오.(결선도, 공급전력, 선전류, 전선단면적, 전압강하, 배전손실 등 비교 설명) 〈86-4-4〉

+풀이

1. 개요

 1) 옥내배전방식을 선정함에 있어 고려해야 할 사항은 전압강화와 배전손실을 최소화하고 동시에 경제적인 측면에서 전선 단면적을 최소화하는 일이다.

 2) 저압옥내 배전방식에는 단상 2선식, 단상 3선식, 3상 3선식 및 3상 4선식의 4가지 방식이 있는데 단상 2선식을 기준으로 비교하면 다음과 같다.

2. 저압옥내 배전방식의 비교

 1) 결선도

  (1) 결선도는 다음과 같다. E는 모두 동일한 크기의 전압이고 V는 E의 $\sqrt{3}$ 배이다.

  (2) 이들을 비교함에 있어 역률은 모두 1이고, 공급전력과 전선이 체적은 동일하며 선로 길이는 l[m]로 같다고 본다.

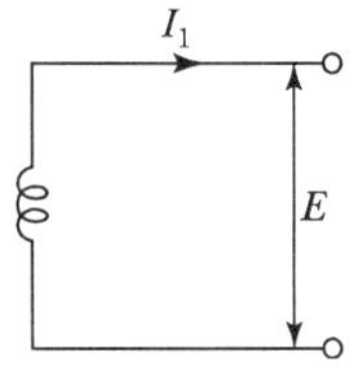

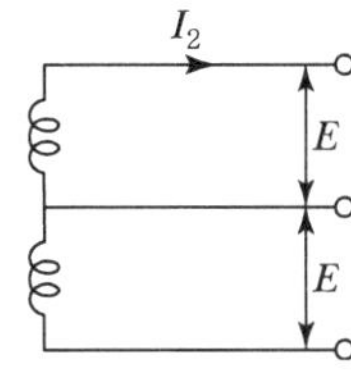

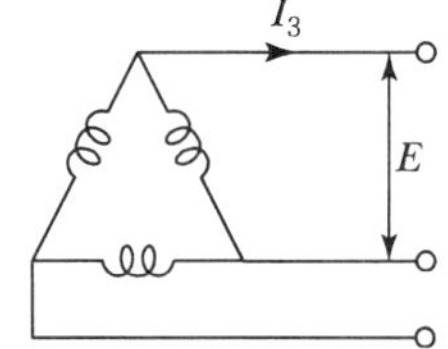

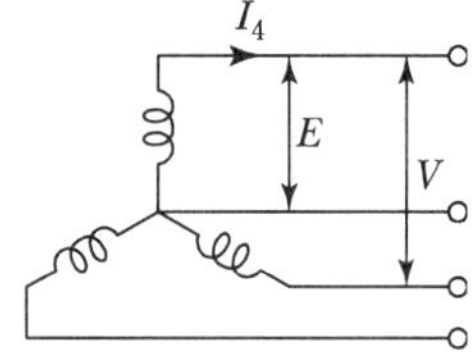

 2) 공급전력

  (1) 단상 2선식 : 전력 $P_1 = EI_1$, 전선체적 $V_1 = 2S_1 l$

  (2) 단상 3선식 : 전력 $P_2 = 2EI_2$, 전선체적 $V_2 = 3S_2 l$

  (3) 3상 3선식 : 전력 $P_3 = \sqrt{3}\,EI_3$, 전선체적 $V_3 = 3S_3 l$

  (4) 3상 4선식 : 전력 $P_4 = 3EI_4$, 전선체적 $V_4 = 4S_4 l$

 3) 선전류

  (1) 단상 2선식 : I_1을 100[%]로 볼 때 동일한 전력이므로

(2) 단상 3선식 : $I_2 = \frac{I_1}{2}$ 이므로 50[%]

(3) 3상 3선식 : $I_3 = \frac{I_1}{\sqrt{3}}$ 이므로 57.7[%]

(4) 3상 4선식 : $I_4 = \frac{I_1}{3}$ 이므로 33.3[%]

4) 전선단면적

(1) 단상 2선식 : S_1을 100[%]로 볼 때 전선체적과 길이가 같으므로

(2) 단상 3선식 : $S_2 = \frac{2S_1}{3}$ 이므로 66.7[%]

(3) 3상 3선식 : $S_3 = \frac{2S_1}{3}$ 이므로 66.7[%]

(4) 3상 4선식 : $S_4 = \frac{2S_1}{4}$ 이므로 50[%]

5) 전압강하

전선의 고유저항이 ρ, 길이가 l, 단면적이 S일 때 저항은 $R = \rho\frac{l}{S}$ 이므로

(1) 단상 2선식 : $\Delta E_1 = 2I_1R_1 = 2I_1\frac{\rho l}{S_1}$ 인데 이를 100[%]로 볼 때

(2) 단상 3선식 : $\Delta E_2 = I_2R_2 = \frac{I_1}{2}\frac{\rho l}{S_2} = I_1\frac{\rho l}{\frac{2S_1}{3}} = I_1\frac{3\rho l}{4S_1} \rightarrow \frac{\Delta E_2}{\Delta E_1} = 0.375 = 37.5[\%]$

(3) 3상 3선식

$$\Delta E_3 = \sqrt{3}\,I_3R_3 = \sqrt{3}\,\frac{I_1}{\sqrt{3}} \cdot \frac{\rho l}{S_3} = I_1\frac{3\rho l}{2S_1} \rightarrow \frac{\Delta E_3}{\Delta E_1} = \frac{1.5}{2} = 0.75 = 75[\%]$$

(4) 3상 4선식 : $\Delta E_4 = I_4R_4 = \frac{I_1}{3} \cdot \frac{\rho_l}{S_4} = \frac{I_1}{3} \cdot \frac{4\rho l}{2S_1} \rightarrow \frac{\Delta E_4}{\Delta E_1} = 0.333 = 33.3[\%]$

6) 배전손실

(1) 단상 2선식 : $P_1 = 2I_1^2R_1 = 2I_1^2\frac{\rho l}{S_1}$ 이것을 100[%]로 볼 때

(2) 단상 3선식 : $P_2 = 2I_2^2R_2 = 2\frac{I_1^2}{2^2}\frac{\rho l}{S_2} = \frac{I_1^2}{2} \cdot \frac{3\rho l}{2S_1} \rightarrow \frac{P_2}{P_1} = \frac{3}{4\times 2} = 0.375 = 37.5[\%]$

이므로 50[%]

(3) 3상 3선식 : $P_3 = 3I_3^2R_3 = 3\left(\frac{I_1}{\sqrt{3}}\right)^2\frac{\rho l}{S_3} = I_1^2\frac{3\rho l}{2S_1} \rightarrow \frac{P_3}{P_1} = \frac{3}{2\times 2} = 0.75 = 75[\%]$

(4) 3상 4선식 : $P_4 = 3I_4^2 R_4 = 3\left(\frac{I_1}{3}\right)^2 \frac{\rho l}{S_4} = \frac{I_1^2}{3}\frac{4\rho l}{2S_1} \rightarrow \frac{P_4}{P_1} = \frac{4}{3\times2\times2} = 0.333 = 33.3[\%]$

3. 비교표

구분	전선체적	전력	선전류[%]	단면적[%]	전압강하[%]	손실[%]
단상 2선식	$V_1 = 2S_1 l$	EI_1	100	110	110	100
단상 3선식	$V_2 = 3S_2 l$	$2EI_2$	50	66.7	37.5	37.5
3상 3선식	$V_3 = 3S_3 l$	$\sqrt{3}\,EI_3$	57.7	66.7	75	75
3상 4선식	$V_4 = 3S_4 l$	$3EI_4$	33.3	50	33.3	33.3

4. 맺음말

동일 용량의 부하는 단상보다 3상을 사용하는 것이 손실도 적고 전류도 적어 경제적이다.

예제 02 전압 22[kV], 주파수 60[Hz]인 긍장 7[km] 1회선의 3상 지중 배전선로가 있다. 이 3상 무부하 충전전류 및 충전용량을 구하라.(단, 케이블 1회선당 정전용량은 0.4[μF/km]로 한다.) **〈32회 발송배전기술사〉**

풀이

1. 개요

배전선로의 저항과 리액턴스를 무시한다.

전압 V=22[kV], 정전 용량 $C = 0.4\times10^{-6}$[F]이므로,

2. 3상 무부하 충전 전류 I_c는

$$I_C = \omega CE = 2\pi f C\frac{V}{\sqrt{3}}$$

$$= \frac{(2\times3.14\times60\times7\times0.4\times10^{-6})\times22,000}{1.732} = 13.4[\text{A}]$$

3. 3상 충전용량

$$Q = 3I_C \cdot E = 3(2\pi f CE)\cdot E$$

$$= 3\times13.4\times\frac{22,000}{\sqrt{3}} = 510.61[\text{kVA}]$$

예제 03 단상 2선식 220[V] 옥내배선에서 접지저항이 80[Ω]인 금속관 안의 임의 개소에서 전선이 절연파괴되어 도체가 직접 금속관 내면에 접촉되었다면 대지전압은 몇 [V]가 되겠는가?(단, 이 전로에 공급하는 변압기 저압 측의 한 단자에는 제2종접지공사가 되어 있고, 그 접지저항은 20[Ω]이라고 한다.)

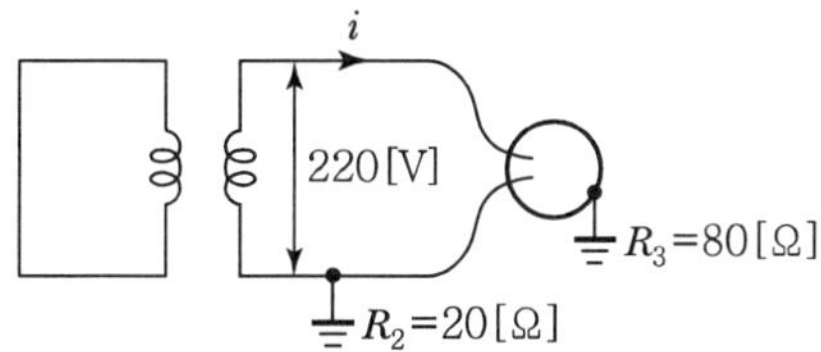

풀이

1. 개요

상기의 문제를 등가회로로 그리면 다음과 같다.

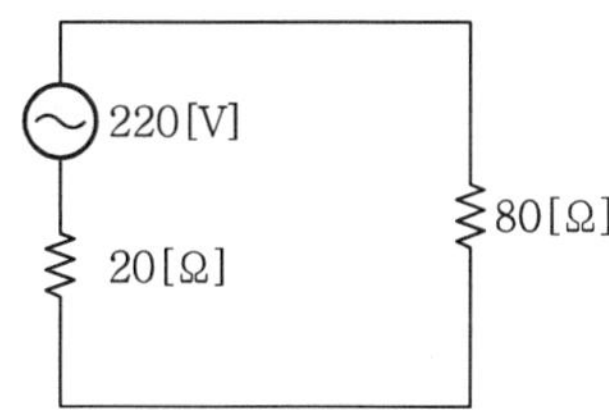

따라서, 위험 접촉 전압 V_0는

2. $V_0 =$지락 전류×접지 저항$= \dfrac{220}{20+80} \times 80 = 176[\text{V}]$

예제 04 22[kV] 단심 CV 케이블의 서지임피던스(특성임피던스)와 서지의 전파속도를 구하시오.(단, 도체반경은 17[mm], Sheath 반경은 33[mm], 케이블의 절연물인 가교 폴리에틸렌의 유전율은 2.3이다.) **〈건축전기설비기술사 14회〉**

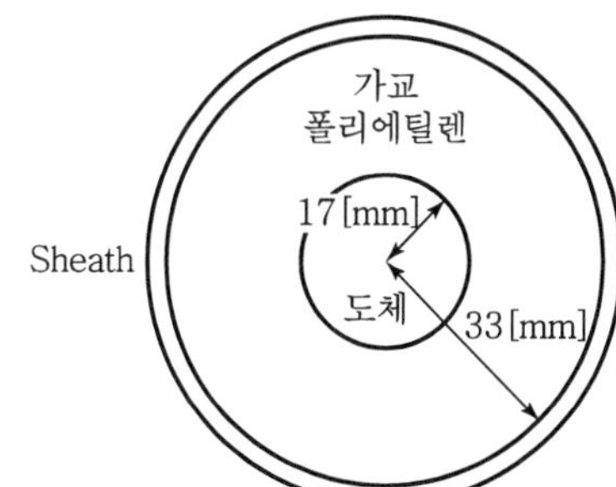

배전설비

+풀이

1. 특성임피던스를 구하시오.

1) 동축케이블

① 내경이 r이고 외경이 R인 동축 케이블의 단위길이당 정전용량은 $C=\dfrac{2\pi\varepsilon}{\ln\dfrac{R}{r}}$

② 동축 케이블의 단위길이당 인덕턴스는 $L=\dfrac{\mu}{2\pi}\ln\dfrac{R}{r}$

2) 무손실 선로에서 특성임피던스는

$$Z=\sqrt{\frac{L}{C}}=\sqrt{\frac{\dfrac{2\pi\varepsilon}{\ln\dfrac{R}{r}}}{\dfrac{\pi}{2\pi}\ln\dfrac{R}{r}}}=\sqrt{\frac{1}{4\pi^2}\cdot\left(\ln\frac{R}{r}\right)^2\cdot\frac{\mu}{\varepsilon}}=\sqrt{\frac{1}{4\pi^2}\cdot\left(\ln\frac{R}{r}\right)^2\cdot\frac{\mu_0\mu_s}{\varepsilon_0\varepsilon_s}}$$

$$=\frac{1}{2\pi}\cdot\ln\frac{R}{r}\sqrt{\frac{\mu_0\mu_s}{\varepsilon_0\varepsilon_s}}$$

여기서 $\sqrt{\dfrac{\mu_0}{\varepsilon_0}}=\sqrt{\dfrac{4\pi\times10^{-7}}{8.854\times10^{-12}}}=377$이므로 이를 위 식에 대입하면

$$Z=\frac{1}{2\pi}\cdot\ln\frac{R}{r}\sqrt{\frac{\mu_0\mu_s}{\varepsilon_0\varepsilon_s}}=\frac{1}{2\pi}\cdot\left(\ln\frac{R}{r}\right)\times377\times\sqrt{\frac{\mu_s}{\varepsilon_s}}=60\times\left(\ln\frac{R}{r}\right)\times\sqrt{\frac{\mu_s}{\varepsilon_s}}$$

위 식에서 $\mu_s=1$, $\varepsilon_s=2.3$, $r=17$, $R=33$을 대입하면

$$Z=60\times\left(\ln\frac{33}{17}\right)\times\sqrt{\frac{1}{2.3}}=26.24[\Omega]$$

2. 전자파의 전파속도는

1) 전파속도

$$v=\frac{1}{\sqrt{LC}}=\frac{1}{\sqrt{\varepsilon\mu}}=\frac{1}{\sqrt{\varepsilon_0\mu_0}}\cdot\frac{1}{\varepsilon_s\mu_s}$$

$\varepsilon_0=8.954\times10^{-12}$[F/m], $\mu_0=4\pi\times10^{-7}$[H/m]인데 이들을 위 식에 대입해서 계산하면

$$v=\frac{1}{\sqrt{\varepsilon_0\mu_0}}\cdot\frac{1}{\varepsilon_s\mu_s}=2.9979\times10^8\frac{1}{\sqrt{\varepsilon_s\mu_s}}$$

2) 유전체의 비투자율 $\mu_s=1$로 보면 전파속도는

$$v=\frac{1}{\sqrt{\varepsilon_s}}\times2.9979\times10^8[\text{m/sec}]$$

➲ 유전율(ε)= 진공의 유전율(ε_0)×비유전율(ε_s). 그러나 유전율이라고 하면 일반적으로 비유전율을 의미한다.

예제 05	전압강하 계산방법을 설명하시오.	〈68-2-3〉

풀이

1. 전압강하 계산

전압강하 계산을 위해서는 선로정수로서 저항과 인덕턱스만을 생각하여 단상 등가회로를 그리면 [그림 1]과 같다.

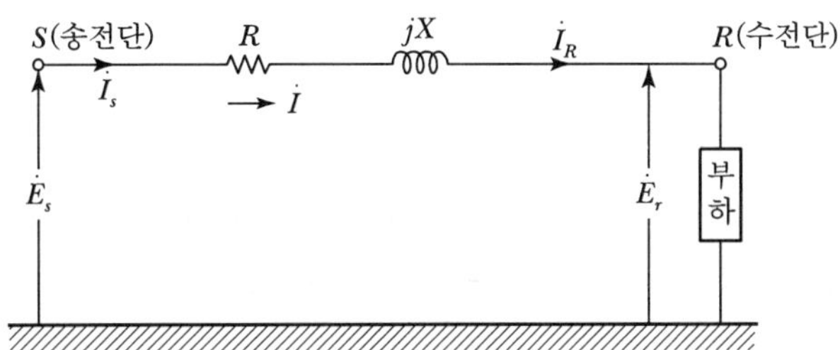

[그림 1] 등가회로

[그림 1]에서 $\dot{E}_s$와 $\dot{E}_r$는 각각 송전단과 수전단의 중성점에 대한 대지 전압이다. 지금 $\dot{E}_r$와 전류 $\dot{I}$와의 상차각을 θ라 하고 $\dot{E}_r$를 기준 벡터로 잡아주면 [그림 2]의 벡터도로부터 송전단 전압은 다음 식으로 구해진다.

$E_s = E_r + IR\cos\theta + IX\sin\theta + j(IX\cos\theta - IR\sin\theta)$

그러므로

$E_s = \sqrt{(E_r + IR\cos\theta + IX\sin\theta)^2 + (IX\cos\theta - IR\sin\theta)^2}$

$\sqrt{\ }$ 내의 제2항은 제1항에 비해 훨씬 작기 때문에 제2항을 무시하면

$E_s \fallingdotseq E_r + I(R\cos\theta + X\sin\theta)$로 된다.

2. 선로의 전압 강하는

ΔV(전압강하)$= E_s - E_r = I(R\cos\theta_r + X\sin\theta_r)$

여기서, E_s, E_r : 각각 송전단의 대지전압(=상전압)

따라서 만일 선간전압(V_s, V_r)으로 식을 세우고 싶으면 양변을 $\sqrt{3}$배 해주면 된다.

즉, $\Delta V = V_s - V_r = \sqrt{3}I(R\cos\theta_r + X\sin\theta_r)$되며,

벡터도로 나타내면 아래 그림과 같다.

PART 04 배전설비

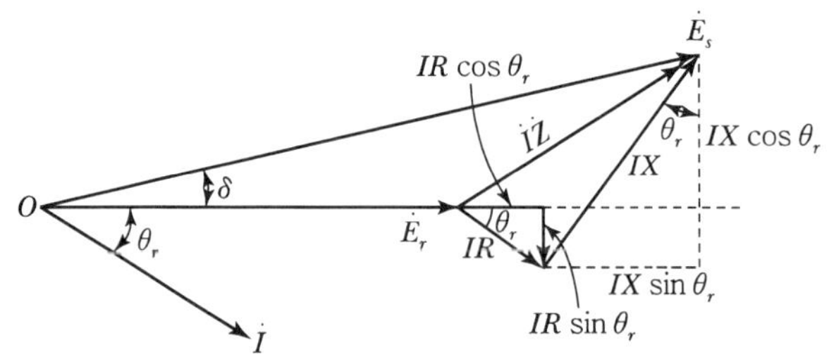

[그림 2] 벡터도

3. 내선규정에 의한 계산방법

[표 1] 전압 강하 및 전선 단면적을 구하는 공식

전기방식	전압강하	전선단면적
단상 2선식 및 직류 2선식	$e = \dfrac{35.6L_cI}{1{,}000A}$	$A = \dfrac{35.6L_cI}{1{,}000e}$
3상 3선식	$e = \dfrac{30.8L_cI}{1{,}000A}$	$A = \dfrac{30.8L_cI}{1{,}000e}$
단상 3선식 · 직류 3선식 · 3상 4선식	$e' = \dfrac{17.8L_cI}{1{,}000A}$	$A = \dfrac{17.8L_cI}{1{,}000e'}$

이 표에서 3선식 및 4선식에 대한 식은 각 선의 전류가 평형한 경우에 대한 것이고, 전선 도전율은 97[%]로 본 경우이다.

여기서, e : 각 선간의 전압강하[V]

e' : 외측선 또는 각 상의 1선과 중성선 사이의 전압강하[V]

L_c : 부하의 중심거리[m]

$$L_c = \frac{\Sigma l \cdot i}{I}$$

여기서, l : 각 부하까지의 거리, i : 각 부하의 전류, I : 전부하 전류

4. 전선 최대 길이표를 이용한 전압강하의 계산식

허용전류를 고려하여 이 식으로부터 전선의 굵기도 함께 산정할 수 있다.

$$\text{전압강하[V]} = \frac{\text{배선설계의 길이[m]}}{\text{표의 전선최대길이[m]}} \times \frac{\text{부하의 최대사용 전류[A]}}{\text{표의 전류[A]}} \times \text{표의 전압강하[V]}$$

(단, 표의 전압강하는 단상 2선식에는 1[V], 3상 3선식에서는 2[V])

예제 06 전압강하 계산에 있어서 정식계산식과 약식계산식을 들고 비교 설명하시오.

〈83－1－8〉

풀이

1. 전압강하의 계산법(정식)

   전원 전압을 E_s, 부하단 전압을 E_r, 부하전류를 I, 부하의 역률각을 θ, 선로의 임피던스를 $R+jX$라고 하면 전압 간의 관계는 그림의 벡터도와 같이 되는데 여기서,

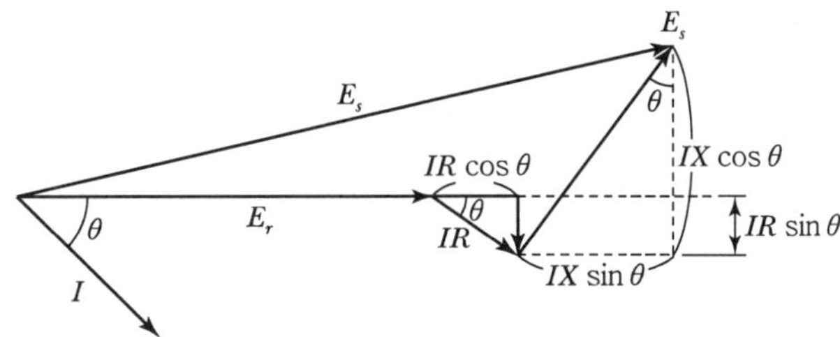

$$\dot{E_s}=\dot{E_r}+IR\cos\theta+IX\sin\theta+j(IX\cos\theta-IR\sin\theta)$$

$$\dot{E_s}=\sqrt{(E_r+IR\cos\theta+IX\sin\theta)^2+(IX\cos\theta-IR\sin\theta)^2}$$

전압강하는

$$\Delta E=E_s-E_r=\sqrt{(E_r+IR\cos\theta+IX\sin\theta)^2+(IX\cos\theta-IR\sin\theta)^2}-E_r\,[\mathrm{V}] \quad \cdots\cdots\cdots (1)$$

2. 전압강하의 계산법(약산식)

   앞의 (1)식에서 $(E_r+IR\cos\theta+IX\sin\theta)^2 \gg (IX\cos\theta-IR\sin\theta)^2$이기 때문에

   $(IX\cos\theta-IR\sin\theta)^2$을 무시하면

   $\Delta E=E_r+IR\cos\theta+IX\sin\theta-E_r=I(R\cos\theta+X\sin\theta)$

   로 되는데 이 식은 한 상만의 전압강하를 계산한 것이므로 3상 3선식의 경우는 여기에 $\sqrt{3}$을, 단상 2선식의 경우는 2를, 단상 3선식과 3상 4선식은 각각 한 상만을 생각하면 1을 곱해 주어야 한다.

   결국 약산식은 다음 그림에서 E_s 길이와 E_r의 길이가 거의 같다고 본 것이다.

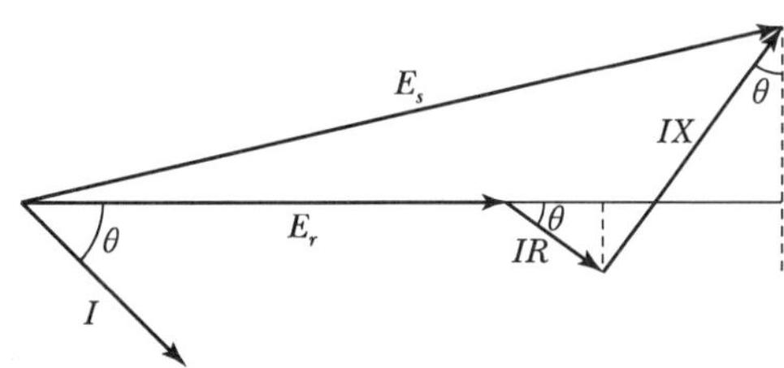

CHAPTER 02

전력품질

2.1 고조파 전류

1. 고조파 전류의 형태

가. 고조파의 크기

1) 펄스변환장치의 고조파 차수는 $n = mP \pm 1$($m = 1,\ 2,\ \cdots,\ P$=변환기의 펄스 출력)

2) 고조파 전류 $I_n = K_n \cdot \dfrac{I_1}{n}$[A](여기서, K_n : 고조파 저감계수, I_1 : 기본파 전류)이다.

따라서 정류 펄스가 크면 고조파 차수는 높아져 고조파 전류의 크기는 감소된다.

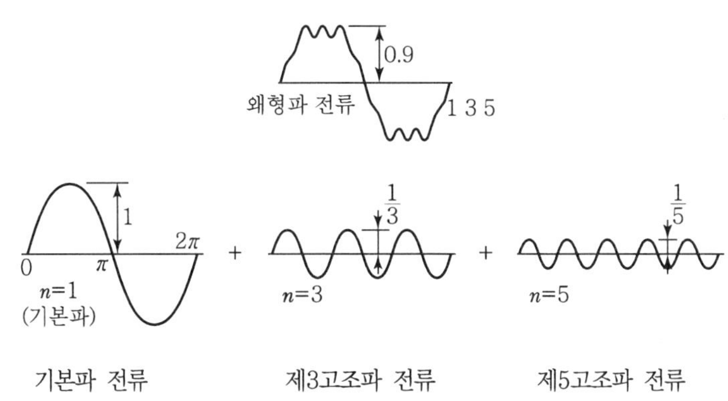

제n고조파 : 크기 $1/n$, 주파수 n배

[그림 1] 고조파의 크기

나. 고조파 왜형률 및 함유율

왜형파의 질을 나타내는 수치로는 통상 고조파 왜형률 및 고조파 함유율로 나타낸다.

1) 고조파 왜형률 $THD = \dfrac{\sqrt{\sum_{h>1}^{\infty} M_h^2}}{M_1} \times 100[\%]$

여기서, M_h : 제n차 고조파 실효값($n \geq 2$)

M_1 : 기본파 실효값(전압 or 전류)

2) 고조파 함유율 : $I = \dfrac{I_n}{I_1} \times 100[\%]$ 또는 $V = \dfrac{V_n}{V_1} \times 100[\%]$로 표시한다.

즉, 어떤 차수의 고조파 성분실효값과 기본파 성분실효값에 대한 비율로 표시한다.

2. 고조파의 발생원인

가. 사이리스터를 사용한 전력변환장치(인버터, 컨버터, UPS, VVVF 등)
나. 전기로, 아크로, 용접기 등 비선형부하의 기기
다. 변압기, 회전기 등 철심의 자기포화특성 기기
라. 형광등, 전자기기 등 콘덴서의 병렬공진
마. 이상전압 등의 과도현상에 의한 것

위 "가, 나"의 고조파 발생원은 지속적이고 고조파 전류성분이 커서 문제가 되기 때문에 대책이 필요하다.

3. 고조파의 영향

가. 기기에의 악영향
나. 통신선에 대한 유도장애
다. 고조파 공진의 발생

4. 고조파 억제대책

가. 정류기의 다펄스화

1) 발생 고조파 차수는 $n = mP \pm 1(m = 1,\ 2,\ 3, \cdots)$이므로 정류펄스가 크면 고조파 차수는 높아져 동시에 고조파 전류의 크기도 감소된다.
2) 발생 고조파 전류의 크기 $I_n = K_n \cdot \dfrac{I_1}{n}$에서 고조파 차수 n이 높으면 고조파전류 I_n이 작아진다.(단 K_n은 고조파저감계수)

나. 리액터(ACL, DCL) 설치

1) 인버터 전원 측의 ACL은 전원의 Total 임피던스를 크게 함으로써 전원전류 내에 포함되어 있는 저차고조파를 저감한다.
2) DC측의 DCL은 고조파 발생부하장치의 직류회로에 삽입하여 직류파형의 리플을 작게 하고 리액터의 한류작용으로 고조파를 개선하게 된다.
3) ACL의 경우 고조파 발생량을 약 50[%] 저감하고, DCL의 경우 고조파 발생량을 약 55[%] 이상 저감한다.

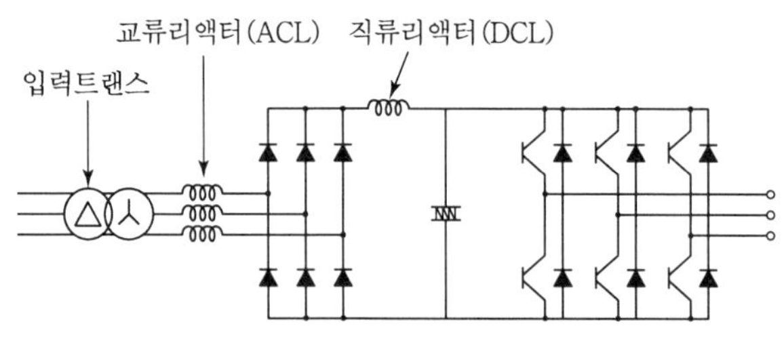

[그림 2] 리액터 설치

다. Filter[15] 설치

1) 수동 필터(Passive Filter)

가) 동조필터(Band Pass Filter) : CLR의 직렬공진회로로 구성되고 단일 고조파에서 공진하여 저 임피던스가 된다.

(1) 필터의 임피던스는

$$Z_n = R_n + j\left(\omega L_n - \frac{1}{\omega C_n}\right)$$

공진주파수(w_n)에서 $\omega_n^2 \cdot L_n \cdot C_n = 1$

여기서, ω_n : 고조파 주파수

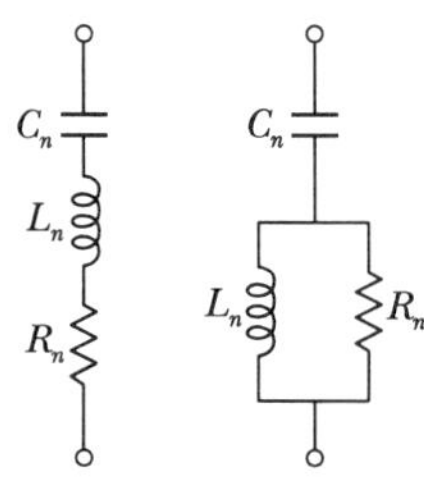

(a) 동조 필터 (b) 고차수 필터

[그림 3] 수동 필터

(2) 공진첨예도 Q_n은 다음과 같다.

$Q_n = \dfrac{\omega_n L_n}{R_n}$ 공진주파수에서는 필터 임피던스 $Z_n = R_n$이고, 필터 효과는 R_n이 작을수록 즉, Q_n이 클수록 주파수 선택이 좋아진다.

나) 고차수 필터(High Pass Filter) : 변환장치에서 발생한 고조파는 무한히 존재하므로 동조 필터 이외의 고조파는 고차수 필터를 사용된다.

(1) 고차수 필터의 임피던스는 $Z_n = \dfrac{1}{j\omega C_n} + \dfrac{1}{\dfrac{1}{R_n} + \dfrac{1}{j\omega L_n}}$

---

15) 필터의 기능상 분류
① 저역통과필터(LPF ; Low−Pass Filter) : 낮은 주파수는 잘 통과시키나 높은 주파수는 잘 통과시키지 않는 회로
② 고역통과필터(HPF ; High−Pass Filter) : 높은 주파수는 잘 통과시키나 낮은 주파수는 잘 통과시키지 않는 회로
③ 대역통과필터(BPF ; Band−Pass Filter) : 특정 범위의 주파수는 잘 통과시키나 이보다 낮거나 높은 주파수는 잘 통과시키지 않는 회로
④ 대역제거필터(BRF ; Band−Reject Filter) : 특정 범위의 주파수는 잘 통과시키지 않으나 이보다 낮거나 높은 주파수는 잘 통과시키는 회로

(2) 여기서, 공진첨예도 Q_n을 정의하면 $Q_n = \frac{R_n}{\omega_n L_n}$(여기서, ω_n : 컷오프 주파수)

고차수 필터에서는 R_n과 L_n이 병렬 연결되어 있어 R_n을 크게 하면 Q_n이 커지고 필터효과가 좋아진다.

2) 능동 필터(Active Filter)

가) 동작원리

(1) LC 필터는 공진특성을 이용하지만 Active Filter는 인버터 응용기술에 의하여 발생 고조파와 반대 위상의 고조파를 발생시켜 고조파를 상쇄하는 이상적인 Filter이다.

(2) Active Filter는 고조파 발생부하와 병렬로 접속하여 CT에서 부하전류 I_L에 포함된 고조파 전류성분 I_H를 끄집어낸다.

(3) 고조파 전류 I_H와 역위상의 전류 I_e를 Active Filter에 흐르게 하여 전원전류에 포함된 고조파 전류성분을 상쇄하므로 전원전류 I_c는 정현파가 된다.

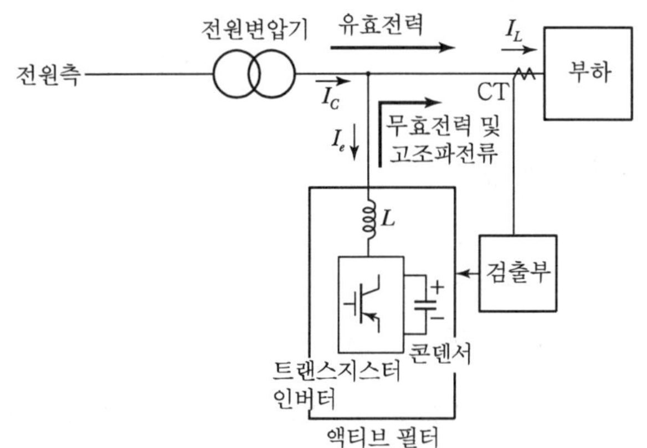

[그림 4] 액티브 필터의 접속도

나) 특징

(1) 복수 차수의 고조파를 동시에 억제할 수 있다.

(2) 고조파 억제효과가 크며 25차 이하에는 1대로 대응이 가능하다.

(3) 인버터부에서 정현파를 출력시키면 무효전력도 공급할 수 있기 때문에 무효전력 제어(역률제어)도 가능하다.

(4) 장치용량의 10[%]까지 손실이 발생하는 것이 결점이다.

라. 역률 개선 콘덴서 설치

역률 개선 콘덴서는 발생고조파 전류를 분류시켜 유출전류를 억제한다. 그리고 리액터와 콘덴서가 직렬로 접속되어 있기 때문에 수동 필터의 특성을 가진다.

마. 계통분리(공급 배전선의 전용화)

고조파부하를 일반부하와 계통 분리하여 고조파 부하의 공급배선을 전용화한다.

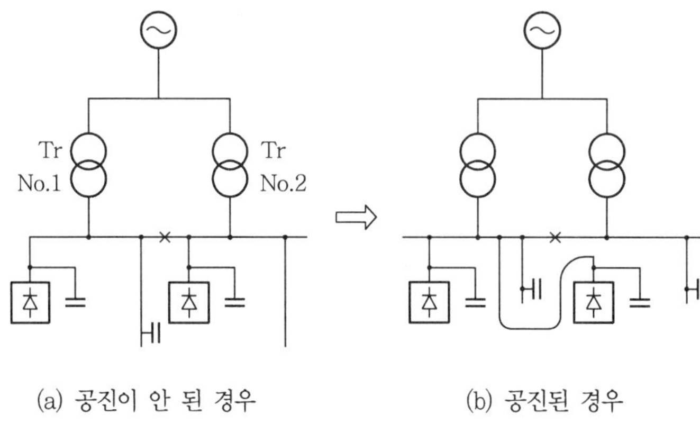

(a) 공진이 안 된 경우 (b) 공진된 경우

[그림 5] 계통의 분리

바. 전원단락용량의 증대

1) 고조파 전류는 선로의 용량성 및 유도성 임피던스로 인하여 공진현상이 발생되면 고조파 전류는 증폭되어 전기기기(변압기 · 발전기 · 진상용 콘덴서 · 전동기 · 각종 조명설비 등)에 과대한 전류가 흘러 기기의 과열, 소손이 발생할 우려가 있다.

2) 부하의 고조파 발생량 I_n은 고조파 전압 V_n과 같이 비례하고($V_n = n \cdot X_L \cdot I_n$), 전원의 단락용량을 크게 하면 역비례하여 작아진다.

3) 배전계통에서 공진현상

가) 등가회로 선로의 공진주파수 $f_r = \dfrac{1}{2\pi\sqrt{L_N C}}$, 단락용량 $P_N = \dfrac{V^2}{2\pi f L_N}$

여기서, $X_N(=2\pi f L_N)$: 단락 리액턴스

V : 배전전압

f : 상용주파수

나) 선로에 접속된 진상콘덴서 용량은 $Q_c = 2\pi f C V^2$이므로 $\dfrac{P_N}{Q_C} = \dfrac{1}{2\pi f L_N \cdot 2\pi f C}$에서 $f = \dfrac{1}{2\pi\sqrt{L_N C}} \cdot \sqrt{\dfrac{Q_C}{P_N}}$으로 공진주파수($f_r$)은

$$f_r = f\sqrt{\frac{P_N}{Q_C}} = f\sqrt{\frac{\text{전원단락용량}}{\text{콘덴서용량}}}$$

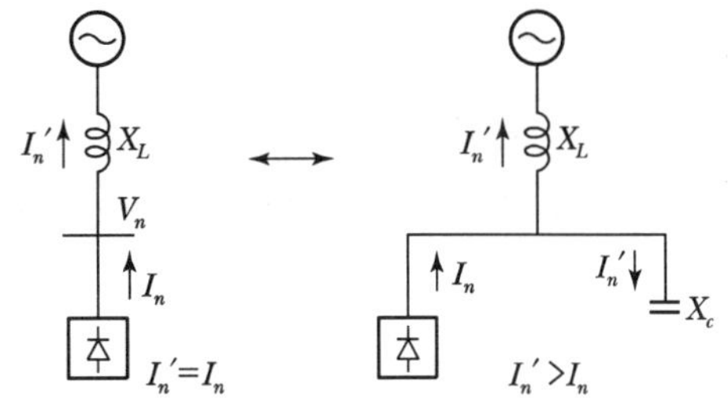

(a) 공진이 안 된 경우 (b) 공진된 경우

[그림 6] 공진차수와 단락용량의 관계

4) 따라서 전원의 단락용량을 크게 하면(X_L이 작아짐) 공진주파수(차수)가 상승하여 부하의 고조파 발생량은 역으로 비례하여 작아지고 반대로 콘덴서 용량이 증가하면 공진주파수(차수)가 저하하여 저차에서 고조파 발생량이 증가한다.($I_n \propto \frac{1}{n}$)

사. 기기의 고조파 내량 강화

1) 변압기용량 : 계통에서 고조파 부하가 많을 경우 고조파 전류 중첩, 표피효과에 의한 저항증가에 따라 I^2R이 크게 증가하므로 용량을 크게 하거나(2~2.5배), 발주 시 "K-Factor"를 고려한다.
2) 발전기 용량 : 발전기에 고조파 전류가 흐르면 댐퍼권선 등의 손실 증가로 출력이 감소하므로 등가역상전류에 대한 내량을 고려하여 용량을 산정한다.
3) 콘덴서, 직렬리액터 : 콘덴서는 허용최대사용전류(합성전류의 실효값)가 정격전류의 135[%]가 되도록 하고 리액터도 콘덴서와 동일하게 한다.

5. 고조파 관리기준

가. 고조파 왜형률(THD ; Total Harmonics Distortion)

$$V_{THD} = \frac{\sqrt{V_2^2 + V_3^2 + \cdots + V_n^2}}{V_1} \times 100[\%]$$

$$I_{THD} = \frac{\sqrt{I_2^2 + I_3^2 + \cdots + I_n^2}}{I_1} \times 100[\%]$$

여기서, V_2, $V_3 \cdots V_n(I_n)$: 차수별 고조파 전압(전류)
$V_1(I_1)$: 기본파 전압(전류)

PART 04 배전설비

나. 전압고조파 기준

1) 한전 전기공급약관

가) 22.9[kV] 이하 : 종합 고조파 왜형률(THD) → 배전계통에서 5% 이하

3의 배수가 아닌 기수 고조파		3의 배수인 기수 고조파		우수 고조파	
차수[h]	고조파전압[%]	차수[h]	고조파전압[%]	차수[h]	고조파전압[%]
5	3.8	3	3.1	2	1.3
7	3.1	9	0.9	4	0.6
11	2.2	21	0.2	6	0.3

나) 66[kV] 이상

3의 배수가 아닌 기수 고조파		3의 배수인 기수 고조파		우수 고조파	
차수[h]	고조파전압[%]	차수[h]	고조파전압[%]	차수[h]	고조파전압[%]
5	1.8	3	1.5	2	0.6
7	1.5	9	0.5	4	0.3
11	1.1	15	0.1	6	0.2

2) 국외 규정

[표 1] IEEE Std. 519

Bus Voltage at PCC	Individual Voltage Distortion[%]	Total Voltage Distortion THD[%]
$V \le 1.0$[kV]	5.0	8.0
1[kV] $< V \le$ 69[kV]	3.0	5.0
69[kV] $< V \le$ 161[kV]	1.5	2.5
161[kV] $< V$	1.0	1.5

PCC ; Point of Common Coupling(수전단)

다. 전류고조파 기준

1) 국외관리기준

[표 3] IEEE Std. 519 (120[V]~69,000[V], 단위 : [%])

$SCR = I_{SC}/I_L$	Individual Harmonic Order(Odd Harmonics)					
	<11	$11 < h < 17$	$17 < h < 23$	$23 < h < 35$	$35 < h < 50$	TDD
<20	4.0	2.0	1.5	0.6	0.3	5.0
20~50	7.0	3.5	2.5	1.0	0.5	8.0
50~100	10.0	4.5	4.0	1.5	0.7	12.0
100~1,000	12.0	5.5	5.0	2.0	1.0	15.0
>1,000	15.0	7.0	6.0	2.5	1.4	20.0

* 짝수 고조파의 관리기준은 상기 홀수 고조파의 25[%] 이내
SCR(단락비) : 단락전류 일정 시 부하전류 증가하면 단락비는 작아지고, 규제값은 엄격해진다.
I_{SC} : 단락전류, I_L : 부하전류, h : 고조파 차수

2) 종합 수요 왜형률(TDD ; Total Demand Distortion)

TDD는 고조파전류와 최대수요전류(I_L)의 비를 말하는 것으로 다음 식으로 표시된다.

가) $I_{TDD} = \dfrac{\sqrt{\sum_{n=2}^{\infty} I_n^2}}{I_L} \times 100\,[\%] = \dfrac{\sqrt{I_2^2 + I_3^2 + I_4^2 + \ldots\ldots I_\infty^2}}{I_L} \times 100\,[\%]$

여기서, I_L : 최대부하전류(15~30분)

나) 전력을 공급하는 한전의 입장에서는 한 수용가의 THD가 중요한 것이 아니라 그 수용가에 총 수요전력에 비해 고조파를 얼마나 많이 발생하는지가 더 중요하다.

라. 등가방해전류(EDC ; Equivalent Disturbing Current)

전력계통에서 발생한 고조파 전류는 인접해 있는 통신선에 영향을 주며, 통신선에 영향을 주는 고조파 전류의 한계를 등가방해전류(EDC)로서 규제하고 있다.

$$EDC = \sqrt{\sum_{n=1}^{\infty}\left(S_n^2 \times I_n^2\right)}\ [\mathrm{A}]$$

여기서, S_n : 통신유도계수, I_n : 영상고조파전류

마. IT Product Guideline

전력고조파에 의해 인간의 청각에 장해를 미치는 정도를 말한다.

$$\text{IT Product} = \sqrt{\sum_{n=10}^{100}(I_n \times T_n)^2}$$

여기서, I_n : 1~100차까지 차수별 전류
T_n : 전화방해 가중치 계수(Telephone Interference Weight Factor)

[표 4] IEEE Std. 519

IT Product 크기	청각 장해 정도
10,000 이하	영향이 없음
10,000~25,000	청각 장해의 가능성 있음
25,000 이상	청각 장해 발생

2.2 영상분 고조파

1. 영상분 고조파의 발생원리

가. 3상 4선식 배전계통에서 선형부하를 평형상태로 운전 시 중성선에 흐르는 전류

1) $I_{R1} = I_m \sin\omega t$, $I_{S1} = I_m \sin(\omega t - 120°)$, $I_{T1} = I_m \sin(\omega t - 240°)$로 표시한다.
2) 전류 합은 $I_{R1} + I_{S1} + I_{T1} = I_m \sin\omega t + I_m \sin(\omega t - 120°) + I_m \sin(\omega t - 240°) = 0$

참고문제

임의의 각 $\theta = 17°$일 경우 $I_m = 10$[A]라면 3상 4선의 중성선의 전류 합은?

풀이

$I_a = 10\sin 17° = 2.92$

$I_b = 10\sin(17° - 120°) = -9.74$

$I_c = 10\sin(17° - 240°) = 6.82$

$\therefore\ I_a + I_b + I_c = 2.92 - 9.74 + 6.82 = 0$

나. 3상 4선식 배전계통에서 비선형부하의 제3고조파가 유출 시 중선선에 흐르는 전류

1) $I_{R3} = I_m \sin 3\omega t$

   $I_{S3} = I_m \sin 3(\omega t - 120°) = I_m \sin 3\omega t$

   $I_{T3} = I_m \sin 3(\omega t - 240°) = I_m \sin 3\omega t$로 표시되며
2) 전류 합은 $I_{R3} + I_{S3} + I_{T3} = I_m \sin 3\omega t + I_m \sin 3\omega t + I_m \sin 3\omega t = 3I_m \sin 3\omega t$
3) 상기와 같이 영상고조파는 평형부하와 무관하게 중성선에서 스칼라 합이 되어 각상의 합인 3배의 전류가 중성선에 흐르게 된다.

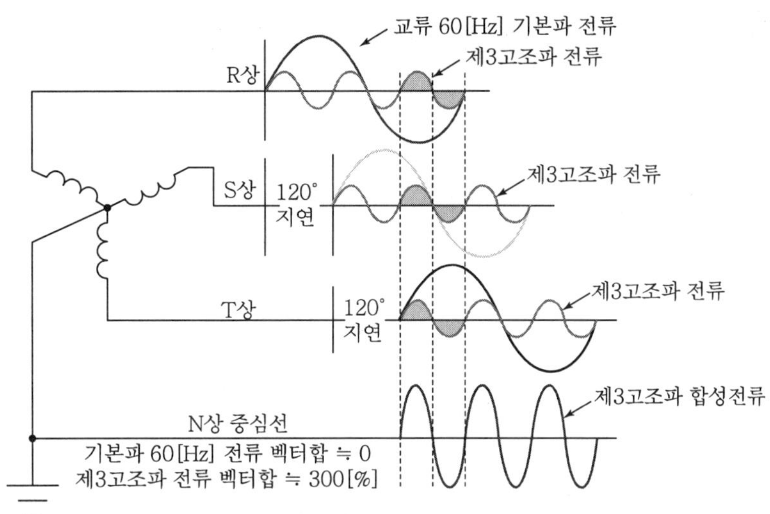

[그림 1] 제3고조파 전류 중첩의 원리

2. 고조파에 의한 영향

가. 영상분 고조파에 의한 영향

1) 중성선에 과전류 발생

가) 컴퓨터 등 전력전자소자기기의 단상부하에 의한 영상고조파 발생으로 중성선에 과대한 전류가 흐른다.

나) MCCB Trip, 케이블 및 변압기 과열 · 소손, 통신선에 유도장애가 발생한다.

2) 중성선에 전류확대현상 발생

가) 제3고조파 전류 중첩의 원리에 의하여 중성선에 전류확대현상 발생(비선형부하)

나) 변압기 및 발전기의 출력저하, 표피효과에 의해 케이블의 유효단면적을 감소시켜 과열현상이 발생한다.

3) 중성점의 전위상승

가) 중성선에 제3고조파 전류가 많이 흐르면 중성선과 대지 간에 전위차가 발생한다.

나) 정밀기기의 오동작, 전력기기의 소손 등이 발생한다.

나. 역상분 고조파에 의한 영향

역상분 고조파는 인근 전동설비에 침입 시 역상 토크를 발생시키며 특히 전력손실에 많은 영향을 미친다.

2.3 주요 기기의 영상고조파 영향 및 대책

1. 변압기

가. 변압기의 손실 증가(동손 · 철손)

1) 동손의 증가

가) 기본파 전류에 고조파 전류가 포함되면 도체의 표피효과에 의해서 동손 증가현상이 발생한다.

나) 고조파에 의해 변압기의 동손 증가는 전력손실 및 온도 상승, 변압기 용량 감소 등을 초래한다.

$$\text{동손증가율} : \varepsilon_c = \frac{\text{고조파 유입 시 동손}}{\text{기본파 여자 시 동손}} \times 100 = \frac{w_c}{w_{c1}} \times 100[\%]$$

2) 철손의 증가

가) 히스테리시스 손실과 와전류 손실의 합인 철손의 경우도 고조파 전류에 의해 손실이 증가한다. 일반적으로 히스테리시스 손실 80[%], 와전류 손실 20[%]이다.

나) 고조파에 의해 변압기의 철손증가는 절연유 및 권선의 온도 상승을 초래한다.

$$\text{철손증가율} : \varepsilon_i = \frac{\text{고조파 유입 시 철손}}{\text{기본파 여자 시 철손}} \times 100 = \frac{w_i}{w_{i1}} \times 100[\%]$$

나. 변압기 권선의 과열 및 이상소음

1) 유입변압기의 온도 상승

기본파에 의한 온도 상승 $\Delta\theta_1 = \Delta\theta_0 \times 0.717$은 고조파 전류를 제거하게 되면 약 28[%] 정도 권선 온도 상승이 감소하게 된다.

$$\text{유입변압기의 온도 상승} : \Delta\theta_0 = \Delta\theta_1 \times \left(\frac{I_e}{I_1}\right)^{1.6}$$

여기서, $\Delta\theta_0$: 온도 상승

$\Delta\theta_1$: 기본파 전류에 의한 권선온도 상승

참고문제

고조파 전류를 포함한 등가전류 800[A], 기본파 전류 650[A]인 경우 온도 상승은?

풀이

$\Delta\theta_0 = \Delta\theta_1 \times (800/650)^{1.6} = \Delta\theta_1 \times 1.394$

즉, 기본파 전류에 의한 온도 상승보다 약 39[%] 증가한다.

2) 변압기에 이상소음 발생

고조파 전류로 인한 전자기자력에 의해서 변압기가 이상진동을 일으켜 이상음을 발생시킨다.

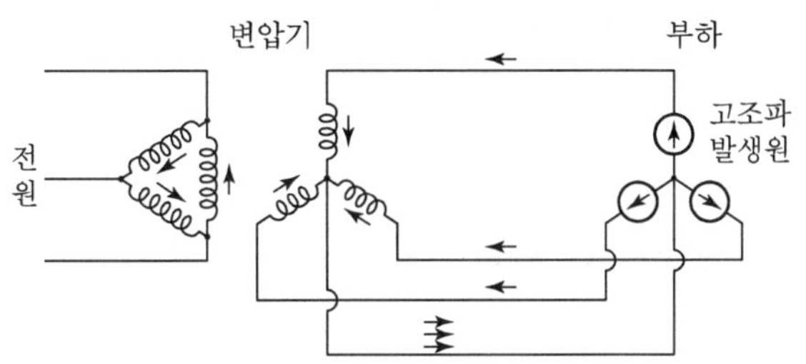

[그림 1] 영상고조파에 의한 변압기 과열

다. 변압기의 출력감소

1) 고조파에 의한 변압기용량 감소계수(THDF ; Transformer Harmonics Derate Factor)

변압기에 고조파가 함유되면 전류파형의 끝이 뾰족한 첨두파형의 형태로 되거나 과열 현상에 의하여 변압기 출력이 저하되고 THDF만큼 감소된다.

가) 삼상부하의 경우 : $\text{THDF} = \sqrt{\dfrac{P_{LL-R}[\text{pu}]}{P_{LL}}} \times 100[\%]$

$$= \sqrt{\frac{1 + P_{EC-R}[\text{pu}]}{1 + (K-Factor \cdot P_{EC-R}[\text{pu}])}} \times 100[\%]$$

(1) 정격에서 부하손 : $P_{LL-R}[\text{pu}] = 1 + P_{EC-R}[\text{pu}] + P_{OSL-R}[\text{pu}]$

(2) 부하손에 고조파 계수를 적용 : $P_{LL}[\text{pu}] = 1 + (K-Factor \times P_{EC-R}[\text{pu}])$

여기서, P_{LL} : 부하손($P + P_{EC} + P_{OSL}$: 저항손+와전류손+표류부하손)

P_{LL-R} : 정격에서의 부하손[W]

P_{OSL-R} : 정격에서의 표류부하손

P_{EC-R} : 정격에서의 권선 와전류손[W]

나) 단상부하의 경우 : THDF$=\frac{\sqrt{2}\,I_{rms}}{I_{peak}}$ 정현파에서는 출력감쇄가 없으나 제3고조파에 의한 왜형파 전류가 흐르면 40~60[%] 정도 변압기 출력이 저하하게 된다.

[표 1] 용량별 와전류손

형식	용량[MVA]	P_{EC-R}[%]
건식 · 몰드	1 미만	5.5
	1 초과	14
유입	2.5 이하	1
	2.5 초과~5 이하	2.5
	5 초과	12

[표 2] 부하 특성별 K-Factor

K-Factor	부하 특성
7	50[%] 3상 비선형부하 · 선형부하
13	100[%] 3상 비선형부하
20	50[%] 단상 · 3상 비선형부하
30	100[%] 단상 비선형부하

참고문제

변압기 손실의 종류에 대하여 설명하면?

풀이

1. 무부하손(P_{NL}) : 철손의 히스테리시스손($P_h \fallingdotseq f \cdot B_m^{1.6}$)과 와전류손[$P_e \fallingdotseq (f \cdot B_m)^2$]
2. 부하손(P_{LL}) : $P_{LL}[\text{pu}] = P + P_{EC} + P_{OSL}$
   - 저항손(P) : 부하전류의 실효값이 증가할 경우 I^2R에 따라 증가한다.
   - 와전류손(P_{EC}) : 철심 강판두께에 의한 손실, 전류 및 주파수 제곱에 비례한다.
   - 표류부하손(P_{OSL}) : 누설자속의 외함, 철심표면을 쇄교하면서 발생하는 기계적인 손실을 말한다.(손실값이 작고, 산정이 어려움)
3. 부하전류 증가율 : $K_p = \frac{I_e}{I_1} = \frac{\text{고조파 포함 실효치 전류}}{\text{기본파 전류 실효치}}$

2) 3상 정류기 부하가 몰드 변압기 1,000[kVA]에 연결되어 있는 경우 변압기 출력은

가) 위 식에서 THDF$=\sqrt{\frac{1+P_{EC-R}[\text{pu}]}{1+(K-Factor \cdot P_{EC-R}[\text{pu}])}}\times 100[\%]$

$$=\sqrt{\frac{1+0.14}{1+(13\times 0.14)}}\times 100[\%] = 63.58[\%]$$

나) 실제변압기 용량은 1,000[kVA] → 1,000×63.58[%]≒635[kVA] 고조파에 의한 손실로 실제 사용 용량은 630[kVA] 정도가 된다.

라. 자화현상

1) 고조파 전류에 의한 자속은 변압기 철심에 자화현상을 발생시키며, 손실은 주파수가 높을수록 커지게 된다.
2) 고조파 전류가 변압기에 유입되면 여자전압 왜형으로 진동이 증가하여 금속성 소음(평소보다 10~20[dB] 정도)이나 이상 고음을 발생하기도 한다.

마. 변압기 영상고조파 대책

1) K-Factor의 적용(변압기 고조파 내성 증가)
   가) K-Factor란 비선형부하들에 의한 고조파의 영향에 대하여 변압기가 과열현상 없이 전원을 안정적으로 공급할 수 있는 능력을 말한다.
   나) $K-Factor(=\dfrac{P_{eh}}{P_e})=\sum I_h[\mathrm{pu}]^2\cdot h^2$ 권선 와전류손의 영향을 수치화

$$K-Factor=\sum_{n=1}^{h}h^2\times\left(\frac{I_h}{I_1}\right)^2\Big/\sum_{n=1}^{h}\left(\frac{I_h}{I_1}\right)^2$$

여기서, P_{eh} : 기본파와 고조파 전류에 의한 와전류손
P_e : 기본파 전류에 의한 와전류손
I_h : 고조파전류(pu ; Per Unit)
h : 고조파 차수

   다) 비선형 부하들이 산재할 경우 K-Factor TR을 고려한다.

2) 고조파 부하가 많을 경우 고조파 전류 중첩에 의한 표피효과로 저항(I^2R)이 증가함에 따라 변압기 용량을 크게 하여야 한다.
3) 계통을 분리하여 고조파 부하(전동기 VVVF제어)를 전용변압기로 별도 관리한다.
4) 영상전류제거장치(NCE ; Neutral Current Eliminator)를 설치한다.
5) 수동필터, 능동필터를 설치하여 고조파를 제거한다.

2. 중성선 케이블

가. 중성선 케이블16)의 과열

1) 일반적으로 중성선의 굵기는 다른 상에 비하여 같거나 가늘게 선정하고 있는데 [그림 2]와 같이 영상분 고조파에 의하여 중성선에 많은 전류가 흐르게 되면 케이블이 과열된다.

16) 케이블의 고조파전류 환산계수는 제3고조파 전류를 기준으로 계산하고 고조파 성분이 10[%] 이상 포함되어 있는 경우에는 낮은 환산계수를 적용한다.

2) 제3고조파는 기본파의 3배인 180[Hz]의 주파수 성분을 갖기 때문에 표피효과에 의해 케이블의 유효단면적을 감소시켜 저항이 증가되어 과열현상은 더욱 확대된다.

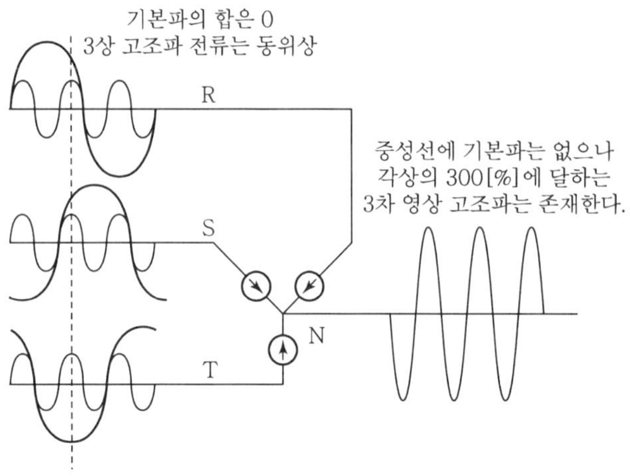

[그림 2] 영상고조파에 의한 케이블 과열

3) 교류저항은 $R_N = R_o + (1 + \lambda_s + \lambda_P)$

여기서, R_0 : 직류도체의 저항, λ_s : 표피효과계수, λ_p : 근접효과계수

도체의 발열$(P_W) = \Sigma(I_N^2 \times R_N)$에서 고조파로 인한 높은 주파수에 의하여 케이블의 교류저항은 증가하고 송전용량은 감소한다.

나. 중성선의 대지전위 상승으로 전기기기(ELB, OCGR, MCCB) 오동작

1) 중성선에 제3고조파 전류가 많이 흐르면 중성선과 대지 간의 전위차는 중성선 전류와 중성선 리액턴스에 3배의 곱이 되어 큰 전위차를 발생하고 정밀기기의 오동작, 전력기기 소손의 원인이 되고 있다.

$\therefore \ V_{N-G} = I_N \times (R + j3X_L)$

2) 전력계통에서 발생한 고조파는 인접해 있는 통신회선에 유도되어 장애를 일으킨다.

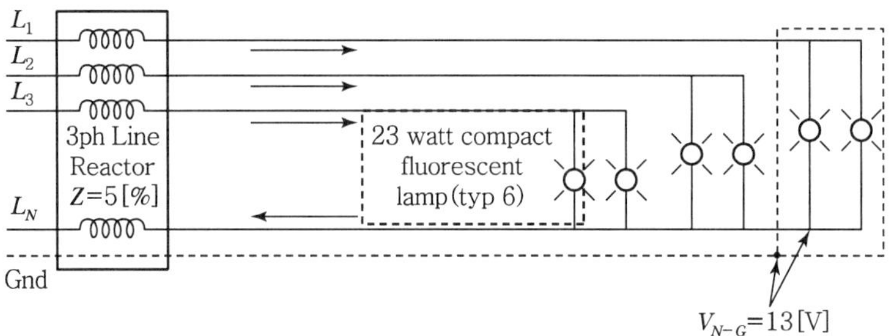

[그림 3] 영상고조파에 의한 케이블 과열

참고문제

중성선의 영상고조파 계산

풀이

$V_{N-G} = I_N \times (R + j3X_L)$에서 전류는 1[A], 저항을 무시할 경우($R \ll X_L$)의 조건에서

1. $X_L = \dfrac{23 \cdot 23}{23+23} = 11.5[\Omega]$, $3X_L = 3 \cdot (\dfrac{23 \cdot 23}{23+23}) = 34.5[\Omega]$

2. 무부하 시 전원전압을 적용($Z = 5[\%]$를 적용)

   $V_c = \dfrac{1}{1-0.05}\text{V} ≒ 1.05[\text{V}]$ ※ 직렬리액터 5[%]의 경우

   $V = 1(34.5 \times 1.05) = 36.225$ $\therefore 36.225 - 23 ≒ 13[\text{V}]$

   약 13[V]가 대지와 중성점 간에 발생

3. 부하 시 $V = 36.225 - 34.5 = 1.725[\text{V}]$

다. 영상고조파에 의한 역률 저하로 출력감소(변압기, 발전기)

1) 일반적으로 역률이라 하면 리액턴스 성분만을 고려하여 $pf = \cos\theta$라 하지만 비선형 부하에서는 고조파 전압과 고조파 전류에 의한 왜곡전력도 무효분으로 3차원적으로 해석해야 한다. 즉, 리액턴스 성분에 의한 무효분이 작더라도 왜곡전력이 크면 무효분이 증가하여 역률이 저하된다.

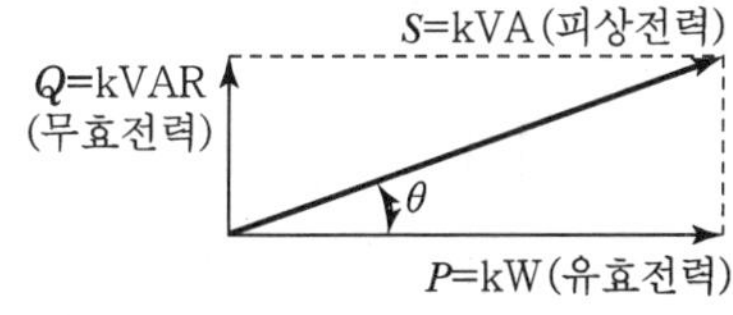

$$pf = \frac{P}{S} = \frac{\text{kW}}{\text{kVA}} = \cos\theta$$

$$S = \sqrt{P^2 + Q^2}$$

$$\text{kVA} = \sqrt{\text{kW}^2 + \text{kVAR}^2}$$

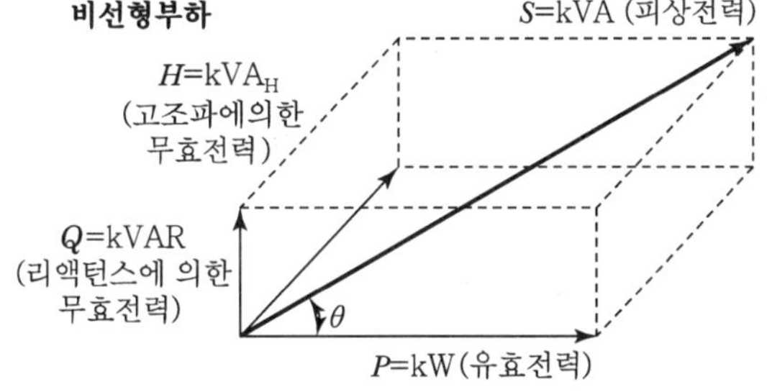

$$pf = \frac{P}{S} = \frac{\text{kW}}{\text{kVA}} \neq \cos\theta$$

$$S = \sqrt{P^2 + Q^2 + H^2}$$

$$\text{kVA} = \sqrt{\text{kW}^2 + \text{kVAR}^2 + \text{kVA}_H^2}$$

[그림 4] 영상고조파 전류에 의한 역률 저하

2) 부하별 역률 벡터

가) 선형부하 : $pf = \frac{P}{S} = \frac{\text{kW}}{\text{kVA}} = \cos\theta$, $S = \sqrt{P^2 + Q^2}$

나) 비선형부하 : $pf = \frac{P}{S} = \frac{\text{kW}}{\text{kVA}} \neq \cos\theta$, $S = \sqrt{P^2 + Q^2 + H^2}$

여기서, S : 피상전력[kVA]
P : 유효전력[kW]
Q : 무효전력[kVAR]
H : 고조파에 의한 무효전력[kVA_H]

다) "선형부하의 피상전력 < 비선형부하의 피상전력"이므로 비선형부하의 역률이 저하한다.

라. 통신선의 유도장애 현상으로 통신선의 잡음이 증가한다.

마. 중성선 영상고조파 전류대책

1) 영상고조파 전류의 저감 원리

가) 철심에 2개의 권선을 서로 반대방향으로 감은 Zig-Zag결선 구조로 영상전류 위상을 상호 반대로 하여 소멸시키고 정상과 역상전류는 벡터합성을 크게 한 것

나) 즉, 영상임피던스는 작게 하여 영상전류를 NCE로 잘 흐르게 하고 정상 및 역상 임피던스는 크게 하여 정상 · 역상전류가 NCE로 흐르지 않게 한 것이다.

2) 영상전류제거장치(NCE ; Neutral Current Eliminator) 구성도

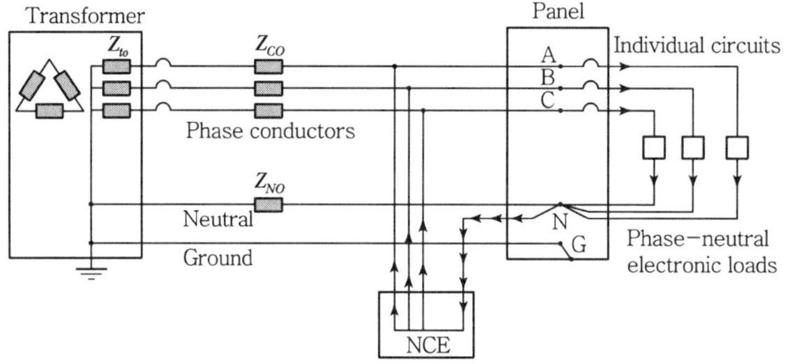

[그림 5] NCE의 회로연결 구성도

3) 능동전압조정기(AV ; Active Voltage Conditioner)

발전기 및 기타 전원의 전압을 입력 전압의 변동 혹은 부하변동에 상관없이 요구된 한도 내로 자동전압을 유지하는 기능의 조정장치

3. 발전기

가. 발전기에 미치는 영향

1) 계자권선과 제동권선의 손실증가로 온도를 상승시킨다.
2) 발전기 자체의 댐퍼권선의 온도가 상승하게 되어 손실이 증가한다.
3) 자동전압조정기(AVR)로 점호위상제어를 하고 있을 경우 위상이 변동하여 동작이 불안정하다.

나. 고조파 발생부하의 대책

1) 발전기 리액턴스가 적은 대형발전기를 적용한다.
2) 부하 측에 정류상수를 많게 한다.
3) 필터를 설치하여 임피던스를 분류한다.
4) 발전기의 용량을 부하용량보다 2배 이상 크게 한다.

4. 콘덴서

가. 콘덴서에 미치는 영향

1) 공진현상이 발생하며 고조파가 확대된다.

2) 콘덴서 전류 실효값이 증가한다.

가) 제5고조파가 발생하며 전원 측으로 유출될 경우

(1) X_C(용량성 임피던스)는 $X_C = \frac{1}{2\pi f C} \propto \frac{1}{f}$로 $\frac{1}{5}$배로 줄고,

(2) X_L(유도성 임피던스)는 $X_L = 2\pi f L \propto f$로 5배로 증가한다.

즉, 고조파 전류는 임피던스가 낮은 콘덴서로 유입되어 과열의 원인이 된다.

나) 콘덴서 유입전류 $= \sqrt{(\text{기본파 전류: 콘덴서 정격전류})^2 + (\text{고조파 전류})^2}$

3) 콘덴서 단자전압이 상승한다.

가) 고조파가 유입 시 콘덴서 단자 전압은 $V = V_1\left(1 + \sum_{n=2}^{n} \frac{1}{n} \cdot \frac{I_n}{I_1}\right)$

나) 콘덴서 내부소자가 직렬리액터 내부 층간절연 및 대지절연 파괴가 우려된다.

4) 콘덴서 실효용량이 증가한다.

가) 고조파 유입 시 콘덴서 실효용량은 $Q = Q_1\left[1 + \sum_{n=2}^{n} \frac{1}{n} \cdot \left(\frac{I_n}{I_1}\right)^2\right]$

나) 유전체 손실이 증가하고, 내부소자의 온도 상승이 커져 콘덴서 열화를 촉진한다.

PART 04 배전설비

5) 고조파 전류에 의해 손실이 증가한다.

나. 고조파 발생부하의 억제대책

1) 직렬리액터가 없는 콘덴서의 경우

가) 직렬리액터를 부착한 콘덴서로 할 것

나) 합성전류의 실효값이 정격전류의 135[%] 이내로 규정되어 있다.

2) 직렬리액터가 있는 콘덴서의 경우

가) 고조파 유입량이 정격전류의 120[%] 이하(전압은 115[%] 이상 되면 소손됨)로 하고 전압 왜곡률이 3.5[%] 이하가 되어야 한다.

나) 저압 측에 설치하는 경우 자동역률조정장치를 취부한다.

전압 구분	최대사용전류	
	직렬리액터가 없는 경우	직렬리액터가 있는 경우
저압회로용	130[%] 이하	120[%] 이하
고압회로용	고조파 포함 135[%] 이하	고조파 포함 120[%] 이하
특고압회로용	고조파 포함 135[%] 이하	고조파 포함 120[%] 이하

3) 전력용 콘덴서의 사용을 최대한 억제하고 유도전동기 대신 동기전동기를 사용한다.

CHAPTER 02 필수예제

예제 01 전류가 1[H]의 인덕터를 흐르고 있을 때 인덕터에 축적되는 에너지[J]는 얼마인가?(단, $i = 5 + 10\sqrt{2}\sin 100t + 5\sqrt{2}\sin 200t[\mathrm{A}]$이다.)

풀이

1. 전류의 실효값

$$I = \sqrt{I_0^2 + \left(\frac{I_{m1}}{\sqrt{2}}\right)^2 + \left(\frac{I_{m2}}{\sqrt{2}}\right)^2 + \cdots\cdots + \left(\frac{I_{mn}}{\sqrt{2}}\right)^2}$$ 에서

$$I = \sqrt{5^2 + 10^2 + 5^2} = \sqrt{150}\,[\mathrm{A}]$$

2. 축적에너지

$$\therefore\ W_L = \frac{LI^2}{2}$$ 에서 $$W_L = \frac{150}{2} = 75[\mathrm{J}]$$

예제 02 C[F]인 용량을 $v = V_1\sin(\omega t + \theta_1) + V_3\sin(3\omega t + \theta_3)$인 전압으로 충전할 때 몇 [A]의 전류(실효값)가 필요한가?

풀이

1. C인 용량을 v전압으로 충전할 때 전류

$$i = \frac{v}{\frac{1}{\omega C}} = \omega Cv$$ 에서

2. 전류의 실효값

$$i = \omega CV_1\sin(\omega t + \theta_1 + 90°) + 3\omega CV_3(3\omega t + \theta_3 + 90°)$$ 에서

$$I = \sqrt{\frac{(\omega CV_1)^2 + (3\omega CV_3)^2}{2}}$$ 에서

$$I = \frac{\omega C}{2}\sqrt{V_1^2 + 9V_3^2}\,[\mathrm{A}]$$

예제 03 기본파의 80[%]인 제3고조파와 60[%]인 제5고조파를 포함하는 전압파의 왜형률은?

+풀이

1. 왜형률

$$\text{왜형률} = \frac{\text{전 고조파의 실효값}}{\text{기존파의 실효값}} = \frac{\sqrt{V_3^2 + V_5^2}}{V_1}$$

2. 전압파의 왜형률

$$\text{왜형률} = \sqrt{\left(\frac{V_3}{V_1}\right)^2 + \left(\frac{V_5}{V_1}\right)^2} = \sqrt{\left(\frac{80}{100}\right)^2 + \left(\frac{60}{100}\right)^2} = 1$$

예제 04 비정현파 기전력 및 전류의 값이 아래와 같을 때 전력[W]은?

$v = 100\sin\omega t - 50\sin(3\omega t + 30°) + 20\sin(5\omega t + 45°)[\text{V}]$

$i = 20\sin(\omega t + 30°) + 10\sin(3\omega t - 30°) + 5\cos 5\omega t[\text{A}]$

+풀이

1. 전력계산을 위해 i를 변형하면

$i = 20\sin(\omega t + 30°) + 10\sin(3\omega t - 30°) + 5\sin(5\omega t + 90°)[\text{A}]$

2. 전력(유효전력)

$$P = V_0 I_0 + \sum_{n=1}^{\infty} V_n I_n \cos\theta_n \cdots\cdots\cdots\cdots\cdots \text{ 비정현파의 유효전력}$$

$P = V_1 I_1 \cos\theta_1 + V_3 I_3 \cos\theta_3 + V_5 I_5 \cos\theta_5$ 에서

$$P = \frac{100}{\sqrt{2}} \cdot \frac{20}{\sqrt{2}} \cos 30° - \frac{50}{\sqrt{2}} \cdot \frac{10}{\sqrt{2}} \cos 60° + \frac{20}{\sqrt{2}} \cdot \frac{5}{\sqrt{2}} \cos 45°$$

$$= \frac{2{,}000}{2} \cdot \frac{\sqrt{3}}{2} - \frac{500}{2} \cdot \frac{1}{2} + \frac{100}{2} \cdot \frac{1}{\sqrt{2}} = 776.4[\text{W}]$$

3. 전압의 실효값과 전류의 실효값은

$$V = \sqrt{V_1^2 + V_3^2 + V_5^2} = \sqrt{\frac{100^2 + 50^2 + 20^2}{2}} = \sqrt{\frac{12{,}900}{2}}$$

$$I = \sqrt{I_1^2 + I_3^2 + I_5^2} = \sqrt{\frac{20^2 + 10^2 + 5^2}{2}} = \sqrt{\frac{525}{2}}$$

예제 05 $R-L$ 직렬회로에서 $v=V_0+\sqrt{2}\,V_1\sin\omega t+\sqrt{2}\,V_3\sin 3\omega t$ 전압을 인가하는 경우 회로에 흐르는 전류의 실효값과 전력을 계산하시오.

+풀이

1. 전류값

$$i=\frac{V_0}{R}+\frac{\sqrt{2}\,V_1}{\sqrt{R^2+\omega^2L^2}}\sin(\omega t-\theta_1)+\frac{\sqrt{2}\,V_3}{\sqrt{R^2+(3\omega L)^2}}\sin(3\omega t-\theta_3)$$

여기서 $\theta_1=\tan^{-1}\frac{\omega L}{R}$, $\theta_3=\tan^{-1}\frac{3\omega L}{R}$ 이며

2. 전류의 실효값

$$I=\sqrt{\left(\frac{V_0}{R}\right)^2+\frac{V_1^2}{R^2+(\omega L)^2}+\frac{V_3^2}{R^2+(3\omega L)^2}}$$

3. 전력값

$$P=I^2R=\frac{V_0^2}{R}+\frac{V_1^2R}{R^2+(\omega L)^2}+\frac{V_3^2R}{R^2+(3\omega L)^2}$$

CHAPTER

03 보호계전

3.1 보호계전시스템

1. 보호계전시스템

가. 구성 및 구비 조건

보호계전시스템의 기본적인 기능으로 정확성(확실성), 신속성, 선택성을 들 수 있다.

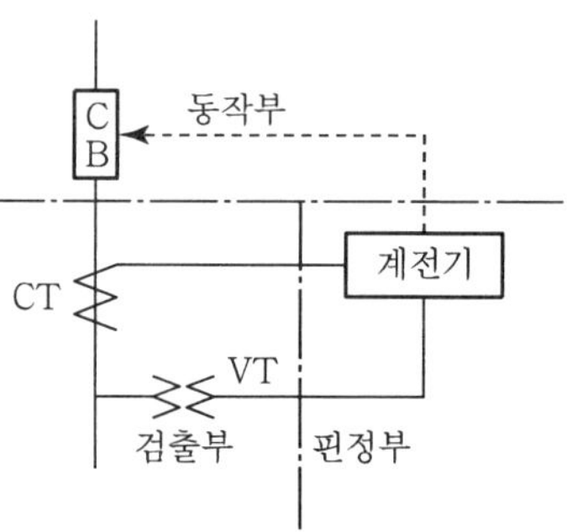

[그림 1] 보호계전시스템

1) 구성

기본적인 기능을 중심으로 검출부, 판정부, 동작부로 구성한다.

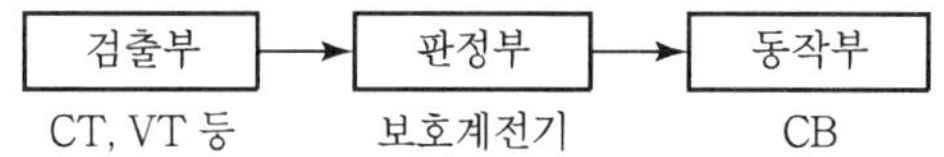

2) 구비조건

보호계전기는 중요도에 따라 고속도 동작으로 전력계통의 과도안정도를 유지할 것

가) 정확성 : 고장개소를 정확하게 검출하여 제거하는 기능이며, 질적 능력을 나타낸다.

나) 신속성 : 사고회선을 신속하게 검출하여 제거하는 기능이며, 양적 능력을 나타낸다.

다) 선택성 : 고장회선만을 선택하여 제거하는 정전범위를 최소한으로 하는 기능이며, 응동(應動) 판별한다.

나. 보호계전시스템 선정 시 일반사항

1) 계통사고에 대해 완전보호하고 각종 계기손상을 최소화한다.

2) 사고구간을 고속도 선택 차단하여 사고파급을 최소화한다.

3) 불필요한 정전시간을 방지하여 전력계통 안정도를 향상한다.

3.2 보호계전기 정정

1. 보호계전기 정정기준

가. 수전회로용 보호계전기의 정정

1) 단락보호

가) 한시 Tap : 수전계약 최대전력의 120~150[%]에 정정한다.

나) 한시 Lever : 수전변압기 중 가장 큰 용량의 변압기 2차 3상 단락전류에 0.6초 이내에 동작하도록 선정한다.

다) 순시 Tap : 수전변압기 중 가장 큰 용량의 변압기 2차 3상 단락전류의 150~200[%]에 정정한다.

2) 지락보호

가) 한시 Tap : 수전계약전류의 30[%] 이하로써 평시 부하불평형 전류의 1.5배 이상에 정정한다.

나) 한시 Lever : 수전보호구간 최대 1선 지락고장전류에서 0.2초 이하로 선정한다.

다) 순시 Tap : 후위계전기와 협조가 가능하고 최소치에 정정한다.

3) 부족전압보호

가) 한시 Tap : 정격전압의 75[%] 정도에 정정한다.

나) 한시 Lever : 정정치의 70[%] 전압에서 2.0초 정도로 조정한다.

4) 과전압보호

가) 한시 Tap : 정격전압의 110[%]에 정정한다.

나) 한시 Lever : 정정치의 150[%] 전압에서 2.0초 정도로 조정한다.

나. 변압기 보호계전기 정정

1) 단락보호

가) 한시 Tap : 변압기정격전류의 120~150[%]에 정정한다.

나) 한시 Lever : 변압기 2차 3상 단락전류에 0.6초 이내에 동작하도록 선정한다.

다) 순시 Tap : 변압기 2차 3상 단락전류의 150~200[%]에 정정한다.
(변압기 여자돌입전류에 동작하지 않도록 정정)

2) 지락보호

가) 한시 Tap : 변압기 정격전류의 30[%] 이하에 정정한다.

나) 한시 Lever : 수전보호구간 최대 1선 지락고장전류에서 0.2초 이하로 선정한다.

다) 순시 Tap : 돌입불평형 전류에 오동작하지 않는 최소치에 정정한다.

3) 비율차동보호

가) 비율 Tap : 최대 외부 사고 시 발생 가능한 오차를 검토하여 30~40[%]에 정정한다.

나) 순시 Tap : 전류보상 Tap의 100[%]에 정정한다.

다. 콘덴서 보호계전기의 정정

1) 단락보호

가) 한시 Tap : 계통에 고조파가 함유된 경우 135[%]까지 전류가 흐른다. 따라서 콘덴서 정격전류의 140[%]에 정정한다.

➲ 콘덴서에 직렬리액터가 있는 경우 정격전류의 120[%]까지 견딜 수 있도록 제작되므로 콘덴서 최대부하전류의 120[%]에 Setting(정정)한다.

나) 한시 Lever : 돌입전류에 동작하지 않는 최소치에 선정한다.

다) 순시 Tap : 콘덴서 투입 시 돌입전류에 오동작하지 않도록 500[%] 이상에 정정하며, 계통의 말단이므로 최소고장전류에 동작하도록 정정한다.

2) 지락보호

계통의 말단이므로 오동작하지 않는 최소치에 정정한다.

3) 한류 Fuse 보호방식(PF)

정격전류는 135[%]×1.1=148[%] 통전능력의 PF를 적용한다.

4) 과전압보호

가) 콘덴서의 최고허용전압은 정격전압의 110[%]이다.

나) 6[%] 직렬리액터를 설치 시 모선전압은 104[%]까지 상승하게 되며, 계통정격전압의 115~120[%]로 정정한다.

5) 저전압보호

정격전압의 70~75[%] 정도에 정정한다.

라. 전동기 보호계전기의 정정

1) 과부하 및 단락보호

가) 한시 Tap : 전동기 정격전류의 115[%]에 정정한다.

나) 한시 Lever : 기동방식에 따라 기동전류 및 기동시간을 고려해야 하며, 기동전류에 계전기는 구동하지만 차단기는 동작하지 않도록 선정한다.

다) 순시 Tap : 기동전류의 150[%]에 동작하도록 정정한다.

2) 지락보호

계통의 말단부하이므로 오동작하지 않는 최소치에 정정한다.

마. 동작정정 및 CT 선정

1) 동작전류의 정정

가) 내부사고의 최소 고장전류에서도 확실히 동작할 것 : 모든 계전기는 정정 탭 근방의 입력전류에서 정정 값에 따라 동작시간이 오래 걸린다.

나) 외부사고 시 오차전류에 동작하지 않을 것 : 외부사고 시 CT 특성차로 인한 오차전류에 의하여 동작하지 않아야 한다.

2) 동작시간의 정정

가) 기기의 손상경감과 계통 안정도라는 측면에서 되도록 고속으로 고장차단이 필요하다.

나) 모선은 전력계통의 연계점이므로 계통의 안정도 측면에서 고속차단되어야 한다.

다) 고저항 접지계통의 지락보호계전기는 단락보호와 비교하여 고감도로 할 필요가 있다.

라) 계전기의 동작시간이 빠른 경우 신뢰도가 떨어질 수 있다.

3) 한시정정(유도 원판형 계전기의 경우)

가) 시간협조를 할 경우 한시계전기를 이용한다.

나) 단락 및 과전류 계전기의 한시정정은 최대고장전류에서 결정한다.

다) 지락과전류계전기의 한시정정은 최대영상전압에서 결정한다.

라) 보호계전기의 협조시간(T) : $T = B + O + N$

여기서, B : 전방 차단기 동작시간
O : 차단 후 계전기 원판의 관성회전시간
N : 안전시간(여유시간)

4) CT의 선정방법

가) 1차 정격전류와 과전류 정수를 곱한 값이 최대사고전류보다 커야 한다.

$I_R \times n > I_S$

여기서, I_R : CT 1차 정격전류, n : 과전류 정수, I_S : 최대사고전류

(1) CT 정격부담이 CT에 걸리는 부담보다 커야 한다.

(2) CT의 포화를 감안하여 과전류 정수나 정격부담에 여유를 두어야 한다.

(3) 전류차동방식 또는 전압차동방식에서는 변류기를 통일하여야 한다.

나) 위의 여러 가지 점을 고려하면 모선 보호용 CT는 단독으로 하는 것이 좋다.

다) CT의 설치위치는 출력 차단기의 선로 측에 설치하는 것이 좋다.

>>참고 수용가 수전설비의 보호 계전기 정정지침(한국전력)

구분	용도		동작치 정정	비고
과전류 계전기 (OCR)	단락 보호	한시 요소	• 최대계약전력(설비용량)의 150~170% • 전기로, 전철 등 변동부하는 200~250%	• 수전변압기 2차 3상 단락 시 0.6초 이하 • 최소고장전류에 동작
		순시 요소	수전변압기 2차 3상 단락전류의 150%(또는 정격전류의 200~250%)	최대 고장전류에서 0.05초 이하
지락과전류 계전기 (OCGR)	지락 보호	한시 요소	• 수전변압기 정격전류의 30% 이하 • 3상 불평형 전류의 1.5배 이상	• 완전지락 시 0.2초 이하 • 최소 고장전류에 동작
		순시 요소	최소치(30% 이상)에 정정	최소 고장전류에서 0.05초 이하
과전압계전기 (OVR)	과전압방지		정격전압의 130%에 정정	정격치와 150% 전압에서 2초 정도 정정
저전압계전기 (UVR)	저전압 또는 무전압 방지		정격전압의 70%에 정정	정정치의 70% 전압에서 2초 정도 정정
방향지락 계전기(SGR)	지락보호		표준규격의 경우 별도의 정정을 요하지 않음	표준규격의 경우 별도로 정정하지 않음
지락과전압 (OVGR)	지락보호		• 수용가 모선 1선 완전 지락 시 계전기에 인가되는 최대 영상전압의 30% 이하 • 상시 최대 영상잔류전압의 150% 이상	한시정정은 모선 1선 완전지락 시 2~3초

2. 과전류계전기(OCR)의 정정

부하전류(계약전류)를 산출한다.

가. 부하전류 $= \dfrac{\text{부하전력(계약전력)}}{\sqrt{3} \times \text{수전전압[kV]} \times \text{역률}}$

나. 부하전류를 변류기(CT)의 2차 과전류계전기의 전류 탭으로 정정한다.

$$\text{전류탭} = \text{부하전류} \times \frac{1}{\text{CT비}} \times \alpha$$ (순시요소분 : 5~15, 유도형 동작분 : 1.1~1.5)

참고문제

계약전력 300[kVA], 수전전압 6.6[kV], 역률 0.9, CT비 50/5[A]이고, 유도형 동작분은 정한시 부분에 1초 이하, 순시요소분은 0.02초 이하일 경우 과전류 계전기의 한시 정정값은?

+풀이

1. 부하전류 $I=\dfrac{300}{\sqrt{3}\times6.6\times0.9}=29.2[\mathrm{A}]$
2. OCR 유도형 동작분(α=1.5 경우)

   전류탭=$29.2\times\dfrac{5}{50}\times1.5=4.4[\mathrm{A}]$ ∴ 4[A] Tap에 정정
3. OCR 순시요소분(α=15 경우)

   전류탭=$29.2\times\dfrac{5}{50}\times15=43.8[\mathrm{A}]$ ∴ 40[A] Tap에 정정

3. 지락과전류계전기(OCGR)의 정정

가. 지락사고 보호

1) 3상 4선식 다중접지방식에서는 부하불평형으로 인한 오동작을 방지하고 감도를 높이기 위해 통상 최대정격전류 또는 최대부하전류의 30[%] 정도로 정정한다.
2) 3상 4선식 저항접지방식에서는 최대지락전류의 30[%] 정도에서 동작하도록 정정한다.

나. 22.9[kV] 3상 4선식 회로

지락전류를 100[A]로 제한하기 위하여 변압기 중성점에 저항(NGR)을 설치한 직접접지계통에서 지락전류 검출방법 및 OCGR 정정값은?(단, OCGR의 최소탭은 0.5이다.)

1) CT비가 300/5인 경우

   가) 정정 Tap=지락전류$\times0.3\times\dfrac{1}{\text{CT비}}=100\times0.3\times\dfrac{5}{300}=0.5[\mathrm{A}]$

   나) 0.5[A]가 계전기에 입력되어 지락 시 30[%] 보호가 가능하다.

2) CT비가 400/5인 경우(Y결선 잔류회로 검출방법)

   가) 정정 Tap=지락전류$\times0.3\times\dfrac{1}{\text{CT비}}=100\times0.3\times\dfrac{5}{400}=0.375[\mathrm{A}]$

   나) 0.375[A]가 계전기에 입력되어 지락 시 30[%] 보호가 불가능하여 재검토가 필요하다.

3) CT비가 100/5[A]로 3권선 CT를 사용하는 경우

   가)정정 Tap=지락전류$\times0.3\times\dfrac{1}{\text{3권선 CT비}}\times\dfrac{1}{3}=100\times0.3\times\dfrac{5}{100}\times\dfrac{1}{3}=0.5[\mathrm{A}]$

   나) 0.5[A]가 계전기에 입력되어 지락 시 30[%] 보호가 가능하다.

4) 결론적으로 저항접지 계통에서 CT비가 300/5[A] 이상이면 잔류회로 검출방법으로는 3권선 CT를 이용하여 지락과전류 계전기를 동작시켜야 한다.

참고문제

3상 4선식 회로에 접속된 변압기가 3상 1,000[kVA]이고 계기용 변류기(CT비 : 40/5[A])를 결선하여 그 잔류회로에 지락계전기를 접속할 경우 이 지락계전기의 정정 탭값은?

+풀이

1. 정정 Tap= $\frac{\text{kVA}}{\sqrt{3}\times\text{kV}}\times 30[\%]\times\frac{1}{\text{CT비}}=\frac{1,000}{\sqrt{3}\times 22.9}\times 0.3\times\frac{5}{40}=0.945[\text{A}]$
2. 보통 유도형 지락과전류 계전기의 정정 Tap은 0.5－0.7－1.0－1.5－2.0[A]의 Tap를 가지고 있으므로 이 경우 1[A] Tap을 사용하는 것이 좋다.

3.3 비율차동계전기 정정

1. e_1(변압기 Tap Changer의 전압조정)

변압기 탭변환의 전압조정범위가 ±10[%]일 때 1차 전압을 +10[%]로 조정하면 2차 전압이 일정하므로 1차 전류만 10[%] 감소한다. 따라서 이 감소한 전류 10[%]는 고장이 아니므로 비율차동계전기는 동작하지 않는다.

$$e_1=\frac{\text{maxTap}-\text{minTap}}{2\cdot\text{meanTap}}\times 100[\%]$$

예 154[kV], ±10[%] 경우 $e_1=\frac{154\times 1.1-154\times 0.9}{2\times 154}\times 100=10[\%]$

2. e_2(CT 전류비의 차이 : 전류비 부정합)

가. 변압기 1차 전류 100[A] CT 150/5[A], 변압기 2차 전류 500[A] CT 600/5[A] 경우

1) 1차 입력전류 $i_1=100\times\frac{5}{150}=3.33[\text{A}]$
2) 2차 입력전류 $i_2=500\times\frac{5}{600}=4.17[\text{A}]$
3) 1, 2차 입력에서 0.84[A]

   즉, $\frac{4.17-3.33}{4.17}\times 100=20.1[\%]$ 전류차가 발생한다.

나. Inter-posing CT 또는 보조 CT를 사용하여 전류 부정합률이 5[%] 이내가 되도록 조정

$$탭\ 부정합률[\%] = \frac{변류기\,2차\,전류의\,비 - 정정탭의\,비}{정정탭의\,비} \times 100$$

1) 이때 보조 CT의 권선비 $n = \frac{i_1}{i_2} = \frac{3.33}{4.17} = 0.798 \fallingdotseq 0.8$

2) 보조 CT는 반드시 큰 전류를 적은 전류로 변환하는 방향으로 사용하여야 한다.

3. e_3(CT 과전류 영역에서의 오차)

가. 예를 들어 CT 과전류 정수를 10이라 하면 CT 1차 정격전류의 10배인 전류가 흐를 때 CT 2차 전류에는 −10[%] 오차가 발생한다.

나. 과전류 정수 이내의 사고전류에서는 오차가 대체로 10[%] 상한값이 된다. 따라서 외부사고나 CT의 오차로 인하여 비율차동계전기가 동작해서는 안 된다.

4. e_4(유도(裕度))

Safety Margin으로서 대체적으로 5~10[%] 정도를 말한다.

5. 비율차동계전기의 정정

가. 정정 비율은 $E = e_1 + e_2 + e_3 + e_4$가 된다.

나. 비율탭 선정 예시 : OLTC에 의한 부정합 10[%], 변류비 부정합 5[%], 변류기 오차 5[%], 기타 오차 5[%]를 적용해서 합이 25[%] 이상의 탭을 선정한다.

다. 일반적으로 변압기 보호용에는 25~50[%]의 것이 사용된다.

CHAPTER 03

필수예제

예제 01 다음 그림과 같이 퓨즈, 변압기, 차단기들로 구성된 계통이 있다. 각 변압기들 간의 보호협조관계를 시간-전류곡선을 그려서 설명하시오. **〈59회 발송배전기술사〉**

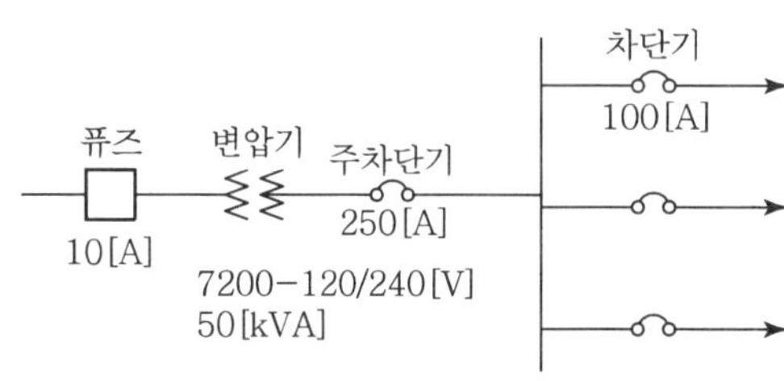

+풀이

그림과 같은 PF-CB형 고압수전설비의 보호협조에 대하여 설명하면 다음과 같다.

1. 퓨즈의 정격전류 및 차단용량

   3상 변압기로 간주하고 변압기의 정격전류를 구하면

   $I = \dfrac{50}{\sqrt{3}\times 7.2} = 4[\mathrm{A}]$

   퓨즈의 정격전류는 변압기의 최대전류 이상으로 적어도 4[A]×1.5=6[A] 이상으로 하면 되므로 그림에서 10[A] 선정은 타당하다.

   또한, 전원 측(수전점)의 고장 단락 용량을 7.2[kV] 선로에서 150[MVA]로 가정하면 퓨즈의 차단용량은 250[MVA](20[kA]) 이상이면 적당하다.

2. 변압기의 여자돌입전류

   변압기의 정격전류의 10배에서 0.1[sec]로 하면 4[A]×10=40[A]의 0.1초에 상당한다.

3. 변압기의 단락 강도

   저압 측 차단기 1차 측과 변압기 간의 고장전류는 고압 측 퓨즈에서 차단하지 않으면 안 되므로 50[kVA] 변압기의 %임피던스를 3.5[%]로 하면 저압 측 단락전류는 고압 측으로 환산하여

   $I_s = \dfrac{100}{0.03+3.5}\times 4[\mathrm{A}] = 113[\mathrm{A}]$가 된다.

   ※ 전원의 %임피던스를 150[MVA] 기준으로 환산하면

$$\%Z = \frac{50}{150,000} \times 100 = 0.03[\%]$$

변압기의 단락강도는 정격전류의 약 25배에서 2[sec]를 기준으로 하여 4[A]×25=100[A]에 2초, 따라서 그 이하에서 퓨즈가 차단되면 변압기 보호는 가능하다.

4. 변압기 주 차단기와 분기차단기의 보호협조

일반적으로 저압계통에서 단락전류가 10[kA] 이상일 때 후비보호를 위한 단락보호협조방식은 경제성을 고려하여 캐스케이드 차단방식을 사용한다. 문제에서는 변압기 용량이 작고, 단락전류도 10[kA] 이하이므로 선택차단방식을 채택한다.

저압계통의 단락 전류

$$I_s = \frac{100}{\%Z} I_n = \frac{100}{0.03 + 3.5} \times \frac{50}{\sqrt{3} \times 0.24} = 3.4[\text{kA}]$$

여기서, $\%Z = 0.03 + 3.5$(전원 측으로 본 임피던스), $I_n = \frac{50}{\sqrt{3} \times 0.24} = 120.3[\text{A}]$

5. 시간-전류곡선

보호협조 관계를 고려하여 시간-전류곡선을 표시하면 다음 그림과 같다.

그림에서 주 차단기 2차 측 단락고장에 대하여 퓨즈의 협조가 충분히 만족되고 있다. 또한 전원 측의 배전용 변전소 OCR특성보다 퓨즈의 차단특성이 좌측에 있으므로 보호협조는 충분하며, 퓨즈의 차단전류는 20[kA](250[MVA])이므로 차단용량도 충분함을 알 수 있다.

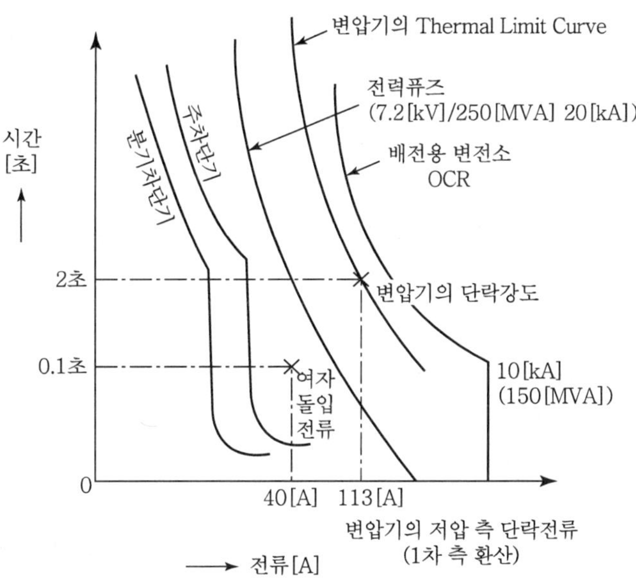

(주) 전력퓨즈는 $I-t$ 특성에 단시간 허용전류특성(단시간 허용특성), 용단시간특성, 차단전류 시간특성(차단특성)이 있으나, 그림에서는 1개의 실선으로 표시하였음

예제 02 그림의 고압배전회로에서 보호협조에 대해 기술하시오. **〈58회 건축전기설비기술사〉**

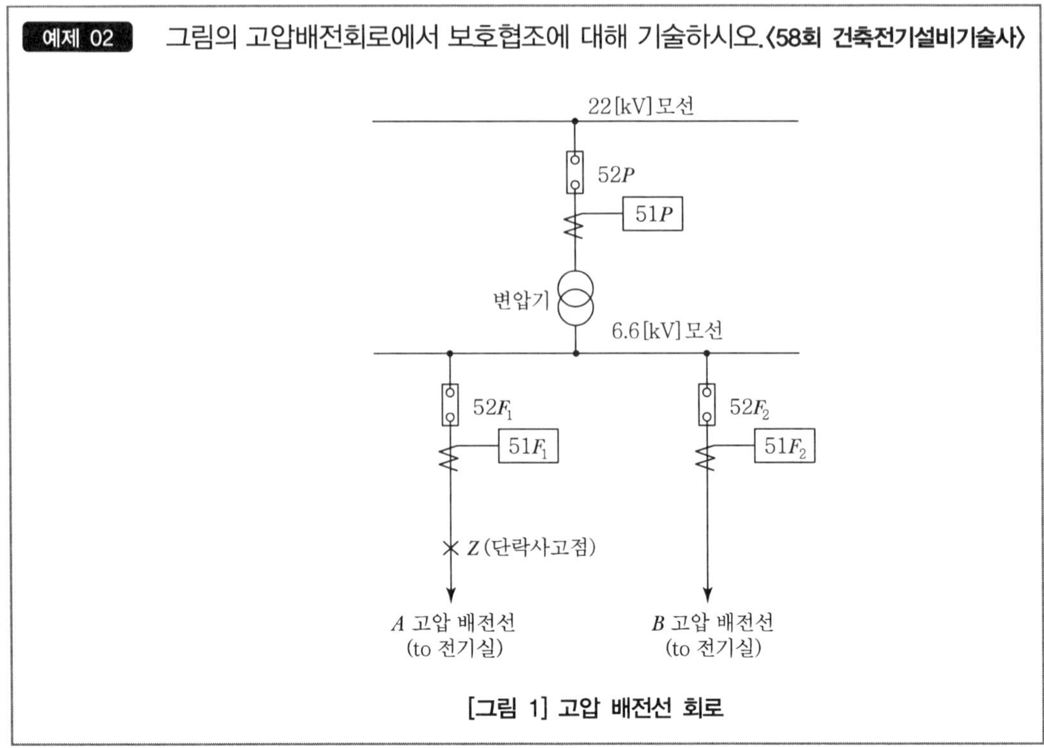

[그림 1] 고압 배전선 회로

+풀이

1. 개요
   1) 과전류 계전기는 중소형 변압기에서는 내부 고장보호에 사용하고 대형 변압기에서는 주로 후비 보호(Back Up)로 사용된다. 과전류 계전기가 너무 예민하면 변압기의 허용 과부하 운전이 불가능하게 되고 지나치게 늦게 정정되면 보호가 되지 않는다.
   2) 자가용 전기설비에서는 과부하 운전을 하는 경우가 그리 많지 않다. 변압기에 있어서는 150[%] 운전이 30분 정도 가능하므로 대체로 변압기 1차 측은 정격 전류의 150[%] 내지 200[%] 정도로 정정한다.

2. 순시 정정은 다음 조건에 따라 정정한다.

   변압기의 무부하 돌입 전류를 I_{IN}, 변압기 2차 측 최대 단락 전류(1차 측으로 환산한 값)를 I_{s1}, 변압기 1차 측 CT의 과전류 정수를 n이라 할 때

   1) 변압기 1차 측 정정값 I는 다음의 3가지 조건을 만족하도록 정정한다.

   $I > I_{IN}$

   $I \geq (1.3 \sim 2.0) I_{s1}$

   $\dfrac{I}{I_R} \leq n$

2) I_R은 변압기 1차 측 CT의 1차 측 정격전류, 순시값은 ANSI/IEEE에 의하면 일반적으로 변압기 2차 측 최대 단락전류의 1.25 내지 2.0배를 정정값으로 하되, 1.75배를 권장값으로 하고 있다. 이는 변압기 2차 측 최대 고장 전류에 대하여 변압기는 아무 손상을 받지 않고 2초간 견디는 정격값이다. 위에서 1.3배로 한 것은 변압기 2차 단락 시 1, 2차 CT 및 계전기 등의 종합오차를 20[%], 여유 10[%]를 감안한 값이다.

3. 변압기의 과부하 보호는

변압기 2차 측의 각 피더에 설치되어 있는 과전류 계전기가 담당하고, 변압기 1차 측에 설치되어 있는 과전류 계전기는 변압기 2차 측 사고전류(Through Fault Current)에 대한 후비보호와 변압기 2차 권선사고 및 변압기 2차 부싱과 주모선의 고장에 대한 주보호를 담당한다.

[표 1] 수용가 수전설비의 보호계전기 정정지침

계전기	용도	동작치 정정	한시 정정
과전류 계전기 (OCR)	단락보호	• 한시요소 –일반부하 : 계약최대전력의 150~170[%] –변동부하 : 계약최대전력의 200~250[%] • 순시요소 수전변압기 2차 3상 단락 전류의 150~250[%]	• 수전변압기 2차 3상 단락 시 0.6초 이하 • 순시

4. 단선 결선도의 보호협조곡선 예

1) 주모선 분기 Feeder는 0.25초가 되도록 순시 정정하고, 주변압기 1차 측 과전류 계전기를 2차 3상 최대 사고전류에서 0.6초 전후에 동작하도록 한시정정을 한 경우이다.
2) 한전의 보호계전기 정정 치침에 따르면 수전용 과전류 계전기의 한시 정정은 변압기 2차 측 3상 단락 전류에 대하여 0.6초 이하에서 동작하도록 명시하고 있다.
3) 보호협조 곡선에서 곡선(A)은 변압기의 Thermal Limit Curve이다.

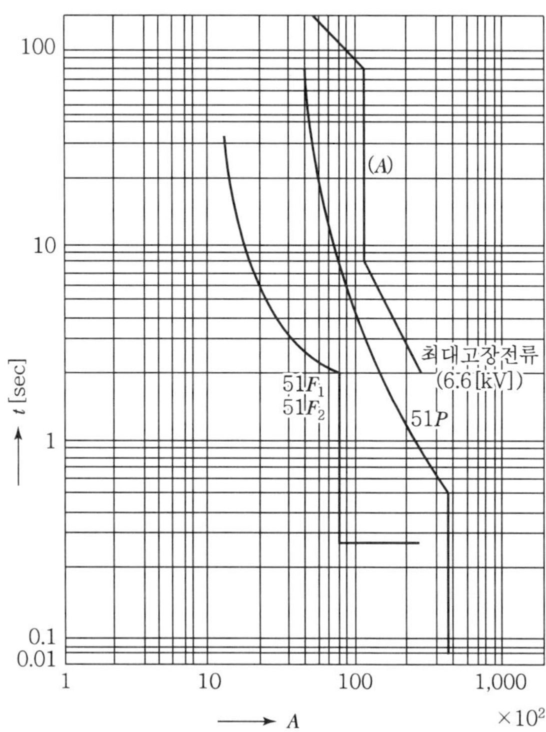

[그림 2] 변압기 보호협조곡선의 예

예제 03 22.9[kV－Y] 수전설비의 부하전류가 20[A]이며, 30/5의 변류기를 통하여 과전류 차단기를 시설하였다. 120[%]의 과부하에 차단기를 동작시키고자 하면 과전류 차단기의 Tap은 몇 [A]에 설정하여야 하는가? **〈56회 건축전기설비기술사〉**

풀이

1. 수전 설비의 부하전류가 CT의 1차 전류 $I_1 = 20$[A]

   CT의 2차 전류 : $I_2 = 20 \times \dfrac{5}{30} = 3.333[\text{A}]$

2. 따라서 과전류 차단기의 Tap

   $3.333 \times 1.2 = 4[\text{A}]$로 설정해야 한다.

예제 04 다음 수 · 변전설비의 단선도에서 보호계전기를 정정하고 협조곡선을 그려라.

〈57회 발송배전기술사〉

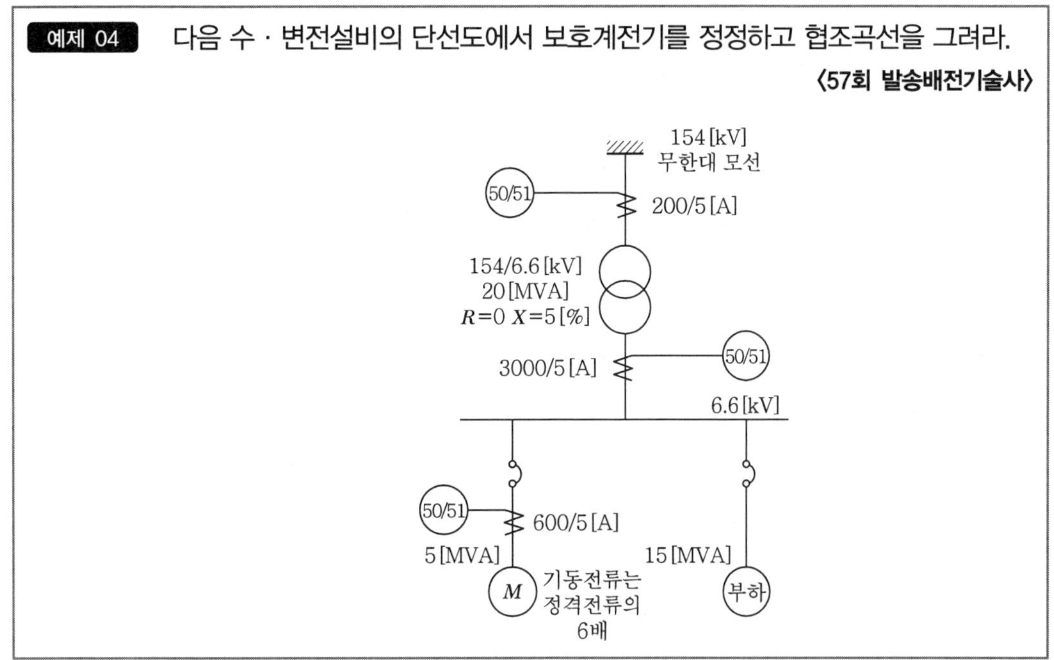

풀이

수 · 변전설비 단선결선도를 관련 계전기의 번호를 기입하여 다시 그린다.

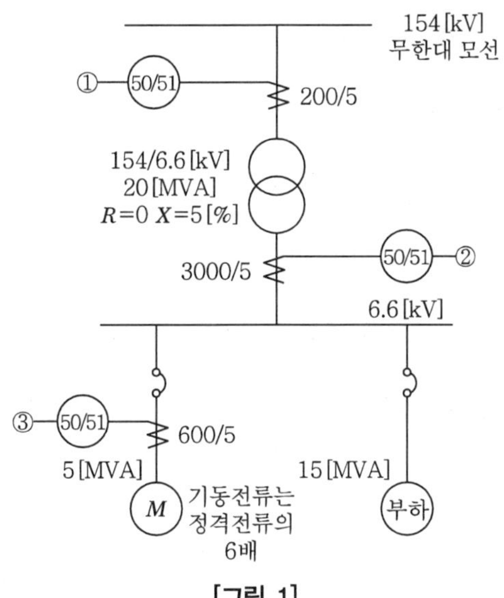

[그림 1]

1. 계전기의 정정

1) 변압기 1차 측 계전기(50/51)

정격 전류 $I_n = \dfrac{20 \times 10^3}{\sqrt{3} \times 154} = 75[\text{A}]$

(1) 한시 전류 정정 : 최대부하전류의 150[%] 적용(한전기준)

$75 \times 1.5 \times \dfrac{5}{200} = 2.8[\text{A}]$

한시 Tap 4[A] 선정(Tap 3[A]는 미사용)

(2) 순시 전류 정정

2차 측 3상 단락전류의 150[%] 정정(추천값 : 3상 단락전류의 125~250[%] 정정)

2차 측 3상 단락전류 : $I_s = \dfrac{100}{\%Z} I_n$

$I_S = \dfrac{100}{\%Z} I_n = \dfrac{100}{5} \times \dfrac{20 \times 10^3}{\sqrt{3} \times 6.6} = \dfrac{1{,}750}{0.05} = 34{,}991[\text{A}]$

$34{,}991 \times \dfrac{6.6}{154} \times \dfrac{5}{200} \times 1.5 = 56.23[\text{A}]$

순시정정은 56[A]보다 큰 사용가능한 첫 번째 Tap 60[A] 정정

2) 변압기 2차 측 계전기(50/51)

(1) 한시 전류 정정 : 최대부하 전류의 130[%] 적용

$I = \dfrac{20 \times 10^3}{\sqrt{3} \times 6.6} \times 1.3 = 2{,}275[\text{A}]$

$2{,}275 \times \dfrac{5}{3{,}000} = 3.8[\text{A}]$

한시 Tap : 4[A]

(2) 순시 전류 정정 : Tap : 정전 범위 확대를 고려하여 제거함

3) 모터 회로 보호용 계전기(50/51)

Long Time Inverse Type 계전기 사용할 경우

기동시간은 15[sec] 이내로 본다. 한시 정정 115[%]로 한다.

모터 정격전류 $I_n = \dfrac{5 \times 10^3}{\sqrt{3} \times 6.6} = 437[\text{A}]$

(1) 한시 전류 정정 : 한시는 정격 전류의 115[%]로 정정함

$437 \times 1.15 \times \dfrac{5}{600} \fallingdotseq 4.19[\text{A}]$

한시 Tap : 4[A]

(2) 순시 전류 정정 : 모터의 돌입전류(정격전류의 12배 정도)로 동작하지 말아야 하고 2상 단락전류에 동작하여야 한다. 정격전류의 1,200[%] 정정

$$437 \times 12 \times \frac{5}{600} = 43.7[A]$$

43.7[A]보다 큰 사용 가능한 첫 번째 Tap 50[A] 정정

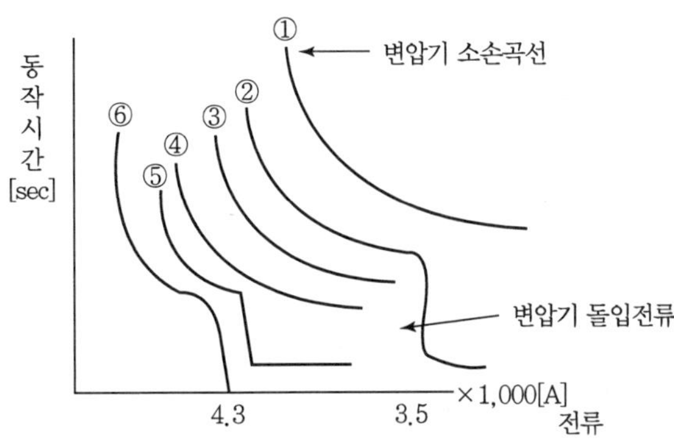

[그림 2] 보호협조

➲ 보호협조곡선

1. ①번 곡선 : 변압기 소손 곡선
2. ②번 곡선 : 변압기 1차 측 계전기 동작곡선(계전 ①) 변압기가 소손하기 전에 동작되고 변압기의 돌입전류에 동작하지 말아야 한다.
3. ③번 곡선 : 모터 소손 곡선
4. ④번 곡선 : 변압기 2차 측 계전기 동작곡선(계전기 ②) 분기 Feeder의 후비보호로 동작되어야 하므로 ①번 계전기보다 빨리, ③번 계전기보다 늦게 동작되어야 한다.
5. ⑤번 곡선 : 모터 보호용 계전기 동작곡선(계전기 ③) 모터가 소손하기 전에 동작되고 기동전류에 동작되지 말아야 한다.
6. ⑥번 곡선 : 모터의 기동 전류 곡선

CHAPTER 04

계통보호

4.1 접지계통 분류

1. 계통접지방식의 종류

접지방식의 종류	중성점 접지임피던스
비접지	$Z_N = \infty$
리액터접지	$Z_N = L$
고저항 · 저저항접지	$Z_N = R$
직접접지	$Z_N = 0$

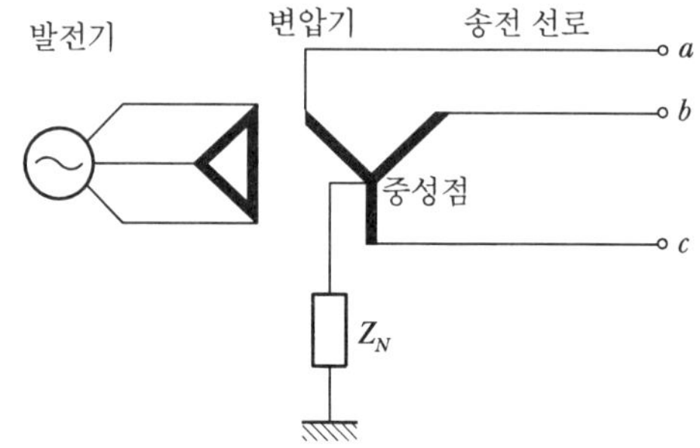

[그림 1] 중성점 접지방식

접지계수의 크기에 따라 유효접지계통과 비유효접지계통(보통 1.7배)으로 분류한다.

$$\text{접지계수}[\%] = \frac{\text{1선 지락 시 건전상의 대지전위}}{\text{정격선간전압(고장 제거 후의 선간전압)}} \times 100 (\leq 0.75)$$

2. 유효접지계통

가. 유효접지계통

1선지락 시 건전상의 전압상승(상용주파 과전압)이 선간전압보다 낮은 80[%] 이하의 계통으로 직접접지계통이 여기에 속한다. 또한 1선지락 고장 시 건전상 전압이 상규대지전압의 1.3배를 넘지 않는 중성점접지방식을 말한다.

나. 유효접지의 조건

1) 고장점에서 본 회로의 정상리액턴스 X_1에 대해 영상회로저항 R_0는 $R_0 \leq X_1$, 영상리액턴스 X_0는 $X_0 \leq 3X_1$의 범위가 되도록 중성점의 임피던스를 선정하는 일이다.

2) 유효접지 조건식 : $0 \leq \dfrac{R_0}{X_1} \leq 1,\ 0 \leq \dfrac{X_0}{X_1} \leq 3$

다. 특징

1) 고장 시 각 상의 대지전압 상승이 적음으로 사용기기 및 송전선로의 절연레벨을 낮출 수 있어 기기 · 절연 자재비를 절감한다.

2) 단시간의 사고 시에도 설비에 손상을 주고 운전이 불안정하게 될 가능성이 있으며 통신선에 유도장애를 줄 수 있다.

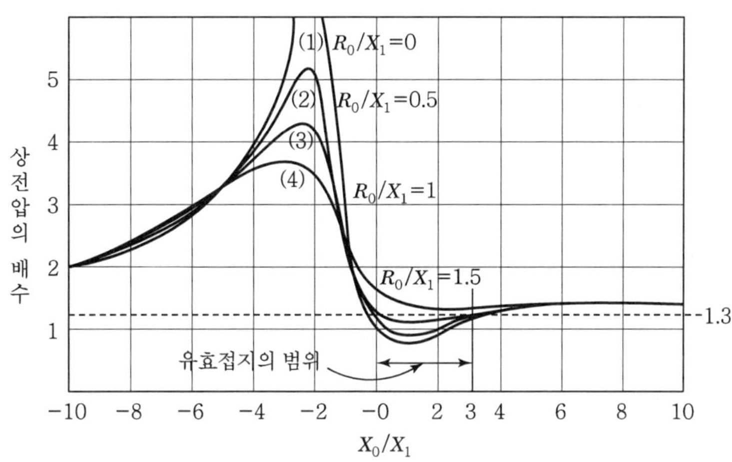

[그림 2] 유효접지

4.2 접지방식에 따른 보호계전방식

1. 계통접지방식의 분류

가. 수 · 변전설비의 구분

1) 특고압 수용가 구분

가) 수전전압에 따른 분류 : 22.9[kV]는 10[MVA] 미만, 154[kV]는 10[MVA] 이상

나) 변전설비에 따른 분류 : 1step 방식 1,000[kV] 이하 소규모, 2step 방식 중 · 대용량

2) 계통접지방식에 의한 구분

가) 직접접지방식 22.9[kV]−Y

나) 비접지방식 22[kV]−Δ

나. 계통접지 접지방식의 비교

[표 1] 접지방식의 비교

구분	직접접지	비접지	저항접지
결선도	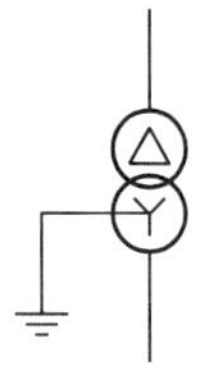		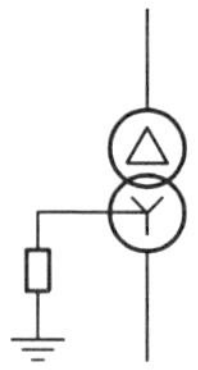
중성점저항	$Z \fallingdotseq 0$	$Z \fallingdotseq \infty$	$Z \fallingdotseq R$
1선 지락 시 건전상 전위상승	$1.3E$(크다.)	$\sqrt{3}\,E$(작다.)	$\sqrt{3}\,E$(약간 크다.)
절연레벨/변압기	감소 가능/단절연 가능	감소 불능/전절연	감소 불능/ 비접지 보다 낮음
지락전류	최대(수백~수천[A])	작다.(수[A] 이하)	중간 정도 (5~200[A] 정도)
보호계전기 동작	가장 확실	불확실	가능(R값에 영향)
통신선 유도장애	최대	작다.	중간
전원공급	차단기 트립	차단기 트립이 힘듦	차단기 트립
특징 – 장점	• 과도한 전압상승이 없다. • 보호방식이 단순하다. • 보통의 절연강도를 요구	• 고장전류가 가장 작다. • 중단 없는 전원 공급 가능	• 고장전류가 작다. • 지락보호가 용이하다. • 중간의 절연강도를 요구 • 과전압 강도가 크다.
특징 – 단점	• 고장전류가 크다. • 전원공급 중단이 발생 • 높은 접촉전압 발생	• 과전압 상승이 과도하다. • 지락보호가 어렵다. • 높은 절연강도를 요구	• 전원공급 중단이 발생 • 열적 스트레스가 발생

다. 계통접지의 보호계전방식

계통접지	적용
직접접지	Y잔류회로를 이용한 OCR(단락), OCGR(지락)
저항접지	CT비가 적은 경우 Y잔류회로(300[A] 이하 회로) CT비가 큰 경우 3권선 CT 또는 관통형 CT(300[A] 이하 회로)
비접지	GVT와 ZCT 사용 OVGR과 SGR 조합

2. 직접접지방식의 보호계전방식

중성점 접지방식은 지락 시 이상전압 상승억제가 전제조건이며, 1선 지락 시 건전상의 이상전압은 접지방식에 따라 정해지는 계통의 유효접지전류와 계통의 충전전류의 관계에 의해 좌우된다.

3. 비접지방식의 보호계전방식

가. 저압 비접지 보호계전방식

1) 변압기 2차 측 보호

가) 과부하 및 단락사고 보호 : 과전류계전기, ACB를 적용한다.

나) 단락사고 보호 : MCCB, Fuse를 적용한다.

2) 지락보호

가) GVT와 OVGR에 의한 지락차단방법(GVT+OVGR) : 영상전압검출에 적용한다.

나) GVT와 ZCT를 사용 OVGR과 SGR을 이용한 방향성을 갖는 방법

다) 접지형 콘덴서와 ELB을 사용한 방법 : Δ결선의 영상전류검출 배선이 짧을 경우 적용한다.

라) GVT 1차 접지 측에 ZCT 사용 EOCR(또는 GR)를 이용한 지락차단방법

3) 설계 시 고려사항

가) 지락전류가 아주 작아 사고전류검출에 적절한 방법을 선정하여야 한다.

나) 지락전류의 검출방식(영상전압 · 전류, 방향성)에 따라 적절한 방식을 선정한다.

4.3 저압회로 지락차단

1. 직접접지방식의 시설방법

가. ELB 사용

1) 검출방식 : ELB의 감도전류에 따라 지락차단전류가 정해진다.

2) 특이사항 : ELB의 정격지락감도전류는 30, 100, 200, 500[mA] 종류가 있다.

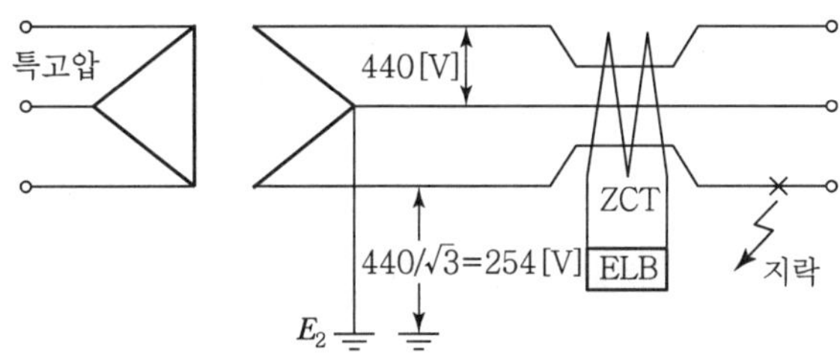

[그림 1] ELB를 설치하는 방법(2차 측을 Y결선 중성점 접지)

나. CT Y결선 잔류회로

1) 검출방식 : CT Y결선의 잔류회로를 이용 지락 과전류 계전기(OCGR)에 의한 지락전류

를 검출하는 방식으로 가장 많이 사용한다.

2) **적용설비** : CT Ratio가 400/5 이하인 비교적 시설용량이 작은 설비에 사용한다.

3) **특이사항** : CT 오결선 시는 지락과전류계전기가 오동작하게 된다.

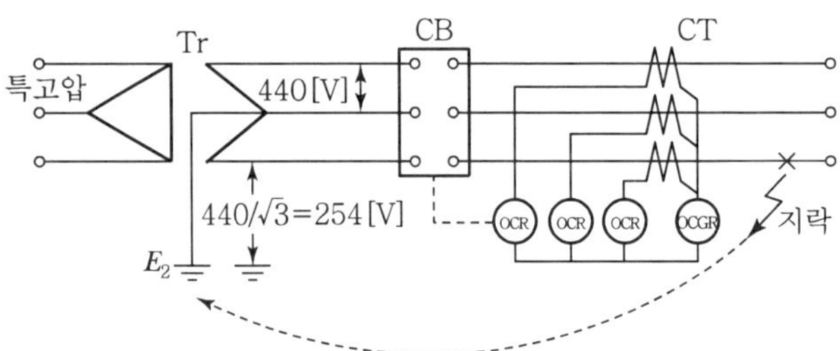

[그림 2] CT Y결선 잔류회로에 의한 지락차단 회로

다. 3권선 영상분로회로

1) **검출방식** : 3권선 CT를 이용하는 방식으로 2차 권선은 Y결선하여 OCR을 접속하고 3차 권선은 영상분로를 접속하여 지락전류를 검출하여 차단하는 방식이다.

2) **적용설비** : 제2종 접지선 이용방식과 같이 CT Ratio가 400/5를 넘는 비교적 시설용량이 큰 곳에 사용한다.

3) **특이사항**

가) 2차 결선은 Y(잔류회로 없음) 결선을 사용한다.

나) CT 오결선 시는 지락과전류계전기의 오동작 우려가 있다.

다) 3권선의 1차와 3차 권선의 CT 비율은 100/5를 사용한다.

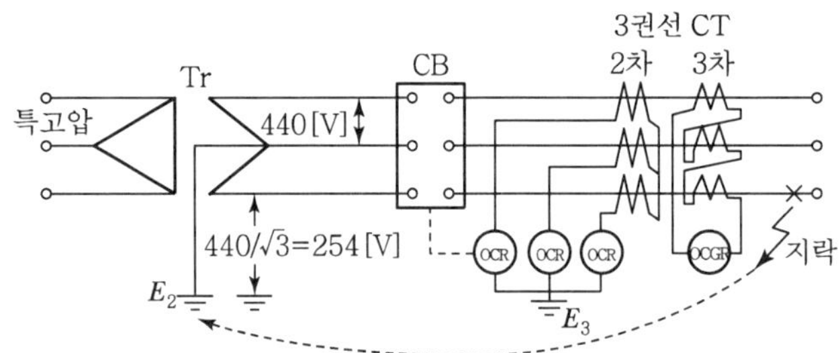

[그림 3] 3권선 영상분로회로에 의한 지락차단 회로

라. 중성점 CT방식(저압 측 접지선 CT에 의한 지락차단방식)

1) **검출방식** : CT_1은 과부하 및 단락보호용, CT_2는 지락보호용으로 한다.

2) **특이사항**

가) 타 군 변압기와 2종 접지선을 공용사용하거나 수전설비 일부접지선을 공통으로 결선하여 사용하는 경우 타 접지선전류에 의해 영향을 받을 수가 있다.

나) CT_2의 변류비는 OCGR(& EOCR)의 Tap 범위를 고려하여 100/5를 사용한다.

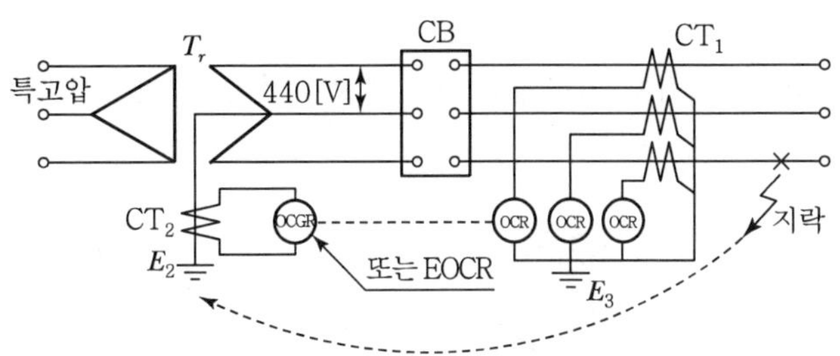

[그림 4] 저압 측 접지선 CT에 의한 지락차단 회로

2. 비접지방식의 시설방법

가. GVT와 OVGR에 의한 지락차단방법(영상전압 검출)

1) 검출방식

가) 차단기 1차 측에 GVT를 설치하고 차단기 2차 측에 지락이 발생할 경우 GVT로 지락전류가 유입한다.

나) 지락전류는 GVT 3차 측에 영상전압을 형성하게 되고 이 영상전압이 OVGR을 동작 차단기를 차단하게 된다.

2) 적용설비 : 단독부하에 적용이 용이하다.

3) 특기사항 : 다수의 부하가 접속되어 있을 때 어느 한곳에서 지락이 발생하면 건전상의 부하가 같이 정전이 되는 단점이 있다.

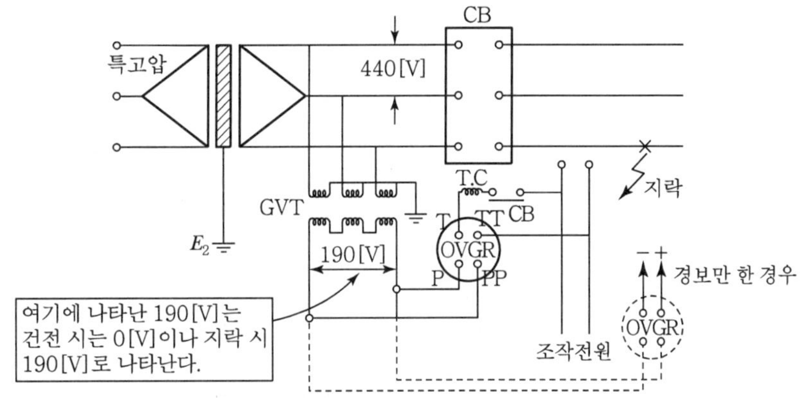

[그림 5] GVT와 OVGR에 의한 지락차단

나. GVT와 ZCT를 사용 OVGR과 SGR을 이용한 방향성을 갖는 방법

1) 검출방식 : 비접지 계통의 지락 시 영상전압 검출 GVT와 영상전류 검출 ZCT를 결합하여 선로의 지락보호를 지락과전압계전기(OVGR)와 조합한 고감도 전력형의 선택 접지계전기(SGR)에 의하여 보호되는 방식이다.

2) **적용설비** : 고 신뢰도를 요하는 설비에서 가장 많이 적용한다.

3) **특기사항** : 비접지 회로에서 가장 신뢰성이 있는 방식이다.

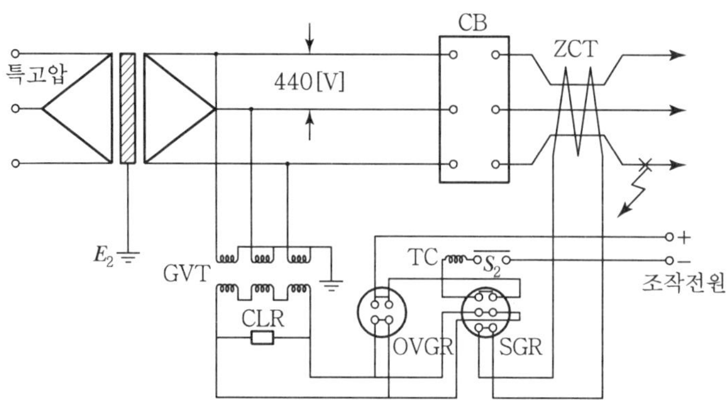

[그림 6] GVT와 ZCT, OVGR과 SGR을 이용한 차단

다. 접지형 콘덴서와 ELB를 사용한 방법(영상전류 검출)

1) **검출방식** : 배선이 짧아 충전전류가 작을 경우 지락 시 접지콘덴서에 흐르는 전류에 의하여 영상전류를 증폭하여 검출하는 방식이다.(2차 측 Δ결선 영상전류검출방법)

2) **적용설비** : 충분한 지락전류값이 나오지 않은 설비에 적용한다.

3) **특기사항** : 지락전류에 따른 ELB 산정

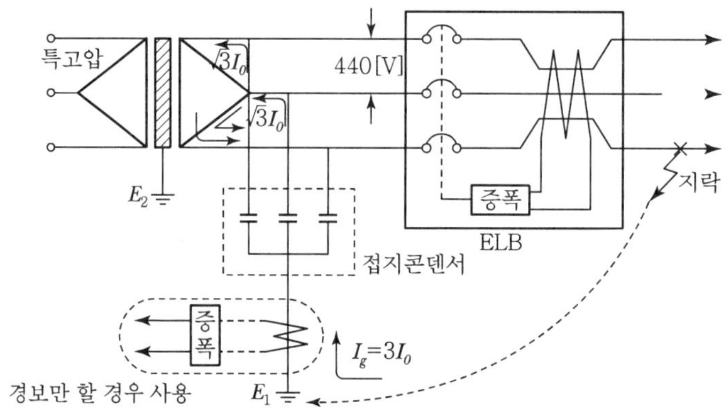

[그림 7] 접지형 콘덴서와 ELB를 이용한 차단

라. GVT 1차 접지 측에 ZCT와 EOCR(또는 GR)를 이용한 지락차단방법

1) **검출방식** : 지락 시 GVT 중성점에 흐르는 전류에 의해 보호되는 방식이다.

2) **적용설비** : 중요하지 않은 설비에 적용, 지락 시 GVT 중성점에는 Noise 성분 전류가 발생한다.

3) **특기사항** : 단독설비에 적용이 쉽다.

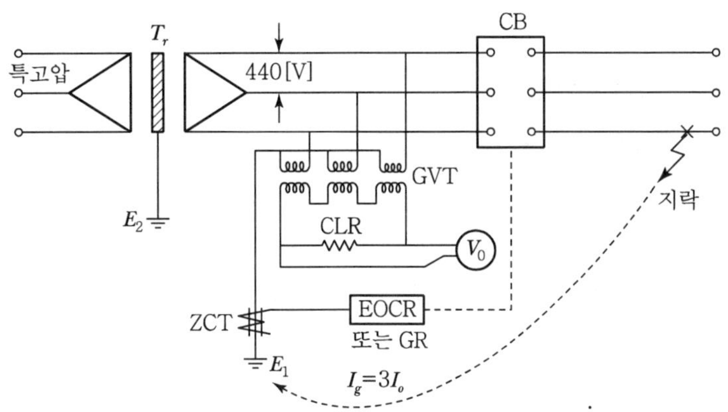

[그림 8] GVT 1차 접지 측에 ZCT와 EOCR을 이용한 차단

4.4 감전방지대책

1. 감전사고의 유형

형태별	세부사항	진행도
충전선로에 인체가 접촉되는 경우	일반적인 작업 중에 발생하는 대부분의 사고	변압기
누전된 전기기기에 인체가 접촉되는 경우	• 절연불량 전기기기 등에 인체가 접촉되어 발생되는 경우 • 불량전기설비가 시설된 철구조물 등에 인체가 접촉되어 발생하는 경우	변압기, 전기기기, 누전
인체가 일부회로를 형성하는 경우	전압이 걸려 있는 두 전선 사이에 직접 또는 도전성 물체를 통하여 접촉될 경우(교류아크용접기 등)	변압기
고저압/초고압에 인체가 근접하여 섬락 또는 정전유도로 방전되는 경우	• 공기 절연의 파괴로 아크가 발생하여 화상을 입거나 인체에 전류가 통과 • 초고압 선로에 인체가 근접하여 정전유도작용에 의해 대전된 전하가 접지된 금속체를 통해 방전	변압기, 섬락

2. 감전방지대책

가. 누전차단기의 필요성

보도나 도로에서 가로등이나 분전함에 사람이 접근하여 접촉하게 되면 가로등의 케이블이나 배선이 열화된 상태에서는 전위차가 발생하여 대지전압 V_g가 발생된다.

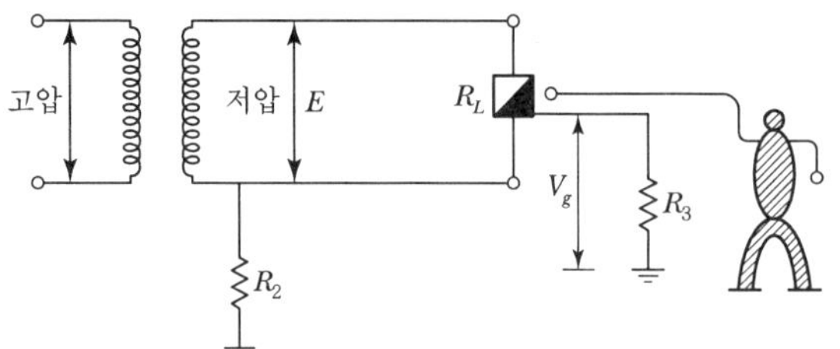

R_2 : 제2종 접지저항[Ω]
R_3 : 제3종 접지저항[Ω]
R_L : 전로의 저항[Ω]
E : 2차 전압[V]
V_g : 지락사고점의 대지전압[V]

[그림 1] 누전에 의한 감전 시 회로도

나. 지락사고점의 대지전압

회로도에서 $V_g = \dfrac{E}{R_2 + R_3 + R_L} \times R_3 = \dfrac{E}{R_2 + R_3} \times R_3$(여기서, $R_L \ll R_2$ or R_3)

1) 예를 들어 인체저항을 1,000[Ω], 전원전압 300[V]이고, 허용인체통과전류가 30[mA]일 경우 접촉점의 인체접촉전압은 $V_g = 30[\text{mA}] \times 1{,}000[\Omega] = 30[\text{V}]$

2) 누전 시 접촉점의 R_3접지저항값은

$$R_3 = \frac{V_g}{E - V_g} \cdot R_2 \rightarrow \frac{R_3}{R_2} = \frac{30}{300-30} = \frac{30}{270} \quad \therefore \frac{R_2}{R_3} = 9\text{이므로}$$

R_2가 10[Ω]인 경우 $R_3 = \dfrac{10}{9} = 1.1[\Omega]$이어야 하므로 누전차단기를 설치하여야 한다.

다. 분전함과 가로등주용 누전차단기는 감도를 구분하여 설치

분전함이나 가로등을 접촉하여도 허용 접촉전압 이하가 되도록 누전차단기의 감도를 구분한다.

종류	형식	정격감도전류[mA]	동작 시한	접지저항[Ω]
분전함 분기용	중감도형	50	0.03초 이내	500
가로 등주용	고감도형	30	0.03초 이내	500

라. 접지저항 기준치 변경

1) 전기설비기준에서 가로등 분전반 분기회로용의 누전차단기의 감도전류가 50[mA]인 경우 접지저항은 300[Ω]까지 완화할 수 있다. KS기준에서는 50[mA] 0.1초 이내의 것을 사용할 경우 10[Ω] 이하를 유지하여야 하나 가로등 주에 연접을 시행하여도 접지저항 10[Ω]은 유지가 곤란하다.

2) 따라서 기존의 3종 접지저항 100[Ω]을 50[Ω] 이하로 시행함이 타당하다.

PART 04

배전설비 기출문제

CHAPTER 01 배선설계

기출 01 주택건설기준 등에 관한 규정 제40조(전기시설)에는 주택에 설치하는 전기시설의 용량을 기술하고 있다. 이 규정 내용을 아는 대로 기술하고 전용면적 160[m²] 아파트 600세대의 경우 전기시설의 용량은 얼마인지 계산하시오. 〈80-1-1〉

풀이

전용면적 160[m²] 아파트 600세대의 경우 전기시설의 용량

세대별 용량 $3+\frac{A-60}{10}\times 0.5=3+\frac{160-60}{10}\times 0.5=8[\mathrm{kW}]$ (여기서, A : 세대별 전용면적)

전체 용량 $8\times 600=4{,}800[\mathrm{kW}]$

[별해] 전전화 주택 : 7[kVA]가 원칙

$\therefore\ P[\mathrm{VA}]=60[\mathrm{VA/m^2}]\times$바닥면적$[\mathrm{m^2}]+4{,}000[\mathrm{VA}]$

공동주택 : 전용면적 60[m²] 이하 전기기설용량은 3[kW]

$\therefore\ \mathrm{P[kVA]}=3+0.5\times\frac{A-60}{10}$

▣ 주택건설기준 등에 관한 규정 제40조(전기시설)

1. 주택에 설치하는 전기시설 용량은 각 세대별로 3[kW]로 하고 세대당 전용면적이 60[m²] 이상인 경우에는 60[m²]를 초과하는 10[m²]마다 0.5[kW]를 가산한 값 이상이어야 한다.
2. 세대별 전력량계는 각 세대 전용부분 밖의 검침이 용이한 곳에 설치해야 한다.(단, 원격검침방식을 적용하는 경우에는 전략량계를 각 세대 전용부분 안에 설치할 수 있다.)
3. 주택단지 안의 옥외에 설치하는 전선은 지하에 매설해야 한다.(단, 세대당 전용면적이 60[m²] 이하인 주택을 전체 세대수의 1/2 이상 건설하는 단지에서 폭 8[m] 이상의 도로에 가설하는 전선은 가공으로 할 수 있다.)

기출 02 주택건설기준 등에 관한 규칙 제12조와 주택건설비준 등에 관한 규정 제40조에서는 수전용량 산출에 대해 설명하고 있다. 이 규정 내용을 설명하고 또한 부지면적인 60,000[m²]이고, 전용면적이 120[m²]인 공동주택에 800세대인 경우 필요한 수전용량을 계산하시오. 〈88-1-11〉

풀이

1. 기준과 규정의 내용

주택의 세대당 전기시설은 주택면적이 60[m^2]까지 3[kW], 60[m^2]를 초과하는 면적에 대해서는 10[m^2]당 0.5[kW]를 가산한 값 이상으로 해야 한다.

2. 수전용량

1) 세대당 용량

$$P_1 = 3 + 0.5 \times \frac{(120-60)}{10} = 6[\text{kW}]$$

2) 800세대 용량

$P_2 = 6[\text{kW}] \times 800 = 4,800[\text{kW}]$

3) 공용부하용량

$P_3 = 1.5[\text{kW}] \times 800 = 12,00[\text{kW}]$

4) 총 수전용량

$4,800 + 1,200 = 6,000[\text{kW}]$

기출 03 한국전기설비규정(KEC)에 의한 케이블트레이의 공사기준에 대하여 설명하고 다음과 같은 조건에서 케이블 트레이 내측 폭을 선정하시오. 〈98-4-6〉

- 케이블 트레이 종류 : 사다리형 케이블 트레이
- 120[mm^2] 이상과 120[mm^2] 미만의 다심케이블을 동일 케이블 트레이에 시설할 경우
- CV Cable 35[mm^2]/3c×10조 d=25[mm]
- CV Cable 50[mm^2]/3c×8조 d=29[mm]
- CV Cable 120[mm^2]/3c×5조 d=41[mm]
- CV Cable 150[mm^2]/3c×1조 d=46[mm]
- CV Cable 240[mm^2]/3c×2조 d=57[mm]
- d : 케이블 완성품의 바깥지름(케이블의 지름)

풀이

[트레이 내측폭]

1. 케이블 트레이의 장점

1) 케이블 증설이 용이하다.

2) 케이블의 열축적이 없이 방열이 자유롭다.

2. 케이블 트레이 내 포설기준(내선규정)

1) 120[mm^2] 이상 케이블

단층으로 포설하고, 케이블 지름의 합계가 내측 폭 이내일 것

2) 120[mm^2] 이하 케이블

단면적의 합계가 규정치 이하일 것

3) 120[mm^2] 이상과 미만의 케이블 공동포설 : 규정치 이내

[표 1] 최대허용 케이블 점유면적

트레이 내측 폭	150	200	300	400	500
점유면적[mm^2]	4,500~ ($30\times sd$)	6,000~ ($30\times sd$)	9,000~ ($30\times sd$)	12,000~ ($30\times sd$)	15,000~ ($30\times sd$)
트레이 내측 폭	**600**	**700**	**800**	**900**	**1,000**
점유면적[mm^2]	18,000~ ($30\times sd$)	21,000~ ($30\times sd$)	24,000~ ($30\times sd$)	27,000~ ($30\times sd$)	30,000~ ($30\times sd$)

[비고] 여기서 sd는 120[mm^2] 이상인 다심케이블의 바깥지름 합계를 말한다.

3. 케이블 트레이 폭 계산

조건) 120[mm^2] 이상은 단층 포설

120[mm^2] 미만은 다층포설 가능

1) 120[mm^2] 이상 다심케이블 바깥지름 합계

(1) 바깥지름(포설폭) : $(41\times5)+(46\times1)+(57\times2)=365$[mm]

(2) 점유면적 합계 : $30sd=30\times365=10,950$[mm^2]

2) 120[mm^2] 미만 다심케이블 총 단면적의 합계

점유면적 합계$\left(=\dfrac{\pi d^2}{4}\times 조\right)$: $\dfrac{\pi}{4}\times25^2\times10+\dfrac{\pi}{4}\times29^2\times8$

$=4906.25+5281.5=10,187.73$[$mm^2$]

3) 총 단면적의 합계

점유면적 : 10,950(단층포설)+10,187.73(다층포설)=21,137.73[mm^2]

따라서, 트레이 내측 폭 : 800[mm]

4. 맺음말

내선규정에서 소요단면적 21,137.73[mm^2]보다 큰 값인 24,000[mm^2]를 선정하고 트레이 내측 폭은 800[mm]의 트레이를 적용한다.

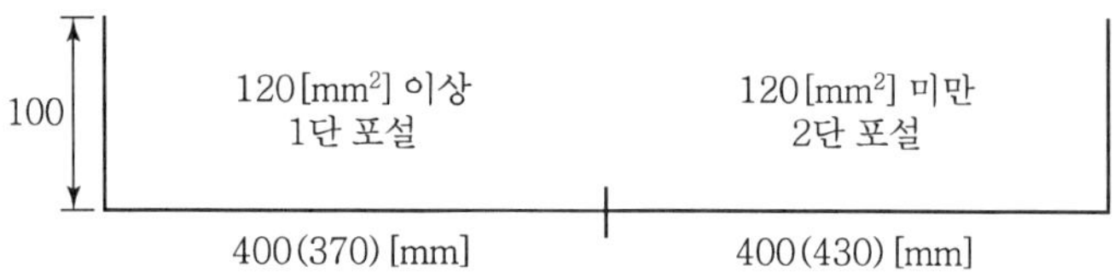

기출 04 다음의 단선도에서 6.6[kV] 전동기(Mtr1, Mtr2) 공급용 CV케이블의 규격을 허용전류표를 이용하여 선정하시오. 단, 아래의 25[℃] 기준 허용전류표를 35[℃] 허용전류표로 변환한 다음 케이블 굵기[mm²]를 선정하시오. 〈115－3－6〉

[설계조건]

① 단락 시 고장 제거 시간은 0.18초

② 케이블의 포설은 3심 1조 직접매설방식, 기저온도 35[℃]

③ 케이블의 도체허용온도 90[℃], 단락 허용온도 250[℃], 동 도체

④ 산출은 아래의 표를 기준으로 한다.

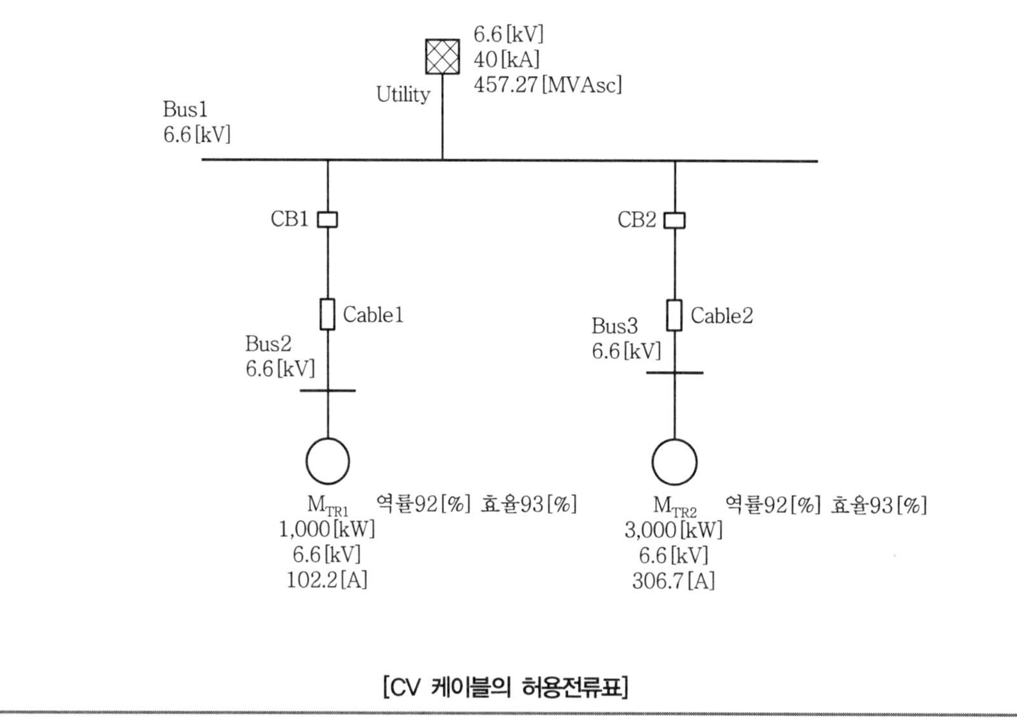

[CV 케이블의 허용전류표]

※ 직접매설 3심 1조 부설

공칭단면적 [mm^2]	16	25	35	70	95	120	150	185	240
허용전류[A] (25℃)	96	120	140	240	275	315	360	405	470
허용전류[A] (35℃)									

풀이

1. 케이블 허용전류

1) 케이블 허용전류에 영향을 주는 요소

(1) 시설방법(공사방법, 케이블의 배치형태, 배치간격)

(2) 절연물의 종류(PVC, XLPE)

(3) 3상회로, 단상회로

(4) 주위온도(기준온도 : 기중 30[℃], 지중 20[℃])

(5) 복수회로(다조 포설)

(6) 고조파(고조파 환산계수 적용)

2) 케이블 허용전류

(1) 조건

① 시설방법 : 직접매설 3심 1조 부설

② 절연물의 종류 : CV(XLPE)

③ 지중온도 : 35[℃]

(2) 케이블 허용전류 보정계수

[지중온도 20[℃] 이외의 경우 보정계수]

주위온도[℃]	10	15	25	30	35	40	45	50	55	60	65	70	75	80
비닐	1.10	1.05	0.95	0.89	0.84	0.77	0.71	0.63	0.55	0.45	–	–	–	–
가교폴리에틸렌	1.07	1.04	0.96	0.93	0.89	0.85	0.80	0.76	0.71	0.65	0.60	0.53	0.46	0.38

(3) 지중온도 35[℃] 기준의 허용전류

$$I_{35[℃]} = I_{20[℃]} \times 35[℃]\text{보정계수} = \frac{I_{25[℃]}}{25[℃]\text{보정계수}} \times 35[℃]\text{보정계수}$$

여기서, $I_{20[℃]}$: 20[℃] 기준온도에서 허용전류

$I_{25[℃]}$: 25[℃] 주위온도에서 허용전류

$I_{35[℃]}$: 35[℃] 주위온도에서 허용전류

공칭단면적 [mm²]	16	25	35	70	95	120	150	185	240
허용전류[A] (25℃)	96	120	140	240	275	315	360	405	470
허용전류[A] (35℃)	89	111	130	223	255	292	334	375	436

2. 케이블의 굵기 선정 시 고려사항

1) 허용전류

(1) 상시 허용전류
(2) 단락 시 허용전류
(3) 단시간 허용전
(4) 간헐부하의 허용전류

2) 전압강하

3) 고조파

4) 기계적인 강도

3. 케이블의 굵기 선정

1) 전동기 정격전류

(1) 전동기 M_{TR1} 정격전류

$$I_{TR1} = \frac{P}{\sqrt{3}\,V\cos\theta\cdot\eta} = \frac{1{,}000}{\sqrt{3}\times6.6\times0.92\times0.93} \fallingdotseq 102.2[\mathrm{A}]$$

(2) 전동기 M_{TR2} 정격전류

$$I_{TR1} = \frac{P}{\sqrt{3}\,V\cos\theta\cdot\eta} = \frac{3{,}000}{\sqrt{3}\times6.6\times0.92\times0.93} \fallingdotseq 306.6[\mathrm{A}]$$

2) 상시 허용전류를 고려한 굵기

(1) 전동기 M_{TR1} 케이블 굵기

케이블허용전류=102.2×1.1=112.42

케이블 굵기는 표에서 35[mm²]로 선정

(2) 전동기 M_{TR2} 케이블 굵기

케이블허용전류=306.6×1.1=337.26

케이블 굵기는 표에서 185[mm²]로 선정

3) 단락 시 허용전류를 고려한 굵기

$$S = \frac{\sqrt{t}}{K}\times I_s = \frac{\sqrt{0.18}}{143}\times40{,}000 \fallingdotseq 119[\mathrm{mm}^2]$$

여기서, k : 케이블 열적용량계수(XLPE : 143)

t : 단락 고장 제거 시간[s], I_S : 단락전류[A]

(1) 전동기 M_{TR1} 케이블 굵기

$$S = \frac{\sqrt{t}}{K} \times I_S = \frac{\sqrt{0.18}}{143} \times 40,000 \fallingdotseq 119[mm^2]$$

케이블 굵기는 표에서 $120[mm^2]$로 선정

(2) 전동기 M_{TR2} 케이블 굵기

$$S = \frac{\sqrt{t}}{K} \times I_S = \frac{\sqrt{0.18}}{143} \times 40,000 \fallingdotseq 119[mm^2]$$

케이블 굵기는 표에서 $120[mm^2]$로 선정

4) 최종 케이블 굵기 선정

(1) 전동기 M_{TR1} 케이블 굵기는 단락 시 허용전류를 고려한 $120[mm^2]$로 선정

(2) 전동기 M_{TR2} 케이블 굵기는 상시 허용전류를 고려한 $185[mm^2]$로 선정

기출 05 선로 임피던스가 $R+jX$인 단상 2선식 배전선로 말단에 단일부하가 연결되어 있을 경우 송전단 전압의 크기를 개략적으로 구하는 표현을 벡터도를 그려 설명하시오. 〈72-1-9〉

+풀이

1. 송전단 전압

전원 전압을 E_s, 부하단 전압을 E_r, 부하전류를 I, 부하의 역률각을 θ, 선로의 임피던스를 $R+jX$라고 하면 전압 간의 관계는 그림의 벡터도와 같이 되는데 여기서,

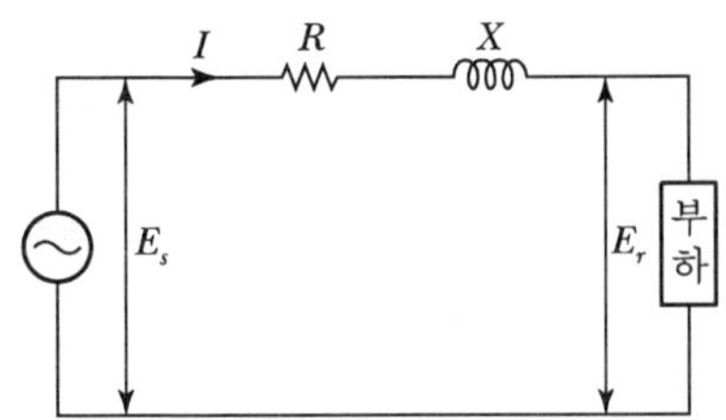

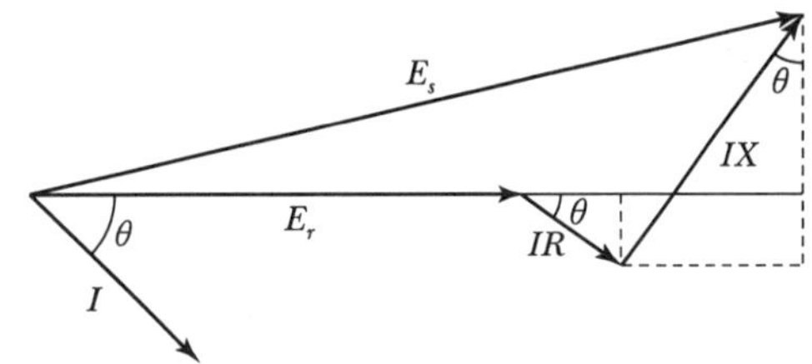

$$\dot{E}_s = \dot{E}_r + IR\cos\theta + IX\sin\theta + j(IX\cos\theta - IR\sin\theta)$$

$$E_s = \sqrt{(E_r + IR\cos\theta + IX\sin\theta)^2 + (IX\cos\theta - IR\sin\theta)^2}$$

$$\simeq E_r + IR\cos\theta + IX\sin\theta$$

$$= E_r + I(R\cos\theta + X\sin\theta)$$

(위의 식에서 근호 속의 두 번째 항은 첫 번째 항에 비해서 매우 작으므로 무시하고 계산한 것이다.)

2. 전압강하

전압강하는 송전단 전압에서 수전단 전압을 뺀 것이므로

$e = E_s - E_r = I(R\cos\theta + X\sin\theta)$

기출 06 직류 2선식의 전압강하 계산식 $e = \dfrac{0.0356LI}{S}[\mathrm{V}]$를 유도하시오.(단, L : 전선의 길이[m], I : 전류[A], S : 전선의 단면적[mm²], 도체는 연동선으로 한다.)

〈120－1－5〉

+풀이

1. 전선의 전기저항 산출

동선의 도전율이 97[%]인 경우의 전기저항

$$R = \rho_s \frac{L}{A}[\Omega] = \frac{1.7241}{0.97}[\mu\Omega \cdot \mathrm{cm}]\frac{l[\mathrm{mm}]}{S[\mathrm{mm}^2]}[\Omega] = 17.8 \times \frac{L[\mathrm{m}]}{1{,}000 \times S[\mathrm{mm}^2]}[\Omega]$$

여기서, 표준동의 고유저항 $\rho = 1.724[\mu\Omega \cdot \mathrm{cm}]$, 경동의 고유저항 $\rho_s = \dfrac{1}{0.97}\rho$

2. 직류 2선식의 전압강하

$$e = 2 \times I \times R = 2 \times I \times 17.8 \times \frac{L[\mathrm{m}]}{1{,}000 \times S[\mathrm{mm}^2]} = \frac{0.0356LI}{S}[\mathrm{V}]$$

기출 07 다음의 전압강하 계산식을 유도하시오. 〈84－3－3〉

$e = K_\nu(R\cos\theta + X\sin\theta) \cdot I \cdot L$

여기서, e : 전압강하[V], K_ν : 전기방식에 의한 계수

R : 전로 1[m]당의 저항, X : 전로 1[m]당의 리액턴스

I : 회로의 전류[A], L : 전로길이[m]

+풀이

1. 계산식의 유도

전원 전압 E_s, 부하측 전압 E_r, 부하전류 I, 부하의 역률각 θ, 선로의 임피던스 $R + jX$라고 하면 전압간의 관계는 그림의 벡터도와 같이 되는데, 여기서

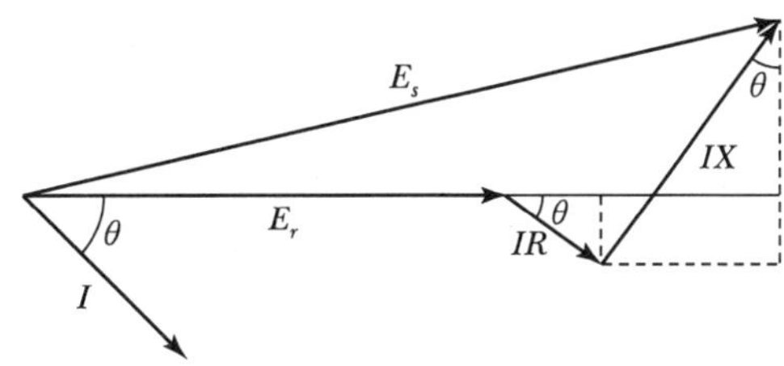

$E_s = \dot{E_r} + IR\cos\theta + IX\sin\theta + j(IX\cos\theta - IR\sin\theta)$

$E_s = \sqrt{(E_r + IR\cos\theta + IX\sin\theta)^2 + (IX\cos\theta - IR\sin\theta)^2}$

위 식에서 $(E_r + IR\cos\theta + IX\sin\theta)^2 \gg (IX\cos\theta - IR\sin\theta)$이므로 근호 내의 두 번째 항을 무시하면 $E_s = E_r + IR\cos\theta + IX\sin\theta = E_r + I(R\cos\theta + X\sin\theta)$

전압강하 e는 $e = E_s - E_r = K_\nu I(R\cos\theta + X\sin\theta) \times L$

2. K_ν의 값

교류회로	K_ν 값
3ϕ 3w	$\sqrt{3}$
1ϕ 2w	2
1ϕ 3w 3ϕ 4w	1

기출 08 아래 그림과 같이 154/22.9[kV]의 변압기가 ①, ②, ③모선에 전력을 공급하고 있다. 선로 데이터 및 부하 데이터가 아래와 같을 때 말단 모선 ③에서의 전압을 구하시오. 〈91-2-6〉

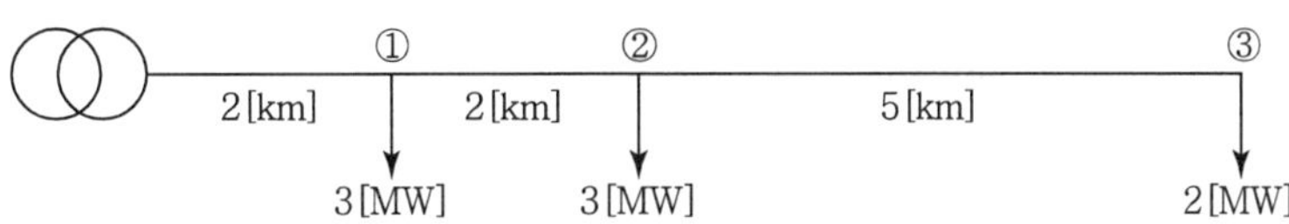

선로 데이터 : Tr →① : 2[km], $0.182 + j0.391$[Ω/km]
①→② : 2[km], $0.182 + j0.391$[Ω/km]
②→③ : 5[km], $0.304 + j0.440$[Ω/km]

부하 데이터 : ①모선 : 3[MW], pf 0.8
②모선 : 3[MW], pf 0.8
③모선 : 2[MW], pf 0.8

풀이

1. 서론

전압강하를 계산할 때 다음과 같이 3가지 전제조건을 생각할 수 있다.

1) Constant Current Base(정전류 기준) : 부하전류가 정격전류로 일정하다고 가정한다.
2) Constant Impedance Base(정임피던스 기준) : 부하 임피던스가 일정하다고 가정한다.
3) Constant kVA Base(정용량 기준) : 부하용량이 일정하다고 가정한다.

여기서는 Constant Current Base와 Constant Impedance Base의 약산식으로 계산한다.

2. 전압강하의 계산

1) 선로 각 구간의 임피던스

Tr →①구간 : $Z_{T1}=(0.182+j0.391)\times 2=0.364+j0.782[\Omega]$

①→②구간 : $Z_{12}=(0.182+j0.391)\times 2=0.364+j0.782[\Omega]$

②→③구간 : $Z_{23}=(0.304+j0.440)\times 2=1.52+j2.2[\Omega]$

2) 각 부하에 흐르는 전류

①부하 : $I_1=\dfrac{3,000}{\sqrt{3}\times 22.9\times 0.8}=94.54\angle -36.87°=75.64-j56.73[A]$

②부하 : $I_2=\dfrac{3,000}{\sqrt{3}\times 22.9\times 0.8}=94.54\angle -36.87°=75.64-j56.73[A]$

③부하 : $I_3=\dfrac{2,000}{\sqrt{3}\times 22.9\times 0.8}=63.03\angle -36.87°=50.42-j37.82[A]$

3) 각 구간에 흐르는 전류

$I_{T1}=(75.64\times 2+50.42)-j(56.73\times 2+37.82)=201.7-j151.3=252.14\angle -36.87°$

$I_{12}=(75.64+50.42)-j(56.73+37.82)=126.06-j94.55=157.58\angle -36.87°$

$I_{23}=50.42-j37.82=63.03\angle -36.87°$

4) 각 구간에서의 전압강하

$\Delta V_{T1}=\sqrt{3}I_{T1}(R_{T1}\cos\theta+X_{T1}\sin\theta)=\sqrt{3}\times 252.14\times(0.364\times 0.8+0.782\times 0.6)$
$\fallingdotseq 332.1[V]$

$\Delta V_{12}=\sqrt{3}I_{12}(R_{12}\cos\theta+X_{12}\sin\theta)=\sqrt{3}\times 157.58\times(0.364\times 0.8+0.782\times 0.6)$
$\fallingdotseq 207.5[V]$

$\Delta V_{23}=\sqrt{3}I_{23}(R_{23}\cos\theta+X_{23}\sin\theta)=\sqrt{3}\times 63.08\times(1.52\times 0.8+2.2\times 0.6)$
$\fallingdotseq 276.9[V]$

3. 전 구간에서의 전압강하

$$\Delta V = \Delta V_{T1} + \Delta_{V_{12}} + \Delta V_{23}$$

$$= (332.1 + 207.5 + 276.9) = 816.5 \fallingdotseq 817[\mathrm{V}]$$

4. 말단모선 ③에서의 선간전압은

$$V_3 = V_s - \Delta V = 22{,}900 - 817 = 22{,}083[\mathrm{V}]$$

> **기출 09** 5[km]의 3상 3선식 배전선로 말단에서 1,000[kW], 역률 80[%] 지상역률 부하에 전력을 공급하고 있다. 전력용 콘덴서를 설치해서 역률을 100[%]로 개선한다면 이 배전선로의 (1) 전압강하 (2) 전력손실은 개선 전과 비교하여 몇 [%] 정도 변화되는지 계산하시오.(단, 선로 임피던스는 1선당 $0.3 + j0.4$[Ω/km]이다.) **〈89-1-10〉**

+풀이

1. 전압강하

1) 선로 임피던스는

$$(0.3 + j0.4) \times 5 = 1.5 + j2[\Omega]$$

역률 개선 전 80[%]에서의 전류 I_1

$$I_1 = \frac{1{,}000}{\sqrt{3}\,V \times 0.8} = \frac{1{,}250}{\sqrt{3}\,V}$$

역률 개선 후 100[%]에서의 전류 I_2

$$I_2 = \frac{1{,}000}{\sqrt{3}\,V}$$

2) 역률 개선 전의 전압강하는

$$\Delta E_{80} = \sqrt{3}\,I_1 (R\cos\theta + X\sin\theta) = \sqrt{3} \times \frac{1{,}250}{\sqrt{3}\,V}(1.5 \times 0.8 + 2 \times 0.6) = \frac{1{,}250}{V} \times 2.4$$

3) 역률 개선 후의 전압강하는 $(\cos\theta = 1,\ \sin\theta = 0)$

$$\Delta E_{100} = \sqrt{3}\,I_2 (R\cos\theta + X\sin\theta) = \sqrt{3} \times \frac{1{,}000}{\sqrt{3}\,V}(1.5 \times 1) = \frac{1{,}000}{V} \times 1.5$$

4) 역률 개선 전의 전압강하를 100[%]로 보면 역률 개선 후의 전압강하는

$$\frac{\dfrac{1{,}000}{V} \times 1.5}{\dfrac{1{,}250}{V} \times 2.4} \times 100 = \frac{1{,}500}{3{,}000} \times 100 = 50[\%]$$

즉, 전압강하는 50[%] 감소한다.

2. 전력손실

1) 역률 개선 80[%]에서의 손실 P_{l_1}

$$P_{l_1} = 3I_1^2R = 3\times\left(\frac{1,250}{\sqrt{3}\,V}\right)^2\times 1.5 = 1.5\times\left(\frac{1,250}{V}\right)^2$$

2) 역률 개선 후 100[%]에서의 손실 P_{l_2}

$$P_{l_2} = 3I_2^2R = 3\times\left(\frac{1,000}{\sqrt{3}\,V}\right)^2\times 1.5 = 1.5\times\left(\frac{1,000}{V}\right)^2$$

3) 역률 개선 전의 손실을 100[%]로 보면 역률 개선 후의 손실은

$$\frac{1.5\times\left(\frac{1,000}{V}\right)^2}{1.5\times\left(\frac{1,250}{V}\right)^2}\times 100 = \frac{1,000^2}{1,250^2}\times 100 = 64[\%]$$

즉, 전력손실은 36[%] 감소한다.

[별해] 손실경감률

손실 $P_l = I^2R$의 경우

$$\text{손실경감률 } \alpha = \frac{I_1^2R - I_2^2R}{I_1^2R}\times 100 = \left(1 - \frac{I_2^2R}{I_1^2R}\right)\times 100 = 1 - \left(\frac{\cos\theta_1}{\cos\theta_2}\right)^2$$

$$= 1 - \left(\frac{80}{100}\right)^2 = 0.36$$

즉, 36[%] 감소한다.

기출 10 그림과 같이 선로 길이가 6[km]인 3상 배전선 말단(C지점)에서의 전압 강하율을 계산하시오.(단, 온도, 표피 근접 효과 무시) 〈102-3-6〉

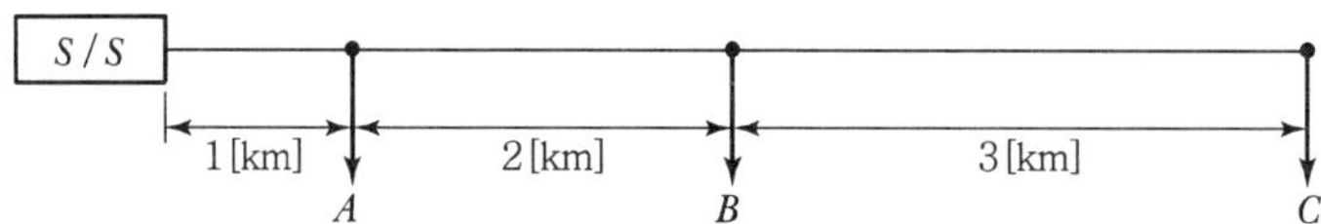

1) 선로 1[km]당 저항 0.6[Ω], 리액턴스 0.5[Ω]
2) 배전방식 : 3상 3선식
3) 배전선 B지점의 전압 : 22,000[V]
4) 부하현황

부하군	부하전류[A]	부하역률(지상)
A	50	0.8
B	40	0.6
C	30	0.8

풀이

1. 구간별 전압강하

$R_e = [R\cos\theta + X\sin\theta][\Omega/\text{km}]$, 3ϕ 3w식이므로 $K = \sqrt{3}$

$R_{eA} = (0.6 \times 0.8 + 0.5 \times 0.6) = 0.78$

$R_{eB} = (0.6 \times 0.6 + 0.5 \times 0.8) = 0.76$

$R_{eC} = (0.6 \times 0.8 + 0.5 \times 0.6) = 0.78$

2. C점의 전압강하

$E_C = K[(i_A + i_B + i_C)R_{eA} \times l_A + (i_B + i_C)R_{eB} \times l_B + (i_C \times R_{eC} \times l_C)]$

$= \sqrt{3}[(50 + 40 + 30) \times 0.78 \times 1 + (40 + 30) \times 0.76 \times 2 + (30 \times 0.78 \times 3)]$

$= \sqrt{3}(93.6 + 106.4 + 70.2) = 468[\text{V}]$

3. B점의 전압강하 $E_B = \sqrt{3}(93.6 + 106.4) = 346.41[\text{V}]$이므로

S/S의 전압은 22,000+346.41=22,346[V]이다.

따라서 C점의 전압은 22,346−468=21,878[V]

따라서 C점의 전압강하율은 $e = \dfrac{Vs - Vr}{Vr} \times 100 = \dfrac{22,346 - 21,878}{21,878} \times 100 = 2.14[\%]$

기출 11 아래 그림에서 송전선의 F점에서의 3상 단락용량을 구하시오.
(단, G_1, G_2는 각각 50[MVA], 22[kV], 리액턴스 20[%], 변압기는 100[MVA] 22/154[kV], 리액턴스 12[%], 송전선의 거리는 100[km]로 하고 선로 임피던스는 $Z = 0 + j0.6[\Omega/\text{km}]$라고 한다.) 〈110-2-6〉

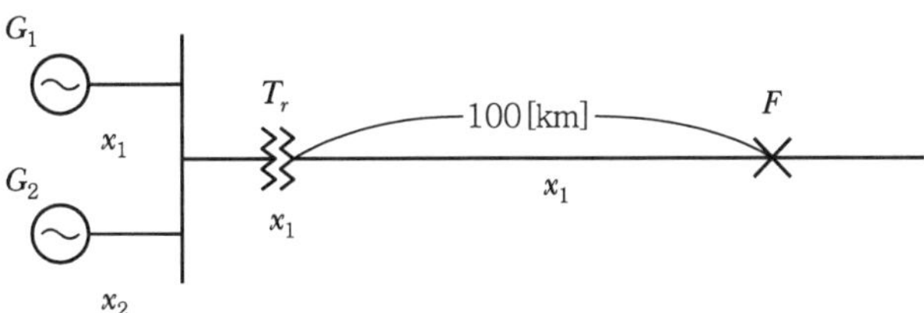

풀이

1. 발전기 및 변압기 리액턴스의 환산

1) 고장점에서 전원 측으로 본 각 부분의 임피던스는 기준전압으로 통일

2) $X_g = \dfrac{\%X \times 10\,V^2}{\text{kVA}} = \dfrac{20 \times 10 \times 154^2}{100,000} = 47.43[\Omega]$

3) $X_t = \dfrac{12 \times 10 \times 154^2}{100,000} = 28.46[\Omega]$

4) $X_1 = 0.6 \times 100 = 60[\Omega]$

2. 단락 전류

$$I_s = \frac{154,000}{\sqrt{3}} \times \frac{1}{(47.43 + 28.46 + 60)} = 654.3[\mathrm{A}]$$

3. 3상 단락 용량

$$P_s = \sqrt{3} \times V \times I_s = \sqrt{3} \times 154 \times 654.3 \fallingdotseq 174,525[\mathrm{kVA}] = 174.525[\mathrm{MVA}]$$

기출 01 480[V]모선에 고조파 발생원인 가변속 모터와 일반부하가 병렬로 연결되어 운전되고 있다. 이 모터의 정격과 발생되는 고조파는 다음과 같다. 모터정격 : 용량 500[HP], 전압 480[V], 전류(기본파) 601[A] 이때 480[V]모선에서의 전압왜형률(THD)을 구하시오.(단, 변압기 고압 측 임피던스 효과는 무시한다.) **〈93-4-4〉**

고조파	[%]	전류[A]
5	20	120
7	12	72
11	7	42
13	4	24

풀이

1. 개요

THD란 정현파에 대하여 얼마나 왜곡되었는지에 대한 정도, 즉 사인파에 대한 고조파 성분의 비를 말하는 것으로 THD가 작을수록 왜곡이 없는 sin파에 가깝다.

2. 고조파 전압

고조파 전압은 고조파 전류에 고조파가 흐르는 회로의 임피던스를 곱한 것이다. 회로 임피던스를 100[%] 유도성 리액턴스 성분으로 보고(즉, 저항분은 무시하고), 기본파에 대해서 0.8[Ω]이라고 하면 고조파에 대해서는 각 차수의 배수가 된다. 즉, $Z = \dfrac{480}{601} = 0.8[\Omega]$

[기본파와 고조파 전압]

- 기본파 $601\times0.8=480$[V]
- 5고조파 $120\times0.8\times5=480$[V]
- 7고조파 $72\times0.8\times7=403$[V]
- 11고조파 $42\times0.8\times11=370$[V]
- 13고조파 $24\times0.8\times13=250$[V]

3. 전압 왜형률은

$$THD=\frac{\sqrt{\sum_{i=2}^{n}V_i}}{V_1}\times100=\frac{\sqrt{480^2+403^2+370^2+250^2}}{480}\times100=160[\%]$$

> **기출 02** K-Factor가 13인 비선형부하에 3상 750[kVA] 몰드변압기로 전력을 공급하는 경우 고조파 손실을 고려한 변압기 용량을 계산하시오.(단, 와전류손의 비율은 변압기의 손실의 5.5[%]이다.) 〈100-1-5〉

+풀이

1. THDF(Transformer Harmonics Derate Factor) : 고조파에 의한 변압기 용량감소계수

$$\text{THDF}=\sqrt{\frac{P_{LL-R}[\text{pu}]}{P_{LL}[\text{pu}]}}\times100=\sqrt{\frac{1+P_{EC-R}[\text{pu}]}{1+K\cdot P_{EC-R}[\text{pu}]}}$$

여기서, $P_{LL-R}=1+P_{EC-R}$[pu]

$P_{LL}=1+\text{K}-\text{Factor}+P_{EC-R}$[pu]

P_{EC-R} : 와전류손(부하손 / 무부하 손실에 포함)

P_{LL}(손실) : I^2R(부하손)$+P_{EC-R}$(와전류손)$+POSL$(표류부하손)

P_{LL-R} : 정격 부하손실

−고조파가 없을 때 순수손실(부하손 / 무부하손)

∴ P_{LL}에 K−Factor 포함

2. 고조파를 고려한 변압기 용량

1) K−Factor 13, 와전류손(부하손 / 무부하 손실에 포함) 5.5[%]인 경우

$$THDF=\sqrt{\frac{1+5.5}{1+13\times5.5}}\fallingdotseq0.3$$

PART 04 배전설비

2) 고조파를 고려한 변압기 용량은

$$THDF = \frac{750}{1-0.3} \fallingdotseq 1,071[\text{kVA}]$$이므로

표준용량은 1,200[kVA]로 한다.

기출 03 13.8[kV]를 수전하고 있는 변압기의 2차 측에 750[kVAR]의 커패시터 뱅크가 연결되어 있다. 이 계통에 가장 악영향을 미칠 수 있는 고조파의 차수를 구하시오.(단, 변압기 정격은 아래와 같다.) 〈97-4-3〉

정격용량	2,000[kVA]
1차 측 공칭전압	13.8[kV]
2차 측 공칭전압	480[V]
리액턴스	6[%]

+풀이

1. 개요

계통에 가장 악영향을 미칠 수 있는 고조파는 변압기의 유도성 리액턴스와 콘덴서의 용량성 리액턴스가 공진을 일으키는 주파수의 고조파이다. 저압은 보통 콘덴서를 Δ결선한다.

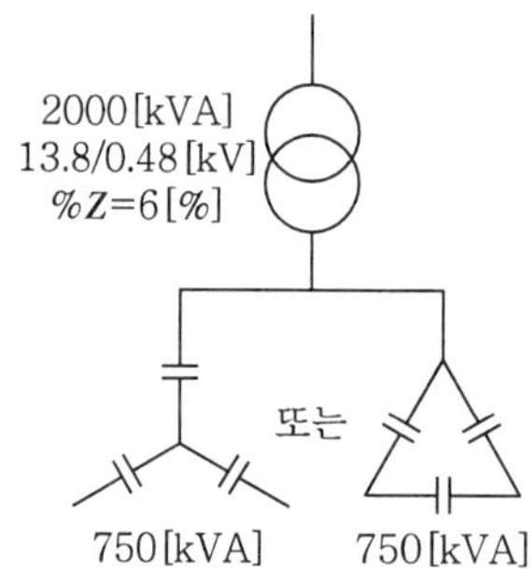

2. 계산

1) 변압기의 유도성 리액턴스는

$\%Z = \dfrac{PZ}{10V^2}$에서 R을 무시하면

$$X_L = \frac{10V^2 \times \%Z}{P} = \frac{10 \times 0.48^2 \times 6}{2,000} = 0.006912[\Omega]$$

$X_L = 2\pi f L$에서

$$L=\frac{X_L}{2\pi\times 60}=\frac{0.006912}{2\pi\times 60}=0.01833\times 10^{-3}[\text{H}]$$

$Q_c=\omega CV^2$

$$C=\frac{Q_c}{\omega V^2}=\frac{750\times 10^3}{2\pi\times 60\times 480^2}=8{,}634.7\times 10^{-6}[\text{F}]$$

2) 공진주파수

$$f_r=\frac{1}{2\pi\sqrt{LC}}=\frac{1}{2\pi\sqrt{0.01833\times 10^{-3}\times 8{,}634.7\times 10^{-6}}}=400[\text{Hz}]$$

∴ 고조파차수 $n=\frac{f_r}{f}=\frac{400}{60}=6.67\fallingdotseq 7$ 따라서, 7고조파가 가장 악영향을 미친다.

기출 01 그림과 같이 결선된 CT의 3상 평형회로에서 전류계가 5[A]를 지시하였다. CT의 변류비가 20인 경우 선로의 전류는 몇 [A]인지 계산하시오. 〈81-1-8〉

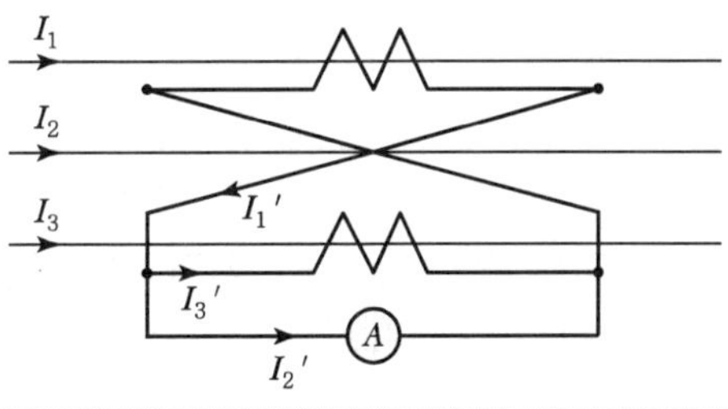

풀이

1. CT 변류비

CT 2차 측에 흐르는 전류는 그림과 같이 되고, 1차 측이 평형 3상 전류이므로 2차 측 전류 $I_1{}'$, $I_2{}'$, $I_3{}'$도 평형 3상 전류가 된다.

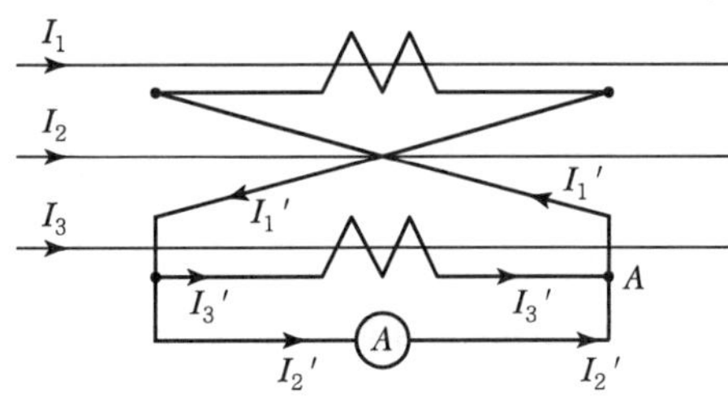

2. 전류계에 흐르는 전류 I_2'는

그림의 A점에 키르히호프의 법칙을 적용하면

$I_3' + I_2' - I_1' = 0$

$I_2' = I_1' - I_3'$

이를 벡터도로 나타내면 그림과 같다.

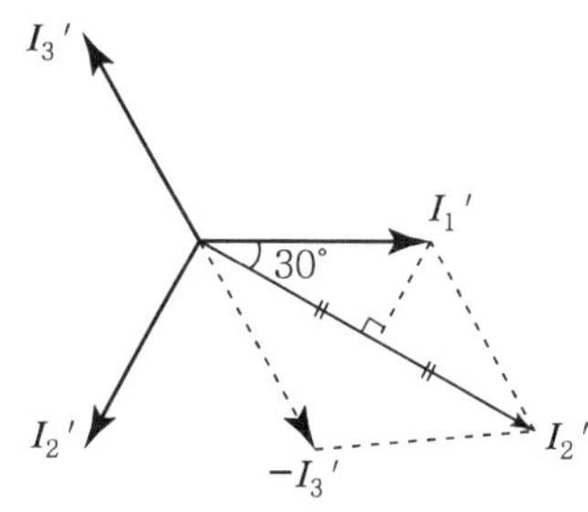

따라서 $|I_2'| = 2 \times |I_1'| \cos 30° = \sqrt{3} \times \dfrac{|I_1|}{20}$

$|I_1| = |I_2'| \times \dfrac{20}{\sqrt{3}} = 5 \times \dfrac{20}{\sqrt{3}} = 57.735[\mathrm{A}]$

기출 02 다음과 같이 변압기 2차 측 전압 220[V]로 공급되는 전기기기에 지락사고가 발생하였다.(단, 변압기 접지저항(R_2)은 5[Ω], 기기의 제3종 접지저항(R_3)은 100[Ω], 인체의 저항(R)은 3,000[Ω]으로 한다.) **〈118-4-4〉**

(1) 등가회로를 작성하고 접촉전압(V_{touch}) 및 감전전류[mA]를 구하시오.

(2) 안전전압 이하로 하기 위한 저항값(R_3)을 구하시오.(단, 인체 접촉 시 안전전압은 50[V] 이하로 한다.)

(3) 제3종 접지저항 값(R_3)을 얻기 어려울 경우 필요한 대책을 설명하시오.

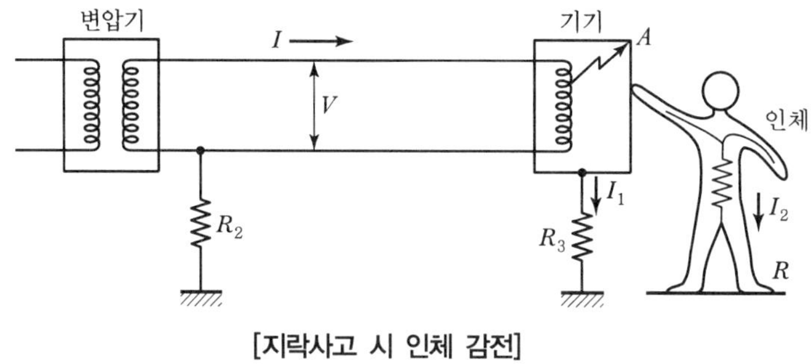

[지락사고 시 인체 감전]

+풀이

1. 등가회로, 접촉전압 및 감전전류

1) 등가회로

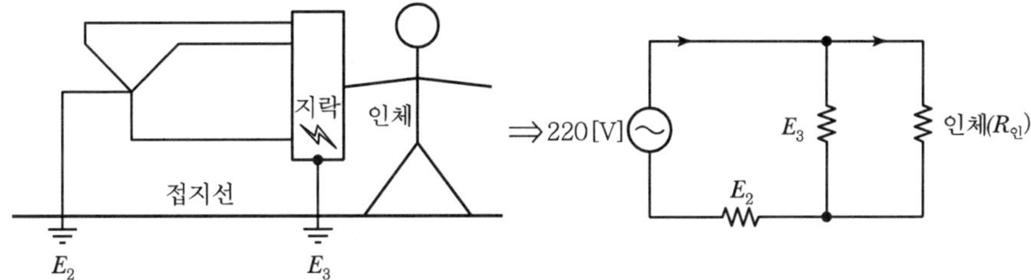

2) 접촉전압

$$V_{touch}=\frac{\frac{R_3\times R_{인}}{R_3+R_{인}}}{R_2+\frac{R_3\times R_{인}}{R_3+R_{인}}}\times 220=\frac{\frac{100\times 3,000}{100+3,000}}{5+\frac{100\times 3,000}{100+3,000}}\times 220=209[\mathrm{V}]$$

3) 감전전류

$$V_{touch}=\frac{209}{3,000}=69.67[\mathrm{mA}]$$

2. 안전전압 이하로 하기 위한 저항값(R_3) 산출

$$V_{touch}=\frac{\frac{R_3\times R_{인}}{R_3+R_{인}}}{R_2+\frac{R_3\times R_{인}}{R_3+R_{인}}}\times 220=\frac{\frac{R_3\times 3,000}{R_3+3,000}}{5+\frac{R_3\times 3,000}{R_3+3,000}}\times 220\le 50[\mathrm{V}]$$

$R_3=1.47[\Omega]$

3. 접지저항 값을 얻기 어려운 경우의 대책

1) 누전차단기 설치

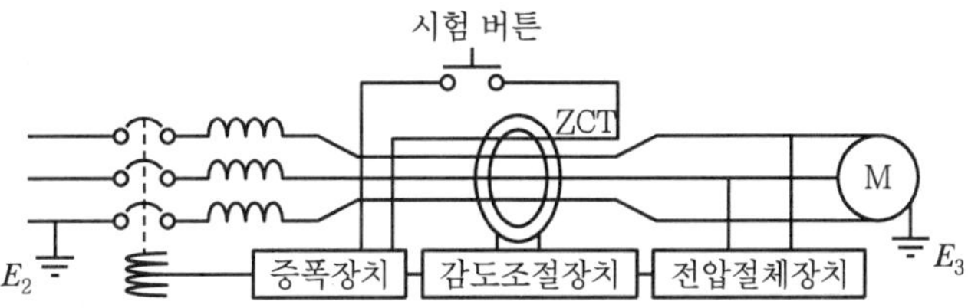

2) 누전차단기의 필요성

전기기기에 보호접지를 한 경우 지락 시 접촉전압은 허용접촉전압값 이하가 되어야 한다.

(1) 허용접촉전압의 계산

$V_g = I \cdot R_3 \cdots$ ①, $E = I(R_2 + R_3) \cdots$ ②에서

식 ②의 $I = \dfrac{E}{R_2 + R_3}$를 식 ①에 대입 $V_g = I \cdot R_3 = \dfrac{E}{R_2 + R_3} \cdot R_3$이다.

여기서, 인체저항 1,000[Ω], 인체통과전류 30[mA]일 경우 인체의 허용접촉전압은 30[V]가 된다.

(2) 접촉점의 접지저항

인체의 허용접촉전압 30[V]에서 저압 대지전압이 300[V]인 경우

R_3의 접지저항은 $R_3 = \dfrac{V_g}{E - V_g} \cdot R_2$에서($E = 300$, $V_g = 30$) $\dfrac{R_2}{R_3} = 9$이므로 R_2의 제2종 접지저항값이 10[Ω]인 경우 접촉점의 접지저항 R_3의 접지저항값은 10/9=1.1[Ω]으로 해야 한다.

(3) 따라서 위 저항값은 통상의 접지공사에서 얻기 힘든 값이며, 시공 후 저항값 유지가 어렵다. 지락전류는 일반적으로 부하전류보다 매우 작아서 과전류차단기로 지락보호가 곤란한 점 등으로 누전차단기를 설치할 필요가 있다.

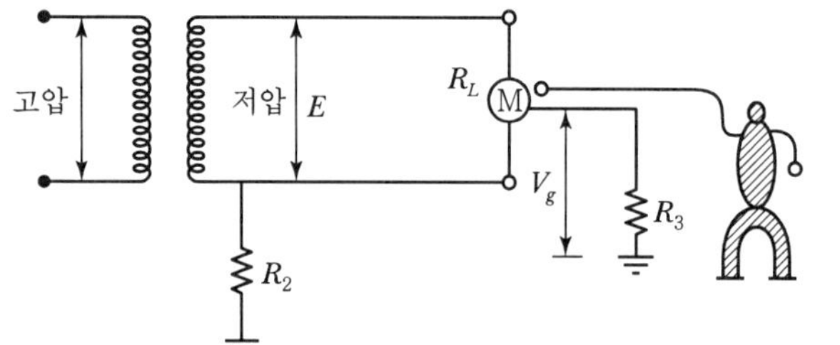

[지락사고 상정도]

3) 감도 전류의 선정

$$\text{접지저항의 최댓값}[\Omega] \le \frac{\text{허용접촉저항}[V]}{\text{누전차단기의 정격 감도전류}[A]}$$

종별	접촉상태	허용접촉전압
제1종	인체의 대부분이 수중에 있는 상태	2.5[V] 이하
제2종	• 인체가 현저하게 젖은 상태 • 금속제의 전기기계 장치나 구조적으로 인체의 일부가 항상 접촉되어 있는 상태	25[V] 이하
제3종	제1, 2종 이외의 경우로서 통상의 인체상태에 접촉전압이 증가할 위험성이 있는 상태	50[V] 이하
제4종	• 제1, 2종 이외의 경우로서 통상의 인체상태에 접촉전압이 증가할 위험성이 작은 상태 • 접촉전압이 증가할 우려가 없는 상태	제한 없음

기출 03 그림과 같은 수 · 변전 단선결선도에서 (50/51) 1과 (50/51) 2의 보호계전기 정정치를 구하시오. 〈87-3-3〉

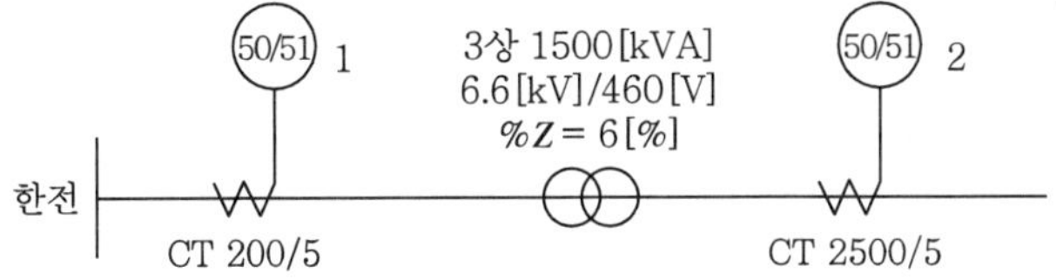

〈조건〉 1. 한전 측은 무시한다.
2. 역률은 0.9이다.
3. 한시 ORC의 탭 : 4, 5, 6, 7, 8, 10, 12[A]
4. 순시 OCR의 탭 : 20~80[A]

풀이

1. 계전기 정정의 정의
   1) 보호계전기가 계통을 보호할 수 있도록 소정의 동작치를 설정하는 작업을 말한다.
      (1) 한시탭 : 과부하보호
      (2) 순시탭 : 단락보호
   2) 과전류계전기(OCR)의 정정
      (1) 한시탭 : 정적전류의 150[%]
      (2) 순시탭 : 3상 단락전류의 150[%]에 정정
2. 계전기 OCR
   1) OCR1 정격

변압기 1차 측의 정격전류

$$I_{N1} = \frac{1,500}{\sqrt{3} \times 6.6} = 131.2[\text{A}]$$

변압기 2차 측의 정격전류

$$I_{N2} = 131.2 \times \frac{6,600}{460} = 1,882.7[\text{A}]$$

변압기 2차 측에서 3상 단락사고가 발생했을 때 2차 측 단락전류

$$I_{S2} = I_{N1} \times \frac{100}{\%Z} = 1,882.7 \times \frac{100}{6} = 31,378[\text{A}]$$

변압기 2차 측에서 3상 단락사고가 발생했을 때 1차 측 단락전류

$$I_{S1} = I_{S2} \times \frac{6,600}{460} = 31,378 \times \frac{460}{6,600} = 2,186.9[\text{A}]$$

2) 계전기 정정

(1) 한시요소는 정격전류의 150[%]

$$131.2 \times 1.5 \times \frac{5}{200} = 4.92[\text{A}]$$

따라서 한시요소는 5[A] 탭을 선정한다.

(2) 순시요소는 변압기 2차 3상 단락전류의 150[%]에 정정한다.

$$2,187 \times 1.5 \times \frac{5}{200} = 82.01[\text{A}]$$

따라서 순시요소는 80[A] 탭을 선정한다.

3) OCR2 계전기 정정

(1) 한시요소는

$$1,882.7 \times 1.5 \times \frac{5}{2,500} = 5.65[\text{A}]$$

따라서 한시요소는 6[A] 탭을 선정한다.

(2) 순시요소는

$$31,378 \times 1.5 \times \frac{5}{2,500} = 94.13[\text{A}]$$

따라서 순시요소는 80[A] 이상의 탭은 없으므로 80[A] 탭을 선정한다.

기출 04 대형 건물의 구내 배전용 6.6[kV] 모선에 6.6[kV] 전동기와 6.6[kV]/380[V] 변압기가 연결되어 있다. 6.6[kV] 전동기 부하용 과전류 계전기(50/51)와 6.6[kV]/380[V] 변압기의 고압 측에 설치된 과전류 계전기(50/51)의 정정방법을 각각 설명하시오. 〈108-3-1〉

+풀이

1. 보호계전기 정정에 필요한 자료

1) 운전상태 파악을 위한 계통자료 : 계통구성, 운전방식

2) 보호계전기를 설치한 회로자료 : 설비용량, 변류비, 부하용량, 회로 임피던스, 모터의 기동전류 등

3) 보호계전기 자료 : 보호계전기 특성, 시퀀스

4) 고장전류 산출을 위한 자료 또는 고장용량 : 단락, 지락

5) 부하특성 등을 준비한다.

2. 6.6[kV] 전동기 부하용 과전류 계전기 정정

1) 고압 전동기 정격전류를 계산한다.

$$I_M = \frac{P_M[\text{kW}]}{\sqrt{3} \times 6.6[\text{kV}] \times \cos\theta}[\text{A}]$$

2) 전동기의 기동방식에 따라 기동전류와 기동시간을 파악한다.

3) 보호계전기 정정

- 한시 Tap을 전동기 정격전류의 115[%]에 정정
- 한시 Tap $= \frac{P_M[\text{kW}]}{\sqrt{3} \times 6.6[\text{kV}] \times \cos\theta} \times 1.15 \times \frac{1}{\text{변류비}}[\text{A}]$
- 한시 Lever : 기동방식에 따라 기동전류 및 기동시간을 고려하고 기동전류에 계전기는 구동하지만 차단기는 동작하지 않도록 선정
- 순시 Tap : 기동전류의 150[%]에 정정

3. 6.6[kV] 변압기의 고압 측에 설치된 과전류 계전기 정정

1) 고압 변압기 1차까지의 $\%Z_S$(%임피던스)를 계산한다.

$\%Z_S = \%R_S + j\%X_S$

2) 변압기 1차(6.6[kV] 모선) 단락전류, 여자돌입전류를 계산한다.

$$I_{S1} = \frac{100}{\%Z_S} \times \frac{P_B[\text{kVA}]}{\sqrt{3} \times 6.6[\text{kV}]}[\text{A}]$$

변압기 여자돌입전류(변압기 정격전류의 10배)를 계산한다.

$$I_{ir} = \frac{P_N[\text{kVA}]}{\sqrt{3} \times 6.6[\text{kV}]} \times 10[\text{A}]$$

3) 변압기 2차 단락전류를 1차 측으로 환산한 전류(I_1)를 계산한다.

변압기 %임피단스를 기준용량으로 환산한다. $\%Z_T = \frac{P_B}{P_N} \times \%Z_t[\%]$

$$I_1 = \frac{100}{\%Z_S + \%Z_T} \times \frac{P_B[\text{kVA}]}{\sqrt{3} \times 6.6[\text{kV}]}[\text{A}]$$

4) 보호계전기 정정

(1) 한시 Tap 정정

한시전류는 정격전류의 150[%]로 정정한다.

변압기 정격전류 $= \frac{\text{변압기용량}}{\sqrt{3} \times 6.6[\text{kV}]}[\text{A}]$

$$한시\ Tap = \frac{변압기용량}{\sqrt{3} \times 6.6[kV]} \times 1.5 \times \frac{1}{변류비}[A]$$

보호계전기의 한시 Tap에 알맞게 정정한다.

한시레버는 변압기 2차 3상 단락 전류에 0.6[sec] 이내에 동작하도록 정정한다.

(2) 순시 Tap 정정

$$순시\ Tap = I_1 \times 1.5 \times \frac{1}{변류비}[A]$$

순시전류 값은 변압기 2차 단락전류를 1차 측으로 환산한 전류(I_1)에 동작하지 않아야 하고 변압기 여자 돌입전류에 동작하지 않도록 정정한다.

순시동작시간은 보호계전기의 최단시간으로 한다.

(3) 보호협조의 검토

상위와 하위 보호계전기와의 보호협조를 검토하여야 하며, 상위 차단기와 0.3[sec] 이내인지 확인한다.

기출 05 다음과 같은 특성을 가지고 있는 수전용 주변압기 보호에 사용하는 비율차동계전기의 부정합 비율치[%]를 구하고, 정정한 비율탭을 정정(Setting)하시오.(단, 부정합비를 줄이고자 보조 CT를 사용하는 경우 변류비 2 : 1 을 사용하시오. 오차는 변압기 탭절환 10[%], CT 오차 5[%], 여유 5[%]를 고려한다.) 〈89-4-2〉

구분	1차 측	2차 측
변압기 권선	2권선 변압기	
전압	154[kV]	22.9[kV]
변압기 결선	Δ	Y
변압기 용량	30[MVA]	
CT 배율	200/5	1,200/5
변압기 탭	무부하 탭절환장치부	
Relay Current Tab[A]	2.9－3.2－3.8－4.2－4.6－5.0－8.7	
비율탭	15－25－50	

+풀이

1. 비율차동계전기 정정

비율차동계전기 결선 시 고 · 저압 측이 서로 다른 경우 CT 결선은 변압기결선과 역으로 하여 동상이 되게 한다. 따라서 변압기가 $\Delta - Y$이므로 CT는 $Y - \Delta$로 하여야 한다.

1) 변압기 1차 및 2차 측 정격전류는

$$I_{n1} = \frac{30 \times 10^3}{\sqrt{3} \times 154} = 112.47[\text{A}],\ I_{n2} = \frac{30 \times 10^3}{\sqrt{3} \times 22.9} = 756.35[\text{A}]$$

2) CT 2차 측 정격전류는

$$I_{CT1} = 112.47 \times \frac{5}{200} = 2.81[\text{A}]$$

$$I_{CT2} = 756.35 \times \frac{5}{1,200} \times \sqrt{3} = 5.46[\text{A}]$$

2차 측은 CT가 Δ결선되었기 때문에 전류가 $\sqrt{3}$배로 커진다.

1차는 2.9[A], 2차는 5[A] 탭을 선정하고 부정합비를 계산해 보면

CT 2차 측 전류비$= \frac{2.81}{5.46} = 0.515$

CT 정정 탭의 비$= \frac{2.9}{5} = 0.58$

3) 부정합비

부정합비는 CT_1과 CT_2 2차 전류가 계전기로 들어갈 때 두 전류의 크기 차이가 나는 정도를 말한다.

$$\text{부정합비} = \frac{\text{정정탭의 비와 전류비의 차이}}{\text{전류비}} = \frac{0.58 - 0.515}{0.515} \times 100 = 12.62[\%]$$

부정합비는 5[%] 이내로 해야 하므로 2차 측에 2 : 1의 보조 CT를 설치하면 2차 측 CT 2차 전류는

$$I_{CT_2} = \frac{5.46}{2} = 2.73[\text{A}]$$

변류기 탭에서 1, 2차 모두 2.9[A]를 선정하고 부정합비를 계산하면

CT 2차 측 전류비$= \frac{2.81}{2.73} = 1.0293$

CT 정정 탭의 비$= \frac{2.9}{2.9} = 1$

$$\text{부정합비} = \frac{\text{정정탭의 비와 전류비의 차이}}{\text{전류비}} = \frac{1.0293 - 1}{1.0293} \times 100 = 2.85[\%]$$

2. 비율 차동 계전기의 비율탭을 선정하기 위해서 모든 오차를 합해보면

변압기 탭절환 오차 10[%]

변류기의 부정합비=2.85[%]

변류기 오차=5[%]

여유(기타 유도 등에 의한 오차)=5[%]

정정비율(e)은 $e = 10 + 2.85 + 5 + 5 = 22.85[\%]$가 되는데
문제에서 주어진 비율 차동 계전기의 비율탭 중에서 25[%]를 선정한다.

기출 06 다음 계통에서 F_1과 F_2 지점의 단락사고 시 수전점 차단기(CB_1) 동작을 위한 계전기의 한시(OC)와 순시(HOC)를 정정하고 보호 협조곡선을 그리시오.
(단, 순시 계전기와 최소동작여유계수 : 0.5
한시 계전기와 과부하 여유계수 : 1.5
F_1 지점의 3상 단락전류 : 10[kA]
F_2 지점의 3상 단락전류 : 7[kA]
한시 계전기 TAP : 4 − 5 − 6 − 7 − 8 − 9 − 12[A]
순시 계전기 TAP : 20 − 40 − 60 − 80[A]) 〈104−2−2〉

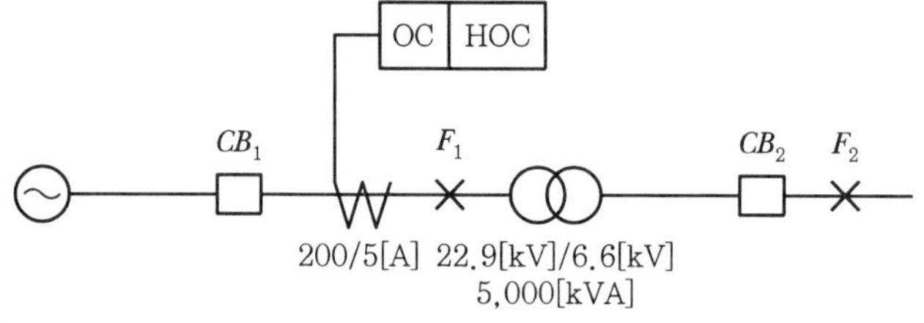

풀이

1. 보호계전기 정정기준
   1) 한시정정
      - Tap : 변압기정격전류의 150~170[%]에 정정
      - Lever : 변압기 2차 3상 단락전류에 0.6[sec] 이내에 동작하도록 선정
   2) 순시정정
      - Tap : 변압기 2차 3상 단락전류의 125~200[%]에 정정(통상 150[%]에 정정)(여자돌입 전류에 동작하지 않도록 정정)
      - Lever : 순시

2. 한시 및 순시요소 정정
   1) 정격전류(FLA)

$$\text{FLA} = \frac{5,000}{\sqrt{3} \times 22.9} \fallingdotseq 126[\text{A}]$$

2) 한시 Tap

과부하 여유계수를 1.5로 정정하면

$$Tap = 126 \times 1.5 \times \frac{5}{200} = 4.725[A] \quad \therefore 5[A]\,Tap \text{ 선정}$$

픽업전류(Pickup Current)

$$5 \times \frac{200}{5} = 200[A]$$

3) 순시 Tap

정정기준에 따라 변압기 2차 3상 단락전류의 150[%]로 정정하면

$$\text{순시 } Tap = 7{,}000 \times \frac{6.6}{22.9} \times \frac{5}{200} \times 1.5 = 75.6[A] \quad \therefore 80[A]\ Tap \text{ 선정}$$

- 변압기 돌입전류 검토

$$\text{돌입전류} = \frac{5{,}000}{\sqrt{3} \times 22.9} \times \frac{5}{200} \times 12 = 37.8[A]$$

- 변압기 1차 측 2상 단락전류 검토

$$\text{2상 단락전류} = 10{,}000 \times \frac{5}{200} \times \frac{\sqrt{3}}{2} = 216[A]$$

순시요소는 변압기 여자 돌입전류와 변압기 2차 단락사고 시 동작하지 않아야 하고, 변압기 1차 2상 단락전류에 동작하여야 하나 최소동작 여유계수 0.5를 고려하면 $216 \times 0.5 = 108[A]$(계통전류 4,320[A]에 해당)에 동작하여야 함

상기 사항을 종합하여 순시요소의 동작 여부를 검토하면,

변압기 2차 단락전류(1차 환산) 2,017[A] < Pickup Current 3,200[A] < 2상 단락전류에 최소 동작 여유계수 0.5를 고려한 동작전류 4,320[A]

3. 보호협조곡선

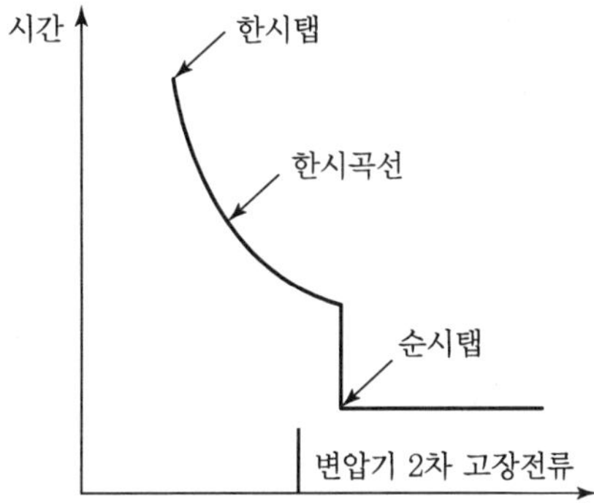

PART 04 배전설비

기출 07 아래 그림과 같이 $Y-\Delta-Y$ 결선된 변압기가 있다. 이 변압기의 내부사고 보호를 위해 비율차동 계전기를 사용하였다. 이 계전기의 정정 값을 구하시오.〈99-2-1〉

〈조건〉

- 변압기
  - 용량 : 20,000[kVA]
  - 1차 전압 : 154[kV]
  - 2차 전압 : 6.9[kV]
- 임피던스 : 10[%], Tap changer : ±10[%], 결선 : $Y-\Delta-Y$
- NGR : 100[A], 38[Ω]
- CT : 1차 BCT : 150/5[A], Δ결선

  2차 BCT : 3,000/5[A], Y결선

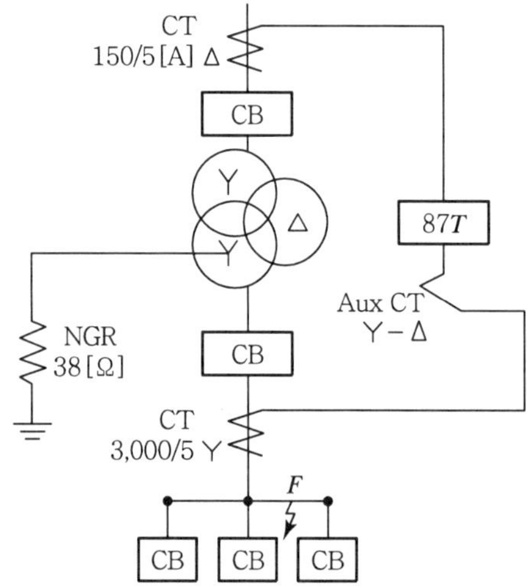

풀이

1. 전류 Tap 정정
   1) 보호계전기 사양

      유도형

   2) 정정범위

      ① 전류 Tap : 2.9－3.2－3.5－3.8－4.2－4.6－5.0－8.7

      ② 동작비율 : 20－40－70[%]

항목	154[kV] 측	6.9[kV] 측
정격전류	$I_N = \dfrac{20,000}{\sqrt{3}\times 154} \fallingdotseq 75[A]$	$I_N = \dfrac{20,000}{\sqrt{3}\times 6.9} \fallingdotseq 1,673[A]$
사용 CT Ratio	150/5[A]	3,000/5[A]
변압기 정격운전 시 CT 2차 전류	$75\times\dfrac{5}{150} = 2.5[A]$	$1,673\times\dfrac{5}{3,000} \fallingdotseq 2.79[A]$
CT 2차 회로 결선	Δ	Y
보호계전기 유입전류	$2.5\times\sqrt{3} \fallingdotseq 4.33[A](I_P)$	$2.79(I_S)$
전류 Tap 선정	$Tap = 4.6[A](T_P)$	$Tap = 4.6\times\dfrac{2.79}{4.33} \fallingdotseq 2.96[A]$ $Tap = 2.9[A](T_S)$

2. Mismach율 계산

$$\varepsilon = \frac{\dfrac{I_S}{I_P} - \dfrac{T_S}{T_P}}{\left(\dfrac{I_S}{I_P}\ \dfrac{T_S}{T_P}\right) \text{중 작은 값}} \times 100 = \frac{\dfrac{2.79}{4.33} - \dfrac{2.9}{4.6}}{\dfrac{2.9}{4.6}} \times 100 \fallingdotseq 2.22[\%]$$

3. 동작비율 정정

1) ULTC 조정에 의한 오차 : ±10[%]
2) Tap 선정 시 Mismach : 2.22[%]
3) CT 오차(±5×2) : ±10[%]
4) 보호계전기 오차 : ±5[%]
5) CT Cable의 차이 및 부담의 차이 또는 기타 : ±5[%]
6) 여유오차 : ±5[%], 합계=−32.78~+37.22[%] ⇨ ∴ Slop Tap=40[%]에 결정

기출 08 장경간 터널이나 도시철도의 배전에 활용되는 다음 그림과 같은 π형 선로에서 보호계전기를 설명하시오. 〈66−4−6〉

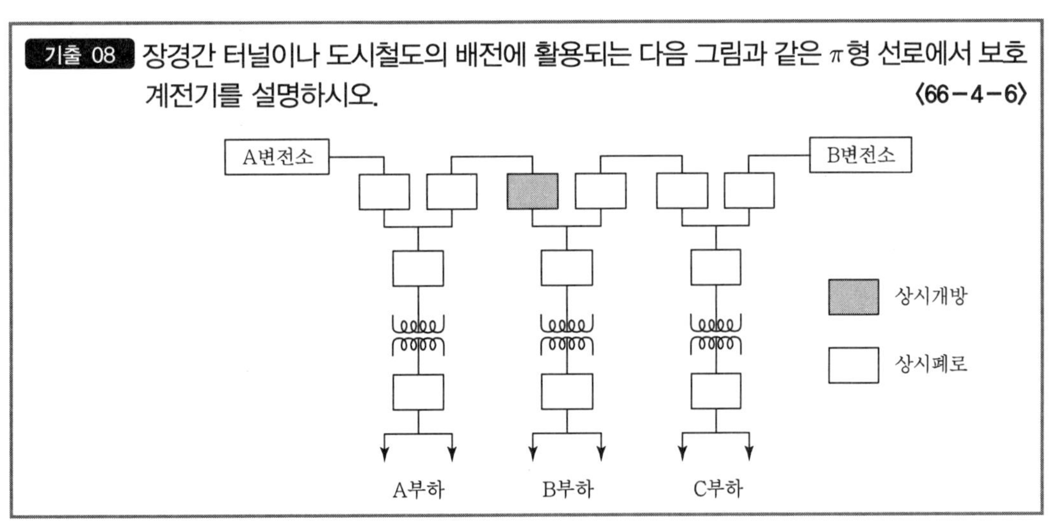

풀이

1. 보호계통 개요

1) 보호 협조

(1) 전력계통에서 발생하는 이상현상으로는 과전류, 과전압, 부족전압, 단락, 서지 등을 들 수 있는데, 수 변전설비에서는 이들 이상현상에 대해 차단기, 퓨즈 등을 설치해서 보호하고 있다. 그러나 이들 차단기, 퓨즈 등의 선정이나 정정이 적절해야 최선의 보호효과를 기대할 수 있다.

(2) 보호협조에는 과전류 보호협조, 지락보호 협조, 절연 보호협조 3가지가 있다.

(3) 수전설비의 주 차단기는 위로는 전력회사의 변전소 과전류 차단장치와 협조를 이루고, 아래로는 변압기 2차 측 과전류차단기와 협조가 되어야 한다.

(4) 차단기나 퓨즈의 역할은 이상상태 발생 시에 신속히 차단함과 동시에 정전구간을 최소화하고 피보호기기의 손상을 방지하는 일이다.

(5) 지락 보호장치는 지락 사고 시에 영상전류 또는 영상전압을 검출해서 동작하는 것으로 직접접지계통에서는 OCGR이 주로 사용되고 비접지 계통에서는 ZCT, GPT, SGR 등을 사용하는데, 자가용 수전설비에서 사고가 외부로 파급되는 것은 대부분 지락 사고에 의한 것이므로 지락 차단장치는 특히 해당 변전소와 긴밀한 협조가 유지되어야 한다.

2) 후비 보호

(1) 보호장치는 주보호와 후비 보호로 구성되는데 주보호 계전기는 사고 부분을 신속히 제거함으로써 정전 범위를 최소로 하고, 사고의 파급을 막는 것이기 때문에 선택성과 고속성이 요구된다.

(2) 후비 보호는 주보호장치가 고장으로 인하여 차단에 실패하는 경우 이를 보호하는 것이 목적이다. 후비 보호장치가 동작하는 경우 그 모선이 연결되어 있는 모든 계통이 정전되므로 주보호가 고장 선로만을 선택차단하는 경우보다 정전 범위가 넓게 된다.

(3) 설치할 계전기의 종류

주어진 문제의 각 차단기에서 설치되어야 할 계전기의 종류는 각각의 차단기 번호별로 다음 표와 같다.

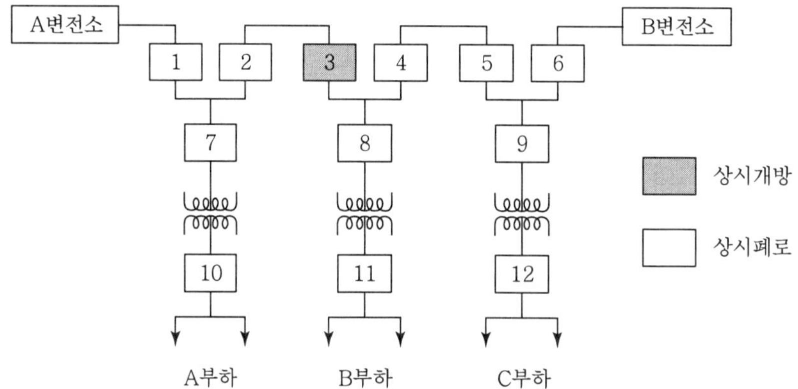

차단기 번호	차단기 종류	설치할 계전기의 Device No.
1	VCB	51/50, 51G, 27, 67, 47
2	VCB	51/50, 51G
3	VCB	51/50, 51G, 27
4	VCB	51/50, 51G, 27
5	VCB	51/50, 51G
6	VCB	51/50, 51G, 27, 67, 47
7	VCB	51/50, 51G, 47
8	VCB	51/50, 51G, 47
9	VCB	51/50, 51G, 47
10	ACB	51/50, 51G
11	ACB	51/50, 51G
12	ACB	51/50, 51G

각각의 Device No.별 계전기 명칭은 다음과 같다.

Device No.	명칭
51/50	순시 요소부 과전류 계전기 OCR
51G	지락 과전류 계전기 OCGR
27	부족전압 계전기 UVR
67	교류 전력방향 계전기
47	결상 계전기

2. 동작 설명

1) 배전선로에서의 고장

(1) A변전소로부터 1번 차단기까지 오는 배전선로에서 단락 또는 지락 사고가 발생한 경우에는 고장점으로 전류가 역류하게 되므로 이를 전력방향 계전기가 검출하여 1번 차단기를 트립시키고, 동시에 3번 차단기를 투입한다.

(2) B변전소로부터의 배전선로에 고장이 발생한 경우에도 같은 요령으로 6번 차단기를 개방하고 3번 차단기를 투입한다.

(3) 배전선로의 결상 또는 부족전압이 발생한 경우를 대비해서 1번과 6번 차단기에 부족전압 계전기 및 결상 계전기를 설치한다.

2) 부하에서의 고장

(1) 부하 측에서의 고장은 과전류, 단락 및 지락 사고이다.

(2) 과전류는 50, 단락전류는 51, 지락에 대해서는 51G 계전기로 보호한다.

(3) 변압기 1차 측 7, 8, 9번 차단기에는 상위 계통의 결상에 대비해서 결상 계전기를 설치한다.

(4) 보호 협조를 위해서 예를 들어 A부하의 경우 각 차단기의 반한시성 동작시한 특성은 다음 그림과 같이 되도록 선정하고 정정하여 상위 차단기는 하위 차단기의 후비 보호 역할을 하도록 한다.

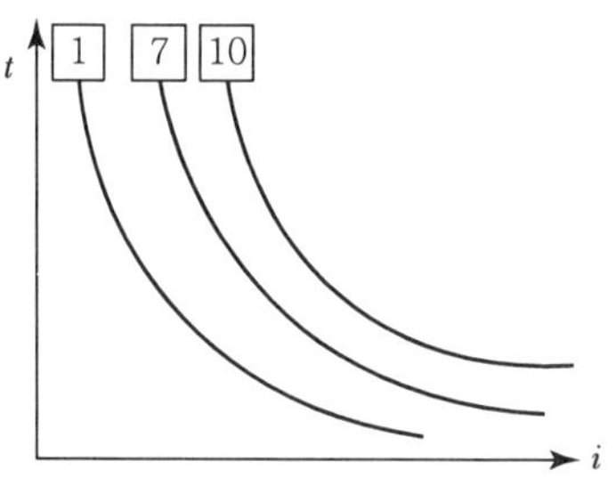

기출 01 비접지 계통의 지락전류 검출을 위한 GPT의 최대 접지 유효전류와 GPT부담[VA]을 3.3[kV]와 440[V] 계통에 대해 기술하시오. 〈74-4-3〉

〈조건〉

- 지락 조건은 1선 완전지락(영상전압 190[V])
- CLR : 3.3[kV] 50[Ω], 440[V] 370[Ω]

풀이

1. GPT의 회로구성

   1) GPT(Ground Potential Transformer)는 그림과 같이 Y−Δ로 결선하고 2차 측을 개방한 Open Delta 결선이다.
   2) GPT 2차 측 개방단에는 CLR, SGR 및 OVGR이 결선된다.
   3) CLR 병렬로 접속하는 목적은 SGR의 동작에 필요한 유효전류를 공급하고 또한 GPT Open Delta 결선에서 제3고조파 전류를 억제하기 위함이다.

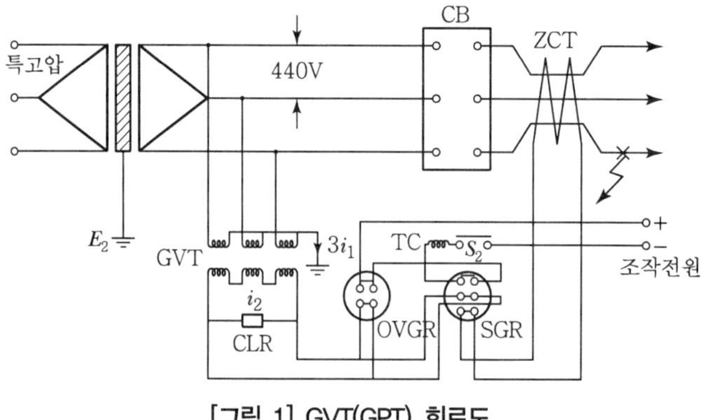

[그림 1] GVT(GPT) 회로도

2. 최대 접지 유효전류와 GPT 부담

1) 3,300[kV] 계통

완전 지락 시 2차 개방단자 사이의 전압이 190[V]인데 여기에 50[Ω]의 저항이 접속되어 있으므로 변압기 자체 임피던스를 무시할 경우 저항을 통해 2차 측에 흐르는 유효전류는

$$i_1 = \frac{190}{50} = 3.8[\text{A}]$$

완전 지락 시 2차 개방단자 사이의 전압이 190[V]이면 1상의 전압은

$$E = \frac{190}{\sqrt{3}} = 110[\text{V}]$$

변압기 1대의 용량은(OVGR과 SGR에 흐르는 전류를 무시하면)

$$P = E_1 I_1 = E_2 I_2 = 110 \times 3.8 = 418[\text{VA}]$$

2) 440[V] 계통

유효전류는

$$i_2 = \frac{190}{370} = 0.514[\text{A}]$$

변압기 1대의 용량은 $P = E_1 I_1 = E_2 I_2 = 110 \times 0.514 = 56.5[\text{VA}]$

기출 02 다음 그림과 같은 수전설비에서 일선지락사고가 발생한 경우 영상전압, 영상전류 및 영상전압과 영상전류의 위상각을 구하시오. 〈75－2－2〉

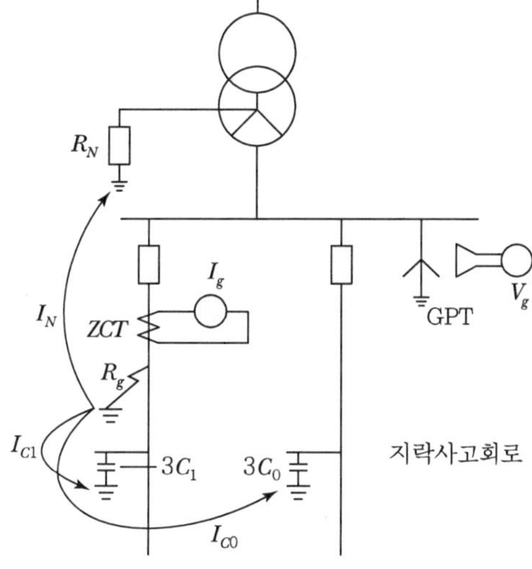

+풀이

1. 영상전압

1) 지락 사고가 발생하면 지락 저항 R_g에서 대지를 통해 계통 접지점에 접지 전류 I_N이 흐르는 동시에 대지 정전용량 C_1 및 계통의 정전용량 C_0를 통해서 지락 충전 전류가 흐른다.

2) 따라서, 지락충전전류가 흐름으로써 대지와 계통 중성점 사이에 영상전압이 발생하는데 등가 회로는 [그림 1]과 같다.

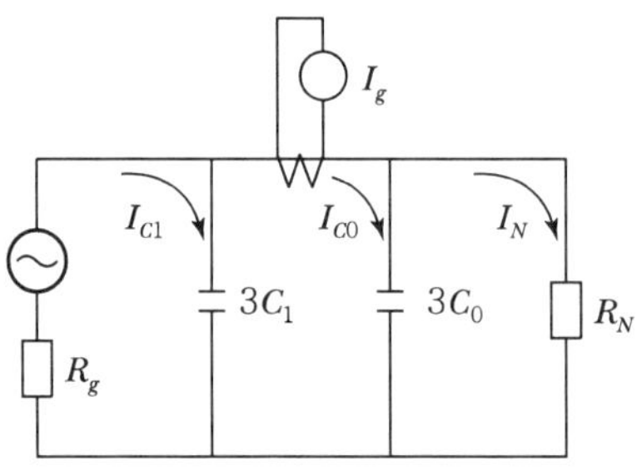

[그림 1] 등가회로

3) 지락점에 나타나는 영상전압 V_0는 고장점의 상전압 E_a를 고장점 저항 R_g와 계통의 영상 임피던스로 분압한 것이므로 $C = 3C_0 + 3C_1$로 하면

$$V_0 = \frac{\dfrac{R_N}{1 + j\omega CR_N}}{R_g + \dfrac{R_N}{1 + j\omega CR_N}} \cdot E_a \quad \text{분자 분모에 } (1 + j\omega CR_N)\text{을 곱하면}$$

$$= \frac{R_N E_a}{R_N + R_g(1 + j\omega CR_N)} = \frac{E_a}{1 + R_g\left[\dfrac{1}{R_N} + j3\omega(C_0 + C_1)\right]}$$

2. 영상전류

[그림 1]에서 $3C_1$를 통해 흐르는 전류는 변류기를 통과하지 않으므로 ZCT가 감지하는 영상전류는 $3C_0$와 R_N를 통해 흐르는 전류의 합이다. 따라서 ZCT의 변류비를 $\dfrac{1}{n}$이라고 하면

$$I_g = \frac{1}{n} \cdot V_0\left(\frac{1}{R_N} + j3\omega C_0\right)$$

3. 영상전류와 영상전압의 위상차

전압을 기준벡터로 했을 때 전압-전류의 위상차는 전류의 위상각이므로

$$\phi = \tan^{-1}\left(\frac{3\omega C_0}{\dfrac{1}{R_N}}\right) = \tan^{-1} 3\omega C_0 R_N$$

PART 05

방재설비

CHAPTER

01 접지공사

1.1 접지도체 굵기계산

1. 특고압 기기의 접지선 굵기 계산(제1종 접지공사)

가. 도체 단면적 계산식

1) 도체의 단면적은 전류, 통전시간, 온도, 재료의 특성값 등을 이용하여 도체의 단면적 계산식을 이용하여 구한다.

2) 나동선의 경우 $S = \sqrt{\dfrac{8.5 \times 10^{-6} \times t_s}{\log_{10}\left(\dfrac{T}{274}+1\right)}} \times I_g [\mathrm{mm}^2]$

여기서, S : 접지선의 단면적[mm²]
t_s : 고장계속시간[sec]
T : 접지선의 용단에 대한 최고허용온도(상승)(나동연선 : 850[℃], 접지용 비닐전선 : 120[℃])
I_g : 접지선의 고장전류[A]

나. 간략식

상기와 같이 분모계수는 도체의 재료, 절연물의 종류, 주위 온도에 따라 결정되는 상수로 생각할 수 있다. 접지도체에 동(Cu)을 사용할 경우 간략식으로 계산할 수 있다.

1) 동선의 경우 $S = \dfrac{\sqrt{t_s}}{K} \times I_g [\mathrm{mm}^2]$

여기서, K : 접지도체의 절연물 종류 및 주위온도에 따라 정해지는 계수
t_s : 고장계속시간[sec](22kV, 22.9kV 계통 1.1초, 66kV 비접지계통 1.6초)

[표 1] K의 값

접지선의 종류 / 주위온도	나연동선	IV, GV	CV	부틸고무
30℃(옥내)	284	143	176	166
55℃(옥외)	276	126	162	152

2) 접지용 나연동선을 옥외에 설치하는 경우 $S = \sqrt{t_s}/276 \times I_g$

3) 접지용 절연전선을 옥내에 설치하는 경우 $S = \sqrt{t_s}/143 \times I_g$

》참고 동선의 접지선 굵기 계산

$$S = \frac{\sqrt{t_s}}{\sqrt{\frac{Q}{\alpha \cdot \gamma}\log_{10}\left(\frac{T_m - T_0}{K_0 + T_0} + 1\right)}} \times I_g[\text{mm}^2] \ \& \ S = \sqrt{\frac{8.5 \times 10^{-6} \times t_s}{\log_{10}\left(\frac{T_m - T_0}{234 + T_0} + 1\right)}} \times I_g[\text{mm}^2]$$

여기서, t_s : 고장계속시간[sec]

Q : 도체의 단위체적당 열용량[J/℃ · mm³](동선 3,422, AL 2,556)

α : 20[℃]에서의 도체 저항온도계수(동 0.00393, AL 0.00404)

γ : 20[℃]에서의 도체저항(연동선 0.01724, 경동선 0.017774)

K_0 : 연동선(234.5), 경동선(242), AL(228)

T_m : 최대허용온도(나연동선 1,830[℃], PVC절연전선 160[℃], XLPE 250[℃])

T_0 : 주위온도(옥내 30[℃], 옥외 직사일광 55[℃])

2. 저압기기 접지선의 굵기 계산

가. 접지선의 온도 상승

접지선에 단시간 전류가 흘렀을 경우 동선의 허용온도 상승 $\theta = 0.008\left(\frac{I}{A}\right)^2 \cdot t$ [℃]

여기서, I : 통전전류[A], A : 동선의 단면적[mm²], t : 통전시간[sec]

나. 계산조건

1) 접지선에 흐르는 고장전류의 값은 전원 측 과전류차단기 정격전류의 20배이다.
2) 과전류차단기는 정격전류의 20배 전류에 0.1초 이하에서 끊어진다.
3) 고장전류가 흐르기 전의 접지선 온도는 30[℃]로 한다.
4) 고장전류가 흘렀을 때의 접지선의 허용온도 150[℃](허용온도 상승은 120[℃])가 된다.

다. 계산식

상기의 계산조건을 대입하면 $120 = 0.008\left(\frac{20I_n}{A}\right)^2 \times 0.1$ 에서

$\therefore A \fallingdotseq 0.052 I_n$[mm²]

여기서, I_n : 과전류차단기의 정격전류

3. 보호도체의 최소단면적(KS C IEC 60364)

보호도체의 최소단면적은 다음의 계산식으로 구하든가 또는 표에 의한다.

가. 최소단면적 산출

1) 단면적 S는 $S=\dfrac{\sqrt{I_g^2 \cdot t}}{K}=\dfrac{\sqrt{t}}{K}\cdot I_g[\mathrm{mm}^2]$

여기서, I_g : 보호계전기를 통한 지락고장전류값(교류실효값)

t : 고장계속시간[sec]

K : 도체절연물 종류 및 주위온도에 따라 정해지는 계수 [표 1] 참고

나. 보호도체의 단면적을 [표 2]에서 선정

보호도체의 단면적은 아래 [표 2] 값 이상의 표준규격의 도체 굵기를 선정하여야 한다.

[표 2] 보호도체의 단면적

상도체의 단면적 S[mm²]	대응하는 보호도체의 최소단면적[mm²]	
	보호도체의 재질이 상도체와 같은 경우	보호도체의 재질이 상도체와 다른 경우
$S \le 16$	S	$k_1/k_2 \times S$
$16 < S \le 35$	16^a	$k_1/k_2 \times 16$
$S > 35$	$S^a/2$	$k_1/k_2 \times S/2$

여기서, k_1 : 도체 및 절연의 재질, k_2 : KS C IEC 60364－5－54 보호도체

□[a] : PEN 도체의 경우 단면적의 축소는 중성선의 크기 결정에 대한 규칙에만 허용한다.

다. 보호도체의 최소 굵기

보호도체가 전원케이블 또는 케이블 용기의 일부로 구성되어 있지 않는 경우에는 단면적은 어떠한 경우에도 다음 값 이상 되어야 한다.

1) 기계적 보호가 되는 것은 단면적 2.5[mm²]

2) 기계적 보호가 되지 않는 것은 단면적 16[mm²]

1.2 접지저항 측정

1. 전류보조극 61.8[%]의 법칙

접지전극 E로 접지전류가 유입되고 전류전극 C로부터 전류 I로 유출된다고 가정하면

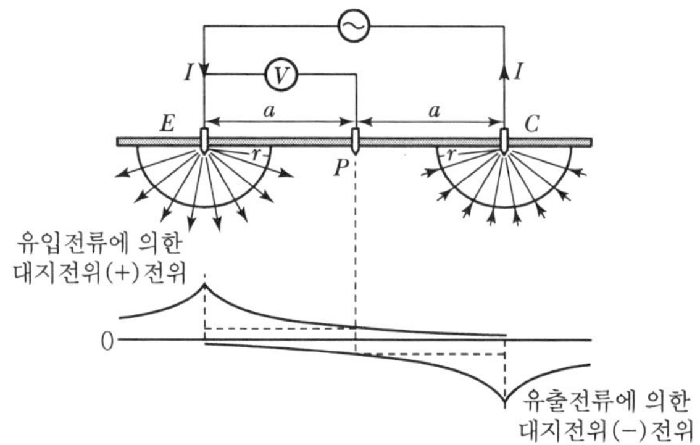

[그림 1] 61.8[%] 법칙(접지극 접지저항)

1) 등가반경 r인 접지극의 접지저항은 $R=\dfrac{\rho}{2\pi r}[\Omega]$이므로

   접지전류 I 유입 시 전위상승은 $V=\dfrac{\rho}{2\pi r}\times I[\text{V}]$

2) P점의 전위 V는 유입전류 I에 의한 E점과 P의 전위차 V_1은

   $$V_1=\frac{\rho}{2\pi r}I-\frac{\rho}{2\pi P}I=\frac{\rho I}{2\pi}\left(\frac{1}{r}-\frac{1}{P}\right)[\text{V}]$$

3) 유출전류 $-I$에 의한 C점과 P점의 전위차 V_2는

   $$V_2=-\frac{\rho}{2\pi C}I+\frac{\rho}{2\pi(C-P)}I=-\frac{\rho I}{2\pi}\left(\frac{1}{C}-\frac{1}{C-P}\right)[\text{V}]\text{이므로}$$

   P점의 전위 V는 (중첩의 원리) 적용 $V=V_1+V_2=\dfrac{\rho I}{2\pi}\left(\dfrac{1}{r}-\dfrac{1}{P}-\dfrac{1}{C}+\dfrac{1}{C-P}\right)[\text{V}]$이 된다.

4) 따라서 위 식에서 $\dfrac{1}{P}+\dfrac{1}{C}-\dfrac{1}{C-P}=0$이 되면 된다. 즉, 접지전극 E와 전류전극 C 간에 전위간섭이 없어야 정확한 접지저항을 측정할 수 있다.

5) $\dfrac{1}{P}+\dfrac{1}{C}-\dfrac{1}{C-P}=0$에서 분모를 $P\cdot C\cdot(C-P)$로 통분하면

   $C(C-P)+P(C-P)-PC=0$을 정리하면 $C^2-PC+PC-P^2-PC=0$로

   $C^2-PC-P^2=0$에서 변수를 P로 정리하면 $P^2+CP-C^2=0$에서

$$P=\frac{-C\pm\sqrt{C^2-(-4C^2)}}{2}=\frac{-C\pm\sqrt{5C^2}}{2}\quad \therefore P=-0.5C\pm1.118C$$

여기서 P값은 거리이므로 양의 값을 취하면 $P=0.618C$가 된다.

6) 결론적으로 전위보조극 P는 접지극 E와 전류보조극 C 사이의 거리가 61.8[%] 되는 지점이 전위간섭 없이 접지저항 측정이 가능하다.

2. 접지저항 측정

가. 접지저항 측정방법의 종류

장소 및 설비	측정규정	접지저항 측정방법
대규모 접지체 • 변전소 등의 메시접지 • 건축구조체의 접지극	IEEE 81.2	시험전압강하법(전위강하법)
소규모 접지체	KS C 1310	전위차계식, 전압강하식
심매설 접지	IEEE 81.2, NEC 250-84	전위차계식

나. 전위강하법(1)

1) 회로구성

절연변압기, 슬라이더(전압조정기), 진공관 전압계의 전위극, 전류계의 보조극으로 구성된다.

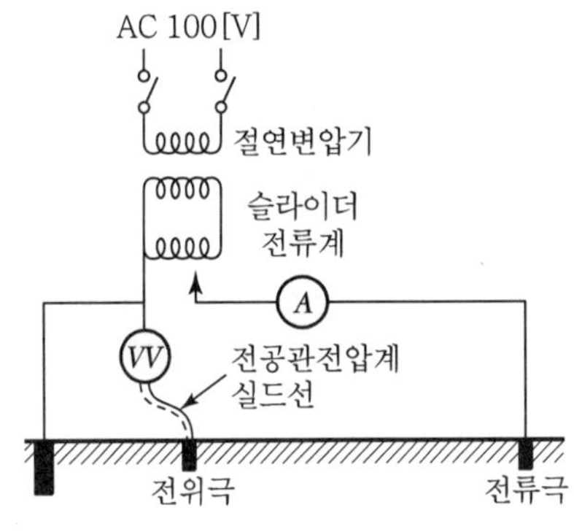

[그림 2] 전위강하법(1)

가) 절연변압기 : 공급전원계통이 접지되어 있기 때문에 그 영향을 없애기 위해 쓰이며 권수비는 1 : 1로 되어 있다.

나) 슬라이더 : 측정전류를 조정하기 위한 것(물 저항을 쓰는 경우도 있다.)

다) 진공관 전압계(디지털 전압계) : 전위 분포의 전압을 측정하는 데는 내부임피던스가 큰 것을 사용하는데 이유는 전위극의 접지저항에 의한 측정오차의 영향을 적게 하기 위해서다.

2) 측정방법

전위극을 이동시켜 그때의 전압을 읽어 전위분포곡선을 작성해서 접지저항을 구한다.

다. 전위강하법(II)

1) 회로구성 : 전위강하법(I)과 마찬가지이나 극성 전환스위치가 들어 있다. 회로도 약간 다른데 이유는 전위전극이 측정대상 접지극과 전류극 사이에 있지 않고 멀리 떨어진 곳에 박혀있기 때문이다.
2) 사용장소 : 대규모 접지체(메시 전극, 건축물구조체 등)의 측정에 사용한다.
3) 측정전류 : 접지저항값이 아주 낮아 유도의 영향을 받기 쉽기 때문에 20~30[A] 값으로 측정한다.
4) 측정법 : 극성전환스위치를 사용해서 V_{S1}, V_{S2} 값을 얻어 벡터로 표기한다.

$$R = \frac{V}{I},\ V = \sqrt{\frac{V_{s1}^2 + V_{s2}^2 - 2V_0^2}{2}}$$

여기서, V_0 : 대지의 부유전위($I=0$)
V_{s1} : 진공관전압계[17] 기록치
V_{s2} : 전류극성의 역전에 따른 진공관전압계의 기록치

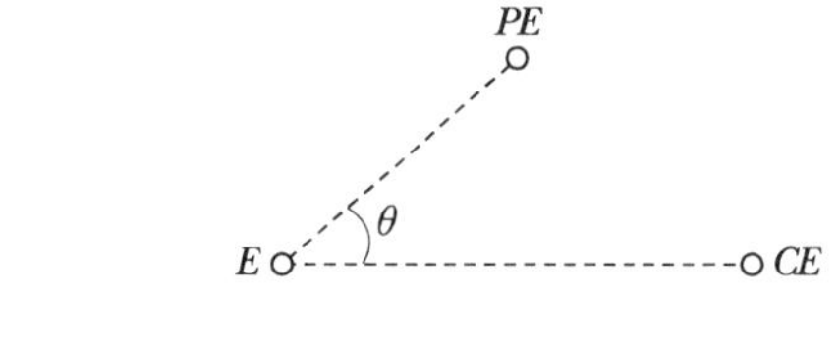

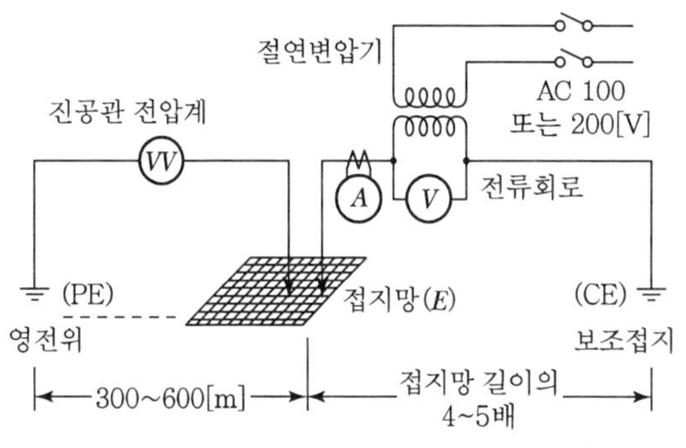

[그림 3] 전압 강하법(II) 망상접지저항측정

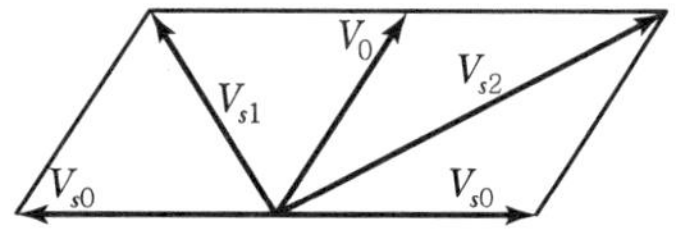

$V_o = I_s = 0$일 때의 진공관 전압계
V_{s1} : 진공관 전압계의 눈금
V_{s2} : 전류 극성을 바꿨을 때의 진공관 전압계 눈금
V_{s0} : 교정치

[그림 4] 단상 전원 측정의 벡터도

---

17) 진공관 전압계(Vacuum Tube Voltmeter) : 진공관을 사이에 넣어 전압을 측정하는 계기 2극, 3극의 진공관을 사용함으로써 입력임피던스를 높게 취할 수 있고, 전압계를 직접연결할 때보다 적은 에너지로 미터침을 움직인다. 따라서 측정이 정밀하다.

라. 간이형 접지저항 계산법

현재 접지저항계는 모두 전압강하법의 원리를 이용하고 있다. 종전에 소형 수동발전기를 내장한 타입에서 최근에는 트랜지스터식 접지저항계를 사용한다. 트랜지스터식은 전원을 건전지로 사용하기 때문에 건전지를 체크하여 접지저항을 측정한다.

1) 전위차계식 접지저항계

2) 전압강하식 접지저항계

1.3 접지설계

1. 접지전극 설계흐름도

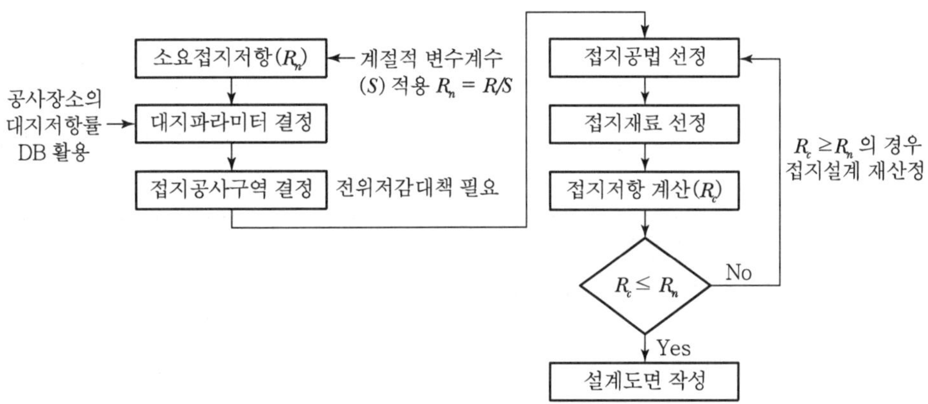

2. 접지설계

가. 대지저항률

대지저항률이란 대지에 전류가 흐르기 어려운 정도를 나타내는 상수[Ω · m]이다. 감전 방지를 위한 보폭전압 및 접촉전압은 대지저항률의 값에 크게 좌우되므로 대지저항률 측정은 중요하다.

1) 대지저항률의 일반특성

가) 접지저항은 지질조건이 복잡하기 때문에 대지저항률 분포에 따라 크게 좌우된다.

나) 토양이 같은 종류이어도 수분함량, 온도, 토양 속에 포함된 화학물질에 따라 고유저항이 크게 변화된다.

다) 광물 · 암석 등의 저항, 해수의 저항, 콘크리트의 저항 등 각종 광물의 종류에 따라서 대지저항률은 다음과 같이 구분된다.

[표 1] 저항률에 의한 대지 분류

분류	저항률 ρ[Ω · m]	특징
저저항률 지대	$\rho < 100$	항상 토양에 수분이 많이 함유되어 있는 하구 또는 바다
중저항률 지대	$100 \le \rho < 1,000$	지하수를 쉽게 얻을 수 있는 내륙의 평야지대
고저항률 지대	$1,000 \le \rho$	구릉지대, 고원

2) 대지저항률에 영향을 주는 요인

가) 흙의 종류나 수분의 영향

(1) 흙의 종류와 그 저항률 : 흙의 종류는 진흙, 점토, 모래, 사암 등

흙의 종류	저항률[Ω · m]
늪지 및 진흙	80~200
점토질, 모래질	150~300
모래질	250~500
사암 및 암반지대	10,000~100,000

(2) 흙에 함유된 수분의 양 : 습지, 밭, 산지, 강변 등과 같이 지질의 수분함량에 따라 다르다.

수분함량[%]	2	10	16	20	28
고유저항[Ω · m]	1,800	380	130	90	60

나) 온도의 영향

(1) 모든 물질의 저항률은 온도에 따라 변화하며, 온도의 변화에 따라 물질의 저항값이 변화하는 정도는 물질의 온도계수에 따라 다르다.

$$R_2 = R_1[1+\alpha(T_2 - T_1)]$$

여기서, R_1 : T_1일 때 저항, R_2 : T_2일 때 저항, α : T_1에서의 저항온도계수

(2) 일반적으로 온도의 상승에 따라 저항이 증가하는데 반도체, 전해액, 절연체 등은 감소하는 부저항 특성을 갖는다.

다) 계절적 영향(계절에 따른 변화)

(1) 접지저항은 계절에 따라 크게 변동하는데 이 변화는 토양의 함수량과 온도의 변화가 복합적으로 작용해서 발생하는 것이다.

(2) 접지봉의 접지저항 변화를 연간 그래프로 표시하면 최대와 최소가 약 2배 정도 접지저항 차이가 난다.

라) 토양 속에 분포된 각종 물질의 함유량, 알맹이의 크기 및 조밀도 등에 따라 다르다.

3) 대지저항률의 측정

대지저항률 측정에는 Wenner의 4전극법과 전기검층법, 역산법 등이 있는데 현재 Wenner의 4전극법이 가장 많이 쓰이고 있다.

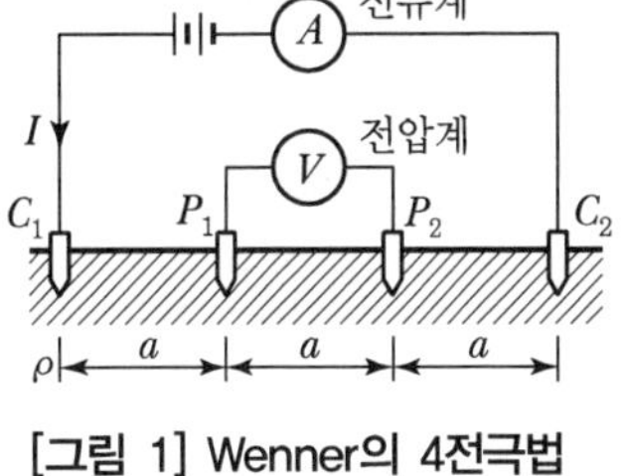

[그림 1] Wenner의 4전극법

가) 대지저항률 측정조건

(1) 건기를 선택할 것

(2) 기온이 낮을 때를 선택할 것

(3) 플랜트에 가까운 토지조성 상태를 선택할 것

(4) 접지봉과 매설지선을 설치하는 경우 그 깊이를 측정할 것(3[m] 깊이까지 평균값)

나) 측정원리

(1) [그림 1]과 같이 전극 C_1과 C_2 사이에 전원을 접속하여 대지에 전류를 흘리면서 전극 P_1과 P_2 사이의 전위차를 측정하여 접지저항값을 산출한 다음 대지저항률을 구하는 방법$\left(\text{전극깊이 } d \geq \frac{1}{20a}\right)$이다.

(2) 대지저항률 $\rho = 2\pi a R[\Omega \cdot \text{m}]$

여기서, R : 접지저항값$[\Omega] = V/I$

a : 전극간격[m]

나. 접지공법의 종류

접지 목적과 요구하는 접지저항값을 얻기 위해서는 대지구조에 따라 경제적이고 신뢰성 있는 접지공법을 채택해야 한다.

1) 봉형 접지공법

건물의 부지면적이 제한된 도시지역 등 평면적인 접지공법이 곤란한 지역에 적용한다.

가) 심타공법

[그림 2]의 대지저항률이 깊이에 따라 점차 감소하는 경우, 즉 $\rho_1 > \rho_2 > \rho_3$일 경우 효과적이다.

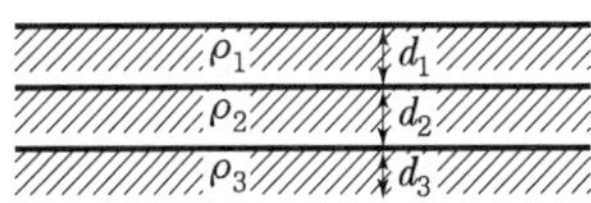

[그림 2] 지층 모델

나) 병렬접지공법

[그림 2]의 대지저항률이 깊이에 따라 점차 증가하는 경우, 즉 $\rho_1 < \rho_2 < \rho_3$일 경우 효과적이다.

PART 05 방재설비

2) 망상 접지공법(Mesh 공법)

가) 서지임피던스 저감효과가 대단히 크고 공통 접지방식으로 채택 시 안전성이 뛰어나다.

나) 공장이나 건물, 발 · 변전소 등에 주로 적용한다.

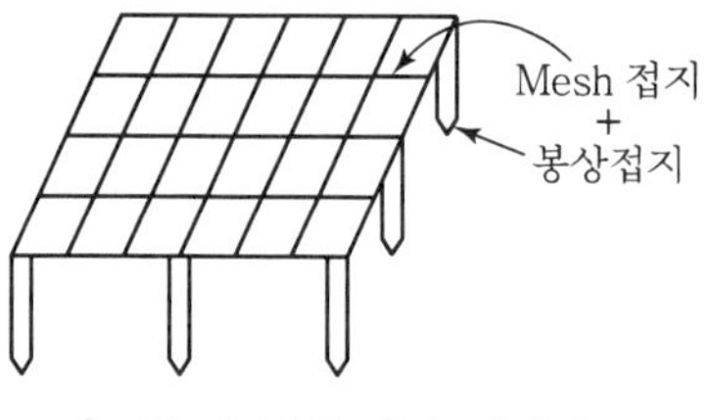

[그림 3] 병용 메시 접지전극

3) 건축물 구조체 접지공법(기초접지)

가) 특징

(1) 철골, 철근끼리 전기적 접속방법에 의한 자연적인 Cage형의 가장 이상적인 접지방식이다.

(2) 철골, 철근 콘크리트, 철골 철근 콘크리트 등 일체화된 건축물 구조에 적용한다.

(3) 설치위치는 도시지역의 부지면적이 한정되어 있는 고층건물에 적용한다.

나) 건축물 구조체의 영향

(1) 상시 누설전류에 의한 구조체 부식이 우려된다.

(2) 상시 누설전류에 의한 구조체 온도가 상승한다.

(3) 열팽창에 의한 콘크리트 강도가 저하한다.

다) 시공 시 유의사항

(1) 접지극의 조건은 건물구조가 철골 또는 철근 콘크리트조로서 대지와 큰 지하부분을 가지고 접촉면적이 커야 한다. 또한 대지저항률이 어느 정도 낮아야 한다.

(2) 구조체에 접속하는 접지선은 용접으로 기계 · 전기적으로 완벽하게 접속하도록 시공해야 한다.

(3) 전기기기와 구조체를 연결하는 연접접지선은 25mm^2 이상의 연동선을 사용하고 접지선의 길이는 되도록 짧게 한다.

(4) 접지간선을 구조체와 연결할 때는 주 철근 2개 이상의 개소에 접속한다.

(5) 건물 전체가 대지와 등전위가 되도록 건물설비의 비충전 금속부는 모두 구조체에 접지하여야 한다. 단, 건물구조체는 대지와 등전위로 전위변동이 없도록 시공한다.

(6) 건물에서 인 · 출입하는 전기회로(전력, 통신) 및 금속체(수도, 가스관)에는 해당 인출점 부분에 서지보호기(SPD)를 설치하고 구조체에 접지한다.

4) 매설지선 공법

접지극 대신 지선을 땅에 매설하는 방법으로 송전선의 철탑 또는 피뢰기 등에 낮은 저항값을 필요로 할 때 사용한다.

5) 평판 접지전극의 사용

가) 접지봉 대신 접지판을 사용하는 방법이다.

나) 전극과 토양 간의 빈 간격으로 접촉저항이 커지는 단점이 있다.

다. 접지저항 계산방법

1) 반구모양 접지저항의 계산식

$$R = \frac{\rho}{2\pi r}[\Omega]$$

여기서, ρ : 대지고유저항률[Ω · m]

r : 접지구 반경

2) 봉형 접지저항의 계산식

가) 접지봉 1개의 계산식

$$R = \frac{\rho}{2\pi l}\left(\log_e \frac{4l}{r} - 1\right)[\Omega]$$

여기서, r : 접지봉의 반경[m]

l : 접지봉 매설깊이[m]

나) 접지봉이 다수인(n개) 접지저항 계산식

$$R_n = \eta \frac{R}{n}[\Omega]$$

여기서, R_n : 접지봉다수의 접지저항[Ω]

η : 집합계수, n : 집합전극 매설 수

다) 집합계수의 성질은 전극간격이 좁을수록 커지고, 항상 1보다 큰 값을 갖는다. 또, 전극간격이 넓을수록 1에 가까워진다.

3) 망상(Mesh) 접지저항의 계산식

가) $R = \rho\left(\frac{1}{4r} + \frac{1}{L}\right)[\Omega]$

여기서, r : 등가반경$\left(r = \sqrt{\frac{a \times b}{\pi}}[\text{cm}]\right)$

L : 망상의 전체길이

$(L = a(n+1) + b(m+1)[\text{cm}])$

나) 사용 장소 : 고장전류가 큰 곳, 대지가 넓은 공장, 건물 변전소 등 대규모 접지 시스템에 적용한다.

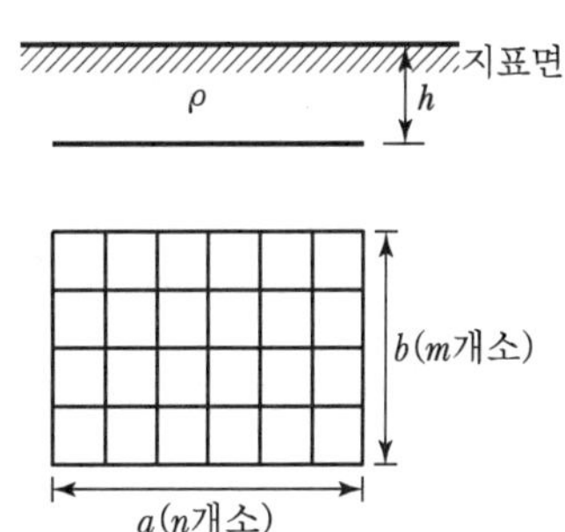

[그림 4] 망상 접지전극의 매설상태

PART 05 방재설비

4) 건축물 구조체 접지저항의 계산식

접지저항 $R = \dfrac{\rho}{2\pi r} = \dfrac{\rho}{\sqrt{2\pi A}}[\Omega]$

여기서, r : 반구의 등가반경$\left(r = \sqrt{\dfrac{A}{2\pi}}[\mathrm{m}]\right)$

A : 연표면적($A = 2ac + 2bc + ab[\mathrm{m}^2]$)

5) 매설지선 접지저항의 계산식

$$R = \frac{\rho}{2\pi L}\left[\left(\log_e \frac{2l}{a}\right) + \left(\log_e \frac{l}{t}\right) - 2\right][\Omega]$$

여기서, L : $l/2$[m], l : 매설지선길이[m]

a : 매설지선반경[m], t : 매설깊이[m]

6) 접지판 접지저항의 계산식

$$R = \frac{\rho}{2\pi t}\ln\frac{r+t}{r}[\Omega]$$

여기서, ρ : 대지고유저항률[Ω · m]

r : 반지름$\left(r = \sqrt{\dfrac{a \times b}{2\pi}}[\mathrm{cm}]\right)$

t : 매설깊이[cm]

라. 접지고장전류 및 접지선 굵기 선정

접지고장전류, 고장지속시간, 접지도체의 굵기 등을 결정한다.

1) 1선 지락고장전류

$$I_g = 3I_0 = \frac{3E}{Z_0 + Z_1 + Z_2 + 3R_g}[\mathrm{A}]$$

여기서, Z_0, Z_1, Z_2 : 고장점에서 본 계통 측의 영상, 정상, 역상 임피던스

R_g : 지락접지저항

2) 고장지속시간

가) 22[kV](22.9[kV]) 계통은 1.1초, 66[kV] 비접지계통은 1.6초

나) 보통 0.5~3초(한전규격 2.0초 권장)

3) 접지도체의 굵기

기계적 강도, 내식성, 전류용량의 3가지 요소를 고려하여 결정한다.

$$S = \frac{\sqrt{t_s}}{K} \times I_g[\mathrm{mm}^2]$$

여기서, K : 접지도체의 절연물 종류 및 주위온도에 따라 정해지는 계수

t_s : 고장지속시간[sec]

[표 2] K의 값

접지선의 종류 / 주위온도	나연동선	IV, GV	CV	부틸고무
30℃(옥내)	284	143	176	166
55℃(옥외)	276	126	162	152

마. 안전한계치 전압 결정(보폭전압 및 접촉전압의 설정)

1) 최대 허용접촉전압은 도전성 구조물과 대지면 사이의 거리 1[m]의 전위차를 말한다.

$$E_{Touch} = \left(R_H + R_B + \frac{R_F}{2}\right)I_B = (1,000 + 1.5\,C_s\rho_s)\frac{0.165}{\sqrt{t}}[\mathrm{V}]$$

여기서, R_H : 손의 접촉저항

R_B : 인체저항(보통 1,000[Ω]으로 가정)

R_F : 발의 접촉저항, C_s : 계수

ρ_s : 표면재의 고유저항, t : 통전시간

2) 최대 허용보폭전압은 접지전극 부근 대지면 두 점 간의 거리 1[m]의 전위차를 말한다.

$$E_{Step} = (R_B + 2R_F)I_B = (1,000 + 6\,C_s\,\rho_s)\frac{0.165}{\sqrt{t}}[\mathrm{V}]$$

여기서, R_H : 손의 접촉저항

R_B : 인체저항(보통 1,000[Ω]으로 가정)

R_F : 발의 접촉저항, C_s : 계수

ρ_s : 표면재의 고유저항, t : 통전시간

$I_B = \frac{0.165}{\sqrt{t}}[\mathrm{A}]$ (Dalziel의 실험식)

※ Dalziel의 실험식 I_B 인체전류 0.165[A]는 모든 인체에 동일하게 적용되는 상수

바. 예비 접지전극의 설계

1) 변전실 접지설비의 Mesh 접지에 의한 설계 검토

가) 포설간격(D), 접지선의 길이(L)

나) 접지선 매설깊이(h)

다) 접지봉 수량(n)

2) 접지저항 계산

가) 메시도체의 격자 수, 간격, 접지도체의 전체길이, 매설깊이 등을 설정하고 접지저항 값을 계산한다.(IEEE 80－86 Gide : Severak 식)

나) Mesh 접지저항

$$R=\rho\left[\frac{1}{L}+\frac{1}{\sqrt{20A}}\left(1+\frac{1}{1+h\sqrt{20/A}}\right)\right][\Omega]$$

여기서, ρ : 대지저항률[Ω · m]

A : 메시 면적(접지부지면적 : m^2)

L : 접지선의 길이[m]

h : 접지선의 매설깊이[m]($0.25 \le h \le 2.5$)

사. 최대 접지전류(I) 계산

1) 계통의 지락고장 시 변전소 접지를 통해서 대지로 흐르는 접지전류의 최댓값을 산출
2) 접지전극으로 흐르는 최대접지전류를 지락고장전류의 60[%]로 한다.

$$I_g = 3I_0 = \frac{3E}{Z_0+Z_1+Z_2+3R_g}[\mathrm{A}]$$

$$\therefore\ I = I_g \times 0.6$$

아. 접지안전성평가[접지망 대지전위 상승(GPR ; Ground Potential Rise)과 최대 허용 접촉전압의 비교]

접지망 전체의 접지저항이 계산되는 접지망의 최대전위 상승은 $GPR(=I_g \times R_g)$로 표시되며 허용접촉전압과 검토가 필요하다.

1) GPR < 허용접촉전압의 경우 : 설계는 적절
2) GPR > 허용접촉전압의 경우 : 재설계

자. 안전한계전압과 비교

최대 메시전압(E_m) < 최대 허용접촉전압(E_{touch})과 최대 보폭전압(E_s) < 최대 허용보폭전압(E_{step})을 만족해야 하며, 불만족할 경우 전위경도 완화대책을 수립한다.

차. 전위경도 완화대책 또는 재설계

1) 전위경도 완화대책(보폭전압 및 접촉전압이 한계치 허용값보다 높을 경우)

가) 접지전극의 저항 저감방법

(1) 물리적 저감방법

(가) 수평공법 : 봉형접지, Mesh 공법, 매설지선과 평판접지극, 다중접지 Sheet

(나) 수직공법 : 보링공법, 접지봉 깊이 박기(심타법)

(2) 화학적 저감방법

(가) 반응형 저감재

(나) 비반응 저감재

나) 변전실 접지설비 저감

(1) 메시전극을 깊게 박고, 전극의 면적을 크게 한다.

(2) 메시전극의 간격을 조정하여 봉형 전극을 병렬로 접속한다.

(3) 메시전극을 대지저항률이 낮은 지층에 매설 또는 토양의 저항률을 저감시킨다.

다) 보폭전압과 접촉전압의 저감방법

(1) 접지기기 철구 등의 주변 1[m] 위치에 깊이 0.2~0.4[m]의 환상보조접지선을 매설하고 이를 주 접지선과 접속한다.(저감률 : 약 25[%] 정도 저감)

(2) 접지기기 철구 등의 주변 약 2[m]에 자갈을 0.15[m] 두께로 깔거나 또는 콘크리트를 0.15[m] 두께로 타설한다.(저감률 : 건조 시 19[%], 습윤 시 14[%] 저감)

(3) 접지망 접지간격을 좁게 한다. 메시 망의 간격을 좁게 하면 전위경도가 완화된다.

라) 고장전류를 다른 경로로 돌리는 방법

송전선로의 가공지선에 연결 등으로 접지고장전류를 다른 경로로 분류시킨다.

2) 재설계의 경우

가) 메시전압을 계산하여 "메시전압<허용접촉전압"의 조건을 만족하는 재설계

$$\text{메시전압 } E_m = \frac{\rho \times I_g \times K_m \times K_i}{Lk}$$

여기서, I_g : 최대접지망 유입전류[A]

K_m : 메시전압 산출을 위한 간격계수

K_i : 전위경도의 변화에 대한 교정계수

* $K_i = 0.656 + 0.172n$ 본 식을 적용할 경우 고려사항

• 도체 수 : $n \leq 25$, 매설깊이 : $0.25\text{m} \leq h \leq 2.5\text{m}$

• 도체 굵기 : $d < 0.25 \times h$[m], 그리드 간격 : $D > 2.5\text{m}$

나) 접지부 내의 허용접촉전압과 보폭전압의 관계에 있어서 보폭전압을 기준치 이하로 유지하기 위한 Mesh 접지도체의 길이 결정은 다음 식에 의한다.

망상접지 시스템에 소요되는 최소 접지도체의 길이는

$$K_m K_i \rho \frac{I}{L} \leq E_{touch}\left[(1{,}000 + 1.5\,C_s \cdot \rho_s)\frac{0.165}{\sqrt{t}}\right]$$

다) 보폭전압을 계산하며 그 값이 허용보폭전압보다 낮아야 한다.

카. 기타

1) 전위경도가 만족하는 경우

가) 접지할 기기의 주변에 매설 접지도선이 없을 경우 추가로 접지도선을 매설한다.

나) 피뢰기, 변압기의 중성점에는 접지봉을 추가로 타입한다.

2) 전위경도가 불만족하는 경우

접지전극의 대지 표면에 자갈을 깔거나 전기저항이 큰 재료로 마감하여 허용접촉전압 및 보폭전압을 높이는 방법도 효과적이다.

CHAPTER 01

필수예제

예제 01 건축전기시설물에 적용되는 접지선 굵기의 산정방법에 대해 설명하시오. 〈63-1-11〉

풀이

1. 접지선 굵기의 선정 시 고려사항

건축전기시설물에 적용되는 접지선의 도체 굵기는 고장 시 흐르는 전류를 안전하게 흐를 수 있는 것을 사용하여야 하며, 기계적 강도, 내식성(내구성), 전류용량 외에

1) 계통접지와 공용하는 경우 전원 측 차단기와의 협조 특성
2) 계통의 사고 시 극한 조건을 고려한 기계적 강도
3) 나동선 또는 케이블 시공에 따라 단락전류 통전에 대한 열축적을 고려
4) 접지선의 온도 상승을 고려한다.

2. 전기설비기술기준에 의한 접지공사의 종류별 접지선 최소 굵기

분류	접지 저항값[Ω]	접지선 최소 굵기	적용
제1종 접지	10	직경 2.5[mm] 이상 (이동전기기구 : 8[mm^2] 이상)	• 피뢰기, 피뢰침, SA • 고압 및 특고전로의 누설전류로부터 보호
제2종 접지	$150/I_g$, $300/I_g$, (고저압 혼촉 시 1초 초과 2초 내 자동차단 시)	직경 4.0[mm] 이상(고압 및 특고 가공전선로와 저압전로를 변압기에 의해 결합 시 : 2.6[mm])	• 고저압 혼촉에 의한 대지전위 상승 : 150[V] 이하 억제 시 • Δ－Y결선 변압기 2차 측 중성점 접지 등
제3종 접지	100	직경 1.6[mm] 이상	400[V] 미만 전기기구 철대 및 외함 접지
특별 제3종 접지	10	직경 1.6[mm] 이상	400[V] 이상 저압용

3. 접지선의 굵기 산정 계산방법(전기설비기술기준)

1) $\theta = 0.008(I/A)^2 \cdot t$

여기서, θ : 동선의 온도 상승[℃], I : 전류[A]
A : 동선의 단면적[mm^2], t : 통전시간[sec]

2) 조건

전류값(I) : 20 · I_n[A]

과전류 차단기 : 20 · I_n[A]에서 0.1초 이내 동작

접지선 온도 : 30[℃](고장전류 통전 전)

고장 전류 시 접지선 허용온도=150[℃](온도 상승 120[℃])

3) 접지선 굵기 산정 계산식

$120 = 0.008(20 \cdot I_n / A)^2 \times 0.1$

$A = 0.052 I_n [\text{mm}^2]$

※ 피뢰기의 접지선 굵기(KSC의 피뢰침 및 피뢰기의 접지선 규격)

$A = (\sqrt{t}/282) \cdot I_s$

여기서, t : 고장 지속시간

I_s : 고장전류(낙뢰전류)

예제 02 단상 2선식 220[V]로 공급되는 전동기가 절연 열화로 인해 외함에 전압이 인가될 때 사람이 접촉하였다. 이때 접촉전압은 몇 [V]인가?(단, 변압기 2차 접지저항은 9[Ω], 전로의 저항 1[Ω], 전동기 외함 접지저항은 30[Ω]이다.)

〈51회 건축전기설비기술사〉

풀이

1. 위의 문제를 등가회로로 그리면 다음과 같다.

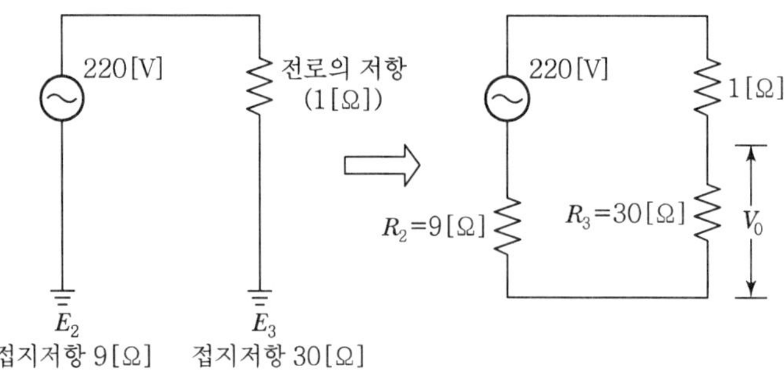

2. 위험 접촉 전압=지락전류×접지저항

$$V_0 = \frac{220}{(R_1 + R_2) + R_3} \times R_3 = \frac{220}{(1+9)+30} \times 30 = 165[\text{V}]$$

예제 03 대지저항률 $\rho = 200[\Omega \cdot \text{m}]$ 토지에 $R = 20[\text{cm}]$ 반구형 접지전극을 신설하였다. 접지전류가 100[A] 흐를 때 접지극 중심에서 1[m] 떨어진 점에서의 보폭전압은?

풀이

1. 반구형 접지저항 $R = \dfrac{\rho}{2\pi r}$

2. 반구형 접지전극의 전위분포와 전위경도 $x > r$일 때

   전위분포 $V(x) = RI = \dfrac{\rho}{2\pi x} I$, 전위경도 $\left| \dfrac{d}{dx} V(x) \right| = \dfrac{\rho}{2\pi x^2} I$

3. 전위분포에 의한 보폭전압

   전위분포 $V_1 = \dfrac{200 \times 100}{2\pi \times 1} = 3,184[\text{V}]$

   1[m] 떨어진 점의 보폭전압 $V_2 = \dfrac{200 \times 100}{2\pi \times 2} = 1,592[\text{V}]$

   ∴ 보폭전압 $V_{12} = 3,184 - 1,592 = 1,592[\text{V}]$

PART 05 방재설비

예제 04 전위강하법을 이용한 접지저항 측정에서 측정값의 오차가 최소가 되는 조건(61.8%)에 대해 설명하시오. 〈92-4-1〉

풀이

1. 전위 강하법

   1) 정의

   접지극에 접지전류의 I[A]가 유입할 때 전극 주변 대지에 전위가 V[V]만큼 상승하고 이때 전압과 전류의 비를 접지저항이라 한다.

$$\text{접지저항 } R = \frac{\text{전위상승}(V)}{\text{접지전류}(I)} [\Omega]$$

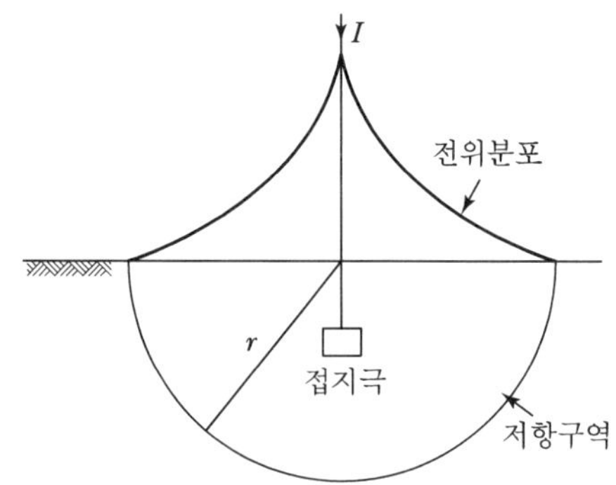

2) 측정법

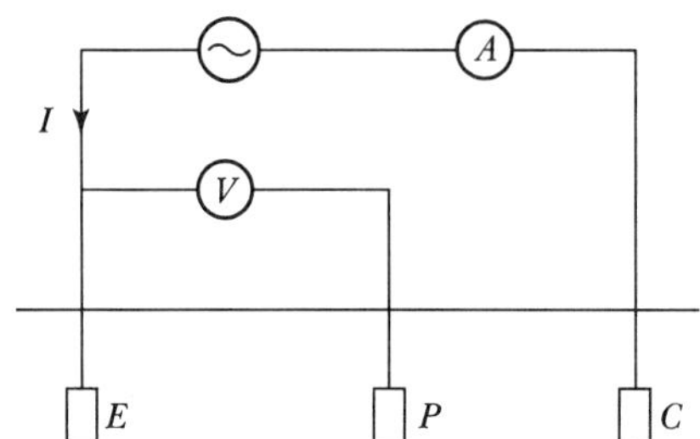

E : 접지극

P : 전위보조극

C : 전류보조극

2. 전위분포

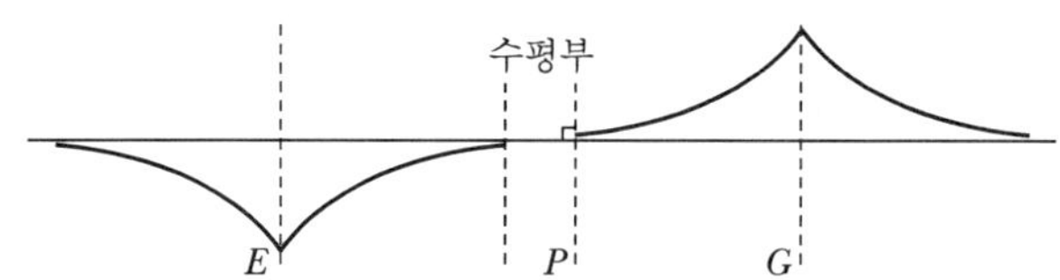

접지극 E와 전류극 C가 충분히 떨어지지 않는 경우 저항구역이 겹쳐서 전위간섭이 발생하고 수평부 P점의 위치를 정확히 정할 수 없다.

3. 61.8[%]의 법칙 증명

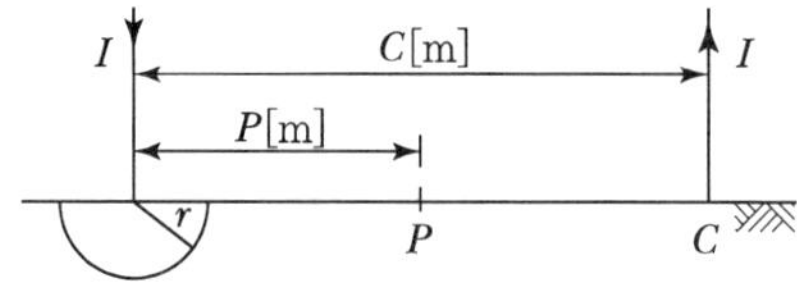

➲ 전류보조극 61.8[%]의 법칙 참고

예제 05 베너(Wenner)의 4전극법에 의한 대지저항률의 측정법에 대해 설명하시오.

〈96-1-6〉

풀이

1. 베너의 4전극법에 의한 대지 저항률 측정방법

대지 저항률을 측정하는 데는 베너의 4전극법이 주로 사용된다. 베너의 4전극법은 그림과 같이 접지극 4개를 설치하고 접지극 1-4 사이에 전압을 걸어서 전류 I를 흘릴 때 접지극 2-3 사이의 전압 V를 측정하면 대지 고유저항은 다음 식으로 구해진다.

$$\rho = 2\pi a \frac{V}{I} = 2\pi a R[\Omega \cdot \mathrm{m}]$$

2. 베너의 4전극법 증명

1) 접지극으로부터 x[m] 떨어진 점의 전위는

$$V = \frac{\rho I}{2\pi x}[\mathrm{V}]$$

이다. 이제 이 식을 이용해서 접지극 1에 의한 접지극 2, 3의 전위와, 접지극 4에 의한 접지극 2, 3의 전위를 구해서 합한다.

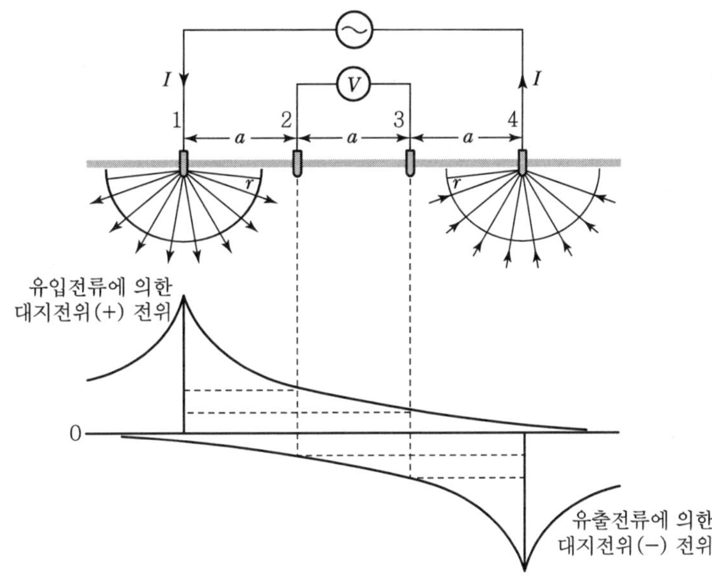

2) 전극 I에 의한 전극 2, 3의 전위상승

(1) 전극 I에 의한 대지 전위가 전극 2에 주는 전위는 거리가 a[m]이므로

$$V_{12} = \frac{\rho I}{2\pi a}[\mathrm{V}]$$

(2) 전극 1에 의한 대지 전위가 전극 3에 주는 전위는 거리가 $2a$[m]이므로

$$V_{13} = \frac{\rho I}{2\pi \times 2a} = \frac{\rho I}{4\pi a}[\text{V}]$$

(3) 전극 1의 전위에 의해서 전극 2−3 사이에 생기는 전위차는

$$V_{123} = V_{12} - V_{13} = \frac{\rho I}{2\pi a} = \frac{\rho I}{4\pi a} = \frac{\rho I}{4\pi a}[\text{V}]$$

3) 전극 4에 의한 전극 2, 3의 전위상승

(1) 전극 4에 의한 대지 전위가 전극 2에 주는 전위는 거리가 $2a$[m]이므로

$$V_{42} = \frac{\rho I}{4\pi a}[\text{V}]$$

(2) 전극 4에 의한 대지 전위가 전극 3에 주는 전위는 거리가 a[m]이므로

$$V_{43} = \frac{\rho I}{2\pi a}[\text{V}]$$

(3) 전극 4의 전위에 의해서 전극 2−3 사이에 생기는 전위차는

$$V_{423} = V_{42} - V_{43} = -\frac{\rho I}{4\pi a} - \left(-\frac{\rho I}{2\pi a}\right) = \frac{\rho I}{4\pi a}[\text{V}]$$

4) 전극 2−3 사이에 생기는 전체 전위차

전극 2−3에 생기는 전체 전위차는 전극 1과 4에 의해서 생기는 전위상승을 합해주면 되므로

$$V = V_{123} + V_{423} = \frac{\rho I}{4\pi a} + \frac{\rho I}{4\pi a} = \frac{\rho I}{2\pi a}[\text{V}]$$

$$\rho = 2\pi a \frac{V}{I} = 2\pi a R$$

CHAPTER

02 특수설비

2.1 피뢰보호시스템

1. LPS 구성 및 적용범위

가. 구성

1) **외부 피뢰시스템** : 수뢰부시스템, 인하도선시스템, 접지시스템으로 구성된다.
2) **내부 피뢰시스템** : 뇌 등전위 본딩과 외부 피뢰시스템의 전기적 절연으로 구성한다.

나. 적용범위

1) LPS를 건물의 높이에 관계없이 적용한다.
2) 철근 구조체의 전기적 연속성 판단기준은 저항값이 0.2[Ω] 이하로 한다.
3) 수뢰시스템은 외부 뇌 보호설비에서 수뢰부를 이루는 요소로서 돌침, 수평도체, 메시 도체로 규정하고 있으며, 방사능을 이용하는 수뢰시스템의 사용을 금지한다.
4) 보호각의 적용기준은 그래프에 의해 연속적으로 나타내고 있다.

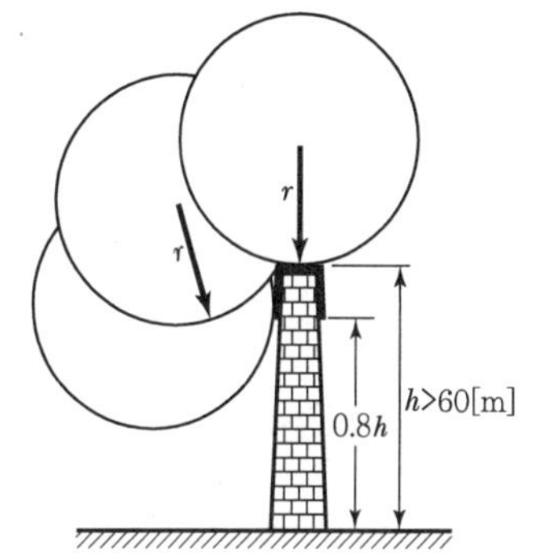

[그림 1] 측뢰에 대한 구조물 보호

5) 측뢰에 대한 구조물의 보호는 구조물의 높이가 60[m] 이상의 경우 측뢰에 의한 피해가 발생할 수 있으므로 건물 높이의 상위 20[%]에 해당하는 부분에 측뢰를 방지하기 위한 수뢰부를 설치하도록 규정하고 있다.(회전구체법)
6) 접촉전압 및 보폭전압에 대한 추가사항은 접촉전압의 경우 인하도선의 접촉에 의한 위험방지시설, 보폭전압의 경우도 인하도선의 근처에서 보폭전압의 피해발생방지대책을 규정한다.
7) 피뢰설비의 접지극은 본딩바에 본딩하도록 제시하고 있으며, 모든 금속체들도 본딩바에 모두 등전위 본딩하도록 하고 있다.

2. 외부피뢰시스템

가. 수뢰시스템

1) 수뢰부 종류

가) **돌침** : 건축물의 상부 또는 측면부에 설치되는 것

나) **수평도체** : 건축물의 상부 또는 측면부에 수평 형태로 설치되는 것

다) **메시도체** : 건축물의 상부 또는 측면부에 그물 또는 케이지 형태로 설치되는 것

2) 수뢰부 배치

가) **보호각법** : 간단한 형상의 건물에 적용할 수 있으며, 수뢰부 시스템의 높이에 따른 보호각은 [그림 2]에 따른다.

나) **회전구체(Rolling Sphere)법** : 모든 경우에 적용할 수 있다. [그림 1]의 회전구체 반지름 r을 크게 하면 보호범위가 커지고, 반대로 하면 작아지는데 보호대상물의 중요도에 따라 보호레벨을 정한다.

다) **메시법** : 보호대상 구조물의 표면이 평평한 경우에 적합하다. 메시도체에 뇌격이 흡인되어도 피보호 건물 내부에는 전위차가 발생하지 않으므로 인명과 설비를 효과적으로 보호할 수 있다.

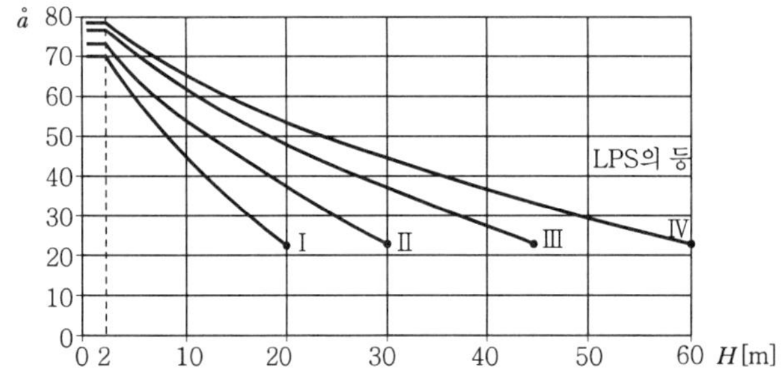

비고 1. 표를 넘는 범위에는 적용할 수 없으며, 단지 회전구체법과 메시법만 적용할 수 있다.
2. H는 보호대상지역 기준평면으로부터의 높이이다.
3. 높이 H가 2[m] 이하인 경우, 보호각은 불변이다.

[그림 2] 수직돌침에 의한 보호공간

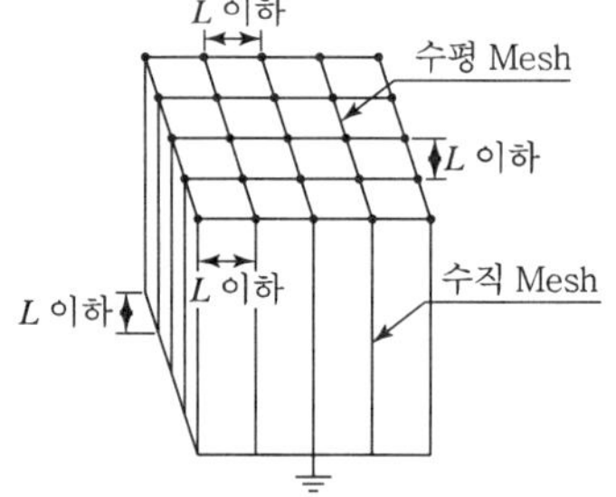

[그림 3] Mesh법 개요도

3) 시설

가) 뇌보호 시스템의 재료별 최소치수([표 1] 참조)

나) 보호각의 적용기준은 [그림 2]와 같이 그래프에 의해 연속적으로 표시한다.

[표 1] 뇌보호 시스템의 재료별 최소치수

보호레벨	재료	수뢰부[mm²]	인하도선[mm²]
Ⅰ～Ⅳ	Cu	50	50
	Al	50	50
	Fe	50	50

[표 2] 피뢰시스템의 레벨별 회전구체 반지름, 메시치수와 보호각의 최댓값

피뢰시스템의 레벨	보호법		
	회전구체 반지름 r[m]	메시치수 W[m]	보호각 $\alpha°$
Ⅰ	20	5×5	25
Ⅱ	30	10×10	35
Ⅲ	45	15×15	45
Ⅳ	60	20×20	55

나. 인하도선 시스템

1) 뇌격점과 대지 사이의 인하도선

가) 여러 개의 병렬 전류통로를 형성할 것

나) 전류통로의 길이는 최소로 유지할 것

다) 피뢰 등전위 본딩의 요건에 따라 구조물의 도전성 부분에 등전위 본딩을 할 것

[표 3] 인하도선 사이의 간격과 환상도체 사이의 간격

피뢰시스템의 레벨	간격[m]
Ⅰ	10
Ⅱ	10
Ⅲ	15
Ⅳ	20

2) 인하도선의 설치방식

가) 분리된 피뢰시스템의 배치18)

나) 분리되지 않은 피뢰시스템의 배치19)

3) 시설방법

가) 인하도선은 가능한 한 수뢰도체와 직접 연속성이 형성되도록 시설해야 한다.

나) 인하도선은 최단거리로 대지에 가장 직접적인 경로를 구성하도록 곧게 수직으로 설치해야 한다.

---

18) 전용선 이용방식 : 건물외벽에 관을 매입하고 그 배관 내에 인하도선을 배선하는 방식. 인하도선에 배관을 사용하는 경우 배관재질은 도체가 아니어야 한다.(뇌격전류가 흐를 경우 역기전력을 유기시켜 전류의 흐름을 방해하기 때문에 뇌격전류가 쉽게 접지극으로 흘러갈 수 없게 된다.)

19) 건물 구성부재를 사용한 인하도선 방식 : 건물의 철골이나 철근을 인하도선으로 사용하는 방식. 철근을 인하도선으로 사용하는 경우 철근의 전기적인 연속성이 확인되어야 한다. 건축시공에서 철근을 인하도선으로 사용하기 위해서는 용접이음이 가장 확실하다.

다) 인하도선의 재료로는 Cu, Al, Fe을 사용한다.

라) 인하도선 및 수평 환도체의 설치 간격([표 3] 참조)

다. 접지 시스템

1) 접지극의 종류

가) A형 접지극 : 판상 접지극, 수직 접지극, 방사 접지극

(1) A형 접지극은 각 인하도선에 접속된 보호대상 구조물의 외부에 설치한 수평 또는 수직 접지극으로 분류한다.

(2) A형 접지극에는 판상 접지극, 수직 접지극, 방사(수평) 접지극이 있으며 접지극의 수는 두 개 이상이어야 한다.

(3) 각 인하도선의 하단에서부터 측정된 각 접지극의 최소길이는 수평 접지극은 l_1, 수직(또는 경사진) 접지극은 $0.5l_1$이다.

여기서, l_1 : 보호레벨에 따른 접지극 최소길이(수평접지극의 최소길이)

나) B형 접지극 : 환상 접지극, 망상 접지극 또는 기초 접지극

(1) B형 접지극은 보호대상 구조물의 외측에 전체길이의 최소 80% 이상이 지중에 설치된 환상도체 또는 기초 접지극으로 이루어지며 접지극은 메시형이다.

(2) 환상 접지극(또는 기초접지극)의 경우, 환상접지극에 의해서 둘러싸인 면적의 평균 반지름 r_e은 l_1 이상이어야 한다. $r_e \geq l_1$

여기서, 보호레벨 Ⅰ~Ⅳ에 대한 l_1은 [그림 4] 참조

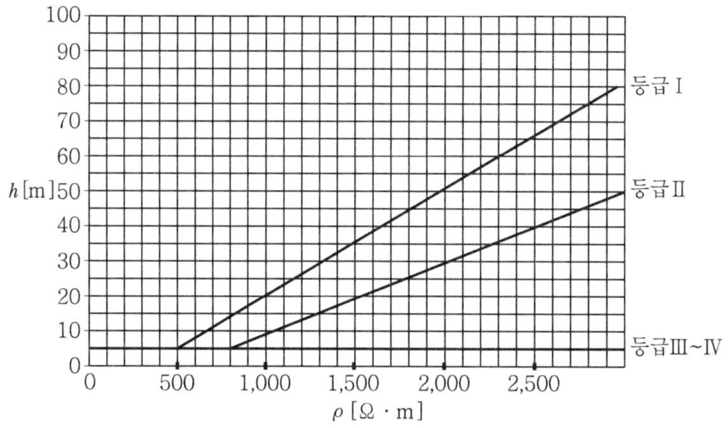

[그림 4] LPS 레벨 각 접지극의 최소길이

(3) 접지극의 수는 최소 2 이상이어야 하며, 인하도선의 수보다 많아야 한다. 추가 접지극은 가능한 같은 간격으로 인하도선이 접속되는 점에서 환상 접지극에 접지하는 것이 좋다.

2) 접지극의 설치

가) 접지극의 최소길이는 수직 깊이가 아니라 접지극용 지중 환도체의 총길이로 표시하며 3등급, 4등급에 대해서만 대지저항률에 관계없이 설치한다.

나) A형 접지극은 상단이 최소 0.5[m] 이상의 깊이에 묻히도록 매설하고, 지중에서 상호의 전기적 결합효과가 최소가 되도록 균등하게 배치한다.

다) B형 접지극(환상 접지극)은 벽과 1[m] 이상 떨어져 최소깊이 0.5[m]에 매설하는 것이 좋다.

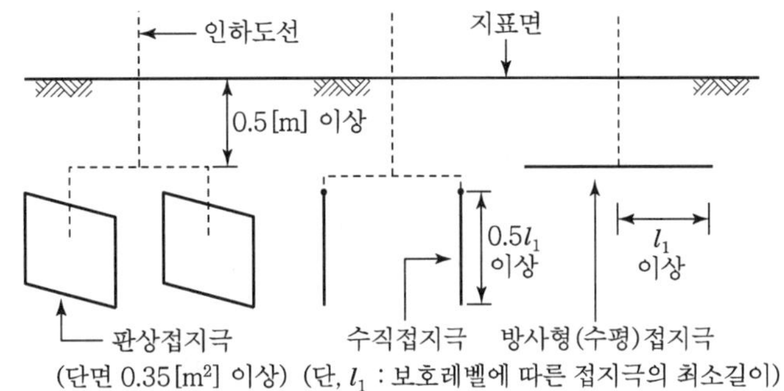

[그림 5] A형 접지극

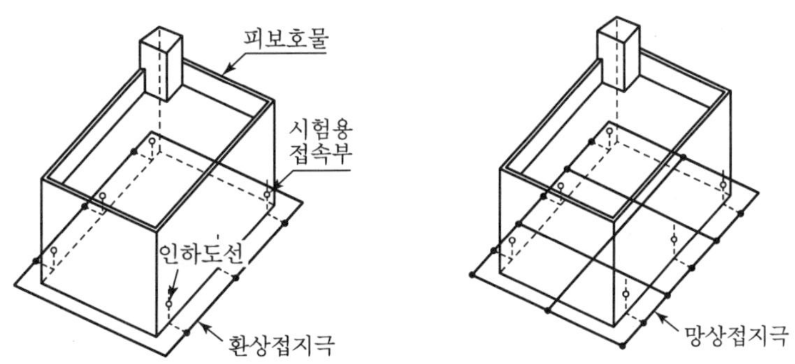

[그림 6] B형 접지극

3. 내부 뇌보호시스템

가. 등전위 본딩

나. 전기적 절연

2.2 뇌 이상전압이 전기설비에 미치는 영향

1. 뇌격에 의한 전위상승

가. 용량결합 또는 유도결합에 의한 전위상승

1) 용량결합 : 대지로부터 절연된(건축물 안의) 금속체에 전위가 생기는 경우

$$U_e = \frac{C_g}{C_g + C_e} U$$

여기서, U_e : 피뢰도선과 용량결합으로 생기는 전위
U : 피뢰도선에 뇌격전류 통전 시 생기는 전위
C_g : 피뢰도선 사이의 정전용량
C_e : 대지 정전용량

2) 유도결합 : 뇌격 부근 도체계에 위험한 유도전압이 발생하는 경우

뇌격 부근 도체계에 상호 인덕턴스 M을 통하여 뇌격전류의 시간적 변화 $\frac{di}{dt}$에 의한 과도 유도전압 V_u이 발생한다.

$$V_u = M\frac{di}{dt}$$

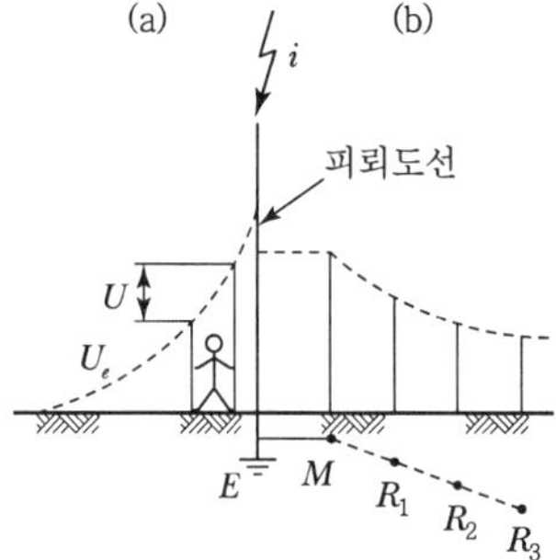

U_e : 대지선의 상승, U : 보폭전압, M : 메시전극
R_1, R_2, R_3 : 지름과 매설깊이가 다른 링크전극

[그림 1] 대지전위 상승에 의한 전위차 발생

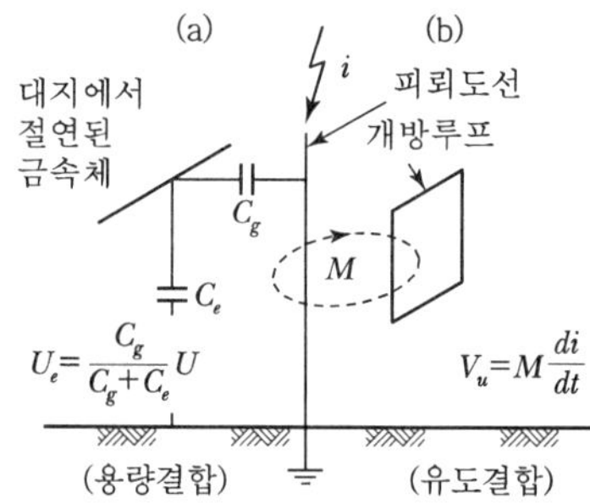

C_g : 피뢰도선과 절연금속체와의 정전용량
C_e : 절연금속체의 대지 정전용량
M : 상호 임피던스

[그림 2] 전자 및 정전결합에 의한 유도전압 발생

나. 건축물에 뇌격이 있었던 경우

뇌격전류 $i(t)$는 피뢰도선과 접지극을 통하여 대지로 유입된다.

1) 피뢰도체의 대지에 이르기까지의 임피던스를 인덕턴스 L과 접지저항 R_e의 직렬회로라

간주하면 대지전위(e)는 $e = L\frac{di(t)}{dt} + R_e i(t)$

2) 건축물 안 피뢰도선 부근에 다른 도체계가 있는 경우

전위차 $V = (1-K)\left[L\frac{di(t)}{dt} + R_e i(t)\right]$

여기서, K : 피뢰도선과 부근 도체계와의 결합률($K<1$)

3) 상기 전위차가 그 도체계의 상용주파절연내력 또는 LIWL(뇌충격 내전압) 값을 넘으면 플래시오버가 발생하며, 뇌전류 일부가 부근 도체계로 유입하여 접속된 기기에 피해가 발생한다.

다. 건축물 인근에 낙뢰하는 경우

1) 건축물 안의 전기회로 및 설비에 유도 뇌서지 발생

가) 유도 뇌서지 $V = a\frac{30I_o h}{S}K$

여기서, a : 건축물의 종류, 구조, 규모 등에 따른 차폐계수($a<1$)
I_o : 뇌전류[A]
h : 도체의 시설된 높이[m]
S : 낙뢰지점과 도체와의 거리[m]
K : 피뢰도선과 부근 도체계와의 결합률($K<1$)

나) 상기 식에서와 같이 소규모 목조건물 근방에 낙뢰가 발생할 경우 옥내설비에 유도 뇌서지의 발생 가능성이 크므로 충분한 대책이 필요하다.

2) 뇌서지가 전력선 · 통신선 등의 인입선을 통하여 건축물에 침입

침입뇌서지는 건축물 안의 전기회로 및 통신설비에 손상을 줄 수 있으므로 충분한 대책을 고려하여야 한다.

2.3 전기설비의 내진대책

1. 내진설계 시 고려사항

가. 내진 중요도 설정

전력시설물의 내진성은 건물의 사회적 중요도나 용도를 고려해서 등급을 설정한다.

1) 중요도 A

가) 건물의 기능유지 및 재해의 경우 인명안전 확보상 필요한 중요설비
나) 비상발전기, 비상용승강기, 비상간선 등이 해당한다.

2) 중요도 B

가) 설비의 손상으로 인명 및 중요설비 기능에 대해 2차 재해가 발생할 염려가 있는 설비

나) 일반변압기, 일반간선, 배전반 등이 해당한다.

3) 중요도 C

설비기능에 피해가 있어도 비교적 간단히 보수, 복구가 가능한 경우 해당된다.

나. 설비계의 지진입력 예측

1) 건물의 지진입력을 고려하여 그 이상의 내구력을 가진 설계, 시공방법으로 해야 한다.

2) 기기에 작용하는 지진입력 계산

가) 수평 지진력 $F_H = K \cdot W$[kg]

여기서, W : 기기 중량[kg], K : 설계용 수평진도($K = Z \cdot I \cdot K_1 \cdot K_2 \cdot K_3$)[20]

나) 연직 지진력 $F_V = \frac{1}{2} F_H$[kg]

다. 설비의 적정배치

1) 중요도가 높은 전력용 기기는 작용 지진력이 적은 건물 저층부에 배치한다.
2) 지진입력으로 오동작할 수 있는 설비는 작용 지진력이 적은 아래쪽에 배치한다.
3) 지진 시 다른 설비의 접촉으로 손상을 받지 않는 경로에 배치한다.
4) 점검, 확인 및 보수하기 쉬운 장소에 배치한다.

라. 사용자재의 강도 확보

1) 지진입력으로 인한 설비의 분성력과 변위에 대해 허용 강도를 가진 자재를 사용한다.
2) 분성력이란 수평 지진력으로 자재고정부에 가해지는 전단력,[21] 인장력 및 복합된 힘으로 분성력을 계산하여 이 수치를 넘는 허용강도 이상의 자재를 사용한다.
3) 건물의 층간변위 1/200에 대해 강도적 탄성범위 이내에서 전기적 문제가 없는 설계를 한다.

마. 공진방지

1) 건물의 지진반응으로 전기설비가 건물과 공진이 되지 않게 설계 · 시공해야 한다.
2) 철골조 공진주기 $T_1 = 0.028H$[초](여기서, H[m] : 건물의 높이)
3) 기타, 철근콘크리트조, 철골철근콘크리트조 공진주기 $T_2 = 0.020H$초

---

20) Z : 지역계수(0.7~1.0), I : 중요도저감계수(0.7, 1.0), K_1 : 건물의 바닥 응답비율계수(1.0~10/3)
K_2 : 설비기기 · 배관 응답비율계수(1.0, 1.5, 2.0), K_3 : 설계용 기준진도(0.3)

21) 전단력이란 면의 크기가 같고 방향이 서로 반대가 되도록 면을 따라 평행되게 작용하는 힘

바. 기능보전

1) 지진 중의 운전조건 : 지진 중에 운전 또는 자동 및 수동 정지할 수 있어야 한다.
2) 지진 후의 운전조건 : 자동 재운전 또는 점검 후 재운전할 수 있어야 한다.
3) 설계 시 건축물의 중요도에 따라 건축내진설계를 고려하여 적용한다.

2. 전기설비의 내진설계

가. 수 · 변전설비의 내진설계

구분		내진대책
수전변압기		• 기초볼트의 정적하중이 최대 체크포인트이다. • 방진장치가 있는 것은 내진스토퍼를 설치한다. • 애자는 0.3G, 공진3파에 견디는 것으로 설치한다. • 저압 측을 부스바로 접속하는 경우 가요성 도체를 사용하고 절연커버를 설치한다.
스위치 기어 (배전반)		• 기초볼트나 베이스와 프레임의 고정볼트가 지진입력에 의한 인장력과 전단력에 견디는 것을 사용한다. • 사용부재의 강성을 높이고 기초부를 보강한다. • 몸체를 벽체에 고정하는 것도 전도 방지에 유효하다. • 내진성이 문제가 되는 것은 반 높이를 1/2 이하로 배치한다.
가스절연 개폐장치	GIS	• 기초부를 중심으로 한 정적 내진설계로 계획한다. • 가공선 인입의 경우에 부싱은 공진을 고려하여 동적설계를 한다.
	C-GIS	• 스위치 기어와 동일하게 내진설계를 한다. • 반 사이 및 변압기와의 접속에는 케이블 및 Flexible Conductor를 사용하고 가요성을 고려한다.
보호계전기		• 정지형 계전기나 디지털 릴레이를 사용한다. • 기계적 계전기류의 오동작 대책을 세운다. • 협조 가능한 범위에서 타이머를 넣는다.
스위치 기어 (배전반)		• 기초볼트나 베이스와 프레임의 고정볼트가 지진입력에 의한 인장력과 전단력에 견디는 것을 사용한다. • 사용부재의 강성을 높이고 기초부를 보강한다. • 몸체를 벽체에 고정하는 것도 전도 방지에 유효하다. • 내진성이 문제가 되는 것은 반 높이를 1/2 이하로 배치한다.
가스절연 개폐장치	GIS	• 기초부를 중심으로 한 정적 내진설계로 계획한다. • 가공선 인입의 경우에 부싱은 공진을 고려하여 동적 설계를 한다.
	C-GIS	• 스위치 기어와 동일하게 내진설계를 한다. • 배전반 사이 및 변압기와의 접속에는 케이블 및 Flexible Conductor를 사용하고 가요성을 고려한다.
보호계전기		• 정지형 계전기나 디지털 릴레이를 사용한다. • 기계적 계전기류의 오동작 대책을 세운다. • 협조 가능한 범위에서 타이머를 넣는다.

나. 예비전원 설비

구분	내진대책
자가발전 설비	• 발전기 연료는 외부공급방식이 아닌 자체 저장시설에서 공급하는 방식일 것 • 발전기 냉각방식은 외부식수 이용 냉각방식이 아닌 자체 라디에이터 냉각방식일 것 • 엔진과 발전기에 방진장치를 시설할 경우에는 지진하중이 엔진 발전기의 중심에 작용한 경우 수평과 연직 방향의 변위에 대해 구속하는 스토퍼를 시설한다. • 엔진의 급 · 배기, 냉각수, 연료, 엔진오일, 시동용 공기의 각 출입구 부분에는 변위량을 흡수하는 가요관을 시설한다. • 보조기, 탱크류의 가대, 배관류, 배전반의 보강, 지지방법을 구체적으로 명시할 것 • 건물 중요도에 따라 내진형과 지진관제형을 구분 결정하고 지진의 경우 안전 및 확실한 운전을 할 수 있도록 대책을 세운다.
축전지 설비	• 앵글 프레임은 관통볼트에 의하여 고정시키거나 또는 용접방식이 바람직하다. • 내진 가대의 바닥면 고정은 지진강도에 충분히 견딜 수 있도록 처리한다. • 축전지 상호 간의 틈이 없도록 내진 가대를 제작할 것 • 축전지 인출선은 가용성이 있는 접속재로 충분한 길이의 것을 사용하고 S자형으로 배선하는 것을 고려한다.
엘리베이터 설비	• 설계진도의 지진하중에 대하여 기기의 이동, 전도가 없이 구조 부분에는 위험한 변형이나 레일이 이탈하지 않도록 한다. • 지진 시에 로프나 케이블이 승강로 내의 돌출물에 영향을 주어 Car 운행에 지장을 주어서는 안 된다. • 지진 등 비상시에 대비 「지진 시 관제운전장치」를 설치한다.

PART 05

방재설비 기출문제

기출 01 22.9[kV], 주차단기 차단용량이 520[MVA]일 경우 피뢰기의 접지선 굵기를 나동선과 GV전선으로 구분하여 각각 선정하시오. 〈113-1-9〉

풀이

1. 접지선의 단면적 수식

$$S = \sqrt{\frac{8.5\times 10^{-6}\times t_s}{\log_{10}\left(\frac{T}{274}+1\right)}}\times I_s \ [\mathrm{mm}^2]$$

여기서, S : 접지선의 단면적[mm^2]

t_s : 고장계속시간[sec] 1.1초

T : 접지선의 용단에 대한 최고허용온도(상승)

(나동연선 : 850[℃], 접지용 비닐전선 : 120[℃])

I_s : 접지선의 고장전류[A]

2. 수전 차단용량이 520[MVA]이고 22.9[kV]에 설치되는 피뢰기인 경우

고장전류 $I_s = \dfrac{(520\times 1000[\mathrm{kVA}])}{\sqrt{3}\times 22.9[\mathrm{kV}]} = 13{,}110[\mathrm{A}]$

3. 나동선일 경우

$$S = \sqrt{\frac{8.5\times 10^{-6}\times 1.1}{\log_{10}\left(\frac{850}{274}+1\right)}}\times 13{,}110 = 51.2 \qquad \therefore\ 50[\mathrm{mm}^2]$$

4. GV전선일 경우

$$S = \sqrt{\frac{8.5\times 10^{-6}\times 1.1}{\log_{10}\left(\frac{120}{274}+1\right)}}\times 13{,}110 = 100.93 \qquad \therefore\ 100[\mathrm{mm}^2]$$

기출 02 건물의 고층화가 진행됨에 따라 사용이 확대되고 있는 로프식 엘리베이터 구동전동기의 소요동력을 산출하시오. 〈89-4-4〉

풀이

1. 엘리베이터용 전동기 용량

1) 1[kg] 물체를 1[m/sec] 속도로 끌어올리기 위해서 필요한 동력은 1[kg · m/sec]이다. 따라서 승객과 Car의 전하중을 M[kg], 엘리베이터의 상승속도를 V[m/sec]라고 하면 소요동력은 다음과 같다.

$$P_1 = MV\,[\text{kg}\cdot\text{m/sec}]$$

2) $1[\text{kW}] = 1{,}000[\text{J/sec}] = 1{,}000[\text{N}\cdot\text{m/sec}]$

$$= \frac{1{,}000}{9.8}[\text{kg}\cdot\text{m/sec}] = 102[\text{kg}\cdot\text{m/sec}]$$이므로

$$P_2 = \frac{MV}{102}[\text{kW}]$$

3) 엘리베이터에는 Counter Weight를 달아서 하중을 줄이므로 균형추에 의해서 하중이 감소되는 비율을 D라고 하면 소요동력 P_3[kW]는

$$P_3 = \frac{MVD}{102}[\text{kW}]$$

로 되는데, 여기서 D의 값은 0.5~0.6의 값을 적용한다.

4) 엘리베이터의 속도는 [m/sec] 대신에 일반적으로 [m/min]를 사용하므로

$$P_4 = \frac{MVD}{102}\cdot\frac{1}{60} = \frac{MVD}{6{,}120}[\text{kW}]$$

이제 전동기, 권상기, 활차, 가이드 레일 등을 모두 포함한 효율을 η라고 하면

$$P_5 = \frac{MVD}{6{,}120\eta}[\text{kW}]$$

가 된다. η의 값은 전동기 및 권상기 종류에 따라 0.5~0.8 정도의 값을 적용한다.

2. 엘리베이터 전원용 변압기 용량

엘리베이터 권상기용 전동기는 연속운전이 아니고 운전과 정지의 반복이므로 그 정격은 보통 1시간정격을 선정한다.

엘리베이터 전원용 변압기 용량은 다음 식으로 계산하는 것이 보통이다.

$$P_{Tr} \geq \frac{\sqrt{3}\,EIN}{1{,}000\,Y}[\text{kVA}]$$

식에서 E는 변압기 2차 정격전압, I는 엘리베이터 1대의 정격속도시 전류, N은 엘리베이터

대수, Y는 부등률로 다음 표의 값을 적용한다.

대수	1대	2대	3대	4대	5대	6대	7대	8대
부등률	1.0	1.2	1.3	1.4	1.5	1.6	1.7	1.8

3. 간선규격

1) $(I_r + I_c) \times N \times Y > 50[\mathrm{A}]$

$I_w \geq 1.1 \times (I_r + I_c) \cdot N \cdot Y$

여기서, I_c : 제어전류, I_r : 전부하 상승전류

2) $(I_r + I_c) \times N \times Y \leq 50[\mathrm{A}]$

$I_w \geq 11.25 \times (I_r + I_c) \cdot N \cdot Y$

4. 과전류 차단기

$I_B \geq 2(I_r \cdot N \cdot Y + I_c \cdot N)$

기출 03 최근 개정된 전기설비기술기준 제45조 규정에 의한 지락차단 등의 기술기준에서 보호접지저항값에 의한 전기설비기술기준 제45조 제1항의 지락 차단장치 생략조건을 간단하게 기술하고, 고압 비접지계통(3.3[kV], 6.6[kV]), 22[kV] 비접지계통, 22.9[kV] 다중접지계통의 제2종 접지저항 값을 기술하시오. 〈77-1-5〉

+풀이

1. 지락 차단장치 생략조건

1) 기계 · 기구를 발전소 · 변전소 · 개폐소 또는 이에 준하는 곳에 시설하는 경우
2) 기계 · 기구를 건조한 곳에 시설하는 경우
3) 대지전압이 150[V] 이하인 기계 · 기구를 물기가 있는 곳 이외의 곳에 시설하는 경우
4) 전기용품안전관리법의 적용을 받는 2중 절연구조의 기계 · 기구를 시설하는 경우
5) 그 전로의 전원 측에 절연변압기(2차 전압이 300[V] 이하인 경우에 한한다.)를 시설하고 또한 그 절연변압기의 부하 측의 전로에 접지하지 아니하는 경우
6) 기계 · 기구가 고무 · 합성수지 기타 절연물로 피복된 경우
7) 기계 · 기구가 유도전동기의 2차 측 전로에 접속되는 것일 경우
8) 기계 · 기구 내에 전기용품안전관리법의 적용을 받는 누전차단기를 설치하고 또한 기계 · 기구의 전원연결선이 손상을 받을 우려가 없도록 시설하는 경우

9) 시험용변압기, 전력선 반송용 결합리액터, 전기울타리용 전원장치, X선 발생장치 전기방식용(電氣防蝕用) 양극, 단선식 전기철도의 귀선 등 전로의 일부를 대지로부터 절연하지 아니하고 전기를 사용하는 것이 부득이한 것

10) 전기욕기(電氣浴器), 전기로, 전기보일러, 전해조 등 대지로부터 절연하는 것이 기술상 곤란한 것

2. 제2종 접지저항값

1선 지락전류가 I_g[A]일 때 제2종 접지저항 값은 다음과 같이 계산한다.

1) $150/I_g[\Omega]$

2) 35[kV] 이하의 전로로서 자동차단기가 1초 이내 동작하면 $600/I_g[\Omega]$

3) 35[kV] 이하의 전로로서 자동차단기가 1초 넘어 2초 이내 동작하면 $300/I_g[\Omega]$

기출 04 접지선 굵기 산정기초를 적용하여 그림에서 변압기 2차 측 중성점 접지선과 부하기기의 접지선 최소 굵기를 산정하시오. 〈96-1-4〉

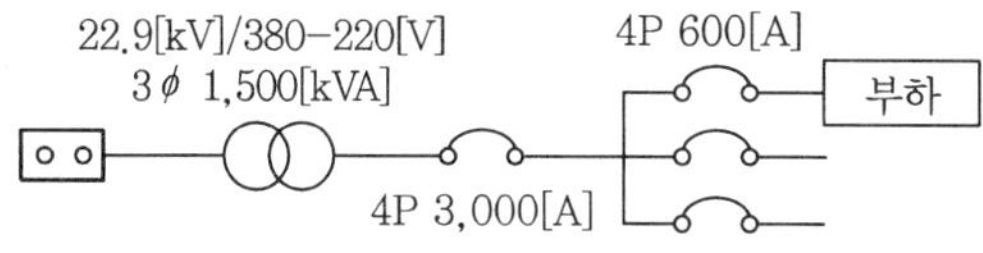

풀이

1. 접지선의 굵기산정 기초(내선규정)

온도 상승에 대한 굵기산정

$$\theta = 0.008\left(\frac{I_g^2}{A}\right) \cdot t$$

여기서, $I_g = 20I_n$, $t = 0.1$초

$$A = 0.052I_n$$

2. 변압기 중성점 접지선

$$I_n = \frac{P}{\sqrt{3} \times V} = \frac{1,500 \times 1,000}{\sqrt{3} \times 380} = 2,279.08[\mathrm{A}]$$

$\therefore A = 0.052 \times 2279.08 = 118.51[\mathrm{mm}^2]$

따라서 접지선은 최소 120[mm²] 이상을 선정한다.

3. 부하기기 접지선

$A = 0.052 I_n$

차단기 정격차단전류가 600[A]이므로

$A = 0.052 \times 600 = 31[\mathrm{mm}^2]$

따라서 규정상 동선 35[mm²] 이상, 알루미늄 50[mm²] 이상을 선정한다.

4. 맺음말

내선 규정에 차단기 정격전류와 변압기 용량별 접지선 굵기가 정해져 있어 참고한다.

[내선규정 참고표]

1. 제2종 접지선의 굵기

내선규정에 변압기 1상분의 용량을 기준으로 다음과 같이 규정되어 있다.

변압기 한 상분 용량[kVA]			접지선의 굵기[mm²]
110[V]	220[V]	440[V]	동선
5kVA까지	10kVA까지	20kVA까지	2.5mm² 이상
10kVA까지	20kVA까지	40kVA까지	6mm² 이상
15kVA까지	30kVA까지	60kVA까지	6mm² 이상
20kVA까지	40kVA까지	80kVA까지	10mm² 이상
30kVA까지	60kVA까지	120kVA까지	16mm² 이상
40kVA까지	80kVA까지	160kVA까지	25mm² 이상
50kVA까지	100kVA까지	200kVA까지	25mm² 이상
75kVA까지	150kVA까지	300kVA까지	35mm² 이상
100kVA까지	200kVA까지	400kVA까지	50mm² 이상
150kVA까지	300kVA까지	600kVA까지	70mm² 이상
200kVA까지	400kVA까지	800kVA까지	95mm² 이상
250kVA까지	500kVA까지	1,000kVA까지	120mm² 이상
300kVA까지	600kVA까지	1,200kVA까지	150mm² 이상
400kVA까지	800kVA까지	1,600kVA까지	185mm² 이상
500kVA까지	1,000kVA까지	2,000kVA까지	240mm² 이상

2. 부하기기 접지선의 굵기

내선규정에 접지하는 전기기기 및 전선관 전단에 설치된 자동과전류 차단장치의 정격전류를 기준으로 다음과 같이 규정되어 있다.

자동과전류 차단기의 정격전류	접지선 굵기		자동과전류 차단기의 정격전류	접지선 굵기	
	동선 [mm²]	알루미늄선 [mm²]		동선 [mm²]	알루미늄선 [mm²]
50	2.5	4	800	50	70
100	6	10	1,000	50	70
200	10	16	1,200	70	95
300	16	25	1,600	95	120
400	25	35	2,000	95	150
500	25	35	2,500	120	185
600	35	50	3,000	150	240

PART 06

기타 설비

CHAPTER 01

에너지절약

1.1 건축물의 에너지절약 설계기준

1. 설계기준의 구분

가. "의무사항"이라 함은 건축물을 건축하는 건축주와 설계자 등이 건축물의 설계 시 필수적으로 적용해야 하는 사항을 말한다.

나. "권장사항"이라 함은 건축물을 건축하는 건축주와 설계자 등이 건축물의 설계 시 선택적으로 적용이 가능한 사항을 말한다.

2. 에너지 절약계획서 의무대상 건축물

가. 50세대 이상인 공동주택

나. 연구소, 업무시설 등으로 바닥면적의 합계가 3,000[m^2] 이상인 건축물

다. 병원, 유스호텔, 숙박시설 등으로 바닥면적의 합계가 2,000[m^2] 이상인 건축물

라. 일반목욕탕, 실내수영장 등으로 바닥면적의 합계가 500[m^2] 이상인 건축물

마. 연면적의 합계가 10,000[m^2] 이상인 공연장 및 학교 등 건물로서 중앙집중식 냉·난방시설의 건축물

3. 의무사항 설계기준

가. 수·변전설비

1) 변압기는 고효율변압기를 설치하여야 한다.

2) 변압기별 전력량계를 설치하여 부하감시 및 예측이 가능하도록 한다.

나. 간선 및 동력설비

1) 전동기에는 대한전기협회가 정한 내선규정의 콘덴서부설용량 기준표에 의한 역률 개선용 콘덴서를 전동기별로 설치하여야 한다. 다만, 소방설비용 전동기에는 그러하지 아니할 수 있다.

2) 간선의 전압강하는 대한전기협회가 정한 내선규정을 따라야 한다.

다. 조명설비

1) 조명기기 중 안정기내장형 램프, 형광램프, 백열전구, 형광램프용 안정기, 형광램프용 반사갓을 채택할 때에는 고효율 조명기기를 사용하여야 한다.
2) 공동주택의 세대 내 또는 지하주차장에 설치되는 형광램프용 반사갓이나 형광램프 전면에 커버 등을 부착한 간접적인 조명방식을 채택하는 경우 등은 고조도 반사갓을 사용하지 않을 수 있다.
3) 안정기는 해당 형광램프 전용안정기를 사용하여야 한다.
4) 공동주택 각 세대 내의 현관 및 숙박시설의 객실 내부 입구조명기구는 인체감지점멸형 또는 점등 후 일정시간 후에 자동 소등되는 조도자동조절조명기구를 채택하여야 한다.
5) 조명기구는 필요에 따라 부분조명이 가능하도록 점멸회로를 구분하여 설치하여야 하며, 일사광이 들어오는 창측의 전등군은 부분점멸이 가능하도록 설치한다. 다만, 공동주택은 그러하지 아니한다.
6) 효율적인 조명관리를 위하여 층별 또는 세대별 일괄소등스위치를 신설한다. 다만, 전용면적 60[m^2] 이하인 경우 예외로 한다.

라. 대기전력차단장치

1) 공동주택은 거실, 침실, 주방에는 대기전력자동차단콘센트 또는 대기전력차단스위치를 1개 이상 설치하여야 하며, 이것을 통하여 차단되는 콘센트의 개수가 30[%] 이상 되어야 한다.
2) 공동주택 외의 건축물은 대기전력자동차단콘센트 또는 대기전력차단스위치를 설치하여야 하며, 이것을 통하여 차단되는 콘센트의 개수가 30[%] 이상 되어야 한다.

4. 권장사항 설계기준

가. 수 · 변전설비

1) 변전설비는 부하의 특성, 수용률, 장래의 부하 증가에 따른 여유율, 운전조건, 배전방식을 고려하여 용량을 산정한다.
2) 부하 특성, 부하종류, 계절부하 등을 고려하여 변압기 운전대수제어가 가능하도록 뱅크를 구성한다.
3) 수전전압 25[kV] 이하의 수전설비의 경우
   가) 변압기의 무부하 손실을 줄이기 위하여 안전성이 확보될 경우 직접강압방식을 채택한다.
   나) 건축물의 규모, 부하 특성, 부하용량, 간선손실, 전압강하 등을 고려하여 손실을 최소화할 수 있는 변압방식을 채택한다.

4) 전력을 효율적으로 이용하고 최대수용전력을 합리적으로 관리하기 위하여 최대수요전력 제어설비를 채택한다.
5) 역률 개선용 콘덴서를 집합 설치하는 경우에는 역률자동조절장치를 설치한다.
6) 임대가 주목적인 건축물은 층별 및 임대 구획별로 전력량계를 설치하여 사용자가 합리적으로 전력을 절감할 수 있도록 한다.

나. 동력설비

1) 승강기 구동용 전동기의 제어방식은 에너지절약 제어방식으로 한다.
2) 전동기는 고효율 유도전동기를 채택한다. 다만, 간헐적으로 사용하는 소방설비용 전동기는 그러하지 아니하다.

다. 조명설비

1) 백열전구보다 전구식 형광등기구를 사용하고 옥외등은 고휘도 방전램프(HID Lamp ; High Intensity Discharge Lamp)를 사용한다. 옥외등의 조명회로는 격등 점등과 자동점멸기에 의한 점멸이 가능하도록 한다.
2) 공동주택의 지하주차장에 자연채광용 개구부가 설치되는 경우에는 주위 밝기를 감지하여 전등군 별로 자동 점멸되거나 스케줄제어가 가능하도록 하여 조명전력이 효과적으로 절감될 수 있도록 한다. 다만, 지하 2층 이하는 그러하지 아니하다.
3) 유도등은 고효율 인증제품인 LED 유도등을 설치한다.
4) 조명기기 중 백열전구는 특수한 경우를 제외하고는 사용하지 아니한다.

라. 제어설비

1) 여러 대의 승강기가 설치되는 경우에는 군관리 운행방식을 채택한다.
2) 휀코일 유닛이 설치되는 경우에는 전원의 배전방식별, 실의 용도별 통합제어가 가능하도록 한다.
3) 수 · 변전설비는 종합감시제어 및 기록이 가능한 자동제어설비를 채택한다.
4) 실내 조명설비는 군별 또는 회로별로 자동제어가 가능하도록 한다.
5) 대기전력 저감을 위해 도어폰, 홈게이트웨이 등은 대기전력 저감 우수제품을 사용한다.

참고문제

정부 간 기후변화협의체(IPCC ; Intergovernmental Panel on Climate Change) 전력량 및 유류의 탄소배출량으로 환산 : IPCC 탄소배출계수는?

풀이

1. 전력(Power)의 탄소환산계수(TC)는 0.1156[$kgCO_2$/kWh] 경우

전력탄산가스 배출계수 ➲ 우리나라의 경우 0.1319[$kgCO_2$/kWh]

$$TCO_2 = TC \times \frac{44(\text{이산화탄소 분자량})}{12(\text{탄소 원자량})} = 0.424[TCO_2/kWh]$$

예 전력감축량이 100,000[kWh]의 경우 $TCO_2 = 100,000 \times 0.424 = 42,400[TCO_2]$

현재 TCO_2 거래금액 : 5~25[$/$TCO_2$]의 경우

$42,400 \times (5 \sim 25) = 212,000 \sim 1,060,000[\$]$ 예상

2. 경유의 탄산배출계수(TC+)는 0.72[$kgCO_2$/kWh]

경유 탄산가스 배출 계수 : $TCO_2 = TC \times \frac{44(CO_2 \text{ 분자량})}{12(C \text{ 분자량})} = 2.640[TCO_2/L]$

1.2 공공기관의 에너지절약제도

1. 구역전기사업(CES ; Community Energy System)

가. 구역전기사업

특정한 공급구역 내 전력수요의 60[%] 이상의 발전설비를 갖추고 전기를 생산, 전력시장을 통하지 않고 공급구역 안의 전기소비자에게 직접 공급하는 사업

나. 적용범위

1) 구역전기사업의 상한용량은 3.5만[kW] 이하
2) 집단에너지사업자가 전력을 직판 시 지역냉난방은 15만[kW] 이하
3) 산업단지는 25만[kW]로 구분되어 구역전기사업자로 준용된다.

다. 효과

1) 발전소 입지난 해소와 안정적 전력수급 확보
2) 송전선로 건설 내용 및 송전손실 저감, 전력계통 안전성 제고
3) 에너지이용효율 향상 및 환경개선과 관련 산업의 발달을 촉진

2. 신 · 재생에너지 투자의무화

가. 신 · 재생에너지 설치의무화 사업 : 공공기관이 신축, 증축 또는 개축하여 연면적 3,000[m^2] 이상의 건물에 대하여 총 건축공사비 5[%] 이상을 신 · 재생에너지 설치에 투자하도록 의무

화하는 제도

나. 설치의무대상 : 국가기관 및 지방자치단체, 정부투자기관, 정부출연기관 등

다. 대상건물 : 공공용 업무시설, 문교 · 사회용 시설(종교 · 의료), 상업용 판매시설 등

3. 에너지절약 설계기준

가. 건축허가 시 에너지 절약계획서를 제출하도록 하여 기준에서 정하는 의무사항을 준수하여야 하며, 에너지 성능지표 검토서의 평점 합계가 60점 이상이 되도록 설계하여야 한다.

나. 대상 건축물 : 50세대 이상 공동주택 등 일정 이상의 민간 건물 모두에 해당

다. 대상 전기시설물 : 수 · 변전설비, 간선 및 동력설비, 조명설비, 대기전력차단

4. GEF 운동

가. 목적 : 녹색에너지가족(GEF ; Green Energy Family)운동은 모든 에너지 사용자들이 에너지를 효율적으로 사용함으로써 에너지 비용을 줄이는 것은 물론, 온실가스 배출을 감축시킴으로써 지구온난화 방지에 기여하기 위해 지난 1995년 9월에 공공기관, 기업그룹, 민간단체가 참여해 발족한 국민운동

나. 실천프로그램 : 녹색조명운동, 녹색에너지설계, 녹색냉방 등

5. 에너지절약 자발적 협약제도(VA ; Voluntary Agreement)

가. 자발적 협약제도

에너지를 생산, 공급, 소비하는 기업 또는 사업자단체가 정부와 협약을 체결하고

1) 기업은 에너지절약 및 온실가스 배출감축 목표 설정, 추진일정, 실행방법 등을 제시하여 이행하며,
2) 정부는 모니터링, 평가와 아울러 자금, 세제지원을 실시함으로써 공동으로 목표를 달성하는 비규제적인 시책

나. 자발적 협약 추진 근거

1) 에너지이용합리화법의 "자발적 협약 체결기업의 지원 등"
2) "에너지절약 및 온실가스배출 감소를 위한 자발적 협약운영 규정"

다. 협약대상 및 유지

1) 대상 : 연간 에너지사용량 2,000[TOE] 이상 다소비사업장(단, 연간 연료사용량 500[TOE] 이상만 해당)
2) 협약의 유지 : 체결연도로부터 5년간 유효

라. 사용그룹별 관리구분

그룹구분	집중관리그룹	자율관리그룹	참여지원그룹
사용량 기준	2만[TOE] 이상	2만～5천[TOE]	5천[TOE] 미만
차별성	원단위 개선 목표설정 등 난이도 높은 절감 활동 유도	자발적 절약의지를 가진 그룹으로 효율적 목표 달성 유도	에너지관리에 대한 기술적 기반이 미약하고 자율적 이행을 유도

6. 에너지절약 전문기업 육성(ESCO 사업)

가. ESCO(Energy Service Company)의 개념

기존의 에너지 사용시설을 개체 보완코자 하나 기술적 · 경제적 부담으로 사업을 시행하지 못할 경우 에너지절약형 시설 설치사업에 참여하는 기술, 자금 등을 제공하고 투자시설에서 발생하는 에너지절감액으로 투자비를 회수하는 사업을 영위하는 기업

나. 도입배경

1) 에너지 저소비형 경제 · 사회 구조로의 전환을 위한 정책의 일환
2) 정부주도의 에너지절약운동에서 민간에 의한 에너지절약 확산을 유도

다. 사업수행범위

1) 에너지절약형 시설투자에 관한 사업
2) 에너지사용시설의 에너지절약을 위한 관리 · 용역 사업
3) 에너지관리진단사업 등 기타 에너지절약과 관련된 사업

7. 효율관리제도

가. 효율관리제도의 구분

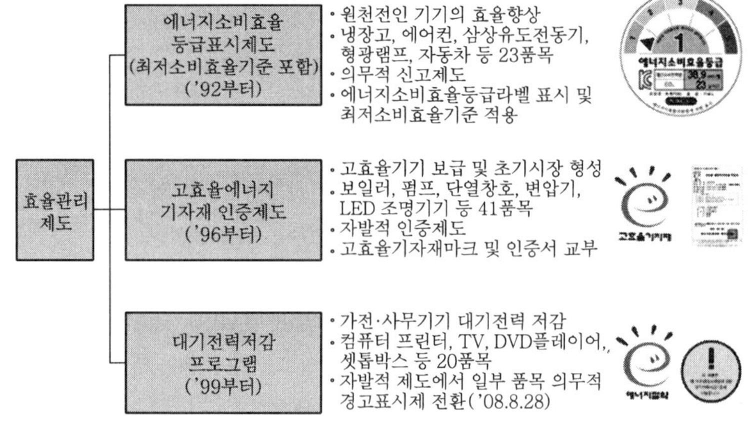

나. 에너지소비효율등급표시제도

1) 에너지소비효율등급표시제도는 제품을 에너지소비효율 또는 에너지사용량에 따라 1~5 등급으로 구분하여 표시하도록 하고, 에너지효율 하한선인 최저소비효율기준(MEPS ; Minimum Energy Performance Standard)을 적용하는 의무제도
2) 목적 : 소비자들이 효율이 높은 에너지절약형 제품을 손쉽게 식별하여 구입할 수 있도록 하고 제조(수입)업자들이 생산(수입)단계에서부터 원천적으로 에너지절약형 제품을 생산 · 판매하기 위함
3) 대상품목 : 가전기기, 조명기기 등 23개 품목

다. 고효율기자재 인증제도

1) 고효율에너지기자재란 고효율 시험기관에서 측정한 에너지소비효율 및 품질시험결과 전 항목을 만족하고 에너지관리공단에서 고효율에너지기자재로 인증받은 제품
2) 인증제도란 에너지이용합리화법에 따라 고효율에너지기자재의 보급을 활성화하기 위하여 일정기준 이상 제품에 대하여 인증해 주는 효율보증제도
3) 대상품목 : 변압기, 펌프, 조명기기 등 41개 품목

라. 대기전력저감프로그램

1) 대기전력저감프로그램 개요
   가) 대기전력 저감을 위해 제조업체의 자발적 참여를 기초로 대기시간에 슬립모드 채택과 대기전력 최소화를 유도하는 자발적 협약(VA)제도
   나) 정부가 제시하는 기준에 만족하는 대기전력저감우수제품을 생산 보급하도록 유도함으로써 원천적인 에너지절약을 기하고자 하는 취지에서 출발한 제도
   다) 제조 및 수입업체 자체보증으로 대기전력저감기능을 보증하며, 정부가 제시한 기준을 만족한 제품에 대해 에너지절약마크를 부착

2) 대기전력경고표시제 도입
   가) 대기전력경고표시 대상제품의 대기전력 신고 의무화
   나) 대기전력저감기준 미달제품에 대한 경고표시 의무화

참고문제

TOE를 설명하고 TOE 환산의 예시를 들어 설명하시오.

PART 06 기타 설비

+풀이

1. TOE

TOE(Ton of Oil Equivalent)는 국제에너지(IEA)에서 정한 단위로 석유환산톤이다. "석유환산계수"라 함은 에너지원별 열량을 석유환산톤(TOE)으로 환산하기 위한 계수이며, 원유 1톤에 해당하는 열량으로 약 10^7kcal로 정의하는데, 이는 원유 1톤의 순발열량과 매우 가까운 열량으로 편리하게 이용할 수 있는 단위이다.

2. TOE 환산

1) TOE=연료발열량[kcal]/10^7[kcal] TOE 환산 시에는 「에너지열량환산기준」의 총발열량을 이용하여 환산한다. 즉 1[kg]=10,000[kcal]

2) 용어정의

가) "총발열량"이라 함은 연료의 연소과정에서 발생하는 수증기의 잠열을 포함한 발열량을 말한다.

나) "순발열량"이라 함은 총발열량에서 수증기의 잠열을 제외한 발열량을 말한다.

3) TOE 환산 예시

가) 경유 200[L]를 사용했을 경우 TOE는

나) 경유 연료사용량을 열량으로 환산[kcal] : 경유는 1[L]당 9,050[kcal]의 총발열량을 갖는다.

다) 비례식 작성(경유 총발열량)

TOE : 10^7[kcal]=X(구하려는 TOE) : 1,810,000[kcal](200×9,050)

TOE는 X=1,810,000/10^7=0.181[TOE]

예 휘발유는 1[L]당 8,000[kcal], 천연가스(LNG)는 13,000[kcal], 전력 [kWh]당 2,150[kcal]의 총발열량을 갖는다.

1.3 신 · 재생에너지의 분류

1. 신 · 재생에너지 종류

신에너지 3개 분야와 재생에너지 8개 분야 등 모두 11개 분야에 지정되어 있다.

가. 신에너지

연료전지, 석탄액화가스, 수소에너지 등 3개 분야

나. 재생에너지

태양열, 태양광발전, 풍력, 수력, 해양, 바이오, 폐기물, 지열에너지 등 8개 분야

2. 신 · 재생에너지의 특징

신 · 재생에너지란 지속가능한 에너지 공급체계를 위한 미래에너지원을 말한다.

가. 공공미래에너지

시장창출 및 경제성 확보를 위한 장기적인 개발보급정책이 필요하다.

나. 비고갈성 에너지

태양광, 풍력 등 재생 가능 에너지원으로 구성한다.

다. 환경친화형 청정에너지

화석연료 사용에 의한 CO_2 발생이 거의 없다.

라. 기술에너지

연구개발에 의해 확보가 가능한 기술주도형 자원이다.

3. 신 · 재생에너지의 중요성

가. 에너지 공급방식의 다양화

유가의 불안정, 기후변화협약 규제 대응 등 신 · 재생에너지의 중요성이 재인식되면서 에너지공급방식의 다양화가 필요하다.

나. 미래 차세대 산업

기존에너지원 대비 가격경쟁력 확보 시 신 · 재생에너지 산업은 IT, BT, NT 산업과 더불어 미래산업, 차세대 산업으로 급신장이 예상된다.

다. 기술개발 및 보급지원 강화

우리나라는 2011년 총 에너지의 5[%]를 신 · 재생에너지로 보급한다는 장기적인 목표하에 신 · 재생에너지 기술개발 및 보급사업 등에 대한 지원을 강화하고 있다.

참고문제

계통연계를 위하여 기술에서 정하고 있는 전기품질기준에 대하여 설명하시오.

+풀이

1. 공통사항

1) 전기방식 : 연계하고자 하는 계통의 전기방식과 동일하여야 한다.
2) 공급전압 : 연계하고자 하는 지점의 계통전압을 조정하여서는 안 된다.
3) 역률 : 계통 연계지점에서 원칙적으로 90[%] 이상으로 유지한다.
4) 계통접지 : 과전압 발생 및 계통의 접지고장 보호협조를 방해해서는 안 된다.
5) 측정감시 : 분산형 전원 발전설비의 용량 합계가 250[kVA] 이상일 경우 연계지점의 연결 상태, 유효전력, 무효전력과 전압을 측정하고 감시할 수 있어야 한다.
6) 가압되어 있지 않은 계통과는 분산형 발전설비를 계통에 연계시켜서는 안 된다.

2. 전력품질

전자장 장해 및 서지로부터 계통연계시스템의 건전성을 유지하여야 한다.

1) 직류전류 계통 유입의 한계 : 발전기용량 정격 최대전류의 0.5[%] 이상인 직류전류를 전력계통으로 유입하여서는 안 된다.
2) 동기화 : 연계지점의 계통전압이 ±4[%] 이상 변동되지 않도록 계통연계하고 다음 표 값 이하로 동기화되어야 한다.

발전용량 합계[kVA]	주파수 채[Δf, Hz]	전압 채[ΔV, %]	위상각 채[$\Delta \phi$, °]
0~500	0.3	10	20
500~1,500	0.2	5	15
1,500~10,000	0.1	3	10

3) 플리커 제한
 가) 특고압 계통 : EPSTI[22] ≤ 0.35(단시간 : 10분), EPLTI[23] ≤ 0.25(장시간 : 2시간)
 나) 저압계통 연계는 특고압 계통의 플리커 가혹도 지수에 준한다.

4) 고조파 전류 : 10분 평균한 40차까지의 종합 전류 왜형률이 5[%]를 초과하지 않도록 각 차수별로 제어하여야 한다.
 가) 발전설비 정격 전류용량 중 큰 값에 대한 고조파 전류의 비율이 아래의 표 값 이하여야 한다.

고조파 차수	$h<11$	$11 \le h<17$	$17 \le h<23$	$23 \le h<35$	$35 \le h$	TDD
비율	4.0	2.0	1.5	0.6	0.3	5.0

22) EPSTI ; Emission Perception Short Term Index(각 수용가별 플리커 단기간 배출허용치)
23) EPLTI ; Emission Perception Long Term Index(각 수용가별 플리커 장기간 배출허용치)

나) 짝수 고조파는 위의 각 구간별로 홀수 고조파의 25[%] 이하로 한다.

3. 단독운전방지(Anti-Islanding)

단독운전 상태를 가능한한 빨리 검출하여 전력계통으로부터 분산형 전원 발전설비를 최대 0.5초 이내에 분리시켜야 한다.

1) 계통 고장 또는 작업 시 역충전 방지를 위하여 분산형 전원을 분리시켜야 한다.
2) 계통에서 고장이 발생할 경우 즉시 계통에서 분리하여 전력계통 재폐로 협조한다.
3) 비정상 전압상태가 발생할 경우 다음 표의 시간 이내에 분리시켜야 한다.

기준전압에 대한 전압비율[%]	고장 제거 시간[초]
$V<50$	0.16
$50\leq V\leq 88$	2.00
$110< V<120$	2.00
$V\geq 120$	0.16

4) 계통분리장치는 분산형 전원 발전설비와 계통연계지점 사이에 설치하여야 한다.
5) 계통 재병입은 정상으로 복구한 후, 전력계통의 전압과 주파수가 정상상태로 5분간 유지될 경우 연결한다.

4. 분산형 전원 발전설비의 출력변동 및 빈번한 병렬분리에 의한 전압변동대책

1) 한류리액터 등의 설치
2) 배전선로 증설, 또는 전용선로에 의한 연계
3) 단락용량이 큰 상위전압의 계통에 연결

5. 단락용량

분산형 전원 발전설비의 연계에 의해 계통의 단락용량이 다른 고객의 차단기 차단용량 등을 상회할 우려가 있을 때는 단락전류를 제한하는 한류리액터 등을 설치한다.

6. 보호장치 및 협조

보호장치 구분	저압연계	고압연계
단락 · 지락고장 보호	과전류계전기	과전류계전기, 거리계전기(방향)
전압과 주파수제어	과 · 저전압계전기 저 · 고주파계전기	과 · 저전압계전기 저 · 고주파계전기
역조류가 없는 경우	역전력계전기	역전력계전기
역조류가 있는 경우	단독운전방지기능	–
방향성 보호 등	–	전류차동 · 무효전력계전기 지락과전압계전기

PART 06

기타 설비 기출문제

기출 01 ESCO(Energy Service Company)의 주요 역할과 계약제도의 종류를 설명하시오. 〈115-1-3〉

풀이

1. 에너지절약전문기업(ESCO : Energy Service COmpany)이란?
   1) 에너지이용합리화법 제25조 및 동법 시행령 제30조 규정에 의거 장비, 자산 및 기술인력을 갖추어 산업통상자원부장관(한국에너지공단이사장)에게 등록한 업체
   2) ESCO의 주요 역할
      기존 에너지사용시설의 고효율 에너지사용시설로의 개체 또는 보완을 위한 현장조사, 사업제안, 설계, 설치·시공, 시운전, 유지관리 및 사후관리 등 전 과정에 대한 설치·시공·용역 제공
   3) ESCO의 주요 사업 분야
      (1) 에너지절약형 시설 개체 사업
      (2) 전기 대체 냉방시설 등 수요관리 투자 사업
      (3) 산업체 공정 개선 사업 및 폐열에너지회수설비 설치 사업 등

2. ESCO 투자사업의 개념
   1) 에너지사용자가 에너지 절약을 위하여 기존의 노후화되거나 저효율로 운전 중인 에너지사용시설을 고효율 에너지사용시설로 개체 또는 보완하고자 하나, 기술적 또는 경제적 부담으로 사업을 시행하지 못하고 있을 때 적용
   2) ESCO가 에너지절약시설의 설치에 따른 투자비용을 조달하고(사용자파이낸싱성과보증계약의 경우 에너지사용자가 자금 조달), 사업 수행 및 에너지 절감 효과를 보증하고 절감량(절감액)을 배분
   3) 에너지사용자는 추후에 발생하는 절감액으로 투자자금을 상환하는 사업
   4) 에너지사용자가 기술적 또는 경제적 부담 없이 에너지절약형 시설로 대체할 수 있는 사업

5) ESCO 투자사업을 통한 시설투자의 장점

(1) 에너지절약형 시설 설치 및 에너지비용 절감

(2) 에너지절약시설 투자에 따른 기술적 위험부담 해소

(3) ESCO로부터 에너지절약 시설에 대한 체계적, 전문적 서비스 제공

(4) ESCO 투자사업 시 자금지원 및 세제지원 혜택

3. ESCO 계약제도

1) 성과확정방식

(1) 시설설치에 투자되는 자금은 ESCO 기업이 조달(자체자금, 정책자금 등)

(2) 시설투자에 의한 절감액은 약정에 의하여 배분하고, ESCO 기업의 투자비 회수가 종료되면 에너지절감비용은 에너지사용자의 이익으로 돌아감

(3) 에너지 절약 효과가 충분히 검증된 시설에 대해 예상 에너지절감량(액)을 바탕으로 투자비 상환 계획을 미리 확정하는 방식으로 설치 후 에너지 절감량(액)을 ESCO가 보증하지 않음

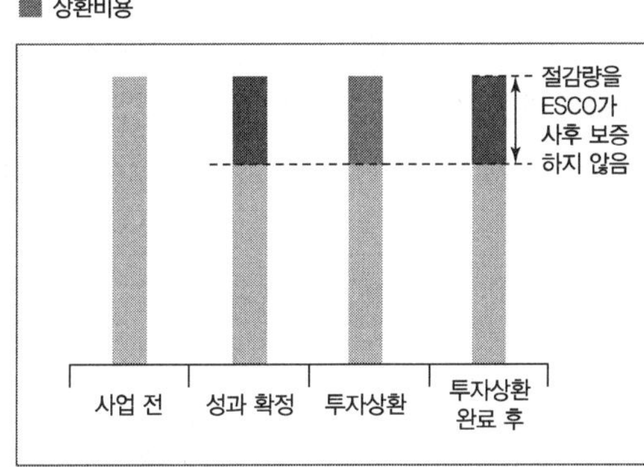

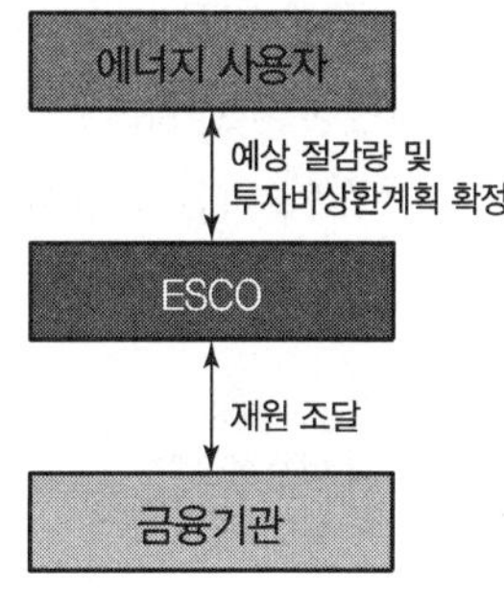

2) 사용자파이낸싱성과보증방식

(1) 시설투자의 소요자금은 에너지사용자(고객)가 조달(자체자금, 정책자금 등)

(2) 시설투자에 의한 절감액을 에너지절약전문기업이 에너지사용자에게 보증하고 투자시설에 대하여 사후관리를 실시

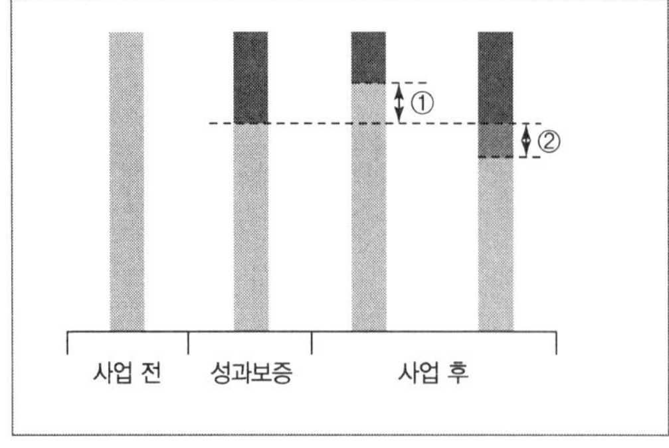

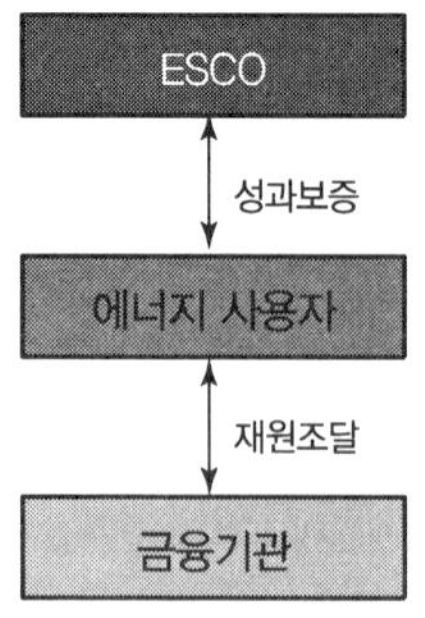

① 보증절감량 > 실측절감량 : ESCO가 에너지사용자에게 차액을 현금으로 보전
② 보증절감량 < 실측절감량 : ESCO가 에너지사용자의 합의 결과에 따라 차액을 배분
③ 보증절감량 = 실측절감량 : 계약에 의한 사후관리절차 진행 후 사업 종료

3) 사업자파이낸싱성과보증방식
   (1) 시설설치에 투자되는 자금은 ESCO 기업이 조달(자체자금, 정책자금 등)
   (2) 시설투자에 의한 절감액은 약정에 의하여 배분하고, ESCO 기업의 투자비 회수가 종료되면 에너지절감비용은 에너지사용자의 이익으로 돌아감
   (3) 시설투자에 의한 절감액을 ESCO 기업이 에너지사용자에게 보증하고 투자시설에 대하여 사후관리 실시

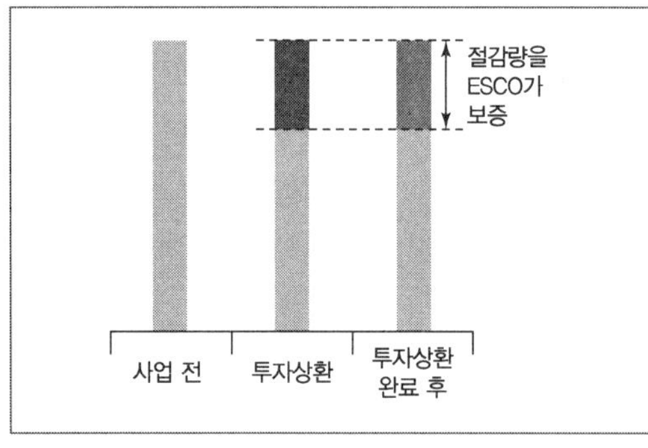

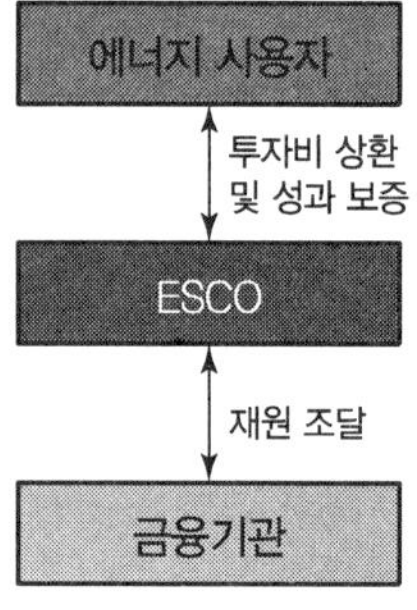

기출 02 전력기술관리법 운영요령이 개정되어 2005년 4월 1일부터 시행되고 있습니다. 보통공종의 경우 감리 원수 산출공식 및 공종별 할증에 대해 기술하고 요율산정을 위한 직선 보간법에 대해 기술하시오. 〈77-1-6〉

+풀이

1. 감리원 배치기준

1) 감리원 배치기준은 산업자원부 고시 제2003-14호 별표 2에서 우선 공종을 (1) 단순공종, (2) 보통공종, (3) 복잡공종으로 구분한다.

2) 공사비가 500억 원 미만일 때는 공사비에 따라 500만 원부터 500억 원까지 30단계로 구분했는데 이 중 금액별로 몇 가지만 기술하면 다음 표와 같다.

(단위 : 인×월)

공사비(억 원)	단순공종	보통공종	복잡공종
1	1.3	1.4	1.6
2	2.2	2.4	2.7
5	4.4	4.9	5.4
10	7.5	8.3	9.2
100	44.0	48.9	53.8
500	151.7	168.6	185.5

3) 공사비가 500억 원 이상일 때는 다음의 계산식에 의한 감리원 수를 적용한다. 다만 1천만 원 이하는 셋째 자리에서 반올림한다.

감리원 수$=1.417X^{0.769}$(X : 보통공종 공사비)

여기서 복잡공종은 +10[%], 단순공종은 −10[%]한 감리원 수를 적용한다.

4) 전기사업법 규정에 의한 전기사업용 전기설비 중 배전설비공사는 위 표의 감리원 수의 25[%] 범위 안에서 가감 조정하여 배치할 수 있다.

2. 직선 보간법(Linear Interpolation Method)

직선보간법이란 공사비가 표에 나온 금액의 중간 어디쯤 되는 경우에 이를 비율적으로 계산하는 방법으로 계산식은 다음과 같다.

$$Y=y_1-\frac{(X_1-x_1)(y_1-y_2)}{(x_1-x_2)}$$

여기서, Y : 당해 공사비 요율, X_1 : 당해 금액

x_1 : 큰 금액, x_2 : 작은 금액

y_1 : 작은 금액요율, y_2 : 큰 금액요율

>> 참고 **단순공종의 경우**

예를 들어 공사비가 1억 6천만 원이라면 단순공종의 경우 다음 그림에서 $\Delta a\dot{b}c$와 Δadf는 닮은 꼴이므로 다음과 같이 계산된다.

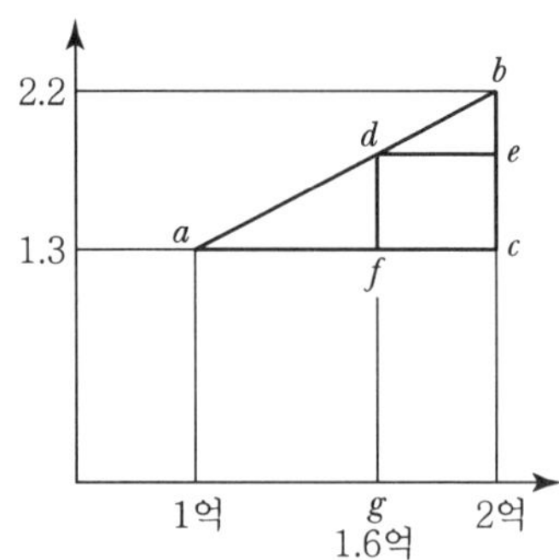

$\overline{ac} : \overline{de} = \overline{bc} : \overline{df}$

$(2-1):(2-1.6)=(2.2-1.3):\overline{df}$

$1:0.4=0.9:\overline{df}$

$1\times\overline{df}=0.4\times 0.9=0.36$

$\overline{gd}=\overline{gf}+\overline{df}=1.3+0.36=1.66$

따라서 공사비가 1억 6천만 원인 경우 감리원은(단, 월간 일수는 30일)

$1.66[\text{man}-\text{month}]=1.66\times 30=50[\text{man}-\text{day}]$ 이상 배치해야 한다.

기출 03 신 · 재생에너지(분산전원)를 전력계통에 연계하는 경우에 고려하여야 할 사항에 대하여 설명하시오. 〈89-2-6〉

+풀이

1. 연계용량

연계구분	연계설비용량		전기방식
저압 배전선로	일반	20[kW] 이하	단상 220[V] 삼상 380[V]
	전용	100[kW] 미만	
특고압 배전선로	일반	3,000[kW] 미만	삼상 22.9[kV]
	전용	10,000[kW] 미만	
송전선로	10,000[kW] 이상		삼상 154[kV]

2. 배선선로의 전압변동
   1) 연계기준
      (1) 저압배전선로 : 상시 3[%] 이하, 순시 4[%] 이하
      (2) 특고압 배전선로 : 상시 29[%] 이하, 순시 2[%] 이하

2) 대책

(1) 저압 계통의 상시전압 적정치(220±13[V], 380±38[V])

(2) 특고압 계통의 공급전압 변동범위를 벗어날 우려가 있을 때는, 발전설비의 설치자가 출력전압을 조정하고, 출력전압의 변동을 억제하며, 병렬 분리의 빈도를 저감하는 대책 실시

3. 고조파

[표 1] 고조파 전류의 비율

고조파 차수	$h<11$	$11\le h<17$	$17<h<23$	$23<h<35$	TDD
비율	4.0	2.0	0.6	0.3	5.0

1) 짝수 고조파는 홀수 고조파의 25[%] 이하로 한다.

2) 종합 전류 왜형률이 5[%]를 초과하지 않도록 각 차수별 제어

4. 플리커

1) 특고압 배전계통 연계지점에서 플리커 가혹도 지수
단시간(10분) EPSTI : 0.35 이하, 장시간(2시간) EPSTI : 0.25 이하

기출 04 업무용 건물에 100[kW] 태양광 발전설비를 설치하여 이용 시 연간 에너지 절감비용과 개략적인 온실가스 저감에 대해 설명하시오. 〈91-1-10〉

풀이

1. 연간 에너지 절감비용

1) 하루에 발전할 수 있는 시간을 연평균 4시간 정도로 보고 평균효율을 90[%]로 보면
연간발전량 $= 100 \times 0.9 \times 4 \times 365 = 131,400$[kWh]

2) 에너지 절감비용은 한전의 [kWh]당 단가 근무지별 사용요금 적용 예 700원인 경우
절감비용 $= 131,400 \times 700 = 91,980,000$원

2. 온실가스 저감

1) 원유의 발열량을 9,500[kcal/kg] 정도로 보면 태양광발전으로 인해 절약된 원유량은

$$원유량 = \frac{131,400 \times 860}{9,500} = 11,895[kg]$$

2) 우리나라에서 적용하고 있는 탄소배출계수(TC)는 0.1319[$kgCO_2$/kWh]이다. 즉, 우리나라에서 1[kWh]의 전력을 생산할 때 발생하는 탄소의 양이 0.1319[kg]이라는 말이다.

➲ 탄소 C의 원자량은 12이고, 산소 O_2의 분자량은 16×2=32이므로 탄산가스 CO_2의 분자량은 12+32=44가 된다. 즉, 탄소 12[kg]이 나올 때 탄산가스는 44[kg]이 나온다는 말이다.

3) 위의 탄소배출계수를 탄산가스 배출계수로 환산하면

$$\text{탄산가스 배출계수} = 0.1319 \times \frac{44}{12} = 0.4836\,[\mathrm{kg\,CO_2/kWh}]$$

4) 탄산가스 배출계수로 온실가스(탄산가스) 저감량을 계산하면

$$\text{온실가스 저감량} = 131,400 \times 0.4836 = 63,676\,[\mathrm{kg}]$$

기출 05 연면적 10,000[m^2], 단위 에너지 사용량 231.33[kWh/m^2 · yr], 지역 계수 1, 용도별 보정계수 2.78, 단위 에너지 생산량 1,358[kWh/m^2 · yr], 원별 보정계수 4.14인 교육 연구 시설의 최소 태양광 설치 용량[kW]을 구하시오.(단, 신재생에너지 공급비율 : 18[%]) 〈108-1-13〉

+풀이

1. **예상에너지 생산량**=건축면적×단위에너지 사용량×용도×지역

2. **신재생에너지 생산량**=예상에너지 생산량×의무공급비율

3. **설치용량**=신에너지 생산량÷(단위에너지생산량×원별 보정계수)
   1) 예상에너지 생산량=10,000×231.33×1×2.78=6,430,974
   2) 신재생에너지 생산량=6,430,974×0.18=1,157,575
   3) 설치용량=1,157,575÷(1,358×4.14)=205.89
   4) 206[kW] 이상 설치

기출 06 태양광 전지의 간이등가회로를 구성하고 전류－전압곡선을 설명하시오. 〈95－2－5〉

+풀이

1. 등가회로

1) 태양광 전지의 등가회로는 [그림 1]과 같은데, 그림에서 R_{SH}는 매우 커서 이를 통해 흐르는 전류 I_{SH}는 극히 작기 때문에 R_{SH}를 무시하고 [그림 2]와 같이 간이등가회로를 많이 사용한다.

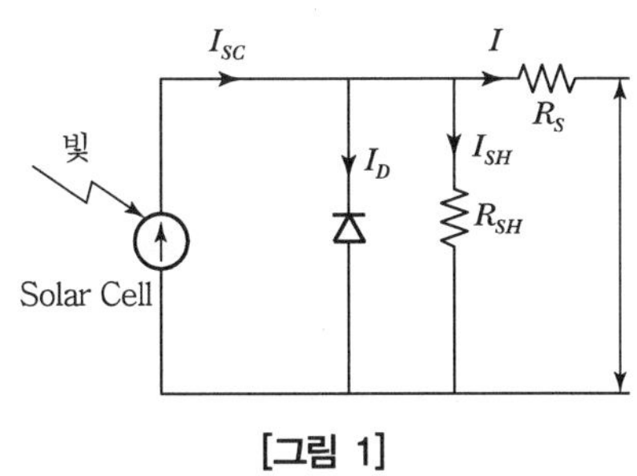

[그림 1]

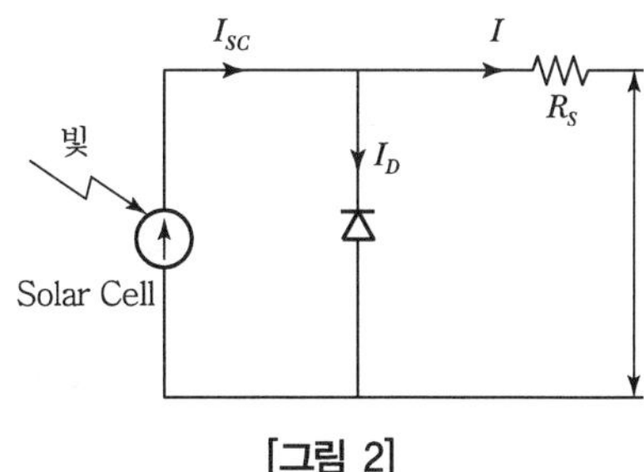

[그림 2]

여기서, I_{SC} : 태양전지 단락전류　　I_D : 다이오드 전류
I_{SH} : 병렬저항에 흐르는 전류　　I_O : 다이오드 포화전류
V : 부하전압　　R_{SH} : 병렬저항
R_S : 직렬저항　　n : 다이오드 정수(1~2)
V_T : 열전위차　　T : 절대온도[K]

2) [그림 2]에서 전류, 전압은 다음 식으로 표시된다.

$$I = I_{SC} - I_O\left(e^{\frac{V+IR_S}{nV_T}} - 1\right) \qquad V = nV_T \ln\left(\frac{I_{SC}-I}{I_0}\right) - IR_S$$

2. 전류－전압곡선

1) 태양전지의 전류－전압곡선은 [그림 3]과 같이 전압이 증가하면 전류가 감소한다. 이때 전류×전압의 값이 최대가 되는 점을 최대동작점이라고 한다.

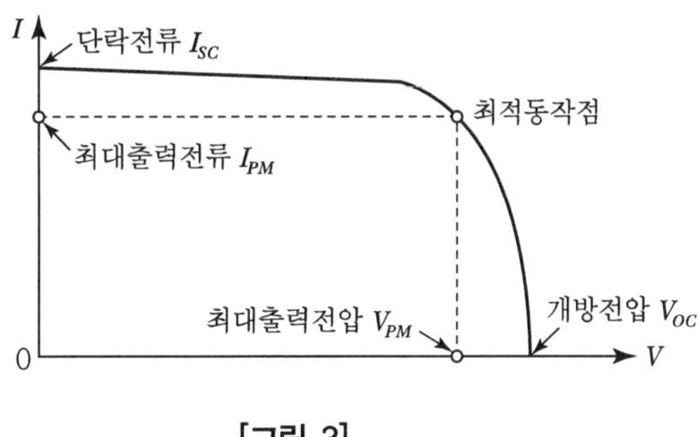

[그림 3]

2) 태양전지의 전류－전압곡선은 [그림 4]와 같이 태양의 방사에너지[W/m²]에 따라 변화한다. 이때 최대출력은 방사에너지에 비례하는 것을 볼 수 있다.

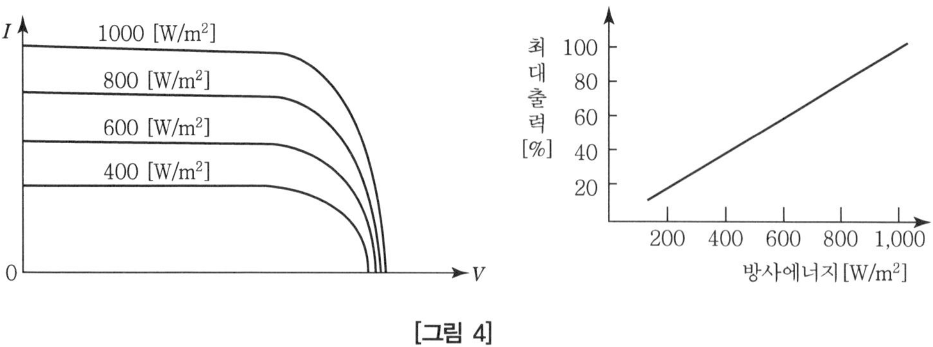

[그림 4]

3) 태양전지의 전류－전압곡선은 동일한 방사에너지[W/m²]에서도 온도에 따라 [그림 5]와 같이 변화한다. 온도가 높아짐에 따라 개방전압은 낮아지고, 단락전류는 커진다. 이때 최대출력은 온도가 올라감에 따라 감소하는 것을 볼 수 있다.

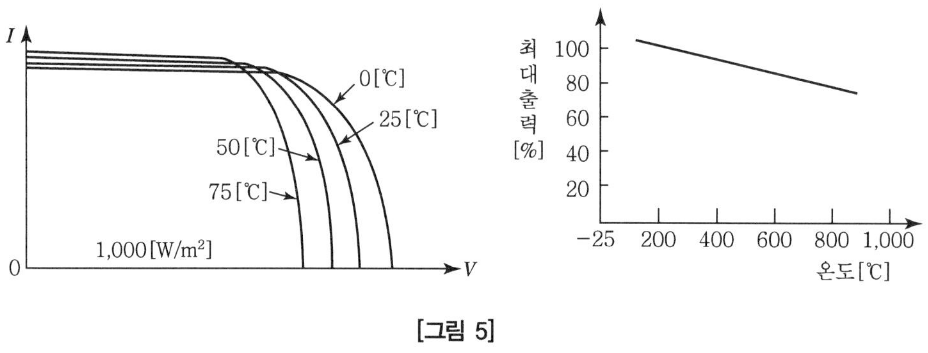

[그림 5]

참고문헌

- 「전기사업법」, 「전기공사업법」, 「전력기술관리법」 및 관계 령, 규칙, 기준
  〈전기설비기술기준, 한국전기설비규정(KEC)〉
- 「건축법」, 「건설산업기본법」, 「건설기술관리법」, 「주택법」 및 관계 령, 규칙, 기준
  〈건축물 에너지 절약 설계기준, 건축전기설비설계기준〉
- 「전기통신기본법」, 「전파법」, 「방송법」, 「정보통신공사업법」 및 관계 령, 규칙, 기준
  〈초고속 정보통신 건물 인증업무 처리지침〉
- 「소방시설 설치 및 관리에 관한 법」, 「소방시설공사업법」, 「초고층 및 지하연계 복합건축물 재난관리에 관한 특별법」, 「자연재해대책법」 및 관계 령, 규칙, 기준
- 「에너지이용합리화법」, 「신에너지 및 재생에너지 개발 · 이용 · 보급 촉진법」 및 관계 령, 규칙, 기준
  〈지능형건축물인증제도, 친환경건축물인증제도, 건축물에너지효율등급인증제도, 공공기관 에너지이용합리화 추진지침〉
- 「산업안전보건법」, 「산업표준화법」 및 관계 령, 규칙, 기준
- 「항공법」, 「주차장법」, 「도로법」 및 관계 령, 규칙, 기준
- 「승강기시설 안전관리법」 및 관계 령, 규칙, 기준
- 「대기환경보전법」, 「소음진동규제법」 및 관계 령, 규칙, 기준
- 「의료법」, 「장애인 · 노인 · 임산부 등의 편의증진보장에 관한 법」 및 관계 령, 규칙, 기준
- 「기술사법」 및 관계 령, 규칙, 기준
- (대한전기협회) ; 한국전기설비기준(KEC), 배전규정, 건축전기설비 내진설계 · 시공지침, IEC 규격에 의한 전기설비설계가이드, 저압전기설비의 SPD 설치에 관한 기술지침, 저압전로의 지락보호에 관한 기술지침, 등전위 본딩에 관한 기술지침
- (한국전력공사) ; 전기공급약관, 송변전기술용어해설집
- (한국전기안전공사) ; 자가용전기설비의 점검업무처리규정

참고도서

- 신전기설비기술계산 핸드북, 의제, 정용기
- 최신 전기설비(공저), 문운당, 지철근 · 정용기
- 전력사용시설물 설비 및 설계, 성안당, 최홍규
- 최신 피뢰시스템과 접지기술, 성안당, 강인권
- 최신 조명환경원론, 문운당, 장우진
- 최신 송배전공학, 동일출판사, 송길영
- 발송배전 기술사 송전공학, 태영문화사, 이존우
- 회로이론, 문운당, 박송배
- 전자기학(공저), 진영사, 엄기홍 등
- 전기기기(공저), 동일출판사, 김용주 등
- 과년도 건축전기설비기술사 문제풀이
- 정기간행물 : 조명설비학회지, 전기설비, 전력기술인, 전기안전, 전설공업 등
- 제조사 기술자료 : 전력설비 진단기술, 신영기술자료, 삼화콘덴서 가이드북, 고압기기 기술자료, LG 기술자료, 효성중공업 기술자료, I디지털 중전기시스템 등

최기영

- (전) 건설교통부 서울지방항공청
- (전) 행정안전부 정부과천청사
- (전) 행정안전부 소방방재청
- (전) 행정안전부 안전본부 부이사관 명예퇴직
- 서울과학기술대 대학원('06.2.17 석사 졸업)
- 공공혁신 · 전자정부고위과정('16.2.17 수료)
- (현) 공공기관 면접관(공무원 및 NCS기반)
- (현) 한국전기기술인협회 외래강사
- (현) 진엔지니어링 건축사사무소 근무

(자격) 특급감리원(전기 · 소방)

홍준

- (전) Kosha Code 제정위원(한국산업안전공단 ; 전기안전분야)
- (전) EMC기준 전문위원(전파연구소)
- (전) 중소기업 기술개발지원 사업 평가위원(중소기업기술정보진흥원장)
- (전) 대한전기학회(설비부분) 이사
- (전) 공법(자재)선정위원회 위원(서울특별시 교육청)
- (전) 기술개발기획평가단 정위원(한국산업기술평가관리원)
- (전) 대한민국산업현장교수 – 전기 · 전자(고용노동부)
- (전) 한국기술거래사회 이사
- (전) 한국화재감식학회 이사
- (전) 글로벌 기술사업화 전문위원(KIST)
- (현) 한국전기기술인협회 외래강사

(자격) 기술거래사, 기술가치평가사, 전기공사기사

신건축

전기설비 기술계산

발행일 | 2015. 2. 10 초판 발행
2017. 8. 30 개정 1판 1쇄
2021. 7. 10 개정 2판 1쇄
2023. 8. 10 개정 3판 1쇄
2024. 9. 30 개정 4판 1쇄
2026. 3. 10 개정 5판 1쇄

저 자 | 최기영 · 홍준
발행인 | 정용수
발행처 | 예문사

주 소 | 경기도 파주시 직지길 460(출판도시) 도서출판 예문사
TEL | 031) 955 – 0550
FAX | 031) 955 – 0660
등록번호 | 11 – 76호

정가 : 40,000원

ISBN 978-89-274-6186-9 13560